Biologie der Sinne

Stephan Frings
Frank Müller

Biologie der Sinne

Vom Molekül zur Wahrnehmung

2., korrigierte und aktualisierte Auflage

Prof. Dr. Stephan Frings
Abt. Molekulare Physiologie
Universität Heidelberg
Centre for Organismal Studies
Heidelberg, Deutschland

Prof. Dr. Frank Müller
Zelluläre Biophysik
Forschungszentrum Jülich
Institute of Complex Systems
Jülich, Deutschland

ISBN 978-3-662-58349-4 ISBN 978-3-662-58350-0 (eBook)
https://doi.org/10.1007/978-3-662-58350-0

Die Deutsche Nationalbibliothek verzeichnet diese Publikation in der Deutschen Nationalbibliografie; detaillierte bibliografische Daten sind im Internet über http://dnb.d-nb.de abrufbar.

Springer

Einbandabbildung: Sergey Nivens /Adobe Stock

Planung/Lektorat: Stefanie Wolf

Springer ist ein Imprint der eingetragenen Gesellschaft Springer-Verlag GmbH, DE und ist ein Teil von Springer Nature.
Die Anschrift der Gesellschaft ist: Heidelberger Platz 3, 14197 Berlin, Germany

Inhaltsverzeichnis

Die Sinne – unsere Fenster zur Welt

S. Frings, F. Müller, *Biologie der Sinne*, https://doi.org/10.1007/978-3-662-58350-0_1

Nichts ist für uns normaler, als unsere Sinne jederzeit zu benutzen. Sie begleiten nicht nur unser Leben, sie bestimmen es sogar wesentlich mit, denn alles, was wir wissen, alles, was wir erfahren haben, wurde uns von unseren Sinnen vermittelt. Unsere Sinne funktionieren so effizient und schnell, dass wir uns normalerweise nie Gedanken darüber machen, wie sie ihre Aufgabe erledigen – und das heißt, wie wir uns eigentlich in der Welt zurechtfinden. Und doch lohnt es sich, gerade darüber nachzudenken. Gewinnen wir dabei doch weniger Erkenntnis über die Welt als vielmehr über uns selbst. Wie kommt das Wissen über die Welt in unseren Kopf? Welche Sinne nutzen wir dafür? Wie funktionieren sie? Was fängt unser Gehirn mit der Sinnesinformation an? Nach welchen Kriterien entscheidet es, was zu tun ist? Wie unterscheiden sich unsere Sinne von denen der Tiere? Wenn Sie Antworten auf diese spannenden Fragen möchten, folgen Sie uns auf eine Reise durch die Welt der Sinne.

1.1 Wahrnehmung findet im Gehirn statt

1.1.1 Gefangen in der Maskenwelt

Ein Moment der Unachtsamkeit reichte, um das Leben von Thomas Braun radikal und für immer zu verändern. Es geschah auf der Baustelle, auf der Thomas Braun arbeitete. Die Ladung des Krans war schlecht gesichert und löste sich. Thomas Braun wurde durch einen herabstürzenden Balken getroffen, und sein Schutzhelm wurde heruntergerissen. Bei dem Unfall verletzte sich Thomas Braun schwer am Kopf. Es kam zu Blutungen im Gehirn und zu Schädigungen der Großhirnrinde im rechten und linken Schläfenlappen. Als Thomas Braun nach langer Zeit das Bewusstsein wiedererlangte und seine Frau an das Krankenbett trat, zögerte sie einen Moment, denn sie war sich nicht ganz sicher, was sie erwartete. Würde ihr Mann sprechen können, würde er wissen, was passiert war? Was sie sofort irritierte, war, dass ihr Mann sie zwar ansah, aber keinerlei Reaktion zeigte. Erst als sie ihn ansprach, sagte er: „Ach, Du bist es." Im Gespräch zeigte er sich nicht nur deprimiert, sondern auch etwas benommen. Er sähe alles irgendwie verschwommen und unklar, aber die Ärzte meinten, das könnte sich nach einiger Zeit auch wieder legen. Sein Sehvermögen erholte sich nach und nach. In den Sehtests konnte er selbst kleine Objekte und Buchstaben erkennen, konnte Farben unterscheiden und bewegten Objekten problemlos mit den Augen folgen. Alles wäre normal erschienen, hätte sein Sehvermögen nicht bei einer ganz bestimmten Aufgabe versagt: Thomas Braun konnte keine Gesichter mehr erkennen.

Wenn eine Krankenschwester den Raum betrat, wusste er nie, welche der Stationsschwestern es war. Schlimmer noch: Er erkannte selbst die Menschen nicht mehr, mit denen er seit vielen Jahren aufs engste verbunden war: seine Frau und seine beiden Töchter. Es wurde schnell klar, dass es sich nicht um ein Gedächtnisproblem handelte. Thomas Braun hatte weder seine Familie noch seine Freunde vergessen. Er erkannte seine Frau, seine Töchter und Freunde an der Stimme, an bestimmten persönlichen Verhaltensweisen und Bewegungen oder auch an der Kleidung. Er erinnerte sich an alle Begebenheiten, die sie zusammen erlebt hatten. Er sah Augen, Nase und Mund in ihren Gesichtern. Er sah, dass alle Menschen um ihn herum Gesichter hatten – aber diese Gesichter hatten ihre persönliche Individualität verloren. Sie waren nicht mehr identifizierbar – unpersönlich wie Masken.

1.1.2 Das Gehirn, das rätselhafte Organ der Wahrnehmung

Auch wenn die Geschichte unseres Herrn Braun erfunden ist, die Krankheit, Gesichter nicht erkennen zu können, existiert. Man spricht von Gesichtsblindheit oder Prosopagnosie (mehr dazu finden Sie in ▶ Kap. 7 und 12). Sie kann wie in unserem Beispiel nach Gehirnschädigungen auftreten, die durch Schlaganfälle, Tumore oder Verletzungen ausgelöst wurden. Wie kann man eine so unvorstellbare Krankheit erklären? Wie kann es sein, dass die Augen eines Menschen vollkommen perfekt funktionieren, er eine ganz normale Sehschärfe hat, problemlos lesen kann, Objekte des Alltags erkennt, ein Auto durch den Großstadtverkehr bewegen kann, ohne einen Unfall zu verursachen, aber bei einer so „einfachen" Aufgabe versagt, das Gesicht eines Verwandten oder Bekannten zu erkennen? Etwas, was wir alle ständig und „nebenbei" im Bruchteil einer Sekunde erledigen (◘ Abb. 1.1).

Die Antwort ist simpel: Die Aufgabe, Gesichter zu erkennen, ist alles andere als einfach. Bis vor kurzem war es auch für Computer schwer, Gesichter zu identifizieren. Wenn wir das „so nebenbei erledigen", heißt das nicht, dass der Vorgang einfach ist. Es bedeutet nur, dass die Vorgänge in unserem Gehirn, die unserer Wahrnehmung zugrunde liegen, im Normalfall so schnell und effizient erfolgen, dass wir sie nicht bemerken. In Wirklichkeit liegt dem Erkennen von Gesichtern ein komplizierter Prozess zugrunde, in dem eine Fülle von Informationen ausgewertet werden muss. Uns wird erst dann klar, dass es diesen neuronalen Auswerteprozess geben muss, wenn er ausgefallen oder gestört ist und das Gesichtererkennen nicht mehr funktioniert – so wie im Fall von Thomas Braun. Die Tatsache, dass Thomas Braun sehr spezifisch nur beim Erkennen von Gesichtern Probleme hatte, nicht aber bei anderen visuellen Aufgaben, zeigt uns auch, dass Wahrnehmungsprozesse auf verschiedenen Ebenen erfolgen.

Aber wie? Viele Menschen glauben, um sehen zu können, würde es ausreichen, die Augen zu öffnen. Dann – so die Vorstellung – entsteht

◘ **Abb. 1.1** Im Laufe unseres Lebens lernen wir Hunderte oder Tausende von Menschen kennen. Normalerweise fällt es uns leicht, jeden Einzelnen an seinem Gesicht zu erkennen. (privat und © olly/Adobe Stock, © contrastwerkstatt/Adobe Stock, © abilitychannel/Adobe Stock, © Dean Mitchell/iStock, © Anja Mataruga, Forschungszentrum Jülich)

ein Bild der Umwelt auf der Netzhaut, wo es in Nervenimpulse umgewandelt und über den Sehnerv an das Gehirn geschickt wird. Aus den Nervenimpulsen entsteht wie auf einer Kinoleinwand ein neues Bild im Gehirn, das dann irgendwie analysiert wird. Dieses Modell scheitert an einer einfachen Frage: Wer soll das Bild analysieren? Wir haben kein kleines Männchen im Gehirn, das diese „Leinwand" betrachten könnte. Und wäre dies der Fall, dann würden wir das Problem der Bildanalyse von unserem Sehsystem lediglich in das Sehsystem des Männchens verlagern. Nein, Sehen erfolgt anders, und der Weg vom Lichtreiz zur Wahrnehmung ist kompliziert.

Das Gehirn muss beim Sehen eine gigantische Informationsflut bearbeiten. Auf der Netzhaut entsteht ein komplexes Mosaik aus Millionen von Bildpunkten und das Gehirn muss herausfinden, welche der Mosaikbausteine zueinander gehören und ein Objekt ergeben. Das Gehirn muss Größe, Form und Farbe von Bildpunkten, ihre Lage, Entfernung und Bewegung relativ zueinander und zu uns auswerten. Weil diese Auswertung so komplex ist, haben sich verschiedene Gehirnareale darauf spezialisiert, jeweils nur bestimmte Aspekte unserer Umwelt zu bearbeiten: Farbe, Bewegung, Objekte oder Gesichter.

Die Tatsache, dass Gesichter eine besondere Stellung im Katalog der Objekte einnehmen, denen wir im Alltag begegnen, ist leicht verständlich. Wir sind soziale Lebewesen und leben mit anderen Menschen in einer Gemeinschaft zusammen. Es sind die Gesichter, die andere Individuen eindeutig erkennbar machen. In der Entwicklung der Menschheit wurde es deshalb besonders wichtig, Gesichter erkennen und analysieren zu können. Durch das Gesichtererkennen konnten unsere Vorfahren Mitglieder der eigenen Gruppe von Fremden unterscheiden – Freund von Feind. Das blitzschnelle Erkennen des Gesichtsausdrucks konnte lebensrettend sein, wenn man der Attacke eines aggressiv dreinblickenden Zeitgenossen rechtzeitig aus dem Weg gehen wollte. Es wundert deshalb nicht, dass Teile unseres Gehirns sich besonders der Aufgabe widmeten, Gesichter und Mimik zu erkennen. Bei Thomas Brauns Unfall wurde ein Teil dieser Auswertemaschinerie in seinem Gehirn zerstört. So kam es zu diesem charakteristischen, sehr selektiven Funktionsausfall, der Prosopagnosie.

1.2 Wie kommt die Welt in unseren Kopf?

1.2.1 Von der Sinneszelle zur Wahrnehmung

Um zu verstehen, was bei Menschen wie Thomas Braun passiert, müssen wir wissen, mit welcher Art von Information unsere Sinnesorgane das Gehirn versorgen und wie verschiedene Gehirnareale miteinander kommunizieren. Dies funktioniert im Prinzip ähnlich wie die Kommunikation zwischen Menschen.

Nehmen wir an, wir möchten einen Freund wissen lassen, was auf einem bestimmten Bild zu sehen ist, können ihm aber keine Kopie davon schicken. Kein Problem, für solche Zwecke haben wir die Sprache entwickelt. Wenn wir ihm das Bild am Telefon oder in einem Brief beschreiben, kann er sich eine Vorstellung davon machen, was darauf zu sehen ist. Wir verwenden dazu einen Code, die Sprache. Die Elemente dieses Codes, die einzelnen Wörter, haben keinerlei Ähnlichkeit mit den Objekten auf dem Bild. Es sind lediglich Symbole dafür. Wir codieren die Information, der Empfänger decodiert sie wieder. Eine ähnliche Codierungsarbeit leisten auch unsere Sinne. Sie benutzen zwar keine Worte, aber dafür einen anderen Code, den des Nervensystems. Die Aufgabe des Gehirns besteht darin, diesen Code zu decodieren und die Information herauszulesen.

Um zu verstehen, was unserer Wahrnehmung zugrunde liegt, müssen wir also ganz am Anfang anfangen – bei den Sinneszellen in unseren Augen, Nasen und Ohren. Wir wollen in diesem Buch zeigen, wie Sinnes- und Nervenzellen funktionieren, wie Sinneszellen auf Reize reagieren und sie in die Sprache des Nervensystems übersetzen. Wir werden uns ansehen, wie die Information in das Gehirn weitergeleitet wird, wie sie dort analysiert und verarbeitet wird. Schon jetzt müssen wir Sie vorwarnen, denn das, was Sie dabei entdecken werden, könnte Sie irritieren: Ihre Sinnesorgane sind alles andere als nüchterne und neutrale Beobachter, deren Ziel es ist, Ihnen die Wirklichkeit objektiv und genau zu präsentieren. Vielmehr führt die Arbeitsweise Ihrer Sinnes- und Nervenzellen dazu, dass Ihr Gehirn Sie anlügt, immer und immer wieder. Es lügt Sie an, um Ihnen genau die Information zu geben, die Sie in einer bestimmten Situation brauchen. Dies mag zunächst widersprüchlich oder verwirrend klingen. Keine Sorge, der scheinbare Widerspruch wird sich auflösen, wenn wir uns in den folgenden Kapiteln ansehen, wie die Evolution die Arbeitsweise unserer Sinne formte und warum sie deshalb so und nicht anders funktionieren.

1.2.2 Wahrnehmung ist ein Urteilsakt des Gehirns

Aber allein das Studium der Sinnes- und Nervenzellen und das Entschlüsseln eines Codes reichen nicht aus, um Wahrnehmung zu verstehen. Wir müssen auch die Seite des Empfängers betrachten, denn Wahrnehmung ist viel mehr als nur eine Reaktion auf einen Sinnesreiz. Jedes Mal, wenn der Arzt mit seinem Hämmerchen auf die Sehne unterhalb unserer Kniescheibe schlägt, schnellt der Unterschenkel reflektorisch nach vorn. Dieser Patellarsehnenreflex ist eine einfache Reaktion unseres Nervensystems auf einen Sinnesreiz – gleicher Reiz, gleiche Reaktion. Wäre Wahrnehmung ebenfalls nur eine einfache Reaktion, müsste ein gleich bleibender Reiz auch immer die gleiche Wahrnehmung auslösen. Dies ist aber nicht der Fall, wie ◘ Abb. 1.2 zeigt.

Der in ◘ Abb. 1.2 dargestellte schematische Würfel wird auch Necker-Würfel genannt. Der Schweizer Kristallograf Louis Albert Necker de Saussure entdeckte ein interessantes Phänomen, als er Kristalle studierte. Schauen Sie diesen Würfel eine Zeit lang ganz ruhig an. Die meisten Betrachter können die dreidimensionale Struktur des Würfels auf zwei Arten wahrnehmen: entweder so, dass die Ecke A nach hinten zeigt (wie in der mittleren Abbildung), oder so, dass die Ecke B hinten ist (rechte Abbildung). Dabei springt die Wahrnehmung zwischen diesen möglichen Zuständen hin und her. Die Information in der linken Abbildung reicht nicht aus, um die Ausrichtung des Würfels im Raum eindeutig festzulegen. Das Gehirn analysiert die Daten, die unsere Augen liefern, und interpretiert sie. Es fällt aufgrund der unzureichenden Datenlage das Urteil, dass Ecke A hinten ist. Genau so nehmen wir den Würfel auch wahr. Dann analysiert es die Daten erneut und fällt ein anderes Urteil: Es könnte auch Ecke B hinten sein. Und schon hat sich unsere Wahrnehmung verändert! Diese „Urteilsverkündungen" wiederholen sich immer wieder, oft im Takt von etwa drei Sekunden. Blinzeln mit den Augen oder

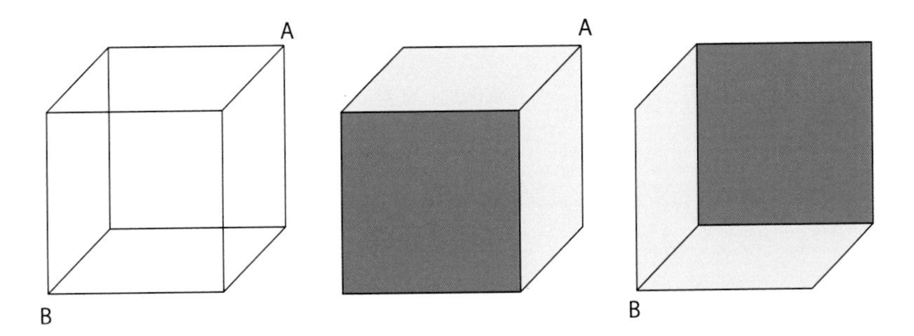

◘ **Abb. 1.2** Der Necker-Würfel ist eine sogenannte Kippfigur. Unser Gehirn kann seine dreidimensionale Struktur auf mehrere Arten interpretieren. Da es sich nicht entscheiden kann, ändert es immer wieder, meist im Abstand von mehreren Sekunden, seine Interpretation. Dabei kippt jedes Mal unsere Wahrnehmung. Wahrnehmung ist ein Entscheidungsakt des Gehirns. (© Anja Mataruga, Forschungszentrum Jülich)

eine Augenbewegung können das Fällen eines neuen Urteils auslösen.

Wir wollen dieses Phänomen an dieser Stelle nicht weiter ergründen, sondern nur zwei wichtige Tatsachen festhalten: Der eigentliche Sinnesreiz ändert sich nicht – trotzdem kippt jedes Mal unsere Wahrnehmung zugunsten des neu gefällten Urteils. Selbst bei einem so einfachen Objekt wie dem Necker-Würfel hängt unsere Wahrnehmung entscheidend davon ab, wie unser Gehirn die Daten interpretiert. Wir können also erwarten, dass bei komplexeren Objekten und Ereignissen die Wahrnehmung noch stärker von der Interpretation durch unser Gehirn abhängen wird. Und: Zu jedem Zeitpunkt können wir den Würfel nur auf die eine *oder* die andere Weise sehen. Ein Urteil schließt das andere in der Wahrnehmung aus. Wahrnehmung ist ein Entscheidungsakt des Gehirns.

Lassen Sie uns nun nach diesen einleitenden Gedanken gemeinsam aufbrechen zu unserer Reise durch die faszinierende Welt der Sinne. Wir beginnen unsere Reise in einem Einfamilienhaus in einer kleinen Vorstadtsiedlung. Hier schauen wir uns zunächst einmal an, wozu Sinnesorgane fähig sind.

Abb. 1.3 Bei der Analyse komplexer Aromen, wie man sie z. B. im Wein findet, erbringt unser Riechsystem erstaunliche Leistungen. (© Kzenon/Adobe Stock)

1.3 Sinneswelten

1.3.1 Sinneswelt, die erste!

Hans Schneider stellt gerade die Sinfonie etwas lauter. Diese Stelle, an der die Holzbläser einsetzen und das Thema von Dur nach Moll wechselt, liebt er besonders. Er schwenkt ein großvolumiges Glas mit Rotwein, bevor er es prüfend gegen das Licht hält. „Was für ein Rot!", murmelt er. Er führt die Nase dicht über das Glas und atmet tief ein (Abb. 1.3), bevor er einen Schluck von dem Rotwein nimmt und ihn vorsichtig im Mund hin- und herbewegt. Dann atmet er langsam durch die Nase aus, hält kurz inne und lässt den Wein in kleinen Schlucken die Kehle hinunterrinnen. „Dieser Cabernet Sauvignon ist viel besser als der letzte! Dieser fruchtige Körper! Ich erkenne schwarze Johannisbeere, Heidelbeere und einen Anklang von Erdbeere", sagt er mit Kennermiene. „Angenehmer Abgang, wenig Säure, ideal zu Fleisch und den Rosmarinkartoffeln!" Seine Frau Claudia schmunzelt. Das teure Weinkundeseminar blieb anscheinend nicht ohne Auswirkungen. „Ich bin gleich so weit", sagt sie, überfliegt schnell das Rezept und gibt dann noch etwas Cognac und eine Prise Cayennepfeffer an die Sauce. Als sie die Schüssel mit den Kartoffeln anfasst, murmelt sie: „Aber die müssen noch mal in die Mikrowelle, die sind kalt geworden."

Ist das nicht eine eindrucksvolle Demonstration menschlicher Sinnesleistung? Das Gehör kann nicht nur die verschiedenen Instrumente eines Sinfonieorchesters identifizieren. Es erkennt aus ihrem Zusammenklang auch komplexe Harmonien, die in uns Gefühle von Glück, aber auch Melancholie auslösen können. Die Temperatur der Speisen wird schnell abgeschätzt, indem man mit der Hand die Schüssel berührt. Für die Sauce werden die Aromen eines Cognacs raffiniert mit duftenden Kräutern und Gewürzen kombiniert. Als besonderer „Nervenkitzel" dient die Prise einer Substanz, die Schmerzzellen in der Mundhöhle reizt (es handelt sich dabei um das Capsaicin aus dem Cayennepfeffer). Der Geschmacks- und der Geruchssinn werden kombiniert, um das Bouquet aus Hunderten von Inhaltsstoffen in zwei verschiedenen Weinen zu vergleichen – wobei das Aroma einer der beiden Flaschen nur noch aus der Erinnerung heraus abgerufen werden kann! In der Tat erbringen professionelle Weinverkoster dabei erstaunliche Leistungen. Und schließlich erfordert das Lesen des Kochrezepts die scharfe Abbildung der Buchstaben auf der Netzhaut des Auges, die Analyse ihrer komplexen Formen und ihrer Abfolge, den Vergleich mit gespeicherten Buchstabenfolgen usw.

So wichtig all diese Schritte für das Ehepaar Schneider sein mögen, um sich auf ihr Abendessen vorzubereiten, so eindrucksvoll die Leistung auch anmutet – sie hat nichts mit der ursprünglichen biologischen Funktion der Sinne zu tun. Unsere Sinnesorgane wurden nicht dazu entwickelt, einen Pinot Noir von einem Cabernet Sauvignon zu unterscheiden oder beim Klang einer Mozartsinfonie alles um uns herum zu vergessen. Natürlich ist es wunderbar, dass wir all das können, und es zeugt von der enormen Leistungsfähigkeit unserer Sinne, aber dafür war das Ganze nie gedacht. Alle Organismen auf unserer Erde, auch wir, sind das Produkt einer langen Evolution. Über viele Millionen von Jahren hinweg entwickelten die Organismen Sinnesorgane zu einem einzigen Zweck – um die Überlebenschancen des Organismus und seiner Art zu verbessern. Überleben heißt auf den Punkt gebracht: Nahrung, Gefahrenquellen und Fortpflanzungspartner erkennen zu können und mit dem entsprechenden Verhalten darauf zu reagieren. In unserer hochtechnisierten und weitgehend abgesicherten Welt klingt so eine Aussage vielleicht unangemessen, und manchem „vergeistigten" Zeitgenossen erscheint sie möglicherweise auch „zu biologisch". Dennoch entspricht sie der Wahrheit. Wir modernen Menschen haben unsere Sinne von unseren wilden Ahnen geerbt, und die sogenannten Naturvölker setzen sie auch heute noch für die gleichen Zwecke ein wie unsere Vorfahren vor Tausenden von Jahren.

Wir Angehörigen der westlichen Zivilisationen leben in einer hochtechnisierten Umwelt und nutzen unsere Sinne meist für Zwecke, die wenig mit der ursprünglichen biologischen Funktion zu tun haben. Wir müssen keine wilden Löwen mehr erspähen, die sich im hohen Gras verstecken. Stattdessen starren viele von uns stundenlang auf Computermonitore. Wir müssen nicht mehr all unsere Sinne aufbieten, um unsere Nahrung mühsam im Wald zu suchen – wir finden sie sorgsam aufgereiht im Supermarktregal. Aber trotzdem funktionieren auch bei uns die Sinne noch genauso wie vor einer Million Jahren, als sie unseren Vorfahren halfen, in der Wildnis zu überleben. Wenn wir verstehen wollen, wie unsere Sinne funktionieren, dann dürfen wir also ihre biologische Funktion nie außer Acht lassen. Denn die ursprüngliche Aufgabe der Sinne, unser Überleben zu sichern, bestimmt auch heute noch, was wir wahrnehmen und wie wir es wahrnehmen. Dies werden wir im Laufe des Buches immer wieder sehen.

Wenn wir nun einen realistischen Eindruck davon erhalten wollen, wozu Sinne entwickelt wurden und wozu sie in der Lage sind, folgen wir doch der Katze der Familie Schneider, die mangels Interesse an Weindegustation und Haute Cuisine in den Garten geflüchtet ist.

1.3.2 Sinneswelt, die zweite!

Während die Katze durch das hohe Gras schleicht, wird sie plötzlich hellwach (◘ Abb. 1.4). Ihre Nase hat eine Witterung aufgenommen. Schnuppernd fährt sie mit der Nasenspitze über den Boden. Vor dem Hintergrund verwirrender Düfte, dem intensiven Geruch des Bodens und den unterschiedlich duftenden Blüten isoliert ihr Riechsystem eine eindeutige Geruchsnote. Eine Maus ist hier vor Kurzem entlang gehuscht. Die Katze bleibt stehen und hebt den Kopf. Ihre Vorderpfoten ruhen mit ihren samtweichen Ballen auf

Abb. 1.4 Die Jagd einer Katze ist nur erfolgreich, wenn alle ihre Sinnesorgane perfekt zusammenarbeiten. Ein Jagdtier schöpft alle Möglichkeiten seines hoch entwickelten Sinnesapparats aus. (© Nadine Haase/Adobe Stock)

Abb. 1.5 Die Maus ist aufgrund ihrer Fellfarbe gut getarnt. Man erkennt sie erst auf den zweiten Blick, oder wenn sie sich bewegt. Bei allen Tieren sind die Sehsysteme darauf ausgelegt, Bewegung zu detektieren. (© elvira gerecht/Adobe Stock)

der Erde. Da! Die Tastsinneszellen in den Pfoten haben eine für uns unmerkliche Vibration des Bodens erspürt, die anzeigt, dass sich ein kleines Tier in der Nähe bewegt. Das könnte die Maus sein! Die Ohren der Katze stellen sich auf. Sie sind beweglich, und die Katze dreht sie nach verschiedenen Richtungen, während ihr hochempfindliches Gehör die Geräusche der Umgebung aufnimmt. In ihrem Gehirn ist ein bestimmter Bereich jetzt besonders aktiv. Er verarbeitet die akustische Information, die von den Ohren geliefert wird. Nun ein Rascheln! Das Orten einer Schallquelle ist eine der wichtigsten Aufgaben des Gehörs. Das Hörsystem der Katze bestimmt dazu die Zeitdifferenz, die zwischen dem Auftreffen des Geräuschs am linken und am rechten Ohr liegt. Die Auswertung ergibt, dass das Geräusch von rechts vorn kommt. Die Information, wo die Geräuschquelle zu suchen ist, wird an andere Gehirnteile weitergeleitet, die nun die Regie übernehmen. Sie steuern die Muskeln, die den Kopf der Katze präzise in die entsprechende Richtung drehen.

Die Katze blickt nun konzentriert in die Richtung, aus der das Geräusch gekommen ist. Auf dem dunklen Boden und zwischen verwelkten Blättern ist die Maus gut getarnt (Abb. 1.5), aber irgendwann muss sie sich bewegen. Bewegung zu erkennen – genau dafür sind die Sehsysteme aller Tiere (und natürlich auch unser eigenes) optimiert. Denn Bewegung heißt entweder Futter oder Feind. Es ist für das Überleben unerlässlich, beides schnell zu erkennen. Blitzschnell richten sich die Augen der Katze auf das sich bewegende Objekt aus. Es wird nun auf den zentralen Teil der Netzhaut abgebildet, mit dem die Katze am schärfsten sieht. Wenn die Maus sich bewegt, drehen kleine Muskeln die Augen der Katze so, dass sie die ganze Zeit auf die Maus gerichtet bleiben. Das Sehsystem analysiert Form, Farbe und Größe des Objekts. Das Ergebnis passt zu den abgespeicherten Parametern für das Objekt „Maus" in der Kategorie „Gaumenkitzel".

Hochaktiv ist gleichzeitig aber auch ein anderer Gehirnteil der Katze. Er ist dafür zuständig, die Informationen aus zwei verschiedenen Sinnen abzugleichen: die akustische Ortung der Schallquelle und die visuelle Lokalisation der sich bewegenden Maus. Die Analyse ist schnell und lässt keinen Zweifel: Geräuschquelle und Maus sind an derselben Stelle! Nun muss das Ergreifen der Beute eingeleitet werden. Da beide Augen der Katze nach vorn gerichtet sind, überlappen sich ihre Gesichtsfelder weitgehend. Aufgrund der verschiedenen Augenpositionen ergeben sich jedoch winzige Unterschiede in den Bildern, die die beiden Augen aufnehmen. Das Sehsystem der Katze kann aus diesen Unterschieden die Entfernung der Maus berechnen. Diese Information wird an andere Bereiche des Gehirns weitergeleitet, die die Bewegung der Katze beim Angriff steuern. Die Katze muss mit der richtigen Kraft springen, sonst wird der Sprung zu kurz oder zu weit und gibt der Maus die Chance zu entkommen. Das Gehirn der Katze programmiert die Nervenbahnen vor, die die Muskeln steuern – dann springt sie. Die Maus hat keine Chance. Die Krallen der Katzenpfote bohren sich durch das Fell der Maus, die Katze landet auf ihr und beginnt nach kurzem Beschnuppern genüsslich, an ihrer Beute zu lecken. Geruch und Geschmack der toten Maus lösen schnell Verdauungsreflexe aus. Die Sekretion von Speichel und Magensäure steigt sprunghaft an. Und während sich die Katze mit ihrer erlegten Beute beschäftigt, kommt gänzlich unbemerkt der letzte Akteur dieser Gartenszene ins Spiel.

1.3.3 Sinneswelt, die dritte!

Eine Zecke (◘ Abb. 1.6) hat sich vor Tagen auf einem hohen Halm in dem Grasbüschel niedergelassen, neben dem jetzt die Katze liegt. Seit dieser Zeit hat sich die Zecke nicht bewegt. Lediglich die vorderen ihrer acht Beine sind langsam hin- und hergeschwungen. An diesen Beinen sitzt die „Nase" der Zecke in Form grubenartiger Organe. Die Zeckennase reagiert nur auf eine kleine Auswahl chemischer Substanzen, wie sie im Stoffwechsel der Tiere entstehen, die die Zecke zum Überleben braucht: Kohlendioxid, Ammoniak, Milchsäure und Buttersäure. Sobald unsere Zecke diese Substanzen in der Luft bemerkt, wird sie aktiv. Sie tastet nach der Duftquelle, registriert die Wärme des Katzenkörpers, lässt den Grashalm los, erwischt ein Katzenhaar und klammert sich fest. Im Fell der Katze wird dann der zweite Verhaltensschritt eingeleitet. Wieder sitzen die dafür nötigen Sinnesorgane an den Zeckenbeinen, damit sie die Beschaffenheit der Haut des Opfers registrieren können. Und dort, wo die Haut dünn, warm und feucht ist, bohrt die Zecke ihren Stechapparat durch die Haut der Katze, um Blut zu saugen.

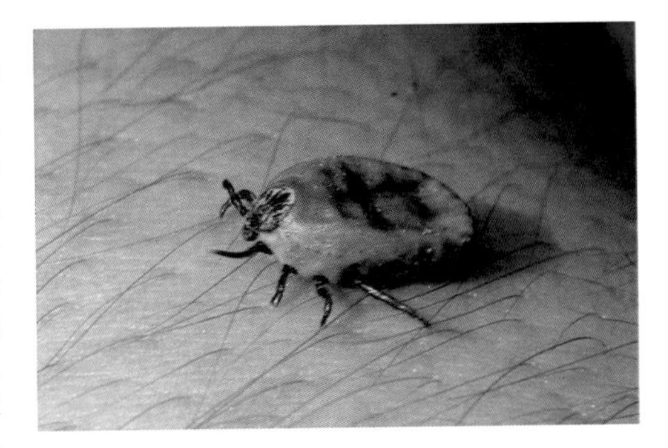

◘ **Abb. 1.6** Um an das Blut ihrer Beute zu gelangen, brauchen Zecken nur wenige Verhaltensschritte, die von einem Minimum an Information ausgelöst werden. Dementsprechend benötigen Zecken nur einen einfachen Sinnesapparat. Große Augen, die gutes Sehen ermöglichen, sucht man deshalb bei Zecken vergeblich. (© Erik Leist, Universität Heidelberg)

1.4 Vom Sinn der Sinne

Anhand von zwei Beispielen haben wir gesehen, wie die Sinne Aufgaben meistern, für die sie ursprünglich entwickelt wurden. Bei der Katze finden wir den komplexen Sinnesapparat eines hochentwickelten jagenden Säugetieres – spezialisiert darauf, Beute aufzuspüren, zu lokalisieren und mit perfekt kontrolliertem Jagdverhalten zu erbeuten. Es ist interessant, einen Schleichräuber wie die Katze zu beobachten. Noch faszinierender wird es, wenn wir einem schnellen Jäger zuschauen. Die Sinnesleistung, die ein Gepard erbringen muss, um mit der Geschwindigkeit von 100 km pro Stunde eine Gazelle zu erjagen, ist kaum vorstellbar (◘ Abb. 1.7).

Das Sinnes- und Nervensystem der Katze ist ein hochentwickelter und leistungsfähiger Apparat. Er nimmt die unterschiedlichsten Reize auf und wertet sie aus, wobei er die Information verschiedener Sinne geschickt kombiniert. Jedes Teilergebnis wird gebraucht, um den nächsten Schritt im Verhalten des Tieres zu steuern. Der Vergleich zwischen Zecke und Katze macht eines klar: Verschiedene Organismen sind sehr unterschiedlich mit Sinnesapparaten ausgestattet. Die Sinneswelt einer Zecke erscheint im Vergleich zum Säugetier geradezu

Abb. 1.7 Ein Gepard erreicht bei der Jagd kurzfristig Geschwindigkeiten von 100 km pro Stunde. Die Jagd kann nur erfolgreich sein, wenn die Sinne und das Nervensystem des Gepards mit absoluter Präzision und höchster Geschwindigkeit arbeiten. (© beckmarkwith/Adobe Stock)

minimalistisch. Das Verhaltensrepertoire der Zecke ist viel einfacher als das eines Säugetieres. Für den Erfolg der Zecke ist es nicht notwendig, den Ort des Opfers und seine Entfernung zur Zecke exakt zu bestimmen. Dementsprechend ist das Sinnessystem einer Zecke gänzlich anders ausgelegt als das der Katze. Zecken reagieren auf Vibrationen, die durch die Bewegung ihrer Wirte ausgelöst werden, auf wenige chemische Schlüsselreize und auf Körperwärme. Um ihr Überleben und das Überleben ihrer Art zu sichern, braucht die Zecke nicht viel mehr, als sich vom Blut eines Wirtes zu ernähren und sich mit anderen Zecken fortzupflanzen. Genau deshalb hat sie auch nur dafür Sinne entwickelt. Die Farbe des Himmels, die detaillierte Beschaffenheit der Umgebung und auch das Aussehen des Wirtes sind für die Zecke vollkommen irrelevant. Stünde ihr dafür ein komplexes Sehsystem wie das der Katze zur Verfügung, wäre das reine Verschwendung. Die Unterhaltung eines Organs kostet den Organismus Energie und Ressourcen, die in diesem Falle anderswo, etwa in Fortpflanzungsorganen, gewinnbringender eingesetzt werden können. Viele Zeckenarten sind in der Tat blind oder besitzen lediglich einfache Augen, die bestenfalls Licht und Schatten unterscheiden können. Die Sinneswelten von Katze und Zecke sind also extrem unterschiedlich.

Ein Organismus ist somit nicht dann optimal mit Sinnesorganen ausgestattet, wenn er die empfindlichsten Sinneszellen und die genauesten Auswerteapparate besitzt, sondern wenn sein Überleben am besten gesichert ist! Immer geht es beim Überleben um zwei Aspekte: zum einen um das eigene Überleben („Fressen und nicht selbst gefressen werden") und zum anderen um die Erhaltung der Art („Fortpflanzung ja oder nein"). Genau dafür wurden die Sinne entwickelt. Diesen Zusammenhang dürfen wir beim Studium der Sinne nie aus den Augen lassen, auch nicht, wenn es um unsere eigene Wahrnehmung geht.

Im folgenden Kapitel wollen wir genauer betrachten, wie es zur Entwicklung der Sinne – nicht zuletzt auch der menschlichen Sinne – kam.

Die Evolution der Sinne

S. Frings, F. Müller, *Biologie der Sinne*, https://doi.org/10.1007/978-3-662-58350-0_2

Wenn wir erleben, welche Sinnesleistungen manche Tiere vollbringen, könnten wir manchmal vor Neid erblassen. Hunde können der Spur eines Menschen noch nach Stunden quer durch die ganze Stadt folgen, Fledermäuse und Schleiereulen lokalisieren in absoluter Dunkelheit ihre Beutetiere mithilfe des Gehörs, Zugvögel finden ihr Ziel in Tausenden von Kilometern Entfernung ganz ohne moderne Orientierungstechnik. Bei jeder Tierart sind bestimmte Sinne besonders leistungsfähig, andere weniger. Offensichtlich ist die Ausstattung mit Sinnesorganen und deren Leistungsfähigkeit bei den verschiedenen Organismen höchst unterschiedlich. Aber stets ist sie optimal an die Lebensweise des Organismus angepasst. Wie kam es dazu?

2.1 Die Sinne des Menschen und wie er dazu kam

2.1.1 Wie viele Sinne hat der Mensch?

Wir lernen schon als kleine Kinder, wie wichtig es ist, unsere „fünf Sinne" beisammen zu haben: Sehen, Hören, Riechen, Schmecken und Tasten bzw. Fühlen (◘ Abb. 2.1). Diese Einteilung geht auf den griechischen Philosophen Aristoteles zurück, der im 4. Jahrhundert vor Christus lebte und die Naturlehre begründete. Niemand wird bezweifeln, dass wir Menschen mit diesen fünf Sinnen ausgestattet sind. Wir setzen sie täglich bewusst und unbewusst ein. Auf diesen fünf Sinnen beruht unser Verständnis für eine sinnlich fassbare Welt. Jeder kennt die Organe, die die Sinneszellen – wir nennen sie auch Rezeptoren – für die fünf Sinne beherbergen: Augen, Ohren, Nase, Zunge und Haut. Die Neuroanatomie zeigt uns, dass jeder der fünf Sinne seine Information über eigene, von den anderen Sinnen abgetrennte Bahnen an spezifische Zielgebiete im Gehirn schickt (darauf werden wir in späteren Kapiteln noch ausführlicher eingehen). Aber sind das alle Sinne? Oder gibt es mehr? Wenn wir ein bisschen nachdenken, werden wir feststellen, dass diese fünf Sinne nicht ausreichen können, um all unsere Sinnesempfindungen zu erklären.

Wer von uns hatte nicht schon einmal Schwindelanfälle, z. B. nach einer Innenohrentzündung, bei Durchblutungsproblemen oder nach einer Achterbahnfahrt Die Welt scheint sich dann um uns zu drehen, und es gibt nirgendwo einen festen Punkt, an dem man sich orientieren könnte. Wenn wir wahrnehmen können, dass sich die Welt um uns dreht, müssen wir einen Drehsinn haben. Seine Aufgabe besteht im Normalfall darin, uns anzuzeigen, ob und wie wir den Kopf bewegen. Nur bei außergewöhnlicher Belastung oder bei Erkrankungen des Sinnes nehmen wir Schwindel wahr. Auch dieser Sinn hat ein eigenständiges Sinnesorgan: das Vestibularsystem im Innenohr mit den sogenannten Bogengängen. Dort befinden sich spezialisierte Sinneszellen, die mit spezifischen Gehirnarealen verbunden sind. In der Nähe der Bogengänge sitzen auch die beiden Maculaorgane. (Nicht zu verwechseln mit der Macula im Auge! – Der Begriff „Macula" stammt aus dem Lateinischen und bedeutet „Fleck".)

Die Maculaorgane enthalten die Sinneszellen des Lagesinnes, der die Lage des Kopfes bestimmt. Er sagt unserem Gehirn, ob wir aufrecht stehen oder waagerecht liegen, er ist quasi eine

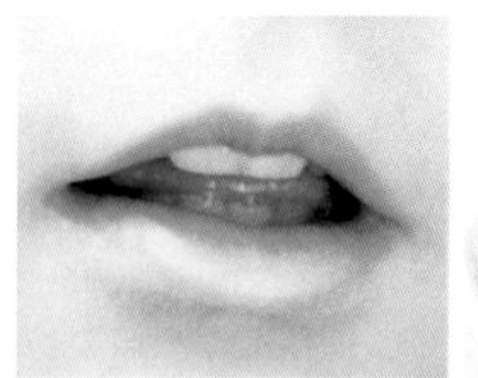  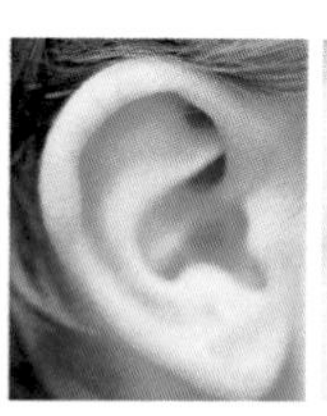 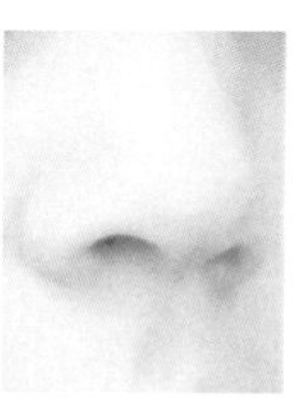 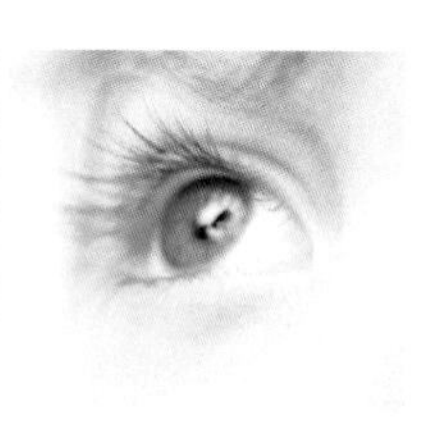

◘ **Abb. 2.1** Unsere fünf klassischen Sinne: Schmecken, Tasten, Hören, Riechen und Sehen. Reichen diese Sinne aus, um die Welt zu erkunden? (© fredredhat/Adobe Stock)

Art Wasserwaage in unserem Kopf. Aber wozu muss unser Gehirn das überhaupt wissen? Die Lage und die Bewegung des Kopfes sind ungemein wichtig, wenn das Gehirn die Information aus den Augen oder Ohren interpretieren will. Ein Beispiel: Wenn sich das Bild eines Objekts auf der Netzhaut unseres Auges verschiebt, kann das ganz verschiedene Ursachen haben. Entweder das Objekt bewegt sich selbst – dann könnte es z. B. ein Tier sein, das uns gefährlich werden kann –, oder aber wir bewegen unseren Kopf und damit die Netzhaut – dann bewegt sich das Objekt nur scheinbar. Unser Gehirn muss diese Unterscheidung zu jedem Zeitpunkt treffen können. Deshalb haben wir einen Sinn entwickelt, der unsere Kopfbewegung detektiert und diese Information dem Gehirn zur Verfügung stellt. Und es geht noch weiter: Wenn wir den Kopf drehen, ein Objekt aber weiterhin im Auge behalten wollen, nutzt das Gehirn direkt die Information, die es vom Drehsinn erhält, um die Augen in die Gegenrichtung zu drehen. Dadurch bleiben sie exakt auf das Objekt ausgerichtet. Wir bezeichnen diese Kompensation als vestibulookulären Reflex.

Welche Sinne gibt es noch? Während der Untersuchung durch einen Neurologen mussten Sie vielleicht schon einmal mit geschlossenen Augen Ihre Nasenspitze mit dem Zeigefinger berühren. Interessanterweise gelingt das im Normalfall sehr gut, obwohl Sie die Bewegung Ihrer Hand nicht visuell kontrollieren können. Ihr Gehirn muss ein anderes „Bild" Ihres Körpers benutzen, um die Hand an die Nasenspitze zu bewegen. Dieses Bild wird von Sinneszellen in Muskeln und Gelenken vermittelt, die die Stellung der Körperteile und Gelenke genau registrieren. Wir nennen diese Sinneszellen „Propriozeptoren" (vom lateinischen *proprius* für „eigen"), weil sie nicht auf Reize von außen reagieren, sondern die eigene innere Welt repräsentieren. In den meisten Fällen verarbeiten wir die Information der Propriozeptoren gar nicht bewusst. Die Rezeptoren in unserem Bewegungsapparat sind in wichtige Regelkreise und Rückkopplungsprozesse eingebunden, ohne die wir keine kontrollierten Bewegungen durchführen, ja noch nicht einmal stehen könnten, ohne umzufallen. Das glauben Sie nicht? Stehen Sie einmal auf und bleiben ganz ruhig stehen. Achten Sie jetzt darauf, wie Ihr Körper beständig versucht, durch kleine Ausgleichsbewegungen sein Gleichgewicht zu halten. Dies funktioniert auch mit geschlossenen Augen, allerdings nicht ganz so gut wie mit offenen Augen. Unsere Körperhaltung ist also nicht absolut von einer visuellen Kontrolle abhängig. Die Regelkreise, die die Information der Propriozeptoren nutzen, leisten im Normalfall gute Arbeit, wenn es darum geht, unseren Körper in seiner Haltung zu stabilisieren. Aber wir kennen alle die Folgen, die eintreten, wenn diese Regelkreise durch Alkoholkonsum gestört werden und der Betroffene mehr schlecht als recht nach Hause wankt.

Andere Sinneszellen in unserem Körper überwachen wichtige Stoffwechselwerte. Zu diesen physiologischen Parametern gehören z. B. der Blutdruck oder die Konzentration von Kohlendioxid im Blut. Auch diese Sinneszellen, die Endorezeptoren, sind wichtige Bestandteile in Regelkreisen unseres Körpers, arbeiten aber weitgehend unbemerkt. Wir werden all diese Sinneszellen und ihre Funktion in ▶ Kap. 11 ausführlicher behandeln.

Dass wir einen Temperatursinn haben, wissen wir aus eigener Erfahrung. Wir prüfen damit, ob das Badewasser zu warm oder zu kalt ist, ob wir frieren oder unsere Kinder Fieber haben. Und schließlich gibt es einen Sinn, der ungemein wichtig ist, auch wenn er keineswegs angenehme Eindrücke vermittelt, sondern uns leiden lässt: der Schmerzsinn. In der Tat kann man den Schmerz als eigenständigen Sinn von den anderen Sinnen unterscheiden. Das angenehme Gefühl im warmen Badewasser (etwa bis 37 °C) vermittelt der Temperatursinn. Ist das Wasser jedoch heißer, werden die Schmerzzellen aktiv – wir empfinden Schmerz und ziehen schnell die Hand aus dem Wasser. Schmerzzellen melden uns auch mechanische Verletzungen wie Stiche, Schnitte und Quetschungen. Auch bei entzündlichen Vorgängen sind Schmerzzellen hochaktiv. Die Aufgabe des Schmerzsinnes ist es, uns vor gefährlichen Situationen zu warnen oder dafür zu sorgen,

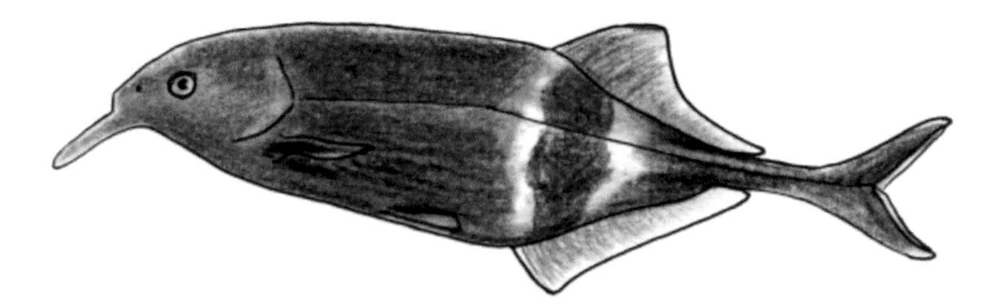

■ **Abb. 2.2** Der Elefantenrüsselfisch ist ein gutes Beispiel für eine uns gänzlich fremde Art von Sinneswahrnehmung. Er erzeugt um sich herum ein schwaches elektrisches Feld und kann registrieren, wenn sich dieses Feld verändert. Möglicherweise ist er somit in der Lage, sich in seiner Umgebung zu orientieren oder auch mit anderen Tieren zu kommunizieren. Welcher Art die Sinneseindrücke sind, die das Tier dabei hat, wird uns für immer verborgen bleiben. (© Michal Rössler, Universität Heidelberg)

dass wir z. B. unseren schmerzenden, weil verstauchten, Knöchel schonen. Trotzdem haben wir uns sicher alle schon einmal gewünscht, ein Leben ohne Schmerzen führen zu können. Es gibt tatsächlich Menschen, die aufgrund eines genetischen Defekts keine Schmerzen wahrnehmen. Im ersten Moment mag man denken, wie glücklich diese Menschen sein müssen. Aber die Erfahrung lehrt das Gegenteil! Die meisten der Betroffenen sterben noch als Kind, weil es keine Instanz in ihrem Körper gibt, die sie vor Gefahren warnt. Sie verbrühen sich mit kochend heißen Getränken oder ziehen sich schwerste Verbrennungen am Herd oder am Ofen zu. Sie lassen schwere Verletzungen nicht behandeln, weil sie sie gar nicht wahrnehmen. Sie überlasten ihre Gelenke und ihre Wirbelsäule, weil kein Schmerzsignal sie daran hindert. Diejenigen, die das Erwachsenenalter erreichen, sind oft schwer gezeichnet und haben manchmal ausgeprägte Schädigungen des Bewegungsapparats.

Summa summarum bringen wir es also locker auf zehn Sinne. Diese Sinne erschließen uns unsere innere und unsere äußere Welt. Im Vergleich mit anderen Tieren belegen wir beim Sehen einen Spitzenplatz. Bis auf die Raubvögel mit ihren sprichwörtlichen Adler- und Falkenaugen sind uns die meisten Tiere deutlich unterlegen, wenn es um die Sehschärfe oder das Erkennen von Farben geht. Auf anderen Sinnesgebieten schneiden wir weniger gut ab. Hundenasen sind viel empfindlicher als unsere Nasen. Und zu bestimmten tierischen Sinnesleistungen, die wir in den späteren Kapiteln besprechen werden, sind wir überhaupt nicht in der Lage. Viele Tiere können Dinge wahrnehmen, für die wir (im übertragenen Sinne) blind sind. Zugvögel orientieren sich beispielsweise bei langen Wanderungen am Magnetfeld der Erde – sie haben einen Magnetsinn. Manche Fische orten andere Fische, indem sie mit spezialisierten Sinneszellen die schwachen elektrischen Felder wahrnehmen, die jeder Körper erzeugt (■ Abb. 2.2). Wir sind dazu nicht imstande – Sinneszellen, die diese Leistungen ermöglichen, gehören nicht zu unserer sinnesphysiologischen Ausstattung. Wir sind von diesen Reizen, die genauso zu unserer Wirklichkeit gehören wie sichtbares Licht oder Geräusche, abgekoppelt.

Aber ist es nicht unfair, dass uns die Natur stiefmütterlich behandelt und nicht auch mit einem Magnet- oder einem Elektrosinn gesegnet hat? Wer hat darüber zu entscheiden? In den folgenden Abschnitten werden wir sehen, dass das, was wir wahrnehmen können und wie wir es wahrnehmen, die Folge einer Jahrmillionen langen Evolution ist.

2.2 Die Evolution der Sinne

2.2.1 Die Evolution ist der Motor für die Weiterentwicklung des Lebens

Evolution findet statt, weil das Leben auf dieser Welt stetigen Veränderungen unterworfen ist. In einem Wechselspiel zwischen Umwelt und

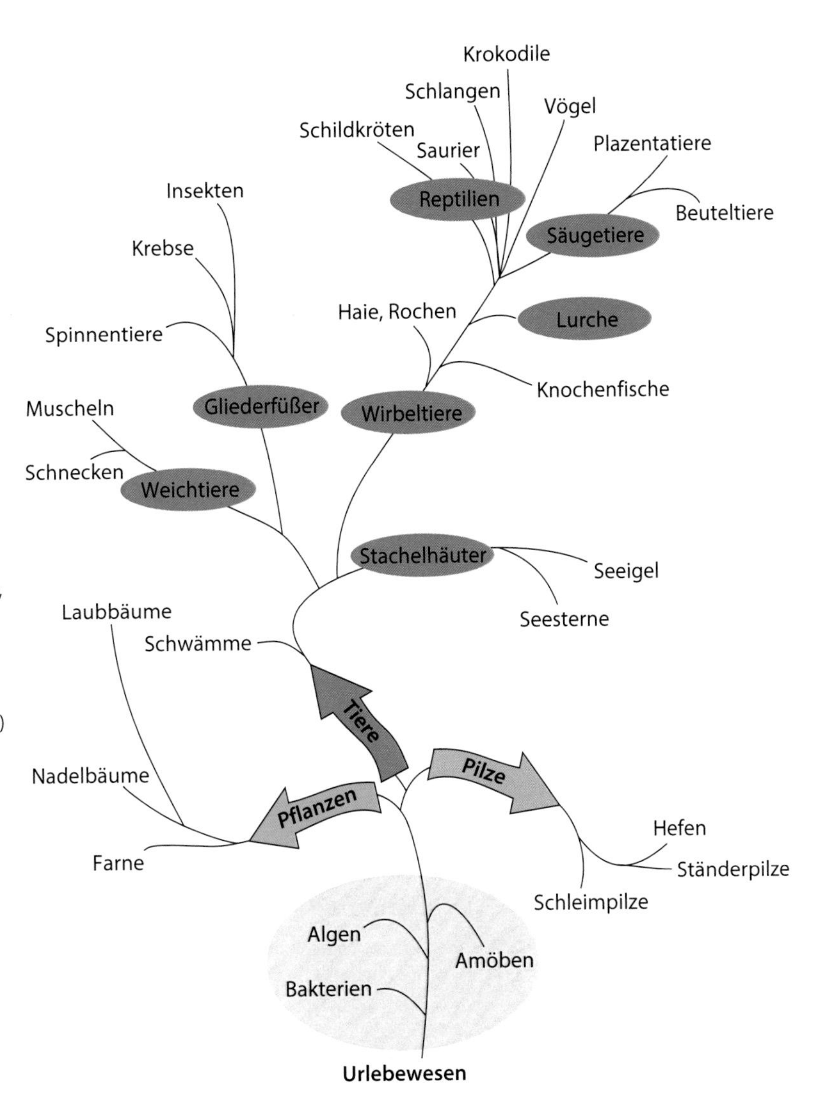

Abb. 2.3 Alle Organismen auf dieser Welt sind miteinander verwandt. Ausgehend von den ursprünglichen Lebensformen, die sich vor drei bis vier Milliarden Jahren auf der Erde bildeten, entwickelte sich eine enorme Organismenvielfalt. In diesem Stammbaum wurde nur eine sehr grobe Einteilung in Pflanzen, Tiere und Pilze vorgenommen. Es wurden nur einige Organismengruppen als Beispiele genannt, andere Gruppen, z. B. die verschiedenen Würmer, wurden aus Gründen der Übersichtlichkeit nicht aufgeführt. (© Anja Mataruga, Forschungszentrum Jülich)

Organismus passt sich eine Lebensform im Laufe von Generationen immer besser ihren Lebensbedingungen an. Diese Entwicklung erfolgt schrittweise und baut beständig auf dem auf, was vorhanden ist.

Nach unseren heutigen Erkenntnissen entstanden vor etwa drei bis vier Milliarden Jahren erste primitive einzellige Lebensformen auf dieser Erde. Sie vermehrten sich, veränderten sich weiter und entwickelten sich zu immer komplexeren Organismen. Jeder Organismus – gleich ob Bakterium, Tier, Pflanze oder Mensch, den wir heute auf der Erde antreffen – entwickelte sich aus diesen Urahnen (Abb. 2.3). Dies mag erstaunen, wenn man die Vielfalt der irdischen Organismen betrachtet. Auf den ersten Blick scheinen eine Eiche, ein Fisch und ein Bakterium wenig Gemeinsames zu haben. Aber auf der Ebene der Zelle und der Moleküle sind bei allen Organismen, die wir auf der Erde finden, die Grundmechanismen des Lebens gleich. Der Aufbau einer Pflanzenzelle unterscheidet sich nicht grundlegend von dem einer menschlichen Zelle. Alle Organismen speichern ihre Erbinformation in Form von DNS (Desoxyribonukleinsäure; auch DNA, abgekürzt für die englische Bezeichnung *deoxyribonucleic acid*) und nutzen den gleichen genetischen Code. Die Erbinformation von Menschen und Schimpansen z. B. ist zu fast 99 % identisch. Selbst mit Organismen wie der Bäckerhefe oder der Fruchtfliege teilen wir bei bestimmten Genen 30 bis 50 % der Erbinformation. Alle Organismen verwenden in ihren Zellen bestimmte Zellbausteine, die Proteine, um biochemische Reaktionen durchzuführen. Alle Organismen verwerten Kohlenhydrate als Energiequelle und setzen das körpereigene Molekül ATP (Adenosintriphosphat) als universelle Energiemünze für die verschiedenen Stoffwechselprozesse ein. Wir finden viele Beweise dafür, dass wir nach demselben Muster gestrickt sind wie die anderen Organismen auf dieser Erde und von gemeinsamen Urahnen abstammen.

Man schätzt, dass es heute ca. 100 Mio. Arten von Lebewesen auf der Erde gibt, die wir in die Reiche der Tiere, Pflanzen, Pilze oder Bakterien einordnen können. Unzählige Arten starben im Laufe der Evolution aus. Wir wissen nur, dass es sie gab, weil wir von ihnen Fossilien in Form versteinerter Überreste finden können. Die spektakulärsten Beispiele sind sicherlich die Dinosaurier. Sie beherrschten 150 Mio. Jahre lang die Erde, bevor sie vor ca. 65 Mio. Jahren verschwanden – übrigens lange bevor es Menschen gab. Die Idee, dass sich Arten ständig verändern und heute existierende Arten aus primitiveren Ahnen hervorgegangen sind, steht natürlich im Gegensatz zur wörtlich genommenen biblischen Schöpfungsgeschichte. Die Frage „Schöpfung oder Evolution?" wurde im 18. und 19. Jahrhundert kontrovers und sehr emotional diskutiert – auch heute noch gibt es Gegner der Evolutionslehre. Manche von ihnen akzeptieren zwar, dass nicht alle Arten in einem einzigen Schöpfungsakt erschaffen wurden, sehen aber eine lenkende schöpferische Kraft in der scheinbar so zielgerichteten Entwicklung von einfachen zu immer komplexeren Organismen. Wenn man genauer hinsieht, stellt man allerdings fest, dass die Entwicklung längst nicht so zielgerichtet war, wie es manchmal scheint. Auch die Ergebnisse der Evolution sind bei Weitem nicht immer perfekt! Sie sind nicht der große, einmalige Wurf eines genialen Ingenieurs, sondern das Ergebnis eines langen und wechselhaften Optimierungsprozesses, der in unendlich vielen kleinen Schritten erfolgt ist. Was ist nun Evolution? Wie läuft sie ab?

2.2.2 Das Prinzip der Zucht – die künstliche Auswahl

Um das zu verstehen, betrachten wir zuerst, nach welchen Prinzipien der Mensch seit langer Zeit als Züchter in die Entwicklung bestimmter Tier- oder Pflanzenarten eingreift. Nehmen wir einen Hundezüchter. Wenn er seine Hundemeute betrachtet, entdeckt er viele Unterschiede zwischen den Tieren (▣ Abb. 2.4). Einige sind größer, manche schlauer als die anderen, einige können besonders schnell laufen. Die Unterschiede

▣ **Abb. 2.4** Es gibt mehr als 300 Hunderassen. Obgleich sie alle vom Wolf abstammen, unterscheiden sie sich erheblich in ihren Erbinformationen und damit in ihren Merkmalen – eine Folge jahrelanger intensiver Zuchtauswahl. (Bearbeitet nach © Eric Lam/Adobe Stock)

kommen daher, dass die Tiere unterschiedliche Erbinformationen besitzen, die ihre Eigenschaften bestimmen. Diese Erbinformationen sind auf bestimmten Abschnitten der Hunde-DNS gespeichert, und diese Abschnitte werden Gene genannt. In jeder Gemeinschaft, egal ob es sich dabei um die Hundemeute des Züchters, um einen Fischschwarm oder um die Menschen in einer Stadt handelt, finden wir solche Variationen. Die verschiedenen Erbanlagen sorgen unter anderem dafür, dass kein Mensch dem anderen gleicht – abgesehen von eineiigen Zwillingen, deren Erbgut identisch ist. Und da selbst bei eineiigen Zwillingen beim Aufbau und Erhalt des Körpers das Erbgut nicht hundertprozentig gleich umgesetzt wird, finden wir auch hier feinste Unterschiede, beispielsweise in der Ausprägung der Nasenflügel oder der Anordnung der Haare. Bei nahe verwandten Individuen, wie Eltern und Kindern, ist ein Teil der Erbanlagen identisch. Deshalb sind sie einander im Aussehen und im Verhalten oft relativ ähnlich.

Die Unterschiede in der Erbinformation zwischen den verschiedenen Individuen entstanden in der Evolution spontan, zufällig und ohne Ziel. Bei jeder Zellteilung, auch bei der Bildung von Eizellen und Spermien, muss die Erbinformation verdoppelt werden, damit jede Tochterzelle eine komplette Kopie enthält. Bei diesem Kopiervorgang kommt es gelegentlich zu „Schreibfehlern". Wir nennen sie Mutationen. Wie wirken sie sich aus? Die meisten Gene enthalten den Bauplan für Proteine. Dies sind Zellbausteine – molekulare Maschinen, die einen Organismus überhaupt erst in die Lage versetzen, sich auszubilden und zu erhalten (darauf werden wir in ► Kap. 3 eingehen). Eine Mutation in einem Gen, das für ein Protein codiert, bedeutet, dass sich der Aufbau dieses Proteins verändert. Die Folgen sind zum Glück oft wenig dramatisch. So sorgen sie z. B. dafür, dass es eine große Vielfalt von Haarfarben gibt. Manche Mutationen aber wirken sich negativ aus, weil sie die Funktion des Proteins erheblich stören. Sie können zu charakteristischen Krankheitsbildern führen. In einigen Fällen ist die Fehlfunktion gravierend und schränkt die Lebensqualität stark ein. Im schlimmsten Fall bewirkt die Mutation, dass der Organismus nicht mehr lebensfähig ist. Und dann gibt es natürlich noch den Fall, dass Proteine durch Mutationen besser funktionieren. Dies kann vorteilhaft für den Organismus sein.

Aber zurück zu unserem Züchter. Nehmen wir an, er will schnell laufende Hunde für die Jagd züchten. Dann geht er vielleicht so vor: Er wählt aus seinem Rudel die Tiere aus, die am schnellsten laufen können, und kreuzt sie miteinander. Sie geben ihre Gene an die Nachkommen weiter. Darunter sind auch die Gene, die z. B. für feste Muskulatur und einen vorteilhaften Knochenbau sorgen und so die Tiere zu guten Läufern machen. Aus diesem Wurf werden wieder die schnellsten Tiere ausgesucht und weitergekreuzt usw. So wird in jeder Generation die Eigenschaft, schnell laufen zu können, an die Nachkommen weitervererbt. Da der Züchter immer nur die schnellsten Tiere zur Zucht auswählt, „sammeln" sich die Gene, die schnelles Laufen begünstigen, in seiner Zucht an. Nach einigen Generationen werden alle Hunde in dieser Zucht schneller und ausdauernder laufen können als normale, durchschnittliche Hunde eines anderen Züchters. Dieses Ergebnis ist also eine Folge der Auswahl durch den Züchter.

Der Erste, der erkannte, dass eine solche Auslese oder Selektion auch unter natürlichen Bedingungen stattfindet, ohne dass jemand lenkend eingreifen muss, war Charles Darwin (■ Abb. 2.5). Er beobachtete, dass es bei den meisten Tier- und Pflanzenarten zwar viele Nachkommen gibt, die meisten jedoch sterben, bevor sie zur Fortpflanzung kommen. Und er erkannte, dass die Auswahl der Überlebenden nicht zufällig erfolgte. Er beschrieb den Mechanismus der natürlichen Auslese als wesentlichen Motor der Evolution. Was ist mit natürlicher Auslese gemeint?

2.2.3 Das Prinzip der Evolution – die natürliche Auslese

Betrachten wir eine Gazellenherde in einem abgelegenen Tal in der afrikanischen Savanne (■ Abb. 2.6). In dem Tal gibt es durch eine glück-

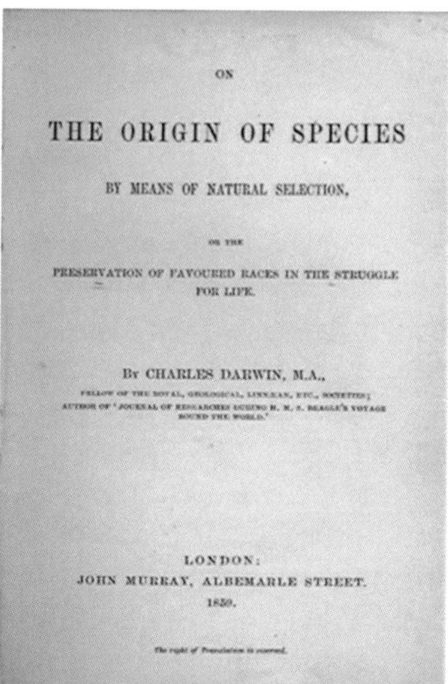

ON

THE ORIGIN OF SPECIES

BY MEANS OF NATURAL SELECTION,

OR THE

PRESERVATION OF FAVOURED RACES IN THE STRUGGLE FOR LIFE.

BY CHARLES DARWIN, M.A.,

LONDON:
JOHN MURRAY, ALBEMARLE STREET.
1859.

Abb. 2.5 Charles Robert Darwin (1809–1882) war ein britischer Naturforscher. Ende 1831 begann er eine fünf Jahre dauernde Reise mit der HMS Beagle (*unten*). Sie führte ihn nicht nur einmal um die Welt, sondern ermöglichte ihm vor allem tiefe Einblicke in die Artenvielfalt und die Unterschiede zwischen den Arten. Darwin war fasziniert von der Frage, wie es zu dieser Artenvielfalt kam. Aufgrund seiner Studien kam Darwin zu dem Schluss, dass sich jede Art durch Variation und natürliche Auslese an ihren Lebensraum anpasst. Sein Hauptwerk *On the Origin of Species* (*Über die Entstehung der Arten*) bildet die Grundlage der modernen Evolutionsbiologie. Die Evolutionslehre hat das Weltbild der Menschheit grundlegend verändert. Darwin gilt deshalb zu Recht als einer der bedeutendsten Naturwissenschaftler. (Links oben: © Maull und Fox, Wikimedia Commons; rechts oben: © Wikimedia Commons; unten: © Owen Stanley, Wikimedia Commons)

liche Fügung keine Raubtiere. Auch in dieser Gazellenherde sind nicht alle Tiere gleich. Wir finden große und kleine Tiere, manche mit hellerem oder dunklerem Fell und auch Tiere, die etwas schneller laufen können als der Rest. Solange genügend Nahrung da ist und die Gazellen ungestört leben können, ist es aber relativ egal, ob sie schnell oder langsam laufen oder besonders klein oder groß sind. Sie können alle genügend fressen und haben somit gute Überlebenschan-

Abb. 2.6 Thomson-Gazellen in der afrikanischen Savanne. (© Oleg Znamenskiy/Adobe Stock)

Abb. 2.7 Bei den Löwen jagen die Weibchen im Rudel. Durch ihre ausgeklügelte Jagdstrategie sind sie sehr erfolgreich darin, ein Tier aus einer Herde zu isolieren und zu erbeuten. (© Gerard McDonnell/Adobe Stock)

cen. Folglich pflanzen sie sich alle fort und geben dabei ihre Gene – und damit ihre Eigenschaften – an die Nachkommen in der Herde weiter.

Nun nehmen wir an, dass sich die Umweltbedingungen ändern. Ein Löwenrudel wandert in das Tal ein, und die Gazellen stehen ganz oben auf ihrem Speiseplan (Abb. 2.7). Die Gazellen, die besonders schnell laufen können, haben jetzt auf einmal einen Vorteil. Sie entkommen den Löwen eher als die langsamen Tiere. Diese werden leichter erbeutet und als Erste gefressen. Der Rest ist simpel: Im Durchschnitt überleben mehr von den schnellen als von den langsamen Gazellen. Sie kommen deshalb häufiger zur Fortpflanzung als die langsamen Tiere. Ähnlich wie bei der oben beschriebenen Hundezucht wird die Fortpflanzung der schnellsten Tiere innerhalb der Population begünstigt – allerdings allein durch den Druck der natürlichen Auslese. Sie wird durch die Umweltbedingungen bestimmt, in diesem Fall durch das hungrige Löwenrudel. Es wird zwar länger dauern als bei einer gezielten Zucht, aber über viele Generationen hinweg werden die Gazellen in diesem Tal immer schneller. Eine bestimmte Eigenschaft ist zum Überlebensvorteil für die Gazellen geworden und setzt sich von Generation zu Generation immer mehr durch. Da sich diese Eigenschaft in der Gemeinschaft ausbreitet, sorgt sie dafür, dass die Tiere besser an die veränderte Umweltbedingung „Löwenrudel im Tal" angepasst sind.

Dies gilt auch für andere Eigenschaften, vorausgesetzt, sie bringen einen Vorteil beim Überleben und bei der Fortpflanzung. Die Gazellen beispielsweise, die durch ihre Fellfarbe am besten getarnt sind, werden am seltensten von den Raubtieren erkannt und erjagt. Auch diese Eigenschaft wird sich also durchsetzen. Deshalb weist das Fell der meisten Tiere Farben und Muster auf, die das Tier gut tarnen.

Selbstverständlich gelten die Regeln der natürlichen Auslese auch für die Löwen. Langsame oder schwache Jäger erbeuten kein Wild und verhungern. Die Tiere, die schnell und stark genug sind, um ihre Beute zu erlegen, werden ihre Brut besser aufziehen können und sich stärker fortpflanzen. Sie vererben ihre positiven Eigenschaften an die Nachkommen des Löwenrudels. Evolution beruht also auf der Kombination zweier Vorgänge: erstens der spontanen Veränderung der Erbinformation – sie erfolgt zufällig – und zweitens der Auslese durch die Umweltbedingungen – sie erfolgt ganz und gar nicht zufällig, wie wir an unserem Beispiel gesehen haben. Vielmehr zwingt die natürliche Auslese – der Selektionsdruck – die Eigenschaften der Organismen langsam, aber sicher in eine bestimmte Richtung.

2.2.4 Die Eigenschaften unserer Sinnessysteme und die Verarbeitungsstrategien unseres Gehirns sind ein Produkt der Evolution

Es ist leicht einzusehen, dass gerade Sinnesleistungen unter einem starken Selektionsdruck stehen und dadurch optimiert werden. Schließlich nehmen die Gazellen in unserem Beispiel, wie alle Lebewesen, ihre Umwelt mit ihren Sinnen wahr. Diese Wahrnehmung ermöglicht es, der Gefahr durch die Löwen zu entgehen. Umgekehrt benötigen Raubtiere, wie die Löwen, hochentwickelte Sinnesorgane, um Beute aufzuspüren und zu erjagen. Die uralte Geschichte vom Fressen und Gefressenwerden führte also zu einem Wettrüsten der Sinnes- und Gehirnleistungen. Und: Da praktisch jede Tierart auf dem Speiseplan einer anderen Spezies steht, gilt diese Entwicklung für alle Tierarten. Tiere, die gejagt werden, setzen besonders auf Frühwarnsysteme. Ihre Augen sitzen meist seitlich am Kopf und erlauben ihnen fast einen Rundumblick (◘ Abb. 2.8). Für Tiere, die in der Steppe leben, ist es sinnvoll, den Horizont immer gut zu überwachen, um anschleichende Jäger schnell zu erkennen. Deshalb enthält der Teil ihrer Netzhaut, auf den der Horizont abgebildet wird, besonders viele Sinneszellen und liefert so ein besonders gutes Bild.

Im Gegensatz dazu haben die jagenden Tierarten ihre Sinnesorgane für die Jagd optimiert. So verlagerten sich bei den meisten Raubtieren die Augen während der Evolution von der Seite des Kopfes nach vorn und stehen nun frontal (◘ Abb. 2.9). Wie wir in ► Kap. 7 sehen werden, ermöglicht das Sehen der Beute mit zwei Augen eine besonders effiziente Entfernungsbestimmung. Die Beute kann sicherer angesprungen und gepackt werden. Auch die anderen Sinne wurden während der Evolution optimiert. Sowohl Gazellen als auch Löwen haben einen hochentwickelten Geruchs- und Gehörsinn. Aber nicht jede Sinnesleistung bietet automatisch Vorteile in der Evolution. So würde es einer Gazelle beispielsweise gar nichts nutzen, wenn sie besonders hohe Töne wahrnehmen könnte, denn Löwen geben keine hohen Töne von sich. Diese Eigenschaft würde sich also in dieser Umweltsituation nicht durchsetzen. Erst wenn plötzlich Raubtiere ins Tal einwanderten, die sich für die Jagd mit hohen Piepstönen verständigten, brächte diese Eigenschaft vielleicht einen Selektionsvorteil.

Ein weiterer Schutzmechanismus für Beutetiere besteht darin, dem Jäger das Aufspüren zu erschweren – sprich, sich gut zu tarnen (Mimese). Dazu zählen Tarnfarben im Fell oder Federkleid ebenso wie das vollkommene Verändern der Gestalt (◘ Abb. 2.10).

Das Wettrüsten der Sinnes- und Gehirnleistungen macht bei dem Individuum nicht halt. Bei den Löwen jagen bekanntermaßen die Weibchen im Team. Sie haben hochkomplexe Jagdstrategien entwickelt, die es ihnen erlauben, Beute sicherer zu erjagen als im Alleingang.

Gehen wir von dem Gazellen/Löwen Problem zu einer allgemeinen Betrachtungsweise über. Welche grundsätzlichen Eigenschaften eines Sinnessystems stellen für das Überleben einen besonderen Vorteil dar und setzen sich deshalb generell in der Evolution durch? Sicher

Abb. 2.8 Bei vielen Tieren stehen die Augen seitlich. Dadurch ist es ihnen möglich, einen großen Teil ihrer Umgebung gleichzeitig zu beobachten und bei Gefahr frühzeitig zu fliehen. Das Chamäleon ist ein Spezialfall. Seine Augen sind extrem beweglich. Es kann sogar ein Auge nach vorn und das andere gleichzeitig nach hinten drehen. Es hat einen „Rundumblick". (© Erik Leist, Universität Heidelberg)

spielt die Empfindlichkeit eine große Rolle. Eine Katze braucht hochempfindliche Lichtsinneszellen, die Photorezeptoren, um nachts jagen zu können. Nachtaktive Raubtiere, zu denen alle Raubkatzen gehören, sind deutlich lichtempfindlicher und können bei Sternenlicht viel besser sehen als wir. Auch die Überlebenschance der Beute steigt mit der Empfindlichkeit ihrer Sinne. Aber Empfindlichkeit ist nicht alles. Die meisten Jäger müssen sich beim Jagen auf ihre Beute zu bewegen (wenn wir von Tieren absehen, die, wie die Netzspinnen, geduldig auf ihr Opfer warten). Dabei wird das Bild des Jägers auf der Netzhaut des Opfers größer. Die Form seines Abbildes verändert sich, weil er bei der Jagd seine Gliedmaßen bewegt. Vielleicht verursacht er bei der Attacke plötzlich Geräusche wie das Rascheln im Laub oder das Knacken eines Zweiges. All diesen Dingen ist eines gemein: Veränderung!

Genau dafür wurden die Sinnessysteme in der Evolution optimiert: das Erkennen von

Abb. 2.9 Bei einigen Tierarten stehen die Augen nicht seitlich, sondern frontal. Die Bildfelder der beiden Augen überlappen dadurch sehr stark, sind aber nicht identisch. Anhand der leichten Unterschiede zwischen den beiden Bildern kann das Gehirn die Entfernung von Objekten sehr genau berechnen. Jagende Tiere besitzen frontal stehende Augen, damit sie ihre Beute besser greifen können. Die meisten Primaten (zu den Primaten zählen die Affen und der Mensch) leben auf Bäumen. In der Entwicklung der Primaten verlagerten sich die Augen nach vorn, um die Entfernung von Ästen und Bäumen genauer bestimmen zu können – eine Grundvoraussetzung für das sichere Springen von Ast zu Ast (*unten rechts*). (© Erik Leist, Universität Heidelberg)

Veränderung, vor allem von Bewegung. Auch unsere eigenen Sinne bilden da keine Ausnahme. Wenn Sie durch den Wald spazieren, sind Sie von Tausenden von Objekten umgeben: Bäumen, Zweigen, Steinen, Blättern. Es ist unmöglich, alles detailliert zu beobachten. Aber sobald ein Tier schreit oder etwas im Laub raschelt, sobald sich etwas bewegt, ist Ihre Aufmerksamkeit geweckt. Ganz gleich, wie genau Sie ins Unterholz schauen – oft nehmen Sie ein Tier erst wahr, wenn es sich bewegt. Bei manchen Tierarten hat sich das

Abb. 2.10 Drei Beispiele für gute Tarnung (Mimese). Sie erschwert das Aufspüren der Beute. Jedes der gezeigten Tiere ist für seinen Lebensraum optimal getarnt. Links: Seepferdchen; Mitte: wandelndes Blatt; rechts: Stabheuschrecke. (© Erik Leist, Universität Heidelberg)

Sinnessystem so auf die Wahrnehmung von Veränderungen spezialisiert, dass sie für alles andere praktisch blind sind. Für einen Frosch (Abb. 2.11) ist es egal, ob der Himmel gleichmäßig blau oder grau ist. Sein Gehirn ist so klein, dass man ihm kaum unterstellen mag, über die Farbe des Himmels philosophische Betrachtungen anzustellen. Was für ihn zählt, sind Objekte, die sich vor diesem Himmel bewegen. Ein kleines bewegtes Objekt könnte eine Fliege sein, die er erbeuten kann. Ein großes sich bewegendes Objekt könnte ein Storch sein, der ihn fressen will. Das Sehsystem des Frosches ist vollkommen an diese Strategien angepasst. Frösche, und auch viele andere Tiere, nehmen unbewegte Objekte praktisch nicht wahr.

Und noch ein Parameter spielt beim Fressen und Nichtgefressenwerden eine wesentliche Rolle: die Zeit. Das Gehirn kann es sich nicht erlauben, Sinnesinformation in allen Details auszuwerten, um zu einer wohlüberlegten Entscheidung zu kommen. Bei dem ersten Anzeichen von Gefahr muss es eine Fluchtreaktion einleiten, sonst kann es zu spät sein. Ein Frosch kann nur durch einen kühnen Sprung seinem Jäger entgehen. Deshalb hat sich in

Abb. 2.11 Das visuelle System von Fröschen ist darauf optimiert, Objekte zu erkennen, die sich bewegen. Unbewegte Objekte nimmt das Tier kaum wahr. (© Erik Leist, Universität Heidelberg)

der Evolution eine einfache Strategie durchgesetzt: Flüchte lieber schnell, auch wenn es sich möglicherweise um falschen Alarm handelt! Die Mechanismen der Evolution waren dabei einfach: Die zögerlichen Frösche wurden alle gefressen und konnten sich nicht fortpflanzen. Nur die schnellen Frösche überlebten und gaben die Gene, die ihnen die Flucht ermöglichten, an die Nachkommen weiter. Die Folge dieses Überlebensdruckes ist: In der Verarbeitungsstrategie des Gehirns kommt Geschwindigkeit vor Genauigkeit! Auch unser Gehirn setzt auf diese Strategie.

Nicht immer geht es in der Evolution darum, dass alles größer, schneller, stärker und empfindlicher wird. Durch die Evolution passt sich vielmehr jede Art optimal an ihre Lebensbedingungen an. Die Zecke aus der Gartenidylle in ▶ Kap. 1 ist beispielsweise klein, unscheinbar, blind und unendlich viel schwächer als ihre Opfer. Dennoch werden auch die stärksten Löwen von solchen Parasiten befallen, gerade weil sie so klein und unscheinbar sind und somit kaum entdeckt werden. Die Zecken haben seit Hunderten von Millionen Jahren in der Evolution überlebt, weil ihre Eigenschaften optimal an ihre Lebensbedingungen angepasst sind. Eine 30 cm große Monsterzecke im Gras hätte den Überraschungseffekt nicht wirklich auf ihrer Seite.

Auch andere Arten zeigen, dass „mehr" in der Evolution nicht immer „besser" ist. Bestimmte Fische leben in Seen in tiefen Höhlen, in die kaum Tageslicht eindringt. Unter diesen Bedingungen sind Augen recht sinnlos. Im Gegenteil, wie wir alle aus eigener Erfahrung wissen, sind Augen sehr empfindliche Schwachstellen in unserem Körper. Die Ressourcen eines Organismus sind beschränkt. Es ist in dieser Situation sinnvoller, nicht in Augen zu investieren, die ohnehin nie etwas sehen werden, sondern die frei gewordenen Ressourcen z. B. in die Produktion von Keimzellen und damit Nachkommen zu stecken. Die Fortpflanzungseffizienz wird dadurch gesteigert, und das ist es, was in der Evolution zählt. Diese Höhlenfische brauchen keine Augen mehr und besitzen deshalb auch keine (◘ Abb. 2.12).

◘ **Abb. 2.12** Der blinde Höhlenfisch lebt in einer Welt ohne Licht. Er besitzt keine Augen. Während der Entwicklung der Jungtiere entstehen zwar Augenanlagen, die dann aber wieder verkümmern. Die blinden Höhlenfische stammen also von Fischen ab, die sehen konnten. Die Augen des Höhlenfisches bildeten sich während der Evolution zurück, weil sie nicht mehr gebraucht wurden. Insofern spiegelt die Individualentwicklung des Höhlenfisches die Entwicklung seiner Art wider. (© Erik Leist, Universität Heidelberg)

Interessanterweise werden die Augen in der Embryonalentwicklung der Höhlenfische aber oft noch angelegt. Dies ist eine wichtige Tatsache. Sie zeigt, dass es nicht von Anfang an das „Schicksal" dieser Fische war, augenlos zu sein. Die embryonale Augenanlage beweist, dass der Fisch von Vorfahren abstammt, die vor Millionen von Jahren in hellen Seen lebten und hochentwickelte Augen hatten. Während der Embryo sich weiterentwickelt, verkümmern die Augen dann aber vollständig. Auch beim Maulwurf sind die Augen verkümmert (wenn auch nicht vollständig) und durch Hautfalten gut geschützt.

Die Evolutionsgeschichte ist voll von solchen Beispielen, in denen Organe oder Leistungen, die für die Vorfahren einmal wichtig waren, unter geänderten Lebensbedingungen keinen Vorteil mehr bringen und als „Ballast" entsorgt werden. Sie zeigen eines ganz klar: Die Evolution ist nie gerichtet, und sie ist nie abgeschlossen. Sie ist vielmehr eine ewige Baustelle.

2.2.5 Kinder der Evolution

Die Sinne der Tiere entwickelten sich also abhängig von ihrem Lebensraum und den Lebensumständen. Fledermäuse erbeuten

Abb. 2.13 Fledermäuse finden ihre Beute mittels einer hochentwickelten Echoortung. Sie können dadurch in absoluter Dunkelheit jagen. (© Valeriy Kirsanov/Adobe Stock)

Abb. 2.14 Das Seitenlinienorgan ist ein mechanosensitives Sinnesorgan, das man bei wasserlebenden Wirbeltieren wie Fischen oder Amphibien findet. Es informiert seinen Träger über Wasserströmungen, die durch andere Objekte ausgelöst werden. (© AlexRaths/iStock)

nachts in absoluter Dunkelheit im schnellen Flug Insekten. Sie haben dazu eine Art Echolot entwickelt. Sie stoßen Ultraschalllaute aus, die zu hoch sind, um von uns gehört zu werden, und lokalisieren ihre Beutetiere aufgrund des Echos, das von ihnen zurückgeworfen wird. Fledermäuse haben deshalb in der Evolution sehr große und hochempfindliche Ohren entwickelt (Abb. 2.13; siehe auch ► Kap. 8). Im Gegenzug haben auch bestimmte Nachtfalter, die auf dem Speiseplan der Fledermäuse stehen, die Fähigkeit entwickelt, Ultraschall wahrzunehmen. Wenn sie die Schreie der Fledermäuse hören, lassen sie sich im Flug sofort fallen und entgehen so ihren von hinten heranschießenden Jägern. Wieder ein klarer Fall von Wettrüsten in der Sinneswelt.

Tiere, die in schlammigen und trüben Gewässern leben, können sich kaum optisch orientieren. Viele dieser Arten haben deshalb andere Mechanismen entwickelt, um ihre Umwelt wahrzunehmen. Manche haben einen elektrischen Sinn. Haifische erkennen die schwachen elektrischen Felder, die jeden Organismus umgeben, und lokalisieren so andere Fische, selbst wenn diese sich im Meeresboden eingegraben haben. Auch das sogenannte Seitenlinienorgan ist eine Anpassung an das Wasserleben (Abb. 2.14). Man findet es bei Fischen und bei Amphibien, die im Wasser leben. Es handelt sich um eine Anordnung von Drucksensoren in der Haut. Sie erlauben es, Strömungen zu vermessen, die auf die Gegenwart von Objekten schließen lassen. Das System ist so gut, dass Fische damit die Oberfläche von Objekten regelrecht abtasten können, ohne sie berühren zu müssen.

Diese Beispiele zeigen, dass alle Lebewesen, wir Menschen eingeschlossen, das Produkt einer sehr langen Evolution sind. Im Laufe dieser Evolution wurden, und werden nach wie vor, die Eigenschaften jedes Organismus für das Überleben in seiner Umwelt angepasst. Diese Anpassung schließt geradezu zwangsweise die Sinnesorgane mit ein, denn sie sind es, die den Organismus auf seine Umwelt reagieren lassen. Hieraus leitet sich eine interessante Konsequenz ab, die uns aber im Alltag nur selten gegenwärtig ist: So unterschiedlich die verschiedenen Lebensformen auf unserem Planeten sind, so verschieden ist auch ihre Wahrnehmung ein und derselben Wirklichkeit. Eine Zecke hat keine Ahnung, dass es über ihr einen blauen Himmel mit weißen Wolken gibt, wie schön Amseln singen und wonach Rosen duften. Und wir können uns nicht vorstellen, was eine Taube empfindet, die sich am Magnetfeld der Erde orientiert, oder was ein Fisch wahrnimmt, während er die Umgebung mit seinen Seitenlinienorganen abtastet.

Der Grund, warum wir keine magnetischen oder elektrischen Felder wahrnehmen können, ist einfach: Diese wahrzunehmen, war bisher für unser Überleben nicht notwendig. Es brachte uns Menschen folglich keinen Vorteil, Sinnesorgane dafür zu entwickeln. Unsere Ausstattung mit Sinnen und die Art und Weise, wie wir unsere Umwelt wahrnehmen, haben sich in der Evolution als brauchbar und sinnvoll herausgestellt. Aber eines ist klar: Unsere Sinnesorgane liefern uns nur Teile eines großen Spektrums an möglicher Information aus der Wirklichkeit. Unser Spektrum ist breiter als das der Zecke oder des Frosches, aber dennoch begrenzt. Wir müssen uns darüber klar sein, dass es nicht „die ganze Wirklichkeit" repräsentiert! Die Welt um uns herum wird durch unsere Sinnesorgane „gefiltert", und nur das, was durch diesen Filter passt, können wir wahrnehmen. Für viele Reize sind wir einfach nicht empfänglich. Möglicherweise werden wir dadurch von unsinnigen und unwichtigen Reizen „verschont". Anderseits, wer weiß schon, was uns alles entgeht? Wir können es bestenfalls ahnen, wenn wir über die Sinnesleistungen der Tiere staunen: Spürhunde, die vermisste Menschen unter meterdicken Schneelawinen aufspüren, Zugvögel, die Tausende von Kilometern zurücklegen und genau den Baum wiederfinden, in dem sie im Sommer zuvor gebrütet haben. Unfassbare Leistungen hochentwickelter Sinnessysteme!

2.2.6 „Wer hat's erfunden?"

(Nein, diesmal nicht die Schweizer.) Wenn wir hier von Sinnen reden, meinen wir natürlich die Sinnesorgane, wie wir sie von Tieren oder uns Menschen kennen. Aber die Notwendigkeit, auf Umweltreize zu reagieren, bestand bereits lange bevor es die ersten Tiere gab. Schon für die ersten Zellen, die auf der Erde entstanden, war es vorteilhaft, auf Reize aus der Umwelt reagieren zu können. Sie brauchten Nährstoffe, um wachsen und sich teilen zu können. Wer Nährstoffe detektieren kann und sich auf die Nährstoffquelle zu statt von ihr weg bewegt, hat einen klaren Selektionsvorteil. Die chemische Detektion biologisch wichtiger Substanzen war deshalb einer der ersten „Sinne", der sich entwickelte. Wer wie ein Pantoffeltierchen um ein Hindernis herum schwimmen oder wie eine Amöbe auf einem Untergrund wandern will, muss auf mechanische Reize reagieren können – das „Fühlen" war geboren. Ebenfalls sehr früh entwickelten sich Zellen, die auf Licht reagieren und sich zur Lichtquelle hin oder von ihr weg bewegen konnten. Lichtempfindlichkeit finden wir bereits bei bestimmten Bakterienarten, denn sie nutzen, ähnlich wie die Pflanzen, das Licht für die Energieerzeugung. Die Idee, auf Umweltreize zu reagieren, ist also keine Erfindung der heutigen „modernen" Organismen. Unsere Sinne kamen nicht urplötzlich aus dem Nichts. Als sich mehrzellige Organismen wie die Tiere entwickelten, konnten sie vielmehr auf eine gut entwickelte Palette molekularer und zellulärer Prozesse zurückgreifen, die seit Anbeginn der Evolution zur Detektion von Umweltreizen zur Verfügung standen. Unsere Sinneswahrnehmung hat ihre Wurzeln in unseren allerersten Vorfahren, die vor drei oder vier Milliarden Jahren auf der Erde lebten.

2.3 Jeder auf seine Art – die Leistungen unserer Sinne sind höchst unterschiedlich

2.3.1 Zwei Sinne im Vergleich

Kommen wir wieder zu unseren eigenen Sinnen zurück. Unsere Sinne sind in Bezug auf ihre Leistungsfähigkeit und ihre physiologische Funktion höchst unterschiedlich. Doch gleich, wie unterschiedlich sie sind, beim genauen Hinsehen erkennen wir in allen Fällen ganz deutlich, wie sie von der Evolution zu dem geformt wurden, was sie heute sind. Vergleichen wir dazu den Geschmackssinn und das Sehen.

Der Geschmack ist einer der ältesten Sinne. Schon lange bevor Organismen sehen oder hören konnten, mussten sie Nahrung finden. Unser Geschmackssinn hat nur wenige, klar umrissene Aufgaben (► Kap. 5). Er prüft die Qualität und die Bekömmlichkeit der Nahrung. Er löst Verdauungsreflexe aus. Wenn etwas gut schmeckt, „läuft uns das Wasser im Mund zusammen". Der Speichel liefert Enzyme, die unsere Nahrung schon in der Mundhöhle vorverdauen, und er hilft, den Nahrungsbrei aufzuweichen, damit er leichter geschluckt werden kann. Außerdem kontrolliert der Geschmackssinn die Nahrungsaufnahme. Der Geschmackssinn kann nur wenige Substanzen erkennen, die sich beim Essen im Speichel lösen, aber ihre Auswahl ist bezeichnend und wurde von der Evolution diktiert (◘ Abb. 2.15).

Um zu überleben, braucht ein tierischer Organismus Nahrung, die ausreichend Kalorien enthält, z. B. in Form von Zucker oder anderen Kohlenhydraten, außerdem Proteine und Aminosäuren. Schließlich benötigt der Organismus Mineralien, vor allem Kochsalz. (In ► Kap. 3 werden wir erfahren, dass unsere Körperflüssigkeiten im Wesentlichen Salzlösungen sind.) Der Bedarf an diesen Substanzen ist so essenziell, dass sich in der Evolution zwei Mechanismen durchgesetzt haben. Der erste Mechanismus stellt sicher, dass unsere Geschmackszellen genau diese Stoffe in unserer Nahrung aufspüren können. Der zweite Mechanismus stimuliert die Aufnahme dieser ernährungsphysiologisch wichtigen Nahrungsbestandteile. Sobald unsere Geschmackszellen an das Gehirn melden, dass Zucker oder Salz in unserer Nahrung ist, setzt es bestimmte Botenstoffe frei, die ein Lustgefühl auslösen. Es verleitet uns dazu, ja es belohnt uns praktisch dafür, die Nahrung aufzunehmen. Ein süßer Schokoriegel oder eine knackige Salzstange sind für uns also nur aus einem einzigen Grund ein angenehmes Geschmackserlebnis: weil Zucker und Salz biologisch notwendig für uns sind. Umgekehrt sind saure Früchte meist unreif und unbekömmlich, bittere Nahrung ist oft giftig. Deshalb haben in der Evolution die Tiere überlebt, bei denen stark saure und bittere Nahrung Abscheu und Würgen, ja sogar Erbrechen hervorrufen.

Kurz, unser Geschmackssinn detektiert nur wenige Substanzen und ist vergleichweise einfach organisiert. Aber er ist kein objektiver Beobachter, der nur Information liefert. Er erzeugt Verhalten, er kontrolliert uns. Die Gehirnstrukturen, die dieses Verhalten erzeugen, wurden von der Evolution geformt und sind bereits vor der Geburt in jedem von uns

◘ **Abb. 2.15** Unser Geschmackssinn kann nur wenige Geschmacksqualitäten unterscheiden: sauer, bitter, süß, umami (der Geschmack von Aminosäuren oder Proteinen) und salzig. (Von links nach rechts: bearbeitet nach © atoss/Adobe Stock, © Stocksnapper/Adobe Stock, © Ljupco Smokovski/Adobe Stock, © Mara Zemgaliete/Adobe Stock, © Harald Biebel/Adobe Stock)

Abb. 2.16 Viele Tiere werben in der Balz mit optischen Reizen. Dazu zählt das prächtige Gefieder des Pfaues ebenso wie der knallig rot gefärbte Kehlsack des Fregattvogels. (Links: © Erik Leist, Universität Heidelberg; rechts: © Stefan Balk/Adobe Stock)

fix und fertig angelegt. Schon Neugeborene schmatzen genüsslich, wenn man ihnen einen Tropfen Zuckerlösung auf die Zunge träufelt, spucken und schreien aber, wenn der Tropfen bitter schmeckt. In einer Welt, in der es Zucker im Überfluss gibt und Menschen immer dicker werden, müsste uns unser Geschmackssinn auch nicht mehr stimulieren, Süßes zu essen. Da aber während des größten Zeitraums der menschlichen Entwicklung kalorienreiche und hochwertige Nahrung knapp war, tut er das, wofür er von der Evolution perfektioniert wurde: Er animiert uns dazu, gerade die Lebensmittel zu uns zu nehmen, die viel Energie enthalten – und dies nur, um unsere Überlebenschancen in den Zeiten zu erhöhen, die früher Alltag waren: tagelanger Hunger.

Verglichen mit dem Geschmackssinn ist die Leistung des visuellen Systems erheblich vielfältiger. Das Sehen ist ein Fernsinn, mit dem wir sogar unvorstellbar weit entfernte Sterne sehen können. Die Informationsverarbeitung beim Sehen hat einen besonders hohen Grad an Komplexität erreicht. Unser visueller Sinn unterscheidet nicht nur Reize unterschiedlicher Helligkeit oder Farbe, sondern ermöglicht es uns auch, Objekte und ihre Entfernung zu bestimmen, und er liefert Informationen über die räumliche Struktur unserer Umwelt. Das Sehen spielt eine wichtige Rolle in der Interaktion von Organismen. Viele Tiere stellen z. B. im Balz- und Paarungsverhalten optische Reize zur Schau (Abb. 2.16).

Auch bei uns spielt das Sehen eine wichtige Rolle bei der Interaktion mit anderen Menschen. Mimik und Gestik tragen wesentlich zu unserer nichtverbalen Kommunikation bei. Ein Pantomime kann ohne Worte ganze Geschichten erzählen. All das zeigt, dass das visuelle System eine Fülle von Aufgaben erledigt. Wir vertrauen unseren Augen besonders, weil wir vermuten, dass das Sehen objektive Informationen liefert. Aber Vorsicht: Unser Sehsinn ist ebenfalls ein Produkt der Evolution. Auch er wurde dafür optimiert, unsere Überlebenschancen zu erhöhen. Deshalb sind wir sehr gut darin, Veränderungen, Unterschiede oder Bewegung zu erkennen und die Bahn sich bewegender Objekte vorherzusagen. Diese Information nutzen wir, wenn wir z. B. einen Ball fangen wollen, der auf uns zu fliegt. Wie es hingegen um die Objektivität unseres Sehsinnes tatsächlich bestellt ist, können Sie anhand von Abb. 2.17 testen.

Die Täuschung in Abb. 2.17 ist (wie die optischen Täuschungen in ► Kap. 7 und 12) eine direkte Konsequenz des Evolutionsdruckes, unter dem unser Sehsystem stand. Die optischen Täuschungen zeigen, welche Auswertestrategien sich in der Evolution als sinnvoll herausgestellt haben. Sehr oft ist es für das Sehsystem z. B. wichtig, Kontraste zu verstärken

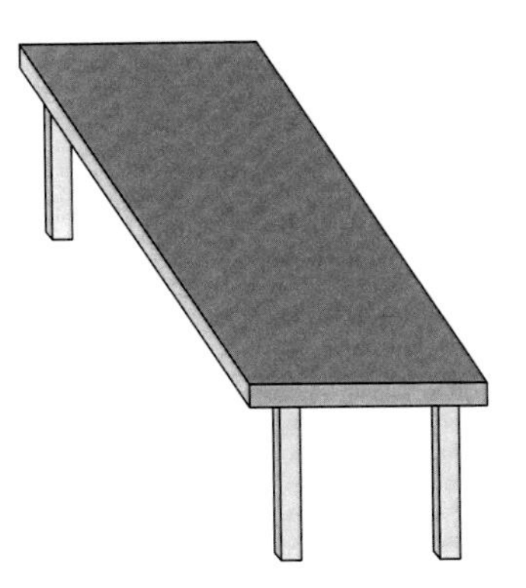
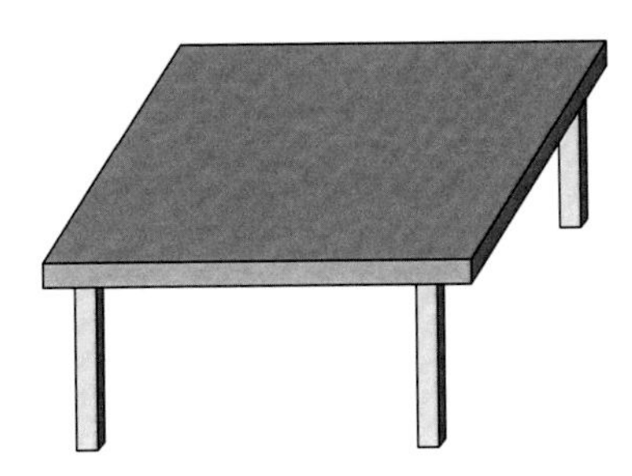

■ **Abb. 2.17** An welchem der beiden Tische würden Sie Ihre Gäste lieber bewirten? Am linken oder am rechten Tisch? Machen Sie sich nicht zu viele Gedanken deswegen. Auch wenn der linke Tisch lang gestreckt wirkt und der rechte Tisch eher quadratisch anmutet, die beiden Tischplatten sind absolut identisch! Sie können es mit einem Lineal nachprüfen oder eine Tischplatte abpausen und auf die andere legen. Wie kann es zu einer solch krassen Fehleinschätzung kommen? Erstens schätzen wir horizontale und vertikale Linien unterschiedlich ein. Das ist vermutlich die Folge eines Schutzmechanismus, der sich in der Evolution als positiv herausgestellt hat. Da wir nicht fliegen können, sind Höhen für uns gefährlich. Wir können von einem hohen Baum fallen oder in einen Abgrund stürzen. Unser Gehirn warnt uns vor dieser Gefahr, indem es uns Ausdehnungen in der Senkrechten überproportional wahrnehmen lässt. In der perspektivischen Darstellung der Tische betrifft das die Ausdehnung nach hinten. Der in Wirklichkeit längliche Tisch wirkt deshalb in der linken Abbildung noch länger. In der rechten Abbildung ist er um 90° gedreht. Deshalb wird die kurze Seite des Tisches „verlängert", wodurch er eher quadratisch wirkt. Zweitens sind die Tische falsch dargestellt. Ein rechteckiger Tisch würde sich in einer perspektivischen Darstellung nach hinten verjüngen. Unser Gehirn nutzt diese perspektivische Verzerrung zur Rekonstruktion der Tiefenwahrnehmung. Diese Verjüngung fehlt hier aber, da die Tische durch zwei Parallelogramme dargestellt sind. Unser Gehirn ist mit diesem Fehler überfordert. Der automatische Kompensationsmechanismus führt deshalb zu einer verzerrten Wahrnehmung der Tische. (© Frank Müller, Forschungszentrum Jülich; nach Shepard)

und Unterschiede zwischen Objekten hervorzuheben. Nur so können wir den braun-grauen Wolf erkennen, der vor einem ähnlich braungrauen Baum steht und uns möglicherweise fressen will. Die wirkliche relative Helligkeit von Objekten bleibt bei diesen Auswerteroutinen auf der Strecke (■ Abb. 2.18). Sie ist schließlich für das Überleben meist ohne Belang. In der Evolution haben die Organismen überlebt, deren Gehirne Unterschiede betont haben. Deshalb nehmen wir die Welt so wahr, dass es uns beim Überleben hilft.

Was wir hier stellvertretend für zwei Sinne diskutiert haben, trifft auf jeden unserer Sinne zu. Alle wurden unter dem Selektionsdruck der Evolution dazu entwickelt, zum Überleben des Organismus und zum Überleben der Art beizutragen. Wir werden auf diese Aspekte in ▶ Kap. 5 bis 11 eingehen. Um unsere Sinne aber wirklich verstehen zu können, müssen wir uns zuvor mit ein paar Grundlagen beschäftigen.

2.3.2 Vom Sinnesreiz zum Verhalten

Will man Reize detektieren, braucht man dafür spezialisierte Sinnesorgane. Sie sind aber nur der erste Schritt auf dem Weg zum Erfolg. Die Information, die in den Reizen steckt, muss sinnvoll verarbeitet werden, und das Gehirn muss aufgrund dieser Information das Verhalten des Organismus so steuern, dass er den größtmöglichen Nutzen daraus zieht. Wir wollen im Folgenden überlegen, wie dies geschehen könnte. Bleiben wir bei dem Beispiel der Zecke aus ▶ Kap. 1, die den Grashalm loslässt, wenn sie Buttersäure riecht. Hier handelt es sich um eine einfache Verhaltensreaktion, die direkt von einem Sinnesreiz ausgelöst wurde – in etwa vergleichbar mit einem automatischen Türöffner im Kaufhaus, der auf einen nahenden Kunden reagiert. Technisch ist dies leicht

■ **Abb. 2.18** Demonstration des Simultankontrasts. Die drei Kreise sind gleich hell, erscheinen uns aber aufgrund der wechselnden Hintergrundhelligkeit unterschiedlich. Damit wir Objekte besser erkennen können, verstärkt unser Sehsystem die Kontraste. Dies geht natürlich zu Lasten der Wirklichkeit. (© Frank Müller, Forschungszentrum Jülich)

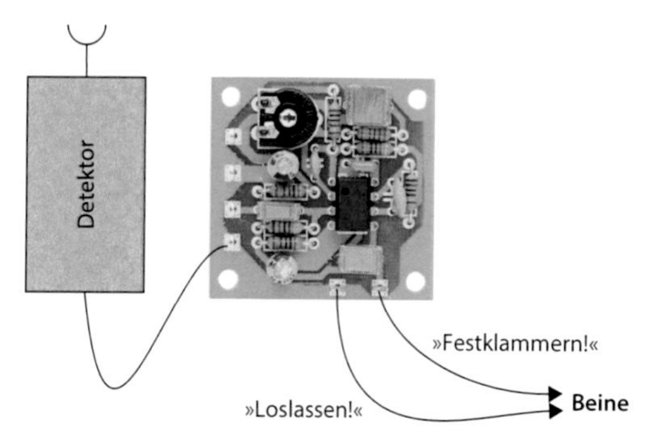

■ **Abb. 2.19** Schematische Darstellung eines Schaltkreises, der Buttersäure detektieren und eine Verhaltensreaktion auslösen soll. (© Frank Müller, Forschungszentrum Jülich)

zu bewerkstelligen. Wenn ein Ingenieur so einen Mechanismus für eine „künstliche Zecke" bauen müsste, würde er dieses Problem vielleicht wie in ■ Abb. 2.19 gezeigt lösen. Er würde einen Schaltkreis bauen, mit dem er über elektrische Kabel zwei unterschiedliche Signale an die Zeckenbeine schicken kann: „Festklammern!" und „Loslassen!". Dann würde er noch einen Detektor entwerfen, der eine „Antenne" für Buttersäure hat. Außerdem bräuchte der Detektor einen Signalausgang, der aktiv wird, wenn Buttersäuremoleküle an der Antenne ankommen. Diesen Signalausgang würde unser Ingenieur über ein Kabel mit dem Schaltkreis verbinden. Sobald der Detektor auf Buttersäure reagiert, schickt er ein Signal an den Schaltkreis. Hier legt sich dann ein Schalter um, und das Signal „Festklammern!" wird durch das Signal „Loslassen!" ersetzt.

Interessanterweise hat die Natur diese Aufgabe recht ähnlich gelöst. Allerdings sind die Bauelemente keine Transistoren und Widerstände. Es sind lebende Zellen, die diese Aufgaben leisten: Die Buttersäuredetektoren aus unserem Schaltkreisbeispiel sitzen auf den Beinen der Zecke. Es sind Sinneszellen, und sie sind darauf spezialisiert, Buttersäure zu detektieren. Sie reagieren nicht auf Licht, nicht auf Berührung und nicht auf Töne. Diese Sinneszellen besitzen zelluläre Bausteine, die empfindlich für Buttersäure sind. Diese Bausteine nennen wir Neurobiologen auch Rezeptormoleküle. (Manchmal spricht man auch nur von Rezeptoren, was etwas verwirrend sein kann, denn mit „Rezeptor" kann auch die gesamte Sinneszelle gemeint sein. Eine Lichtsinneszelle z. B. ist ein Photorezeptor.) Ein Neurobiologe würde sagen, dass Buttersäure der „adäquate Reiz" für diese Sinneszellen ist und somit der einzige Reiz, auf den diese hochspezialisierten Sinneszellen reagieren.

Fassen wir kurz zusammen: Eine Sinneszelle erzeugt, genau wie der künstliche Detektor, ein Signal, wenn sie Buttersäure erkennt. Dabei haben verschiedene Sinneszellen ganz unterschiedliche molekulare und zelluläre Strategien entwickelt, um auf ihren adäquaten Reiz zu reagieren. Wir werden viele dieser Strategien in den späteren Kapiteln kennen lernen.

Das Signal, das die Sinneszellen bei Detektion eines Reizes erzeugen, ist elektrisch und wird über einen kabelartigen Fortsatz der Zelle ins Gehirn (analog unserem Schaltkreis) weitergeleitet. Dieser „Gehirnschaltkreis" besteht ebenfalls aus Nervenzellen. Einige Nervenzellen schicken wiederum kabelartige Fortsätze an die Muskulatur der Zeckenbeine und kontrollieren durch diese „Verkabelung" so das Verhalten der Zecke.

Um besser zu verstehen, wie diese Prozesse im Nervensystem ablaufen, müssen wir wissen, wie Sinneszellen und Nervenzellen funktionieren. Im nächsten Kapitel besuchen wir das Labor eines Neurowissenschaftlers. Dort werden wir sehen, wie die Eigenschaften von Sinnes- und Nervenzellen untersucht werden und was man daraus lernen kann.

Weiterführende Literatur

Darwin C (1859) On the origin of species. Murray, London
Darwin C (1860) Deutsche Ausgabe: Entstehung der Arten. Schweizerbart'sche Verlagshandlung, Stuttgart
Shepard RN (1990) Mind sights: original visual illusions, ambiguities, and other anomalies. Freeman & Company, New York

Die Sprache der Nervenzellen – und wie man sie versteht

S. Frings, F. Müller, *Biologie der Sinne*, https://doi.org/10.1007/978-3-662-58350-0_3

Unsere Sinneszellen und Nervenzellen sind darauf spezialisiert, Information aufzunehmen, weiterzuleiten und zu verarbeiten. Sie verwenden dazu einen neuronalen Code, der aus elektrischen und chemischen Signalen besteht. Wie diese Signale erzeugt werden und wie man den Code versteht, wollen wir in diesem Kapitel darstellen. Die Neurowissenschaft hat, wie jede andere Wissenschaft auch, eine eigene Sprache. Wir werden, wo immer es geht, die Vorgänge in Sinnes- und Nervenzellen so einfach wie möglich erklären und „Fachchinesisch" vermeiden. Andererseits ist es sinnvoll, einige Fachbegriffe einzuführen, denn sie beschreiben komplizierte Sachverhalte klarer und vor allem kürzer als ein drei Zeilen langer Satz. Sie können diese Begriffe jederzeit auch im Wörterbuch am Ende des Buches nachschlagen. Für die Leser, die sich bereits in der Materie auskennen, mögen die Details in diesem Kapitel alte Bekannte sein, für andere Leser ist die Welt der Neurowissenschaft vielleicht vollkommen neu und fremd. Lassen Sie sich bitte nicht entmutigen, wenn sich Ihnen nicht jedes Detail in diesem Kapitel sofort erschließt! Sie können den größten Teil des Buches auch so mit Genuss und Erkenntnisgewinn lesen. Um den roten Faden nicht zu verlieren, finden Sie zahlreiche Detailinformationen in Boxen. Diese Boxen sind keinesfalls unwichtig oder uninteressant! Aber möglicherweise ist es für Sie übersichtlicher, zuerst einmal den Haupttext des Kapitels in einem Rutsch zu lesen und in einem zweiten Durchgang die Boxen.

3.1 Labor eines Neurowissenschaftlers

Heute ist Tag der offenen Tür im Institut für Neurobiologie. Gerade hat eine Besuchergruppe das Gebäude betreten und ist von einem wissenschaftlichen Mitarbeiter in ein Labor geführt worden. Schließen wir uns dieser Gruppe bei der Führung durch die Welt der Sinnes- und Nervenzellen an. Die Gruppe blickt sich interessiert im Labor um. „Hier sehen Sie einen typischen sogenannten elektrophysiologischen Messstand", erklärt der Führer gerade (◘ Abb. 3.1).

„Herzstück des Messstandes ist ein Mikroskop mit einer Videokamera. Der ganze Aufbau befindet sich auf einem schwingungsfrei gelagerten Tisch, damit sich die Erschütterungen des Bodens nicht auf das Mikroskop übertragen, denn hier müssen wir auf einen tausendstel Millimeter genau arbeiten. Auf dem Mikroskoptisch befindet sich eine kleine Messkammer, in der sich Nervenzellen in einer Nährlösung befinden. Die Videokamera ist mit dem Bildschirm verbunden. Er zeigt einen Ausschnitt aus der Messkammer, der durch das Mikroskop stark vergrößert ist. Die Zellen, die Sie sehen, sind Sinneszellen einer Zecke. Wir können die Zellen in kleinen Schalen in Nährlösungen wachsen lassen. Diese Zellen haben etwa einen Durchmesser von einem fünfzigstel oder einem hundertstel Millimeter. Achten Sie auf die Fortsätze, die vom Zellkörper ausgehen. Solche Fortsätze sind typisch für Nervenzellen. Das Ziel des Experiments besteht darin, die Aktivität einer dieser Zellen zu registrieren. Die Aktivität einer Nervenzelle ist im Prinzip ein elektrischer Vorgang. Deshalb können wir das elektrische Signal mit einer feinen Messelektrode registrieren. Der Experimentator wählt im Mikroskop eine Zelle aus und bringt dann die Messelektrode ganz nahe an die Zelle heran. Die Messelektrode ist in eine Halteapparatur eingespannt, die man mit kleinen elektrischen Motoren auf tausendstel Millimeter genau bewegen kann. Sehen Sie, da kommt die Elektrode ins Bild."

Man hört die Elektromotoren leise summen, während der Experimentator einen Joystick bewegt. Die Elektrode nähert sich gerade der Zelle, als man auf einmal ein lautes „Plopp" hört, dann noch eins und wieder eins. Die Besucher blicken irritiert auf. „Was Sie jetzt gerade hören, sind sogenannte Aktionspotenziale!", erklärt der Führer weiter. „So nennt man die kurzen elektrischen Impulse, die von

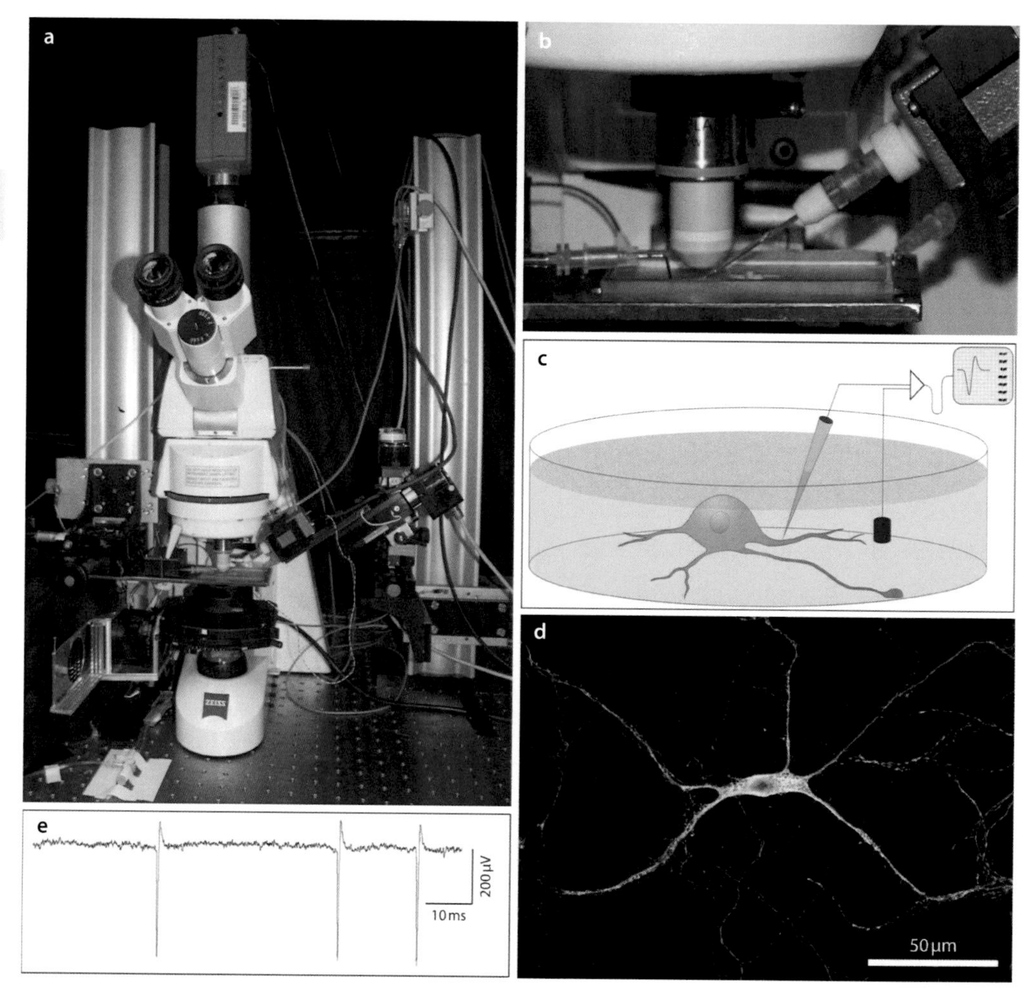

Abb. 3.1 Elektrophysiologischer Messstand. **a** Auf einem schwingungsgedämpften Tisch steht ein Mikroskop mit einer Videokamera. Rechts vom Mikroskop sieht man eine Halteapparatur, mit der man die Messelektrode in allen drei Raumrichtungen bewegen kann. **b** Eine Messelektrode wird unter der Objektivöffnung in eine Kammer eingeführt, in der sich Nervenzellen in einer Nährlösung befinden. **c** Schematische Darstellung einer Nervenzelle in der Messkammer. Die Messelektrode befindet sich nahe an der Zelle, die Referenzelektrode (*blaue Tonne*) weiter weg. Beide Elektroden sind an einen Verstärker angeschlossen. **d** Nervenzelle unter einem Mikroskop. Die Zelle wurde mit einem leuchtenden Farbstoff angefärbt, damit man sie besser erkennen kann. Aus dem lang gestreckten Zellkörper entspringen mehrere Fortsätze. **e** Aktionspotenziale einer Nervenzelle, die mit einer Elektrode außerhalb der Zelle registriert wurden. Sie sind als kurze Pulse in der Messung sichtbar. (**a**, **b**, **d**, **e**: © Frank Müller, Forschungszentrum Jülich, **c**: © Anja Mataruga, Forschungszentrum Jülich)

Nervenzellen erzeugt werden. Diese Impulse laufen an den Fortsätzen der Zelle entlang bis zu den Kontaktpunkten, an denen die Nervenzelle die Information auf andere Nervenzellen überträgt. Wir registrieren diese Aktionspotenziale mit der Messelektrode und verstärken sie. Man kann sie dann als kurzen Puls auf dem Bildschirm sehen und auch mit einem Lautsprecher hörbar machen. Diese Zelle ist im Ruhezustand und erzeugt nur ab und zu ein Aktionspotenzial. Der Experimentator wird die Zelle gleich reizen. Es handelt sich um eine Sinneszelle, die auf den Geruchsstoff Buttersäure reagiert. Wir überspülen jetzt die

Zelle mit einer Nährlösung, die auch ein wenig Buttersäure enthält." Es dauert nicht lange, und das Ploppen im Lautsprecher wird häufiger. Immer schneller folgen die Plopps aufeinander, bis sie sich zu einer Art Trommelwirbel verdichtet haben. „Das klingt, als ob jemand Popcorn in der Mikrowelle macht", bemerkt einer der Besucher. „Ja. Die Zelle ist nun sehr erregt und feuert viele Aktionspotenziale pro Sekunde. Sie teilt damit anderen Zellen mit, dass sie gerade Buttersäure detektiert hat. Folgen Sie mir jetzt bitte auf den Flur."

Die Besuchergruppe verlässt das Labor und versammelt sich auf dem Institutskorridor. „Wir haben für Sie in den Laboren verschiedene Stationen aufgebaut, an denen wir genauer darauf eingehen, was Sie gerade gesehen und erlebt haben. Im ersten Labor können Sie sich darüber informieren, wie Zellen aufgebaut sind und was Nervenzellen so besonders macht. Im zweiten Labor erläutern wir, wie Zellen elektrische Signale aufbauen. Die Entstehung und Weiterleitung von Aktionspotenzialen wird im dritten Labor veranschaulicht. Im vierten Labor zeigen wir Ihnen, wie Nervenzellen ihre Signale an spezialisierten Kontaktpunkten, den Synapsen, auf andere Zellen übertragen. Und schließlich demonstrieren wir, wie Nervenzellen Signale verrechnen. Am besten beginnen Sie mit Labor 1 und arbeiten sich vor bis Labor 5. Falls Sie schon einige der Dinge kennen, die in den ersten Labors behandelt werden, können Sie diese Demonstrationen natürlich auch überspringen. Das überlassen wir Ihnen. Und nun wünsche ich Ihnen eine spannende und erkenntnisreiche Zeit bei unseren Labordemonstrationen."

3.2 Labor 1: Die wunderbare Welt der Nervenzelle

3.2.1 Nervenzellen sind die Funktionseinheiten des Gehirns

Zellen sind die kleinsten Bau- und Funktionseinheiten aller Lebewesen. Unsere Sinnesorgane, unser Gehirn sowie alle anderen Organe unseres Körpers sind aus Zellen aufgebaut. Der menschliche Körper setzt sich aus der unvorstellbaren Zahl von etwa 100 Billionen Zellen zusammen (dies ist eine Zahl mit 14 Nullen: 100.000.000.000.000!). Und so unglaublich es klingen mag – während Sie diesen Satz gelesen haben, wurden in Ihrem Körper einige Millionen Zellen geboren! Sie entstehen, indem sich Zellen teilen, um abgestorbene Körperzellen zu ersetzen – einige Millionen in jeder Sekunde an jedem Tag Ihres Lebens. Verhältnismäßig betrachtet, machen unsere Sinnes- und Nervenzellen weniger als 1 % der Körperzellen aus: Trotzdem gibt es mit immerhin ca. 100 Mrd. in Ihrem Körper in etwa so viele Nervenzellen wie Sterne in unserer Milchstraße.

Eine Nervenzelle bezeichnet man auch als Neuron. Nervenzellen haben wirklich bemerkenswerte Eigenschaften. Sie sind imstande, sich mit anderen Nervenzellen zu komplizierten Netzwerken zu verknüpfen, Information aufzunehmen, zu verarbeiten und weiterzuleiten. Durch diese Eigenschaften der Nervenzellen wird unser Gehirn zu der kompliziertesten Struktur, die wir kennen – einer Struktur, die uns zu dem macht, was wir sind: denkende Individuen. Was macht Neurone so leistungsfähig?

3.2.2 Aufbau einer Nervenzelle

In ◻ Abb. 3.2 sehen Sie ein typisches Neuron, wie es häufig in unserem Körper vorkommt. Anhand dieser Abbildung werden wir die Funktion einer Nervenzelle im Einzelnen erläutern.

Nervenzellen sind zwar hochspezialisierte Zellen unseres Körpers, aber natürlich gibt es grundsätzliche Ähnlichkeiten mit anderen Zellen. Wie alle Zellen haben auch Nervenzellen einen Zellkörper. Bei Neuronen beträgt sein Durchmesser meist zwischen 5 und 30 µm. (µm ist die international gängige Abkürzung für Mikrometer. Dabei ist 1 µm = 1 tausendstel Millimeter (mm) = 1 millionstel Meter (m) – beachten Sie hierzu bitte auch die unten stehende Tabelle.) Der Zellkörper birgt

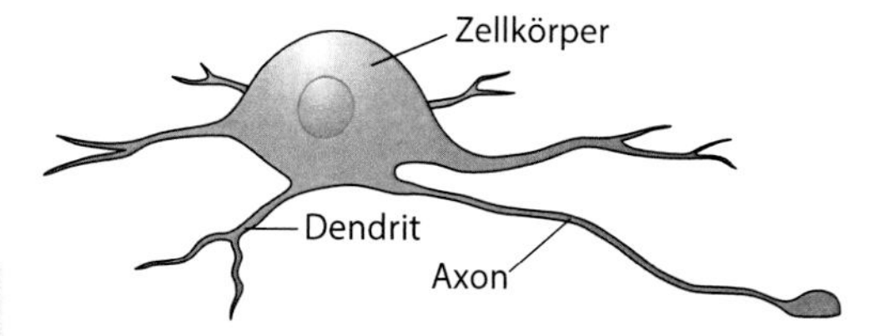

Abb. 3.2 Nervenzellen besitzen wie alle anderen Zellen einen Zellkörper. Charakteristisch für Nervenzellen sind allerdings die Fortsätze, die vom Zellkörper ausgehen. Meist sind mehrere kurze Fortsätze vorhanden, die man Dendriten nennt. Die Gesamtheit dieser Dendriten bildet den Dendritenbaum. An den Dendriten erhält die Zelle Information von anderen Nervenzellen. Der einzelne, längere Fortsatz ist das Axon. Axone können sehr viel länger sein als hier dargestellt. Am Axonende überträgt die Zelle ihre Information auf andere, „nachgeschaltete" Nervenzellen. (© Anja Mataruga, Forschungszentrum Jülich)

die Gedächtnis- und Kommandozentrale der Zelle – den Zellkern oder Nucleus. Im Zellkern befindet sich das Erbgut der Zelle, die DNS (Desoxyribonucleinsäure, auch DNA). Die DNS enthält den Bauplan für den gesamten Körper (nähere Erläuterungen zur DNS finden Sie in ▶ Box 3.1). Innerhalb dieses Bauplanes gibt es kleine Abschnitte, die Gene. Jedes Gen beinhaltet die komplette Bauanleitung für einen Zellbaustein, ein Protein. Proteine sind äußerst wichtige Bausteine in jeder Zelle eines Organismus, es sind die zellulären Werkzeuge.

Box 3.1 Exkursion: DNS

DNS ist die Abkürzung für Desoxyribonukleinsäure. Der heute allgemein gebräuchlichere englische Begriff lautet DNA für *deoxyribonucleic acid*. Die DNS liegt innerhalb des Zellkerns in Form von langen fadenförmigen Molekülen vor, in denen sich vier Bausteine, die Basen, abwechseln. In der genauen Abfolge dieser Basen steckt die Information für den Aufbau unseres gesamten Körpers, die Erbinformation. Die Erbinformation für einen einzelnen Zellbaustein, ein Protein, nennt man ein Gen. Der Mensch hat etwa 30.000 Gene. Die DNS einer menschlichen Zelle ist insgesamt ca. 2 m lang. Sie ist aber in 46 Fäden aufgeteilt. Bei der Teilung der Zelle verdichten sich die DNA-Fäden mit Proteinen zu den Chromosomen, die dann auf die Tochterzellen verteilt werden.

Proteine sind die Arbeitspferde, die alles erledigen, was schnell und genau getan werden muss. Wir haben den Proteinen daher in ▶ Box 3.2 einen besonders ausführlichen Teil gewidmet, der uns sowohl darüber informiert, wie diese komplexen Moleküle in der Zelle hergestellt werden, als auch darüber, welche unterschiedlichen Arten von Proteinmolekülen es gibt und welche Arbeiten sie in Zellen erledigen.

Die Größenangaben in der Biologie überspannen einen großen Bereich:

Längenangabe	Umrechnung	Beispiel
1 m (Meter)		Schrittweite eines Menschen
1 cm (Zentimeter)	1/100 m	Nagelbreite des kleinen Fingers
1 mm (Millimeter)	1/1000 m	Dicke eines Fingernagels
1 µm (Mikrometer)	1/1000 mm = 1 millionstel Meter	Größe eines Bakteriums
1 nm (Nanometer)	1/1000 µm = 1 millionstel Millimeter = 1 milliardstel Meter	kleine organische Moleküle

Die Zelle ist von einer Zellmembran umgeben. Sie ist weniger als ein hunderttausendstel Millimeter dick und besteht aus einer Doppelschicht von Fettstoffen (■ Abb. 3.3). Aber auch innerhalb der Zelle gibt es vielfältige Strukturen aus Hohlräumen, Zisternen und Bläschen, die von ähnlichen Membranen gebildet werden (■ Abb. 3.4). Diese abgetrennten Zellbereiche nennt man Organellen, weil sie ähnlich wie die Organe im Körper in der Zelle bestimmte Funktionen übernehmen. Ein Labyrinth von Hohlräumen durchzieht einen Großteil der Zelle und wird vor allem in das endoplasmatische Retikulum und den Golgi-Apparat untergliedert. Beide Strukturen spie-

Box 3.2 Exkursion: Vom Gen zum Protein

Chemisch gesehen sind Proteine Eiweißmoleküle. Sie werden aus vielen kleinen Bausteinen, den Aminosäuren, aufgebaut (▣ Abb. 3.5).

In einem Gen ist jeweils die Bauanleitung für ein Protein codiert, das die Zelle zum Arbeiten oder Leben benötigt. Jedes Gen hat einen Start- und einen Endpunkt, dazwischen befindet sich der Code, der angibt, wie die Abfolge von Aminosäuremolekülen im Protein aussieht. Die Gene dürfen den Zellkern nicht verlassen. Deshalb erstellt die Zelle immer, wenn sie ein Protein aufbauen will, eine Kopie des Gens, die sogenannte Boten-RNA oder mRNA (m steht für *messenger* („Bote"), RNA für *ribonucleic acid*). Weil die Basenabfolge der DNA in eine Basenabfolge der RNA umgeschrieben wird, nennen wir diesen Vorgang Transkription. Die mRNA kann den Zellkern verlassen. Im Cytoplasma lagert sie sich mit Ribosomen zusammen. Diese sind die Synthesemaschinerie der Zelle. Sie übersetzen die Sequenz der RNA-Basen in die Abfolge der Aminosäuren im Protein. Sie sorgen also dafür, dass die verschiedenen Aminosäuren in der richtigen Abfolge aneinandergereiht werden. Diesen Vorgang nennen wir Translation. Es gibt etwa 20 verschiedene Aminosäuren, die unser Körper nur zum Teil selbst herstellen kann. Die essenziellen Aminosäuren müssen wir mit der Nahrung aufnehmen.

Proteine werden in Form einer Kette aus aneinandergereihten Aminosäuren synthetisiert (farbige Kugeln in ▣ Abb. 3.6). Aufgrund der Struktur und der chemischen Eigenschaften der Aminosäuren faltet und knäuelt sich die Kette zu komplexeren Strukturen, um so dem Protein seine typische Form zu geben. In unserem Beispiel entstehen z. B. spiralförmige Abschnitte (α-Helix; Plural: α-Helices). Oft ermöglichen diese α-Helices den Einbau des Proteins in die Membran. Hier ist ein Protein gezeigt, das sieben α-Helices enthält. Es gehört zur Klasse der G-Protein-gekoppelten Rezeptoren, die eine wichtige Rolle in Sinnes- und Nervenzellen spielen. Wir werden sie in ► Kap. 4 genauer kennen lernen und in späteren Kapiteln immer wieder auf sie stoßen.

Proteine erfüllen höchst unterschiedliche Funktionen in der Zelle. All das, was die Leistungen einer Zelle ausmacht, wird durch ihre Proteine erst ermöglicht. Viele Proteine sind zelluläre Werkzeuge. Eine Fülle von Proteinen, die Enzyme, sind z. B. darauf spezialisiert, andere Zellbausteine auf- oder abzubauen. Die meisten dieser biochemischen Routinearbeiten erledigt die Zelle im Zellkörper. Andere Proteine bilden das Cytoskelett, eine Stützmaschinerie, die der Zelle ihre charakteristische Form und Stabilität gibt. Das Cytoskelett stellt aber auch Transportstraßen zur Verfügung, an denen Zellbausteine vom Zellkörper zu anderen Teilen der Zelle transportiert werden können. Dafür gibt es natürlich spezielle Transportproteine, die wie fleißige Ameisen ihre Lasten entlang der Cytoskelettfasern schleppen.

Box 3.3 Durch das Mikroskop betrachtet: ATP

Viele Stoffwechselvorgänge in der Zelle benötigen Energie. Die Zelle verwendet in diesen Reaktionen eine universelle „Energiemünze", das Adenosintriphosphat (ATP). Es besteht aus der Base Adenin (rechts), einem Zucker (Mitte) und, wie der Name sagt, drei Phosphatgruppen (links). Es gibt eine ganze Reihe von Enzymen in der Zelle, die die letzte Phosphatgruppe abspalten können. Dabei wird gespeicherte Energie frei, die für den Stoffwechselvorgang genutzt werden kann. Bei der Spaltung des ATP entsteht also Adenosindiphosphat (ADP) und Phosphat (▣ Abb. 3.7).

len eine zentrale Rolle in der Herstellung und der Reifung der zellulären Proteine.

Weitere wichtige Strukturen sind die Mitochondrien der Zellen. In jeder Zelle befinden sich viele dieser bohnen- oder fadenförmigen Organellen. Sie sind die Kraftwerke der Zelle. In ihnen werden Zucker und Fette „verbrannt", um die universelle Energieeinheit allen Lebens herzustellen: Adenosintriphosphat (ATP; ► Box 3.3). Dieses Molekül wird in den Stoffwechselvorgängen eingesetzt, die Energie benötigen: Muskelkontraktion, Transport von Molekülen, aber auch bei der Herstellung anderer Moleküle. Jede Zelle besitzt ihren eigenen Satz an Organellen und ist somit in der Lage, die jeweils für ihre Arbeit wichtigen Vorgänge zu erledigen und alle Proteine und sonstigen Zellbestandteile herzustellen.

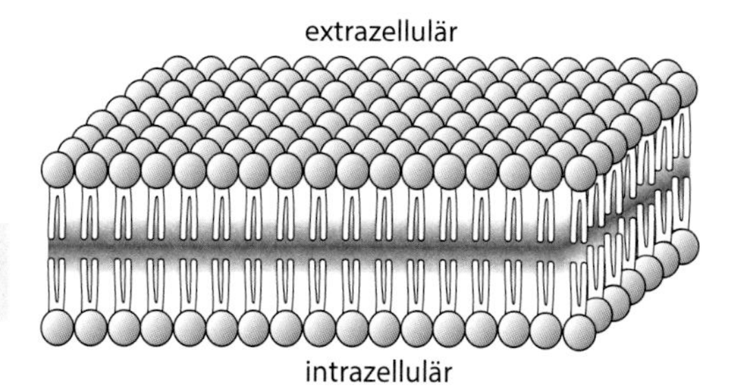

Abb. 3.3 Membranen spielen eine essenzielle Rolle in der Funktion der Zelle. Jede Zelle ist von einer Membran, der Plasmamembran, umhüllt. Membranen grenzen auch bestimmte Bereiche innerhalb der Zelle voneinander ab. Das Aufbauprinzip der Membranen ist stets gleich. Alle Membranen bestehen aus Fettstoffen, den Lipiden, die in einer Doppelschicht angeordnet sind. Die runden Köpfe der Lipide weisen zum wässrigen Milieu außerhalb oder innerhalb der Zelle. Die beiden Schwänze der Lipide sind Fettsäuren und weisen in der Membran nach innen. Membranen sind etwa 5–8 nm dick. Für die meisten Stoffe wirken Membranen wie Barrieren, die sie nicht durchdringen können. Die Aufnahme dieser Substanzen in die Zelle erfolgt durch Transportproteine, die in der Membran sitzen (hier nicht gezeigt). (© Hans-Dieter Grammig, Forschungszentrum Jülich)

3.2.3 Was macht die Nervenzelle zur Nervenzelle?

Eine Nervenzelle hat genau die gleiche DNS und somit auch die gleichen Gene wie ihre „Zellkollegen" in der Haut, der Leber oder in jedem anderen Organ des Körpers. Was also macht sie zur Nervenzelle?

Es ist die Auswahl der Gene, die die Zelle nutzt. Das gesamte menschliche Erbgut wird durch etwa 30.000 Gene repräsentiert. Eine Zelle benötigt aber nicht die gesamte Information. Sie nutzt nur die Gene, die sie braucht, um ihre Funktion im Organismus zu erfüllen. Es gibt sehr viele unterschiedliche Arten von Zellen in unserem Körper, die ganz unterschiedliche Aufgaben erledigen. Jeder Zelltyp muss, um seine Aufgabe ordnungsgemäß und zuverlässig auszuführen, die richtige Auswahl an Genen treffen und somit genau die Proteine herstellen, die er zur Ausübung seines Jobs benötigt. Leberzellen bauen z. B. vor allem Proteine auf, die für den Stoffwechsel oder die Entgiftung des Körpers

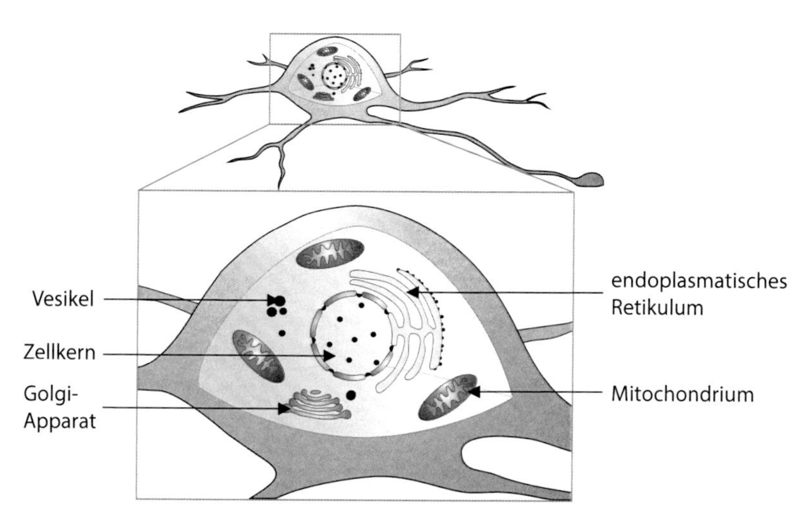

Abb. 3.4 In der Zelle erkennt man den Zellkern sowie Organellen, die durch Membranen abgegrenzt sind, z. B. die Mitochondrien, die Kraftwerke der Zelle, sowie das endoplasmatische Retikulum und den Golgi-Apparat, die eine wichtige Rolle bei der Herstellung und der Reifung der Proteine spielen. (© Anja Mataruga, Forschungszentrum Jülich)

■ **Abb. 3.5** Proteinsynthese. (© Hans-Dieter Grammig, Forschungszentrum Jülich, modifiziert nach Bear, *Neurowissenschaften*)

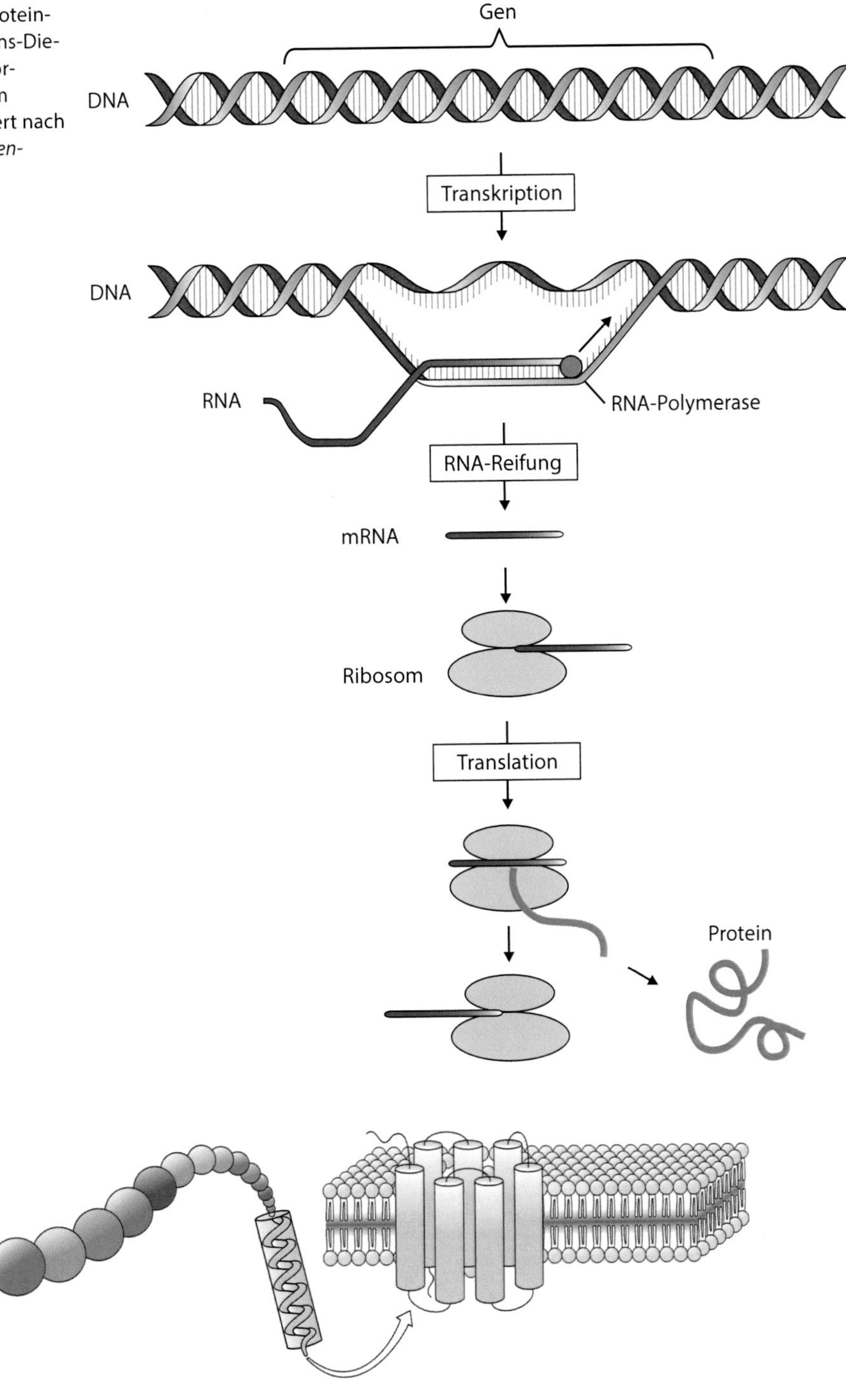

■ **Abb. 3.6** Proteine sind Ketten aus Aminosäuren (*farbige Kugeln*), die sich zu komplexeren Strukturen auffalten können. (© Hans-Dieter Grammig, Forschungszentrum Jülich, modifiziert nach Bear, *Neurowissenschaften*)

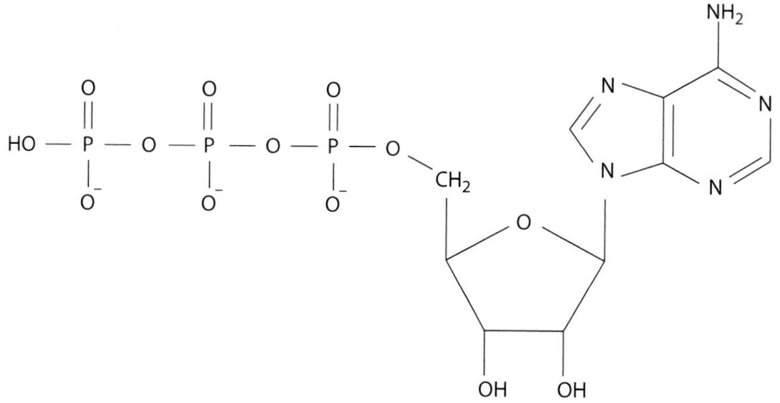

Abb. 3.7 Adenosintriphosphat (ATP), die Energiemünze der Zelle. (© Anja Mataruga, Forschungszentrum Jülich)

Durch das Mikroskop betrachtet: Gliazellen

Nicht jede Zelle im Gehirn ist eine Nervenzelle. Die sogenannten Gliazellen kommen möglicherweise sogar bis zu zehnmal häufiger vor als Nervenzellen. Ihre Aufgabe besteht vor allem darin, die Nervenzellen in ihrer Arbeit zu unterstützen. Einige wickeln sich z. B. um die langen Axone von Nervenzellen, um sie wie in einem elektrischen Kabel zu isolieren. Bei der Krankheit Multiple Sklerose sterben diese Gliazellen ab und die Axone verlieren ihre Isolierung. Sie leiten dann Information schlechter, und es kommt zu Ausfallserscheinungen oder Lähmungen (▶ Box 3.7). Andere Gliazellen helfen dabei, die komplizierte biochemische Balance im Gehirn aufrechtzuerhalten. In letzter Zeit hat sich aber gezeigt, dass Gliazellen nicht nur diese unterstützende Funktion haben, sondern auch darauf reagieren, wenn Nervenzellen in ihrer Nachbarschaft aktiv sind. Viele Wissenschaftler vermuten, dass sie vielleicht auch kompliziertere Aufgaben übernehmen. Aber dies ist eine andere Geschichte. Leider machen Gliazellen auch auf negative Weise von sich reden. Sie sind die Quelle für die besonders aggressiven Gehirntumore, die Glioblastome.

wichtig sind. Die Aufgabe von Nervenzellen ist es dagegen, Information von einer Stelle des Körpers zu einer anderen Stelle weiterzuleiten und dabei zu verrechnen. Nervenzellen nutzen deswegen ein anderes Arsenal von Proteinen als eine Leberzelle, so wie ein Elektriker anderes Werkzeug braucht als ein Gärtner. Und noch etwas unterscheidet Nervenzellen von anderen Körperzellen – ihre Form. Wer einmal ein rotes Blutkörperchen im Mikroskop gesehen hat, weiß, wie alle anderen roten Blutkörperchen aussehen. Nervenzellen aber kommen in einer erstaunlichen Vielfalt vor (Abb. 3.8). Schon seit über 100 Jahren kann man Nervenzellen in hauchdünnen Schnitten durch das Gehirn anfärben und im Mikroskop ansehen.

Einer der Altmeister dieser Färbungen war der spanische Arzt, Histologe und Pathologe Santiago Ramón y Cajal (▶ Box 3.4), der im Jahre 1906 den Nobelpreis erhielt. Ramón y Cajal konnte damals bereits Dutzende von Nervenzelltypen anhand ihrer Gestalt, der Morphologie, voneinander unterscheiden. Heute wissen wir, dass sich diese Nervenzellen nicht nur in ihrer Gestalt unterscheiden. Sie haben auch eine etwas andere Ausstattung an Proteinen. Und da die Proteine die zellulären Werkzeuge sind, heißt dies, dass die Zellen leicht unterschiedliche Funktionen haben. Es sind zwar allesamt Nervenzellen, weshalb sie gewisse Gemeinsamkeiten haben, aber in bestimmten Eigenschaften unterscheiden sie sich. So muss z. B. eine Sinneszelle im Auge auf Licht reagieren, während eine Riechzelle in der Nase auf Duftstoffe ansprechen muss. Für diese zwei grundverschiedenen Aufgaben benutzen die verschiedenen Zellen auch verschiedene Proteine. Die Sinneszelle im Auge besitzt Proteine, die Licht absorbieren. Damit kann eine Riechzelle nichts anfangen. Sie verwendet stattdessen Proteine, die auf Duftstoffe reagieren.

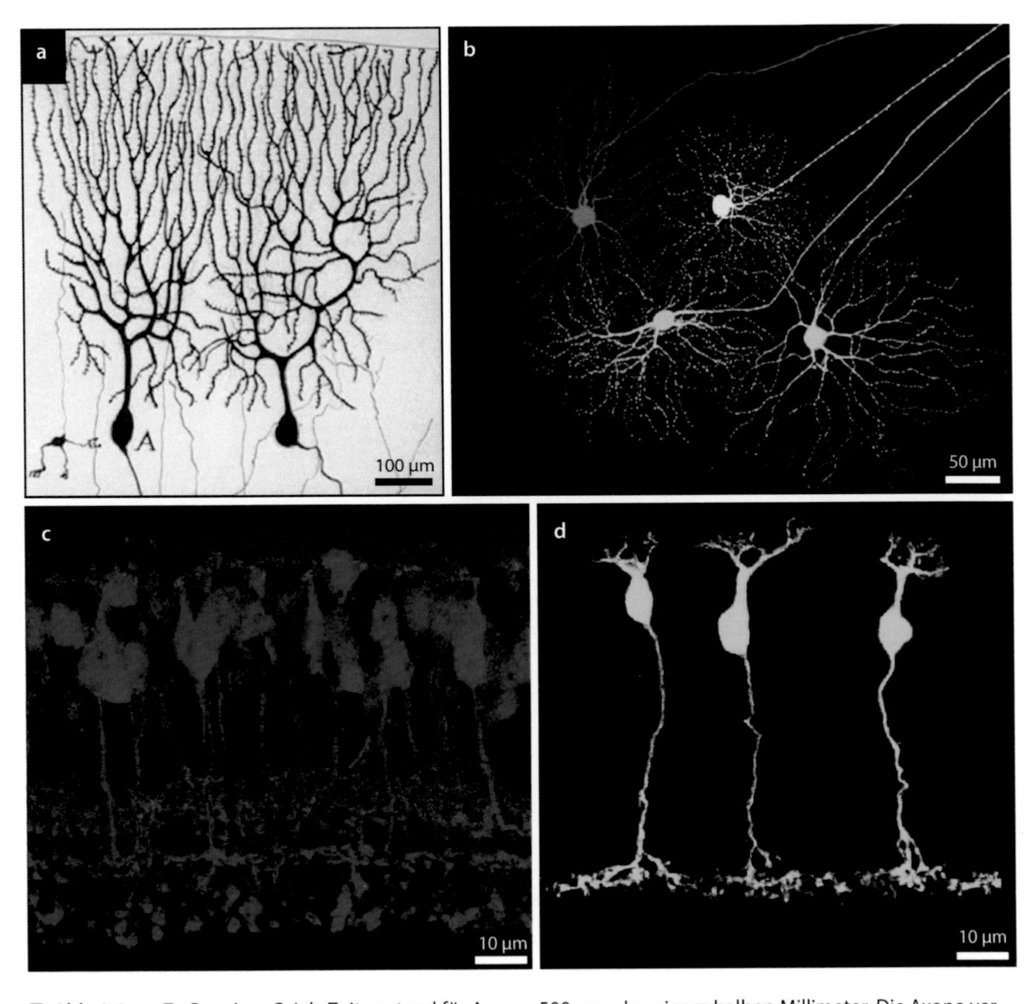

Abb. 3.8 **a** Zu Ramón y Cajals Zeiten stand für Anfärbungen von Nervenzellen vor allem die Golgi-Methode zur Verfügung. Dazu wurden kleine Gehirnstückchen mit Silberlösungen behandelt, wodurch sich einzelne Nervenzellen schwarz anfärben. Die Golgi-Methode hat zwei entscheidende Vorteile. Erstens färbt sie nicht nur den Zellkörper an, sondern auch die Fortsätze der Zelle. Erst der Vergleich der Fortsätze offenbarte Ramón y Cajal, dass sich Nervenzellen in ungeahnt viele Nervenzelltypen unterscheiden lassen. Bei jedem dieser Zelltypen bilden die Dendriten eine charakteristische Struktur, den Dendritenbaum. Zweitens färben sich mit der Golgi-Methode aus unbekannten Gründen immer nur wenige Zellen in der Probe an – ein Glücksfall, sonst wäre das Gehirnstück komplett schwarz geworden. Gezeigt sind zwei von Ramón y Cajal gezeichnete Purkinje-Zellen aus dem Kleinhirn, einem Gehirnteil, der der Bewegungskontrolle dient. Die sehr regelmäßig aufgebauten Dendritenbäume zeigen nach oben und haben eine Größe von ca. 500 µm, also einem halben Millimeter. Die Axone verlassen die Zellkörper am unteren Ende. **b** Heute verfügen wir über viele Methoden, um Nervenzellen darzustellen. Dieses Präparat zeigt vier Ganglienzellen in der flach ausgebreiteten Netzhaut. Der Zellkörper und die Dendriten wurden mithilfe feiner Glaselektroden mit Farbstoff injiziert. Der Durchmesser der Dendritenbäume beträgt einige Hundert Mikrometer. Die langen Fortsätze sind die Axone, die aus der Netzhaut zum Gehirn ziehen. **c** Bei der Methode der Immunhistochemie macht man es sich zunutze, dass sich die verschiedenen Nervenzellen in ihrer Proteinausstattung unterscheiden. Mit bestimmten Bausteinen des Immunsystems, den Antikörpern, kann man die verschiedenen Proteine in den Zellen nachweisen. Die Antikörper binden jeweils nur an ein bestimmtes Protein. Kommt dieses nicht in allen Nervenzellen, sondern nur in einem bestimmten Nervenzelltyp vor, dann binden die Antikörper auch nur an diesen Nervenzelltyp. Versetzt man die Antikörper mit unter-

Abb. 3.8 (Fortsetzung)

schiedlichen Farbstoffen, leuchten deshalb bestimmte Zellen im Fluoreszenzmikroskop abhängig von ihrer Proteinausstattung rot, grün, oder blau. Gezeigt sind Bipolarzellen in einem Schnitt durch die Netzhaut. Sie übertragen die Information von den Photorezeptoren auf die Ganglienzellen (▶ Kap. 7). Diese sind nicht angefärbt und deshalb nicht zu sehen. **d** Mit modernen gentechnischen Verfahren können Nervenzellen so verändert werden, dass sie Proteine herstellen, die im Fluoreszenzmikroskop leuchten. Durch diese leuchtenden Proteine „färben" sich diese Zellen sozusagen selbst. Gezeigt ist ein Schnitt durch die Netzhaut, in dem drei Nervenzellen grün leuchten. Die Zellen sind Bipolarzellen. Man erkennt jeweils zwei charakteristische Fortsätze: Der obere Fortsatz bildet den kleinen Dendritenbaum, mit dem die Zelle die Photorezeptoren kontaktiert (diese sind nicht sichtbar); der untere Fortsatz ist das Axon, mit dem die Zelle die Information auf die (ebenfalls nicht sichtbaren) Ganglienzellen überträgt. Sowohl Dendriten als auch Axone gabeln sich auf, um mehrere Zellen gleichzeitig kontaktieren zu können. (**a**: © Santiago Ramón y Cajal, Wikimedia commons; **b**, **d**: Frank Müller, Forschungszentrum Jülich; **c**: © Anja Mataruga, Forschungszentrum Jülich)

Box 3.4 Exkursion: Santiago Ramón y Cajal

Den Anatomen des 19. Jahrhunderts, die das Nervensystem untersuchten, standen nur wenige Färbe- und Präpariermethoden zur Verfügung. Besonders schwierig war es, die Fortsätze der Nervenzellen anzufärben.

Die von dem deutschen Neurologen Franz Nissl (1860–1919) entwickelte Nissl-Färbung konnte in Gehirnschnitten zwar die Zellkörper darstellen, der Rest der Zelle verlor sich aber in einem „undurchsichtigen Nebel". Viele Neurowissenschaftler mutmaßten damals, dass die Fortsätze verschiedener Nervenzellen in diesem Nebel miteinander verschmelzen, um ein durchgängiges Netzwerk zu bilden, ganz ähnlich wie im Blutgefäßsystem, wo Arterien und Venen ineinander übergehen. Diese Retikulumtheorie stand im Widerspruch zur Zelltheorie, die sich etwa in der Mitte des 19. Jahrhunderts durchgesetzt hatte. Sie postulierte, dass die einzelne Zelle die funktionelle Grundeinheit des Organismus ist. Nachdem der italienische Histologe Camillo Golgi (1843–1926) eine neue Methode entwickelt hatte, Nervenzellen mit Silberchromat anzufärben, begann auch Santiago Ramón y Cajal (1852–1934) im Jahre 1888, die mikroskopische Struktur des Nervensystems mit dieser Methode zu untersuchen. Während Golgi die Retikulumtheorie vertrat, kam Ramón y Cajal zu ganz anderen Schlüssen. Er postulierte, dass die Fortsätze von verschiedenen Nervenzellen nicht miteinander verschmelzen, sondern getrennt bleiben und über Kontaktstellen Information miteinander austauschen. Seine Vorstellung, die Nervenzelle in die Zelltheorie mit einzubeziehen, bezeichnet man als Neuronendoktrin. Ramón y Cajal entwickelte auch die Idee der dynamischen Polarisierung, wonach Nervenzellen an ihrem Dendritenbaum Information erhalten und an ihrer Axonendigung die Information an andere Nervenzellen weitergeben.

Ramón y Cajals bahnbrechende Arbeiten legten die Grundlagen zu unserem modernen Verständnis des Gehirns. Er gilt deshalb auch als einer der Urväter der Neurowissenschaft. Ramón y Cajal und Golgi erhielten 1906 zusammen den Nobelpreis für ihre Arbeiten auf dem Gebiet der Neurobiologie. In ihren Festreden widersprachen sie sich vehement. Sie blieben bis zu ihrem Lebensende Rivalen (Abb. 3.9).

3.2.4 Warum können Nervenzellen Signale übertragen?

So unterschiedlich die Nervenzellen in Abb. 3.8 auch aussehen mögen, das geübte Auge kann durchaus Gemeinsamkeiten entdecken. Von den Zellkörpern gehen Fortsätze aus, die man in die Dendriten und das Axon unterscheiden kann. Beide dienen dazu, mit anderen Zellen Kontakt aufzunehmen und Information auszutauschen. Die Dendriten verästeln sich oft zu einem Dendritenbaum, der bei einigen Zellen nur wenige Mikrometer Durchmesser hat, bei anderen aber mehrere Millimeter groß sein kann. Mit den Dendriten nimmt die Zelle ankommende Signale von anderen Nervenzellen auf und leitet sie zum Zellkörper weiter. Das Axon wiederum leitet das zelluläre Signal vom Zellkörper weg zu anderen Nervenzellen. Axone können sehr kurz sein, wenn sie benachbarte Nervenzellen kontaktieren. Andererseits sind die längsten Fortsätze in unserem Körper ca. 1 m lang, die Entfernung zwischen den Zehenspitzen, wo ein Schmerzreiz registriert wird und dem Rücken-

■ **Abb. 3.9** Santiago Ramón y Cajal (*links*) nutzte für seine Forschungen vor allem eine Färbetechnik, die im Labor von Camillo Golgi (*rechts*) entwickelt worden war. (© Wikimedia commons)

mark, wo die Information von der Schmerzzelle an die nächste Nervenzelle weitergegeben wird. Das ist ca. 30.000-mal länger als der Durchmesser der Zelle. (Zum Vergleich: Stellen Sie sich ein Känguru vor, das 1 m groß ist und einen 30 km langen Schwanz hat!) Das Axon bildet die bereits erwähnten Kontaktpunkte mit Dendriten anderer Zellen aus, an denen die Information übertragen wird. Diese Kontaktpunkte heißen Synapsen. Manche Nervenzellen haben auf ihren Dendriten bis zu 100.000 solcher Synapsen, an denen sie Information von 1000 anderen Nervenzellen erhalten. Die langen Fortsätze von Nervenzellen haben eine ähnliche Funktion wie Telegrafen- oder Telefonleitungen. Es sind Kabel, die Information in Form von elektrischen Signalen weiterleiten. Schauen wir uns im Folgenden an, wie diese Signale entstehen.

3.3 Labor 2: Von Ionen und Membranen – wie Nervenzellen eine elektrische Spannung aufbauen

3.3.1 Ionen sind die Grundlage für elektrische Signale in Nervenzellen

Rufen wir uns kurz in Erinnerung, wie ein einfacher elektrischer Schaltkreis aufgebaut ist (■ Abb. 3.10). Eine Batterie dient als Quelle für

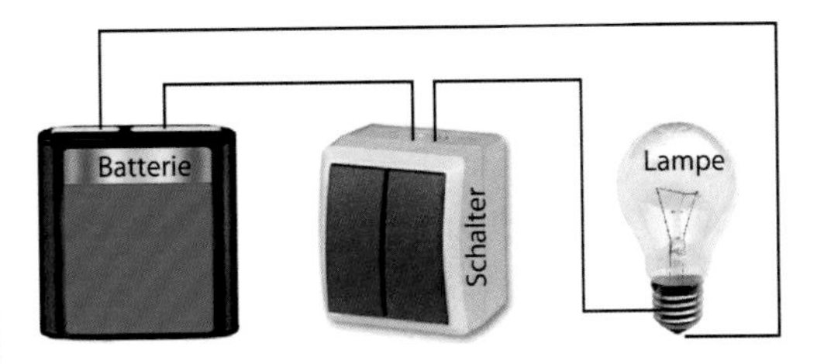

■ **Abb. 3.10** Ein einfacher Stromkreis. Die Batterie liefert die notwendige elektrische Spannung. Zwei Kabel verbinden über einen Schalter die Lampe mit den beiden Polen der Batterie. Mit dem Schalter kann man den Stromkreis schließen, und es fließt ein elektrischer Strom. (© Hans-Dieter Grammig, Forschungszentrum Jülich)

die elektrische Spannung. Die Spannung liegt zwischen dem Plus- und dem Minuspol der Batterie an. Die Spannung kommt daher, dass elektrisch negativ geladene Teilchen, die Elektronen, unterschiedlich auf die beiden Pole verteilt sind. Die Elektronen liegen am Minuspol vor. Am anderen Pol befinden sich keine Elektronen. Er ist somit deutlich positiver – und daher der Pluspol.

Die Spannung zwischen den beiden Polen wirkt wie ein „Gefälle“. Wichtig ist: In diesem Gefälle steckt Energie. So wie ein Auto auch ohne Motorleistung einen Berg hinunterrollen kann, können die Elektronen entlang dieses Gefälles fließen. Sobald der Schalter im Stromkreis geschlossen ist, fließen sie vom Minuspol durch den Schaltkreis zum Pluspol. Diesen Elektronenfluss bezeichnen wir als elektrischen Strom. Die in der Batterie gespeicherte Energie wird in dem Moment frei, in dem wir Strom von einem Pol zum anderen fließen lassen. (Wir müssen hier die Richtung des Elektronenflusses – physikalische Elektronenstromrichtung – von der technischen Stromrichtung unterscheiden. Diese ist historisch bedingt und wurde als Strom vom Plus- zum Minuspol definiert, da die negativen Elektronen zu dem Zeitpunkt noch nicht als Träger des Stromes identifiziert worden waren.) Der elektrische Strom im Schaltkreis kann für Arbeit genutzt werden; er bringt z. B. die Lampe zum Leuchten. Bleibt der Schaltkreis dauerhaft geschlossen, brennt die Glühbirne so lange, bis nach einiger Zeit alle Elektronen aus dem Batteriespeicher abgeflossen sind und die gespeicherte Energie verbraucht ist. Das „Gefälle" ist nun abgeflacht und die Batterie entladen (oder „leer"). Will man die Schaltung weiter betreiben, muss man wieder neue Energie in das System stecken, z. B. indem man die Batterie auflädt oder durch eine neue ersetzt.

Was hat das alles nun mit der Arbeit zu tun, die unsere Nerven- und Sinnenzellen leisten? Auch in unserem Körper gibt es elektrische Spannungen, und es fließen Ströme, die man messen kann. Im einfachsten Fall setzt man dazu Messelektroden auf die Körperoberfläche und misst damit die elektrischen Signale. Dies kennen wir alle vom Elektrokardiogramm (EKG), mit dem der Arzt die elektrische Aktivität des Herzens bestimmt, oder vom Elektroenzephalogramm (EEG), mit dem man „Gehirnströme" darstellen kann. Woher aber kommen diese elektrischen Signale? Wo sind unsere „Batterien" und die „Schalter"?

Im Körper gibt es keine freien Elektronen wie in einer elektrischen Schaltung. Es gibt aber andere elektrische Ladungen, die Ionen. Wir wollen das am Beispiel des Kochsalzes (Natriumchlorid) erklären. Jedes Atom besteht aus dem elektrisch positiv geladenen Atomkern und der Hülle, die die negativ geladenen Elektronen enthält (◘ Abb. 3.11). Die Zahl der positiv geladenen Teilchen im Kern (Protonen) und der negativ geladenen Elektronen in der Hülle ist gleich. Das Atom ist deshalb elektrisch neutral. Wenn ein Natriumatom mit einem Chloratom chemisch zu Natriumchlorid reagiert, gibt das Natriumatom ein Elektron aus seiner Hülle an das Chloratom ab. Da dem Natriumatom nun diese negative Ladung fehlt, wird es zum positiv geladenen Natriumion Na^+. Atome oder Moleküle, die positiv geladen sind, weil sie ein oder mehrere Elektronen abgegeben haben, werden als Kationen bezeichnet. Beim Natriumion Na^+ handelt es sich somit um ein Kation. Das Chloratom seinerseits übernimmt das Elektron, das vom Natriumatom abgegeben wurde, und wird so zu dem negativ geladenen Chloridion Cl^-, einem Anion.

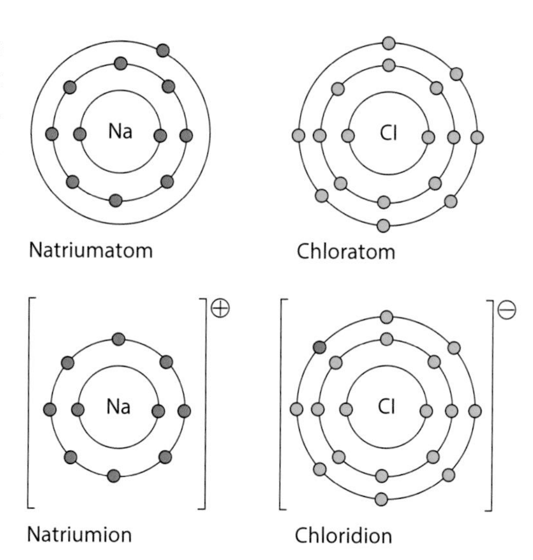

◘ **Abb. 3.11** In jedem Atom ist der positiv geladene Kern von einer Hülle negativ geladener Elektronen (*rote bzw. grüne Punkte*) umgeben. Wenn Natrium mit Chlor zu Natriumchlorid reagiert, gibt das Natriumatom sein äußerstes Elektron an das Chloratom ab. Das Natriumatom wird dadurch zum positiv geladenen Natriumion, einem Kation. Das Chloratom wird zum negativ geladenen Chloridion, einem Anion. (© Hans-Dieter Grammig, Forschungszentrum Jülich)

Im Kochsalzkristall kommen Natrium- und Chloridionen gleich häufig vor, Kochsalz ist elektrisch neutral. Löst man Kochsalz in Wasser, zerfällt es in seine Ionen Na^+ und Cl^-. Man kann eine elektrische Spannung an die Salzlösung anlegen, indem man zwei Drähte in die Lösung eintaucht und mit dem Plus- und dem Minuspol einer Batterie verbindet. Dabei gilt wie so oft im Leben: Gegensätze ziehen sich an! Die in der Lösung enthaltenen Ionen sind bestrebt, zu dem Pol zu gelangen, der ihrer Ladung entgegengesetzt ist. Daher wandern die Natriumionen nun zu dem Draht, der mit dem negativen Pol verbunden ist, und die Chloridionen zu dem Draht, der an den positiven Pol angeschlossen ist („Ion" stammt aus dem Griechischen und heißt „Wanderer"). Diese gerichtete Bewegung führt dazu, dass die Ionen im wahrsten Sinne durch die Lösung fließen: Es fließt ein elektrischer Strom.

In unserem Körper spielen Natrium- und Chloridionen eine wichtige Rolle bei der Ausbildung elektrischer Signale. Unsere Körperflüssigkeiten sind im Grunde Lösungen von

Kochsalz. 1 l unseres Blutes enthält 9 g Kochsalz, das in Natrium- und Chloridionen zerfallen ist, sowie Spuren anderer Ionen, wie Calciumionen (Ca^{2+}) und Magnesiumionen (Mg^{2+}). Dies mag uns daran erinnern, dass all unsere Zellen sich aus Urzellen entwickelten, die vor unendlich langer Zeit vom Salzwasser der Meere umgeben waren. All diese Ionen nehmen wir über unsere Nahrung auf. Um das sicherzustellen, können wir Salz schmecken und damit salzhaltige von salzarmer Kost unterscheiden. Der Körper kontrolliert die Konzentration dieser Ionen in unseren Körperflüssigkeiten genau. Er scheidet überflüssiges Salz aus, gibt uns durch Durstgefühle Zeichen, wenn die Wassermenge in unserem Körper abnimmt und deshalb die Salzkonzentration ansteigt, oder weckt in uns Lust auf Salziges, wenn wir mehr Salz aufnehmen müssen.

3.3.2 Ionenpumpen bauen Unterschiede zwischen dem Inneren der Zelle und ihrer Umgebung auf

Interessanterweise ist die Zusammensetzung der Ionen innerhalb der Zelle ganz anders als außerhalb. Wie kann das sein? Wie wir bereits gesehen haben, ist die Zelle von einer dünnen Haut umgeben, der Zell- oder Plasmamembran. Chemisch gesehen ist sie vor allem aus Fettstoffen, den Lipiden, aufgebaut (siehe ◘ Abb. 3.3). Obwohl die Zellmembran so dünn ist, wirkt sie wie eine isolierende Barriere. Die meisten Moleküle, vor allem auch Ionen, können nicht durch eine solche Lipidmembran hindurch. Moleküle, die in der Zelle bleiben sollen, werden somit in der Zelle gehalten, zellfremde Moleküle hingegen kommen nicht in die Zelle hinein. Auf diese Weise sorgt die Membran dafür, dass im Inneren der Zelle ein konstantes Milieu aufrechterhalten wird, das nicht von äußeren Einflüssen gestört wird. Andererseits muss eine Zelle einen Stoffaustausch zwischen dem Zellinneren und der Umgebung ermöglichen. Zum Beispiel muss die Zelle Nährstoffe aufnehmen und Abfallstoffe abgeben können. Diese wichtigen Aufgaben werden von Proteinen erledigt, die in die Membran eingebaut sind.

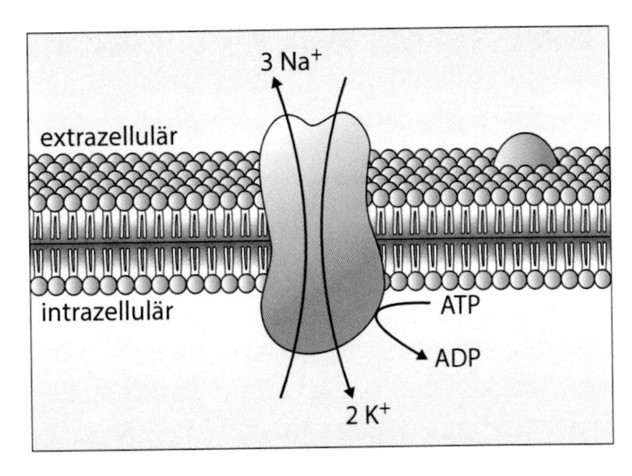

◘ **Abb. 3.12** Die Membranen einer Zelle enthalten neben den Lipiden auch Proteine. Viele dieser Proteine durchspannen die Lipiddoppelschicht komplett. Sie sind z. B. dazu imstande, Stoffe über die ansonsten nicht durchlässige Fettschicht der Membran zu transportieren. Ein wichtiges Transportprotein ist die Natrium-Kalium-ATPase. Sie spaltet die universelle Energiemünze der Zelle, das Molekül ATP, und nutzt die freigewordene Energie, um drei Natriumionen aus dem Zellinneren nach außen und im Gegenzug zwei Kaliumionen von außen nach innen zu transportieren. Dadurch baut sie für diese Ionen Konzentrationsgradienten über die Membran auf. (© Hans-Dieter Grammig, Forschungszentrum Jülich)

Die Zellmembran ist regelrecht vollgestopft mit solchen Transportproteinen. Betrachten wir eines von ihnen näher: die Natrium-Kalium-ATPase (◘ Abb. 3.12). Sie ist für die Funktion von Nervenzellen unentbehrlich. Sie kann Natriumionen (Na^+) von Kaliumionen (K^+) unterscheiden und pumpt ständig Natriumionen aus der Zelle hinaus und Kaliumionen in die Zelle hinein. Sie sorgt folglich dafür, dass sich außerhalb der Zelle vor allem Natriumionen, in der Zelle aber vor allem Kaliumionen befinden. Diese Pumpleistung benötigt Energie in Form der universellen Energiemünze des Lebens, des ATP (▶ Box 3.3). Aus diesem Grund nennen wir dieses Pumpenprotein Natrium-Kalium-ATPase. Eine Nervenzelle kann bis zu einer Million solcher Transportproteine in ihrer Zellmembran haben. Bis zu 70 % der Energie, die eine Nervenzelle verbraucht, steckt sie in die Pumpleistung der Natrium-Kalium-ATPase. Auch für andere Ionensorten, etwa Ca^{2+} (Calciumionen) oder Cl^- (Chloridionen) gibt es Transportproteine. Sie sorgen dafür, dass bei jeder Ionensorte im Inneren der Zelle eine andere Konzentration herrscht als außerhalb. So entsteht für jede Ionensorte ein Konzentrationsgradient, quasi ein Gefälle über der Membran. Gefälle? – Wir erinnern uns. So wie bei der Batterie ein Gefälle von Elektronen die Ursache der elektrischen Spannung ist, so gibt es bei Zellen ein Gefälle in der Ionenverteilung. Wenn z. B. mehr negativ geladene Ionen in der Zelle sind als außerhalb, ist das Zellinnere gegenüber dem Außenmedium elektrisch negativ geladen. Dann kann man zwischen der Innen- und der Außenseite der Membran eine elektrische Spannung messen, ähnlich wie zwischen den Polen einer Batterie (► Box 3.5). Am Aufbau dieser Membranspannung wirken aber nicht nur die oben beschriebenen Pumpenproteine mit, sondern auch eine zweite Klasse von Membranproteinen, die Ionenkanäle.

3.3.3 Ionenkanäle sind elektrische Schalter in der Zellmembran

◘ Abb. 3.13 zeigt einen Ionenkanal in der Zellmembran. Ionenkanäle werden meist von mehreren Proteinen gebildet, die sich zu einem größeren Komplex zusammenlagern. In unserem Beispiel sind es vier Proteine, die dann als Kanaluntereinheiten bezeichnet werden. Dieser Proteinkomplex ist sozusagen im Inneren hohl und bildet entlang seiner Längsachse einen durchgängigen feinen Kanal oder eine Pore aus. Die eine Öffnung des Kanals befindet sich außerhalb der Zelle, die andere im Zellinneren. Ionen können also durch diese Pore von der einen Seite der Membran auf die andere Seite wechseln. Da die Ionen elektrisch geladen sind, fließt bei ihrem Durchtritt durch die Kanalpore ein elektrischer Strom. Für die Zelle ist es unerlässlich, diese Ströme genauestens zu kontrollieren. Deshalb sind zwei Dinge wichtig.

Erstens sind Ionenkanäle nicht einfach Röhren, die ständig offen sind. Vielmehr wird ihre Pore durch eine Art „Tor“ versperrt. Erst nach einem bestimmten Reiz öffnet sich das Tor. Jetzt können für eine kurze Zeit Ionen durch den Kanal fließen, bevor sich das Tor wieder schließt. Solche Kanalproteine funktionieren also wie Schalter, die man kurz an- und dann wieder ausknipst. Für verschiedene Ionenkanäle gibt es unterschiedliche Auslöser für das Öffnen und Schließen des Tores. Wir werden einige Auslöser im Laufe des Buches kennen lernen.

Zweitens gibt es unterschiedliche Arten von Ionenkanälen, die jeweils nur bestimmte

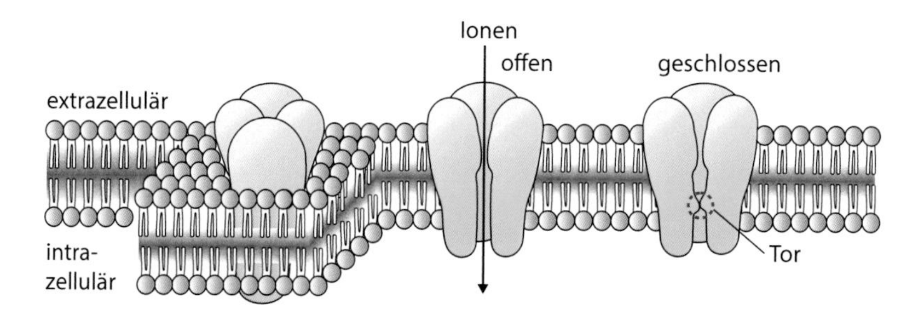

◘ **Abb. 3.13** Ionenkanäle sind große Proteine, die die Membran vollständig durchspannen. Meist lagern sich mehrere Proteine, die wir dann Untereinheiten nennen, zu einem größeren Komplex zusammen. Links sieht man vier Untereinheiten einen Ionenkanal bilden. In der Mitte und rechts ist der Kanal entlang seiner Längsachse „aufgeschnitten". Man erkennt die Pore des Kanals, durch die Ionen hindurchfließen können und so einen elektrischen Strom erzeugen (*Pfeil*). Das Tor dient dazu, den Kanal zu verschließen, sodass keine Ionen fließen können (*rechts*). Ionenkanäle funktionieren wie molekulare elektrische Schalter. (© Hans-Dieter Grammig, Forschungszentrum Jülich)

Sorten von Ionen durch ihre Pore lassen. Dies ist außerordentlich wichtig. Was würde passieren, wenn ein Ionenkanal alle Sorten von Ionen durchließe? Würde z. B. nach einem Natriumion auch ein Chloridion durch die Pore fließen, würden sich die beiden elektrischen Ladungen ausgleichen. Unterm Strich wäre dann gar kein Strom geflossen! Die Ionenkanäle unterscheiden deshalb genau zwischen den verschiedenen Ionensorten und lassen sehr spezifisch nur die Ionen durch, die ihrer Vorliebe entsprechen – sie sind „selektiv". Dadurch ermöglichen sie es, einen elektrischen Strom mit klar definiertem Vorzeichen gerichtet über die Membran fließen zu lassen.

Aufgrund dieser Stromflüsse kann die Zelle regulieren, ob mehr negative oder mehr positive Ionen durch die Membran in das Zellinnere gelangen können. Sie ist somit in der Lage, unterschiedliche Spannungswerte an ihrer Zellmembran aufzubauen. Diese unterschiedlichen Membranspannungen bilden die Grundlage, auf der unsere Sinnes- und Nervenzellen funktionieren. Im Ruhezustand der Zelle beträgt die Membranspannung meist −70 mV (Millivolt), d. h. das Zellinnere ist negativ gegenüber der Umgebung. Wir nennen diese Spannung die Ruhemembranspannung. Wie die Ruhemembranspannung aufgebaut wird und wie man sie messen kann, erfahren Sie detailliert in ▶ Box 3.5. Wird eine Zelle gereizt, ändert sich die Membranspannung. Dies wollen wir uns im nächsten Abschnitt genauer ansehen.

Box 3.5 Durch das Mikroskop betrachtet: An der Zellmembran entsteht eine elektrische Spannung

Wie können wir die elektrische Spannung messen, die an den Membranen unserer Nervenzellen entsteht?
Führen wir hierzu ein Gedankenexperiment durch. Unsere „gedachte" Nervenzelle soll sich in einer Schale befinden. Damit sie dort die gleichen Bedingungen vorfindet wie in unserem Körper, füllen wir die Schale mit einer sogenannten Ringerlösung (benannt nach dem Physiologen Sydney Ringer, der solche Lösungen eingeführt hat). Die Ringerlösung enthält viele Natriumionen und ähnelt in ihrer Zusammensetzung somit der Flüssigkeit, die auch im Gewebe die Zelle umgeben würde. Das Zellinnere soll dagegen wie üblich kaum Natriumionen, dafür aber viele Kaliumionen enthalten. Jetzt ergänzen wir noch so viele negativ geladene Ionen, dass jedes positiv geladene Ion innerhalb und außerhalb der Zelle durch ein negativ geladenes Ion elektrisch ausgeglichen wird. Der Einfachheit halber wählen wir das negativ geladene Chloridion.

Auch in unserem Experiment soll die Zelle natürlich von einer Zellmembran umgeben sein. Diese soll aber vorerst keine Ionenkanäle enthalten. Nun wollen wir sehen, ob wir an dieser Membran eine elektrische Spannung messen können. Die Spannung an der Membran wird auch Membranspannung genannt (manchmal auch Membranpotenzial, obgleich das nicht ganz korrekt ist). Zur Spannungsmessung verwenden wir Messelektroden, die an einem Verstärker angeschlossen sind. Eine der Messelektroden hat eine extrem feine Spitze und wird vorsichtig wie eine Nadel in die Zelle eingestochen. Die zweite Elektrode, die Referenzelektrode, befindet sich außerhalb der Zelle in der Schale. Das Messgerät zeigt an, wie groß die Spannung ist, die zwischen den beiden Elektroden und damit zwischen der Innenseite und der Außenseite der Membran anliegt. Der Messwert beträgt 0 mV (◘ Abb. 3.14a). Dies ist einleuchtend, weil wir in unserem Gedankenexperiment sowohl innerhalb als auch außerhalb der Zelle jedes positive Ion durch ein negativ geladenes Ion ausgeglichen haben. Da es keinen Ladungsunterschied zwischen innen und außen gibt, messen wir auch keine Spannung.

Wie kommt es zur Membranspannung?
Nun schwingen wir in unserem Gedankenexperiment den Zauberstab und bauen Ionenkanäle in die Zellmembran ein (◘ Abb. 3.14b). Diese Kanäle sind alle vom gleichen Typ: Sie lassen nur Kaliumionen durch, sind also selektiv. Wir nennen sie deshalb Kaliumkanäle. Bei diesen Kanälen sei das Tor die meiste Zeit offen, sodass

Kaliumionen durch die Pore strömen können. Da sich im Inneren der Zelle viele Kaliumionen befinden, außerhalb aber nur wenige, gibt es ein starkes chemisches „Gefälle". Kaliumionen folgen diesem Gefälle und fließen durch die Poren der Kaliumkanäle von dort, wo viele Kaliumionen sind (innerhalb der Zelle) nach da, wo sich wenige Kaliumionen befinden: nach außen, in die Schale. Das Zellinnere verliert also positiv geladene Kaliumionen. Da in unserem Experiment nur Kaliumkanäle in der Membran sind und diese keine Chloridionen aus der Zelle lassen, kommt es mit der Zeit zu einem Überschuss von negativer Ladung in der Zelle. Dadurch entsteht eine Membranspannung. Was wir im Weiteren beobachten können, ist Folgendes: Solange Kaliumionen aus der Zelle fließen, wird die Membranspannung, ausgehend von 0 mV, zunehmend negativer – negativer, weil wir immer das Verhältnis innen gegen außen messen. Schließlich bleibt sie bei einem bestimmten Wert stehen. Die Membranspannung ist nun konstant. In unserem Beispiel beträgt sie – 80 mV (◘ Abb. 3.14c). Warum ist das so? Man könnte vermuten, dass so lange Kaliumionen ausgeströmt sind, bis die Konzentration der Kaliumionen innerhalb und außerhalb der Zelle gleich groß ist und kein Gefälle mehr besteht. Soweit kommt es aber nicht. Weshalb?

Jedes Kaliumion, das entlang des chemischen Gefälles ausströmt, trägt ja gleichzeitig dazu bei, die elektrische Spannung an der Membran weiter aufzubauen. Dies bedeutet, mit jedem ausströmenden Kaliumion wird das Innere der Zelle ein bisschen negativer. Diese Spannung wirkt wie eine Steigung, gegen die die weiteren Kaliumionen anschwimmen müssen, wenn sie die Zelle verlassen wollen. Die wachsende negative Membranspannung macht es den verbleibenden Kaliumionen also zunehmend schwieriger, die Zelle zu verlassen. Die „elektrische Steigung" wirkt dem „chemischen Gefälle" entgegen. Ist die elektrische Steigung genauso groß wie das chemische Gefälle, stellt sich ein Gleichgewichtszustand ein. Beim Gleichgewicht strömen gleich viele Kaliumionen aus der Zelle hinaus wie in die Zelle hinein. Bei dieser Membranspannung kommt es also zu keinem weiteren Nettoausstrom, und die Spannung an der Membran bleibt konstant. Bei dem Zusammenspiel von chemischem und elektrischem Gefälle spricht man auch von der elektrochemischen Triebkraft, die die Bewegung der Ionen durch die Membran nach innen oder nach außen bestimmt.

Welche Bedeutung hat die Membranspannung für unsere Zelle?

In unserem Gedankenexperiment haben wir nur Kaliumionen fließen lassen. Die Membranspannung, die wir unter diesen Bedingungen messen würden, entspricht dem Gleichgewichtspotenzial für Kalium. Dieses Gleichgewichtspotenzial kann mithilfe einer Gleichung berechnet werden, die der Physiker Walther Nernst (1864–1941) im Jahre 1889 beschrieben hat, und hängt vom ursprünglichen Konzentrationsgradienten des Ions ab. Das Gleichgewichtspotenzial für Kaliumionen beträgt unter normalen Bedingungen etwa – 80 bis – 100 mV. Da für Natriumionen der Gradient umgekehrt ist (hier sind ja viele Natriumionen außerhalb, dafür aber nur wenige innerhalb der Zelle), ist ihr Gleichgewichtspotenzial entsprechend positiv; es liegt bei ca. +60 mV. Da in unserem Gedankenexperiment nur Kaliumkanäle in der Membran vorhanden sind, stellt sich die Membranspannung genau auf das Gleichgewichtspotenzial für Kalium ein. Übrigens strömen gar nicht viele Kaliumionen aus, um das Gleichgewichtspotenzial einzustellen. Bei großen Zellen muss nur etwa jedes 100.000ste Kaliumion die Zelle verlassen. Die intrazelluläre Kaliumkonzentration verändert sich also nur geringfügig.

Die Ruhemembranspannung einer Nervenzelle liegt meist bei −70 mv

Solange Nervenzellen keine Informationen verarbeiten müssen, kann man von einer Ruhephase sprechen. Anders als in unserem Gedankenexperiment sind während solcher Ruhephasen in einer richtigen Nervenzelle neben den Kaliumkanälen auch immer ein paar Kanäle für Natriumionen und ein paar Kanäle für andere Ionen offen. Deswegen stellt sich eine Membranspannung ein, die etwas vom Kalium-Gleichgewichtspotenzial abweicht. Ein Wert von ca. −70 mV ist dabei typisch für die meisten Sinnes- und Nervenzellen. Bei vielen Nervenzellen bleibt die Membranspannung bei diesem negativen Wert, solange sie keine Informationen oder Reize erhalten. Wir nennen diesen Wert deshalb die Ruhemembranspannung.

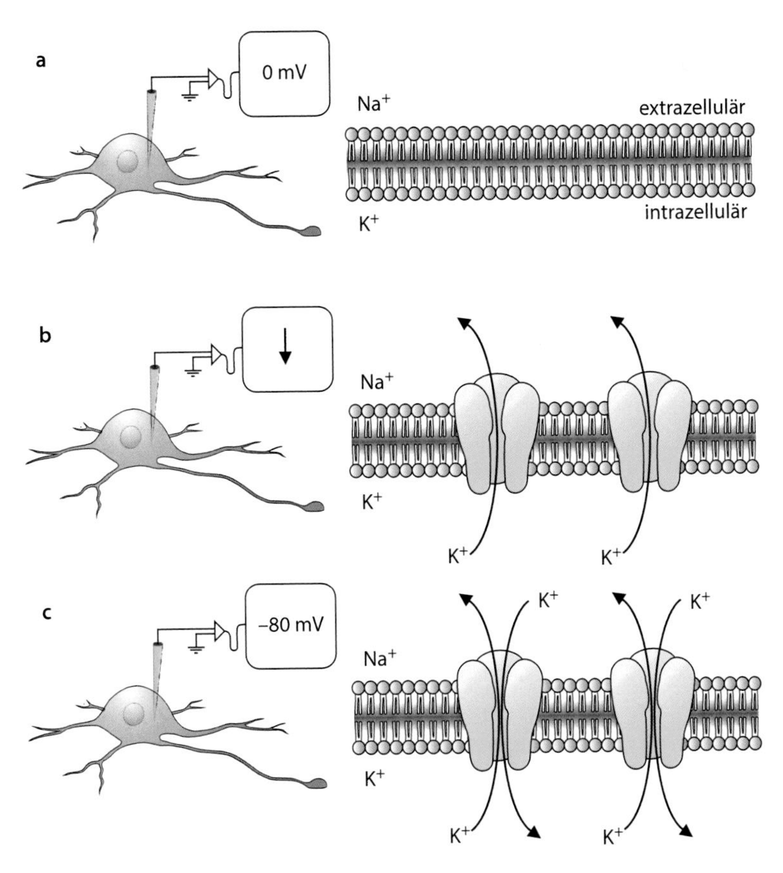

Abb. 3.14 Mehrere Voraussetzungen müssen erfüllt sein, damit eine Membranspannung aufgebaut werden kann. **a** Die Ionen sind ungleich verteilt: In der Zelle befinden sich viele Kaliumionen, außerhalb viele Natriumionen. Die Membran wirkt wie ein elektrischer Isolator, die Ionen können also nicht durch die Membran hindurch. **b** Durch Kaliumleckkanäle fließen Kaliumionen entlang des chemischen Gradienten aus der Zelle heraus (*Pfeile*). Dadurch wird das Zellinnere weniger positiv, also negativ. Es baut sich eine Membranspannung auf. **c** Beim Nernst-Potenzial des Ions fließen gleich viele Ionen in die Zelle hinein wie aus der Zelle heraus. Die Membranspannung wird stabil. (© Anja Mataruga, Forschungszentrum Jülich)

3.4 Labor 3: Aktionspotenziale sind die Sprache unseres Nervensystems

3.4.1 Die Membranspannung spiegelt die Aktivität einer Nervenzelle wider

Wir wollen im Folgenden überlegen, wie man mit Ionenkanälen die elektrische Spannung an der Membran ändern kann und, vor allem, wozu das gut ist. Dazu untersuchen wir noch einmal die Sinneszelle einer Zecke, die auf Buttersäure reagiert. Die Zelle liegt bei unserem Experiment in einer Schale mit Nährlösung. Wie in ▸ Box 3.5 bereits beschrieben, stechen wir nun zuerst eine feine Messelektrode in die Zelle ein und messen die Ruhemembranspannung. Sie liegt bei ca. −70 mV. Nun überspülen wir die Zelle mit einer Lösung, die auch etwas Buttersäure enthält. Wie wir in ▸ Kap. 6 sehen werden, lösen die Duftstoffe (in diesem Fall die Buttersäure) eine Kette von Vorgängen in der Zelle aus. An dieser Stelle wollen wir uns darauf beschränken, dass sich dabei Ionenkanäle öffnen, die Natriumionen hindurchfließen lassen. Da sich in der Ringerlösung viele Natriumionen befinden, im Zellinneren hingegen nur wenige, strömen Natriumionen entlang dieses chemischen Gefälles von außen in die Zelle ein. Durch die positive Ladung der Natriumionen wird die Membranspannung nun positiver und bewegt sich von –70 mV auf 0 mV zu.

Weil wir diesem Vorgang noch oft begegnen werden, wollen wir einen Fachbegriff dafür einführen: Wir nennen die Änderung der Membranspannung weg von der negativen Ruhemembranspannung hin zu einem positiveren Wert Depolarisation. Wenn nur ein paar Kanäle geöffnet sind und deshalb nur wenige Natriumionen einströmen, wird die Depolarisation gering ausfallen. Wenn die Kanäle wieder geschlossen sind, klingt die Depolarisation nach einiger Zeit wieder ab, und die Zelle kehrt zum Ruhemembranpotenzial zurück. Viele Natriumionen bewirken dagegen eine starke Depolarisation. Interessant wird es nun, wenn die Depolarisation dabei einen bestimmten Spannungswert überschreitet, den wir die Schwelle nennen. Dann nämlich geht die Zelle vom Ruhezustand in den aktiven Zustand über. In der Zellmembran sitzt eine ganze Reihe von weiteren Ionenkanälen, die im Ruhezustand der Zelle geschlossen sind. Sobald aber die Membran über den Schwellenwert depolarisiert, schwingen die Tore dieser Kanäle auf und geben den Durchgang für bestimmte Ionen frei. Man spricht davon, dass die Spannung – hier die Depolarisation – die Kanäle aktiviert.

Das Zusammenspiel dieser verschiedenen Ionenkanäle löst ein Ereignis in der Zelle aus, das wir in der Mehrzahl aller Nervenzellen beobachten können: ein Aktionspotenzial (▶ Box 3.6). Überschreitet die Depolarisation die Schwelle, öffnen spannungsaktivierte Natriumkanäle, und es kommt zu einem sehr schnellen und starken Natriumeinstrom. Durch die positiven Natriumionen schlägt die Membranspannung ins Positive um. Kurz danach öffnen spannungsaktivierte Kaliumkanäle, und es kommt zu einem starken Kaliumausstrom. Der Verlust positiver Ladung lässt die Membranspannung wieder ins Negative umschlagen. Dies alles passiert sehr schnell. Was man messen kann, ist also ein kurzer Spannungspuls an der Membran der Zelle. Er dauert bei einer Nervenzelle eines Säugetieres ca. 1–2 ms (◘ Abb. 3.15).

3.4.2 Aktionspotenziale leiten Signale über lange Strecken

Aktionspotenziale sind sehr typische Ereignisse in einer Nervenzelle. Wir finden Aktionspotenziale im gesamten Tierreich, bei Insekten genauso wie bei Tintenfischen und Säugetieren. Wie in ▶ Box 3.6 erläutert, ändert sich bei einem Aktionspotenzial die Membranspannung in immer gleicher, stereotyper Weise. Ausgehend vom Ruhemembranpotenzial, das bei ca. –70 mV liegt, steigt sie auf positive Werte und fällt wieder auf negative Werte zurück. Dies alles dauert nur eine bis wenige Millisekunden, wobei sich in festgelegter Reihenfolge zuerst Natriumkanäle und dann Kaliumkanäle öffnen und wieder schließen. Manchmal entstehen mehrere Aktionspotenziale nacheinander, eine Salve. Die Häufigkeit der Aktionspotenziale, ihre Frequenz, kann je nach Reiz erheblich schwanken. Manchmal treten nur alle paar Sekunden Aktionspotenziale auf, manchmal erzeugt eine Zelle ein paar Hundert oder sogar 1000 Aktionspotenziale in einer Sekunde. Bei der Sinneszelle in unserem Experiment hängt die Frequenz der Aktionspotenziale von der Stärke des Reizes ab. Ist nur wenig Buttersäure vorhanden, feuert die Zelle nur eines oder wenige Aktionspotenziale. Höhere Konzentrationen von Buttersäure lösen eine ganze Salve aus. So wird die Stärke des Reizes in einen Code umgeschrieben, den das Nervensystem der Zecke versteht und mit dem es arbeiten kann.

Wie wir bei unserer Labordemonstration gesehen haben, kann man die Aktionspotenziale hörbar machen, indem man die Mikroelektrode über einen Verstärker mit einem Lautsprecher verbindet. Je nach Einstellung des Geräts knattern, ploppen oder rattern aktive Nervenzellen dann. Der Neurobiologe spricht gern davon, dass diese Nervenzellen „Aktionspotenziale feuern". Nun ist es eine ganz interessante Vorstellung, dass in jedem Moment unseres Lebens, ganz besonders während Sie z. B. dieses Buch lesen, unzählige Aktionspotenziale von Ihren

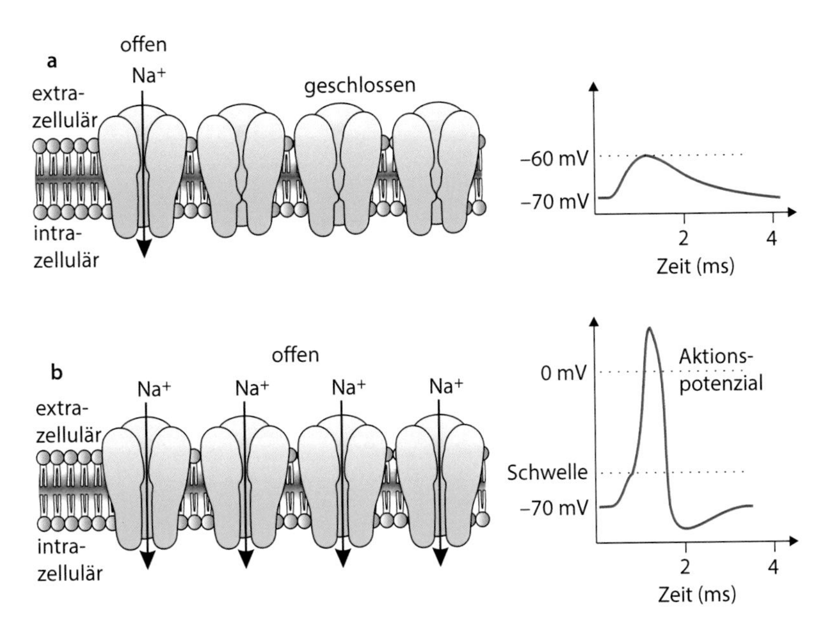

Abb. 3.15 **a** Im Ruhezustand hat diese Sinneszelle eine Membranspannung von ca. −70 mV. Der Reiz führt dazu, dass sich einige Ionenkanäle öffnen, durch die Natriumionen in die Zelle einströmen können. Durch die positiven Natriumionen wird die Membranspannung der Zelle positiver – sie depolarisiert. Werden nur wenige Natriumkanäle geöffnet, bleibt die Depolarisation klein. In diesem Fall erreicht sie ca. −60 mV. Sie fällt wieder auf die Ruhemembranspannung zurück, wenn die Kanäle wieder geschlossen sind. **b** Werden viele Kanäle geöffnet, depolarisiert die Zelle stärker. Überschreitet die Membranspannung einen bestimmten Schwellenwert, entsteht ein Aktionspotenzial. Dabei wird die Membranspannung sehr schnell positiv und kehrt dann ebenso schnell wieder zur Ruhemembranspannung zurück. (© Frank Müller, Forschungszentrum Jülich)

Box 3.6 Durch das Mikroskop betrachtet: Wie entsteht ein Aktionspotenzial?

Im Ruhezustand beträgt die Membranspannung von Sinnes- und Nervenzellen meist etwa −70 mV (Abb. 3.16a). Sie entsteht, weil einige Kaliumkanäle offen sind. Ein Aktionspotenzial startet immer mit einer Depolarisation. Im Falle unserer Zeckensinneszelle haben sich durch die Buttersäure Natriumkanäle geöffnet und so eine Depolarisation an der Zellmembran entstehen lassen. Übersteigt die Depolarisation einen Schwellenwert, reagieren auch andere Ionenkanäle in der Zellmembran. Es gibt Natriumkanäle in der Membran, deren Tor direkt durch die Depolarisation geöffnet wird. Wir nennen diese Kanäle deshalb auch spannungsaktivierte Kanäle. Die spannungsaktivierten Natriumkanäle öffnen sich schnell nacheinander und lassen schlagartig sehr viele Natriumionen ins Zellinnere. Dabei strömen so viele Natriumionen ein, dass die positiven Ladungen in der Zelle überwiegen und die Membranspannung deutlich positive Werte erreicht, z. B. +30 mV (Abb. 3.16b). All dies passiert sehr schnell, innerhalb etwa 1 ms (1 ms = 1 Millisekunde = 1 tausendstel Sekunde (s)) – Ionenkanäle funktionieren wie schnelle Schalter in der Zellmembran. Dann passiert bei den Natriumkanälen etwas Sonderbares: Ein beweglicher Teil des Kanalproteins, der wie ein Pendel am Protein baumelt, schwingt sich in die Kanalpore und verstopft sie wie ein Korken eine Flasche. Die Kanäle lassen dann keine Natriumionen mehr durch. Nach kürzester Zeit sind alle Natriumkanäle auf diese Weise verstopft – wir sagen auch, sie sind inaktiviert. Der Einstrom an Natriumionen ist dann beendet (Abb. 3.16c).

Mit einer kleinen zeitlichen Verzögerung öffnen sich spannungsaktivierte Kaliumkanäle. Die Kaliumionen fließen ihrem Gefälle folgend aus der Zelle nach außen. Die Zelle verliert dadurch sehr schnell positive Ladungen, und die Membranspannung wird wieder negativer und kehrt in Richtung des Wertes ihrer ursprünglichen Ruhespannung zurück – sie „repolarisiert". Sobald die negative

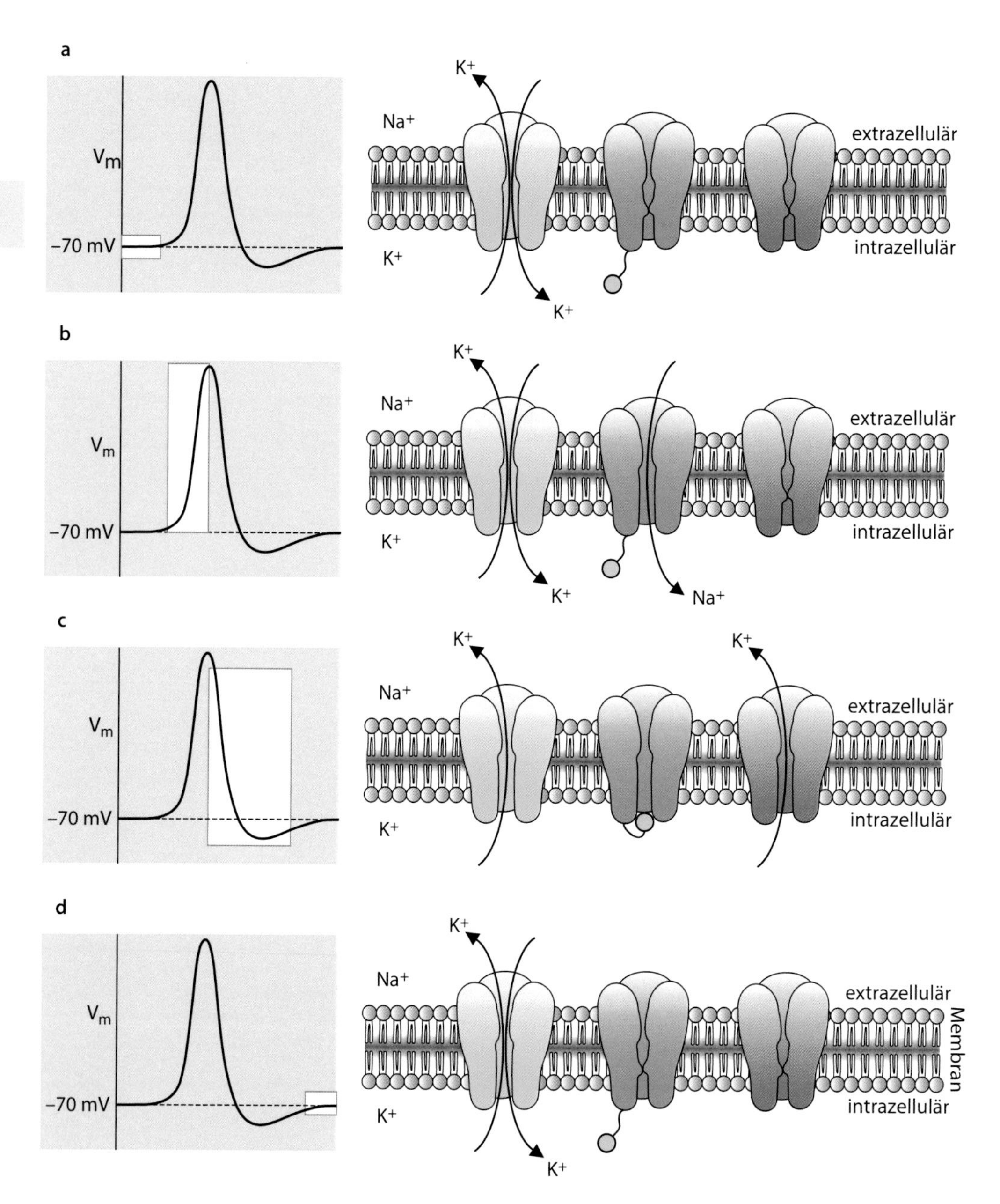

Abb. 3.16 Ein Aktionspotenzial ist eine immer gleichartig ablaufende Veränderung der Membranspannung (V_m). Es lässt sich in mehrere Phasen unterteilen. **a** Ruhemembranspannung von ca. –70 mV. Vor allem Kaliumleckkanäle sind offen. **b** Spannungsaktivierte Natriumkanäle öffnen, es kommt zum schnellen und starken Einstrom von Natriumionen. Die Membranspannung wird deshalb schnell positiv. **c** Die Natriumkanäle inaktivieren, da ihre Pore verstopft wird. Spannungsaktivierte Kaliumkanäle öffnen, und Kaliumionen strömen aus. Die Membranspannung wird wieder negativer (*Repolarisation*). **d** Der Ausgangszustand ist wieder erreicht, die Ruhemembranspannung liegt an. (© Anja Mataruga, Forschungszentrum Jülich)

Ruhespannung von −70 mV wieder erreicht ist, schließen die spannungsaktivierten Kaliumkanäle. Die spannungsaktivierten Natriumkanäle gehen ebenfalls wieder in den Ursprungszustand über, indem die „Korken" die Poren freigeben und die Tore die Poren ganz normal schließen. Die Zelle befindet sich wieder im Ruhezustand (◘ Abb. 3.16d).

Würden wir einem Aktionspotenzial eine Gemütshaltung zusprechen wollen, so müssten wir hier von einem knallharten Prinzipienreiter sprechen. Denn beim Aktionspotenzial gibt es nur zwei Zustände: Es entsteht entweder ganz oder gar nicht. Anders formuliert: Erreicht die Depolarisation, die der Reiz auslöst, nicht den Schwellenwert, passiert gar nichts. Die Depolarisation ebbt unverrichteter Dinge wieder ab. Nur wenn die Depolarisation die Schwelle überschreitet, öffnen sich auch die spannungsabhängigen Natriumkanäle und leiten den Beginn des Aktionspotenzials ein. Die starke Depolarisation, die beim Öffnen der spannungsabhängigen Natriumkanäle entsteht, lässt wiederum den spannungsabhängigen Kaliumkanälen keine andere Wahl, als sich zu öffnen und im Gegenzug mit den aus der Zelle ausströmenden Kaliumionen eine Repolarisation zu bewirken. Das ganze Aktionspotenzial läuft also nach einem fest vorprogrammierten Ritual ab. Dabei ist die Amplitude des Aktionspotenzials bei einer gegebenen Nervenzelle immer gleich groß. Nach einem Aktionspotenzial kann die Zelle für eine sehr kurze Zeit kein neues Aktionspotenzial erzeugen, weil die Natriumkanäle etwas Zeit brauchen, ihre Inaktivierung zu überwinden. Während dieser Zeit ist die Zelle „refraktär".

Sinnes- und Nervenzellen abgefeuert werden – Milliarden und Abermilliarden von Salven in jeder Sekunde. Wir wissen nun, dass in der Abfolge von Aktionspotenzialen einer Zelle die Stärke und Dauer eines Sinnesreizes codiert werden. Noch aber steckt diese Information in der Sinneszelle. Wie kommt sie ins Gehirn?

Dafür ist das Axon der Zelle zuständig. Zuerst beträgt genau wie im Zellkörper auch im Axon die Ruhemembranspannung −70 mV. Nachdem das Aktionspotenzial an der Membran des Zellkörpers ausgelöst wurde, passiert Folgendes (◘ Abb. 3.17): Die Natriumionen verdrängen an der Stelle, an der sie eingeströmt sind, andere positive Ionen. Diese fließen entlang der Membran weiter, unter anderem auch in das Axon hinein. Dadurch ändert sich auch dort die Membranspannung, es kommt zur Depolarisation. Mit anderen Worten: Die Depolarisation wandert ausgehend vom Zellkörper an der Membran des Axons entlang, so wie sich eine Welle ausbreitet, wenn man einen Stein ins Wasser wirft. Die Wasserwelle ebbt aber nach kurzer Distanz ab. Das würde auch mit einer Spannungsänderung passieren, die an der Membran des Axons entlang läuft. Sie würde mit größerem Abstand vom Zellkörper immer kleiner und ginge schließlich ganz verloren. Die Nervenzelle könnte mit dieser lokal an der Membran auftretenden Spannungsänderung nichts weiter anfangen. Sie würde regelrecht verpuffen.

Der entscheidende Punkt ist aber: Auch in der Membran des Axons sitzen Ionenkanäle, die durch die Depolarisation der Membran aktiviert werden. Auf ihrer Wanderung entlang der Zellmembran trifft die Depolarisation somit auf Natrium- und Kaliumkanäle, die sich nach dem bewährten Muster öffnen und schließen lassen, sodass ein neues Aktionspotenzial entstehen kann. Die Abläufe, die dem Aktionspotenzial zugrunde liegen, wiederholen sich an jeder Stelle des Axons (aber lesen Sie dazu auch die (► Box 3.7). Dadurch wird das Aktionspotenzial bei seiner Wanderung überall wieder zur vollen Größe aufgebaut. Es ist wie bei einer Zündschnur. Sie bietet dem Feuer permanent neue Nahrung, und es breitet sich entlang der Schnur aus. Die Folge ist: Ein Aktionspotenzial, das einmal gestartet wurde, ebbt nicht ab, sondern läuft über die Membran der ganzen Zelle und somit auch das ganze Axon entlang.

Kehren wir zu unserem Beispiel der Sinneszelle zurück. Wir hatten sie mit Buttersäure gereizt, und die Zelle hat als Antwort darauf ihre Membranspannung geändert und Aktionspotenziale gefeuert. In den Aktionspotenzialen steckt also die codierte Information „Buttersäure entdeckt!". Diese Information läuft in Form von Aktionspotenzialen das Axon entlang bis zum Kontaktpunkt mit der nächsten Nervenzelle im Gehirn, der Synapse.

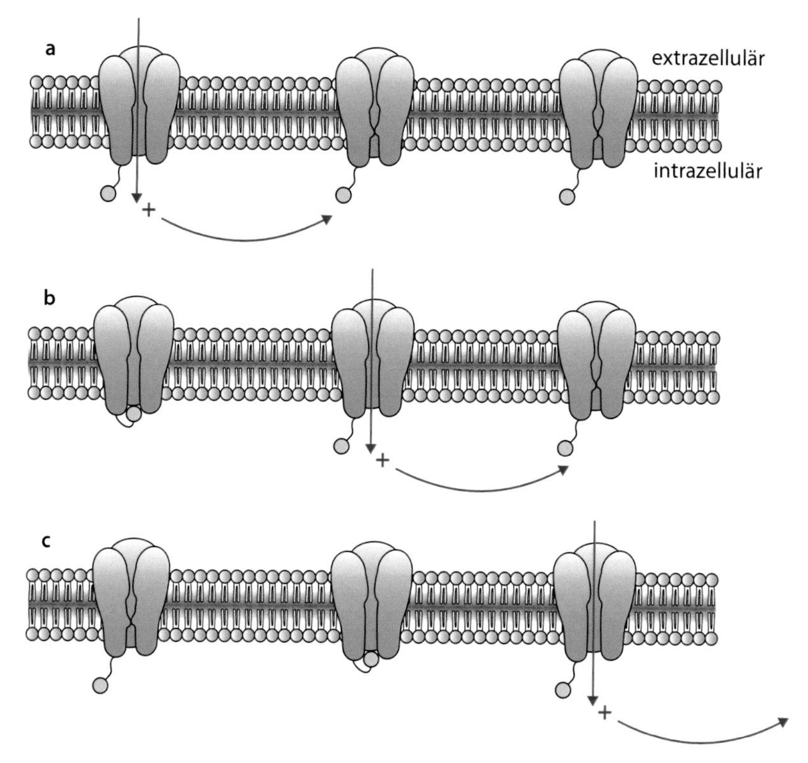

Abb. 3.17 Aktionspotenziale wandern am Axon entlang vom Zellkörper bis zum Axonende. Das Aktionspotenzial wird am Übergang vom Zellkörper zum Axon, dem Axonhügel, ausgelöst. **a** Durch die spannungsaktivierten Natriumkanäle strömen positiv geladene Natriumionen ein (*rotes Plus*). Sie fließen an der Innenseite der Membran entlang in das Axon weiter und schieben dabei andere positive Ionen vor sich her. **b** Dadurch wird die Spannung an der Axonmembran positiver. Dieser Abschnitt der Axonmembran depolarisiert. Spannungsaktivierte Natriumkanäle in der Axonmembran öffnen sich, und es kommt auch hier zu einem Aktionspotenzial. **c** Wieder strömen die Natriumionen weiter, ein neues Aktionspotenzial im nächsten Abschnitt des Axons folgt usw. Da sich das Aktionspotenzial an jeder Stelle wieder zur vollen Größe aufbauen kann, wird das Signal auf seiner Wanderung entlang des Axons nicht schwächer. (© Frank Müller, Forschungszentrum Jülich)

Box 3.7 Durch das Mikroskop betrachtet: Die saltatorische Weiterleitung

Ein Aktionspotenzial kann sich entlang der gesamten Zellmembran ausbreiten, indem es an einer benachbarten Stelle der Membran wieder ein Aktionspotenzial auslöst. Diese Erregungsweiterleitung in kleinen Schritten ist aufwendig. Erstens benötigt man an jeder Membranstelle viele Ionenkanäle, um das Aktionspotenzial zu generieren. Zweitens fließen dabei Ionen in die Zelle hinein bzw. hinaus, die anschließend von der Natrium-Kalium-ATPase unter Energieaufwand wieder zurückgepumpt werden müssen. Und schließlich braucht es seine Zeit, bis sich ein Aktionspotenzial entlang der Zellkörper- und schließlich Axonmembran bis zur Synapse vorgearbeitet hat. Unter diesen Bedingungen legen Aktionspotenziale in einer Sekunde einen oder wenige Meter am Axon zurück. Das klingt erst einmal viel, aber ein Schmerzreiz vom großen Zeh bräuchte unter diesen Bedingungen ca. 2 s, bis er das Gehirn erreicht – entschieden zu langsam. Deshalb haben die Nervenzellen der Wirbeltiere (und somit auch die des Menschen) einen Trick entwickelt, der die Geschwindigkeit auf bis zu 100 m pro Sekunde erhöht!

Dabei spielen die bereits früher erwähnten Gliazellen eine zentrale Rolle. Die Gliazellen wickeln sich um die Axone und isolieren sie, so wie man ein elektrisches Kabel durch eine Hülle isoliert. Im Zentralnervensystem, also dem Gehirn und dem Rückenmark, wird diese Aufgabe durch die Oligodendrozyten erledigt, im peripheren Nervensystem durch die Schwann'schen Zellen. Die Hüllen werden auch Myelin genannt und bestehen aus vielen Lagen von Membranschichten der Gliazellen. Das Myelin umhüllt das Axon nicht auf seiner ganzen Länge, sondern nur in kurzen Abschnitten von meist wenigen Hundert Mikrometern. Zwischen diesen Abschnitten findet man kleine Bereiche, die nach ihrem Entdecker Ranvier'sche Schnürringe genannt werden. Dort liegt die Axonmembran frei, und nur dort enthält sie Ionenkanäle (◘ Abb. 3.18). Worin liegt nun der Sinn der ganzen Anordnung?

Wie wir gesehen haben, breitet sich die Depolarisation in einer Zelle entlang der Axonmembran aus. Dabei wird sie wie eine Welle mit der Zeit kleiner. Die entscheidende Frage ist, bei welcher Entfernung die Depolarisation so weit abgeschwächt ist, dass sie die Schwelle für das Auslösen eines neuen Aktionspotenzials nicht mehr erreicht. Spätestens kurz vorher muss die Zelle also ein neues Aktionspotenzial auslösen, damit die Information weitergeleitet werden kann. Bei einem nackten Axon ist diese Entfernung kürzer als bei einem myelinisierten Axon. Das nackte Axon ist schlecht isoliert, und die Depolarisation nimmt schnell ab, weil entlang der Membran ständig elektrische Ladung aus dem Axoninneren durch Leckkanäle in der Membran nach außen abfließt. Das Aktionspotenzial kann immer nur ein kleines Stückchen weitermarschieren und muss dann neu aufgebaut werden – genau das kostet Zeit. Bei einem myelinisierten Axon passiert dies nicht. Die Depolarisation wird unterhalb der Myelinscheide nur wenig abgeschwächt. Das Aktionspotenzial springt sozusagen zum nächsten Schnürring (saltatorisch; vom lateinischischen *saltare* für „springen"). Nur an den Schnürringen wird jeweils ein neues Aktionspotenzial ausgelöst. Indem das Aktionspotenzial von Schnürring zu Schnürring springt, legt es längere Distanzen sehr viel schneller zurück, als wenn es sich mühsam in vielen kleinen Schritten die Axonmembran entlang bewegen muss.

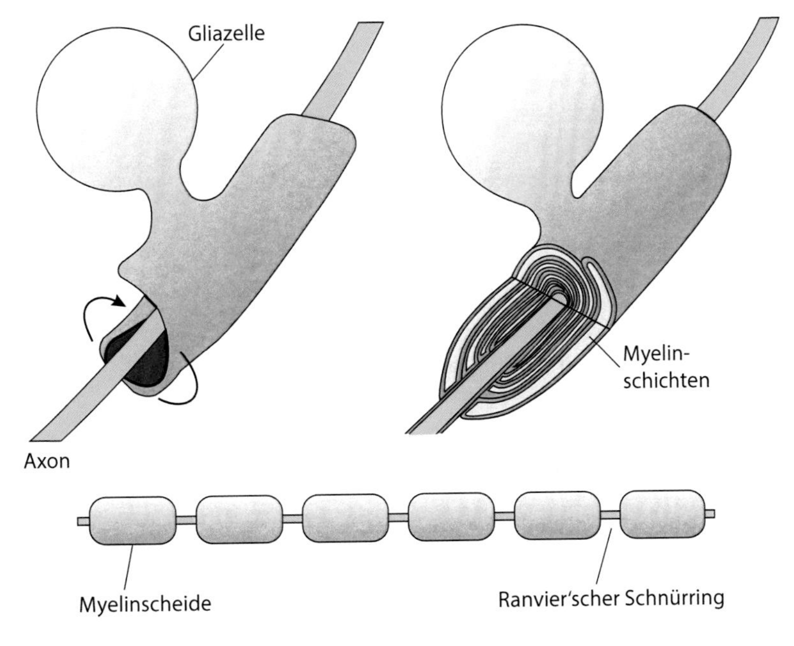

◘ **Abb. 3.18** Die Myelinscheiden entstehen, indem Gliazellen Fortsätze um das Axon wickeln (*oben*). Nachdem die Gliazelle sich in mehreren Schichten um das Axon gewickelt hat, ist es elektrisch isoliert. In regelmäßigen Abständen bleiben kurze Abschnitte der Axonmembran frei (*unten*) – die Ranvier'schen Schnürringe. Bei der Weiterleitung springen die Aktionspotenziale von Schnürring zu Schnürring. (© Anja Mataruga, Forschungszentrum Jülich)

3.5 Labor 4: Wie Nervenzellen Information austauschen

3.5.1 Synapsen übertragen die Information chemisch

Die Aktionspotenziale, die unsere „Buttersäuresinneszelle" feuert, sind an ihrem Axon entlang nun bis zur Synapse gelaufen. Dort allerdings ist Endstation! Aktionspotenziale können sich nur entlang einer Membran ausbreiten, und die Membran der Nervenzelle endet hier. Zwischen der Sinneszelle (wir nennen sie hier die präsynaptische Zelle) und der Membran der nächsten Nervenzelle (der postsynaptischen oder nachgeschalteten Zelle) gibt es einen Spalt, der mit Gewebeflüssigkeit gefüllt ist und den das Aktionspotenzial nicht überspringen kann (◘ Abb. 3.19). Was nun?

Um den Spalt zu überwinden, wenden Nervenzellen einen raffinierten Trick an. Wenn ein Aktionspotenzial am Axonende ankommt, schaltet die präsynaptische Zelle von der elektrischen Weiterleitung auf die chemische Übertragung um. Chemische Übertragung bedeutet: Die Zelle setzt Botenstoffe (auch Neurotransmitter genannt) in den synaptischen Spalt frei. Die präsynaptische Zelle enthält dafür winzige Bläschen (Vesikel), die große Mengen an Neurotransmitter speichern. Wenn das Aktionspotenzial an der Zelle ankommt, öffnen sich spannungsaktivierte Ionenkanäle, die spezifisch nur Calciumionen in die präsynaptische Endigung einströmen lassen. Dieses Calcium bewirkt, dass einige der Vesikel in den synaptischen Spalt entleert werden. Die Transmittermoleküle diffundieren durch den synaptischen Spalt und erreichen schnell die Membran der postsynaptischen, also nachgeschalteten, Zelle. In dieser Membran wiederum sitzen Proteine, die für die Botenstoffe sehr empfänglich sind. Sie haben eine Bindetasche, in der die Neurotransmittermoleküle andocken können. In den meisten Fällen handelt es sich bei diesen Proteinen um Ionenkanäle, die durch das Andocken des Botenstoffes aktiviert werden. Die Aktivierung verläuft folgendermaßen: Wie alle Ionenkanäle besitzen auch diese Kanäle ein Tor. Es ist im Ruhezustand verschlossen und kann nur mit einem speziellen Schlüssel geöffnet werden. Dieser Schlüssel ist der Botenstoff! Sobald der Botenstoff in der Bindetasche andockt, öffnet das Tor im Kanal, und es kommt zu einem Einstrom von Ionen. Der Ionenkanal wurde aktiviert.

Einer der wichtigsten Botenstoffe ist die Aminosäure Glutamat (oder auch Glutaminsäure). Die Ionenkanäle, die das Glutamat aktiviert, lassen Natriumionen in die postsynaptische Zelle einströmen. Dadurch wird die Membranspannung der Zelle positiver – sie depolarisiert. In ◘ Abb. 3.19 ist die Depolarisation klein. Die Schwelle, ab der Aktionspotenziale erzeugt werden, wird nicht überschritten. Fällt die Depolarisation größer aus und die Schwelle wird erreicht, kann sich wieder ein Aktionspotenzial ausbilden, das bis zum Ende der Zelle läuft, dort Botenstoffe freisetzt, die die nächste Zelle erregen usw.

Zusammenfassend können wir sagen: Die Information in unserem Nervensystem wird auf zwei Arten weitergeleitet: Innerhalb der Zellen erfolgt die Übertragung elektrisch, indem die Membranspannung geändert wird, zwischen den Zellen chemisch, indem Botenstoffe ausgeschüttet werden, den synaptischen Spalt zwischen den Zellen überwinden und in der nachgeschalteten Zelle Ionenkanäle aktivieren.

Die Übertragung an einer Synapse (▶ Box 3.8) ist ein ausgesprochen wichtiger Vorgang im Nervensystem. Synapsen sind z. B. ideale Angriffspunkte für pflanzliche und tierische Gifte. Das Verständnis der synaptischen Übertragung ist deshalb so wichtig für das Verständnis des Gehirns und unserer geistigen Leistungen, weil Synapsen zentrale Dreh- und Angelpunkte in unserem Nervensystem sind. Ein Beispiel: Wenn Sie sich morgen an das erinnern, was Sie gerade lesen, dann nur deshalb, weil sich während des Lesens Synapsen in Ihrem Gehirn verändert haben! Bei jeder Erfahrung verändert unser Gehirn die Wirksamkeit der Synapsen, die an der Verarbeitung der

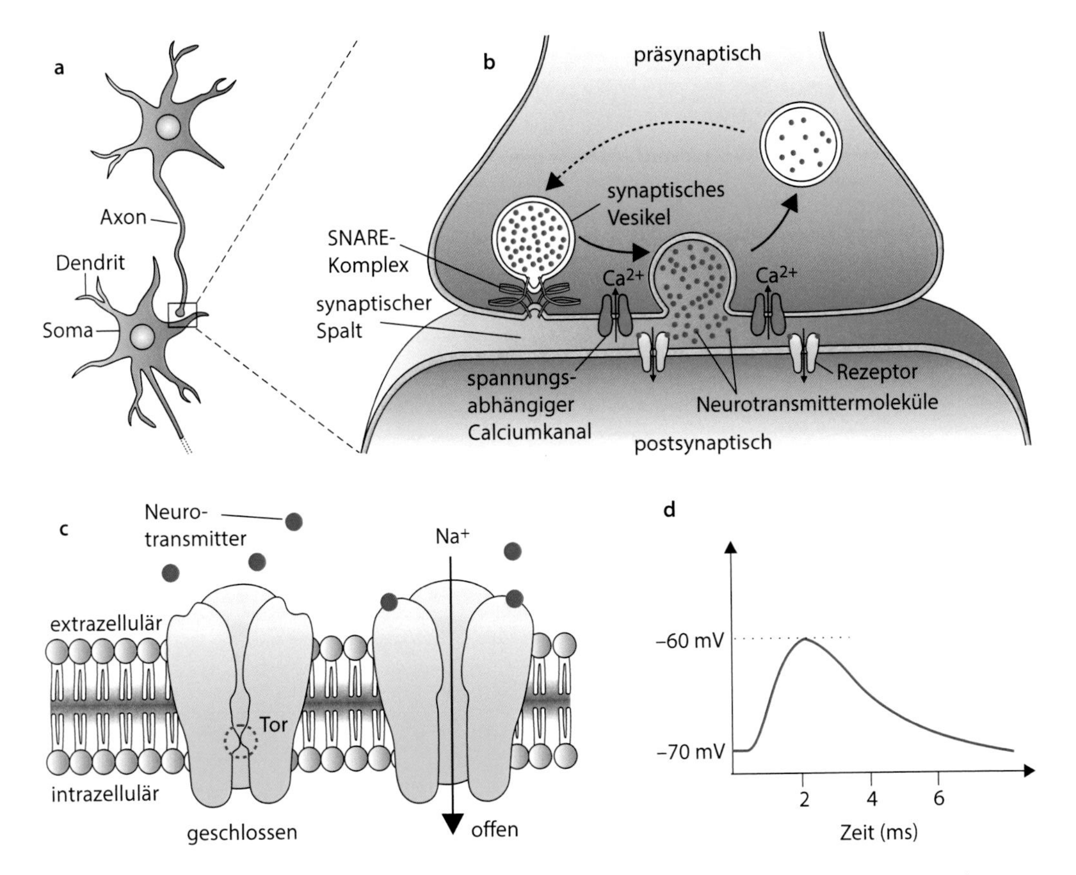

Abb. 3.19 **a** Nervenzellen sind über Synapsen miteinander verknüpft. **b** Das Axon der Nervenzelle, die die Information liefert, bildet meist eine Anschwellung, die präsynaptische Endigung. Die Zelle, die die Information empfängt, ist das postsynaptische Neuron. Die beiden Zellen sind durch den flüssigkeitsgefüllten synaptischen Spalt vollständig voneinander getrennt. Die präsynaptische Endigung enthält Membranbläschen, die Vesikel. Sie sind mit Botenstoffen, den Neurotransmittern, gefüllt. Wenn das Aktionspotenzial die präsynaptische Endigung erreicht, öffnen sich spannungsaktivierte Ionenkanäle, die Calciumionen in die Zelle einströmen lassen. Das Calcium bewirkt, dass die Membranbläschen mit der präsynaptischen Membran verschmelzen und ihre Botenstoffe in den synaptischen Spalt freisetzen. Die Transmittermoleküle diffundieren zur postsynaptischen Membran. Dort befinden sich Rezeptormoleküle, an die sie andocken. **c** Meist sind diese Rezeptormoleküle ihrerseits Ionenkanäle, die nach Bindung des Neurotransmitters öffnen und Ionen in die postsynaptische Endigung einströmen lassen. In dieser Synapse handelt es sich dabei um Natriumionen. **d** So kommt es auch in der postsynaptischen Zelle wieder zur Änderung der Membranspannung. Hier depolarisiert die postsynaptische Zelle vom Ruhepotenzial bei −70 mV auf −60 mV. Diese Depolarisation überschreitet nicht die Schwelle für die Auslösung eines Aktionspotenzials. Die Spannungsänderung klingt nach einigen Millisekunden wieder ab. (© Hans-Dieter Grammig, Forschungszentrum Jülich; A und B modifiziert nach Bear, *Neurowissenschaften*)

Information beteiligt waren. Es baut mehr Ionenkanäle in Synapsen ein oder verändert die Eigenschaften der vorhandenen Ionenkanäle auf der molekularen Ebene. Es baut vollkommen neue Synapsen zwischen Nervenzellen auf oder baut bestehende Synapsen ab. Kurz, es verändert die Eigenschaften seiner neuronalen Netzwerke. Unser Wissen, unsere gesamte Erfahrung, all das, was uns auszeichnet und zu der Person macht, die wir sind, wird von unserem Gehirn gespeichert, indem es die Wirksamkeit seiner Synapsen gezielt verändert.

3

Box 3.8 Durch das Mikroskop betrachtet: Die geheimnisvolle Synapse

Die chemische Synapse

Wie der Wechsel vom elektrischen zum chemischen Signal stattfindet, d. h. wie es zur Freisetzung von Botenstoffen an der Synapse kommt, hat den Neurobiologen lange Zeit Kopfzerbrechen bereitet. In der Tat gab es in der Wissenschaftsgemeinde zu Beginn heftige Widerstände gegen diese Vorstellung. Mittlerweile verstehen wir diesen spannenden Vorgang, der für das Funktionieren unseres Nervensystems so elementar ist, recht gut.

Die Botenstoffe sind in der präsynaptischen Endigung in kleine Pakete verpackt, die synaptischen Vesikel. Wir können sie uns wie kleine Ballons vorstellen, mit einer Membranhülle aus Fettstoffen, ähnlich wie bei der Membran, die die Zelle umgibt. Jedes Vesikel hat einen Durchmesser von ca. 50 nm (1 nm = 1 millionstel Millimeter) und enthält einige Tausend Transmittermoleküle. Die Vesikel docken an der Innenseite der präsynaptischen Membran an und sitzen dort wie Läufer in den Startlöchern, die auf den Startschuss warten. Ziel ist es, die Vesikelmembran und die präsynaptische Membran so eng zusammenzubringen, dass sie ähnlich wie zwei Seifenblasen miteinander verschmelzen können. Denn erst, wenn das geschieht, werden die Botenstoffe aus dem Vesikelinneren in die Gewebeflüssigkeit im synaptischen Spalt entleert.

Die Verschmelzung der Vesikel mit der präsynaptischen Membran darf natürlich nicht zufällig passieren, sondern nur dann, wenn die Zelle ein Signal weiterleiten und Botenstoffe freisetzen will. Daher ist die Transmitterfreisetzung ein hochkomplexer und genauestens kontrollierter Vorgang, bei dem sehr viele verschiedene Proteine beteiligt sind.

Eine zentrale Rolle spielen Ionenkanäle, die sich speziell in der präsynaptischen Membran befinden. Sie sind mit den spannungsaktivierten Natrium- und Kaliumkanälen verwandt, die wir vom Aktionspotenzial kennen. Auch sie öffnen ihre Tore, wenn die Membran depolarisiert. Ihre Kanalporen sind aber nicht für Natrium- oder Kaliumionen durchlässig, sondern darauf spezialisiert, nur Calciumionen (Ca^{2+}) durchzulassen. Die Calciumkonzentration im synaptischen Spalt ist viel höher als in der Zelle. Wenn also ein Aktionspotenzial an der Synapse ankommt, öffnen die Calciumkanäle ihre Poren, und Calcium strömt entlang seines Gradienten in die präsynaptische Endigung ein. Der Effekt des Calciumeinstroms ist bemerkenswert. Während Natrium- und Kaliumionen in der Zelle als reine Träger von elektrischer Ladung fungieren, um die Membranspannung zu verändern, übernehmen Calciumionen eine ganz andere Rolle: Einströmende Calciumionen depolarisieren zwar auch die Membran, vor allem aber wirkt Calcium in der Zelle als Botenstoff!

Im Ruhezustand ist die Calciumkonzentration in einer Zelle außerordentlich niedrig – etwa eine Million Mal niedriger als die Kaliumkonzentration! Folglich ändern schon wenige einströmende Calciumionen schlagartig die intrazelluläre Calciumkonzentration.

Aber wie wirkt das Calcium, und was bewirkt es? Der Botenstoff Calcium ist in praktisch jedem wichtigen zellulären Vorgang in irgendeiner Weise beteiligt, ganz egal, ob es sich um die Zellteilung, das Zellwachstum oder, wie hier, die Freisetzung von Transmittern handelt. Wie kann ein einfaches kleines Ion so viele verschiedene Rollen übernehmen? Ganz einfach: Das Calciumion dient nur als „Stichwortgeber". Es bindet an Proteine in der Zelle, die daraufhin die eigentliche Funktion ausüben. Wir nennen diese Proteine deshalb auch calciumbindende Proteine. Im Falle der Synapse sitzt das Zielprotein für das Calcium in einem ganzen Komplex aus Proteinen, von denen einige in der Vesikelmembran, andere in der präsynaptischen Membran eingebaut sind. Dieser Proteinkomplex mit dem Namen Snare-Komplex hält die Vesikel an der Innenseite der Membran (■ Abb. 3.19b). Sobald das Calcium an diesen Komplex bindet, zieht dieser wie ein kleiner Muskel die beiden Membranen zueinander, bis es zur Verschmelzung kommt. Das Vesikel entleert daraufhin seine Transmittermoleküle in den synaptischen Spalt.

Nunmehr ist vollends klar, wie die Depolarisation der Membran mit der Freisetzung der Transmitter zusammenhängt: Nur wenn die Membran depolarisiert wird (wie beispielsweise während eines Aktionspotenzials), öffnen die Calciumkanäle an der Synapse. Das eingeströmte Calcium leitet dann die Transmitterfreisetzung ein. Bleibt die Membranspannung negativ, strömt auch kein Calcium ein – es wird kein Transmitter freigesetzt, und die Synapse „schweigt".

Das Calcium wird im Übrigen wieder schnell aus der Zelle entfernt. Dies ist äußerst wichtig, da einmal an der Synapse eingeströmtes Calcium sonst unkontrolliert weitere Vesikel zur Verschmelzung mit der präsynaptischen Membran bringen würde. Für jedes an der Synapse ankommende Aktionspotenzial soll aber nur eine bestimmte Menge Botenstoff schlagartig in den synaptischen Spalt ausgeschüttet werden. Dieses klare Signal würde unverständlich, wenn Transmitter auf unbestimmte Zeit „nachtröpfelten". Um Calcium also schnell wieder aus der präsynaptischen Endigung zu entfernen, besitzt die Zelle erstens calciumbindende Proteine, die es schnell einfangen. Zweitens wird das Calcium durch Pumpenproteine wieder nach außen gepumpt, sodass die intrazelluläre Calciumkonzentration wieder auf den niedrigen Ruhewert absinkt. Die Synapse kommt zur Ruhe.

Die elektrische Synapse

Die überwiegende Mehrheit der Synapsen in unserem Gehirn funktioniert nach diesem Prinzip der chemischen Übertragung. Wie eingangs erwähnt, war die Frage, ob Signale an Synapsen elektrisch oder chemisch übertragen werden, allerdings viele Jahre lang eine Streitfrage in der Neurowissenschaft. Es gab zwei Schulen, die jede für sich gute Argumente ins Feld führen konnte. Mittlerweile wissen wir, dass es tatsächlich beides gibt. Neben chemischen Synapsen existieren auch elektrische Synapsen. Sie funktionieren aber ganz anders.

Bei elektrischen Synapsen kommen sich die Membranen der prä- und der postsynaptischen Zellen sehr nahe (◘ Abb. 3.20, oben). Jede der beiden Zellen baut Ionenkanäle in ihre Membran ein, deren Enden sich berühren und so einen durchgehenden Kanal zwischen den beiden Zellen ausbilden. Durch diese Verbindungskanäle, die Connexine, kann in der Tat ein Aktionspotenzial von einer Zelle direkt an die nächste weitergegeben werden. Allerdings muss dieses elektrische Signal durch einen verhältnismäßig engen Kanal in die nachgeschaltete Zelle gelangen. Diese Enge bedeutet für das Aktionspotenzial einen hohen elektrischen Widerstand, der sich dem Durchtritt des Aktionspotenzials in die nächste Zelle entgegensetzt und seine Weiterleitung so erschwert. Das Aktionspotenzial wird beim Passieren der verbindenden Kanäle somit deutlich kleiner als zuvor.

Viele Gifte greifen an Synapsen an

Da Synapsen für die Funktion unseres Nervensystems unerlässlich sind, sind sie der ideale Angriffsort für tierische oder pflanzliche Gifte, die Toxine. Viele Toxine wirken, indem sie die Übertragung an der Synapse unterdrücken. Sie blockieren z. B. die Bindetasche für den Transmitter an den postsynaptischen Rezeptoren und verhindern so, dass diese aktiviert werden. So blockiert Strychnin, eines der Gifte in den Samen der Brechnuss, beispielsweise die Rezeptoren für den Transmitter Glycin. Glycin, das als Botenstoff an Synapsen freigesetzt wird, wirkt dadurch nicht mehr. Wie wir in ▶ Abschn. 3.6 sehen werden, führt dies zu Krämpfen der Muskulatur. Das indianische Pfeilgift Curare blockiert die Rezeptoren für den Botenstoff Acetylcholin, der die Erregung von der Nervenzelle auf den Muskel überträgt. Curare führt deshalb zur Lähmung der Muskulatur. Wird auch die Atemmuskulatur gelähmt, kommt es zum Tod durch Ersticken. Das Botulismustoxin wirkt auch an der Muskelsynapse, aber es greift sozusagen einen Schritt früher ein, am Snare-Komplex – es verhindert die Verschmelzung der Vesikel mit der Membran und damit die Freisetzung von Transmittern. Wieder andere Toxine bewirken eine verstärkte Aktivität von Synapsen, weil sie die Konzentration von Transmittern im synaptischen Spalt erhöhen. All diese Gifte haben gemeinsam, dass sie das Zusammenspiel der verschiedenen Proteine an einer Synapse, und damit die genau geregelte Übertragung, empfindlich stören.

3.6 Labor 5: Wie man mit Nervenzellen einen Hochleistungsrechner baut

3.6.1 Die Grundlagen des neuronalen Rechnens: Konvergenz und Divergenz, Erregung und Hemmung

So wie wir die Informationsweiterleitung bisher betrachtet haben, ist sie nicht mehr als ein einfacher Staffellauf. Ist eine Zelle erregt, setzt sie einen Botenstoff frei, der die nachgeschaltete Zelle erregt. Über solche erregende Synapsen kann das Signal von Zelle zu Zelle weitergereicht werden. Diese Synapsen verwenden Neurotransmitter wie Glutamat oder Acetylcholin. Beide binden an Ionenkanäle in der postsynaptischen Zelle, die Natriumionen einströmen lassen, so die Membran depolarisieren und damit auch die postsynaptische Zelle erregen. Dieser Staffellauf ist wichtig, um das Signal vom Sinnesorgan über große Distanzen in das Gehirn zu senden, wo die

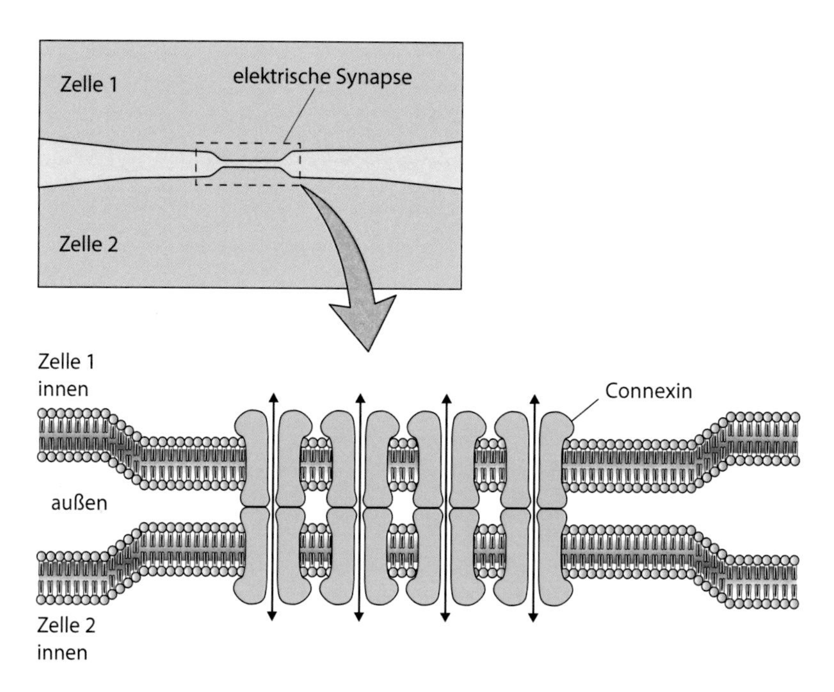

■ **Abb. 3.20** Bei elektrischen Synapsen nähern sich die Membranen der beteiligten Nervenzellen stark an und bilden durchgängige Kanäle zwischen den Zellen aus. (© Hans-Dieter Grammig, Forschungszentrum Jülich, modifiziert nach Bear, *Neurowissenschaften*)

Information verrechnet wird. Im einfachsten Fall heißt „Rechnen", dass zwei Zahlen addiert oder voneinander subtrahiert werden. In den folgenden Beispielen handelt es sich dabei um zwei Signale, die von zwei Zellen stammen und von einer postsynaptischen Zelle verrechnet werden. Die Signale müssen für die Rechenoperation zusammengeführt werden, indem sie durch zwei Synapsen auf die gleiche Zelle verschaltet werden. Was wir nun also brauchen, sind keine Kettenschaltungen mehr, sondern Netzwerke. Viele Axone in unserem Nervensystem gabeln sich auf, bevor sie Synapsen ausbilden. Sie können also mehr als eine Zelle kontaktieren und ihr Signal auf viele Zellen übertragen. Diese Verschaltung nennen wir Divergenz. Umgekehrt erhalten die meisten Nervenzellen Kontakte von mehr als einer Zelle – ein Prinzip, das Konvergenz genannt wird (■ Abb. 3.21).

Das einfachste Beispiel für Konvergenz ist das folgende: Eine Nervenzelle erhält Eingang von zwei erregenden Synapsen (in ■ Abb. 3.22 sind beide mit einem Plus markiert, um die Erregung zu symbolisieren) und kann deren Ergebnisse addieren. Wie macht sie das? Wie wir gerade gesehen haben, setzen Nervenzellen nur dann Botenstoffe frei, wenn ihre Membran depolarisiert ist. Da jede der beiden präsynaptischen Zellen erregt und somit depolarisiert ist, schütten auch beide Zellen Neurotransmitter aus. Da mehr Botenstoffmoleküle vorhanden sind, werden auch mehr Ionenkanäle an der postsynaptischen Membran der Zelle geöffnet. Die Depolarisation, die sich somit an der Membran der nachgeschalteten Zelle entwickeln kann, ist deshalb größer als die Depolarisation, die durch die Weiterleitung des erregenden Signals nur einer Zelle entstanden wäre. Die postsynaptische Zelle hat die ankommenden, erregenden Signale addiert.

Wie wir alle wissen, wird Mathematik erst dann richtig interessant, wenn wir zwei unterschiedliche Vorzeichen benutzen. In unserem Beispiel bedeutet ein Pluszeichen wieder: Die Nervenzelle wird erregt, d. h. die freigesetzten

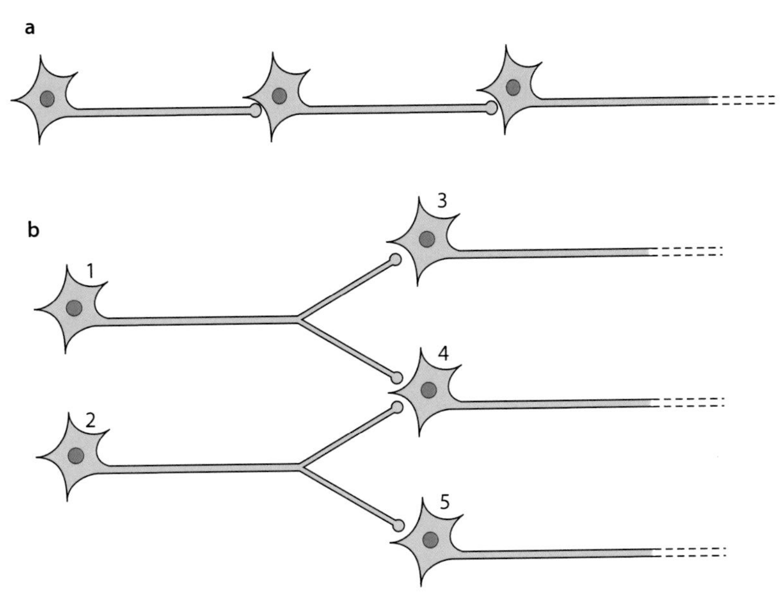

Abb. 3.21 **a** Hintereinander geschaltete Nervenzellen erlauben wie bei einem Staffellauf die schnelle Übertragung von Information, z. B. von der Sinneszelle ins Gehirn. **b** Zur Informationsverarbeitung müssen neuronale Netzwerke gebildet werden. Wird die Information einer Zelle auf mehrere Zellen verschaltet, nennt man das Divergenz. Zelle 1 divergiert z. B. auf Zelle 3 und 4. Wird die Information zweier oder mehrerer Zellen zusammengeführt, spricht man von Konvergenz. Zelle 1 und 2 konvergieren auf Zelle 4. (© Hans-Dieter Grammig, Forschungszentrum Jülich)

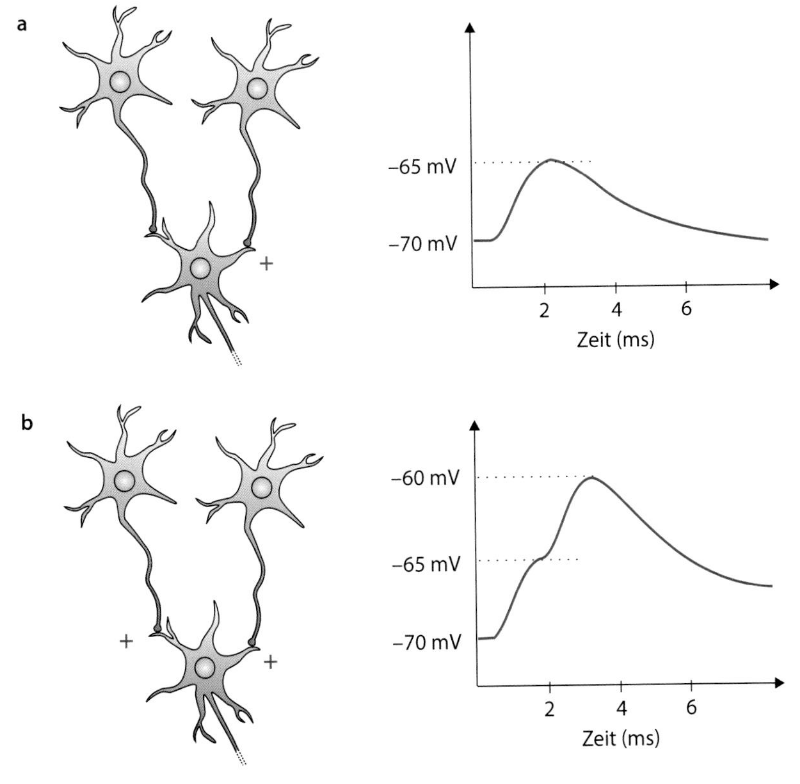

Abb. 3.22 Eine Nervenzelle erhält von zwei präsynaptischen Zellen erregenden Eingang. Die Botenstoffe aktivieren Ionenkanäle, die Natriumionen in die Zelle einströmen lassen. **a** Nur eine Synapse ist aktiv. Durch den Natriumeinstrom depolarisiert die postsynaptische Zelle, hier von –70 auf –65 mV. **b** Beide Synapsen sind aktiv. Die Depolarisationen addieren sich, hier auf –60 mV. (© Frank Müller, Forschungszentrum Jülich)

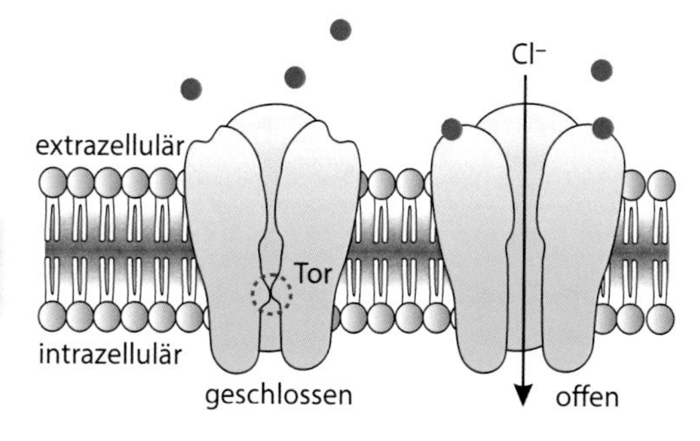

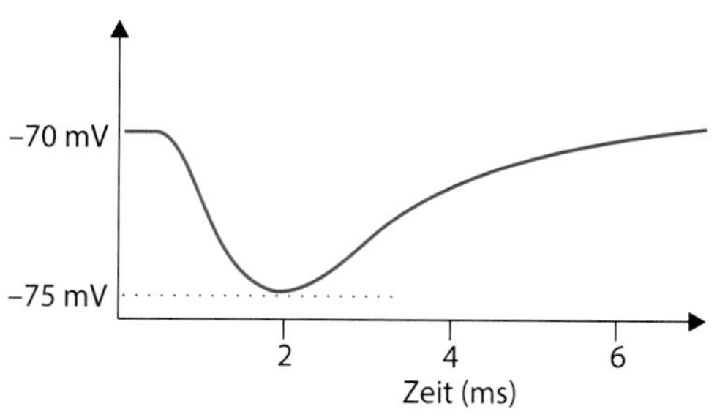

Abb. 3.23 Hemmende Synapsen benutzen Botenstoffe wie GABA oder Glycin. Sie aktivieren Ionenkanäle, die Chloridionen in die Zelle einströmen lassen. Durch den Einstrom der negativen Chloridionen wird die Membranspannung negativer – die Zelle hyperpolarisiert. Dies ist gleichzusetzen mit einer Hemmung der Zelle. (© Frank Müller, Forschungszentrum Jülich)

Botenstoffe lösen eine Depolarisation an der Membran der nachgeschalteten Zelle aus. Das Minuszeichen hingegen steht dafür, dass die präsynaptische Zelle die postsynaptische Zelle nicht erregt, sondern hemmt. Wie ist das möglich?

Hemmung, auch Inhibition genannt, ist genauso einfach zu erzielen wie Erregung. Auch hemmende Synapsen verwenden Botenstoffe, die Ionenkanäle öffnen. Die Poren dieser Kanäle lassen aber anstelle der positiv geladenen Natriumionen negativ geladene Chloridionen in die Zelle strömen. Dadurch wird die Membranspannung negativer – sie hyperpolarisiert (Abb. 3.23). Im Nervensystem gibt es zwei wichtige Botenstoffe, die eine solche Hemmung bewirken: die Aminosäure Glycin und die γ-Aminobuttersäure (Gamma-Aminobuttersäure, kurz GABA genannt). Warum führt der Chlorideinstrom zur Hemmung der nachgeschalteten Zelle?

3.6.2 Der Rechner in der Nervenzelle

Kommen ein erregendes und ein hemmendes Signal gleichzeitig an der Zelle an, summiert die postsynaptische Zelle die Depolarisation und die Hyperpolarisation. Ist die Zahl der Natriumionen, die durch die glutamatgesteuerten Ionenkanäle eingeströmt sind, genauso groß wie die Zahl der Chloridionen, die durch GABA-geöffneten Ionenkanäle eingeströmt sind, heben sich die beiden Signale in der postsynaptischen Zelle auf. Unterm Strich ändert sich die Membranspannung der postsynaptischen Zelle dann gar nicht.

Schauen wir einmal der Nervenzelle in Abb. 3.24 beim Verrechnen mehrerer Signale zu. Sie erhält an Synapsen in ihrem Dendritenbaum Information von anderen Nervenzellen. In der Realität haben manche Nervenzellen 10.000 Synapsen auf ihrem Dendritenbaum. Um das Beispiel einfach zu halten, erhält unsere Nervenzelle zunächst nur von drei anderen Nervenzellen Eingang über erregende Synapsen (+) und von einer Nervenzelle Eingang über eine inhibitorische Synapse (−).

Wird eine der erregenden Synapsen aktiviert, kommt es in unserer Nervenzelle zur Depolarisation. Allerdings haben wir die Synapsen so „eingestellt", dass nur wenig Transmitter freigesetzt wird. Die Zahl der aktivierten postsynaptischen Ionenkanäle ist deshalb klein und folglich auch die Menge an Natriumionen, die in die Zelle einströmen kann. Sie reicht nicht aus, um die postsynaptische Membran über den Schwellenwert zu depolarisieren, ab dem die spannungsaktivierten Ionenkanäle öffnen und ein Aktionspotenzial auslösen. Die Depolarisation klingt mit der Zeit einfach wieder ab. Wenn zwei Synapsen gleichzeitig die Zelle erregen, addiert die postsynaptische Zelle die beiden Depolarisationen zu einer Gesamtdepolarisation. Sie ist zwar größer, bleibt in unserem Beispiel aber immer noch unter der Schwelle. Erst wenn drei Synapsen die Zelle gleichzeitig erregen, wird die Schwelle überschritten, und die Zelle feuert ein Aktionspo-

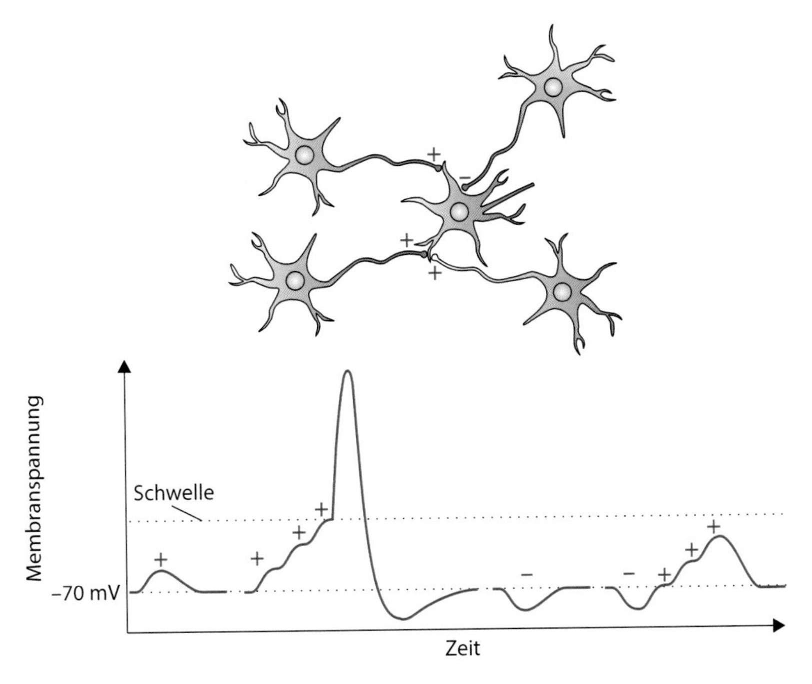

Abb. 3.24 Die zentrale Nervenzelle erhält Eingang von drei erregenden Synapsen (*Pluszeichen*) und von einer hemmenden Synapse (*Minuszeichen*). Ist nur *eine* erregende Synapse aktiv, reicht die Depolarisation nicht aus, um die Schwelle zu erreichen. Es wird kein Aktionspotenzial ausgelöst. Sind alle drei erregenden Synapsen gleichzeitig aktiv, wird die Depolarisation größer. Sie überschreitet die Schwelle, und es entsteht ein Aktionspotenzial. Die hemmende Synapse erzeugt eine Hyperpolarisation der Membran. Sind die erregenden Synapsen und die hemmende Synapse gleichzeitig aktiv, verrechnet die Zelle die De- und die Hyperpolarisation. In Fall unserer Zelle wird die Schwelle nicht erreicht und kein Aktionspotenzial ausgelöst. Die postsynaptische Zelle „schweigt". (© Frank Müller, Forschungszentrum Jülich

tenzial. Das leitet sie bis zu ihren eigenen Synapsen mit anderen Zellen weiter und setzt dort ihrerseits Transmitter frei. Sie teilt den nachgeschalteten Zellen mit, dass sie gerade aktiviert wurde. Diese postsynaptischen Zellen könnten Nervenzellen sein, aber auch Muskelzellen. Dann könnte sie mit ihrem Aktionspotenzial den Befehl an die Muskelzelle erteilen: „Muskel zusammenziehen!"

Fantasieren wir ein bisschen: In der Zecke wäre eine solche Nervenzelle eine hervorragend geeignete Instanz, um zu entscheiden, ob die Zecke die Haut ihres Wirtes durchbohrt oder nicht. Erinnern wir uns: Die Zecke bohrt da, wo die Haut dünn, warm und feucht ist (▶ Abschn. 1.3.3). Nehmen wir spaßeshalber einmal an, für jede Eigenschaft hätte die Zecke eine Sinneszelle und jede der drei Sinneszellen würde eine erregende Synapse mit der Entscheidungszelle ausbilden. Wenn die Haut warm, aber dick und trocken ist, wird nur die „Warm-Sinneszelle" die Entscheidungszelle erregen, und die Depolarisation bleibt unterhalb der Schwelle. Die Entscheidungszelle feuert nicht, und der Befehl zum Bohren wird nicht erteilt. Erst wenn die Haut warm, feucht und dünn ist, werden alle drei Sinneszellen adäquat gereizt und erregen gleichzeitig die Entscheidungszelle. Erst jetzt übersteigt die Membranspannung die Schwelle – die Entscheidungszelle feuert und weist dadurch den Stechapparat an zu bohren. Eine solche Zelle „bemerkt" also, wenn zwei oder mehrere Ereignisse zusammenfallen. Sie funktioniert als sogenannter Koinzidenzdetektor. Wir werden solche Koinzidenzdetektoren in den nachfolgenden Kapiteln bei verschiedenen Sinnessystemen wieder antreffen.

Nun machen wir unser Beispiel etwas komplizierter, indem wir auch die hemmende Synapse ins Spiel bringen, die von der vierten präsynaptischen Zelle gemacht wird. Wird diese Synapse alleine aktiviert, hyperpolarisiert die Membran unserer Entscheidungszelle. Das hat keine unmittelbare Auswirkung, und die Hyperpolarisation klingt nach kurzer Zeit wieder ab (◘ Abb. 3.24). Interessant wird es nun, wenn hemmende und erregende Synapsen gleichzeitig aktiv sind. Die Zelle verrechnet jetzt die Depolarisation mit der Hyperpolarisation. Je nachdem, wer stärker ist, erreicht die Erregung die Schwelle oder nicht. Vielleicht könnte in unserem Beispiel der hemmende Eingang von Sinneszellen kommen, die überprüfen, wie gut der Kontakt des Zeckenbeines mit der Haut oder den Haaren des Wirtes ist. Ist die Haut nass von Schweiß, hat die Zecke keinen guten Kontakt und könnte abgleiten. Sie sucht besser eine andere Stelle. Obwohl die Haut die drei Kriterien warm, feucht und dünn erfüllt, könnte diese Zelle unsere Entscheidungszelle hemmen – die Zecke bohrt nicht. Sie sehen, wie einfach es im Prinzip ist, mit wenigen geschickt verknüpften Zellen einen Schaltkreis zu bauen, der einfache Verhaltensweisen genau regelt. Sehr kleine und einfach gebaute Gehirne im Tierreich funktionieren so. Es sind kleine, den Umständen aber äußerst praktisch angepasste Rechenmaschinen.

3.6.3 Die schreckhafte Maus oder die Rückwärtshemmung als Notbremse

Wer kennt die Situation nicht? Ein Witzbold hat sich leise an uns herangeschlichen und klatscht direkt hinter unserem Ohr in die Hände. Unsere Reaktion läuft in Form eines Reflexes ab: Die Muskulatur wird stark erregt und zuckt krampfartig zusammen, denn das unerwartete laute Klatschen ist ein starker Reiz – wir erschrecken furchtbar. Bezeichnenderweise entspannen sich die Muskeln aber nach dem Bruchteil einer Sekunde wieder. Das

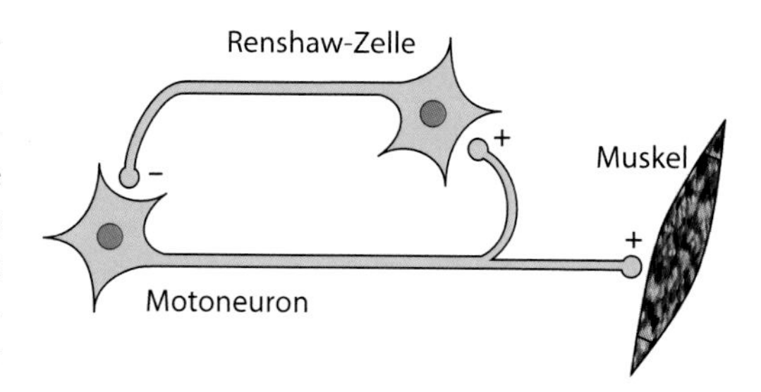

◘ **Abb. 3.25** Die Motoneurone im Rückenmark bilden Synapsen mit Muskelfasern aus. Sie erregen an dieser neuromuskulären Endplatte den Muskel. Das Axon des Motoneurons spaltet sich auf (Prinzip der Divergenz) und erregt außerdem ein Interneuron, die Renshaw-Zelle. Die Renshaw-Zelle verwendet den Neurotransmitter Glycin und macht eine Synapse auf das Motoneuron. Die Hemmung wird umso aktiver, je stärker das Motoneuron feuert. Dadurch reduziert es über die Renshaw-Zelle seine eigene Aktivität und verhindert so eine Dauerverkrampfung des Muskels. Wir sprechen dann von einer negativen Rückkopplung. (© Anja Mataruga, Forschungszentrum Jülich)

ist sehr sinnvoll, denn andauernd verkrampfte Muskeln wären wenig hilfreich, wenn es sich um eine wirkliche Gefahrensituation handeln würde. Es gibt aber Mäuse, bei denen genau das nicht funktioniert. Wenn man diese Tiere erschreckt, fallen sie stocksteif um und brauchen lange, um sich vom Schreck zu erholen. Bei diesen Tieren versagt die Notbremse des Nervensystems, die sogenannte Rückwärtshemmung.

Im Rückenmark der Säugetiere (somit auch in unserem) gibt es Nervenzellen, die Axone zu den Muskeln in den Extremitäten schicken und sie erregen (◘ Abb. 3.25). Diese Nervenzellen nennen wir Motoneurone. Sie bilden Synapsen mit dem Muskel aus und setzen dort den Transmitter Acetylcholin frei. Acetylcholin öffnet Ionenkanäle auf der Muskelmembran, und der Muskel wird erregt. Er kann wie Nervenzellen auch Aktionspotenziale ausbilden und sich dabei zusammenziehen. Auf diese Weise steuert unser Gehirn z. B. die Muskeln der Arme und Beine. Interessanterweise gabelt sich das Axon des Motoneurons auf dem Weg zum Muskel auf. An einem Ende kontaktiert es den Muskel. An seinem zweiten Ende macht es eine Synapse mit einer anderen Nervenzelle im Rückenmark. Nach ihrem Entdecker nennen wir diese Zelle Renshaw-Zelle. Sie bildet eine hemmende Synapse mit dem Motoneuron aus, wobei sie den Botenstoff Glycin verwendet. Was hat das Ganze nun mit dem Erschrecken zu tun?

Die Hörsinneszellen, die das Klatschgeräusch detektieren, alarmieren das Gehirn. Von dort ziehen Axone von Nervenzellen ins Rückenmark, wo sie auf die Motoneurone verschaltet sind. Das unterwartete Klatschen erregt die Sinneszellen und deshalb auch die Motoneurone sehr stark. Als Folge feuern die Motoneurone eine lange Salve von Aktionspotenzialen ab. Damit erregen sie den Muskel, und wir zucken zusammen. Gleichzeitig erregen sie aber auch die Renshaw-Zelle. Also feuert diese auch Aktionspotenziale. Sie setzt an der Synapse, die sie auf das Motoneuron macht, den hemmenden Botenstoff Glycin frei. Glycin öffnet auf dem Motoneuron Chloridkanäle. Durch den Chlorideinstrom wird das Motoneuron hyperpolarisiert. Da die Membranspannung nun weiter von der Schwelle entfernt ist, ab der Aktionspotenziale ausgelöst werden, fällt es dem Motoneuron schwerer, Aktionspotenziale zu feuern und den Muskel zu erregen. Der Muskel entkrampft wieder. Die Renshaw-Zelle hemmt also das Motoneuron in Form einer negativen Rückkopplung.

Bei den genannten Mäusen scheint dieser Mechanismus nicht zu funktionieren. Dem kuriosen Verhalten liegt eine genetische Erkrankung zugrunde. Bei diesen bedauernswerten Tierchen ist ein Gen defekt. Es enthält die Erbinformation für die Chloridkanäle, die das Motoneuron normalerweise in die Synapsen einbaut, in der es von der Renshaw-Zelle gehemmt wird. Die Motoneurone solcher Mäuse können deshalb keine funktionierenden Chloridkanäle in ihre Membran einbauen. Wenn das Motoneuron stark erregt ist, wird zwar auch die Renshaw-Zelle erregt und schüttet Glycin aus, aber die Wirkung des Glycins verpufft, weil das Motoneuron ohne Chloridkanäle nicht darauf reagieren kann. Da die Hemmung des Motoneurons ausbleibt, feuert es lange. Der Muskel bleibt somit langfristig kontrahiert, und die arme Maus liegt vollkommen verkrampft auf dem Boden. Ein sehr ähnliches Phänomen kennt man von Wundstarrkrampf oder Tetanus. Er wird durch das Gift des Bakteriums *Clostridium tetani* hervorgerufen. Dieses Gift verhindert die Freisetzung von Glycin und bewirkt so zum Teil extrem stark ausgeprägte Krämpfe, die unbehandelt oft zum Tod führen. Zum Glück ist Wundstarrkrampf durch Impfungen leicht zu verhindern. In den Entwicklungsländern mit niedriger Impfquote sterben aber jedes Jahr weltweit noch Hunderttausende an den Folgen der Infektion.

Wie Sie sehen, ist Hemmung also grundsätzlich keineswegs negativ zu sehen – ganz im Gegenteil: Erst das Wechselspiel von Erregung und Hemmung macht unser Nervensystem so leistungsfähig. Bei Epilepsie wird übrigens vermutet, dass für eine kurze Zeit die empfindliche Balance zwischen Erregung und Hemmung im Gehirn gestört ist. Die Erregung überwiegt, und es kommt zu einem epileptischen Anfall mit ausgeprägten Krämpfen. Es gibt eine weitere, wichtige Variante der Hemmung, die im Nervensystem weit verbreitet ist: die Seitwärtshemmung oder laterale Hemmung. Diese Art von Hemmung sorgt nicht nur einfach dafür, dass Zellen gehemmt werden. Sie verändert vielmehr in ganz erheblichem Umfang die Art, wie wir unsere Umwelt wahrnehmen. Wir werden diese Hemmung in ▶ Kap. 7 kennen lernen. Mit diesem Rüstzeug über die Funktionsweise von Sinnes- und Nervenzellen können Sie sich nun getrost an die Lektüre der nächsten Kapitel machen. Nur keine Hemmungen …

Weiterführende Literatur

Bear MF, Connors BW, Paradiso MA (2018) Neurowissenschaften. Springer Spektrum, Heidelberg

Von der Sinneszelle zum Gehirn

S. Frings, F. Müller, *Biologie der Sinne*, https://doi.org/10.1007/978-3-662-58350-0_4

Die Reize, auf die wir Menschen und die Tiere reagieren können, sind von einer beeindruckenden Mannigfaltigkeit. Licht, mechanische Reize wie Berührung oder Schallwellen, Wärme und Kälte, chemische Reize wie Zucker oder Säuren, magnetische und elektrische Felder, der Blutdruck in der Arterie, die Konzentration von Kohlendioxid im Blut, Verletzungen – all dies kann mithilfe von Sinneszellen detektiert werden. Wie funktionieren Sinneszellen? Wie können Sinneszellen hochempfindlich sein, sich aber gleichzeitig an Veränderungen der Reizintensität problemlos anpassen? Wie erfolgt die Umwandlung der verschiedenen Reize in den elektrischen Code des Nervensystems? Und wenn alle neuronalen Signale elektrisch sind, wie unterscheidet dann das Gehirn zwischen visueller und akustischer Information, zwischen Geschmack und Geruch, Schmerz und Schwindel?

4.1 Vom Reiz zum elektrischen Signal – die Signalwandlung

4.1.1 Eine komplizierte Aufgabe

Stellen Sie sich vor, jemand betraut Sie mit der Aufgabe, eine Reihe von Geräten zu bauen. Das erste soll Licht, das zweite mechanische Kraft in ein elektrisches Signal umwandeln. Ein drittes soll in Gegenwart möglichst vieler chemischer Substanzen elektrische Signale erzeugen, wobei Sie aber nicht wissen, um welche Substanzen es sich handelt. Die Geräte sollen möglichst empfindlich, aber auch über einen großen Bereich hinweg einsatzfähig sein. Dabei soll jedes Gerät seine Empfindlichkeit eigenständig regulieren. Die Aufgabe ist selbst für einen erfahrenen Ingenieur nicht trivial, aber die Natur hat sie mir Bravour gelöst – sie hat Sinneszellen mit all diesen Eigenschaften entwickelt. Wie können Sinneszellen so gänzlich unterschiedliche Reize wie Licht, Schallwellen oder Duftstoffe in elektrische Signale umwandeln? Im vorhergehenden Kapitel haben wir gelernt, dass schwierige Aufgaben stets durch spezialisierte Proteine, die Arbeitspferde der Zelle, erledigt werden. Reize werden also durch Rezeptorproteine detektiert.

Die verschiedenen Sinneszellen sind unterschiedlich mit solchen Rezeptorproteinen ausgestattet. Eine Riechzelle verwendet Rezeptorproteine, die Duftstoffe binden, ein Photorezeptor besitzt stattdessen Rezeptorproteine, die Licht absorbieren können. Diese molekulare Ausstattung sorgt dafür, dass jede Sinneszelle nur auf spezifische Sinnesreize reagiert. Wir sprechen von dem adäquaten Reiz. Licht ist der adäquate Reiz für Photorezeptoren, Duftstoffe für Riechzellen, Zucker für Geschmackszellen usw. Die Rezeptorproteine sind also der Startpunkt in der Signalwandlung. Aus ▶ Kap. 3 wissen wir auch, dass elektrische Signale immer durch Ionenkanäle erzeugt werden. Bei der Signalwandlung müssen also letzten Endes Ionenkanäle geöffnet oder geschlossen werden. Ein erstes Beispiel hierfür haben wir ebenfalls bereits kennen gelernt: Der Duftstoff Buttersäure führte dazu, dass sich in der Riechzelle der Zecke Ionenkanäle öffneten. Der Reiz Buttersäure wurde so in ein elektrisch codiertes Signal umgewandelt. Wo immer es gelingt, die beiden Vorgänge Reiz und Ionenkanal zu verknüpfen, ist das Problem der Signalwandlung gelöst. Der Evolution ist diese Verknüpfung gleich mehrfach gelungen.

4.1.2 Sinneszellen besitzen ein spezialisiertes Außensegment

Sehen wir uns einmal verschiedene Sinneszellen an. ◘ Abb. 4.1 zeigt schematisch einen Photorezeptor aus dem Auge, eine Riechzelle aus der Nase, eine Haarzelle aus dem Innenohr und eine Geschmackszelle aus der Zunge. Auf den ersten Blick sehen die Zellen sehr unterschiedlich aus, aber es gibt auch Gemeinsamkeiten. Alle Zellen haben einen Zellkörper mit einem Zellkern und die normale Ausstattung an zellulären Organellen wie Mitochondrien und endoplasmatisches Retikulum, die für die biochemische Routinearbeit einer Zelle gebraucht werden. Die Photorezeptoren und die Riechzellen besitzen zudem Axone und an

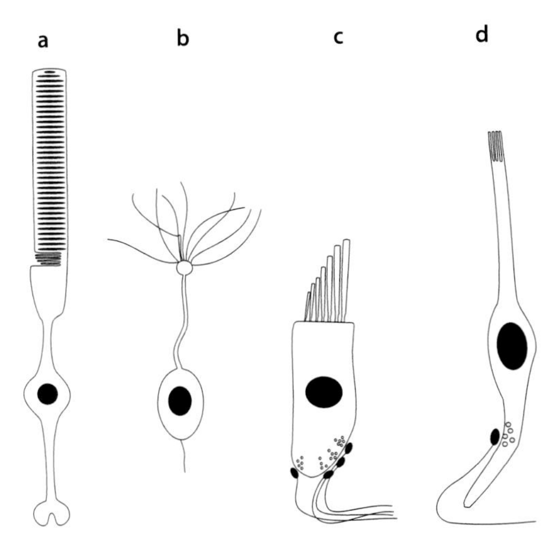

Abb. 4.1 Schematische Darstellung eines Photorezeptors aus dem Auge **a** einer Riechzelle aus der Nase **b** einer Haarzelle aus dem Innenohr **c** und einer Geschmackszelle aus der Zunge **d**. Obgleich die Zellen sehr unterschiedlich aussehen, lassen sich Gemeinsamkeiten erkennen. Jede Zelle kann in ein Innensegment und ein Außensegment gegliedert werden, das hier nach oben zeigt. Die Außensegmente können sehr unterschiedlich aufgebaut sein, aber stets sind sie der Ort der Signalwandlung. Sie enthalten die Rezeptorproteine sowie alle Komponenten, um ein elektrisches Signal zu erzeugen. (© Anja Mataruga, Forschungszentrum Jülich)

deren Ende eine synaptische Region, um die Information weiterzuleiten. (Bei der Riechzelle ist das Axon sehr viel länger als beim Photorezeptor und in der Abbildung „abgeschnitten".) Die Geschmacks- und Haarzellen besitzen keine Axone; sie bilden direkt am unteren Ende des Zellkörpers eine Synapse aus, an der sie die Information auf Nervenfasern übertragen. Um die Sache zu vereinfachen, kann man Zellkörper, Axon und Synapse als das „Innenglied" oder Innensegment der Zelle zusammenfassen. Das Besondere an den Sinneszellen ist jedoch das Außensegment, denn dort findet die Signalwandlung statt. Am klarsten erkennbar ist das Außensegment bei den Photorezeptoren, wo es auch so heißt. Bei den Riechzellen besteht das Außensegment aus Zilien – dünnen, haarähnlichen Fortsätzen, die vom Dendriten der Zelle ausgehen. Bei der Haarzelle bilden Stereovilli (manchmal auch Stereozilien genannt), bei der Geschmackszelle Mikrovilli das Außensegment. In beiden Fällen handelt es sich um kurze, fingerförmige Fortsätze.

Halten wir fest: Grundsätzlich ist das Außensegment der eigentliche Detektor der Sinneszelle. Hier befinden sich alle molekularen Komponenten, um auf den Reiz zu reagieren und ein elektrisches Signal zu erzeugen.

4.1.3 Die einfachste Art der Signalwandlung: Rezeptor und Ionenkanal sind in einem Protein zusammengefasst

Die einfachste Möglichkeit, wie ein Reiz eine Antwort in der Sinneszelle erzeugen kann, besteht darin, direkt einen Ionenkanal zu öffnen. Dieser Kanal wird vom Reiz direkt „angeschaltet" und erzeugt das elektrische Signal. Und genau auf diese einfache, aber geniale Weise arbeiten zahlreiche Sinneszellen.

Diese Art der Signalwandlung findet man unter anderem bei Zellen, die auf mechanische Reize spezialisiert sind. Das können Tastsinneszellen sein oder auch die Zellen im Innenohr, die im Grunde auch auf mechanische Reize reagieren (▶ Kap. 8). Diese Sinneszellen besitzen in ihrer Zellmembran Ionenkanäle, deren Poren im Ruhezustand verschlossen sind, aber durch mechanische Kräfte geöffnet werden können (◘ Abb. 4.2). Zu diesem Zweck können solche Kanäle z. B. Kontakte mit faserartigen Proteinen außerhalb und innerhalb der Zelle eingehen. Nehmen wir an, eine Tastsinneszelle befindet sich in der Fingerkuppe, die gerade ein Objekt betastet. Die Berührung des Objekts führt zu einer winzigen mechanischen Verformung des Fingergewebes und damit auch der Zelle. Auch der Ionenkanal reagiert auf diese Verformung. Die entstehenden Zugkräfte auf die Faserproteine innerhalb und außerhalb der Zelle öffnen die Pore, sodass Natriumionen in die Zelle einströmen. Die Membranspannung ändert sich, es kommt zur Depolarisation. Bei einer Sinneszelle nennt man diese Änderung der Membranspannung auch Rezeptorpotenzial. Ist die Depolarisation groß genug, wird die

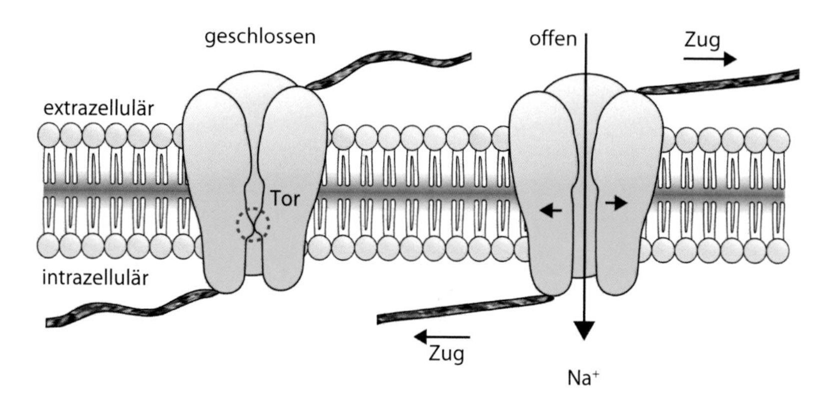

Abb. 4.2 Bestimmte Arten von Ionenkanälen können direkt durch mechanische Kräfte geöffnet werden. Diese mechanosensitiven Kanäle sind im Zellinneren mit Elementen des Cytoskeletts verbunden, auf der Außenseite z. B. mit Fasern des Bindegewebes. Bei einer mechanischen Belastung treten Zugkräfte auf, die den Kanal direkt öffnen. (© Anja Mataruga, Forschungszentrum Jülich)

Schwelle überschritten, bei der sich Aktionspotenziale ausbilden. Dann feuert die Zelle Aktionspotenziale, und die Information „Ich wurde gerade mechanisch verformt" wird in das Gehirn weitergeleitet (▶ Kap. 3). Der Vorteil dieser Signalwandlung ist: Sie ist sehr einfach konstruiert und sehr schnell. Jede Bewegung wird unmittelbar in Ionenströme umgesetzt. Wir werden insbesondere beim Hören auf diese Art der Signalwandlung zurückkommen.

4.1.4 Signalwandlung mit dem Baukastensystem – die G-Protein-gekoppelte Signalkaskade

Viele Sinneszellen verwenden eine wesentlich kompliziertere Art der Signalwandlung als eben beschrieben. Gekennzeichnet ist dieser Prozess dadurch, dass sich verschiedene zelluläre Proteine in einer Reaktionskette zusammenfinden, in der jedes Protein das nachfolgende Protein vom inaktiven Zustand in den aktiven Zustand überführt – es aktiviert. Schauen wir uns diesen Vorgang näher an. Am Anfang steht natürlich wieder ein Rezeptorprotein, das dieses Mal allerdings kein Ionenkanal ist. Es handelt sich vielmehr um einen G-Protein-gekoppelten Rezeptor. G-Protein-gekoppelte Rezeptoren gehören in eine große Familie von Rezeptoren, deren Mitglieder alle miteinander verwandt sind. Jedes der unterschiedlichen Rezeptorproteine wird durch ein eigenes Gen codiert. Mit über 1000 Genen handelt es sich um die größte Genfamilie in unserem Genom, die ca. 3 % unserer Gene ausmacht. Unser Organismus hat somit besonders viele unterschiedliche Baupläne für diese Art von Proteinen. Das weist darauf hin, dass diese Rezeptoren sehr oft eingesetzt werden. Und genauso ist es: G-Protein-gekoppelte Rezeptoren setzen in unseren Körperzellen die unterschiedlichsten zellulären Abläufe in Gang. Sie spielen unter anderem eine entscheidende Rolle bei Entzündungsprozessen oder Zellwachstum. Sie vermitteln auch die Wirkung vieler Botenstoffe. Dazu gehören z. B. die Hormone Adrenalin und Glucagon oder Neurotransmitter wie Dopamin und Serotonin. Und natürlich dienen G-Protein-gekoppelte Rezeptoren als Rezeptorproteine in verschiedenen Sinneszellen.

Sehen wir uns diese Proteine einmal näher an: Alle G-Protein-gekoppelten Rezeptorproteine zeigen einen ähnlichen Aufbau. Der größte Teil des Proteins liegt innerhalb der Membran. Ein Teil befindet sich außerhalb der Zelle. Dort liegt auch meist der eigentliche Rezeptorteil des Proteins. Das Protein bildet eine Bindetasche, in die andere Moleküle hineinpassen. Abhängig von der Form der Bindetasche des Rezeptorproteins können z. B. Botenstoffe, Hormone, Geschmacks- oder Duftstoffe gebunden werden. Wenn sich so ein Stoff in die Bindetasche des Rezeptormoleküls setzt, verändert sich die Struktur des Rezeptorproteins – es kommt zur Konformationsänderung. Diese Konformationsänderung geht einher mit der Aktivierung des Rezeptorproteins. So wie ein Schlüssel ein Schloss öffnet, aktiviert die Bindung des Stoffes das Rezeptorprotein. Das aktivierte Rezeptorprotein kann nun mit dem Teil, der ins Zellinnere ragt, ein anderes kleines Protein binden und aktivieren, das wir G-Protein nennen. Das G-Protein besteht aus den drei Untereinheiten α, β und γ. Wird das G-Protein durch das Rezeptorprotein aktiviert, zerfällt es in zwei Teile – die α-Untereinheit und die βγ-Untereinheit. Beide Teile können entlang der Zellmembran in der Zelle wandern und dabei auf weitere Proteine treffen. Die α-Untereinheit des G-Proteins aktiviert Enzyme, die kleine intrazelluläre Botenstoffmoleküle synthetisieren. Diese Botenstoffe können sich dann wiederum im Zellinneren ausbreiten und weitere Vorgänge auslösen.

Einer dieser Botenstoffe ist das cAMP (zyklisches Adenosinmonophosphat; ▶ Box 4.1). Es kann an Ionenkanäle in der Zellmembran binden und sie öffnen. Das cAMP kann aber auch an bestimmte Enzyme binden und sie dabei aktivieren. Einige dieser Proteine sind sogenannte Kinasen. Kinasen sind sehr wichtig in der Zellphysiologie. Wir beschreiben in ▶ Box 4.1 genauer, wie sie wirken. Hier wollen wir es damit bewenden lassen, dass sie Ionenkanäle chemisch so modifizieren, dass sie entweder öffnen oder schließen. Und schließlich können die βγ-Untereinheiten der G-Proteine auch selbst an Ionenkanäle binden und diese öffnen oder schließen. Es gibt also viele Möglichkeiten, wie die Aktivierung eines G-Protein-gekoppelten Rezeptorproteins letzten Endes zum Öffnen oder Schließen von Ionenkanälen führt und damit das Ziel der Signalwandlung erreicht: Die Sinneszelle verändert ihre Membranspannung (◘ Abb. 4.3).

Die G-Protein-gekoppelte Signalwandlung bietet eine Reihe von Vorteilen. Erstens ist mit dieser Proteinkette die Signalwandlung besonders leicht, da man das Rezeptormolekül und damit den Reiz, an das Öffnen oder Schließen von Ionenkanälen, und damit an das elektrische Signal, koppeln kann. Zweitens verstärkt die G-Protein-gekoppelte Wandlung das Signal. Ein Rezeptorprotein kann nämlich nicht nur eines, sondern viele G-Protein-Moleküle aktivieren. Jedes Enzym wiederum, das durch eine G-Protein-Untereinheit aktiviert wurde, kann viele Botenstoffmoleküle synthetisieren (◘ Abb. 4.4). Die Signalwandlung ist

Box 4.1 Durch das Mikroskop betrachtet: G-Proteine und sekundäre Botenstoffe

Alle G-Protein-gekoppelten Rezeptoren zeigen das gleiche Bauprinzip. Die Aminosäurenkette bildet korkenzieherähnliche Strukturen aus (Helices; siehe auch ▶ Abb. 3.5 und ▶ Box 3.2). In dieser Form schraubt sich das Protein insgesamt siebenmal durch die Membran. Die Helices sind in ◘ Abb. 4.5 der Einfachheit halber als Säulen dargestellt. Sie werden durch kurze Proteinschleifen miteinander verbunden. Der extrazelluläre Teil des Rezeptorproteins dient meist dazu, den Reiz in Form eines chemischen Signals zu detektieren. Die Substanz, die an den Rezeptor binden soll, nennen wir den Liganden. Das Rezeptorprotein bildet eine Bindungstasche für den Liganden aus. Bindet der Ligand in dieser Tasche, kommt es zur Konformationsänderung des Rezeptorproteins und damit zu seiner Aktivierung. Der intrazelluläre Teil des aktivierten Rezeptorproteins wiederum kann mit dem G-Protein wechselwirken.

Das G-Protein besteht im inaktiven Zustand aus drei Untereinheiten: α, β und γ. Es trägt Fettsäuren, mit denen es sich an die Zellmembran „anhängen" kann. G-Proteine sind nach ihrer Fähigkeit benannt, Guanylnukleotide zu binden. Diese bestehen aus dem Guanosin, das bis zu drei Phosphatgruppen trägt. Das Guanosintriphosphat (GTP) ist analog zum ATP aufgebaut (◘ Abb. 4.6), lediglich die Base Adenin wurde gegen Guanosin ausgetauscht. Die α-Untereinheit des G-Proteins hat im inaktiven Zustand ein Guanosindiphosphat (also mit zwei Phosphatgruppen; GDP) gebunden. Das inaktive G-Protein bewegt sich entlang der Membran durch die Zelle. Trifft es auf dem Weg auf einen

G-Protein-gekoppelten Rezeptor, der gerade einen Liganden gebunden hat, lässt es das GDP los und tauscht es gegen GTP aus. Das G-Protein ist nun seinerseits aktiviert. Es spaltet sich in zwei Fragmente auf: die α-Untereinheit, die das GTP trägt, und die βγ-Untereinheit. Wie bereits beschrieben, können beide Fragmente auf ihrem Weg entlang der Zellmembran weitere Proteine treffen und aktivieren. Die α-Untereinheit selbst ist ebenfalls ein Enzym. Nach einiger Zeit spaltet sie das GTP zu GDP und einem Phosphatrest. Die α-Untereinheit führt sich dadurch selbst wieder in den inaktiven Zustand zurück. Die α-Untereinheit und die βγ-Untereinheit vereinigen sich wieder zum inaktiven G-Protein, und der Zyklus kann von Neuem beginnen.

Im aktiven Zustand aktiviert die α-Untereinheit meist Enzyme, die kleinere zelluläre Moleküle in Botenstoffe umwandeln. Ein wichtiger Vertreter dieser Zweitbotenstoffe ist das zyklische Adenosinmonophosphat (cAMP). Es wird durch die Adenylatcyclase aus dem überall vorhandenen ATP synthetisiert. Das ATP trägt drei Phosphatgruppen (Adenosintriphosphat). Die Adenylatcyclase spaltet zwei der Phosphatgruppen ab und verknüpft das letzte Phosphat mit dem Zucker zu einer ringförmigen Bindung, dem cAMP.

Das cAMP kann in der Zelle mehrere Funktionen erfüllen. Meist bindet es an ein Enzym namens Proteinkinase A und aktiviert es. Proteinkinasen spalten die endständige Phosphatgruppe eines ATP-Moleküls ab und verknüpfen sie chemisch mit einem Zielprotein. Wir nennen das Übertragen einer Phosphatgruppe auf ein Protein Phosphorylierung. Diese chemische Modifikation führt zu einer Änderung der Proteinkonformation und damit, wie wir oft gesehen haben, zur Änderung der Proteinaktivität. Die Phosphorylierung eines Ionenkanals kann z. B. dazu führen, dass der Kanal öffnet. Phosphatasen sind die Gegenspieler der Kinasen. Sie spalten das Phosphat nach einiger Zeit wieder vom Protein ab, und es kehrt in den Ausgangszustand zurück (◘ Abb. 4.7).

Die Aufklärung der G-Proteine und ihrer Rezeptoren sowie das Konzept des Zweitbotenstoffes war dem Nobelpreiskomitee zwei Nobelpreise wert: 1971 für Earl W. Sutherland Jr. und 1994 für Alfred G. Gilman und Martin Rodbell.

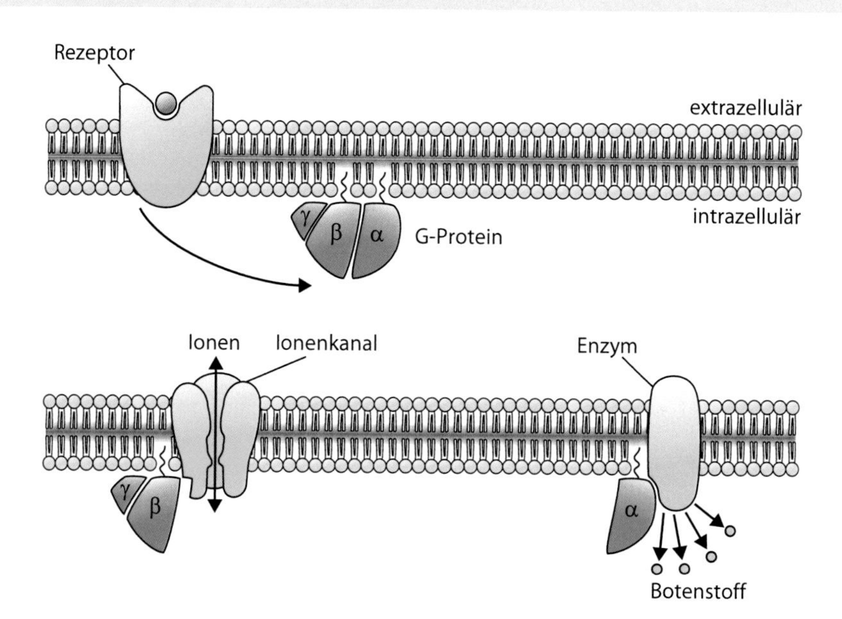

◘ **Abb. 4.3** G-Protein-gekoppelte Signalvermittlung ist in vielen zellulären Vorgängen involviert. Ihr Vorteil besteht darin, dass ein Vorgang, hier die Bindung einer Substanz an ihren Rezeptor, an gänzlich andere Vorgänge wie das Öffnen eines Ionenkanals gekoppelt werden kann. Das Rezeptormolekül aktiviert ein G-Protein, das aus drei Untereinheiten besteht. Es zerfällt in die α-Untereinheit und die βγ-Untereinheit. Jedes Teilprodukt kann weitere zelluläre Proteine aktivieren. Die α-Untereinheit aktiviert Enzyme, die intrazelluläre Botenstoffe, die sogenannten Zweitbotenstoffe (*second messenger*) bilden, die ihrerseits andere Proteine aktivieren können. Die βγ-Untereinheit reguliert meist die Aktivität von Ionenkanälen. (© Hans-Dieter Grammig, Forschungszentrum Jülich)

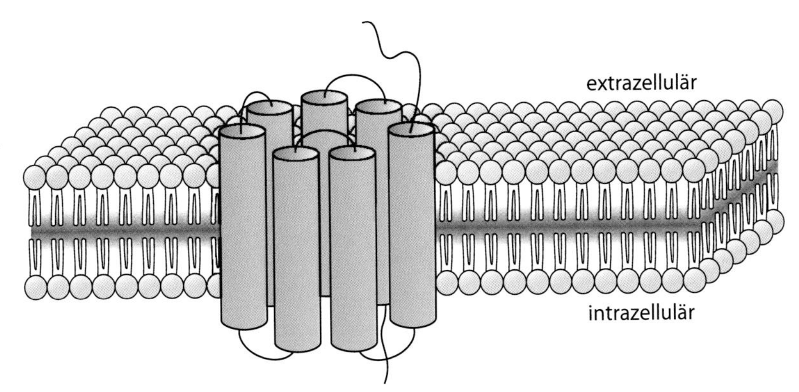

Abb. 4.4 Bei G-Protein-gekoppelten Rezeptoren windet sich die Proteinkette siebenmal durch die Membran. In jeder dieser Säulen besitzt das Protein die Form eines Korkenziehers. (© Hans-Dieter Grammig, Forschungszentrum Jülich)

Abb. 4.5 Adenylatcyclasen wandeln das ATP in das zyklische Adenosinmonophosphat (cAMP) um. (© Anja Mataruga, Forschungszentrum Jülich)

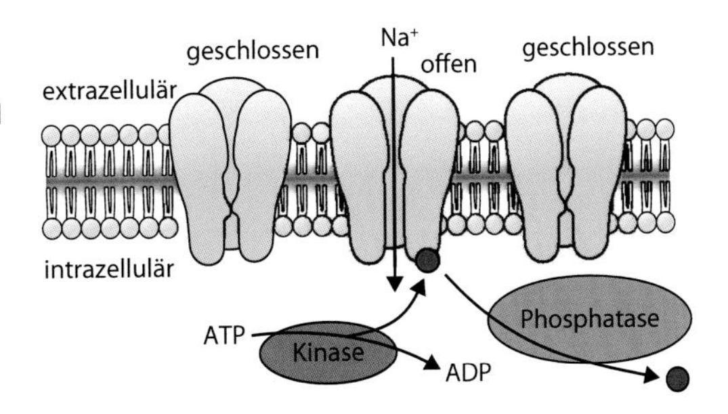

Abb. 4.6 Beispiel der Regulation eines Ionenkanals durch Phosphorylierung. Eine Kinase überträgt einen Phosphatrest (die *rote Kugel* symbolisiert das Phosphat) auf das Kanalprotein, eine Phosphatase

vergleichbar mit einem Schneeball, der ins Tal rollt. Er reißt immer mehr Schnee mit, bis er eine ganze Lawine auslöst. So steigt auch in der G-Protein-vermittelten Signalkette die Zahl der Moleküle immer mehr an. Man spricht deshalb auch von einer Enzymkaskade. Am Ende können nach der Aktivierung eines einzigen Rezeptorproteins Dutzende oder Hunderte von Ionenkanälen geöffnet werden. Diese enorme Verstärkung ist der Grund dafür, weshalb unsere Sinneszellen eine so hohe Empfindlichkeit erreichen. Überall im Tierreich finden wir Sinneszellen, die die Grenze des physikalisch Möglichen erreicht haben. Sie können ein einzelnes Duftstoffmolekül detektieren oder auf ein einziges Lichtquant reagieren. Allerdings ist die Energie, die in einem Duftstoffmolekül oder in einem Lichtquant steckt, viel zu klein, um ein Aktionspotenzial auszulösen. Dies wird erst durch die hohe Verstärkung während der Signalwandlung in der Zelle ermöglicht. Wie diese Verstärkung im Einzelnen zustande kommt, werden wir in den folgenden Kapiteln genauer beleuchten.

Ein weiterer Vorteil einer G-Protein-gekoppelten Signalwandlung: Eine Kette von Vorgängen bietet der Zelle viele Möglichkeiten, regulierend in die Verstärkung einzugreifen. Genau dies ist wichtig bei der Adaptation der Sinneszellen.

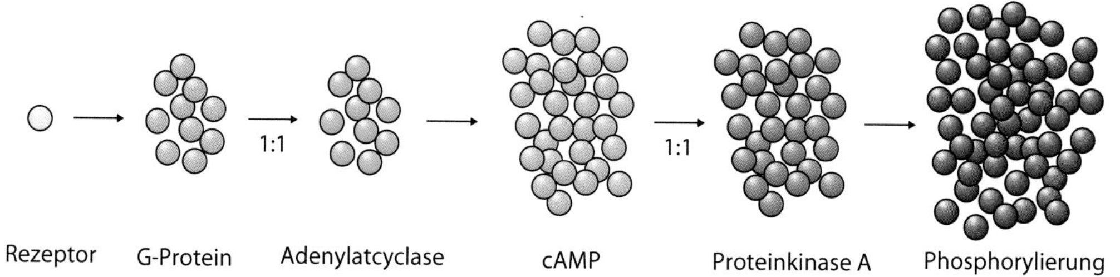

Abb. 4.7 Das Kennzeichen einer G-Protein-gekoppelten Kaskade ist die hohe Verstärkung. Wie in einem Schneeballsystem wird die Zahl der beteiligten Moleküle immer größer. (© Frank Müller, Forschungszentrum Jülich)

4.2 Adaptation

4.2.1 Sinneszellen passen sich an die Umgebung an – sie adaptieren

Unsere Sinneszellen sind hochempfindliche Sensoren. Sie erzielen diese hohe Empfindlichkeit durch Verstärkungsmechanismen, wie wir sie gerade kennen gelernt haben. Technisch könnte man die Arbeit der Zelle mit der Leistung eines Verstärkers im Radio oder der Stereoanlage vergleichen. Wenn wir den Verstärker voll aufdrehen, werden selbst die leisesten Passagen der Solovioline in einem Konzert so weit verstärkt, dass man sie laut und deutlich hören kann. Wenn jetzt aber das ganze Orchester einsetzt, beginnen die Lautsprecher zu dröhnen. Die Signale werden verzerrt und verfälscht, weil das System an seine Grenzen gestoßen ist. Wir müssen die Verstärkung nun reduzieren, damit das System in einem vernünftigen Arbeitsbereich bleibt. Genau das tun unsere Sinneszellen, wenn sie adaptieren – sie verändern ihre interne Verstärkung. Diese Adaptation ist aus zwei Gründen wichtig.

Erstens erweitert sie den Arbeitsspielraum. Was haben wir darunter zu verstehen? Wenn Sie beispielsweise eine dunkle Höhle erforschen, stellen sich Ihre Augen auf maximale Empfindlichkeit (sehr hohe Verstärkung!) ein, damit Sie im wahrsten Sinne des Wortes das letzte Quäntchen Licht ausnutzen können. Wenn Sie wieder aus der Höhle ins helle Tageslicht treten und Ihre Lichtsinneszellen den viel helleren Lichtreiz genauso verstärken, wird die Antwort der Zellen „gesättigt". Das System ist am Anschlag, und Sie sind geblendet. Wir alle haben dies schon einmal erlebt. Zum Glück reagieren unsere Sinneszellen im Auge schnell auf die geänderte Situation, indem sie ihre Verstärkung drastisch reduzieren. Dadurch löst der helle Reiz des Tageslichtes eine ähnlich große Antwort aus wie das schwache Licht in der Höhle. Nach einer kurzen Anpassungszeit können wir im hellen Tageslicht gut sehen, ohne geblendet zu sein.

Abb. 4.8 zeigt sehr schematisch, wie eine Sinneszelle auf unterschiedlich starke Reize reagiert. Wir messen die Reaktion der Zelle und tragen sie auf der y-Achse auf. Ein geeignetes Maß wäre z. B. die Veränderung der Membranspannung oder die Frequenz der Aktionspotenziale. Die Reizstärke tragen wir auf der x-Achse auf, und zwar logarithmisch, d. h. von einer Markierung zur anderen wird die Reizintensität zehnfach stärker. Nehmen wir an, die Kurve stammt von einem Photorezeptor, der auf Lichtblitze unterschiedlicher Helligkeit reagiert. Die linke Kurve könnte von einem Photorezeptor stammen, der sich in absoluter Dunkelheit befindet (quasi in der dunklen Höhle). Bei sehr schwachen Reizen reagiert die Zelle gar nicht. Erst ab einer gewissen Lichtintensität kommt es zur Veränderung der Membranspannung, d. h. die Zelle reagiert. Ihre Antwort wird mit zunehmender Reizintensität größer. Die zelluläre Antwort codiert also die Reizstärke. Ab einer gewissen Reizstärke kann die Antwort der Zelle nicht mehr gesteigert werden, selbst wenn man die Reizstärke deutlich erhöht.

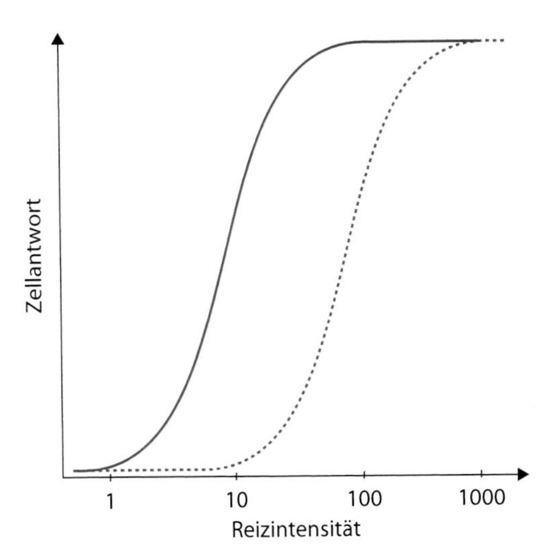

Abb. 4.8 Eine Sinneszelle hat einen begrenzten Arbeitsbereich. Die Antwort der Sinneszelle steigt mit der Reizintensität an, sättigt dann aber (*durchgezogene Kurve*). Adaptiert man die Zelle an einen konstanten Reiz, verschiebt sich die Antwort-Intensitätskurve zu höheren Reizintensitäten (*gepunktete Kurve*). (© Frank Müller, Forschungszentrum Jülich)

Die Kurve flacht ab, und die Zellantwort ist gesättigt. Die Reizstärke, bei der die Sättigung der Antwort auftritt, ist bei vielen Sinneszellen etwa 100-mal höher als die schwächste Reizintensität, die gerade eine Antwort auslöst.

Nun schalten wir ein konstantes Hintergrundlicht an und geben der Zelle etwas Zeit, sich daran zu gewöhnen (wir gehen sozusagen aus der dunklen Höhle ins helle Licht). Danach reizen wir die Zelle vor diesem konstanten Hintergrundlicht mit den gleichen Lichtblitzen wie zuvor. Die Kurve, die dabei herauskommt, hat eine ähnliche Form wie die linke Kurve in Abb. 4.8. Wieder deckt der Arbeitsbereich einen Faktor von etwa 100 ab, allerdings beginnt und endet die Kurve dieses Mal bei deutlich höheren Reizstärken. Die Zelle hat ihren Arbeitsbereich also nicht grundlegend erweitert, sondern zu höheren Reizintensitäten verschoben. Dies nennen wir Adaptation.

Es gibt einen zweiten wichtigen Grund, weshalb unsere Sinneszellen adaptieren: Die Menge an Information, die vom Gehirn ausgewertet werden muss, wird durch die Adaptation deutlich verringert. Ein Beispiel: Die Berührung der Haare auf Ihrem Unterarm aktiviert Sinneszellen, die den Reiz an das Gehirn weitermelden. Dies ist sinnvoll, denn die Berührung könnte ja z. B. von einer Stechmücke herrühren, die Sie gleich stechen wird. Ihr Gehirn lenkt Ihre Aufmerksamkeit auf den Arm, und falls dort eine Mücke sitzt, verjagen Sie diese und verhindern so, dass Sie gestochen werden. Wenn Sie nun aber ein Kleidungsstück mit langen Ärmeln anziehen, werden die Haare an Ihrem Arm auch gereizt, und zwar so lange, wie der Ärmel die Haut bedeckt. Würden Ihre Sinneszellen nun den ganzen Tag Alarm melden und unser Gehirn müsste diese eigentlich harmlosen Reize permanent bearbeiten, wäre das alles andere als sinnvoll und würde Sie über kurz oder lang in den Wahnsinn treiben. Stattdessen nimmt unser Sinnessystem bei lang anhaltenden Reizen einen vernünftigen und praktischen Standpunkt ein: Ein Reiz, der sich nicht verändert, wird als „biologisch uninteressant" eingestuft, denn er stellt keine akute Gefahr dar. Wir werden für die permanente Berührung unserer Härchen auf dem Arm so gut wie unempfindlich. Erst wenn es wieder an einer Stelle besonders kribbelt, muss das Gehirn auf Mückenjagd gehen. Die Fähigkeit zu adaptieren, ist für uns oft segensreich. Wir gewöhnen uns an die schlechte Luft in der vollen U-Bahn, an den Verkehrslärm oder an unnatürliches Neonlicht. Lediglich einer unserer Sinne zeigt nur wenig Neigung zu adaptieren: der Schmerzsinn. So peinigend Schmerzen auch oft sein können, im Normalfall weisen sie uns auf wichtige Gefahren für Leib und Leben hin. Und dass unsere Schmerzzellen dies tun, ohne dabei zu ermüden, ist zwar unangenehm, aber eben doch auch sinnvoll.

4.3 Codierung der Sinnesinformation

4.3.1 Sinnesreize werden in der Abfolge von Aktionspotenzialen codiert und an das Gehirn geschickt

Wie wir bereits gelernt haben, wird bei der Signalwandlung in der Sinneszelle der Reiz in

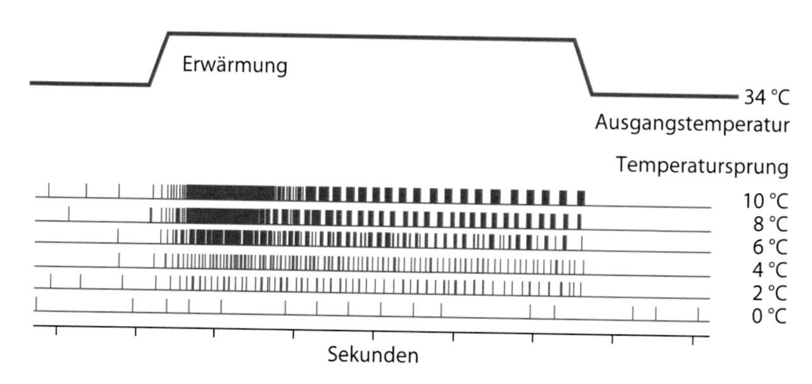

Abb. 4.9 Frequenzcodierung. Reaktion eines Wärmerezeptors in der Haut auf eine lokale Erwärmung, ausgehend von 34 °C. Bei Erwärmung um 2–4 °C erhöht sich die Anzahl von Aktionspotenzialen pro Sekunde (Aktionspotenzialfrequenz) stetig. Bei Erwärmung über 6 C bilden sich Gruppen von Aktionspotenzialen aus, die Salven. (Modifiziert nach Schmidt et al. 2005)

einem elektrischen Signal codiert. Wir wissen auch bereits, dass Sinnes- und Nervenzellen Aktionspotenziale verwenden, wenn es gilt, Information über weite Strecken zu leiten. Dieses codierte elektrische Signal wird dann in Richtung Gehirn geschickt, damit es dort ausgewertet werden kann. Entweder besitzen Sinneszellen ein eigenes langes Axon, das die Information in Richtung Gehirn sendet, oder sie kontaktieren andere Nervenfasern, die die Aufgabe für sie erledigen. Wenn nun aber alle Sinnesinformationen in Abfolgen von gleichförmigen Aktionspotenzialen codiert sind, in welcher Form werden dann Einzelheiten wie Reizintensität und Reizdauer verschlüsselt?

Sehen wir uns dazu folgendes Experiment an (Abb. 4.9): Wir berühren die Haut auf dem Handrücken einer Versuchsperson mit Metallstäben unterschiedlicher Temperatur und messen dabei das Ausgangssignal einer Sinneszelle der Haut. Es handelt sich um eine Wärmerezeptorzelle. Wir beobachten, dass die Sinneszelle bei einer Ausgangstemperatur der Haut von 34 °C zwei- bis dreimal pro Sekunde ein Aktionspotenzial feuert (jedes Aktionspotenzial erscheint hier als senkrechter Strich). Nach Berührung mit wärmeren Metallstäben feuert die Zelle mehr Aktionspotenziale pro Sekunde – die Aktionspotenzialfrequenz steigt. Schon bei einem um 4 °C wärmeren Stab messen wir etwa zehn Aktionspotenziale pro Sekunde. Je wärmer der Stab, desto höher ist die Frequenz von Aktionspotenzialen. Die Temperatur des Metallstabes wird also frequenzcodiert. Bei genauerer Betrachtung dieses Experiments sieht man, dass der Wärmerezeptor bei Erwärmung nicht gleichmäßig feuert. Unmittelbar nach der Berührung mit den Metallstäben feuert er mit besonders hoher Frequenz, und schon nach 1–2 s beruhigt er sich etwas – ein Zeichen für Adaptation. Dieses Verhalten der Zelle erklärt, warum Sie sich z. B. schnell an das warme Badewasser gewöhnen, sobald Sie in die Wanne gestiegen sind. Außerdem sieht man, dass die Aktionspotenziale oft in Salven gruppiert sind.

4.4 Die geordnete Verschaltung der Sinnesinformation

4.4.1 Ordnung im Strom der Sinnesinformation

Aber wie behält das Gehirn die Übersicht, wenn Millionen von Sinneszellen gleichzeitig Salven von Aktionspotenzialen schicken, in der sich die unterschiedlichsten Sinnesinformationen verbergen? Woher weiß das Gehirn, welche Information aus den Augen kommt, welche aus den Ohren und welche von den Schmerzrezeptoren am Fuß?

Der Schlüssel hierzu liegt in der präzisen Organisation des Gehirns und seiner Ein-

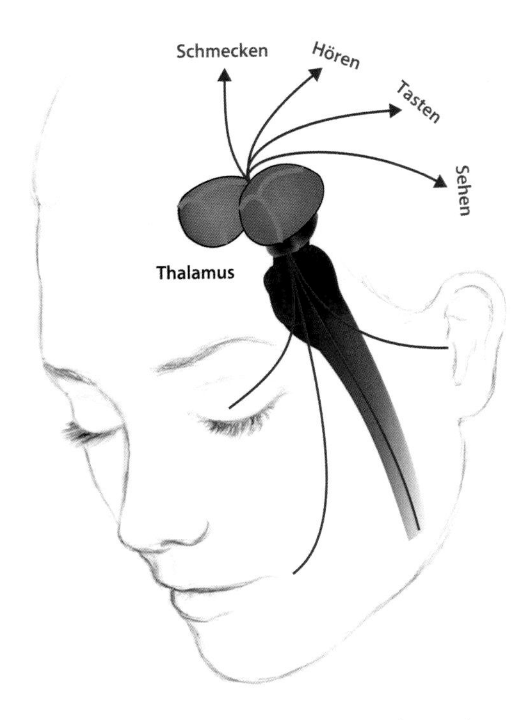

Abb. 4.10 Ein Blick in die Mitte des Gehirns zeigt den paarigen Thalamus. Der Thalamus ist die zentrale Relaisstation, die alle von den Sinnesorganen kommenden Signale sortiert und zu den jeweiligen Bereichen der Großhirnrinde weiterleitet. Auf diese Weise bleiben die einzelnen Sinnesbahnen voneinander räumlich getrennt. (© Stephan Frings, Universität Heidelberg)

gänge. Die unterschiedlichen Sinneswahrnehmungen werden an genau definierten unterschiedlichen Orten im Gehirn verarbeitet. Die Axone der Sinneszellen müssen somit genau sortiert sein, damit die Information, die ein Axon trägt, auch dort hinkommt, wo sie hingehört. Während der Entwicklung unseres Körpers wachsen alle Axone zu ihren Zielorten. Wie diese präzise Ordnung erzielt wird – woher jedes Axon genau weiß, wo es hin muss –, ist noch weitgehend unverstanden. Sicher ist, dass ein bestimmter Hirnteil, der Thalamus, hierbei eine Schlüsselrolle einnimmt. Der Thalamus (Abb. 4.10) ist eine paarige, eiförmige Struktur, die etwa in der Mitte unseres Gehirns liegt. Jede Sinnesinformation gelangt über Axone zunächst in den Thalamus und wird dort sortiert. Hier gibt es spezifische Bereiche für jeden Sinn – sogenannte Kerne. In der Neuroanatomie versteht man darunter Ansammlungen von Nervenzellen (also nicht zu verwechseln mit Zellkernen). Es gibt Kerne für den Sehsinn, das Hören, das Schmecken, den Schmerz und für alle anderen Sinnesfunktionen, die wir haben. Axone aus der Netzhaut des Auges enden im Sehkern des Thalamus, Axone von Tastsinneszellen in einem anderen Kern.

Ein wichtiges Prinzip bei der Verarbeitung der Sinnesinformation ist also die räumliche Trennung der unterschiedlichen Sinneswahrnehmungen bei ihrer Weiterverarbeitung im Gehirn. Stellen Sie sich einmal vor, einem Neurochirurgen würde es gelingen, die Axone der Sinneszellen im Thalamus zu vertauschen. Er würde die aus dem Auge kommenden Axone an den Tastkern anschließen und die Axone der Tastsinneszellen an den Sehkern. Wie würde sich der Patient nach einer solchen Operation fühlen? Vermutlich würde jede Berührung eine visuelle Wahrnehmung auslösen, auch wenn diese vermutlich nicht viel Sinn ergäbe – vielleicht ein Blitzlichtgewitter aus Formen und Farben. Da seine Augen ihre Sinnesinformation jetzt in den Tastkern schicken, würde der Patient bei Lichtreizen keine Bilder mehr wahrnehmen, sondern stattdessen das Gefühl haben, berührt zu werden. Vielleicht wirkte das Betrachten eines bunten Blumenbeetes dann wie eine Ganzkörpermassage – ein interessanter, aber letzten Endes doch gruseliger Gedanke. Und glücklicherweise ein reines Gedankenexperiment, denn kein Neurochirurg könnte so eine Operation durchführen. Einen Punkt aber macht diese Gedankenspielerei nochmals deutlich: Für die Zuordnung von Sinnesinformation und Wahrnehmung ist es für unser Gehirn entscheidend, *wo* die Sinnesinformation verarbeitet wird. Die Orte, an denen die einzelnen Sinnesmodalitäten verarbeitet werden, sind räumlich gegeneinander abgegrenzt. Nachdem die Sinneseingänge einmal im Thalamus sortiert wurden, erhält das Gehirn diese

Spezifität auch aufrecht, wenn es darum geht, die Information in die Auswertestationen der Großhirnrinde, den Cortex, zu schicken. So versorgen die Tastkerne des Thalamus diejenigen Bereiche des Cortex, die auf die Wahrnehmung von Berührungen spezialisiert sind, mit Informationen. Die Sehrinde (der Bereich des Cortex, der die visuelle Information weiterverarbeitet) hingegen bezieht ihre Information aus dem Sehkern des Thalamus, erhält also Information, die ihren Ursprung in den Augen hat. Die räumliche Trennung der sensorischen Signale wird somit bis in die Großhirnrinde beibehalten (▶ Box 4.2).

Zur bewussten Wahrnehmung von Sinnesinformation müssen die Signale der Sinneszellen also vom Thalamus an die Großhirnrinde, den Cortex, weitergeleitet werden. Nur das, was im Cortex verarbeitet wird, nehmen wir bewusst wahr. Der Thalamus wird deshalb auch „Tor zum Bewusstsein" genannt.

Box 4.2 Exkursion: Sensorische Cortexareale

Die Großhirnrinde (Cortex) ist eine 2–3 mm dünne, stark gefaltete Gewebeschicht an der Oberfläche des Gehirns. Der Cortex wird vom Thalamus mit sensorischen Signalen versorgt. In den cortikalen Netzwerken wird die Information weiter verarbeitet. Dieser Verarbeitungsschritt resultiert schließlich in der bewussten Wahrnehmung von Sinnesinformation. Dabei teilen sich verschiedene sensorische Cortexareale die Arbeit. Einen großen Teil der hinteren und seitlichen Cortexflächen (Hinterhaupt- und Schläfenlappen) beansprucht der visuelle Cortex (auch Sehrinde genannt) für das Sehen. Die Hörrinde, der auditorische Cortex, liegt im oberen Teil des Schläfenlappens, und der Rindenbereich für die Verarbeitung der Körpersinne (Tasten, Berührung, Temperatur, Schmerz) bildet den somatosensorischen Cortex im Scheitellappen. Von der Riechrinde ist nur ein kleiner Teil zu sehen, der über den Augen gelegene orbitofrontale Cortex. Der Rindenbereich für das Schmecken, der gustatorische Cortex, liegt in der Inselrinde. Sie wird im Aufblick auf das Gehirn vom Schläfenlappen verdeckt und ist deshalb in ◘ Abb. 4.11 nicht zu sehen. Durch die Arbeitsteilung zwischen den unterschiedlichen sensorischen Cortexarealen kann das Gehirn die unterschiedlichen Sinnesinformationen *gleichzeitig* parallel bearbeiten. Während die Sehrinde uns bewusst macht, wie eine Person aussieht, wissen wir durch die Verarbeitung zusätzlicher Informationen in den anderen Rindenbereichen, was die Person sagt, wie stark ihr Händedruck ist und dass sie vor Kurzem Knoblauch gegessen hat. Das Gehirn verknüpft dann die einzelnen Sinnesinformationen zusammen als Wahrnehmung ein und derselben Person. Der Neurowissenschaftler nennt diesen Vorgang Bindung. Wir werden darauf in den späteren Kapiteln zurückkommen.

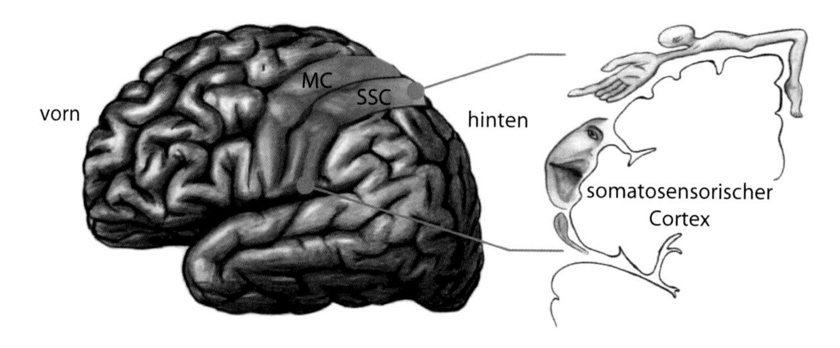

◘ **Abb. 4.11** Der Homunculus zeigt, dass die Projektion der Sinneszellen in die Großhirnrinde somatotopisch erfolgt. Die Verzerrung kommt daher, dass die Körperteile, deren Haut dicht mit Sinneszellen besetzt ist, wie die Hand oder das Gesicht, mehr Cortexoberfläche in Anspruch nehmen als die weniger dicht innervierten Körperteile. *MC* motorischer Cortex; *SSC* somatosensorischer Cortex. (© Michal Rössler und Stephan Frings, Universität Heidelberg)

4.4.2 Ordnung auf höchster Ebene – die topografische Abbildung

Auch innerhalb eines Sinnessystems wird die Information hochgeordnet weitergeleitet. Betrachten wir den somatosensorischen Cortex. Hier werden Sinne wie Berührung, Temperatur und auch Schmerz verarbeitet. Im somatosensorischen Cortex, auch somatosensorische Rinde genannt, empfängt jede Nervenzelle Informationen von einer bestimmten Stelle der Haut. Die Körperoberfläche ist dabei auf dem somatosensorischen Cortex Stück für Stück repräsentiert. Informationen aus den Armen werden an einer anderen Stelle verarbeitet als Informationen aus den Beinen. Dabei bleibt die Abfolge der Körperabschnitte innerhalb einer Gliedmaße auch auf der Cortexoberfläche gewahrt. So werden in dem Bereich, der Informationen über ein Bein erhält, die Reize aus dem Oberschenkel, dem Knie, dem Unterschenkel und dem Fuß in dieser Reihenfolge nebeneinander verarbeitet. Wir nennen diese Art der Repräsentation somatotop. Stellt man die Projektion der Haut auf der Cortexoberfläche durch Symbole der Körperteile dar, aus denen sie stammt, ergibt sich ein kleiner Mensch, der Homunculus (◘ Abb. 4.12).

Es fällt auf, dass bestimmte Bereiche des Körpers im Homunculus überdimensioniert sind. Dies bedeutet, dass für sie mehr Cortexfläche zur Verfügung steht als für andere. So beansprucht die Hand etwa genauso viel Cortexfläche wie der gesamte Rumpf. Der Grund liegt darin, dass die Sinneszellen in der Haut sehr ungleich verteilt sind. In der Haut unserer empfindlichen Finger sind sie beispielsweise sehr dicht gepackt. Die Finger zu repräsentieren, beansprucht deshalb entsprechend mehr Platz im Gehirn als die Repräsentation der weniger dicht mit Sinneszellen versetzten Bereiche wie Brust, Bauch, Rücken und Becken. Noch dichter sind die Sinneszellen in den Lippen oder der Zunge

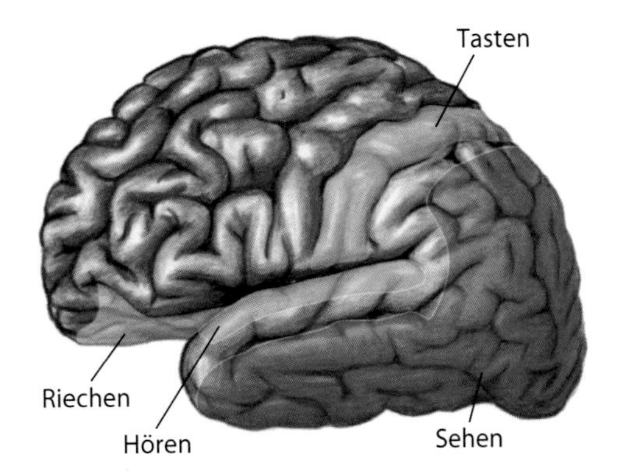

◘ **Abb. 4.12** Verschiedene Sinnesinformationen werden in spezialisierten Bereichen der Großhirnrinde verarbeitet. (© Michal Rössler, Universität Heidelberg, und Anja Mataruga, Forschungszentrum Jülich)

gepackt. Sie erscheinen deshalb im Homunculus am größten.

4.4.3 Die Sinnesinformation wird gefiltert

Unser Körper ist mit mehreren Hundert Millionen Sinneszellen ausgestattet. Wären die Signale von all diesen Zellen immer in unserer bewussten Wahrnehmung präsent, würden wir in einem Chaos von Information untergehen. Tatsächlich gelangt aber nur ein kleiner Bruchteil all dieser Sinnessignale in unser Bewusstsein. Es handelt sich dabei um genau die Informationen, die für uns in diesem bestimmten Moment interessant und wichtig sind. Alle anderen werden vom Gehirn ausgeblendet. Wir sprechen von selektiver Wahrnehmung (▶ Kap. 12). Der Thalamus ist bei diesem Vorgang wichtig, denn seine Durchlässigkeit für Sinnesinformation wird von anderen Gehirnregionen reguliert. Tatsächlich schickt jede Region, die vom Thalamus mit Sinnesinformation versorgt wird, über Nervenfasern Kontrollsignale zum Thalamus zurück. Durch diese Rückkopplung können sensorische Areale in der Großhirnrinde selbst darüber entscheiden, welche Informationen sie erhalten möchten und welche nicht. Wenn dieses Kontrollsystem versagt, kommt es zur drastischen Fehlfunktion der Wahrnehmung, z. B. zu Halluzinationen – das überforderte Gehirn lässt uns Dinge wahrnehmen, die nicht existieren.

Als zentrale Relaisstation für Sinnesinformation hat der Thalamus eine weitere Schlüsselfunktion: Er ist der Torwächter für den Übergang zwischen dem Wachzustand und dem Schlaf. Im Schlaf sind wir ja recht unempfindlich gegenüber Sinnesreizen. Wie viele von uns brauchen keinen möglichst lauten und penetranten Wecker, um ganz sicher am frühen Morgen zu erwachen und rechtzeitig zur Arbeit zu kommen? Die Durchlässigkeit des Thalamus ist im Schlaf reduziert, und wir nehmen das Klingeln des Weckers vermindert wahr. Ganz schwache Sinnesreize – das Ticken der Uhr, leise Stimmen, Dämmerlicht – werden gar nicht erst zum Bewusstsein durchgelassen. Der Thalamus ist somit nicht nur eine wichtige Umschaltstation für Sinnesreize in unserem Gehirn, sondern er hilft uns auch dabei, unser Bewusstsein an- und abzuschalten.

Weiterführende Literatur

Schmidt RF, Lang F, Thews G (2005) Physiologie des Menschen. Springer, Heidelberg

Schmecken

S. Frings, F. Müller, *Biologie der Sinne*, https://doi.org/10.1007/978-3-662-58350-0_5

Was uns schmeckt und was uns nicht schmeckt, das sind für uns im Allgemeinen Eigenschaften von Nahrungsmitteln aus dem Angebot der Lebensmittelgeschäfte. Aber unser Geschmackssinn hat einen sehr viel ernsteren Hintergrund als die Optimierung unseres Essvergnügens. Im Laufe der Evolution hat der Geschmackssinn eine lebenswichtige Funktion übernommen: Er ist die letzte Prüfstelle für das Material, das wir unserem Magen-Darm-Trakt zuführen. Blitzschnell muss der Geschmackssinn entscheiden, ob wir etwas Verträgliches oder etwas Giftiges im Mund haben. Und ebenso schnell muss eine entsprechende Reaktion ausgelöst werden: Schlucken oder Spucken. Diese Überprüfung läuft ausschließlich nach wesentlichen Gesichtspunkten ab: Süß, umami (der japanische Begriff für „wohlschmeckend", steht für „nach Fleisch schmeckend") und salzig sind gut, bitter und sauer sind schlecht. Wie kommt es zu dieser groben Einteilung der Geschmacksqualitäten? Und welche Sensoren überprüfen die Nahrung im Mund? Warum schmecken Süßstoffe wie Zucker? Und warum ist es nicht selbstverständlich, dass wir immer die richtige Menge Nahrung zu uns nehmen? Bei der Untersuchung des Geschmackssinnes lassen sich diese Fragen beantworten.

5.1 Vom Sinn des Schmeckens

Essen gehört zum Wichtigsten im Leben. Dieser Meinung ist nicht nur der Gourmet, der seine Fähigkeit zur Wahrnehmung der Feinheiten von Aromen, Würzen und Texturen sorgfältig zubereiteter Speisen immer weiter entwickelt. Das sagen auch die Eltern, wenn sie ihr Schulkind morgens mit einem ordentlichen Frühstück auf den Weg schicken, und die Dompteure, die ihre Delfine durch eine kleine Essensbelohnung dazu bringen, alle möglichen Kunststücke auszuführen. Essen ist als grundlegende Lebensfunktion bei allen Organismen perfekt organisiert. Die biologischen Vorgänge der Nahrungsaufnahme sind im Laufe der Evolution optimiert worden und funktionieren heute mit großer Zuverlässigkeit. Natürlich stehen am Anfang vielfältige Strategien zum Nahrungserwerb: Jagen, Sammeln, Geldverdienen für den Supermarkt; Tiere und Menschen haben gelernt, wie man zu Nahrung kommt und wie man Nahrung zubereitet. Hier interessiert uns der nächste Schritt, das Essen selbst. Und dabei ist die erste, alles entscheidende Frage: Eignet sich ein Material als Nahrung oder nicht? Alle Sinnessysteme werden eingesetzt, um diese lebenswichtige Frage zu beantworten.

Zunächst betrachten, befühlen, behorchen wir die Nahrung – und dann kommt die genaue Überprüfung im Mund. Thermosensoren überprüfen, ob das Material zu heiß oder zu kalt ist. Mechanosensoren der Zunge ertasten dessen Beschaffenheit und finden gefährliche Gräten oder Knochensplitter. Flüchtige Stoffe gelangen durch den Rachen in die Nase, wo das Aroma analysiert wird – vielleicht die genaueste Information für die Wahrnehmung der Qualität der Speise. Alle diese Dinge haben aber nichts mit dem Geschmackssinn im eigentlichen Sinn zu tun; es sind vielmehr Leistungen des Tast-, Schmerz- und Geruchssinnes. Der eigentliche Geschmackssinn ist ein chemisches Frühwarnsystem, welches das im Mund befindliche Material während des Kauens einer Schnelluntersuchung unterzieht. Die Geschmackssensoren beantworten dazu fünf Fragen, die das Gehirn dringend interessieren: (1) Enthält das Material Kochsalz (salzig)? (2) Sind Proteine nachweisbar (umami)? (3) Gibt es Zucker (süß)? (4) Enthält das Material Säuren (sauer)? (5) Ist es giftig (bitter)? Dies scheinen uns sehr vernünftige Fragen zu sein. Und wir sollten die Antworten haben, bevor wir dazu übergehen, das Nahrungsmaterial hinunterzuschlucken. Denn Materialien, die Kochsalz, Proteine und Zucker enthalten, sind im Allgemeinen gute Nahrungsmittel. Saure Dinge dagegen sollten mit Vorsicht genossen werden, denn sie könnten unreif oder faulig sein, und bitteres Material enthält oft pflanzliche Gifte. Der Geschmackssinn liefert uns in der letzten Sekunde, in der wir uns noch zwischen Schlucken und Ausspeien entscheiden können, die kritische Information über unsere

Nahrung – ohne Rücksicht auf das, was man landläufig den „Geschmack" einer Speise nennt, wenn man eigentlich den Gesamteindruck aus mechanischer Beschaffenheit, Aroma und Geschmacksinformation meint.

Die Frage, was wir schlucken und was nicht, kann über Leben und Tod entscheiden, und dementsprechend haben sich im Verlauf der Evolution körperliche und emotionale Reaktionen auf Geschmacksreize verfestigt. Zu bittere oder zu saure Dinge können wir nicht schlucken. Sie lösen einen Würgereflex aus, erzeugen Ekel und Abscheu und verhindern damit, dass wir uns mit verdorbenem oder giftigem Essen schaden. Trifft der Geschmackssinn jedoch auf Süßes, Salziges oder auf Proteinreiches, werden ganz andere Reflexe ausgelöst: Der Organismus bereitet sich durch Sekretion von Speichel und Magensaft auf die Verdauung vor. Er begleitet diese Vorbereitung zudem mit einem intensiven Wohlgefühl, sodass uns kein Zweifel darüber besteht, ob wir es mit einer bekömmlichen und wertvollen Speise zu tun haben. Tatsächlich ist dieses einfache Verhaltensmuster – entweder ausspucken oder hinunterschlucken – eine Lebensnotwendigkeit. Es muss unkompliziert sein, weil es schnell erfolgen muss. Wenn wir den bitteren Inhaltsstoff der Brechnuss *Nux vomica* auf unserer Zunge schmecken, dann kommt es darauf an, nicht lange über diesen Sinneseindruck nachzudenken, sondern wir müssen sofort würgen und speien; denn der Bitterstoff der Brechnuss ist das tödliche Gift Strychnin. Damit wir schnell reagieren, informiert unser Geschmackssinn deshalb nicht nur die Bereiche des Gehirns, die mit der bewussten Wahrnehmung zu tun haben; die Zunge alarmiert auch direkt diejenigen Gehirnregionen im limbischen System, in denen starke Gefühle wie Angst, Panik und Widerwillen erzeugt werden. Wir werden diesen Vorgang noch genauer betrachten. Zunächst soll uns bewusst sein, dass es aus biologischer Sicht beim Geschmackssinn nicht um die Feinheiten der Haute Cuisine geht, sondern darum, eine blitzartige Entscheidung über die Bekömmlichkeit einer Speise zu fällen. Der Geschmackssinn verrichtet also eine Wächterfunktion bei der Nahrungsaufnahme und kontrolliert die für uns entscheidenden Eigenschaften salzig, süß, proteinhaltig, sauer und bitter.

Diese Funktion ist zum Teil angeboren. Schon der Säugling reagiert freudig erregt auf den Geschmack nach Zucker und Protein in der Muttermilch. Bekommt er jedoch etwas Saures oder Bitteres auf die Zunge, verzieht er angewidert das Gesicht, spuckt und sabbert und beginnt vielleicht sogar zu schreien. Unser ganzes Leben lang bleibt die unwillkürliche Mimik als Reaktion auf Geschmacksreize – die Biologen sprechen vom gustofazialen Reflex – erhalten (◘ Abb. 5.1). Solche angeborenen Reaktionen auf Sinnesreize finden wir immer dort, wo die angemessene Reaktion über Leben und Tod eines Organismus entscheidet. Bei den angemessenen Reaktionen handelt es sich oft um einfache Alternativen: fliehen oder bleiben, spucken oder schlucken? Der Geschmackssinn ist deshalb auch einfach angelegt; er analysiert die Nahrung nach fünf einfachen Kriterien und führt eine schnelle

◘ **Abb. 5.1** Der Bittergeschmack löst einen Gesichtsausdruck aus, dem der Abscheu deutlich anzusehen ist. Es handelt sich hier um eine unwillentliche Reaktion des Geschmackssystems (einen gustofazialen Reflex) auf eine potenziell giftige Substanz in der Nahrung. Der Bittergeschmack macht das Hinunterschlucken solcher Substanzen fast unmöglich. (© SENTELLO/Adobe Stock)

Entscheidung herbei. Im Folgenden erfahren wir, wie diese einfache und schnelle Qualitätskontrolle vonstattengeht.

5.2 Geschmackszellen überprüfen die Nahrung

Die Vorbereitung zum Schlucken der Nahrung dauert nur wenige Sekunden; die Nahrung wird zerkaut und mit Speichel vermischt, bis ein Brei entsteht, den man schlucken kann, ohne daran zu ersticken. Die Zungenoberfläche ist nun so beschaffen, dass der Nahrungsbrei auf die fünf Geschmacksqualitäten salzig, süß, umami, sauer und bitter überprüft werden kann; sie ist ausgerüstet wie ein chemisches Labor – nur dass sie wesentlich schneller arbeitet. Schaut man sich die Zungenoberfläche mit einer Lupe an, sieht man kleine, warzenartige Strukturen, die Geschmackspapillen. Je nach Form werden sie als Pilz-, Blätter- oder Wallpapillen bezeichnet. Ihre Funktion ist aber die gleiche: Sie beherbergen einen Satz von Geschmacksknospen. Jede dieser Geschmacksknospen hat über eine winzige Pore Kontakt zur Zungenoberfläche (◘ Abb. 5.2). Durch diese Pore kann Flüssigkeit aus der Nahrung in eine kleine Kammer inmitten der Geschmacksknospe eindringen, wo die chemische Schnelluntersuchung stattfindet. Denn die Wand dieser Kammer ist mit einer Unzahl winziger, fingerförmiger Membranfortsätze, den Mikrovilli, ausgekleidet, und diese Mikrovilli sind die chemosensorischen Organellen der Geschmackszellen. Etwa 50 Geschmackszellen haben ihre Mikrovilli in die Kammerwand eingelagert und „befingern" die dort eingedrungene Nahrung. Dabei ist jede Geschmackszelle auf eine der fünf Geschmacksqualitäten besonders geeicht: Manche erkennen Zucker, andere Salz, wieder andere Proteinbestandteile, Säuren oder Bitterstoffe – jede ist für eine der Qualitäten am besten ausgerüstet. Welche besondere Ausrüstung dies jeweils ist, erforschen Sinnesphysiologen seit vielen Jahren; und seit einigen Jahren gibt es auch schlüssige Erkenntnisse. Es ist nicht einfach herauszufinden, warum die eine Geschmackszelle auf Zucker reagiert, die andere aber auf Bitterstoffe. In ▶ Box 5.2 wird erklärt, wie mithilfe genetischer Methoden diese Frage für die Bitterzellen gelöst worden ist.

Geschmackszellen sind übrigens sehr kurzlebig. Aufgrund ihrer exponierten Lage sind sie vielen schädlichen Einflüssen ausgesetzt. Sie werden deshalb bereits nach wenigen Wochen durch neu gebildete Geschmackszellen ersetzt. Zu diesem Zweck enthält jede Geschmacksknospe Basalzellen, die sich teilen können. Eine Tochterzelle bleibt Basalzelle, die andere entwickelt sich zur reifen Geschmackszelle.

5.3 Sauer und salzig: Ionenkanäle auf der Zunge

Wir haben in ▶ Kap. 4 gesehen, dass jede Sinneszelle einen spezifischen Sensor besitzt, der auf die Erkennung des adäquaten Reizes spezialisiert ist. Bei den Geschmackszellen haben wir es mit fünf unterschiedlichen Sensoren zu tun, nämlich mit einem für jede Geschmacksqualität. Sauersensoren müssen anders gebaut sein als Zuckersensoren, sonst wären sie nicht spezifisch – sie könnten nicht unterscheiden, ob eine Nahrung sauer ist oder süß. Wie wir im Folgenden sehen werden, erfolgt die Signalwandlung für süß, bitter und umami anders als für sauer und salzig. Bei sauer und salzig ist die Signalwandlung einfach. Bei ihnen sind Rezeptor und Ionenkanal in einem Protein zusammengefasst.

Wie also funktioniert eine Sauerzelle? Welche Stoffe sind überhaupt sauer? Was ist ein Säurereiz? Nehmen wir Zitronensäure, eine natürlich vorkommende Verbindung, die sauer schmeckt. Zitronensäure ist ein weißes Pulver, das im Haushalt als Kalklöser, in der Nahrungsmittelindustrie zum Ansäuern von Lebens- und Genussmitteln eingesetzt wird. Gibt man Zitronensäure in Wasser, zerfällt sie in zwei Bestandteile: negativ geladene Citratmoleküle und positiv geladene Wasserstoffionen, genannt Protonen. Für das Zitratmolekül haben wir keinen Sinn (den Zitronenduft verdanken wir hauptsächlich dem Citronellal, einem

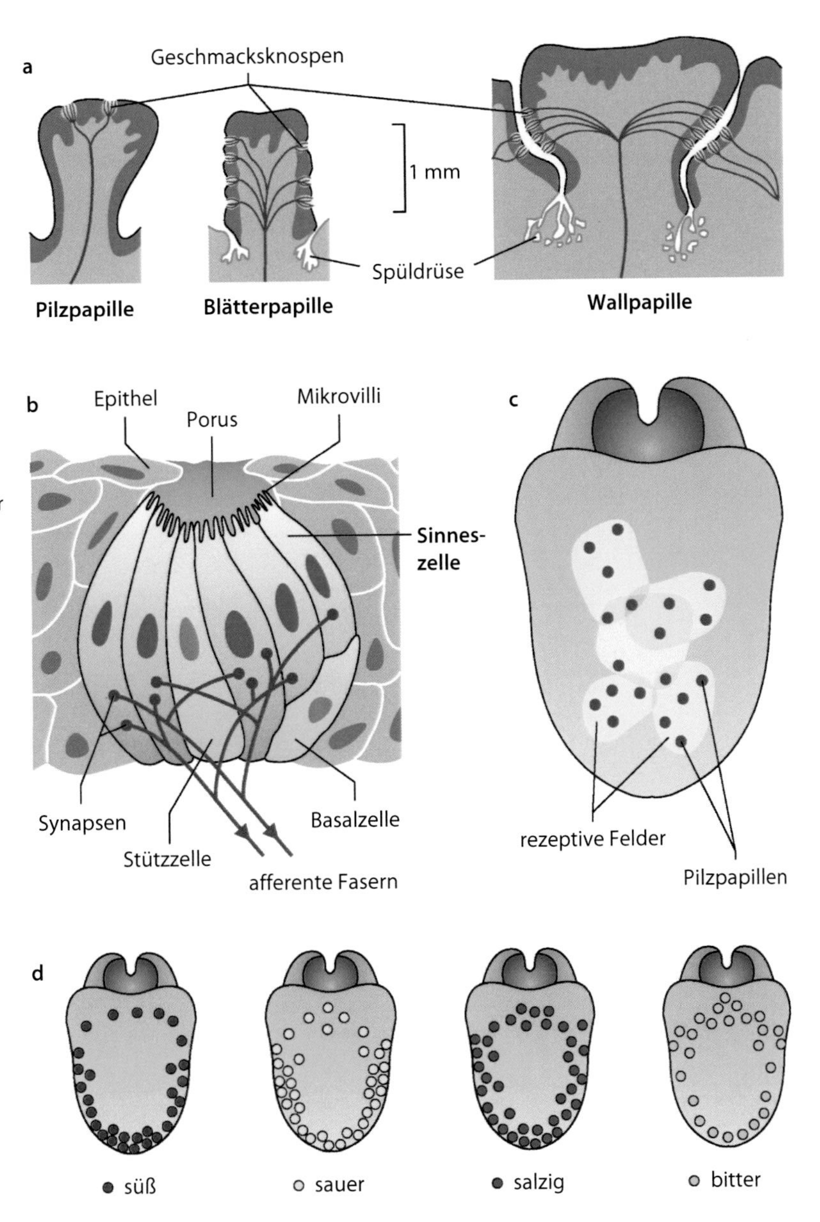

Abb. 5.2 Die Organisation des Geschmackssystems. **a** Die Zunge trägt unterschiedliche Geschmackspapillen, in deren Wänden die Geschmacksknospen liegen. **b** Sie stehen durch eine Pore in Kontakt mit der Nahrung. Die Geschmackszellen liegen in der Geschmacksknospe. **c** und **d** Geschmackszellen unterschiedlicher Qualitäten sind nicht gleichmäßig über die Zunge verteilt. Aber alle Zungenbereiche können süß, sauer, salzig und bitter schmecken. Für die fünfte Geschmacksqualität umami ist die Verteilung der Geschmackszellen noch nicht ermittelt. (Aus Schmidt et al. 2011)

Duftstoff, der in Zitronen vorkommt). Protonen aber schmecken wir. Und wenn größere Mengen an Protonen auf der Zungenoberfläche auftauchen, reagieren die Sauerzellen. Ein freies Proton kann die Membran alleine nicht durchqueren. Aber Protonen können durch spezielle Ionenkanäle von der Zungenoberfläche in die Sauerzellen einströmen. Das hat zwei Konsequenzen: Erstens fließt dabei ein Strom, der durch die positiv geladenen Protonen getragen wird. Zweitens steigt die Konzentration von Protonen in der Zelle an, was Auswirkung auf eine ganze Reihe von physiologischen Vorgängen haben kann.

Aber es gibt noch einen zweiten Weg, wie Protonen in die Sauerzelle gelangen können. Manche Säuren aus unserer Nahrung zerfallen kaum auf der Zunge und setzen daher auch nur wenige Protonen frei. So verhalten sich viele milde Säuren wie Apfel-, Essig- und

Milchsäure. Man vermutet, dass solche Säuren im nicht zerfallenen Zustand durch die Mikrovillimembran in das Cytoplasma der Sauerzellen eindringen und erst dort zerfallen und Protonen freisetzen. Die Depolarisation der Sauerzelle wird in diesem Fall durch die Protonen im Inneren der Zelle ausgelöst. Dieser Vorgang ist noch nicht im Einzelnen verstanden, scheint aber eine wichtige Rolle zu spielen beim Schmecken vieler natürlicher, milder Säuren. In jedem Fall kommt es bei Säurestimulation zu einer Depolarisation der Sauerzelle. Und die hat eine entscheidende Wirkung. Denn obwohl Sauerzellen keine Nervenzellen sind, haben sie doch eine ganz entscheidende Fähigkeit von Nervenzellen übernommen – die Fähigkeit zur Synapsenbildung. Wir haben uns Synapsen im Labor 4 in ▶ Kap. 3 angeschaut. Dort haben wir gesehen, dass Synapsen dazu da sind, Signale von einer Nervenzelle zur nächsten zu übertragen. Die Sauerzelle kann das auch; sie überträgt ihre Signale auf eine Nervenfaser, und über diese erreicht die Geschmacksinformation das Gehirn (◘ Abb. 5.3).

Sauerzellen verfügen in ihrer Plasmamembran über Ionenkanäle, die Calciumionen in die Zelle leiten können. In ▶ Kap. 3 haben wir gesehen, dass Calciumionen aber nicht einfach nur Ladungsträger (wie Natriumionen oder Protonen) sind. Sie sind vielmehr die wichtigsten Signalüberträger im Zellinneren, dem Cytoplasma. Sie können Proteine an- und abschalten und in allen Lebensvorgängen der Zelle die entscheidenden Befehle übermitteln. Calciumionen sind universale Informationsträger im Leben der Zelle; sie erteilen zwar nicht selbst die Befehle „Teile dich", „Bewege dich", „Nimm Nahrung auf", „Scheide diesen oder jenen Stoff aus". Aber sie übermitteln die entsprechenden Befehle an die zuständigen Proteine. Natürlich geht die Zelle mit Calciumionen sehr vorsichtig um. Im Ruhezustand bewegen sich nur wenige Calciumionen frei im Cytoplasma (▶ Box 5.1). Das meiste Calcium befindet sich in zwei großen Reservoirs, wo es auf seinen Einsatz in der Zelle wartet: zum einen in der Flüssigkeit,

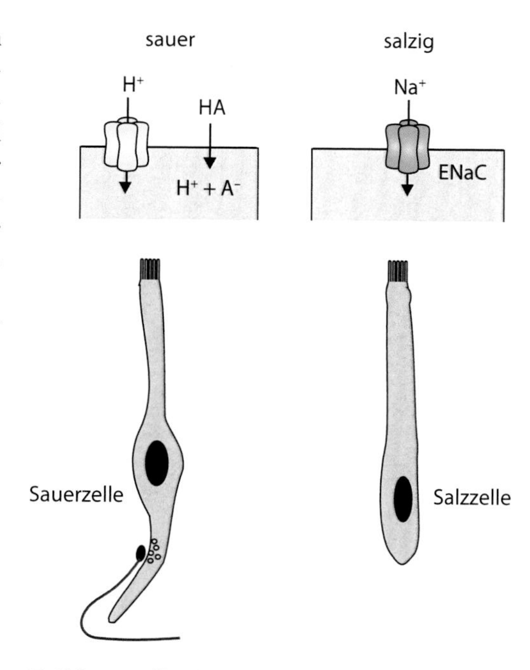

◘ **Abb. 5.3** Überblick der Transduktionsmechanismen für die Geschmacksqualitäten sauer und salzig des Menschen. In der oberen Reihe sind die an der Transduktion beteiligten Proteine dargestellt. *ENaC* epithelial Na^+ channel; *HA* Säure, die in ein Proton H^+ und ein Anion A^- dissoziiert. (© Stephan Frings, Universität Heidelberg)

die die Zelle außen umgibt, zum anderen in hermetisch abgedichteten Calciumspeichern innerhalb der Zelle. Beide Reservoirs werden durch Membranen versperrt: das äußere durch die Plasmamembran, das innere durch die Membranen des endoplasmatischen Retikulums. Wichtig ist, dass beide Membranen zwar absolut calciumdicht sind, aber dennoch auf Befehl der Zelle Calciumionen durchlassen können. Dies geschieht durch Calciumkanäle. Diese Kanäle sind normalerweise verschlossen; die Zelle kann sie aber mit einem geeigneten Signal öffnen und damit Calciumionen in das Cytoplasma einströmen lassen. Bei den Sauerzellen ist dieses Signal die Depolarisation: Sie öffnet wie an einer Synapse Calciumkanäle in der Plasmamembran und leitet damit einen Calciumstrom in die Zelle. Die zweite Folge der Stimulation der

Sauerzelle ist damit die Entstehung eines Calciumsignals in ihrem Cytoplasma.

Dieses Calciumsignal ist entscheidend für die Erzeugung eines neuronalen Signals, welches das Gehirn über die Entdeckung von Säure auf der Zunge informieren muss. Denn an ihrer Synapse horten die Sauerzellen im Ruhezustand kleine Membranvesikel, die mit Serotonin gefüllt sind, einer Substanz, die in neuronalen Synapsen als Signalüberträger – als Neurotransmitter – dient (siehe ◘ Abb. 5.3 „Sauerzelle“). Und diese Transmittervesikel sind das eigentliche Ziel des Calciumsignals. Die Vesikel können, wie wir in ▶ Abschn. 3.5 gesehen haben, ihren Inhalt freisetzen. Die Calciumionen geben den Weg frei für das Einlagern der Vesikel in die Plasmamembran im Bereich der Synapse. Die Vesikel verschmelzen mit der Plasmamembran und entlassen ihren Inhalt in den schmalen synaptischen Spalt zwischen Sauerzelle und Nervenfaser. Die Nervenfaser hat auf ihrer Seite des Spaltes Ionenkanäle, die durch Neurotransmitter geöffnet werden und infolgedessen eine Depolarisation erzeugen. Und da Nervenzellen auf Depolarisation mit dem Feuern von Aktionspotenzialen reagieren, ist das Ziel der ganzen Aktion erreicht: Aktionspotenziale werden zum Gehirn geleitet und liefern die Geschmacksinformation dort ab. Auf dem Umweg über ein Calciumsignal und eine synaptische Übertragung hat die Sauerzelle damit ihre Funktion erfüllt.

Viel weniger als über die Funktion von Sauerzellen wissen wir über die Funktion von Salzzellen. Wenn wir beim Essen von „Salz“ sprechen, meinen wir Kochsalz, Natriumchlorid, einen der wichtigsten Nahrungsbestandteile. Alle Zellen unseres Körpers brauchen Natriumchlorid, um funktionieren zu können. Kein Wunder also, dass der Geschmack von Natriumchlorid positive Gefühle auslöst, die seine Aufnahme fördern. Wenn Natriumchlorid in die Geschmacksknospen gelangt, ist es in Wasser gelöst und in seine zwei Bestandteile, ein Natriumion und ein Chloridion, zerfallen. Die salzempfindlichen Geschmackszellen – nennen wir sie kurz Salzzellen – interessiert vor allem das Natriumion, das positiv geladen ist (Na^+), wohingegen das Chloridion eine negative Ladung trägt (Cl^-). Die Mikrovilli der Salzzellen tragen in ihrer Membran Ionenkanäle, die auf Natriumionen spezialisiert sind; sie erlauben ihnen – nicht aber anderen Ionen, Zuckern, Proteinen oder Bitterstoffen – den Eintritt in das Innere der Geschmackszelle. Diese Kanäle werden mit dem Kürzel ENaC *(epithelial Na^+ channels)* bezeichnet (siehe ◘ Abb. 5.3).

Man findet diese Kanäle in vielen, wenn auch nicht allen Epithelzellen. Ein Epithel ist eine Gewebeschicht, die ein Organ bedeckt oder einen Körperhohlraum auskleidet. Die Zunge ist von einem solchen Epithel bedeckt – und Geschmackszellen sind in der Tat keine Nervenzellen, sondern umgewandelte Epithelzellen. Sobald also Natriumionen auf der Zunge auftauchen, fließen sie durch die ENaCs in die Salzzellen – und nur in diese! Was dann passiert, haben wir schon bei den Sauerzellen gesehen: Die ruhende Zelle – die Salzzelle ohne Kontakt mit Natriumionen – hat ihr negatives Ruhepotenzial. Die eindringenden Natriumionen mit ihren positiven Ladungen sorgen dafür, dass die Zelle weniger negativ wird – sie depolarisiert. Die chemische Information („Natriumionen befinden sich auf der Zunge“) wird umgesetzt in eine elektrische Information in der Sinneszelle, die Depolarisation. Wenn wir also Salzstangen essen oder ein gesalzenes Ei, fließt ein Strom von Natriumionen in die Salzzellen und depolarisiert sie. Mehr wissen wir derzeit nicht über diese Zellen. Insbesondere wissen wir nicht, wie sie das Signal „Ich schmecke Salz!“ auf eine Nervenzelle übertragen und damit zum Gehirn leiten. Denn Salzzellen können scheinbar keine Synapsen bilden. Sie müssen irgendeinen anderen Weg benutzen, um ihre Signale auf Nervenzellen zu übertragen – wie, ist noch unklar. Das Geschehen in den Geschmacksknospen ist noch keinesfalls vollständig aufgeklärt.

5

Box 5.1 Exkursion: Calciumsignale in Sinneszellen

Sinneszellen müssen in der Lage sein, Sinnesreize, die von außen auf sie einwirken, in zelluläre Signale umzuwandeln und in der Zelle einen geordneten Signalverarbeitungsprozess auszulösen. Dazu bedienen sie sich in vielen Fällen unterschiedlicher Calciumsignale. Ein solches Signal ist ein kurzzeitiger Anstieg der Calciumkonzentration im Cytoplasma, der sich wellenförmig über die gesamte Zelle ausbreiten kann. Dabei gelangen die Calciumionen entweder von außen in das Zellinnere, oder sie werden aus intrazellulären Calciumspeichern freigesetzt. In beiden Fällen passieren die Ionen dabei Calciumkanäle, die indirekt durch die Einwirkung des Reizes geöffnet werden. Die Folge des kurzzeitigen Calciumanstiegs kann jede Art von zellulärer Reaktion sein, z. B. elektrische Reaktionen, Bewegung und Signalerzeugung und anderes (◻ Abb. 5.4).

Über den Membranen, die Calciumkanäle enthalten, liegen große Calciumkonzentrationsgradienten. So ist die Calciumkonzentration in der ruhenden Zelle meist unter 0,1 μM, in der Lösung außerhalb der Zelle dagegen 10.000-mal höher (1000–2000 μM). Auch im endoplasmatischen Retikulum befinden sich 100–1000 μM Calcium. Wann immer sich Calciumkanäle öffnen, strömt deshalb Calcium in das Cytoplasma und erhöht dort die Konzentration auf 1–10 μM. Solche Calciumsignale dauern meist nur wenige Sekunden an. Dann schließen die Calciumkanäle, und Pumpen- oder andere Transportproteine sorgen dafür, dass das Calcium wieder aus dem Cytoplasma entfernt wird. Calciumsignale können in einem eingeschränkten Bereich der Zelle auftreten oder die gesamte Zelle erfassen. Wenn sich zwischen den Zellen elektrische Synapsen befinden (▶ Box 3.9), können die Calciumsignale sogar Zellgrenzen überwinden und sich über größere Zellverbände hinweg ausbreiten. Calciumsignale können Enzyme an- oder abschalten, Ionenkanäle öffnen oder schließen, das Ablesen von Genen auslösen oder sekretorische Prozesse einleiten. Kurz, Calciumsignale sind ein universales Medium der Informationsverarbeitung in allen lebenden Zellen.

Bitterzellen sind ein Beispiel für den Einsatz des in ◻ Abb. 5.5 gezeigten PLC-Weges (gelb). Bitterstoffe aktivieren Rezeptoren, die im aktiven Zustand Phospholipase C (PLC) anschalten und dadurch den Botenstoff IP_3 (Inositoltrisphosphat) freisetzen. IP_3 öffnet Calciumkanäle in den zellulären Calciumspeichern und erzeugt damit ein Calciumsignal im Cytoplasma. Wie dieses Calciumsignal zur Erzeugung eines Nervensignals führt, ist noch nicht im Einzelnen verstanden. Aber man kann den Anstieg der cytoplasmatischen Calciumkonzentration dazu benutzen, die Bitterzelle im Experiment zu erkennen. Denn Calciumsignale können mithilfe von Fluoreszenzfarbstoffen im Mikroskop sichtbar gemacht werden.

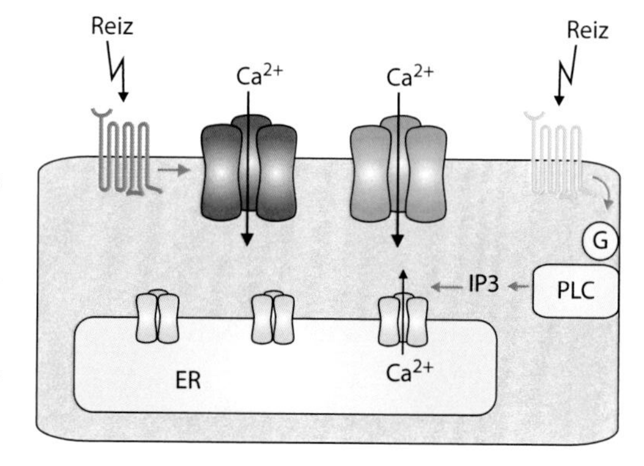

◻ **Abb. 5.4** Drei Wege zur Erzeugung von Calciumsignalen. Rot: Ein Reiz wirkt auf einen Rezeptor. Der aktivierte Rezeptor öffnet einen Calciumkanal, und Calciumionen strömen in die Zelle ein. Grün: Ein spannungsempfindlicher Calciumkanal registriert eine Depolarisation und öffnet seine Pore. Gelb: Ein von einem Reiz aktivierter Rezeptor aktiviert über ein G-Protein (G) das Enzym Phospholipase C (PLC). Dieses setzt den Botenstoff IP_3 (Inositoltrisphosphat) frei, der wiederum Calciumkanäle im endoplasmatischenRetikulum (ER), dem Calciumspeicher der Zelle öffnet. (© Stephan Frings, Universität Heidelberg, und Anja Mataruga, Forschungszentrum Jülich)

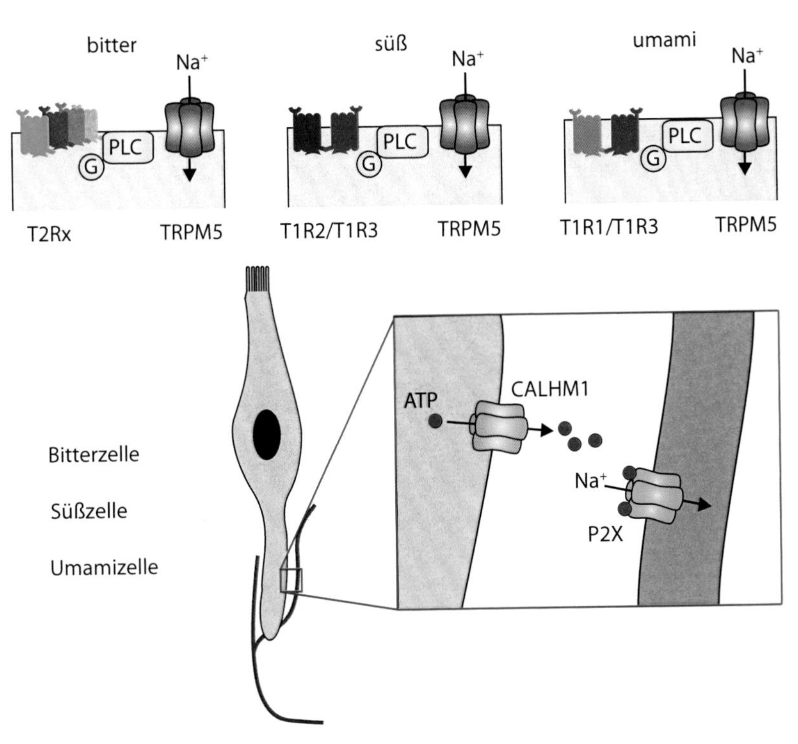

Abb. 5.5 Überblick der Transduktionsmechanismen für die Geschmacksqualitäten bitter, süß und umami. In der oberen Reihe sind die an der Transduktion beteiligten Proteine dargestellt. *G* GTP-bindendes Protein; *PLC* Phospholipase Cβ2, *T1R/T2R* taste receptor type 1/type 2, Geschmacksrezeptoren; *TRPM5* Kationenkanal aus der TRP (*transient receptor potential*)-Familie. Die untere Reihe zeigt Geschmackszellen der unterschiedlichen Qualitäten. Bitter-, Süß- und Umamizellen sind locker mit Nervenfasern assoziiert, haben aber keine Synapsen. Zur Signalübertragung dient vermutlich ATP, das die Geschmackszelle über *CALHM1* (*calcium homeostasis regulator 1*)-Kanäle freisetzt. Das ATP aktiviert P2X-Kanäle, durch die Natriumionen in die Nervenfaser einströmen und die Faser erregen. *ATP* Adenosintriphosphat; *P2X* ATP-Rezeptor. (© Stephan Frings, Universität Heidelberg, und Anja Mataruga, Forschungszentrum Jülich)

5.4 Bittere Gifte

Saure und salzige Geschmacksstimuli ähneln sich in gewisser Weise; beide beruhen auf Ionen (Na^+ und H^+) und ihren Wechselwirkungen mit Ionenkanälen in den Mikrovilli der Geschmackszellen. Man fasst diese beiden Geschmacksqualitäten deshalb auch unter dem Begriff „mineralisch" zusammen. Beim Sauer- und beim Salzgeschmack finden wir die einfachste Variante der Signalwandlung: Das Rezeptorprotein ist gleichzeitig der Ionenkanal, dessen Aktivierung zur Erregung der Zelle führt. Bei den Bitterstoffen oder den Zuckern ist das anders. Sie verwenden die etwas kompliziertere Variante: die G-Protein-gekoppelte Signalwandlung (▶ Abschn. 4.1). Die Frage, wie die Rezeptoren für Zucker und Bitterstoffe aussehen, hat die Geschmacksforscher lange beschäftigt, und erst vor wenigen Jahren haben genetische Untersuchungen an Mäusen mit gestörtem Bittergeschmack Licht ins Dunkel gebracht (▶ Box 5.2).

Es stellte sich heraus, dass die bitterunempfindlichen Mäuse Schäden in einer Gruppe von Genen aufwiesen, die eine bis dahin unbekannte Rezeptorgruppe codieren. Diese Rezeptoren sind keine Ionenkanäle, sondern ähneln in ihrem Aufbau Hormon- und Duftstoffrezeptoren – sie fallen in die riesige Familie der G-Protein-gekoppelten Rezeptoren. Ihre eigentliche Funktion war aber gänzlich unbekannt. In Experimenten mit diesen T2R-Rezeptoren (*taste receptor class 2*) stellte sich heraus, dass sie durch klassische Bitterstoffe aktiviert werden konnten, nicht aber durch Zucker oder durch andere Stimuli – es handelt sich also um spezifische Rezeptorproteine für Bitterstoffe. Diese Rezeptoren fand man tatsächlich in den Mikrovilli einiger Geschmackszellen, und zwar in Zellen, die auf Bitterreize mit Calciumsignalen reagierten (◘ Abb. 5.5). Ein besonders interessanter Befund war, dass es nicht nur einen Typ solcher Bitterrezeptoren in Geschmackszellen gibt, sondern bei Mäusen insgesamt 36, bei Menschen immerhin 25. Wir verfügen also über eine ganze Familie von Bitterrezeptoren, alle etwas unterschiedlich in der Struktur, vor allem in ihrer Bindetasche für den Bitterstoff, aber dennoch sind es eindeutig Bitterrezeptoren. Was bedeutet diese Vielfalt? Warum haben wir nicht nur einen Bitterrezeptor, so wie wir nur einen Typ Natriumkanal in Salzzellen haben?

Wenn unser Geschmackssinn nach Salz in der Nahrung sucht, dann geht es dabei nur um eine einzige Substanz: Natriumchlorid. Bei den Bitterstoffen müssen wir allerdings mit einer sehr großen Anzahl unterschiedlicher Substanzen rechnen. Am empfindlichsten könnte man Bitterstoffe mit Rezeptoren detektieren, deren Bindetasche für jeweils einen bestimmten Bitterstoff maßgeschneidert ist. Aber wie viele bitter schmeckende Gifte gibt es? Hunderte? Tausende? Niemand weiß das, auch nicht unser Geschmackssystem. Maßgeschneiderte Rezeptoren sind deshalb keine gute Idee. Im Laufe der Evolution hat sich stattdessen ein Schutzsystem herausgebildet, das mit 20 bis 40 Bitterrezeptoren auskommt und den Säugetieren einen gewissen Schutz vor pflanzlichen Giftstoffen gewährt. Keiner dieser Rezeptoren ist spezifisch für ausschließlich eine einzelne giftige Substanz; die Bitterrezeptoren werden vielmehr durch Gruppen chemisch verwandter Verbindungen stimuliert. Wir haben also keinen Strychninrezeptor, sondern Rezeptoren, die einerseits auf Strychnin, aber zusätzlich auf viele strychninähnliche Substanzen reagieren. Und da viele giftige Pflanzeninhaltsstoffe untereinander strukturelle Ähnlichkeiten aufweisen, werden viele von ihnen von den Bitterrezeptoren erkannt. Offensichtlich reicht bei dieser Strategie der ungenauen Rezeptoren eine Gruppe von 20 bis 40 Rezeptoren aus, um die Säugetiere einigermaßen vor Vergiftung zu schützen. Interessant ist in diesem Zusammenhang die Beobachtung, dass jede Bitterzelle mit mehreren Typen von T2R-Rezeptoren – vielleicht sogar mit allen – ausgerüstet ist (◘ Abb. 5.5). Es scheint, als hätte die Natur jede unserer Bitterzellen mit der Fähigkeit ausgestattet, viele unterschiedliche Giftstoffe zu erkennen und uns zu warnen. Ganz egal, welche dieser Substanzen in unseren Mund gelangt; die sensorische Wahrnehmung ist immer die gleiche: bitter! Und die adäquate Reaktion auf diese Wahrnehmung ist auch immer die gleiche: ausspucken!

Für uns Menschen ist es nicht leicht, die Bedeutung des Bittergeschmacks nachzuempfinden. Denn für uns hat der Geschmackssinn eine ganz andere Bedeutung als zum Beispiel für die Menschenaffen. Während es für die Affen eine Frage des Überlebens ist, giftige Blätter und Früchte von bekömmlichen zu unterscheiden, erscheint uns unser Geschmackssinn eher als Teil des Belohnungssystems. In unseren Mund gelangt im Allgemeinen nichts Giftiges – dazu wissen wir zu viel über gute und schlechte Nahrung. Alles ist lecker – manches mehr, manches weniger. Aber im Verlauf der Evolution des Bittergeschmacks bei Säugetieren war Nahrungsaufnahme keineswegs so harmlos wie bei uns. Für die Tiere stellt die Überprüfung der Nahrung während des Kauens die letzte lebenswichtige Kontrolle ihrer Inhaltsstoffe dar – danach kann es zu spät sein.

Wie funktioniert also die G-Protein-gekoppelte Signalwandlung im Fall der Bitterrezeptoren? Nach den heutigen Erkenntnissen der Geschmacksforschung lösen sie eine Depolarisation aus, indem sie das zweite Reservoir von Calciumionen nutzen: die hermetisch abgedichteten Calciumspeicher innerhalb der Zelle. Wie die Plasmamembran verfügt auch die Membran dieser Speicher über Calciumkanäle, die auf einen Befehl der Zelle hin geöffnet werden können. Dieser Befehl hat allerdings nicht die Form eines elektrischen, sondern die eines chemischen Signals: Die Kanäle werden durch das Molekül IP_3 (Inositoltrisphosphat) geöffnet (▶ Box 5.2). Wenn Bitterstoffe an Bitterrezeptoren binden, startet eine Signalkette, in der nacheinander zuerst der Bitterrezeptor, dann ein G-Protein und schließlich das Protein Phospholipase C (PLC), das sich ebenfalls an der Membran der Mikrovilli befindet, aktiviert werden (◘ Abb. 5.5). Das PLC-Protein spaltet den Botenstoff IP_3 aus Bestandteilen der Plasmamembran ab und setzt es dadurch im Cytoplasma frei. Sobald IP_3 zu den Calciumkanälen der intrazellulären Speicher gelangt, öffnet es die Kanäle und entlässt Calciumionen aus den Speichern ins Cytoplasma. Auf diese Weise entsteht in Bitterzellen ein Calciumsignal auch ohne Depolarisation. Allerdings spielt sich dieser ganze Vorgang im vorderen Zellpol, im Bereich der Mikrovilli, ab, und der Rest der Zelle bekommt davon kaum etwas mit. Um zur Transmitterausschüttung an der Synapse zu kommen, muss das lokale Calciumsignal in den Mikrovilli in ein starkes, auch den unteren Teil der Zelle erfassendes, Calciumsignal umgewandelt werden. Und dafür scheint eine Depolarisation der Zelle vonnöten. In der Bitterzelle wird dies dadurch erreicht, dass das lokale Cal-

Box 5.2 Durch das Mikroskop betrachtet: Die Entdeckung der Bitterrezeptoren

Im Jahr 1931 schickte J. H. Snyder von der Ohio State University einen Brief an das Wissenschaftsmagazin *Science*, in dem er von Versuchen zur Wahrnehmung eines Bitterstoffes (Phenylthiocarbamid) berichtete. Etwa zwei Drittel seiner Probanden empfanden die Substanz als extrem bitter, während ein Drittel überhaupt nichts schmeckte, nicht einmal bei hohen Konzentrationen des Bitterstoffes. Snyder ging dieser Sache nach und untersuchte den Bittergeschmack bei über 100 Familien. Sein Ergebnis zeigte klar, dass die Geschmacksblindheit für den Bitterstoff rezessiv vererbt wurde. Kinder waren immer dann bitterunempfindlich, wenn beide Eltern keinen Bittergeschmack hatten. Dieser Befund wies darauf hin, dass Gene für Bitterrezeptoren existieren – Gene, die bei bitterblinden Menschen defekt sind. Erst 1999 gelang es einer Forschergruppe um Arlen Price an der University of Philadelphia, durch sorgfältige Analysen des Erbgangs der Bitterblindheit herauszufinden, an welcher Stelle des menschlichen Erbguts die verantwortlichen Gene zu finden sind. Aufgrund dieser Studien gelang es Molekularbiologen am National Institute of Health und an der University of California ein Jahr später, eine ganze Familie von Proteinen auszumachen, die als Bitterrezeptoren in Geschmackszellen fungieren (T2R, *taste receptor type 2*). 25 unterschiedliche T2R-Bitterrezeptoren werden auf unserer Zunge der Nahrung ausgesetzt. Dabei nutzt jede Bitterzelle gleich mehrere T2R-Typen, um so ein breites Spektrum von potenziell giftigen Substanzen erkennen zu können. Erstaunlich und bis heute rätselhaft ist, wie die nur 25 Bitterrezeptoren auf Tausende von Bittersubstanzen reagieren können und an welchen molekularen Eigenschaften die Bitterrezeptoren giftige Substanzen erkennen. Durch die Erforschung der Struktur der T2R-Proteine erhofft man sich genauere Einblicke in die Arbeitsweise dieses chemischen Schutzsystems (◘ Abb. 5.6).

Nachdem die Bitterrezeptoren identifiziert waren, konnte auch die Signalverarbeitung in den Bitterzellen aufgeklärt werden. Ganz anders als bei den salzempfindlichen Geschmackszellen bilden die Bitterrezeptoren selbst keine Ionenkanäle. Vielmehr steuern sie über die G-Protein-gekoppelte Signalwandlung die Öffnung anderer Ionenkanäle, die dann zur Depolarisation und zur Erregung der Bitterzelle führen. Zu den Substanzen, die an Bitterrezeptoren binden („Bitterstoffe") gehören viele Pflanzeninhaltsstoffe (Alkaloide, Isoprenoide, Glycoside), zu denen giftige Substanzen zählen, wie Strychnin, aber auch ungiftige mit wohltuender Wirkung („Magenbitter"). Demnach sind Bitterstoffe ausschließlich durch ihren Geschmack, nicht aber durch ihre Wirkung definiert. Die Familie der Bitterrezeptoren hat sich wohl im Laufe der Evolution der Pflanzenfresser an die Inhaltsstoffe von wenig bekömmlichen Pflanzen angepasst und ermöglicht es uns heute, diese Pflanzen zu meiden.

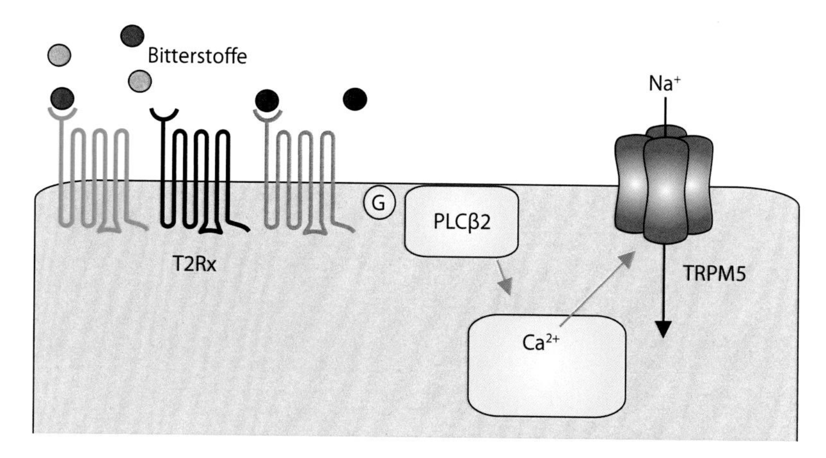

Abb. 5.6 Signalverarbeitung in Bitterzellen. In den Mikrovilli von Bitterzellen befinden sich mehrere Typen von Bitterrezeptoren (T2Rx). Sie alle geben ihr Signal über das GTP-bindende Protein Gustducin (G) weiter, das seinerseits das Enzym Phospholipase Cβ2 (PLCβ2) aktiviert. Dies führt zur Freisetzung von Ca^{2+} aus intrazellulären Speichern und zur Öffnung von Ionenkanälen des Typs TRPM5. Die Öffnung dieser Kanäle führt zur Depolarisation, also zur Erregung der Bitterzelle. (© Stephan Frings, Universität Heidelberg, und Anja Mataruga, Forschungszentrum Jülich)

ciumsignal in den Mikrovilli Ionenkanäle öffnet, die ihrerseits einen Natriumstrom in die Zelle leiten. Durch diese Kanäle (TRPM5; Abb. 5.5) kommt es zur Depolarisation, genau wie bei der Sauerzelle. Während aber bei der Salzzelle das Calciumsignal die Folge der Depolarisation ist, ist bei der Bitterzelle das Calciumsignal die Ursache der Depolarisation.

Der weitere Verlauf der Signalverarbeitung in Bitterzellen ist noch weitgehend im Dunkeln. Denn auch die Bitterzellen können scheinbar keine eigenen Synapsen bilden. Dieses Privileg scheinen in der Geschmacksknospe nur die Sauerzellen zu haben. Neuere Forschungen zeigen, dass Bitterzellen bei Aktivierung einen Signalstoff in die Geschmacksknospe entlassen. Dieser Signalstoff ist ATP – dieselbe Verbindung, die innerhalb der Zelle als universelle Münze zur Energieübertragung dient (▶ Box 3.3). In der Geschmacksknospe scheint ATP als Botenstoff zwischen den einzelnen Geschmackszellen und zwischen Geschmackszellen und Nervenfasern zu fungieren (Abb. 5.5). Möglicherweise übermittelt ATP Signale von Bitterzellen auf Nervenfasern, die ihrerseits über ATP-Rezeptoren, sogenannte purinerge Rezeptoren, verfügen. In dieser Weise würde ATP als Transmitter der Bitterzellen agieren. Wie sich diese ungewöhnliche Signalübertragung genau abspielt, wie sie letztlich dazu führt, dass ein „Bitter"-Signal zum Gehirn läuft, ist aber bis heute unverstanden.

5.5 Köstlicher Geschmack: Süß und umami

Die zuckerempfindlichen Geschmackszellen nutzen einen ganz ähnlichen Transduktionsweg wie die Bitterzellen. Nur sind die Rezeptoren der Süßzellen andere als die der Bitterzellen; sie gehören zu der nur drei Mitglieder umfassenden Familie der T1R-Rezeptoren (T1R1, T1R2, T1R3). Es gibt einen wichtigen Unterschied zwischen Süß- und Bitterrezeptoren: Ein Süßrezeptor bildet sich nur, wenn zwei Proteine seiner Familie in der Mikrovillimembran der Süßzelle zusammengelagert werden; die Proteine T1R2 und T1R3 bilden zusammen ein Doppelprotein, ein sogenanntes Dimer (siehe Abb. 5.5). Und nur als Doppelprotein können sie süße Substanzen detektieren. Jeder Bitterrezeptor dagegen arbeitet allein (als Monomer), auch wenn sich mehrere unterschiedliche T2R-Typen in jeder Bitterzelle befinden. Wir verstehen heute noch nicht, warum die Süßrezeptoren als Doppelproteine vorliegen – aber der Süßgeschmack ist sowieso schwer zu verstehen, denn ganz unterschiedliche Stoffe schmecken süß. Da sind zum einen verschiedene Zucker wie Saccharose (Rübenzucker), Glucose (Traubenzucker) oder Fructose (Fruchtzucker). Süß schmecken aber auch manche Aminosäuren wie Glyzin, Alanin oder Threonin sowie bestimmte pflanzliche Proteine wie Thaumatin, Monellin oder Brazzein. Und die künstlichen Süßstoffe Saccharin, Aspartam und Cyclamat sind all denjenigen bekannt, die weniger Zucker zu sich nehmen wollen. Einen fatalen Süßgeschmack hat Bleiacetat, ein giftiges Bleisalz, das schon seit der Antike zum Süßen von Wein verwendet worden ist. Unzählige Menschen sind infolge von Bleiacetatvergiftung erkrankt und gestorben, bis die Toxizität dieser Substanz im 19. Jahrhundert erkannt wurde. Es ist schon merkwürdig, dass ein und dasselbe T1R2/T1R3-Doppelprotein auf all diese unterschiedlichen Verbindungen anspricht und sie dem Gehirn als „süß" meldet. Tatsächlich sind die Süßzellen wesentlich empfindlicher für Süßstoffe als für Zucker: Um einen Süßgeschmack in Wasser wahrzunehmen, müssen wir 19 g Glukose in 1 l lösen; bei Saccharin reichen 0,006 g pro Liter. Die Süßrezeptoren sind also fast 3000-mal empfindlicher für den Süßstoff als für den Zucker! Süßstoffe sind durchweg durch Zufall entdeckt worden und sind synthetische, von Chemikern hergestellte Verbindungen. Ihrer Entdeckung liegt also keinerlei biologische Logik zugrunde. Vielleicht könnten diese Stoffe aber in Zukunft helfen, die Funktionsweise der T1R2/T1R3-Süßrezeptoren aufzuklären.

Nicht alle Tiere sind in der Lage, Süßes zu schmecken. Die Familie der Katzen (Felidae), zu denen sowohl unsere Haus- als auch die Raubkatzen gehören, besitzt zwar ein funktionsfähiges T1R3-Gen, das T1R2-Gen ist aber beschädigt. Das Gen ist durch Ansammlung von Mutationen zu einem sogenannten Pseudogen verkommen, einem funktionslosen Gen, das für die Herstellung eines Rezeptors nicht mehr taugt. Katzen haben demzufolge sehr wahrscheinlich keinen Süßgeschmack. Aus heutiger Sicht interpretieren wir diesen Befund als Hinweis darauf, dass bei der Evolution von Raubkatzen, die praktisch nur Fleisch fressen, der Süßgeschmack keine Rolle mehr spielte. Mutationen in T1R2 blieben deshalb ohne Folgen für die Tiere.

Warum aber blieb die andere Hälfte des Doppelproteins, T1R3, intakt? Dieses Protein muss für die Katzen wichtig sein, denn nur ein beständiger Selektionsdruck auf die Erhaltung des funktionsfähigen T1R3-Proteins kann das dazugehörige Gen über die Jahrmillionen hinweg konserviert haben. Die Erklärung liegt darin, dass sich das T1R3-Protein nicht nur mit T1R2-Proteinen, sondern auch mit T1R1-Proteinen zu einem Dimer zusammenschließen kann (siehe ◘ Abb. 5.5). Solche T1R1/T1R3-Doppelproteine kommen tatsächlich in bestimmten Geschmackszellen vor – in unserer Zunge genauso wie bei den Katzen. Allerdings reagieren diese Dimere nicht auf Zucker, sondern sie reagieren auf Natriumglutamat. Wenn wir Natriumglutamat auf die Zunge geben, stellt sich ein recht angenehmer Geschmack nach Fleischbrühe ein, etwas fade vielleicht, aber doch deutlich an Fleisch erinnernd. Dieser Geschmack ist für Raubkatzen natürlich das Größte; aber auch für uns ist er ein Attribut von wertvoller Nahrung. Diese Geschmacksqualität wird als umami bezeichnet, dem japanischen Begriff für „wohlschmeckend". Der Umamigeschmack wurde vor etwa 100 Jahren von dem japanischen Geschmacksforscher Kikunae Ikeda entdeckt. Umamigeschmack findet sich in Speisen wie Tomaten, Spargel, Käse, Milch und natürlich in allen Fleischgerichten. Es ist der Geschmack nach Fleisch und löst somit – ähnlich wie der Süß- und Salzgeschmack – bei Fleischessern positive Gefühle aus, das Verlangen nach mehr. Er ist unsere fünfte Geschmacksqualität. Sie hilft uns, proteinreiche Nahrung zu finden. Denn Proteine bestehen aus Aminosäuren, und Natriumglutamat ist das Salz einer häufig vorkommenden Aminosäure, der Glutaminsäure. Die positiven Gefühle beim Schmecken von Natriumglutamat, sein „guter Geschmack", wird genutzt für die sogenannten Geschmacksverstärker, die oft zu einem großen Teil – wenn nicht sogar gänzlich – aus Natriumglutamat bestehen. Ein solcher „Verstärker" verstärkt genau genommen nur *zwei* der fünf Geschmacksqualitäten, salzig (Na^+) und umami (Glutamat). Beide sind aber für die meisten Menschen appetitanregende Reize, sodass Natriumglutamat heute in großen Mengen konsumiert wird. (Übrigens: Auch wenn Hersteller von Fertignahrung auf der Verpackung betonen, dass keine Geschmacksverstärker zugesetzt werden, stimmt das streng genommen oft nicht. Meist findet sich dann nämlich Hefeextrakt in der Nahrung – und Hefe enthält sehr viel Glutamat.)

Wie die Bitterzellen, so besitzen auch Süß- und Umamizellen keine eigenen Synapsen. Auch hier spielt wohl ATP die Rolle des Signalüberträgers, und auch hier ist der genaue Übertragungsweg weitgehend unbekannt. Möglicherweise gibt es in Geschmacksknospen synapsentragende Zellen, deren Aufgabe es ist, die von Bitter-, Süß- oder Umamizellen erzeugten ATP-Signale in neuronale Signale umzuwandeln. Vielleicht wirkt ATP auch direkt auf die Nervenfasern in den Geschmacksknospen und löst in den Fasern Aktionspotenziale aus. Deutlich ist auf jeden Fall, dass die Signalverarbeitung des Bitter-, Süß- und Umamigeschmacks anderen Strategien folgt als die einfache synaptische Übertragung in den Sauerzellen der Zunge.

5.6 Der „Scharfgeschmack" ist eigentlich ein Schmerzreiz

Bei der Darstellung der fünf Geschmacksqualitäten – süß, salzig und umami auf der guten Seite sowie bitter und sauer auf der unguten – scheint doch etwas Wesentliches zu fehlen: Pfeffer, Meerrettich, Chili, Wasabi und andere scharfe Gewürze. Vielen von uns erscheinen Speisen fad und uninteressant, wenn sie nicht wenigstens etwas „Schärfe" enthalten. Was also ist Scharfgeschmack? Um dies zu verstehen, müssen wir uns vergegenwärtigen, dass das Schmecken den Menschen – im Gegensatz zu den Tieren – nicht mehr nur dem Auffinden von wertvoller Nahrung und der Warnung vor unbekömmlichen Stoffen dient, sondern unser Geschmackssinn im Verlauf der kulturellen Entwicklung seine Bedeutung erweitert hat. Nicht nur, dass der Geschmacksinn – wie die anderen Sinne auch – unsere Lebensfreude steigern kann, gutes Essen ist auch ein Mittel der Kommunikation. Gemeinsames Essen festigt soziale Bindungen, und Liebe geht sogar „durch den Magen". Der Vorgang des Schmeckens hat sich also im Rahmen der *kulturellen* Evolution des Menschen weit von derjenigen Funktion entfernt, den er bei den Tieren aufgrund der *biologischen* Evolution heute noch hat. Diese sensorische Umorientierung erforderte wohl eine Ausdehnung der Geschmacksvielfalt, denn die fünf Qualitäten sind doch ein recht enges Repertoire; der Geschmackssinn, vermittelt über die Geschmacksknospen der Zunge, ist einfach zu langweilig für eine zentrale Rolle im Leben des Menschen!

Die Lösung dieses Problems liegt darin, dass alle anderen Sinnessysteme beim Genuss von Nahrung mitbeschäftigt werden. Schon beim Anschauen der Nahrung fällen wir die ersten Entscheidungen: anziehend oder abstoßend? Wie stark der Sehsinn beim Essen mitmischt, können Patienten berichten, die infolge lokaler Gehirnschädigungen mitten im Leben das Farbensehen verloren haben. Für sie sind Tomaten, Äpfel und Bananen ähnlich grau – und viele von ihnen klagen über Appetitlosigkeit und Desinteresse an ihrem grauen Essen. Auch die Beteiligung des Geruchssinnes am Essen wird oft unterschätzt. Ein einfaches Experiment macht dies sehr klar: Schneiden Sie ein haselnussgroßes Stück aus einem Apfel und aus einer Salatzwiebel und stecken Sie jeweils eines dieser Stücke einer Versuchsperson in den Mund, deren Augen geschlossen und deren Nasenlöcher mit einer Wäscheklammer zugeklemmt sind. Die Versuchsperson wird nicht sagen können, ob sie Apfel oder Zwiebel im Mund hat. Besonders eindrucksvoll ist dieser Versuch, wenn Sie zuerst den Apfel und dann die Zwiebel anbieten. Nach dem Lösen der Nasenklammer hat die Versuchsperson dann ein plötzliches, überwältigendes Zwiebelerlebnis! Warum? Wie wir eingangs erwähnt haben, ist das, was wir als Zwiebel*geschmack* bezeichnen, tatsächlich Zwiebel*geruch*. Beim Zerkauen der Zwiebel wird das Zwiebelaroma frei und steigt durch den Rachen zur Nasenhöhle, wo es – ohne Nasenklammer – vom Riechsystem detektiert wird. In dieser Weise wirken fast alle aromatischen Nahrungsmittel und Gewürze; sie aktivieren das Riechsystem. Neben dem Sehen und dem Riechen spielt auch der Tastsinn eine große Rolle beim Essen. Denn Tastsinneszellen in Zunge und Mundschleimhaut überprüfen, ob das Essen die richtige Konsistenz hat. Findige Köche zielen auf das genau richtige Mundgefühl, die perfekte Mischung von Knusprigkeit und Buttergefühl, um die Speise appetitlich zu gestalten.

Besonders interessant ist die Einbeziehung des Schmerzsystems in das Schmecken, denn hier wird ein Sinn, dessen Reizung eine Aversion – also ein negatives Gefühl – auslöst, in den Dienst des Schmeckens gestellt. Dies geschieht durch Substanzen, die Nervenfasern des Trigeminusnervs reizen. Der Trigeminusnerv kann Schmerzen im gesamten Kopf vermitteln, seien es Migräne, Zahnschmerzen oder Schmerzen in Augen, Nase und Mund. Seine Schmerzfasern können durch Reizstoffe aktiviert werden und produzieren dann eine mehr oder weniger starke Schmerzempfindung. Wenn wir Meerrettich oder scharfen Senf essen oder wenn wir mit Pfeffer würzen, gelangen solche Reizstoffe durch den Rachen in die Nase und erzeugen dort, je nach Menge, ein angenehmes Prickeln oder einen stechenden Schmerz. Richtig dosiert ist diese Empfindung interessant und bereichert das Geschmackserlebnis. Bei Senf und Meerrettich sind es die Senföle, die in der Nase prickeln, bei Pfeffer ist das Pfefferöl – beides ätherische Öle, die beim Kauen in die Nasenhöhle gelangen und dort sowohl die Schmerzfasern als auch das Geruchssystem aktivieren. Im Mund werden ebenfalls trigeminale Schmerzfasern aktiviert. Das dabei auftretende Brennen auf Zunge, Gaumen und Rachen bezeichnen wir als Scharfgeschmack und haben es als unverzichtbare Komponente in den meisten Kochkulturen etabliert (◘ Abb. 5.7). Von italienischen Spaghetti arrabiata und mexikanischem Chili con Carne über manchen indischen Fischcurry bis zum japanischen Sushi mit Wasabi, die scharfe Küche ist weltweit populär. Geschmackszellen sind dabei in keinem Fall beteiligt, immer sind es die hitzeempfindlichen Schmerzfasern des Trigeminussystems im Mund. Wie die Stimulation dieser Fasern genau funktioniert, werden wir in ▶ Kap. 10 bei der Besprechung des Schmerzsinnes erfahren. Hier soll vorerst nur deutlich werden, dass der Scharfgeschmack in Wirklichkeit eine Schmerzempfindung ist, eine zusätzliche

◘ **Abb. 5.7** Chilischoten erzeugen Scharfgeschmack, indem sie hitzeempfindliche Schmerzfasern mit der Substanz Capsaicin reizen. (© Natasha Breen/Adobe Stock)

Sinnesqualität, die das Schmecken weit über die schlichte Nahrungsüberprüfung hinaus zu einem vielseitigen Sinn macht – einsetzbar insbesondere zur Festigung sozialer Bindungen.

5.7 Die Geschmacksempfindung

In den Geschmacksknospen der Zunge entstehen also sensorische Signale zu den Qualitäten süß, salzig, umami, sauer und bitter. Die Signale werden durch Nervenfasern von der Zunge zum Gehirn geleitet und erreichen ihre erste wichtige Station im Stammhirn (■ Abb. 5.8). Im Nucleus tractus solitarii werden schnelle körperliche Reaktionen auf die Ergebnisse der Nahrungsüberprüfung ausgelöst: Schmeckt die Nahrung gut, werden Speichelfluss und Zungenbewegung aktiviert, der Schluckvorgang wird eingeleitet, und das Verdauungssystem bereitet sich auf die Nahrung vor. Ist der Geschmack abstoßend, verzieht sich unser Gesicht zu einer Grimasse (gustofazialer Reflex), wir öffnen den Mund, halten die Luft an und spucken aus. So tut das Stammhirn, was *schnell* getan werden muss.

Vom Stammhirn aus läuft die Geschmacksinformation in zwei Bereiche des Gehirns: den Thalamus und den Mandelkern. Der Thalamus (► Abschn. 4.4) reicht die Signale weiter zur Geschmacksrinde, dem gustatorischen Cortex, der sich im Inselbereich der Großhirnrinde verbirgt. Diese Geschmacksrinde ist eine geheimnisvolle Struktur; man weiß bisher wenig darüber, wie sie uns das Geschmackserlebnis wahrnehmen lässt. Eines aber ist interessant: Die Geschmacksrinde reagiert nicht nur auf Stimulation der Geschmackszellen, sondern auch auf mechanische Reizung der Zunge und auf Temperaturreize im Mundraum. Geschmacksphysiologen deuten diese Beobachtung so, dass alle Informationen, die bei der Überprüfung der Nahrung wichtig sind, in der Geschmacksrinde zusammenlaufen. Für diese Überprüfung ist es nicht nur wichtig, nach Zuckern und Bitterstoffen zu schauen. Es muss auch ausgeschlossen werden, dass sich scharfe Gegenstände (z. B. Knochensplitter)

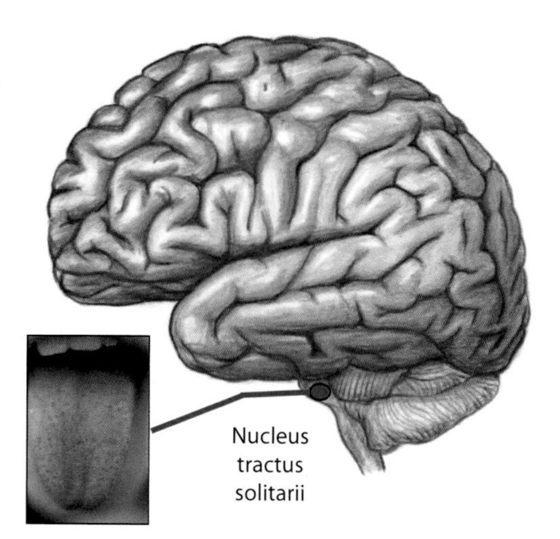

■ **Abb. 5.8** Der Weg des Geschmackssignals ins Gehirn. Aus den Geschmacksknospen der Zunge ziehen die Nervenfasern ins Stammhirn, wo schnelle Reaktionen ausgelöst werden können. Die Geschmacksrinde liegt im InselCortex, der sich tief unter der Seitenfurche verbirgt. Sie ist deshalb in der Aufsicht auf das Gehirn nicht zu sehen. (© Michal Rössler und Stephan Frings, Universität Heidelberg)

in der Nahrung befinden, und zudem darf die Nahrung weder zu heiß noch zu kalt sein. All dies wird geprüft und in der Geschmacksrinde zu einer Gesamtwahrnehmung unseres Essens zusammengeführt.

Der zweite Weg der Verarbeitung von Geschmacksinformation verläuft zum Mandelkern (Amygdala) und damit in das limbische System. In diesem Teil des Gehirns werden Emotionen, Instinkte und triebgesteuertes Verhalten reguliert (■ Abb. 5.9). Hier wird eine grundlegende Leistung des Geschmackssinnes vermittelt: die hedonische Bewertung von Nahrung, also die Beurteilung nach der Lust oder Freude, die ein Nahrungsmittel erzeugt. Wir können so gut wie nichts essen, ohne eine hedonische Bewertung vorzunehmen; immer sagt unser Geschmackssinn „Das mag ich" oder „Das mag ich nicht". Lust und Abscheu sind untrennbar mit dem Geschmackssinn verbunden – das Ergebnis, das bei der Überprüfung der Nahrung im Mund erzielt wird, wird immer auch emotional gekoppelt. Für ein Tier ist diese Kopplung aus-

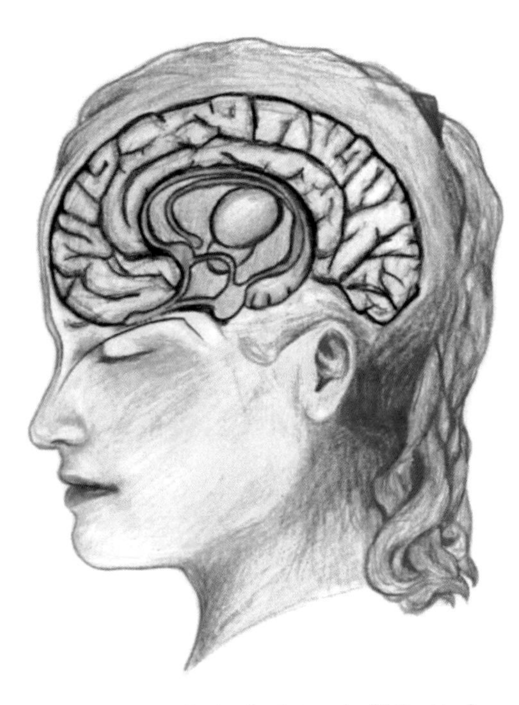

Abb. 5.9 Das limbische System (*gelb*) liegt in der Mitte des Gehirns, wo die Strukturen zur Gedächtnisbildung, zur Erzeugung von Emotionen und zur Kontrolle des Hormonsystems bogenförmig um den Thalamus – das Tor zum Bewusstsein – herum angeordnet sind. (© Michal Rössler, Universität Heidelberg)

gesprochen sinnvoll. Das Tier entwickelt Abscheu gegenüber bitter und sauer schmeckenden Materialien, die es einmal probiert hat, und es wird vermeiden, sie jemals wieder in den Mund zu bekommen. Bei Material mit süßem, umami oder salzigem Geschmack wird das durch den Geschmack verursachte Lustgefühl dazu führen, dass es genau dieses in Zukunft suchen und fressen wird – eine sinnvolle Zweiteilung der Geschmackswelt. Die Kehrseite der Medaille ist, dass lusterzeugende Reize immer die Gefahr der Suchterzeugung mit sich bringen. Und tatsächlich: Zucker-, Fleisch- und Salzsucht sind die häufigsten Gründe für ernährungsbedingte Stoffwechselerkrankungen bei uns Menschen. Die Kopplung eines Sinneseindrucks an eine hedonische Bewertung ist eine heikle Sache. Sie erfordert vor allem beim Schmecken, beim Riechen und beim Schmerz die besondere Aufmerksamkeit der Sinnesbiologie.

5.8 Andere Lösungen

Geschmack ist nicht nur individuell, sondern auch kultur- und artspezifisch. Im Bereich menschlicher Individuen und Kulturen sei hier auf das Phänomen „Marmite" hingewiesen, eine gewürzte Paste aus Hefeextrakt, die in England ein beliebter Brotaufstrich ist. Wer schon oft Marmite gegessen hat, isst es auch weiterhin gern und schätzt seinen eigenartigen Geschmack. Kontinentaleuropäer, die als Erwachsene erstmals auf Marmite treffen, können die englische Begeisterung oft nicht nachvollziehen und wenden sich voller Grausen von diesem Nahrungsmittel ab – ein erlernter Geschmack also, ein kultureller Zuwachs zum Spektrum attraktiver Geschmacksqualitäten. So wie der englische Geschmack bezüglich Marmite eine eigene kulturelle Entwicklung gegangen ist, haben sich wohl Nahrungsvorlieben in allen Kulturen auseinanderentwickelt, besonders in den vielen Jahrhunderten kultureller Isolation. Biologisch gesehen führt die Entwicklung von isolierten Populationen zur Anhäufung von spezifischen Verhaltensmerkmalen – hier den spezifischen Ernährungskulturen – und damit auch zu immer interessanteren Variationen bei der Zubereitung des Essens. Die wundervolle Vielfalt der internationalen Küche verdanken wir also dem Bestreben unterschiedlicher Kulturen, das Geschmackserlebnis auf ihre eigene Art mit neuen Erlebnissen zu bereichern.

Zwischen unterschiedlichen Tierarten gibt es natürlich große Unterschiede im Geschmack, denn es gibt ja auch große Unterschiede im Speisezettel. Wir haben schon gesehen, dass Katzen vermutlich keinen Süßgeschmack haben, da auf ihrem Speisezettel fast nur Fleisch steht, und das schmecken sie mit ihren Umamirezeptoren. Ein besonders schönes Beispiel für artspezifische Geschmacksunterschiede gibt es beim Scharfgeschmack. Es beginnt mit der Überlegung, warum es überhaupt scharfe Paprikaschoten gibt. Die Früchte der Paprikapflanzen sind ja sehr auffällige, meist rote, appetitlich wirkende Gebilde. Pflanzen stellen solche Früchte her, damit Tiere

Abb. 5.10 Für Vögel ohne Scharfgeschmack sind Paprikafrüchte süße Beeren, die sie gern fressen und damit den Samen der Pflanzen verbreiten. (© Erik Leist, Universität Heidelberg)

sie fressen und die unverdauten Samen später woanders ausscheiden. Es gehört zur Vermehrungsstrategie von Pflanzen, Tiere zur Ausbreitung ihrer Samen zu nutzen, und normalerweise locken sie die Tiere mit zuckerhaltigen, wohlriechenden Früchten. Nähert sich aber ein Säugetier einer Paprikapflanze und beißt in deren Frucht, erlebt es ein blaues Wunder: Seine Schmerzfasern werden aktiviert, die Mundschleimhaut fühlt sich an wie versengtes Gewebe, und der Hitzeschmerz hält eine ganze Weile an. Das Tier wird in Zukunft Paprika meiden und sich nicht mehr an der Vermehrung der Paprikasamen beteiligen. Anders ist das bei Vögeln. Die Schmerzfasern vieler Vogelarten reagieren nicht auf Scharfes, insbesondere nicht auf den scharfen Inhaltsstoff von Paprikapflanzen, das Capsaicin (▶ Abschn. 10.3). Da sie kein Rezeptorprotein für das Capsaicin besitzen, können diese Tiere unbehelligt Paprikafrüchte essen – sie empfinden die Süße der Frucht, nicht aber deren Schärfe (Abb. 5.10). Sie verdauen das Fruchtfleisch, scheiden die Samen aus und helfen damit bei der Ausbreitung der Paprikapflanzen. Biologen interpretieren den Scharfgeschmack der Paprika als eine besonders raffinierte Vermehrungsstrategie. Die Pflanzen setzen auf weiträumige Verbreitung ihrer Samen durch Vögel – eine Strategie, die ihnen hilft, die jeweils günstigsten Standorte zu erreichen und dort zu siedeln. Säugetiere mit ihrem stärker eingeschränkten Revier helfen da nicht weiter und werden gezielt abgeschreckt. Der Scharfgeschmack hat also ursprünglich eine aversive Funktion: Er soll wehtun und Säugetiere davonjagen.

Weiterführende Literatur

Adler E, Hoon MA, Mueller KL, Chandrashekar J, Ryba NJP, Zuker CS (2000) A novel family of mammalian taste receptors. Cell 100:693–702

Chandrashekar J, Kuhn OY, Yarmolinsky DA, Hummler E, Ryba NJP, Zuker CS (2010) The cells and peripheral representation of sodium taste in mice. Nature 464:297–302

Chang RB, Waters H, Liman ER (2010) A proton current drives action potentials in genetically identified sour taste cells. Proc Nat Acad Sci U S A 107: 22320–22325

Chaudhari N, Roper SD (2010) The cell biology of taste. J Cell Biol 190:285–296

Mueller KL, Hoon MA, Erlenbach I, Chandrashekar J, Zuker CS, Ryba NJP (2005) The receptors and coding logic for bitter taste. Nature 434:225–229

Reed DR, Nanthakumar E, North M, Bell C, Bartoshuk LM, Price RA (1999) Localization of a gene for bitter-taste perception to human chromosome 5p15. Am J Hum Genet 64:1478–1480

Schmidt RF, Lang F, Heckmann M (2011) Physiologie des Menschen mit Pathophysiologie. Springer, Heidelberg

Snyder LH (1931) Inherited taste deficiency. Science 74:151–152

Zhang Y, Hoon MA, Chandrashekar J, Mueller KL, Cook B, Wu D, Zuker CS, Ryba NJP (2003) Coding of sweet, bitter, and umami tastes: different receptor cells sharing similar signaling pathways. Cell 112:293–301

Riechen

S. Frings, F. Müller, *Biologie der Sinne*, https://doi.org/10.1007/978-3-662-58350-0_6

Für viele Tiere ist das Riechen der wichtigste Sinn für die Orientierung in der Umwelt und im sozialen Umfeld. Gerüche zu erkennen und zu beurteilen, ist lebenswichtig, und die Leistungsfähigkeit des Riechsinnes ist entsprechend optimiert. Wir wissen heute eine Menge über die Funktionsweise der Nase und darüber, wie das Gehirn Geruchsinformation auswertet. Eine besondere Rolle spielt dabei das Prinzip der Musteranalyse, einer Methode, die unser Gehirn dazu befähigt, sehr viele unterschiedliche Gerüche zu unterscheiden. Im Riechgedächtnis werden Geruchserlebnisse und deren Bedeutung langfristig gespeichert. Eine besondere, vom Riechsystem weitgehend getrennte Rolle spielt das Pheromonsystem. Pheromone sind Signalstoffe, die der Kommunikation zwischen Individuen der gleichen Art dienen. Pheromone lösen in anderen Tieren z. B. stereotype Verhaltensweisen aus. Das Pheromonsystem arbeitet deshalb im Dienst der Arterhaltung. Bei Menschen ist das Pheromonsystem zurückgebildet; möglicherweise werden Teile seiner Funktion vom Riechsystem übernommen. Das Riechsystem erschließt Tieren und Menschen eine komplizierte und vielschichtige Welt chemischer Information, die eng mit Emotionen und Befindlichkeiten verwoben ist.

Abb. 6.1 Ein Hund folgt einer Fährte: Magie oder Physiologie? Die Riechfähigkeiten eines Hundes stehen für die beeindruckenden Sinnesleistungen Geruchsempfindlichkeit, Unterscheidungsvermögen von Gerüchen und Riechgedächtnis. (© Erik Leist, Universität Heidelberg)

6.1 Die Vielfalt der Gerüche ist grenzenlos

Irgendwie erscheint uns die Fähigkeit des Hundes, einer Fährte zu folgen, als eine magische Begabung – magisch, weil es uns unerklärlich erscheint, wie er Spuren, die ein Fußgänger vor Stunden auf dem Gehweg hinterlassen hat, wahrnehmen und denen er über Kilometer hinweg folgen kann, obwohl zig andere Spuren diese Fährte kreuzen (Abb. 6.1). Was der Hund da tut, erscheint uns wie Zauberei, wie etwas Paranormales oder gar Unmögliches. Aber natürlich ist es das nicht. Es ist sowohl normal als auch möglich. Dennoch ist es eine große Herausforderung für die Sinnesphysiologen, den Spürsinn der Hunde zu erforschen und zu verstehen, was ihn so verblüffend leistungsfähig macht. Wir wollen in diesem Kapitel versuchen, den Stand der Riechforschung zusammenzufassen und auf dieser Grundlage eine Erklärung für das Hochleistungsorgan Nase zu finden. Dazu müssen wir uns vergegenwärtigen, mit wie vielen Duftstoffen wir es zu tun haben, in welchen Konzentrationen Duftstoffe wahrgenommen werden und welche Informationen der Hund benötigt, um einer Spur folgen zu können.

Die Zahl der Duftstoffe in unserer Riechwelt ist enorm groß. Jeder Tasse Kaffee, allen lebenden Tieren, Pflanzen und Pilzen, jedem Feuer, jedem Stück natürlichen Bodens, jedem See und jeder Pfütze entströmen Hunderte unterschiedlicher Duftstoffe. Millionen Arten von Mikroorganismen produzieren eine endlose Vielfalt von Geruchsstoffen. Und dazu kommt eine ständig wachsende Zahl künstlich hergestellter Verbindungen, die die Welt der natürlichen Geruchsstoffe um zahllose Duftnoten vergrößern. Wie viele Duftstoffe also? Zigtausende? Millionen? Milliarden? Niemand kann Ihnen auf diese Frage eine seriöse Antwort geben. Tatsächlich wäre eine solche Zahl riesig und nicht konstant. Sie ändert sich sowohl mit der Evolution der Organismen, die ständig neue riechende Stoffe hervorbringt, wie auch mit der Produktivität der synthetischen Chemie. Die Riechforschung hält aber eine Zahl bereit, die auf ganz anderem

Wege berechnet worden ist. In den letzten zehn Jahren haben Riechforscher einen Eindruck davon bekommen, wie das Gehirn die Geruchsinformation codiert, d. h. wie die chemische Information über einen Duftstoff in neuronale Information umgesetzt wird. Diesen Vorgang werden wir uns in diesem Kapitel genauer ansehen. Zur Frage nach der Vielfalt von Duftstoffen aber vorweg schon ein interessantes Ergebnis: Modellrechnungen zeigen, dass das Gehirn von Hunden und Nagetieren theoretisch mit etwa 10^{18} unterschiedlichen Duftstoffen umgehen kann. Dies ist eine gewaltige Zahl! 10^9 ist eine Milliarde, 10^{18} eine Milliarde Milliarden – eine durchaus unvorstellbar große Zahl. Sie weist auf einen einfachen, aber für die Riechforschung grundlegend wichtigen Zusammenhang hin: Das Riechsystem hat sich für eine *unbegrenzt große Vielfalt* von Duftstoffen entwickelt, es gibt hinsichtlich der chemischen Vielfalt von Duftstoffen keine Grenze! Wie aber konstruiert man ein chemisches Detektionssystem für unendlich viele Stimuli; ein System, das auch synthetische Duftstoffe detektiert, die den Tieren niemals während der gesamten Evolutionsgeschichte untergekommen sind, für das sie also keine speziellen Rezeptoren bilden konnten? Die Riechforschung hat in den vergangenen 20 Jahren große Anstrengungen unternommen, um diese Fragen zu untersuchen, und sie kommt einer Antwort Stück für Stück näher.

6.2 Riechzellen in der Nase detektieren Duftstoffe

Schauen wir zunächst in die Hundenase, den Ort, an dem die erstaunliche Spürleistung beginnt. Hunde haben lange Nasen, wenn wir einmal absehen von grotesken Züchtungsergebnissen wie dem Mops. Wenn ein Hund an einem Geruch interessiert ist, zieht er die Luft in kurzen, schnell aufeinanderfolgenden Stößen in die Nasenhöhle ein – er schnüffelt. Die Luft wird zunächst an Strömungskörpern vorbei geleitet, wo sie angewärmt und angefeuchtet wird. Dann erreicht sie die Riechschleimhaut im hinteren Drittel der Nasenhöhle und wird dort analysiert (◘ Abb. 6.2). Die Riechschleimhaut ist ein ganz besonderes Gewebe: Es ist die einzige Stelle

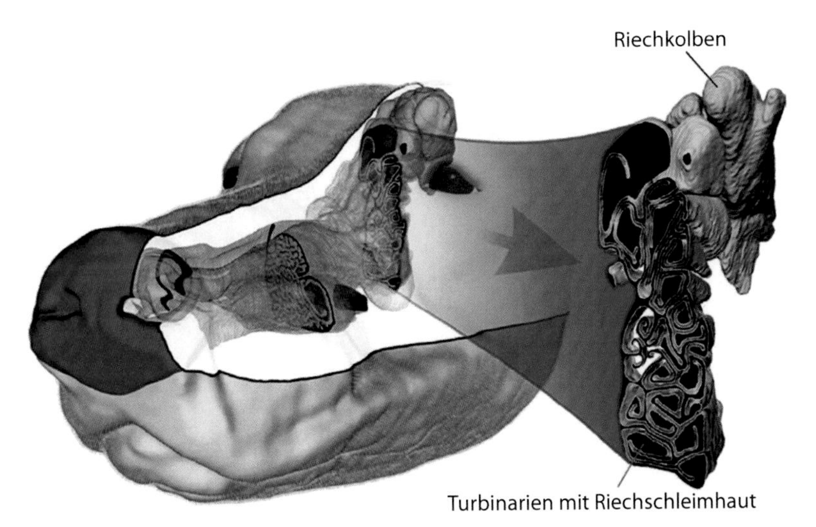

◘ **Abb. 6.2** Die Nase des Hundes. Eine Rekonstruktion der Nasenhöhle zeigt im vorderen Teil das Nasenepithel (*rosa*), das die Atemluft anfeuchtet und anwärmt. Im mittleren Teil ist das Riechepithel zu erkennen (*gelb*), das ein komplexes System von Knorpelflächen überzieht. In dem herausvergrößerten Querschnitt kann man erkennen, auf wie vielen Windungen das geruchsempfindliche Gewebe wächst. Die große Gesamtfläche bietet Platz für etwa 100 Mio. Riechzellen. Der Riechkolben (*rosa*) ist die erste Station der Geruchsanalyse im Gehirn. Er ist von der Nasenhöhle durch das Siebbein, eine dünne Knochenplatte, getrennt. (© Mit freundlicher Genehmigung von B. Craven, modifiziert)

des Körpers, an der Nervenzellen an der Oberfläche liegen und in direktem Kontakt mit der Umwelt stehen. Alle anderen Nervenzellen liegen geschützt unter Knochen oder der Haut und werden nur indirekt von Vorgängen an der Körperoberfläche beeinflusst. So übernehmen auf der Zunge Epithelzellen, die Geschmackszellen, die Detektion der Geschmacksstoffe und geben ihre Information an geschützt liegende Nervenfasern weiter (▶ Kap. 5). Bei den Riechzellen ist dagegen der direkte Kontakt mit der Atemluft nötig, denn nur die Riechzellen selbst besitzen die Rezeptoren für Duftstoffe. In der Hundenase analysieren etwa 100 Mio. Riechzellen die beim Schnüffeln eingeatmete Luft. Sie liegen dicht an dicht eingebettet in der Riechschleimhaut (◘ Abb. 6.3). Ihre sensorischen Organellen sind Zilien, dünne Sinneshärchen, die von der Spitze eines Dendriten aus in die Nasenhöhle hineinreichen. Die Zilien der Millionen von Riechzellen bilden einen Teppich auf der Riechschleimhaut, eine chemosensorische Oberfläche, an dem die Atemluft vorbeigeführt wird, sodass mitgeführte Duftstoffe in Kontakt mit den Zilien kommen können. Der Zilienteppich ist mit einer dünnen Schleimschicht bedeckt, der verhindert, dass die Zilien austrocknen, und gleichzeitig als Duftstofffänger dient. Denn Duftstoffmoleküle lösen sich gut in dieser Schleimschicht, die zu diesem Zweck spezielle Duftstoffbindeproteine enthält. Die gelösten Duftstoffe gelangen so an die Zilien. In den Zilien selbst vollzieht sich der Transduktionsprozess, an dessen Ende das Feuern von Aktionspotenzialen steht. Da die Riechzellen Neurone sind, besitzen sie Axone, die die Aktionspotenziale zum Gehirn leiten.

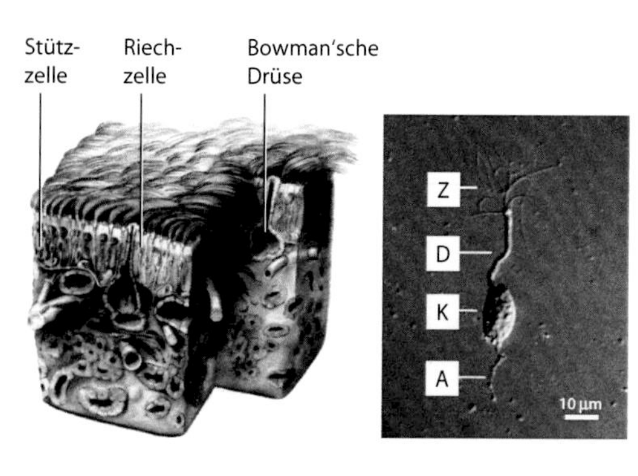

◘ **Abb. 6.3** Aufbau der Riechschleimhaut. Das Epithel wird durch eine Reihe backsteinförmiger Stützzellen zur Nasenhöhle hin abgeschlossen. Dazwischen liegen Riechzellen, deren Dendriten an der Oberfläche Riechzilien tragen. Die Axone der Riechzellen werden unter dem Epithel gebündelt und zum Riechkolben im Gehirn geleitet. Unter dem Epithel kann man außerdem Drüsen und Blutgefäße erkennen. Rechts sieht man eine isolierte Riechzelle mit Zilien (Z), Dendrit (D), Zellkörper (K) und Axon (A). Größenbalken: 10 µm. (© Mit freundlicher Genehmigung von R. Anholt und S. Kleene)

Wie reagieren die Riechzellen auf Duftstoffe? Diese Frage haben Physiologen untersucht, indem sie die Riechzellen mit Duftstoffen stimulierten, während sie gleichzeitig mit einer Mikroelektrode die Aktionspotenziale von den Axonen ableiteten. Bei diesen Studien kam zunächst etwas ganz Unverständliches heraus: Die Riechzellen reagierten zwar auf Duftstoffe, aber vielen Zellen schien es ziemlich gleich zu sein, mit welchem Duftstoff sie stimuliert wurden – sie reagierten auf fast alles (◘ Abb. 6.4). Besonders merkwürdig ist diese Beobachtung, wenn man bedenkt, mit welchen Duftstoffen hier gearbeitet wurde. So kam es vor, dass ein und dieselbe Zelle auf Amylacetat und auf Valeriansäure reagierte. Amylacetat riecht angenehm nach Banane, Valeriansäure dagegen stinkt abscheulich nach Schweiß, Urin und Ziegenbock. Wenn eine Riechzelle bei Kontakt mit zwei so unterschiedlich wahrgenommenen Substanzen gleich reagiert und dann auch noch bei vielen anderen Duftstoffen das gleiche Signal erzeugt, wie soll das Gehirn diese Sinnesinformation auswerten? Die Nachricht, die von dieser Riechzelle ans Gehirn geschickt wird, heißt in etwa: „Ich rieche hier etwas, aber ich habe keine Ahnung, um welchen Duftstoff es sich handelt." Die meisten Riechzellen verhalten sich so, und diese ahnungslosen Zellen – man bezeichnet sie als unselektiv – haben den Riechforschern viel Kopfzerbrechen bereitet. Welchen Nutzen hat denn eine Sinneszelle, die so ungenau ist? Und wie kann es sein, dass das Riechsystem so ungeheuer genau ist, wo es doch mit Sinneszellen arbeitet, die nicht einmal zwischen Bananenduft und Bockgestank unterscheiden können?

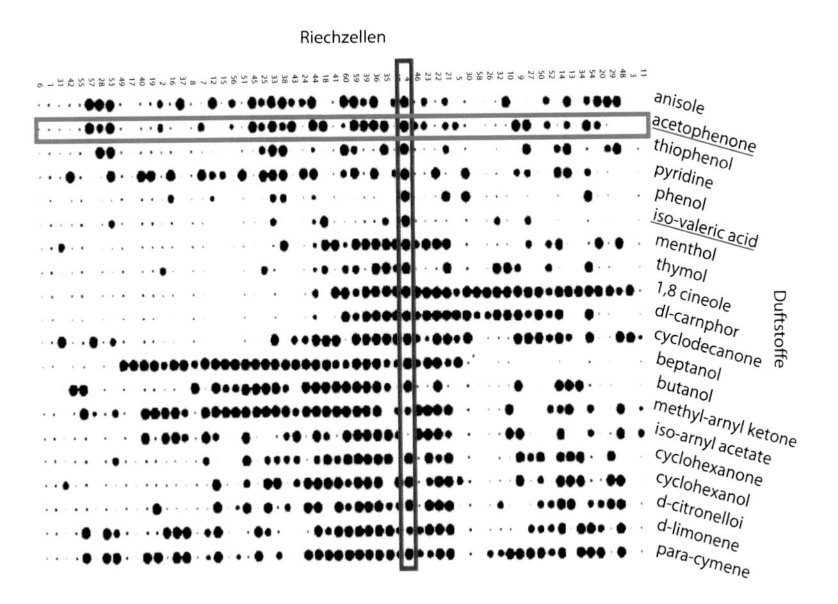

◘ **Abb. 6.4** Codierung von Geruchsinformation. Das Bild zeigt, wie stark Riechzellen auf unterschiedliche Geruchsstoffe reagieren. 60 Riechzellen wurden mit jeweils 20 Duftstoffen stimuliert. Jede Zelle hat eine Nummer (*oben*), die Namen der Duftstoffe sind rechts angegeben. Die Größe der Punkte symbolisiert die Intensität der Reaktion. Der rote Rahmen zeigt die Reaktion von Zelle 4 auf die 20 Duftstoffe: Sie reagiert auf alle außer iso-Amylacetat (einen Bananenduft). Tatsächlich reagiert Zelle 4 gleich stark auf einen angenehmen Blütenduft (Acetophenon) und auf einen widerlichen Bockgestank (iso-Valeriansäure). Sie liefert also keine konkrete Information über die Qualität des Geruchs an das Gehirn. Die meisten Zellen reagieren auf viele Duftstoffe – sind also recht unspezifisch. Ausnahmen sind Zelle 58 und Zelle 11. Zelle 58 reagiert nur auf Cineol und auf Kampfer, beides eukalyptusähnliche Duftstoffe, und Zelle 11 reagiert nur auf den Bananenduft iso-Amylacetat. Da die meisten Zellen unspezifisch reagieren, können sie keine präzise Geruchsinformation an das Gehirn leiten. Das Gehirn gewinnt jedoch präzise Information, indem es die Aktivitäten aller Riechzellen vergleicht (blauer Rahmen). Jeder Duftstoff erzeugt bei den 60 Zellen ein einzigartiges Aktivitätsmuster und kann somit eindeutig identifiziert werden. (© Mit freundlicher Genehmigung von G. Sicard)

Eine Lösung dieser Frage wurde möglich, als die Riechforscher Linda Buck und Richard Axel in Riechzellen eine Proteinfamilie entdeckten, die zwei lebenswichtige Aufgaben erfüllt: Zum einen detektiert sie Duftstoffe in der Atemluft, zum anderen hilft sie dabei, Nase und Gehirn richtig zu verkabeln. Diese Duftstoffrezeptoren sorgen letztlich dafür, dass aus dem Chaos der ungenauen Riechzellinformation ein ordentliches, präzise auswertbares Signal entsteht. Für die Entdeckung dieser einzigartigen Proteinfamilie wurden die beiden Forscher im Jahr 2004 mit dem Nobelpreis ausgezeichnet (▶ Box 6.1). Das auffälligste an dieser Proteinfamilie war zunächst ihre Größe: Etwa 900 Gene für unterschiedliche Duftstoffrezeptoren gibt es beim Hund, gar 1300 sind es bei der Maus. Bei uns Menschen wird das Geruchssystem von knapp 400 Duftstoffrezeptoren gebildet. Die Duftstoffrezeptoren werden von der bei Weitem größten aller Genfamilien gebildet. Fast alle Chromosomen tragen Gene für diese Rezeptoren (◘ Abb. 6.5). Man kann sagen, das Genom der Säugetiere, das insgesamt über etwa 25.000 bis 30.000 Gene verfügt, ist übersät mit Genen, die für Duftstoffrezeptoren codieren. Diese Rezeptoren sind alle ähnlich gebaut, weisen aber subtile Unterschiede auf, die wohl einen gewissen Grad von Selektivität, Unterscheidungsfähigkeit zwischen unterschiedlichen Duftstoffen, ermöglichen. Tatsächlich hat die Untersuchung dieser Proteine bis heute noch

Box 6.1 Durch das Mikroskop betrachtet: Die Entdeckung der Duftstoffrezeptoren

Die Frage, wie Riechzellen durch Duftstoffe stimuliert werden können, hat die Riechwissenschaftler bereits viele Jahre lang beschäftigt, als in den 1980er-Jahren zwei israelische Forscher die entscheidende Entdeckung machten. Umberto Pace und Doron Lancet hatten sensorische Zilien von Riechzellen isoliert und fanden heraus, dass das Zilienmaterial auf Duftstoffe mit der Bildung des Botenstoffs cAMP (zyklisches Adenosinmonophosphat) reagierte. Allerdings funktionierte diese Reaktion nur in Gegenwart von GTP (Guanosintriphosphat). Diese Beobachtung konnte dadurch erklärt werden, dass die Duftstoffe einen G-Protein-gekoppelten Rezeptor aktivieren, der seinerseits durch ein GTP-bindendes Signalübermittlungsprotein (G-Protein) das Enzym Adenylatzyklase aktiviert. Die Adenylatzyklase synthetisiert cAMP, und dieses kontrolliert eine Vielzahl zellulärer Prozesse. Die Signalkaskade, die man in Riechzellen findet, werden wir in ► Abschn. 6.5 behandeln, mehr über G-Protein-gekoppelte Rezeptoren und den sekundären Botenstoff cAMP finden Sie in ► Box 4.1.

Isolierte Riechzilien reagieren auf Stimulation mit Duftstoffen mit der Bildung von cAMP (mittlere Kurve in ◘ Abb. 6.6). Mit steigender Duftstoffkonzentration steigt auch die Menge an gebildetem cAMP an. Diese cAMP-Synthese benötigt aber GTP; ohne GTP reagieren die Zilien nicht (untere Kurve). Dieser Befund weist darauf hin, dass G-Protein-gekoppelte Rezeptoren an der Riechreaktion beteiligt sind, denn diese Rezeptoren benötigen GTP-bindende Signalproteine, um ihre Wirkung in der Zelle zu entfalten. Wenn man diese Signalproteine direkt aktiviert (mit GTPγS, obere Kurve), funktionieren sie auch ohne Rezeptor. Die Menge an gebildetem cAMP hängt dann nicht mehr von der Anwesenheit eines Duftstoffes ab. Diese Experimente zeigten, dass G-Protein-gekoppelte Rezeptoren in den Zilien von Riechzellen am Riechvorgang beteiligt sind.

Linda Buck und Richard Axel suchten nach solchen Duftstoffrezeptoren und wurden 1991 fündig. Sie fanden heraus, dass sich im Genom der Maus eine riesige Genfamilie befindet, die über 1000 unterschiedliche Duftstoffrezeptoren codiert. Jede einzelne Riechzelle verwendet aber nur einen dieser vielen Rezeptortypen und erreicht dadurch eine gewisse Selektivität. Diese Entdeckung war der Durchbruch zur modernen Riechforschung. Es wurde nun möglich, die molekularen Vorgänge bei der Verarbeitung des sensorischen Signals in den Riechzilien genau zu untersuchen. Und es wurde möglich, die Codierung der Geruchsinformation im Riechsystem zu verstehen und die Frage zu untersuchen, wie die Eigenheiten eines Aromas, das sich aus Hunderten von unterschiedlichen Duftstoffen zusammensetzt, im Gehirn erkannt, gelernt und wiedererkannt werden können. Wegen der grundlegenden Bedeutung ihrer Arbeiten für die Riechforschung wurden Linda Buck und Richard Axel im Jahr 2004 mit dem Nobelpreis ausgezeichnet (◘ Abb. 6.7).

keinen Rezeptor zutage gefördert, der nur auf einen einzigen Duftstoff reagiert. Manchmal zeigen die Rezeptoren eine Vorliebe für eine Gruppe von Substanzen; auf diese reagieren sie dann am empfindlichsten. Gibt man aber andere Duftstoffe in höheren Konzentrationen, reagieren sie auch auf diese. Bei den Duftstoffrezeptoren finden wir also die gleiche Ungenauigkeit wie bei den Riechzellen. Und dies ist kein Wunder, denn jede Riechzelle trägt in ihren Zilien nur einen einzigen Typ Duftstoffrezeptor – ihre Reaktion spiegelt damit direkt die Eigenschaften ihres eigenen Rezeptors wider.

Bis heute ist es nicht ganz geklärt, durch welchen Vorgang die Riechzelle sich genau eines der vielen Rezeptorgene aussucht und mithilfe dieses Gens ihren eigenen Rezeptor – und nur den! – herstellt. Sicher ist aber, dass diese Wahl schicksalhaft für die Riechzelle ist. Denn ihr Rezeptor entscheidet nicht nur darüber, welche Duftstoffe sie am besten erkennen kann, sondern er legt auch fest, wo das Axon der Riechzelle im Gehirn die Information abliefern muss. Wir werden sehen, dass diese zweite Funktion des Duftstoffrezeptors nicht weniger wichtig ist als die Detektion des Duftstoffes. Sie ist die einzige Möglichkeit, aus dem Geplapper von Millionen einzelner Zellen, das im Gehirn ankommt, eine genaue Information über einen Geruch zu gewinnen. Der Trick dabei ist, die

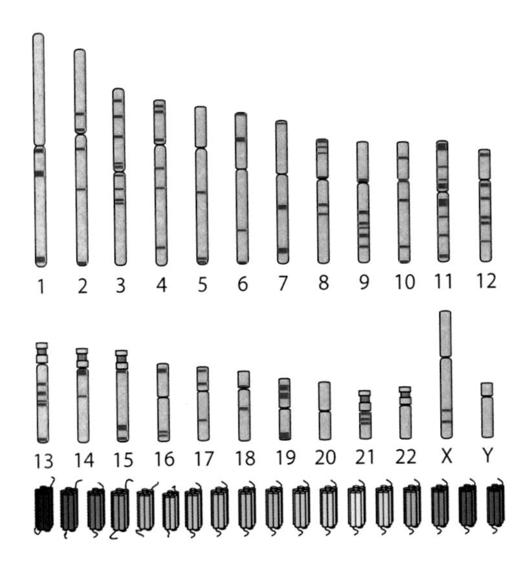

Abb. 6.5 Das olfaktorische Genom. Gene, die für Duftstoffrezeptoren codieren, sind auf fast allen menschlichen Chromosomen zu finden (rote Banden). Insgesamt haben wir etwa 400 Duftstoffrezeptoren, die sich strukturell sehr ähnlich sind. (© Stephan Frings, Universität Heidelberg)

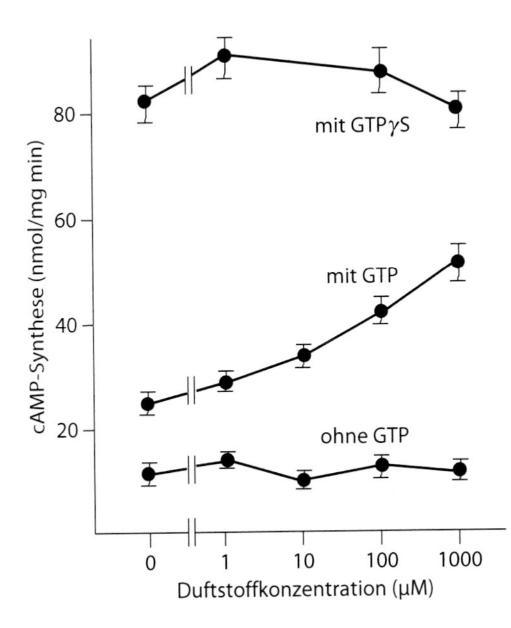

Abb. 6.6 Isolierte Riechzilien reagieren auf Stimulation mit Duftstoffen mit der Bildung von cAMP. Diese cAMP-Synthese ist abhängig von GTP. Das zeigt, dass G-Protein-gekoppelte Rezeptoren an der Riechreaktion beteiligt sind. Wenn man diese Signalproteine direkt aktiviert (mit GTPγS), funktionieren sie auch ohne Rezeptor. (© Stephan Frings, Universität Heidelberg, modifiziert nach Pace et al. (1985))

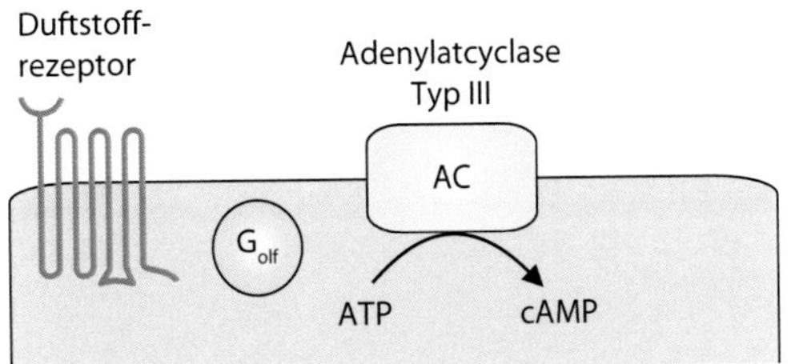

Abb. 6.7 Duftstoffrezeptoren in der Zilienmembran von Riechzellen. Die von Buck und Axel entdeckten Duftstoffrezeptoren befinden sich in der Zilienmembran, in die sie mit sieben helixförmigen Abschnitten eingelagert sind. Wenn ein Duftstoff an ein solches Protein bindet, wird der Rezeptor aktiviert und damit in die Lage versetzt, ein GTP-bindendes Signalprotein (G_{olf}) auf der Zellinnenseite zu binden. G_{olf} aktiviert dann das Enzym Adenylatzyklase, und der intrazelluläre Botenstoff cAMP wird synthetisiert. (© Stephan Frings, Universität Heidelberg)

Axone aller Riechzellen, die denselben Rezeptortyp tragen, an gemeinsamen Stellen im Gehirn zusammenzuführen. Für die meisten Rezeptoren sind diese Stellen je zwei kleine Knäuel von Nervenfasern (Glomeruli) in jedem der beiden Riechkolben. Je ein Riechkolben pro Nasenloch dient als erste Station der Verarbeitung von Riechinformation im Gehirn (Abb. 6.8). Eine kurze Überschlagsrechnung: Beim Hund haben wir 100 Mio. Riechzellen und fast 1000 Riechrezeptortypen. Wir haben es also mit 1000 Gruppen von Riechzellen zu tun – jede mit ihrem eigenen Rezeptortyp und jede mit ungefähr 100.000 einzelnen Riechzellen. Die Axone dieser 100.000 Zellen werden auf vier Glomeruli geführt, sodass jeder einzelne Glomerulus 25.000 Axone aufnehmen muss. Im Inneren der Glomeruli bilden die Axone ihre Synapsen mit wenigen Gehirnneuronen – das Signal ist im Gehirn angekommen (▶ Box 6.2).

Aber das Signal hat sich auch entscheidend verändert. Stellen Sie sich vor, Sie säßen an derjenigen Instanz im Gehirn, die die Aktivität der beiden Riechkolben auslesen und interpretieren muss. Die Arbeit dieser Instanz ist durch die ordnende Wirkung der Duftstoffrezeptoren schon viel leichter geworden. Es müssen nicht mehr 100 Mio. plappernde Riechzellen einzeln ausgelesen werden, sondern nur noch 4000 Glomeruli – wobei jeder Glomerulus

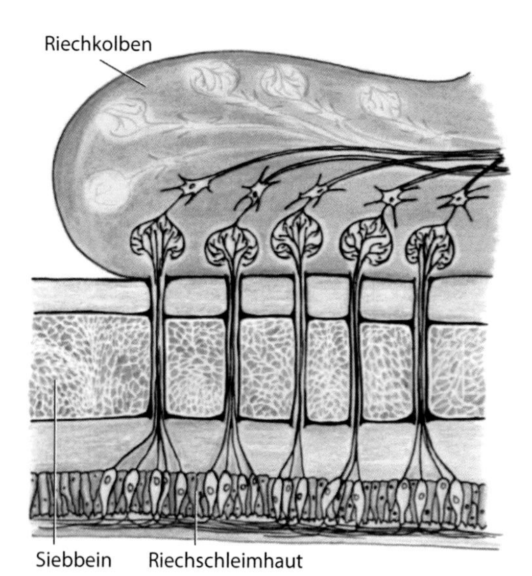

Abb. 6.8 Die Verbindung von Nase und Gehirn. Riechzellen befinden sich im Riechepithel an der Decke der Nasenhöhle, wo sie ihre sensorischen Zilien der Atemluft aussetzen. Ihre Axone verlaufen durch eine perforierte Knochenplatte, das Siebbein, ins Gehirn. Dort sortieren sich die Axone nach dem jeweils vorhandenen Duftstoffrezeptor und sammeln sich zu Hunderten oder Tausenden in jeweils einem der Glomeruli des Riechkolbens. Mitralzellen übernehmen das Signal dieser Axone und leiten die Geruchsinformation zu weiteren Verarbeitungszentren im Gehirn. (© Michal Rössler, Universität Heidelberg)

für einen bestimmten Duftstoffrezeptor steht. Im Prinzip sieht sich diese Instanz ein Bild an, ein Bild mit 4000 Punkten. Dies ist durchaus zu bewältigen – ein Computerbildschirm hat schließlich 0,8 bis 1,8 Mio. Bildpunkte und kann von unserem visuellen System mit einem Blick erfasst werden. Die 4000 Glomeruli bilden eine Art grafische Abbildung dessen, was sich in der Nase an Duftstoffen aufhält – eine Geruchsbild. Man kann sich dieses Bild wie ein impressionistisches Gemälde vorstellen, schnell und mit vergleichsweise groben Strichen gemalt. Jeder einzelne Strich stellt, für sich betrachtet, kaum etwas Erkennbares dar. Aber im Gesamteindruck sieht man seine Bedeutung; der Gesamteindruck ist ganz deutlich und zeigt uns eine Landschaft mit vielen Details (Abb. 6.11) – so auch das Geruchsbild, das sich aus den mehr oder weniger starken Aktivitäten aller 4000 Glomeruli zusammensetzt: Die Aktivität eines einzelnen Glomerulus mag nicht mehr bedeuten als „Bananenduft oder Bockgestank". Aber das ganze Bild, zusammengesetzt aus den mehr oder weniger starken Reaktionen Hunderter unterschiedlicher Glomeruli, vermittelt einen präzisen Eindruck und identifiziert einen Geruch sehr genau. Dies ist die besondere Leistung dessen, was die Sin-

Box 6.2 Exkursion: Die Entstehung von Geruchsbildern

Jede Riechzelle wählt aus dem riesigen Repertoire von Duftstoffrezeptoren nur einen einzigen Typ aus. Dieser Rezeptor dient der Zelle einerseits zur Erkennung von Duftstoffen, andererseits aber auch dazu, ihr Axon zur richtigen Kontaktstelle im Riechkolben zu schicken. Riechzellen mit gleichem Duftstoffrezeptor leiten ihre Axone zu gemeinsamen Kontaktpunkten, den Glomeruli im Riechkolben des Gehirns. Dadurch wird die Geruchsinformation räumlich geordnet – ein Vorgang, dessen molekulare Grundlagen bis heute nicht genau verstanden sind. Auf jeden Fall kann man sehr deutlich zeigen, wie sich die verwandten Axone sammeln.

Da jeder Glomerulus nur Axone von Riechzellen empfängt, die den gleichen Rezeptortyp verwenden, entsteht im Riechkolben ein Mosaik aus Glomeruli, die jeweils unterschiedlichen Duftstoffrezeptoren zugeordnet sind. Gelangt ein bestimmter Duftstoff in die Nasenhöhle, werden die Riechzellen stimuliert, deren Rezeptortyp eine passende Bindungstasche für den Duftstoff besitzt. Diese Riechzellen innervieren „ihre" Glomeruli. Dadurch entsteht ein bestimmtes Aktivitätsmuster im Riechkolben, das für einen bestimmten Duftstoff charakteristisch ist. Unterschiedliche Duftstoffe erzeugen unterschiedliche Geruchsbilder im Riechkolben. Jede der weiterführenden Mitralzellen erhält ihre Signale nur aus *einem* Glomerulus – und ist damit auch rezeptorspezifisch. Es gibt aber verschiedene Querverbindungen, sowohl zwischen den einzelnen Glomeruli (durch periglomeruläre Zellen) als auch zwischen Mitralzellen (durch Körnerzellen). Diese Querverbindungen helfen dabei, das Aktivitätsmuster möglichst deutlich zu machen; sie geben dem Geruchsbild im Riechkolben zusätzlichen „Kontrast". Die Mitralzellen schließlich leiten die vorverarbeitete Information weiter an die nächste Station im Gehirn, die Riechrinde (Abb. 6.9 und 6.10).

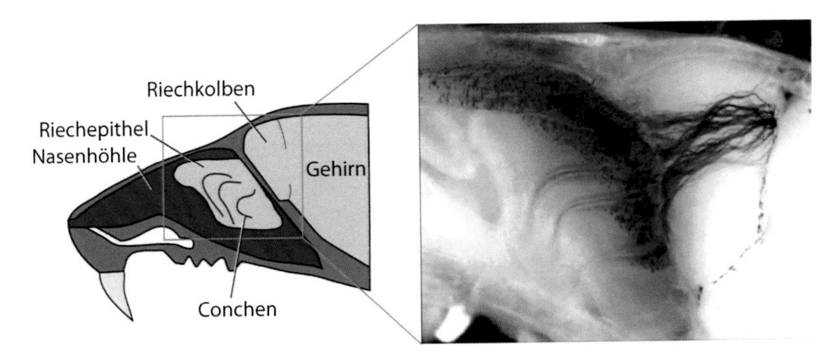

Abb. 6.9 Riechzellen, die den gleichen Duftstoffrezeptor besitzen, schicken ihre Axone zum gleichen Verschaltungspunkt im Gehirn – einem Glomerulus im Riechkolben. Hier sind alle Riechzellen, die einen bestimmten Rezeptor ausbilden, durch einen genetischen Eingriff blau gefärbt. Obwohl sie über das ganze Riechepithel verteilt sind, münden ihre Axone alle an demselben Punkt. (© Mit freundlicher Genehmigung von T. Bozza)

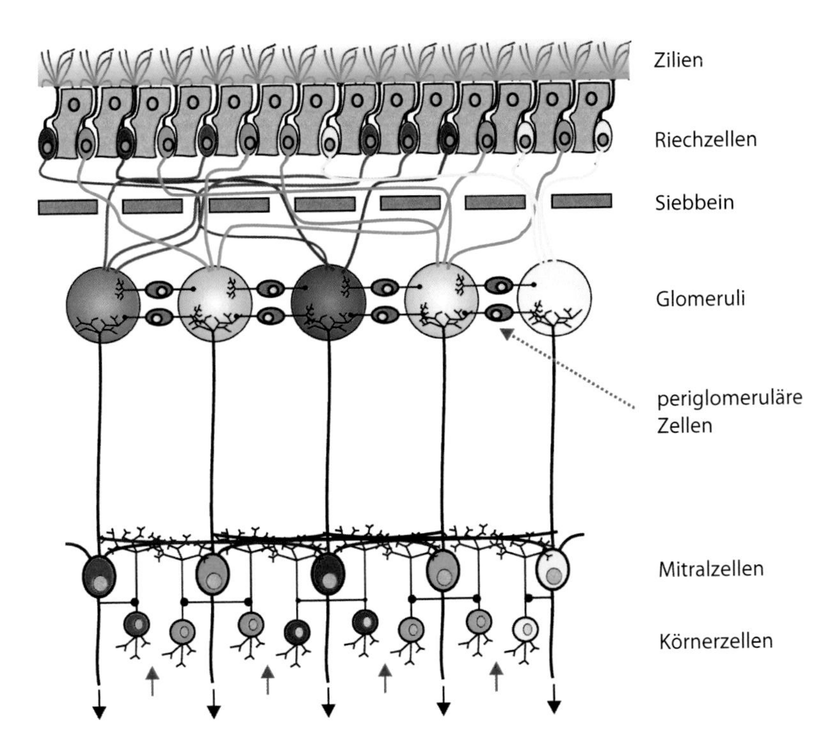

Abb. 6.10 Das Prinzip der Verkabelung im Riechsystem wird von den Duftstoffrezeptoren vorgegeben. Hier ist jeder Rezeptortyp durch eine Farbe symbolisiert. Riechzellen, die den gleichen Rezeptortyp besitzen, schicken ihre Axone zu ein und demselben Glomerulus im Riechkolben. Der wiederum versorgt eine Mitralzelle mit der Information, die mithilfe *eines* Rezeptortyps in der Nase eingesammelt worden ist. Jede Mitralzelle gibt auf diese Weise rezeptorspezifische Signale an die nächste Verarbeitungsstelle im Gehirn weiter. Quer vernetzende Interneurone machen die Geruchssignale klarer und für das Gehirn besser auswertbar. (© Stephan Frings, Universität Heidelberg)

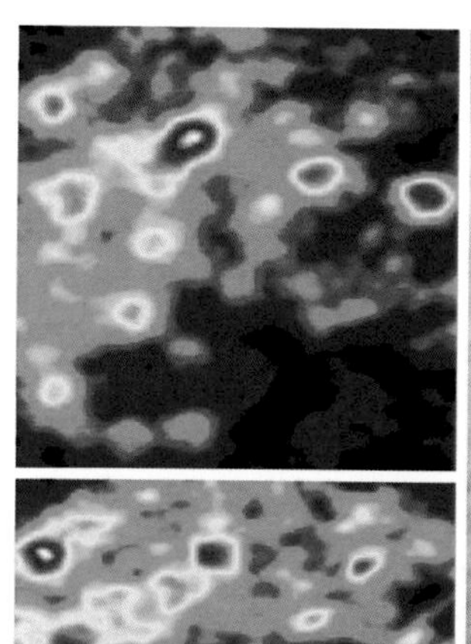

Abb. 6.11 Musteranalyse im Riechsystem. Links ist mit einer sogenannten Imaging-Methode die Aktivität von Glomeruli im Riechkolben einer Maus dargestellt. Die Abbildung oben zeigt die Aktivität beim Riechen von Hexanon (Traubenduft), die untere beim Riechen von Benzaldehyd (Mandelduft). Die farbigen Flecken zeigen die Lage der einzelnen Glomeruli. Stärkere Aktivität wird durch wärmere Farbtöne symbolisiert. Die beiden Duftstoffe erzeugen unterschiedliche Aktivitätsmuster, obwohl eine Reihe von Glomeruli von beiden Duftstoffen aktiviert wird. Da viele Glomeruli auf beide Duftstoffe reagieren, kann die Geruchsinformation nicht aus dem Verhalten einzelner Glomeruli gewonnen werden. Diese Information ist im Aktivitätsmuster aller Glomeruli enthalten. Wie in dem Bild von Auguste Renoir (*Die Winzer*, 1879) enthält ein einzelner Pinselstrich keine Information. Das Gesamtmuster aller Pinselstriche dagegen vermittelt eine präzise Information: eine Sommerlandschaft mit Menschen, Häusern und Bäumen. Die Aktivitätsmuster im Riechsystem ähneln in gewisser Weise einem impressionistischen Gemälde. (Links: © mit freundlicher Genehmigung von R. Friedrich; rechts: © mit freundlicher Genehmigung der National Gallery of Art, Washington, DC, USA)

nesphysiologen Musteranalyse nennen. Durch die gleichzeitige Auswertung von 1000 ungenauen Detektoren kann eine präzise Information gewonnen werden. Das Geruchsbild kann an allen 4000 Stellen feine Unterschiede zeigen, Nuancen in der Intensität oder im Zeitverlauf der Aktivität einzelner Glomeruli. Der Gesamteindruck ist einzigartig: Die einzelne Riechzelle plappert, aber das Geruchsbild ist konkret.

6.3 Im Gehirn entstehen Geruchsbilder

Was geht also im Gehirn unseres Spürhundes vor, wenn er einer Fährte folgt? Zunächst einmal bekommt er eine Geruchsprobe von dem Mann, dessen Fährte er folgen soll – vielleicht ein Kleidungsstück. Diese Probe erzeugt in seinen Riechkolben ein Geruchsbild, und der Hund ist in der Lage, sich dieses Bild einzuprägen – vielleicht so, wie wir uns ein Gemälde einprägen können. Während er der Fährte folgt, taucht dieses Bild in seinen Riechkolben immer wieder kurz auf, zwischen den zahllosen anderen Geruchsbildern, die der Gehweg für ihn bereithält. Vielleicht ist es für ihn so wie für uns ein Gang durch ein Museum auf der Suche nach einem bestimmten Gemälde. Unser Blick streift teilnahmslos über all die anderen Bilder hinweg. Aber wir erkennen sofort und mühelos dasjenige Bild, das wir suchen – es fesselt unseren Blick. Genauso erkennt der Hund das gesuchte Geruchsbild und kann immer die Stellen aufsuchen, an denen das Bild für ihn am stärksten ist – unmittelbar an der Spur des Mannes. Wenn er der Fährte in die richtige Richtung folgt, wird das Geruchsbild immer klarer, es stimmt immer besser überein mit dem Bild, das die Geruchsprobe bei ihm ausgelöst hat. Das Bild wird schärfer und kann immer besser von den anderen, schnell wechselnden Bildern unterschieden werden. Und schließlich nimmt er das Bild in allen Details wahr – es ist eindeutig und deutlich: Er hat den Mann gefunden.

Beim Spürhund geht es also letztlich um den Abgleich eines erinnerten Geruchsbildes mit dem aktuellen Aktivitätsmuster der Glomeruli in den Riechkolben. Es erfordert einen Lernvorgang: Ein Geruchsbild muss dem Gedächtnis eingeprägt, es muss gelernt werden. Die Fähigkeit unseres Gehirns für das Erinnern von Gerüchen ist ähnlich bemerkenswert wie unsere Fähigkeit, visuelle Eindrücke im Gedächtnis abzuspeichern und abzurufen. Es gelingt uns, sowohl olfaktorische als auch visuelle Erinnerungen zu vergegenwärtigen, wenn wir an besonders eindrückliche, weit zurückliegende Szenen unseres Lebens denken. Unsere Riecherfahrung hinterlässt tiefe Spuren in unserem Gedächtnis, und wir können Orte anhand ihres Geruchs wiedererkennen, auch wenn sich ihr Aussehen verändert hat. Besonders gut verankert sind Riecherinnerungen, wenn sie mit starken Emotionen verbunden sind. Bei Menschen, die infolge einer Muschelvergiftung schwere Übelkeit erlitten haben, kann der Duft einer Muschelsuppe heftige Abwehrreaktionen auslösen – auch noch Jahre nach der Vergiftung. Solche Assoziationen von Riecherlebnis und einem riechenden Objekt sind vermutlich lebensnotwendig für Wasser- und Landtiere, denn sie erkunden ihre Lebensumwelt vor allem mit der Nase und schaffen sich ihren Erfahrungsschatz hauptsächlich in ihrem ständig wachsenden Riechgedächtnis. Die Bildung des Riechgedächtnisses beginnt schon vor der Geburt, da die heranwachsenden Föten bereits im Mutterleib mit mütterlichen Duftstoffen – dargeboten im Fruchtwasser – in Kontakt kommen. Vermutlich sind die pränatal gelernten Geruchsbilder wichtig für das Ausführen duftgelenkter Verhaltensmuster in den ersten Tagen nach der Geburt, beispielsweise die Suche nach den Milchdrüsen – die erste Fährtensuche der Säugetiere (◘ Abb. 6.12). Man kann diese mütterliche Prägung auf Leitgerüche nachweisen,

◘ **Abb. 6.12** Angeborenes Geruchsgedächtnis. Viele Nagetiere werden blind geboren. Um die Milchdrüsen der Mutter zu finden, können sie nur ihren Riechsinn einsetzen. Vermutlich lernen schon die ungeborenen Tiere, bestimmte Leitgerüche zu erkennen, die ihnen nach der Geburt den Weg zu den Milchdrüsen der Mutter weisen. (© Michal Rössler, Universität Heidelberg)

indem man einen fremden Duftstoff (z. B. den Kümmelduft Carvon) in das Fruchtwasser einer trächtigen Ratte injiziert. Die Neugeborenen des so behandelten Tieres werden auf ihrer Suche nach den Milchdrüsen einer vom Experimentator gelegten Kümmelspur entlang krabbeln und sind nicht in der Lage, den mütterlichen Geruchssignalen zu folgen.

6.4 Bleib jung! Das Riechsystem erneuert sich selbst

Riechen und das Riechgedächtnis gehören zu den frühesten und grundlegendsten Sinnesleistungen eines Tieres. Das Riechsystem wird dazu mit großem Aufwand intakt und empfindlich gehalten. Wir haben schon gesehen, dass eine außerordentlich große Genfamilie bereitsteht, um die gesamte Riechwelt mit Riechrezeptoren zu erfassen und um ein interpretierbares Geruchsbild im Riechkolben entstehen zu lassen. Darüber hinaus hat das Riechsystem eine ganz besondere Fähigkeit: die Bildung neuer Nervenzellen während des ganzen Lebens. Für fast alle Regionen des Gehirns haben wir nur einen einzigen Satz Nervenzellen, der vor der Geburt entsteht und mit dem wir ein ganzes Leben auskommen müssen. Verlieren wir Nervenzellen bei einer Gehirnverletzung oder einem Infarkt, werden diese nicht mehr ersetzt. Wir können dann nur noch darauf hoffen, dass andere, gesunde Gehirnregionen die Funktionen der verletzten Region übernehmen. Anders ist das beim Riechsystem. Unser gesamtes Leben lang fließt ein unablässiger Strom von neu gebildeten Nervenzellen in die beiden Riechkolben und wird dort in das Netzwerk eingebaut, das die Geruchsbilder von den Glomeruli abliest und analysiert. Das Netzwerk wird auf diese Weise unablässig mit frischen Neuronen versorgt und kann im Verlauf des Lebens immer bei optimaler Funktion gehalten werden. Wir verstehen heute noch nicht, warum diese ständige Frischzellenbehandlung nötig ist. Und sie ist tatsächlich sehr ungewöhnlich! Wir finden diese adulte Neurogenese – die Neuentstehung von Nervenzellen bei Erwachsenen – bisher nur in zwei Regionen des Gehirns: in den Riechkolben und im Hippocampus, einer Region, deren Aufgabe die Gedächtnisbildung ist. Riechen und Gedächtnis – zwei zentrale Leistungen, für die das Gehirn sich ständig selbst verjüngt.

Eine ebenso eindrucksvolle Verjüngung beobachten wir in der Riechschleimhaut der Nase. Hier ist die Lebenszeit der Riechzellen durch den Kontakt mit schädlichen Substanzen in der Atemluft begrenzt. Riechzellen werden nur wenige Wochen alt, dann sterben sie ab und werden vom Immunsystem entsorgt. An ihre Stelle müssen neu gebildete Neurone treten, die über die gesamte Ausrüstung einer Riechzelle verfügen: sensorische Zilien und ein Axon, das zu den richtigen Glomeruli im zuständigen Riechkolben führt. Die Riechschleimhaut verfügt dazu über Stammzellen, die sich bei Bedarf teilen, und zwar in eine weitere Stammzelle und in eine Vorläuferzelle, die sich zu einer Riechzelle entwickelt. Auf diese Weise bleibt das Reservoir an Stammzellen weitgehend konstant, und gleichzeitig kann jede abgestorbene Riechzelle durch eine frische ersetzt werden. Dieser Vorgang ist noch kaum verstanden; insbesondere weiß man nicht, durch welches Signal die Stammzellen zur Teilung veranlasst werden und wie entschieden wird, welchen Duftstoffrezeptor die neue Riechzelle herstellen wird. Eines aber ist schon recht klar: Wenn die Entscheidung für einen Duftstoffrezeptortyp gefallen ist, dann hilft dieser Rezeptor dem wachsenden Axon dabei, seinen Weg zum Riechkolben zu finden und dort seine Synapse genau im richtigen Glomerulus auszubilden. Somit ist die neue Riechzelle in der Lage, ihren Punkt zum Geruchsbild beizusteuern.

6.5 Das Riechen mit Zilien

Was aber ist die besondere Ausrüstung einer Riechzelle? Wie können die Zilien dieser Neurone Duftstoffe detektieren und dabei ein neuronales Signal erzeugen? Die Zilien enthalten Duftstoffrezeptoren eines bestimmten Typs, und verschiedene Duftstoffe können an diese Rezeptoren binden. Diese Bindung setzt zunächst eine Transduktionskaskade in Gang,

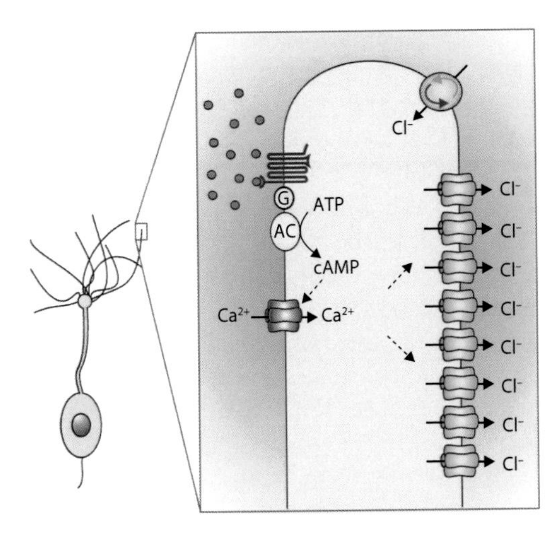

Abb. 6.13 Die Reaktion von Riechzellen auf Geruchsreize. Wenn sich Duftstoffe in der eingeatmeten Luft befinden, kommen sie in Kontakt mit den sensorischen Zilien und binden dort an Duftstoffrezeptoren (*blau*). Durch die Bindung von Duftstoff werden diese Rezeptoren angeschaltet und aktivieren ihrerseits über ein Signalprotein (G) das Enzym Adenylatzyklase (AC). Dieses Enzym synthetisiert den Botenstoff cAMP (zyklisches Adenosinmonophosphat), das wiederum Ionenkanäle öffnet, die Calciumionen in die Zilie einströmen lassen. Um die elektrische Erregung der Riechzelle auch bei schwachen Geruchsreizen auszulösen, muss eine starke Depolarisation ausgelöst werden. Dies geschieht durch calciumabhängige Chloridkanäle, die in großer Zahl in die Zilienmembran eingebaut sind. Sie leiten Chloridionen aus den Zilien heraus und sorgen damit für Depolarisation und elektrische Erregung. Chloridtransporter (beige) stellen sicher, dass immer ausreichend Chloridionen im Inneren der Zilie zur Verfügung stehen. (© Stephan Frings, Universität Heidelberg)

wie wir sie auch in anderen Sinneszellen finden (Abb. 6.13). Sie beginnt mit der Aktivierung eines G-Proteins, das seinerseits das Enzym Adenylatzyklase aktiviert. Dieses Protein sitzt in der Zilienmembran und produziert den intrazellulären Botenstoff cAMP (zyklisches Adenosinmonophosphat). Das ist ein universeller Botenstoff, der in praktisch allen Zellen dazu dient, zelluläre Signale zu übertragen. Sein Ziel ist dabei fast immer die Proteinkinase A (PKA), die die Aktivität anderer Proteine steuern kann. In der Riechzilie ist dies anders: Hier öffnet cAMP Ionenkanäle. Eingebaut in die Membran der Zilien sind diese Ionenkanäle in Kontakt mit der Außenwelt, genauer: mit der Schleimschicht, in die die Zilien eingebettet sind. Die Kanäle öffnen ihre Pore, wenn sie auf der Innenseite cAMP binden, und leiten dann Natrium- und Calciumionen aus der Schleimschicht in die Zilien hinein. So kommt es zur Depolarisation der Membran. Besonders interessant ist dabei das Calcium, denn dieses Ion ist ja selbst ein Botenstoff; und tatsächlich spielt es bei den weiteren Vorgängen in den Zilien eine zentrale Rolle. Durch die Öffnung der Ionenkanäle kommt es bei der Reaktion auf Duftstoffe neben der Depolarisation also auch zu einem Calciumsignal in den Zilien. Damit dieses Calciumsignal das elektrische Signal verstärken kann, bedarf es aber noch eines weiteren Schrittes. Calcium bindet an Chloridkanäle in der Zilienmembran und öffnet sie. Und nun passiert etwas für Nervenzellen Ungewöhnliches: Chloridionen strömen durch die geöffneten Kanäle nach außen. Durch den Verlust der negativ geladenen Chloridionen wird das Zellinnere positiver – die Riechzelle depolarisiert weiter. Dies ist deshalb ungewöhnlich, weil es bei Nervenzellen nach der Öffnung von Chloridkanälen normalerweise zu einem Einstrom von Chloridionen kommt. Die negativ geladenen Chloridionen verhindern damit eine Depolarisation (▶ Abschn. 3.6). Dies ist die Grundlage der neuronalen Inhibition im zentralen Nervensystem, und sie beruht darauf, dass Neurone selbst meist nur wenig Chlorid enthalten. Auf der Zellaußenseite ist dagegen viel Chlorid vorhanden, das durch Chloridkanäle in die Neurone fließen kann. Bei den Zilien der Riechzellen ist die Chloridverteilung aber völlig anders: Die Zilien beladen sich ständig mit Chlorid; sie nehmen Chlorid aus der Schleimschicht auf und sind im Ruhezustand – also wenn keine passenden Duftstoffe in der Atemluft vorhanden sind – vollgepumpt mit Chlorid. Öffnen sich nun Chloridkanäle, fließen Chloridionen entlang des chemischen Gradienten nach draußen. Die Membran depolarisiert, und die Zelle beginnt Aktionspotenziale zu feuern.

Allerdings feuern Riechzellen meist nur eine einzige Salve von Aktionspotenzialen, dann schweigen sie – auch wenn weiterhin passender Duftstoff vorhanden ist (Abb. 6.14).

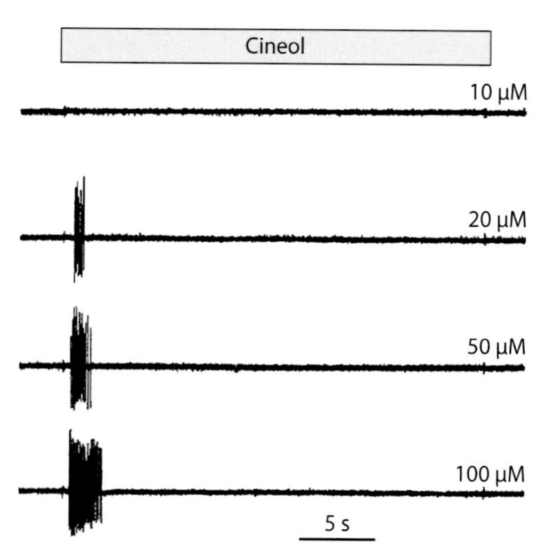

Abb. 6.14 Riechzellen reagieren nur kurz. Hier wurden die Aktionspotenziale einer Riechzelle registriert, während die Zelle von oben nach unten mit steigenden Konzentrationen des Duftstoffes Cineol stimuliert wurde. Selbst bei andauernder Stimulation – hier sind es 30 s – feuert eine Riechzelle nur für wenige Sekunden. Selbst bei hohen Duftstoffkonzentrationen hört die Reaktion nach 2–4 s auf, obwohl weiterhin Duftstoff angeboten wird. Die Zelle adaptiert. (© Mit freundlicher Genehmigung von J. Reisert)

Die Zellen adaptieren schon nach wenigen Sekunden – sie passen sich der Duftstofflage in der Nase an und hören auf zu feuern. Dies liegt daran, dass das Calciumsignal nicht nur Chloridkanäle öffnet, sondern auch Proteine aktiviert, die die Transduktionskaskade abschalten. Innerhalb weniger Sekunden werden dadurch die Duftstoffrezeptoren inaktiviert, das cAMP abgebaut und die Calciumkanäle geschlossen; die Zelle ist nicht mehr erregbar. Dies ist zunächst einmal ein Problem für das Riechsystem: Das Geruchsbild, das ja durch das Feuern der Riechzellen erzeugt wird, erscheint nur kurz und verblasst schon nach Sekunden. Wie aber kann ein Hund über längere Zeit einer Spur folgen, wenn die Riechzellen schon nach wenigen Sekunden ihren Dienst einstellen? Ganz einfach: Er muss dafür sorgen, dass seine Riechzellen wieder erregbar werden. Das geht am einfachsten, wenn er seine Nase von der Fährte entfernt und ausatmet. Wenn er dann einen Zug Luft einatmet, die keinen Fährtenduft enthält, werden die Duftstoffe aus seiner Nase herausgespült, und die Riechzellen fallen wieder in den erregbaren Grundzustand zurück. Jetzt kann er die Spur wieder aufnehmen. Um einer Fährte folgen zu können, muss der Hund also immer wieder seine Riechzellen zurückstellen, und zwar, indem er seine Nase unablässig über die Spur hin und her pendeln lässt (Abb. 6.15). Auf der Spur schnüffelt er und prüft die Intensität des Duftes (die Klarheit des Geruchsbildes), neben der Spur reinigt er seine Nase durch Ausatmen und macht seine Riechzellen wieder empfindlich. Auf diese Weise nimmt er immer nur kurz, wahrscheinlich nur für den Bruchteil einer Sekunde, den Geruch der Fährte auf, überprüft das dabei entstehende Geruchsbild und sorgt dann für eine saubere Nase. Neue Forschungsergebnisse von Mäusen haben gezeigt, dass die schnüffelnden Tiere nur etwa eine fünftel Sekunde benötigen, um Gerüche zu identifizieren und ihr Verhalten danach auszurichten. Riechen ist also ein sehr schneller, pulsartig verlaufender Vorgang, immer wieder unterbrochen von Ruheperioden, in denen die Riechzellen wieder „scharf" gestellt werden.

6.6 Pheromone organisieren das Sozialleben

Das Riechen verschafft dem Tier erst einmal einen Erkenntnisgewinn über ein Geruch verströmendes Objekt. Welches Verhalten daraus gemacht wird, ist aber vorerst offen; es können noch weitere Motivationen zur Verhaltensentscheidung beitragen, z. B. Erinnerungen an einen bestimmten Geruch und seine Bedeutung. Anders verhält es sich bei einem anderen chemischen Sinn, der Kommunikation mittels Pheromonen. Wie die Duftstoffe sind auch Pheromone zum Teil flüchtige Substanzen, die in die Nase gelangen können. Dort treffen sie auf ein spezielles Organ, das vomeronasale Organ (VNO), das auch Jacobson-Organ genannt wird. Hier werden Pheromone detektiert und können ihren Zweck erfüllen: die Übermittlung sozialer Signale zwischen Angehörigen

■ **Abb. 6.15** Fährtenlesen mit adaptierenden Riechzellen. Um sichtbar zu machen, wie der Jagdhund einer Fasanenfährte folgt, wurden an Fasan und Hund kleine Lampen befestigt. Die rote Leuchtspur zeigt den Verlauf der Fasanenfährte. Anhand der blauen Leuchtspur kann man sehen, wie der Hund der Fährte folgt. Von hinten links kommend nimmt der Hund die Fährte auf und folgt ihr in einer Art Pendelbewegung. Immer wieder entfernt er sich von der Spur. Dabei gibt er seinen Riechzellen Zeit, sich von ihrer Adaptation zu erholen, damit sie beim nächsten Kontakt mit der Duftspur wieder empfindlich reagieren können. (© Michal Rössler, Universität Heidelberg)

derselben Art. Pheromone dienen nicht dem Erkenntnisgewinn; sie lösen stereotype Verhaltensweisen aus – oft im Dienst der Arterhaltung. Welche Bedeutung haben Pheromone bei Säugetieren und welche bei uns Menschen? Am besten untersucht ist die Funktion von Pheromonen bei Nagetieren, deren Leben in vielerlei Hinsicht durch Pheromone gelenkt wird. Nagetiere nehmen Pheromone vor allem mit Körperausscheidungen von Artgenossen auf, die sie beim Schnüffeln in Kontakt mit dem VNO bringen.

Bei den Nagern befindet sich das VNO am Boden der vorderen Nasenhöhle und hat die Form eines nach vorn offenen Schlauches. ■ Abb. 6.16 zeigt einen histologischen Schnitt durch den unteren Teil der Nasenhöhle eines Nagers. Man erkennt die verschiedenen Komponenten des quer angeschnittenen VNOs: den flüssigkeitsgefüllten Hohlraum, eine Vene sowie ein Sinnesepithel. Indem die Vene abwechselnd an- und abschwillt, entsteht ein Pumpmechanismus, der Pheromone in das Organ transportiert. Zellbiologische Untersuchungen haben gezeigt, dass das Sinnesepithel zweischichtig angelegt ist: Eine innere Schicht enthält sensorische Neurone, die vomeronasale Pheromonrezeptoren der Familie V1R besitzen und damit eine Reihe unterschiedlicher im Urin gelöster Pheromone detektieren können. Die Neurone der äußeren Schicht tragen V2R-Rezeptoren, und mit ihrer Hilfe detektieren Tiere Pheromone, die ihnen den Verwandtschaftsgrad von Artgenossen vermitteln. Die Signalwandlung erfolgt bei den pheromondetektierenden Zellen ganz anders als bei den Riechzellen, die wir schon kennen gelernt haben. Bei der Pheromondetektion spielt das cAMP keine Rolle als Botenstoff, und am Ende der Signalkette steht kein CNG (zyklisch-

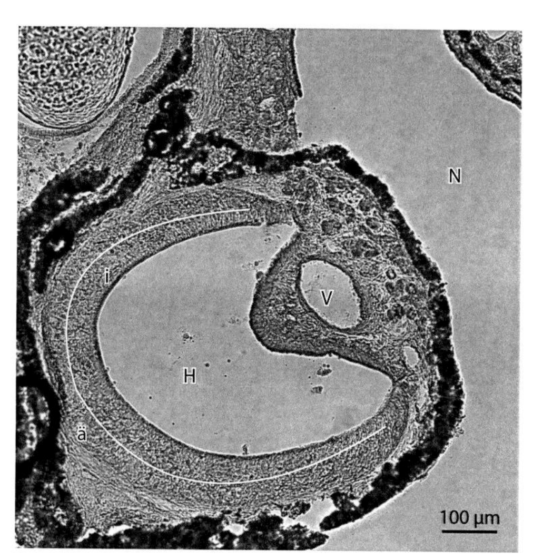

Abb. 6.16 Im quer angeschnittenen Vomeronasalorgan (VNO) erkennt man den flüssigkeitsgefüllten Hohlraum (H), das zweischichtige Sinnesepithel (*i* innere Schicht, *ä* äußere Schicht) sowie die Vene (V), die als „Pumpe" dient. Das VNO ist vom Rest der Nasenhöhle (N) abgeschlossen. (© Frank Müller, Forschungszentrum Jülich)

Abb. 6.17 Ein Koalaweibchen (Vordergrund) durchbricht mithilfe von Pheromonen die auf Revierinstinkten beruhende Aggression eines Männchens (*Hintergrund*). Durch Pheromone betört, vergisst das Männchen seine Angst vor Spaziergängen über den Waldboden und macht sich auf zur Paarung. (© Michal Rössler, Universität Heidelberg)

Nukleotid-gesteuerter)-Kanal, sondern der Ionenkanal TRPC2 aus der Familie der TRP-Ionenkanäle. Dieser großen Kanalfamilie sind wir bereits in ► Kap. 5 begegnet, und wir werden sie in späteren Kapiteln immer wieder antreffen. Die sensorischen Zellen des VNOs schicken ihre Axone in den akzessorischen Riechkolben, einem Schaltzentrum für die Verarbeitung von Pheromonsignalen, das ähnlich wie die eigentlichen Riechkolben Glomeruli aufweist. Von dort aus laufen die Signale geradewegs in das limbische System, das Emotionen und Verhalten kontrolliert, und zwar vor allem in den Hypothalamus. Der Hypothalamus ist die oberste Instanz für die hormonelle Steuerung des Körpers. Dieser direkte Zugriff des Pheromonsystems auf den Hypothalamus macht deutlich, wobei es bei Pheromonsignalen geht: um die unmittelbare Kontrolle eines anderen Individuums, über seine Hormone und damit über seine Motivation.

Pheromone stehen meist im Dienst der Fortpflanzung; sie sind Signale der Arterhaltung. Nicht selten sind bestimmte Verhaltensweisen zwar der Arterhaltung förderlich, gleichzeitig der Selbsterhaltung aber abträglich. Ein Tier mag zum Zweck der Selbsterhaltung sein Revier gegen Artgenossen verteidigen, zur Fortpflanzung aber muss es mindestens einem Artgenossen Zugang gewähren, ansonsten kommt es nicht zur Befruchtung. Pheromone können dabei helfen, denn sie lösen stärkere Instinkte aus als die Motivationen der Selbsterhaltung. So sorgen Pheromone, die Säugetierweibchen vor dem Eisprung freisetzen, dafür, dass sowohl die Weibchen selbst wie auch die Männchen ihr normales Verhalten dahingehend ändern, dass es zur Befruchtung kommt.

Schauen wir uns als Beispiel den Koala an (■ Abb. 6.17). Koalas stecken in einer Sackgasse der Evolution – sie haben ihre Diät auf die Blätter einiger Eukalyptusbäume reduziert. Diese Blätter sind äußerst schwer verdaulich, und die Tiere sitzen den größten Teil des Tages reglos in ihren Bäumen und verdauen ihre schwierige Kost. Interessant wird es, wenn man zwei wilde Koalas zusammenbringt. Dann gehen sie aufeinander los, kratzen und beißen, spucken und fauchen … – ein Zeichen von starkem Revierverhalten. Koalas dulden keine anderen

Abb. 6.18 Die Bedeutung von Pheromonen und dem vomeronasalen Organ. Wenn ein Hamsterweibchen empfangsbereit ist, setzt es ein bestimmtes Pheromon frei. Ein Hamstermännchen wird zu dem Weibchen gelockt, indem es der Pheromonspur folgt. Um zu wissen, wie es sich verhalten soll, benötigt das Männchen weitere Pheromonsignale. Es schnuppert das Weibchen gründlich ab und bekommt schließlich das Pheromon Aphrodisin in die Nase, ein Bestandteil des Vaginalsekrets des Weibchens. Innerhalb der Nasenhöhle gelangt Aphrodisin in das vomeronasale Organ und aktiviert dort Neurone, die über den akzessorischen Riechkolben das limbische System des Männchens erreichen. Dort wird ein stereotypes Kopulationsverhalten ausgelöst, das den Erhalt der Art sichert. (© Michal Rössler, Universität Heidelberg)

Koalas in ihrem Revier. Wie aber können sie sich fortpflanzen, wenn sie einander so sehr hassen? Da kommen die Pheromone ins Spiel. Denn einmal im Jahr produziert das Weibchen Pheromone, die mit dem Wind durch den Eukalyptuswald verweht werden und irgendwo ein Männchen erreichen. Dieser Koalamann vergisst unter dem Einfluss des Pheromons sein Standardverhalten (auf dem Baum sitzen und Blätter verdauen) und tut Dinge, die er normalerweise nicht freiwillig tut: Er steigt vom Baum herunter und läuft über den Waldboden bis in das Revier des Weibchen. Dort klettert er an dem Baum empor, auf dem oben das duftende Weibchen sitzt. Obwohl das Weibchen ihn mit Fauchen und Kratzen empfängt, gelingt es ihm, eine Kurzkopulation auszuführen, bevor er sich wieder davonmacht in sein ruhiges und sicheres Revier. Ein solches Abenteuer ist so ganz und gar mit der Lebensweise eines Koalas unvereinbar, dass es von allein niemals stattfinden würde. Aus eigenem Antrieb würde kein Koalamann so etwas tun. Und das ist genau der Punkt: Er muss gezwungen werden! Im Dienst der Arterhaltung müssen seine Selbsterhaltungsinstinkte überwunden werden. Arterhaltung ist wichtiger als Selbsterhaltung, und das Werkzeug der Arterhaltung ist das Pheromon.

Pheromonabhängige Verhaltensmuster sind stereotyp, sie verlaufen immer gleich; sie sind charakteristisch für eine Tierart und können kaum individuell variiert werden. Bei Hamstern, eigentlich solitär lebenden Nagetieren, kennt man die Wirkung von Pheromonen schon recht genau: Wenn das empfangsbereite Weibchen Spuren des Pheromons Dimethylsulfid auf dem Feld hinterlässt, werden Männchen dieser Spur folgen und das Weibchen aufsuchen. Beim Treffen der beiden verfällt das Weibchen in eine Duldungsstarre und lässt sich ausgiebig beschnüffeln (Abb. 6.18). Schließlich kommt das Männchen in Kontakt mit dem

Pheromon Aphrodisin im Vaginalsekret, und dieses Signal löst die Kopulation aus. Wie kleine Maschinchen wird das Hamsterpaar mithilfe chemischer Signale durch die Sequenz der Paarung geleitet – ein genetisch fixiertes, über viele Generationen hinweg konstantes Verhaltensmuster.

Für manche Menschen hat die Frage, ob es pheromongesteuertes Verhalten beim Menschen gibt, eine erstaunliche Faszination. Und die Vorstellung, dass eine chemische Substanz mit Männern oder Frauen etwas Ähnliches anstellt wie Dimethylsulfid und Aphrodisin mit Hamstern, ist gruselig und reizt zu Spekulationen. Aus physiologischer Sicht gibt es aber keinen Anlass, echte Pheromonkontrolle beim Menschen zu erwarten. Die Wirkungen von pheromonartigen Substanzen auf Menschen sind außerordentlich subtil, betreffen selbst in extremen Fällen nur harmlose Änderungen im Hormonstatus und bewirken bestenfalls Stimmungsänderungen. Pheromoninduzierte robuste und stereotype Verhaltensmuster, wie wir sie bei Koalas und Hamstern, ja bei so gut wie allen Säugetieren sehen, gibt es beim Menschen nicht. Bei uns ist die Verhaltenslenkung durch Pheromone offensichtlich verloren gegangen. Wir besitzen weder ein funktionelles vomeronasales Organ noch einen akzessorischen Riechkolben. Zudem sind fast alle (98 %) Pheromonrezeptoren der Familie VR1 und alle V2R-Rezeptoren in unserem Genom funktionslos; sie sind durch Anhäufung von Mutationen zu Pseudogenen degeneriert. Schließlich ist auch das Gen, das den Transduktionskanal der sensorischen Neuronen codiert, das Protein TRPC2, in unserem Genom ein Pseudogen. Für eine Signalverarbeitung über den üblichen Weg der Säugetiere fehlt uns also schlicht die molekulare Ausrüstung. Es ist allerdings möglich, dass wir über das Riechsystem pheromonartige Substanzen detektieren oder dass bestimmte Duftstoffe pheromonartige Wirkungen haben. Dies zu entscheiden, ist schwierig, denn es kommt sehr darauf an, wie man eine pheromonartige Wirkung definiert. Hier sind sich die Riechforscher noch uneins, und die Suche nach verhaltensbestimmenden Substanzen dauert noch an. Sicher aber ist, dass das menschliche Reproduktionsverhalten nicht nach vergleichbar strikten, stereotypen Mustern verläuft wie das anderer Säugetiere.

Die Evolutionsbiologie zeigt uns, dass schon in der Entwicklung der Primaten die Emanzipation von der Pheromonkontrolle angelegt ist. Wir sehen das heute daran, dass die Altweltaffen funktionslose TRPC2-Gene aufweisen, während bei Neuweltaffen die molekulare Ausrüstung der sensorischen Neurone noch intakt ist. Gorillas, Schimpansen, Rhesusaffen und andere Primaten Afrikas und Asiens haben ihr Fortpflanzungsverhalten von der Pheromonkontrolle auf die visuelle Kommunikation umgestellt. Die Zeit, als die Vorfahren dieser Primaten vor 30 bis 40 Mio. Jahren das trichromatische Farbensehen entwickelt haben (▶ Abschn. 7.4), fällt mit dem Verlust des TRPC2-Gens zusammen. Damit war auch für den Menschen der Weg aus dem Gefängnis pheromongesteuerten Zwangsverhaltens geebnet – vermutlich eine wichtige Voraussetzung zur Entwicklung der Sozialstrukturen, die letztlich den Erfolg der menschlichen Entwicklung ausmacht.

Pheromongesteuert sind wir Menschen also nicht. Dennoch, wir produzieren einen starken Körpergeruch – mehr Körpergeruch sogar als andere Säugetiere. Wir sind mit einer besonderen Art von Drüsen ausgestattet, deren physiologische Funktion die Erzeugung von Geruch zu sein scheint: den apokrinen Drüsen. Die meisten Schweißdrüsen in unserer Haut erzeugen eine klare Salzlösung, die dazu dient, die Haut zu kühlen. Apokrine Schweißdrüsen dagegen scheiden ein Sekret aus, das reich an Proteinen, Lipiden und Kohlenhydraten ist und sich perfekt als Bakterienfutter eignet. Besonders viele apokrine Schweißdrüsen (etwa 140 pro Quadratzentimeter Haut) befinden sich in den Achseln, wo sie zusammen mit der Achselbehaarung das Axillarorgan bilden. Das Sekret der apokrinen Drüsen ernährt die Bakterienpopulationen auf den Haaren des Axillarorgans, und diese Bakterien produzieren mit ihren Stoffwechselprodukten unseren Körpergeruch. Für den modernen Menschen

Sibirisches Moschustier
(Moschus moschiferus)

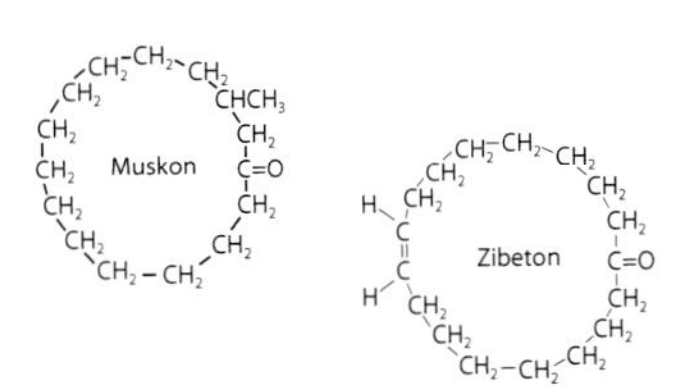

Indische Zibetkatze *(Viverra zibetha)*

Abb. 6.19 Tierische Pheromone für den Menschen. Obwohl das Verhalten des Menschen vermutlich nicht durch Pheromone gelenkt wird, finden wir die Wirkung von Pheromonen bestimmter Tiere interessant. Das gilt besonders für Muscon und Zibeton, zwei Pheromone, die beim Revier- und Paarungsverhalten von Moschushirsch und Zibetkatze eine Rolle spielen. Synthetisch hergestelltes Muscon und Zibeton finden in der Parfümerie als Basisnote Verwendung, um einem Duft eine interessante, animalische Komponente zu geben. (links: ErikAdamsson/CC0, rechts: kajornyot/Adobe Stock)

scheint es schwer vorstellbar, dass wir ein Organ haben mit keiner anderen Funktion als der Produktion von Körpergeruch. Tatsächlich aber sorgt das Axillarorgan dafür, dass wir intensiver riechen als alle anderen Primaten, die selbst keine Axillarorgane haben.

Warum ist unser Körper so speziell für die Geruchsbildung ausgerüstet? Wir geben uns ja große Mühe, keinen Körpergeruch zu verströmen. Aber die Angewohnheit, uns zu waschen und zu desodorieren, ist natürlich eine kulturelle Errungenschaft, die erst sehr spät in der Entwicklung des Menschen aufgetreten ist – in Europa vermutlich erst vor etwa 200 Jahren. Die Entwicklung unseres Axillarorgans liegt aber wahrscheinlich in der Frühzeit der menschlichen Evolution, einer Evolution, die, wie wir gesehen haben, ohne TRPC2-vermittelte Pheromonkontrolle ablaufen musste. Vielleicht hat unser Geruchssystem – die Produktion von Körpergeruch im Axillarorgan und die Analyse von Körpergeruch in der Nase – einen Teil der zwischenmenschlichen Kommunikation übernommen. Vielleicht sind olfaktorische Reize am Zustandekommen von Verhaltensmustern und Motivationen beteiligt, die mit der menschlichen Fortpflanzung zu tun haben. Eine Reihe von Beobachtungen deutet darauf hin. Und vielleicht klingt in unserem Geruchssinn noch ein Echo der lange verlorenen Pheromonsteuerung nach, wenn wir uns für Parfüms begeistern, die Muscon oder Zibeton enthalten (Abb. 6.19). Denn diese Substanzen sind Pheromone von Moschushirsch und Zibetkatze, und sie scheinen uns doch geeignet, unseren eigenen Geruch angenehmer zu gestalten.

6.7 Was uns an Gerüchen interessiert

Was aber ist Riechen? Was geschieht in unserem Gehirn, wenn wir einen angenehmen Geruch wahrnehmen? Und was geschieht, wenn wir etwas riechen, das uns möglicherweise schaden kann? Nehmen wir den ersten Fall. Die meisten von uns lieben den Duft des Frühstücks, das Kaffeearoma, den Brötchenduft und den Duft von frischer Marmelade. Diese erfreulichen Dinge erfüllen die Luft mit weit über 1000 unterschiedlichen Stoffen; allein über 800 Duftstoffe bilden das Kaffeearoma. Natürlich kennen die allermeisten Menschen keinen einzigen dieser Stoffe. Wem sind schon Namen wie Dimethylpyrazin, Ethylfuran, Furfurylmethylsulfid oder Thiophenethiol geläufig? Dennoch sind diese Substanzen daran beteiligt, das morgendliche Kaffeearoma zu verbreiten. Sie bilden zusammen mit 800 anderen Verbindungen eine komplexe chemische Mischung und erzeugen eine eindeutige sensorische Wahrnehmung: Kaffeeduft. Allein können sie das übrigens nicht. Wenn wir diese Stoffe einzeln riechen, nehmen wir einen Duft wahr, der uns bestenfalls an Kaffee erinnert, der aber schal und irgendwie falsch riecht. Der reiche Duft des Kaffees entsteht erst durch die komplexe Mischung vieler Duftstoffe, durch die natürliche Komposition eines uns vertrauten Aromas. Unser Riechsystem scheint so zu arbeiten, dass es einen Geruch als Ganzes zu erkennen versucht. Es versucht herauszufinden, ob Kaffeearoma in der Luft ist, bemüht sich aber nicht darum, die einzelnen Bestandteile dieses Geruchs zu identifizieren. Das eigentliche Objekt des Riechens ist also nicht der Duftstoff, sondern der Gegenstand, dem der Duftstoff entströmt – in unserem Beispiel der frisch aufgebrühte Kaffee. Es geht beim Riechen nicht um Duftstofferkennung, sondern es geht um Objekterkennung – um die Frage: „Was ist das, das da riecht?“

Ein Vergleich mit dem visuellen System verdeutlicht, wie unterschiedlich diese beiden Sinne arbeiten. Wenn wir ein einfaches Gesicht betrachten, z. B. ein Smiley, erkennen wir sofort, was dieses Objekt bedeutet: ein Gesicht. Gleichzeitig sehen wir aber auch die grafischen Komponenten dieses Objekts, den gelben Kreis, die beiden Punkte und die gebogene Linie. Unser visuelles System lässt uns also die Einzelheiten eines Bildes wahrnehmen und interpretiert gleichzeitig, was diese Linien und Punkte bedeuten – das Prinzip der Gestaltanalyse. Das Riechsystem analysiert dagegen ausschließlich die Bedeutung, nicht die Einzelkomponenten eines Geruchs. Wenn wir etwas riechen, beschäftigt sich unser Gehirn nur mit den Fragen „Was kann das sein?“ und „Ist das etwas Gutes oder etwas Schlechtes?“. Es fragt aber nicht nach der chemischen Zusammensetzung eines Geruchs. Dieses Desinteresse an den Einzelheiten geht so weit, dass wir für kaum einen Duftstoff unserer Riechwelt eine sprachliche Bezeichnung haben. Jeder Mensch weiß, was eine Linie, ein Punkt oder ein Kreis ist. Duftstoffe aber kann fast niemand benennen. Eine Ausnahme sind die Parfumeure, zu deren Ausbildung die Identifizierung einzelner Duftstoffe gehört. Nur sie können einen Mandelduft als Benzaldehyd und einen Rosenduft als Geraniol identifizieren. Wir übrigen sind auf Vergleiche angewiesen. Wir können bestenfalls sagen, dass uns die Duftstoffe an Mandeln oder Rosen erinnern, aber benennen können wir sie nicht. Wozu auch? Für uns kommt es darauf an herauszufinden, was wir da riechen, und wir suchen in unserem Gedächtnis nach Informationen dazu. Immer aber bewerten wir die sensorische Wahrnehmung danach, ob sie uns gefällt oder nicht. Wir können nicht teilnahmslos riechen. Entweder etwas riecht gut, oder es riecht schlecht – neutrale Gerüche gibt es nicht. Diese unvermeidliche Bewertung wird stark von unserem Riechgedächtnis bestimmt – einer großen Datenbank in unserem Gehirn, die Zusammenhänge von Gerüchen und deren Bedeutung speichert. Das Riechgedächtnis speichert den eindeutig positiven Zusammenhang von Frühstücksduft und Wohlbefinden. Aber es speichert auch den Zusammenhang von Muschelsuppe und Krankheit, wenn wir einmal das Pech hatten, verdorbene Muscheln zu essen. Noch nach vielen Jahren wenden wir uns angeekelt vom Geruch gekochter Muscheln ab, auch wenn wir sicher sein können, dass das Essen in Ordnung ist.

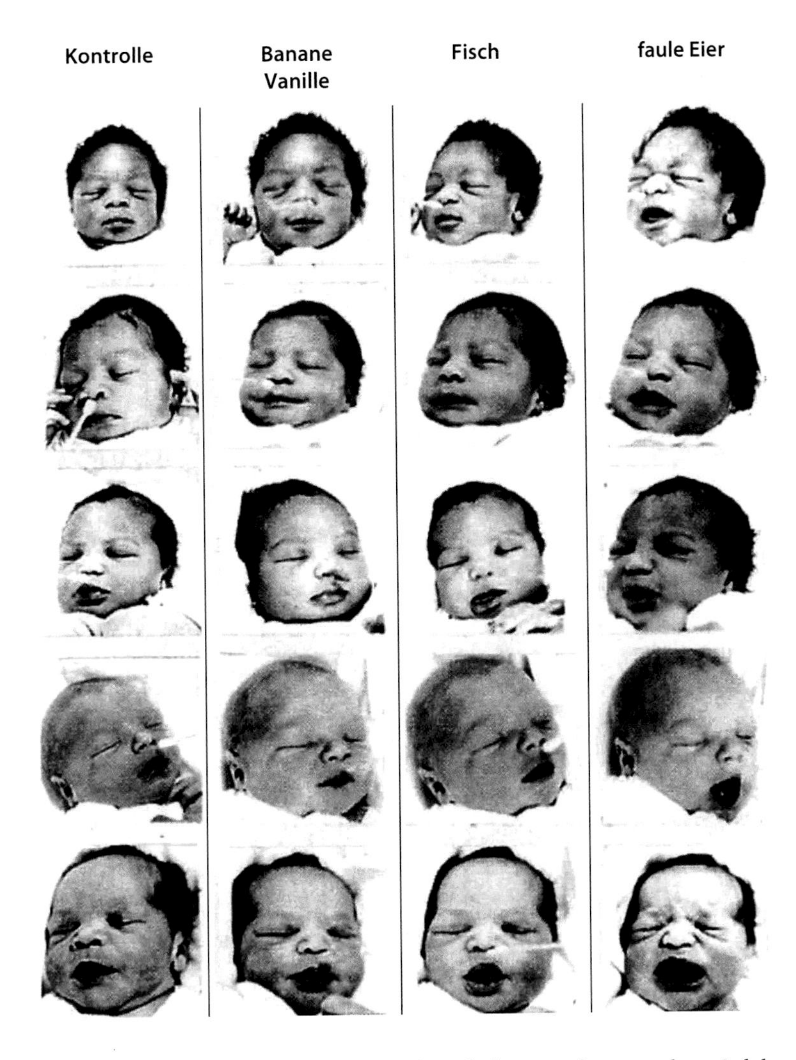

■ **Abb. 6.20** Gutes riecht gut, Schlechtes riecht schlecht. Schon am ersten Lebenstag erkennen diese Babys, dass die Aromen von Bananen und Vanille etwas Gutes versprechen. Man sieht es ihnen an. Bei Fisch müssen sie überlegen, der Gestank von faulen Eiern wird umgehend mit Abwehrmimik quittiert. Babys verfügen also über eine angeborene Entscheidungsfähigkeit bei der Beurteilung von Gerüchen. (© Mit freundlicher Genehmigung von J. E. Steiner)

Das Erkennen und Beurteilen von komplexen Gerüchen ist also die Aufgabe des Riechsystems. Tatsächlich gibt es bei einigen Gerüchen auch eine angeborene Beurteilung. Säuglinge freuen sich schon an ihrem ersten Lebenstag über den Duft von Vanille oder Banane – man sieht es ihren Gesichtern an –, obwohl sie zu diesem Zeitpunkt noch kaum über eigene Erfahrungen verfügen. Der Geruch von faulen Eiern dagegen erregt auch bei ihnen Abscheu und bringt sie sogar zum Weinen (■ Abb. 6.20). Die Datenbank des Riechgedächtnisses verfügt also offensichtlich auch über angeborene Inhalte, zu denen im Laufe des Lebens die vielfältigen Erfahrungen mit der Geruchswelt hinzugefügt werden. Solche angeborenen Inhalte können wir gelegentlich auch als Erwachsene ausmachen. So etwas erleben viele Leute beim Besuch im zoologischen Garten: Der scharfe Geruch von Raubtieren löst bei ihnen körperliche Reaktionen aus. Wenn sie an Käfigen von Raubkatzen oder Wölfen vorbeigehen und deren Geruch wahrnehmen, stellen sich ihnen die Nackenhaare auf, und ihr Herz schlägt schneller – eine uralte Angstreaktion, die allein durch den Geruch fleischfressender Tiere ausgelöst wird, und zwar auch dann, wenn man noch nie ein Raubtier gesehen oder gerochen hat. Die Information „Raubtiergeruch = Gefahr" ist offensichtlich fest in uns angelegt und wird vermutlich über viele Generationen hinweg unverändert weitergegeben. Brandgeruch und der Gestank von Aas sind auch solche urtümlichen Gefahrensignale für unser Riechsystem. Der Duft von reifem Obst dagegen löst positive Gefühle aus: Interesse, Zustimmung, Appetit. Wie gewinnt das Riechsystem diesen direkten Zugang zu unserer Gefühlswelt? Wo ist die Verbindung zwischen Riechen und Emotion im Gehirn?

Für sensorische Informationen aus den Sinnesorganen gibt es zwei grundsätzlich verschiedene Wege im Gehirn: den Weg zum Bewusstsein und den Weg zum Gefühl. Der Weg zum Bewusstsein führt für alle Sinne zunächst in die zentrale Verteilungsstelle, den Thalamus. Der Thalamus ordnet die hereinkommende Sinnesinformation von Nase, Mund, Auge, Ohr und Haut und schickt sie dann weiter in den jeweils zuständigen Bereich der Großhirnrinde (Cortex) an der Oberfläche des Gehirns. Da nur die Aktivität der Großhirnrinde bewusste Wahrnehmung erzeugt, wird der Thalamus als „Tor zum Bewusstsein" bezeichnet (▶ Abschn. 4.4). Der zweite Weg, der zur emotionellen Empfindung, führt zu den Strukturen des limbischen Systems, tief im Inneren des Gehirns (◘ Abb. 6.21). Wie für den Geschmackssinn sind auch für den Geruchssinn besonders die beiden Mandelkerne (Amygdalae) des limbischen Systems interessant. Denn diese Regionen sind verantwortlich für die emotionale Bewertung von Sinnesinformation. Sie erzeugen Angst vor dem Raubtiergeruch und Abscheu vor der Muschelsuppe. Und sie lassen uns entspannt und zuversichtlich dem neuen Tag entgegensehen, wenn es morgens nach Frühstück riecht. Interessanterweise sind die chemischen Sinne die einzigen Sinnesmodalitäten mit einem direkten Draht zu den Mandelkernen. Die Information der anderen Sinne wird zunächst anderweitig vorverarbeitet, bevor sie die Mandelkerne erreicht. Die direkte Verbindung vom Riechkolben zu den Mandelkernen zeigt, wie wichtig die emotionale Bewertung von Gerüchen ist. Es kommt zuallererst darauf an, ob uns ein Geruch gefällt oder nicht – alles Weitere kommt später und wird später verarbeitet. Die Mandelkerne sind auch an der Bildung des Riechgedächtnisses beteiligt: Gefühl und Erinnerung werden hier miteinander verbunden. Bei der Verfestigung dieser Erinnerungen, bei der Bildung eines Riechgedächtnisses für das ganze Leben, hilft der Hippocampus, auch eine Struktur im lim-

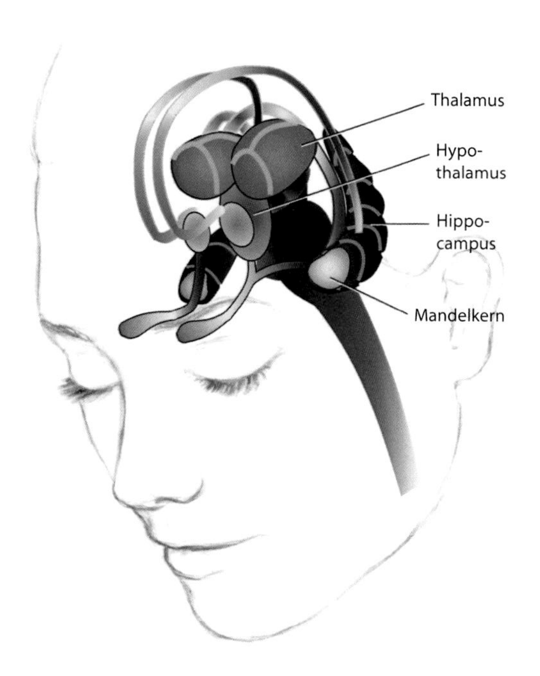

◘ **Abb. 6.21** Riechen und Emotion. Die Riechinformation gelangt über den Thalamus in den orbitofrontalen Cortex, eine Region, die an der bewussten Wahrnehmung von Gerüchen beteiligt ist (nicht gezeigt). Gleichzeitig aber gelangt die Information in das limbische System. Hier wird sie im Mandelkern emotional bewertet und im Hippocampus mit Erinnerungen vermischt. Zudem wirkt sie über den Hypothalamus auf das Hormonsystem des Körpers. Diese parallele Verarbeitung zeigt, dass das Riechsystem nicht in erster Linie analytisch arbeitet. Es kommt nicht ausschließlich darauf an, einen Geruch zu identifizieren. Ebenso wichtig ist die unmittelbare emotionale Reaktion. Förderliche Dinge lösen durch angenehmen Geruch Interesse und Zustimmung aus. Gefährliche oder irgendwie abträgliche Dinge erzeugen Abscheu und Abwehr durch ihren Gestank. (© Stephan Frings, Universität Heidelberg)

bischen System. Der Hippocampus vermittelt die Überführung von Informationen in das Langzeitgedächtnis und ermöglicht es damit, dass wir noch mit 70 Jahren wissen können, wie es in den Räumen gerochen hat, in denen wir unsere Kindheit verbracht haben.

6.8 Leben, ohne zu riechen

Für uns Menschen hat das Riechen nicht den gleichen Stellenwert wie das Hören oder das Sehen. Tatsächlich bemerken Menschen mit angeborener Riechunfähigkeit (Anosmie) oft bis zur Teenagerzeit gar nichts von diesem sensorischen Defekt – es scheint ihnen nichts zu fehlen. Erst durch Gespräche mit anderen Menschen werden sie darauf aufmerksam, dass sie keine Gerüche wahrnehmen können. Wenn sie dann Interesse am Phänomen „Riechen", entwickeln und sich danach erkundigen, was dieser Sinn für andere Leute bedeutet, fällt ihnen auf, dass ihnen eine ganze Welt der Wahrnehmung entgeht. Ganz unempfindlich für chemische Reize sind die Nasen der Nichtriecher allerdings nicht. Denn die Nase enthält nicht nur die Riechzellen des Riechsystems, sondern auch sensorische Fasern des Schmerzsystems. Diese Fasern gehören zum Trigeminusnerv und dienen der Detektion von Reizstoffen. Das Stechen in der Nase beim Einatmen von Ammoniak, von Meerrettich- oder Senfdämpfen entsteht durch die Reizung der Trigeminusfasern. Wie wir im vorherigen Kapitel gesehen haben, vermittelt das Schmerzsystem in Nase und Mund den Scharfgeschmack. Aber nicht nur Reizstoffe, auch viele Duftstoffe aktivieren die Trigeminusfasern. Menschen ohne Riechsinn berichten aus diesem Grund von sensorischen Wahrnehmungen, die durch Parfüm oder andere Duftreize ausgelöst werden. Sie registrieren aber weniger ein Aroma als eine Art prickelnde Empfindung in der Nase, mit der sie tatsächlich unterschiedliche Gerüche voneinander unterscheiden können. Schlimmer kann es Patienten ergehen, die ihren Riechsinn erst als Erwachsene durch Entzündungen in Nase oder Nebenhöhlen verlieren. Ein solcher Riechverlust tritt relativ häufig auf und kann Wochen, Monate oder gar Jahre anhalten. Im Gegensatz zu Menschen mit angeborener Anosmie erinnern sich diese Patienten natürlich an die Riechwelt, und sie leiden darunter, dass ihnen das Riechen abhandengekommen ist. Sie wissen noch, dass Kaffee gut riecht, dass Menschen einen Geruch haben und dass ihr Essen duftet. All das ist ihnen aber nunmehr unzugänglich: Kaffee riecht wie Wasser, Menschen riechen gar nicht, und das Essen hat kein Aroma mehr. Ein solcher Verlust von Riechempfindung kann die Lebensfreude erheblich einschränken und gar Depressionen auslösen. Wer also weiß, was Riechen ist, mag es nicht missen.

Weiterführende Literatur

Anholt RRH (1987) Primary events in olfactory reception. Trends Biochem Sci 12:58–62

Buck L, Axel R (1991) A novel multigene family may encode odorant receptors: a molecular basis for odor recognition. Cell 65:175–187

Conover MR (2007) Predator-prey dynamics. The role of olfaction. CRC Press, Boca Raton

Craven BA, Paterson EG, Settles GS (2010) The fluid dynamics of canine olfaction: unique nasal airflow patterns as an explanation of macrosmia. J R Soc Interface 7:933–943

Kleene SJ, Gesteland RC (1981) Dissociation of frog olfactory epithelium with N-ethyl-maleimide. Brain Res 229:536–540

Menini A (2010) The neurobiology of olfaction. CRC Press, Boca Raton

Pace U, Hanski E, Salomon Y, Lancet D (1985) Odorant sensitive adenylate cyclase may mediate olfactory reception. Nature 316:255–258

Sicard G, Holley A (1984) Receptor cell responses to odorants: similarities and differences among odorants. Brain Res 292:283–296

Stein JE (1974) Innate, discriminative human facial expressions to taste and smell stimulation. Ann N Y Acad Sci 237:229–233

Waldeck C, Frings S (2005) Wie wir riechen, was wir riechen. Biologie in unserer Zeit 5:302–310

Wilson DA, Stevenson RJ (2006) Learning to smell. The Johns Hopkins University Press, Baltimore

Sehen

S. Frings, F. Müller, *Biologie der Sinne*, https://doi.org/10.1007/978-3-662-58350-0_7

Für uns Menschen ist das Sehen der wichtigste Sinn. Unsere Augen sind hochempfindliche, aber gleichzeitig enorm anpassungsfähige Fenster zur Welt (▣ Abb. 7.1). Sie liefern uns ca. 70 % der Information, die wir über unsere Umwelt erhalten. Darüber hinaus haben wir gelernt, uns durch optische Geräte Welten zu erschließen, die dem optisch unbewaffneten Auge verborgen bleiben. Teleskope zeigen uns riesige, unendlich weit entfernte Sterne und Galaxien. Mit Mikroskopen studieren wir winzigste Bausteine in unseren Zellen. Wir wissen heute viel über die Vorgänge, die beim Sehen ablaufen, vor allem auch deshalb, weil wir die Strategien, die unser Gehirn bei der Verarbeitung visueller Information anwendet, an-

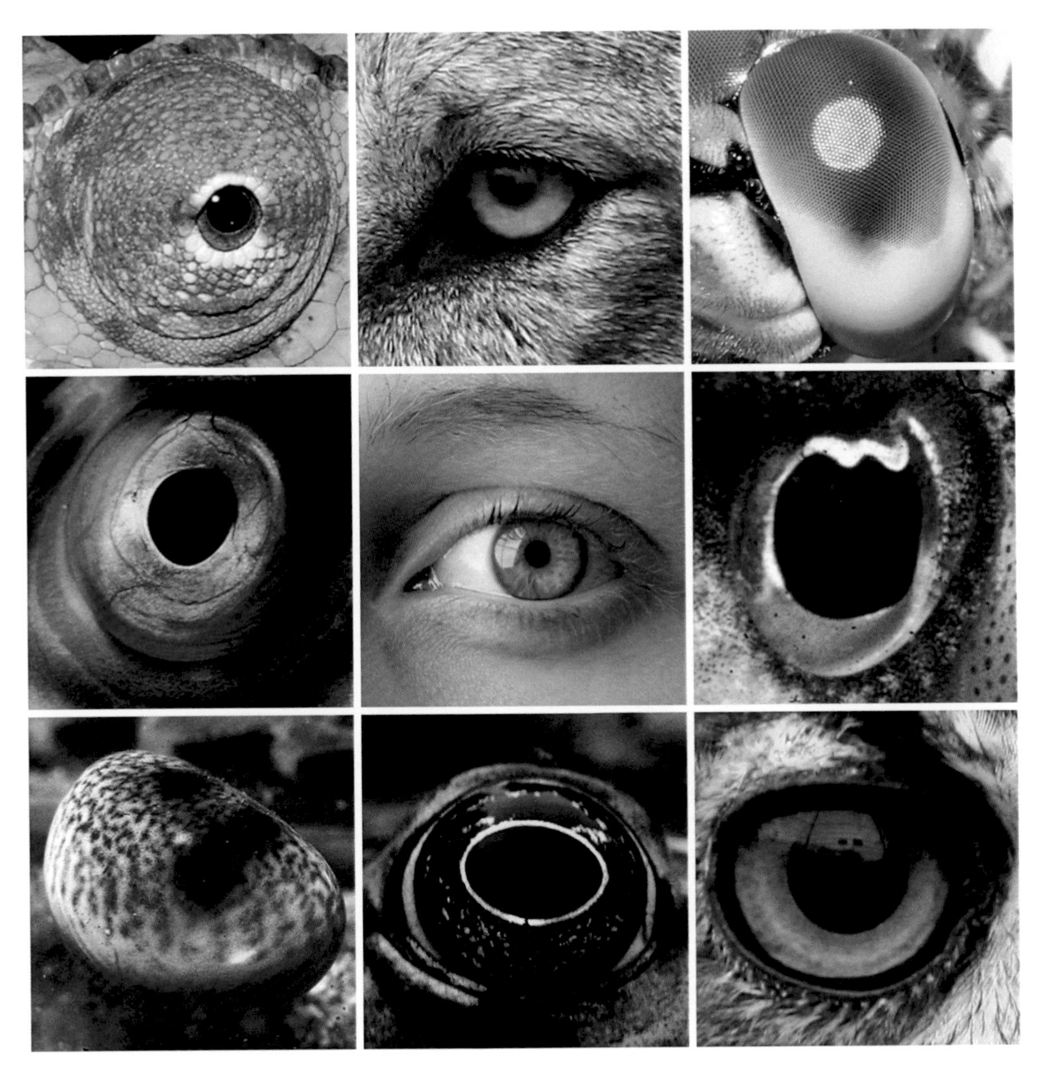

▣ **Abb. 7.1** Das Sehen bringt eine Fülle von Vorteilen beim täglichen Überlebenskampf. Die Fähigkeit zu sehen, ist deshalb bei vielen Tiergruppen weit verbreitet. Wenn wir uns im Tierreich umschauen, entdecken wir eine Vielfalt von Augentypen. Die Evolution hat das Sehen also mehrfach erfunden! Allerdings haben sich in der Evolution zwei Varianten besonders erfolgreich durchgesetzt: das Linsenauge, das auch wir besitzen, und das Komplexauge, wie wir es vor allem bei Insekten finden. *Oben* Chamäleon, Wolf, Libelle; *Mitte* Feilenfisch, Mensch, Tintenfisch; *unten* Königsgarnele, Grasfrosch, Uhu. (© Erik Leist, Universität Heidelberg; *Mitte* © Ralf-Uwe Limbach und Anja Mataruga, Forschungszentrum Jülich)

hand von optischen Täuschungen im wahrsten Sinne des Wortes anschaulich machen können. Das Sehen hat wie kein anderer Sinn zu unserem naturwissenschaftlichen Verständnis beigetragen. Nicht umsonst sprechen wir von unserem naturwissenschaftlichen Welt „bild".

7.1 Augen auf – und dann?

7.1.1 Ball, Satz und Sieg!

Die Sonne steht fast senkrecht über dem leuchtend roten Spielfeld. Die Zuschauermenge schweigt. Man kann die Anspannung fast greifen. Einer der beiden Spieler wirft den Tennisball auf den Boden und lässt ihn in seine Hand zurückspringen, wieder und wieder. Der andere Spieler steht breitbeinig da, ist vornüber gebeugt und wiegt sich langsam hin und her. Seine Augen sind auf den Gegner fixiert, damit ihnen keine Bewegung entgeht. Nun wirft der erste Spieler den Ball in die Luft. Für einen Moment scheint der Ball still zu stehen, der Erdanziehung zu trotzen, dann trifft ihn der Tennisschläger mit voller Wucht und beschleunigt ihn auf eine Geschwindigkeit von 200 km pro Stunde. Die Reaktion des zweiten Spielers erfolgt schnell. Mit einem gewaltigen Sprung hechtet er nach rechts. Sein Schläger kreuzt die Flugbahn des Balles im richtigen Zeitpunkt und im richtigen Winkel, mit der optimalen Geschwindigkeit. Der Ball wird zurückgeschleudert, trifft im gegnerischen Feld auf den Boden und springt dann ins Aus, bevor der Gegner ihn erreichen kann. Gewaltiger Applaus bricht los – Match-Sieg! Bei der anschließenden Feier dankt der umjubelte Sieger seiner Familie, seinem Sponsor und seinem Trainer, die ihn alle auf dem Weg zum erhofften Sieg unterstützt haben. Nicht einen Gedanken hingegen verschwendet er an die über 200 Mio. Sinneszellen in seinen Augen oder an die Milliarden von Nervenzellen in seiner Großhirnrinde, die die Bewegung des Gegners und des Balles analysiert haben. Ganz zu schweigen von der unglaublichen Leistung seines Gehirns, im Bruchteil einer Sekunde aus einem zweidimensionalen Bild auf der Netzhaut die dreidimensionale Flugbahn des Balles vorauszuberechnen. Wir vermuten, unser Tennis-Ass hat einfach dieses Kapitel nicht gelesen …

7.1.2 Betrachten wir die Sache mit dem Sehen mal bei Licht …

Öffnen wir morgens zu Beginn eines neuen Tages die Augen, so erschließt sich uns eine Welt voller Formen, Farben und Texturen. Sie ist reicher als jede unserer anderen Sinneswelten, etwa die des Schmeckens oder des Riechens. Die Wahrnehmung von Licht ermöglicht es uns, winzige Insekten zu beobachten, die auf unserer Fingerspitze krabbeln, zugleich aber auch Sterne zu sehen, die unvorstellbar weit weg sind und deren Licht so lange unterwegs ist, dass es uns von den Anfängen des Universums erzählt. Überlegen Sie einmal, wie wenige Naturgesetze wir hätten entdecken können, wenn die Evolution das Sehen nicht „erfunden" hätte und wir nur schmecken, riechen, hören oder tasten könnten! Wir verdanken unser naturwissenschaftliches Weltbild der Tatsache, dass wir sehen können. „Das Auge ist das Organ der Weltanschauung", schrieb der große deutsche Naturforscher Alexander von Humboldt (1769–1859) in seinem berühmten Werk *Kosmos*.

Die Erfindung des Sehens brachte in der Evolution gewaltige Vorteile. Wer sehen kann, vermag Nahrung, Gefahr und mögliche Partner aus großer Distanz zu erkennen, eröffnet sich neue Wege zur Kommunikation und zur Orientierung (■ Abb. 7.2 und 7.3).

Welche Bedeutung wir dem Sehen beimessen, zeigt sich in den vielen Anspielungen im täglichen Sprachgebrauch: Wir vertrauen dem, was wir mit „eigenen Augen" gesehen haben. Wir nehmen Dinge in „Augenschein", um uns ein „Bild zu machen", und sie erscheinen uns „bei Licht betrachtet" anders als vorher. Dinge, die wir nicht verstehen, können wir nicht „einsehen", und wir resignieren, wenn wir keinen „Durchblick" haben.

■ **Abb. 7.2** Das Sehen ermöglicht es, durch optische Signale miteinander zu kommunizieren. Viele Tiere nutzen diese Möglichkeit bei der Partnerwahl. Dieser Pfau präsentiert sich bei der Balz von seiner „schönsten Seite". (© Erik Leist, Universität Heidelberg)

■ **Abb. 7.3** Optische Kommunikation durch Warnfarben. Die Kombination Gelb-Schwarz gilt im gesamten Tierreich als Warnfarbe. Der Träger signalisiert dem möglichen Fressfeind: Achtung, ich bin giftig und gefährlich! Von *links* nach *rechts* Wespenspinne, Baumfrosch, Wespe. Allerdings gibt es auch Täuscher und Blender im Tierreich. Einige ungefährliche Tierarten zeigen das gleiche Farbmuster, um so mögliche Fressfeinde von sich abzuhalten. Diese Art der Tarnung nennt man Mimikry. (© Erik Leist, Universität Heidelberg)

Bei uns Menschen stammen etwa 70 % aller Sinnesinformation, die wir verarbeiten, von den Augen. Mindestens 30 % unserer Großhirnrinde sind damit beschäftigt, diese Information auszuwerten. Diese Zahlen machen eines sehr klar: Sehen ist nichts, was „einfach so passiert" – auch wenn es uns im täglichen Leben natürlich genau so vorkommt. Wir nehmen das Sehen als so selbstverständlich hin, dass wir uns kaum Gedanken darüber machen, was dabei eigentlich in unseren Augen und unserem Gehirn abläuft. Im Laufe dieses Kapitels werden wir sehen, dass es sich beim Sehen um einen ungeheuer komplizierten neuronalen Rechenprozess handelt, der gewaltige Ressourcen in unserem Gehirn in Anspruch nimmt. Im ersten Schritt bildet das Auge die Umwelt wie in einer Kamera auf die lichtempfindliche Netzhaut des Auges ab. Dieses Abbild reicht allerdings noch lange nicht aus, um uns sehen zu lassen. Bei dem Bild handelt es sich in Wirklichkeit um ein komplexes Mosaik aus Millionen von Bildpunkten. Unser Gehirn muss nun herausfinden, welche der Mosaikbausteine zueinander gehören und ein Objekt ergeben (■ Abb. 7.4). Es muss das Objekt

Abb. 7.4 Was ist das? Ein Wolf hinter einem Baum – das sieht man doch sofort! Um diese scheinbar so einfache Aufgabe zu lösen, muss unser Gehirn die Information, die unsere Augen liefern, mit einem gigantischen Aufwand auswerten. Wenn diese Szene auf unseren Netzhäuten abgebildet wird, wird sie in Millionen von Bildpunkten aufgeteilt. Woher soll unser Gehirn wissen, welche der Bildpunkte zusammengehören und ein bestimmtes Objekt ergeben? Wie setzt es die Komponenten des Wolfes – Auge, Ohren, Pfoten – zusammen? Wie trennt es den Wolf in unserer Wahrnehmung vom Baum? Wieso haben wir den Eindruck, dass es sich um einen einzelnen Wolf handelt, obwohl wir doch eigentlich nur zwei Hälften sehen können? Ein Großteil unserer Großhirnrinde beschäftigt sich in diesem Rechenprozess mit der Auswertung visueller Signale, damit in unserer Wahrnehmung ein Bild der Umwelt entsteht. Das geschieht so effizient und schnell, dass wir der Illusion unterliegen, man müsse nur die Augen öffnen, um sofort alles sehen und erkennen zu können. (© Michal Rössler, Universität Heidelberg)

erkennen („Aha, das ist ein Baum!") und von anderen Objekten abgrenzen können („Und das ist ein Wolf, der dahinter steht"). Wie erkennt das Gehirn, was zusammengehört und was nicht? Wie erkennt es den Wolf, obwohl nur ein Teil davon zu erkennen ist, der Rest aber vom Baum verdeckt wird?

Damit wir sehen können, muss das Gehirn eine Flut von Informationen auswerten: Größe, Form und Farbe von Bildpunkten müssen analysiert werden, ihre Lage, Entfernung und Bewegung relativ zueinander und zu uns müssen ausgewertet werden. Da wir zwei Augen haben, müssen zudem zwei leicht unterschiedliche Bilder zur Deckung gebracht und verarbeitet werden. Wenn wir uns dann noch bewegen, wird die Situation ungleich komplizierter, da sich das Bild in unseren Augen mit jeder Bewegung verändert. Wie problematisch diese Situation ist, kann man erahnen, wenn man die furchtbar verwackelten Urlaubsvideos von Hobbyfilmern sieht. Wenn wir durch den Wald joggen oder unserem Jüngsten auf dem Bürgersteig hinterherrennen, erscheint uns die Welt aber nicht „verwackelt", sondern als einheitliches kontinuierliches Ganzes. Auch dahinter steckt eine enorme Rechenleistung unseres Gehirns. Aber bei all der Komplexität in der Auswertung visueller Information muss unser Sehsystem schnell arbeiten. Ein Hindernis, das quer über dem Weg liegt, muss sofort erkannt werden, damit wir nicht darüber stürzen. All diese Leistungen entstehen nicht einfach so. Sie sind die Folge eines ungeheuer komplizierten Rechenvorgangs, in den Milliarden von Nervenzellen eingebunden sind. Die Auswertung visueller Information beruht auf einem ständigen und schnellen Wechselspiel von Sinnesinformation und Analyse, Erinnerung und Vorhersage, Annahme und Interpretation.

7.1.3 Was wir in diesem Kapitel sehen werden

In diesem Kapitel werden wir nur einige Aspekte des Sehvorgangs beleuchten können. Andere Aspekte, wie die Interpretation von Signalen, werden in ► Kap. 12 ausführlicher behandelt.

Sehen beginnt natürlich damit, dass unsere Augen ein Bild der Umwelt auf dem Augenhintergrund erzeugen. In der Netzhaut übersetzen spezialisierte Sinneszellen, die Photorezeptoren, den Lichtreiz in die Sprache des Nervensystems. Mit diesen Vorgängen wollen wir uns in den ► Abschn. 7.1–7.5 beschäftigen.

Wir werden sehen, dass die Netzhaut unseres Auges, die Retina, eine vollkommen andere Funktion hat als der Chip einer Digitalkamera. Die Retina ist eigentlich ein „vorgeschobener“ Teil des Gehirns. Sie entsteht tatsächlich aus einer Ausstülpung des Gehirns und gehört deshalb zum Zentralnervensystem – im Gegensatz etwa zu den Riechzellen, die zum peripheren Nervensystem gehören. Was die Retina tut, ist viel komplizierter (und für uns Wissenschaftler darum wesentlich interessanter), als dem Gehirn lediglich ein punktgetreues Bild über unsere Umwelt zu liefern. Sie führt eine umfangreiche Bildverarbeitung durch und extrahiert nur denjenigen Teil aus der Informationsflut, für den sich unser Gehirn interessiert. Ohne diese Vorauswahl würde unser Gehirn an Information regelrecht ersticken. Aber worin besteht die richtige Information? Wie wir bereits in ▶ Kap. 2 gesehen haben, interessiert sich das Gehirn immer für genau die Parameter, die sich in der Evolution als wichtig herausgestellt haben: Unterschiede, Kontraste, Veränderungen, Bewegungen. Eine blinkende Neonreklame erregt deshalb Ihre Aufmerksamkeit, weil sie dem Gehirn genau das bietet, was es sehen will: Veränderung. Wir werden anhand optischer Täuschungen „mit eigenen Augen“ sehen, wie sich diese Vorlieben unseres Sehsinnes und die Verarbeitungsstrategie des Gehirns auf unsere Wahrnehmung auswirken.

Im ▶ Abschn. 7.6 wandern wir entlang der „Sehbahn“ durch das Gehirn und lernen die verschiedenen Stationen kennen, in denen die visuelle Information zerlegt und analysiert wird, bis es zur bewussten Wahrnehmung kommt. Wir werden Menschen kennen lernen, bei denen durch Unfälle oder Erkrankungen Teile dieser Maschinerie ausgefallen sind. Einige leben in einer Welt ohne Farbe, andere, für uns kaum vorstellbar, in einer Welt, in der Menschen oder Autos urplötzlich an einem Ort verschwinden und an einem anderen Ort genauso plötzlich wieder auftauchen. Manche Menschen sind blind und können Objekte, die man ihnen präsentiert, nicht erkennen, können aber zeigen, wo die Objekte sind oder gezielt danach greifen! Machen Sie sich auf eine Reise voller Überraschungen gefasst.

7.1.4 Was ist eigentlich Licht?

Um zu verstehen, was Sehen heißt, müssen wir uns kurz mit dem zugrunde liegenden Sinnesreiz befassen, dem Licht. Die Natur des Lichtes entzieht sich unserer Vorstellungskraft. Für einen Physiker ist Licht zuerst einmal elektromagnetische Strahlung, die man sich als Welle vorstellen kann. Sie ist gekennzeichnet durch die Höhe der Wellenberge (auch Amplitude genannt) und deren Abstand (die Wellenlänge). Die Frequenz der Strahlung besagt, wie oft pro Sekunde die Welle schwingt. Je kürzer die Wellenlänge, desto höher ist die Frequenz und auch die Energie der Strahlung. Das Spektrum elektromagnetischer Strahlung ist groß (■ Abb. 7.5). Gamma- und Röntgenstrahlung haben sehr kurze Wellenlängen von weniger als 1 nm (1 Nanometer (nm) ist der milliardste Teil eines Meters). Diese Strahlung ist sehr energiereich. Sie kann unseren Körper durchdringen und die Zellen unseres Körpers schädigen. Radiowellen dagegen haben Wellenlängen von einigen Millimetern bis Kilometern und sind entsprechend energieärmer.

Nur ein winziger Ausschnitt des elektromagnetischen Spektrums ist für uns als Licht sichtbar. Die kürzeste sichtbare Wellenlänge von ca. 400 nm erscheint uns blau-violett, die längste noch sichtbare von ca. 750 nm rot. Die Wellenlängen dazwischen entsprechen den anderen Farben des Regenbogens. Im Spektrum elektromagnetischer Strahlung wird das sichtbare Licht flankiert von der kürzerwelligen ultravioletten und der längerwelligen infraroten Strahlung.

Licht breitet sich in Form von Strahlen aus. Trifft ein Lichtstrahl auf eine Glasoberfläche, kann er reflektiert werden oder das Glas durchdringen. Dabei kann er seine Ausbreitungsrichtung verändern, das Licht wird „gebrochen“. Geschliffene Glaslinsen brechen das Licht aufgrund ihrer gekrümmten Oberfläche besonders stark. Diese Lichtbrechung

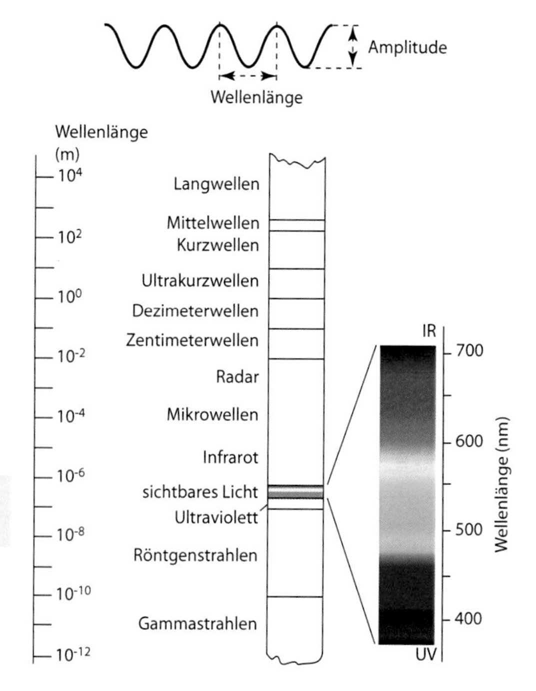

Abb. 7.5 Licht kann als elektromagnetische Welle aufgefasst werden. Der Abstand der Wellenberge entspricht der Wellenlänge, die Höhe der Wellenberge der Amplitude. Das Spektrum der elektromagnetischen Wellen reicht von den extrem kurzwelligen energiereichen Gammastrahlen bis zu den energiearmen Langwellen (Radio- und Fernsehwellen). Für den größten Teil der elektromagnetischen Strahlung sind wir blind. Nur ein winziger Ausschnitt dieses Spektrums mit Wellenlängen zwischen 400 und 750 nm ist für uns als Licht sichtbar. Innerhalb des sichtbaren Spektrums erscheinen uns die unterschiedlichen Wellenlängen in unterschiedlichen Farben. *IR* Infrarot, *UV* Ultraviolett. (© Hans-Dieter Grammig, Forschungszentrum Jülich)

nutzen wir in optischen Instrumenten, um Bilder zu erzeugen. Auch unser Auge erzeugt ein Bild, indem es Lichtstrahlen durch eine Linse bricht. Vorgänge wie Reflexion oder Brechung kann man gut erklären, wenn man sich das Licht wie eine Welle vorstellt. Manchmal verhält sich Licht aber wie eine Ansammlung von Teilchen (die Physiker sprechen vom Wellen-Teilchen-Dualismus). Einen Lichtstrahl könnte man sich dann wie eine Salve von Kugeln vorstellen, die man aus einem Maschinengewehr abfeuert. Dabei stellt jedes Lichtteilchen ein Energiepaket des Lichtstrahles dar, das man auch Photon oder Lichtquant nennt. Je höher die Frequenz des Lichtes, desto höher ist der Energiegehalt des Photons. Trifft ein Lichtquant auf ein Hindernis wie ein Atom, kann das Hindernis diese Energie komplett aufnehmen. Das Quant ist dann verschwunden, seine Energie wurde vom Atom absorbiert. Dieses physikalische Phänomen des Energietransfers von Licht auf Materie genießen wir alle im Frühjahr oder Frühsommer des Jahres, wenn das Sonnenlicht von unserer Haut absorbiert wird und uns wärmt. Und wenn wir dabei noch etwas Schwarzes tragen, heizen wir darin schneller auf und schwitzen früher als in weißer Kleidung. Das liegt daran, dass die schwarze Farbe in der Kleidung kaum Licht reflektiert, dafür aber Licht aller Wellenlängen absorbiert und damit auch alle darin enthaltenen Energiepakete aufnimmt. Weiße Kleidung hingegen reflektiert fast alles sichtbare Licht, nimmt also nur wenig Energie auf. Bunte Kleidung absorbiert nur Licht bestimmter Wellenlängen und damit Teilchen bestimmter Energie. Wenn ein bestimmtes Farbpigment in der Kleidung z. B. lange Wellenlängen (rot und grün) absorbiert, aber kurze Wellenlängen reflektiert, erscheint es blau. Wir werden bald sehen, dass auch unsere Lichtsinneszellen mit ähnlichen Pigmenten das Licht absorbieren, das auf unsere Netzhaut fällt.

7.2 Das Auge

7.2.1 „Ich seh dir in die Augen, Kleines!"

… sagt Humphrey Bogarth in dem Film Casablanca zu Ingrid Bergmann. Folgen wir seinem Beispiel. Im Zentrum der Augen sitzt die schwarze Pupille, die Öffnung, durch die das Licht ins Auge fällt (Abb. 7.6). Sie wird von der pigmentierten Iris gebildet. Die Farbe der Iris (Iris bedeutet „Regenbogen") mag für

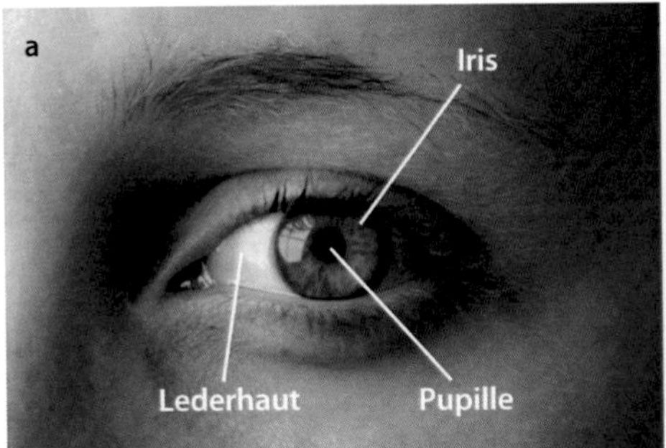

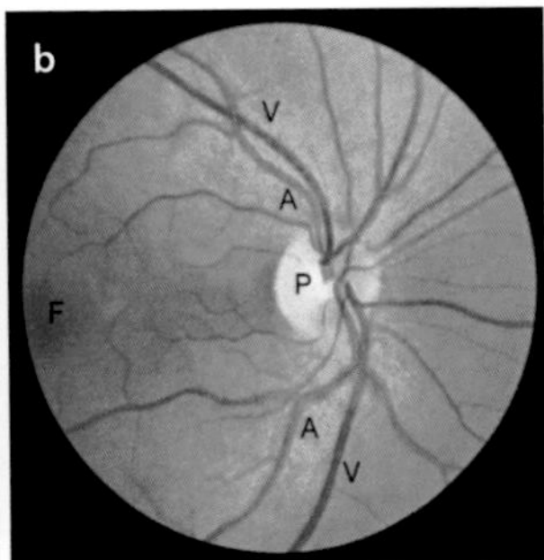

Abb. 7.6 **a** Nur ein kleiner Teil unserer Augen ist von außen sichtbar. Das Auge ist von der weißen Lederhaut bedeckt. Am vorderen Pol sitzt die durchsichtige Hornhaut. Das Licht fällt durch die Pupille, eine Öffnung in der ringförmigen Iris, in das Auge. **b** Wenn man mit einem Augenspiegel in das Augeninnere blickt, erkennt man die Netzhaut oder Retina, die den Augenhintergrund auskleidet. Sie ist von zahlreichen Blutgefäßen (*A* Arterien, *V* Venen) durchzogen, die am blinden Fleck in das Auge eintreten (*P* Papille). Der gelbe Fleck beherbergt die Fovea centralis (F), die Stelle des schärfsten Sehens. (**a** © Ralf-Uwe Limbach, Forschungszentrum Jülich; **b** Aus Schmidt et al. 2011)

Verliebte und Poeten wichtig sein, für unsere Betrachtung spielt sie keine Rolle. Die Iris enthält zwei Muskeln. Ein ringförmiger Muskel zieht die Iris zu, wenn er sich verkürzt, und ein radial wie die Speichen eines Rades angeordneter Muskel erweitert die Pupille. Auf diese Weise kann das Auge den Pupillendurchmesser und damit den Lichteinfall regulieren. Der Augapfel eines Erwachsenen hat einen Durchmesser von ca. 24 mm und ist von der weißen, derben Lederhaut umgeben. Am vorderen Pol über der Iris wird die Lederhaut durch die durchsichtige Hornhaut ersetzt. Die Verbindung zwischen der Lederhaut und den Augenlidern wird durch die Bindehaut hergestellt. Wie wir sehen werden, ist es besonders wichtig, dass wir unsere Augen bewegen können. Sechs Augenmuskeln können das Auge in seiner Höhle drehen, damit es bewegten Objekten folgen und die Umwelt regelrecht „abtasten" kann.

Falls Sie schon einmal beim Augenarzt waren, hat dieser Ihnen mit Sicherheit noch tiefer in die Augen geschaut, als Humphrey es bei seiner Ingrid tat. Mit einem Augenspiegel blickt ein Augenarzt nämlich tatsächlich ins Innere des Auges. Dabei offenbart sich Folgendes: Er blickt direkt auf den Augenhintergrund mit der Netzhaut (auch Retina genannt) und erkennt dort mehrere Strukturen. Am sogenannten blinden Fleck, der Papille, treten Blutgefäße in die Retina ein. Sie versorgen die Netzhaut mit Sauerstoff und Nährstoffen. Das Netz dieser Blutgefäße ist sehr schön zu erkennen, und die Netzhaut hat daher auch ihren Namen. Zugleich ist der blinde Fleck der Ort, an dem die Nervenfasern aus der Retina das Auge verlassen und in Richtung Gehirn ziehen. Die ein- und austretenden Blutgefäße sowie die Nervenfasern lassen keinen Platz für die Lichtsinneszellen. Wir können hier deshalb kein Licht wahrnehmen, und dies ist auch der Grund, warum der blinde Fleck so heißt: Wir sind an dieser Stelle in der Tat blind. In ▶ Box 7.1 ist beschrieben, wie Sie den blinden Fleck in Ihren Augen finden können und warum Sie ihn normalerweise gar nicht wahrnehmen.

Eine wichtige Stelle auf unserer Netzhaut gilt es noch zu beschreiben: Sie wird aufgrund ihrer Färbung gelber Fleck oder Macula lutea genannt und bildet das Zentrum unserer Netzhaut. Wie wir noch genauer sehen werden, vertieft sich die Retina dort zur Sehgrube (Fovea centralis). Hier liegt die Stelle des schärfsten Sehens.

Box 7.1 Durch das Mikroskop betrachtet: Demonstration des blinden Fleckes

Der blinde Fleck wird manchmal auch Mariotte-Fleck genannt. Der Physiker Edme Mariotte (1620–1684) vermutete nämlich als Erster, dass die Netzhaut an der Austrittsstelle des Sehnervs nicht empfindlich für Licht ist und wir folglich in einem kleinen Bereich des Gesichtsfeldes blind sein müssen. Mithilfe von ◘ Abb. 7.7 können Sie die Vermutung des Herrn Mariotte bestätigen. Halten Sie das Buch in Armeslänge von sich weg. Schließen Sie das rechte Auge und fixieren Sie mit dem linken Auge das Kreuz. Nun bewegen Sie das Buch auf sich zu, fixieren Sie aber weiterhin das Kreuz. Bei einem Abstand von ca. 25 cm verschwindet der blaue Kreis auf der linken Seite, denn er wird nun auf den blinden Fleck abgebildet. Wenn sie das Buch noch näher ans Auge führen, taucht der Kreis wieder auf, sobald er den blinden Fleck verlässt. Wenn Sie den blinden Fleck im rechten Auge nachweisen wollen, drehen Sie das Buch um 180° oder fixieren Sie den Kreis, dann verschwindet das Kreuz.

Der Versuch offenbart zwei interessante Ergebnisse: Erstens ist der blinde Fleck ziemlich groß. Zweitens macht er sich nicht als „schwarzes Loch" bemerkbar. Stattdessen erscheint die unsichtbare Stelle in ◘ Abb. 7.7 so, als sei sie mit der gelben Hintergrundfarbe ausgefüllt. Neben der Tatsache, dass die blinden Flecke in beiden Augen an unterschiedlichen Stellen sitzen, ist dieses „Auffüllen" ein wichtiger Grund, weshalb Sie den blinden Fleck normalerweise nicht wahrnehmen. Das Auffüllen fehlender Information ist ein bewährtes Verfahren Ihres Gehirns, mit dem es Sie über Lücken in Ihrer Wahrnehmung hinwegtäuscht.

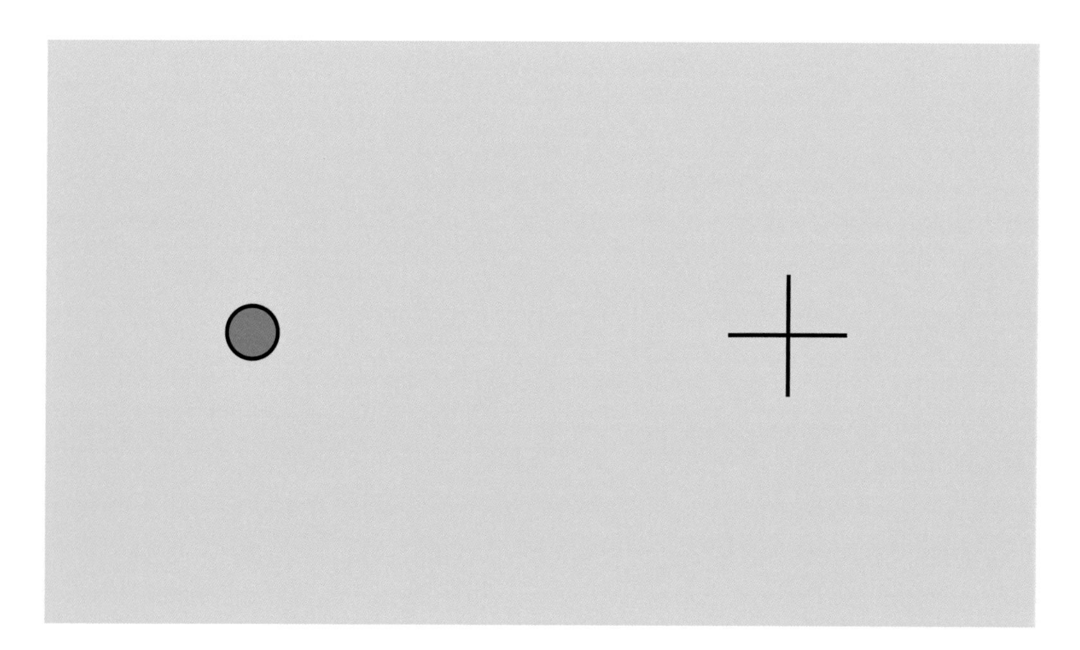

◘ **Abb. 7.7** Demonstration des blinden Fleckes. Anleitung siehe Text. (© Frank Müller, Forschungszentrum Jülich)

7.2.2 Auf den ersten Blick ähnelt unser Auge einer Kamera

Ein Schnitt durch das Auge zeigt uns seinen optischen Aufbau (◘ Abb. 7.8). Er ähnelt dem einer Kamera. Sowohl Kamera als auch Auge besitzen ein Linsensystem (Hornhaut und Linse) mit einer Blende (Iris) und der Möglichkeit, die Schärfe des Bildes einzustellen. So entsteht aus der dreidimensionalen Realität ein zweidimensionales, umgedrehtes Abbild – bei der Digitalkamera auf einem elektronischen Chip, beim Auge auf der Netzhaut. Man mag es verwirrend finden, dass die Umwelt in un-

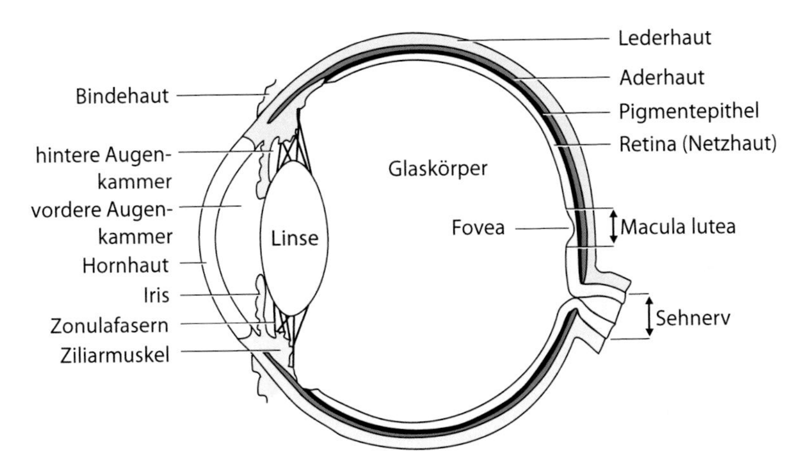

■ **Abb. 7.8** Unser Auge enthält optische Komponenten wie eine Kamera. Der optische Apparat des Auges besteht vor allem aus Hornhaut, Iris und Linse. Die Linse ist über die Zonulafasern am Ziliarmuskel befestigt. Der Raum zwischen Linse und Augenhintergrund wird durch eine geleeartige Masse, den Glaskörper, ausgefüllt. Der optische Apparat bildet die Umwelt auf dem Kopf stehend auf dem Augenhintergrund ab. Dieser wird von der lichtempfindlichen Netzhaut, der Retina, ausgekleidet. Die Netzhaut ist an einer Stelle vertieft (Fovea). Die Nervenfasern verlassen das Auge am blinden Fleck und ziehen als optischer Nerv zum Gehirn. (© Anja Mataruga, Forschungszentrum Jülich)

serem Auge auf dem Kopf stehend abgebildet wird. Trotzdem kommen wir damit gut zurecht. Unserem Gehirn macht das nichts aus, weil es von Geburt an daran gewöhnt ist. Es verrechnet das auf dem Kopf stehende Bild so, dass es sich in unserer Wahrnehmung einfach wieder dreht. Es gibt „Umkehrbrillen", die bewirken, dass das Bild aufgerichtet auf unsere Netzhaut projiziert wird. Würden Sie sich so eine Brille aufsetzen, stünde für Sie zunächst die Welt im wahrsten Sinne des Wortes auf dem Kopf. Sie hätten große Probleme, sich zu orientieren, sich zu bewegen oder nach Gegenständen zu greifen. Wenn Sie die Brille aber durchgehend auflassen, gewöhnen Sie sich schon nach wenigen Tagen ganz gut an die neue Situation. Dies ist ein wunderbares Beispiel für die Lernfähigkeit (auch Plastizität genannt) unseres Gehirns.

Wir wollen uns die Prinzipien der Bildentstehung am Beispiel einer einfachen, dünnen Linse anschauen (■ Abb. 7.9). Jede Linse hat eine optische Achse. Lichtstrahlen, die parallel zur optischen Achse auf die Linsenoberfläche treffen, werden zur optischen Achse hin gebrochen. Am Schnittpunkt der gebrochenen Strahlen mit der optischen Achse liegt der Brennpunkt der Linse (F = Fokus). Sein Abstand zur sogenannten Hauptebene (bei einer dünnen Linse entspricht sie der Mittellinie) ist die Brennweite f. Sie wird in Metern gemessen. Je kleiner die Brennweite, desto größer ist die Brechkraft der Linse. Die Brechkraft wird in Dioptrien (dpt) angegeben und aus dem Kehrwert der Brennweite berechnet. Ein Beispiel: Wenn die Brennweite einer Linse 0,1 m ist, beträgt die Brechkraft 1/0,1 m = 10 dpt. Für die Bildentstehung sind neben den Parallelstrahlen auch die Lichtstrahlen wichtig, die vom Objekt durch den vorderen Brennpunkt gehen (Brennstrahlen). Sie werden hinter der Linse zu Parallelstrahlen. Die Strahlen durch den Mittelpunkt einer dünnen Linse werden ungebrochen durchgelassen. Man sieht im Schema, dass die Lichtstrahlen, die vom Kopf der Person ausgehen, sich hinter der Linse wieder in einem Punkt treffen. An dieser Position entsteht das Bild des Kopfes. Hält man in diese Ebene ein Blatt Papier, kann man darauf die scharfe Abbildung der Person erkennen. Nähert man das Papier der Linse oder entfernt es weiter, wird die Abbildung unscharf.

Die Bildentstehung im Auge ist etwas komplizierter als bei einer dünnen Linse, da

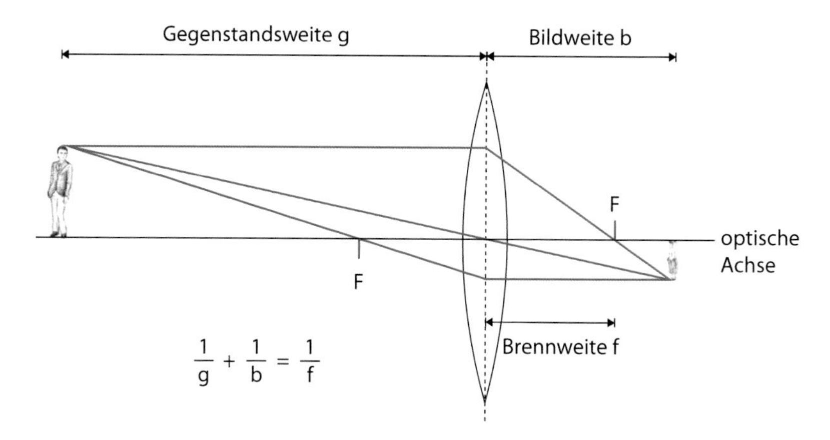

Abb. 7.9 Mithilfe einer Linse kann man ein Bild eines Gegenstands erzeugen. Die Strahlen, die von jedem Objektpunkt ausgehen, werden von der Linse gebrochen. Dort, wo sie sich treffen, entsteht der entsprechende Bildpunkt. Gegenstandsweite *g*, Bildweite *b* und Brennweite *f* stehen, wie in der Linsengleichung gezeigt, in einer festen Beziehung. Zur weiteren Erklärung siehe Text. (© Frank Müller, Forschungszentrum Jülich)

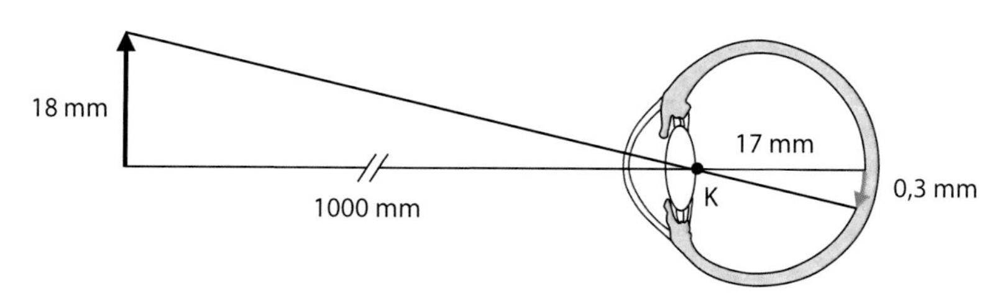

Abb. 7.10 Die Bildentstehung im Auge ist komplizierter als bei einer dünnen Linse, da mehrere optische Komponenten beteiligt sind. Andererseits kann man die Bildentstehung stark vereinfachen („reduziertes Auge"). Wichtig für die Bildkonstruktion ist dann der Knotenpunkt (K). Er liegt am Hinterrand der Linse. Betrachtet man ein Objekt von 18 mm Größe aus einer Entfernung von 1 m, wird es 0,3 mm groß auf der Retina abgebildet. Das entspricht 1° Sehwinkel. Nach einfachen geometrischen Regeln gilt: Gegenstandsgröße: Gegenstandsweite = Bildgröße:17 mm. Durch Umformen dieser Gleichung kann man für einen Gegenstand bekannter Größe und Entfernung leicht ausrechnen, wie groß er auf der Netzhaut abgebildet wird. (© Anja Mataruga, Forschungszentrum Jülich)

mehrere optische Komponenten hintereinanderliegen (Abb. 7.10). Zum Beispiel wirken sowohl die Hornhaut als auch die Linse an der Lichtbrechung mit. Die Brechkraft der Hornhaut beträgt ca. 43 dpt und ist sogar größer als die der Linse. Der Lichtstrahl wird von der Hornhaut deshalb so stark gebrochen, weil er von der „optisch dünnen" Luft in die „optisch dichte" Hornhaut übergeht und diese außerdem wie eine Linse stark gekrümmt ist. Wie wichtig die Brechung durch die Hornhaut bei der Bildentstehung ist, kann man leicht überprüfen, wenn man unter Wasser die Augen öffnet. Wird die Luft vor der Hornhaut durch das optisch dichtere Wasser ersetzt, verliert die Hornhaut ihre wesentliche Brechkraft, und es ergibt sich kein scharfes Bild. Erst wenn man durch eine Taucherbrille wieder Luft vor die Hornhaut bringt, sieht man auch unter Wasser scharf. Sie können das Prinzip auch mit einer Lupe in einer Schüssel Wasser demonstrieren. Im Wasser vergrößert sie nicht so stark wie an der Luft. Die Hornhaut leistet also den Löwenanteil an der Brechkraft; die Linse erlaubt es uns aber, das Auge auf Objekte in unterschiedlicher Entfernung einzustellen – auf den weit entfernten Mond genauso wie auf die Buchstaben in diesem Buch.

Verglichen mit den Hochleistungsobjektiven moderner Kameras nimmt sich die optische Leistung unseres Auges bescheiden aus. Wie bei jedem einfachen optischen System werden z. B. die Strahlen in der Nähe der optischen Achse schwächer gebrochen als die Strahlen am Rand der Linse – hierbei handelt es sich um die sogenannte sphärische Aberration. Zudem wird das kurzwellige blaue Licht stärker gebrochen als das langwellige rote Licht, sodass im Bild Farbsäume entstehen (chromatische Aberration). Des Weiteren ist die Brechkraft unseres Auges für senkrechte und waagerechte Linien nicht gleich groß (dieses Phänomen wird auch als Astigmatismus oder Stabsichtigkeit bezeichnet). Das von unserem Auge erzeugte Bild ist daher verzerrt und zunächst einmal nicht optimal scharf. In einem aufwendigen Kameraobjektiv werden die Fehler der einen Linse durch andere Linsen korrigiert. In unserem Auge ist das nicht möglich. Der Trick ist: Unser Gehirn berücksichtigt die Fehler bei der Bildauswertung, womit die Unschärfen und Verzerrungen deutlich weniger stark ins Gewicht fallen. Und schon haben wir den Eindruck, scharf sehen zu können. Doch zunächst beschäftigen wir uns eingehender mit den Anpassungsmechanismen des optischen Apparats in unserem Auge. Welche Möglichkeiten haben wir, unser Auge auf die Umwelt einzustellen?

Das optische System unseres Auges verfügt über eine ganze Reihe von Regulationsmechanismen. Es kann die Helligkeit des Bildes auf unserer Netzhaut variieren, indem es die Größe der Pupille ändert. Ärzte prüfen diesen „Pupillenreflex", indem sie dem Patienten mit einer Lampe in das Auge leuchten. Bei intaktem Reflex verkleinert sich dann sofort der Pupillendurchmesser. Das Signal, das diesen Regelkreislauf in Gang setzt, stammt von den lichtempfindlichen Zellen in der Netzhaut selbst. Allerdings muss die Information zuerst über den optischen Nerv in das Gehirn gelangen. Über mehrere Stationen wird das Signal schließlich auf die Nervenzellen umgeschaltet, die die Irismuskeln versorgen und diese dazu bringen, sich zusammenzuziehen. Übrigens reagieren beide Pupillen normalerweise gleich, auch wenn nur ein Auge belichtet wird.

Wie wir alle wissen, können wir unsere Augen schnell auf unterschiedlich entfernte Gegenstände scharf stellen (dies wird auch als Akkommodation bezeichnet). Auch hierbei nutzt unser Auge winzige Muskeln. Die Linse ist über die sogenannten Zonulafasern mit dem ringförmigen Ziliarmuskel verbunden (■ Abb. 7.11). Das Auge hat einen leicht erhöhten Innendruck, wodurch es wie ein Luftballon leicht gedehnt wird. Dabei werden die Zonulafasern gespannt, und die Linse wird flach gezogen. Sie hat dann eine geringe Brechkraft, die im Normalfall so angepasst ist, dass weit entfernte Objekte scharf auf der Netzhaut abgebildet werden. Nahe Objekte werden in diesem Fall erst hinter der Netzhaut scharf abgebildet und ergeben deshalb auf der Netzhaut ein unscharfes Bild. Um sie scharf zu sehen, muss die Brechkraft der Linse erhöht werden. Dies ist nur dann möglich, wenn sich die Muskeln im Ziliarkörper zusammenziehen. Die Muskeln nehmen dadurch den Zug von den Zonulafasern und der Linse. Die Linse selbst ist elastisch, kann sich jetzt wie ein Gummiband zusammenziehen und wird dabei runder. Die verstärkte Krümmung wiederum erhöht die Brechkraft der Linse, und der nahe Gegenstand wird scharf auf der Retina abgebildet.

7.2.3 Nur im winzigen Zentrum unseres Bildfeldes sehen wir wirklich scharf

Wie wir alle wissen, hängt die Qualität unserer Urlaubsbilder nicht nur davon ab, wie scharf das Kameraobjektiv die Umwelt abbildet, sondern auch davon, wie viele Bildpunkte der Kamerachip besitzt. Je mehr Bildpunkte (Pixel), desto besser ist die Auflösung des Bildes. Moderne Kamerachips haben einige Millionen Bildpunkte (Megapixel). Überall auf dem Chip sind die Bildpunkte gleich groß (oft etwa 2–4 µm; zur Erinnerung: 1 µm (Mikrometer) ist 1 tausendstel Millimeter), und an jeder Stelle des Chips sind sie gleich dicht gepackt. Das Bildmosaik ist deshalb überall auf dem Chip gleichermaßen fein. Wie schneidet nun unsere Retina ab, wenn man sie mit einer modernen Digitalkamera vergleicht?

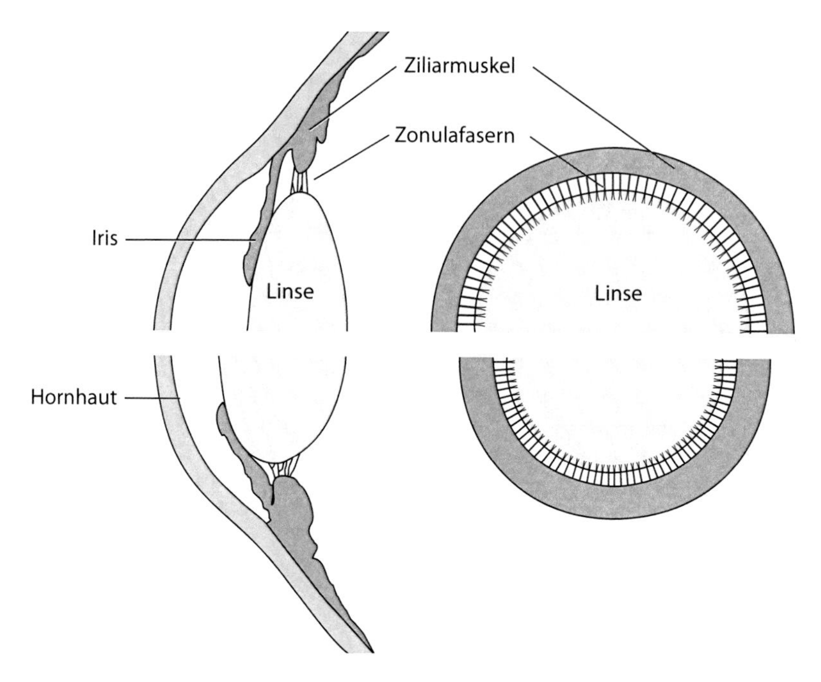

Abb. 7.11 Die Linse ist im Auge über die Zonulafasern mit dem ringförmigen Ziliarmuskel verbunden. Im Ruhezustand werden der Muskel und die Zonulafasern durch den Augeninnendruck gedehnt, die Linse wird dabei gestreckt und abgeflacht. Ihre Brechkraft ist jetzt für die scharfe Abbildung weit entfernter Objekte eingestellt (*oben*). Um nahe Objekte scharf abzubilden, muss sich der Ziliarmuskel zusammenziehen. Nun erschlaffen die Zonulafasern, die Linse kugelt sich aufgrund ihrer eigenen Elastizität ab und erhöht damit ihre Brechkraft (*unten*). Man beachte die Veränderung der Linsenform. (© Anja Mataruga, Forschungszentrum Jülich, modifiziert nach Koretz und Handelman)

Durch das Mikroskop betrachtet: Akkommodation und Fehlsichtigkeit

Die Akkommodation läuft meist unbewusst ab. Man kann den Vorgang aber leicht demonstrieren. Schauen Sie auf einen weit entfernten Gegenstand, z. B. einen Laternenpfahl vor Ihrem Fenster. Ihr Auge schaut dabei entspannt in die Ferne. Hornhaut und Linse haben zusammen jetzt eine Brechkraft von ca. 58 dpt, wovon ca. 43 dpt auf die Hornhaut und ca. 15 dpt auf die Linse entfallen, die von den Zonulafasern flach gezogen wird. Die Brennweite des Auges entspricht damit ca. 17 mm. Dies ist ziemlich genau der Abstand vom Hinterrand der Linse zur Retina.

Halten Sie nun Ihren Daumen in Armeslänge von sich weg, fokussieren Sie aber weiter den entfernten Gegenstand. Sie sehen den Daumen unscharf und doppelt. Fokussieren Sie nun den Daumen. Dazu muss die Linse ihre Brechkraft weiter erhöhen. Der Daumen erscheint jetzt scharf, der Laternenpfahl aber unscharf und doppelt. Jetzt führen Sie den Daumen näher an das Auge. Ab einer bestimmten Entfernung können Sie ihn nicht mehr scharf sehen, so sehr Sie sich auch anstrengen. Diese Entfernung hängt von verschiedenen Faktoren ab. Bei einem normalsichtigen jungen Menschen liegt sie bei 6–10 cm. Man kann aus dieser Entfernung berechnen, wie stark die Linse ihre Brechkraft erhöhen muss, um auf diese Entfernung scharf zu stellen. Die Änderung in der Linsenbrechkraft entspricht hier dem Kehrwert der Entfernung, bei der man noch scharf sieht. Nehmen wir als Beispiel 8 cm (0,08 m), dann beträgt die Änderung der Brechkraft 1/0,08 m = 12,5 dpt. Das Auge hat somit eine Gesamtbrechkraft von 70,5 dpt, die sich aus 58 dpt (im Ruhezustand) plus 12,5 dpt Brechkrafterhöhung der Linse zusammensetzt.

Mit zunehmendem Alter lässt die Elastizität der Linse nach. Sie kugelt sich weniger stark ab und erreicht deshalb nicht mehr die Brechkraft einer jungen Linse. Der Punkt, ab dem wir dann noch scharf sehen können, verschiebt sich also immer weiter vom Auge weg. Viele von uns müssen schon mit 40 Jahren die Zeitung beim Lesen weit von sich halten. Sieht man erst in 50 cm Entfernung scharf, kann die Linse ihre Brechkraft nur noch um 2 dpt erhöhen (2 dpt = 1/0,5 m). Und schließlich wird die Brechkraft der Linse bei vielen so schwach, dass sie ohne Brille nicht mehr lesen können. Hierbei handelt es sich um die sogenannte Alters(weit)sichtigkeit (Presbyopie). Die Lesebrille auf der Nase ersetzt dann die verloren gegangene Brechkraft, die unsere Linse in ihrer Jugend noch hatte.

Bei manchen beginnen die Sehprobleme allerdings schon in jungen Jahren während des Wachstums (◘ Abb. 7.12). Wenn der Augapfel z. B. zu sehr in die Länge wächst, liegt das scharfe Bild von weit entfernten Gegenständen vor der Retina (also im Glaskörper). Folglich ist das Bild auf der Retina wieder unscharf. Bei weit entfernten Objekten ist die Brechkraft der Linse zu groß für das lange Auge, sie muss deshalb durch eine Brille mit negativer Brechkraft (negative Dioptrienzahl) korrigiert werden. Nahe Gegenstände können aber ohne Brille scharf abgebildet werden. Das Auge ist also kurzsichtig. Für Kurzsichtige ergibt sich im Alter oft ein Vorteil beim Lesen. Da ihre Brechkraft höher ist als in einem normalen Auge, können viele Kurzsichtige selbst im Alter ohne Brille lesen. Bei weitsichtigen Menschen ist der Augapfel meist zu kurz. Sie müssen einen Teil der Brechkraft ihrer Linse bereits aufwenden, wenn sie in die Ferne schauen und haben deshalb große Probleme damit, nahe Gegenstände scharf abzubilden. Eine Brille mit positiver Brechkraft stellt die Sehleistung wieder her.

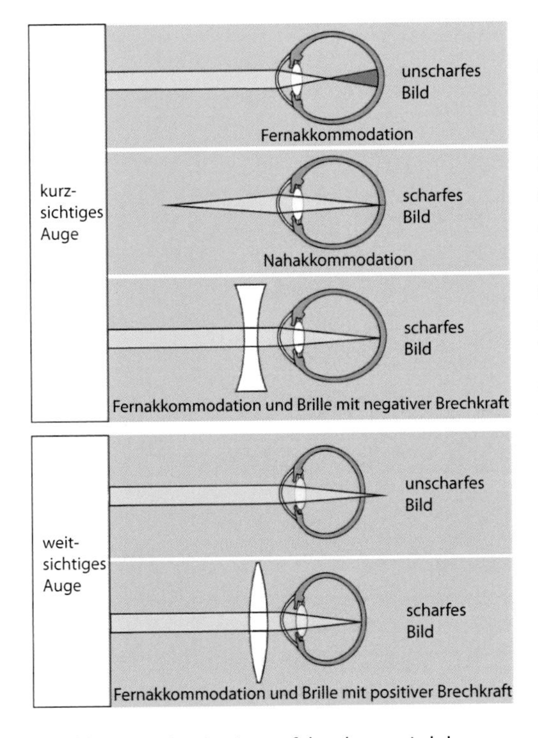

◘ **Abb. 7.12** Ist der Augapfel zu lang, wird das Auge kurzsichtig, ist er zu kurz, wird das Auge weitsichtig. Beides kann durch Linsen korrigiert werden. Zur weiteren Erklärung siehe Text. (© Anja Mataruga, Forschungszentrum Jülich, modifiziert nach Schmidt et al. 2011)

Zunächst einmal ist festzuhalten: Auch unsere Netzhaut enthält „Bildpunkte". Bei den Bildpunkten unserer Retina handelt es sich um die lichtempfindlichen Sinneszellen, unsere Photorezeptoren (◘ Abb. 7.13). Damit endet aber auch schon die Ähnlichkeit mit einer Digitalkamera, denn was unsere Retina leistet, ist ungleich komplexer. Dies beginnt schon damit, dass wir nicht eine, sondern zwei Arten von Sinneszellen haben: die Zapfen, mit denen wir am Tag sehen und Farben wahrnehmen können, und die Stäbchen für das Sehen in der Nacht. In jedem unserer Augen finden wir ca. sechs Millionen Zapfen und etwa 120 Mio. Stäbchen. Zudem sind unsere Photorezeptoren nicht gleichmäßig verteilt. Im Zentrum unserer Netzhaut, der Fovea, sind die Zapfen so dicht gepackt, dass etwa 140.000 davon auf 1 mm^2 Platz finden. Die Zapfen haben dort einen Abstand von ca. 2,5 µm, also durchaus vergleichbar mit dem Pixelabstand eines Kamerachips. Das entstehende Bildmosaik ist dementsprechend sehr fein, wir sprechen deshalb auch von der Stelle des schärfsten Sehens. Nur ein wenig außerhalb der Fovea nimmt die Zahl der Zapfen pro Quadratmillimeter dann aber schnell ab. Am Rand der Netzhaut finden wir weniger als 10.000 Zapfen pro Quadratmillimeter. Das Mosaik des Bildes wird in der Peripherie also wesentlich gröber und die Auflösung schlechter.

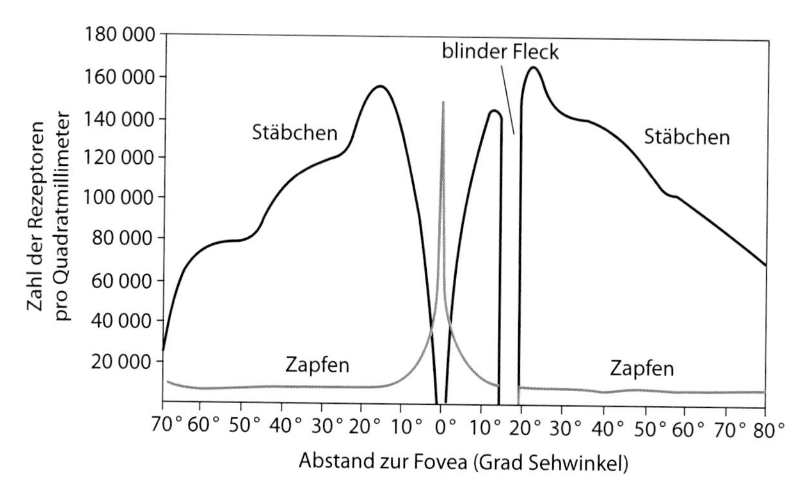

Abb. 7.13 Die Photorezeptoren sind nicht gleichmäßig in der Netzhaut verteilt. Die Dichte der Zapfen ist in der Fovea besonders hoch, fällt aber nach außen sehr schnell ab. Auch in der peripheren Retina findet man noch einige Tausend Zapfen pro Quadratmillimeter. In der Fovea gibt es keine Stäbchen. Die höchste Dichte der Stäbchen liegt einige Grad Sehwinkel außerhalb der Fovea (1° Sehwinkel entspricht ca. 0,3 mm auf der Netzhaut). Am blinden Fleck gibt es weder Stäbchen noch Zapfen. (© Hans-Dieter Grammig, Forschungszentrum Jülich, modifiziert nach Osterberg)

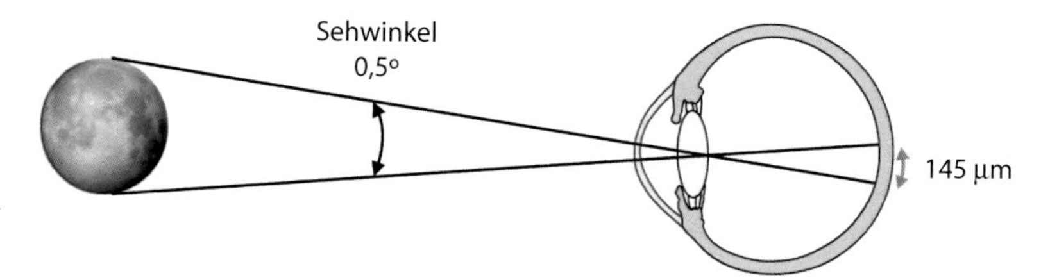

Abb. 7.14 Der Mond füllt ca. 0,5° in unserem Sehfeld aus. Sein Bild auf der Retina hat einen Durchmesser von 145 µm (0,145 mm). (© Anja Mataruga, Forschungszentrum Jülich)

Sie können sich davon durch einen einfachen Versuch überzeugen. Schließen Sie das linke Auge und schauen Sie mit dem rechten Auge gerade aus. Strecken Sie den rechten Arm weit nach rechts hinten aus, sodass Ihre Hand außerhalb des Gesichtsfeldes liegt. Nun bewegen Sie die Hand mit gestrecktem Arm wieder langsam zur Mitte des Gesichtsfeldes, aber ohne das Auge zu bewegen. Ab wann können Sie erkennen, wie viele Finger erhoben sind? Die große Hand sehen Sie sehr früh, aber um die Finger zu erkennen, müssen Sie Ihre Hand fast bis zur Mitte des Gesichtsfeldes bewegen. Dann werden die Finger auf die Stelle des schärfsten Sehens abgebildet und von dem feinen Photorezeptormosaik erfasst. Das Bildmosaik, das unsere Netzhaut erzeugt, sieht also deutlich anders aus als das einer Kamera. Nur im Zentrum unseres Gesichtsfeldes, an der Stelle des schärfsten Sehens, ist das Bildmosaik fein und das Bild scharf. Dieser Ausschnitt ist erstaunlich klein. Das Gesichtsfeld des Auges umschließt einen Sehwinkel von über 120°. Nur etwa 1° davon entfällt auf die Stelle des schärfsten Sehens mit der Fovea. (Zum Vergleich: Der Mond füllt ca. 0,5° unseres Sehfeldes aus (Abb. 7.14), der Daumennagel bei ausgestrecktem Arm ca. 2°. 1° Sehwinkel entspricht einer Strecke von 290 µm auf der Retina, also rund einem drittel Millimeter.)

Wiederholen Sie den Versuch mit verschiedenen farbigen Buntstiften. Nicht nur die Form der Stifte ist zunächst nur schemenhaft wahrnehmbar, auch ihre Farbe können Sie erst erkennen, wenn die Buntstifte fast in der Bildmitte angekommen sind. Im Umkehrschluss

Abb. 7.15 Vergleich der Abbildungsleistung Kamera und Auge. Die linke Hälfte der Abbildung ist gleichmäßig gut aufgelöst, wie bei einem Kamerachip. Die rechte Hälfte zeigt schematisch die Auflösung im Auge. Sie ist im zentralen Bildfeld, der Fovea, gut (*Kreis*). In einem mittleren Bereich des Gesichtsfeldes sehen wir wesentlich weniger scharf, können aber noch Farben erkennen. Am Rand des Gesichtsfeldes ist die Auflösung sehr schlecht und die Farbinformation geht verloren. Die Abbildung soll nur schematisch die unterschiedliche Auflösung im Gesichtsfeld verdeutlichen. Der Bereich, der von der Fovea abgedeckt wird, ist in Wirklichkeit sehr viel kleiner als hier dargestellt. (© Erik Leist, Universität Heidelberg, und Anja Mataruga, Forschungszentrum Jülich)

heißt dies: Gehen wir im Gesichtsfeld von der Fovea nach außen, wird nicht nur unsere Wahrnehmung zunehmend verschwommener, wir nehmen auch immer schlechter Farben wahr – und werden farbenblind (Abb. 7.15).

Warum fällt uns im täglichen Leben nicht auf, dass unsere Retina nur im Zentrum ein scharfes Bild vermittelt? Ganz einfach: weil wir unsere Augen ständig bewegen. Sobald ein Objekt im peripheren Gesichtsfeld auftaucht, wird es zuerst unscharf wahrgenommen und so an das Gehirn gemeldet. Das Gehirn löst sofort eine Augenbewegung aus und bildet das Objekt dadurch auf die Stelle des schärfsten Sehens ab, um es mit dem feinen Photorezeptormosaik zu analysieren. Da unsere Photorezeptoren so ungleichmäßig verteilt sind, haben wir sozusagen zwei Systeme zur Umgebungsanalyse in unserem Auge: ein breitflächiges mit niedriger Auflösung für die grobe Orientierung und ein kleines, fokussierendes mit hoher Auflösung für die Feinanalyse. Die Gründe hierfür sind einleuchtend: Das Auge kommt so mit nur sechs Millionen Zapfen aus. Zunächst scheint diese Zahl groß, aber wären die Zapfen überall so dicht gepackt wie im Zentrum der Retina, hätten wir über 100 Mio. Zapfen in jedem Auge. Unser Gehirn könnte die Informationsflut, die von so vielen Bildpunkten kommt, gar nicht bewältigen.

Die Retina geht in der Reduktion der Information sogar noch einen Schritt weiter. Die Photorezeptoren haben keine direkte Verbindung zum Gehirn, sondern übertragen ihre Information in der Netzhaut auf andere Zellen, deren Fasern dann den optischen Nerv bilden.

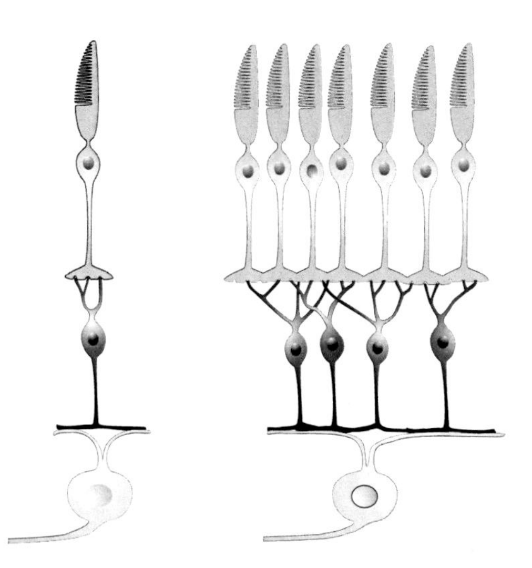

■ **Abb. 7.16** Um die maximale Auflösung zu erzielen, werden in der Fovea die Zapfen (*oben*) 1:1 über eine sogenannte Bipolarzelle (*Mitte*) weiterverschaltet. Die Ganglienzelle (*unten*), die die Information in das Gehirn weiterleitet, „weiß" also genau, woher der Reiz stammt. In der peripheren Retina werden dagegen viele Zapfen zusammengeschaltet. Die Ganglienzelle kann nicht wissen, welcher der Zapfen gereizt wurde. Die Auflösung ist niedriger. (© Anja Mataruga, Forschungszentrum Jülich)

Diese Verschaltung (■ Abb. 7.16) findet ausschließlich in der Fovea 1:1 statt, d. h. jeder Zapfen erhält hier so etwas wie eine eigene Telefonleitung zum Gehirn. Die hohe Auflösung sowie die Farbwahrnehmung des reinen Zapfenmosaiks in der Fovea bleiben somit erhalten. Außerhalb der Fovea werden dagegen viele Zapfen auf eine Zelle zusammengeschaltet, sodass die Auflösung stark reduziert wird. Insgesamt verringert sich dadurch die Zahl der Fasern, die von jedem Auge zum Gehirn ziehen, auf etwa eine Million. Aus der Sicht der Evolution stellt die hohe Zelldichte im Zentrum der Retina eine späte Spezialisierung dar. Die Netzhautperipherie repräsentiert sozusagen das niedrige Qualitätsniveau der urtümlichen Augen. Erst als sich die optische Qualität der Augen in der Evolution erhöhte, lohnte es sich, im Zentrum der Retina mehr Zellen einzubauen und so das Bildmosaik zu verbessern. Ein interessanter Gedanke: Wenn wir ein in der Retinaperipherie unscharf bemerktes Objekt durch eine Augenbewegung in das Zentrum unseres Bildfeldes führen, springen wir dabei um ein paar Millionen Jahre in der menschlichen Evolution nach vorn.

Indem wir unsere Augen bewegen, können wir also Objekte auf die scharf sehende Fovea abbilden. Die meisten Objekte in unserer Umwelt sind aber so groß, dass sie nicht ganz von der kleinen Fovea erfasst werden können. Deshalb müssen wir sie durch Augenbewegungen regelrecht abtasten, damit jeder Teil mindestens einmal von der Fovea analysiert werden konnte. Unser Gehirn speichert diese „Schnappschüsse" und setzt sie wie Puzzlestücke so zusammen, dass in unserer Wahrnehmung ein komplettes Bild entsteht. Dabei wartet das Gehirn nicht geduldig ab, bis unsere Augen jedes Detail erfasst haben. Das Gehirn steuert die Augenbewegungen, um bestimmte Komponenten eines Objekts detailliert, andere dagegen nur oberflächlich zu analysieren. Man kann den Augenbewegungen mit einer Kamera folgen und so herausfinden, welche Aspekte eines Objekts für unser Gehirn besonders interessant sind. Beim Abtasten eines Gesichts ruhen die Augen z. B. besonders oft und lange auf den Augen und dem Mund. Wir werden auf diese Aspekte in ▶ Kap. 12 nochmals zurückkommen.

7.2.4 Die Verteilung der Photorezeptoren erfolgt als Anpassung an die Lebensweise

Wie in ■ Abb. 7.13 zu erkennen ist, kann man die Dichte, in der die Zapfen gepackt sind, in Form eines „Gebirges" über der Retina darstellen. In der menschlichen Retina ergibt sich dann ein einzelner hoher Berg mit einem sehr steilen Gipfel. Eine ähnliche Verteilung findet man unter Säugern beim Affen und, wenngleich weniger stark ausgeprägt, z. B. auch bei Katzen. Diese Augen haben sich in der Evolution darauf spezialisiert, kleine Objekte optimal scharf abzubilden. Bei vielen anderen Tieren findet man keinen Gipfel, sondern – um bei diesem Bild zu bleiben – einen ausgedehnten Höhenzug, der insgesamt deutlich flacher ist (d. h. diese Tiere können nicht so scharf sehen wie wir). Sein Vorteil offenbart sich aber, wenn man den Lebensraum dieser Tiere betrachtet. Sie leben meist im freien Terrain, z. B. in der flachen Steppe. In solchen Gegenden tauchen Gefahren praktisch immer am Horizont auf (wenn man von Raubvögeln absieht). Der erwähnte Bereich mit der erhöhten Photorezeptordichte liegt so im Auge, dass der Horizont genau darauf abgebildet wird. Bei diesen Tieren wurden die Augen dafür optimiert, einen möglichst großen Anteil des Horizonts gleichzeitig scharf zu sehen und so Gefahren frühzeitig zu erkennen. Wir Menschen hingegen müssten den Horizont regelrecht absuchen, indem wir das Auge horizontal hin und her bewegen. Hätten wir statt der Fovea einen solchen Sehstreifen, hätten Sie in den beiden Versuchen die Finger oder Stifte am Rande des Gesichtsfeldes zwar ähnlich gut erkannt wie in der Mitte, das Bild wäre aber immer weniger scharf gewesen als in Ihrem zentralen Bildfeld.

7.2.5 Wer hat die schärfsten Augen?

Die Auflösung unserer Augen hängt von mehreren Faktoren ab. Sehen wir uns als einfaches Beispiel ◘ Abb. 7.17a (links) an: zwei schwarze Punkte, die durch eine weiße Fläche getrennt sind. Wenn Sie das Buch im Leseabstand halten, werden die Punkte und die weiße Fläche relativ groß auf Ihrer Netzhaut abgebildet. Zwischen den Zapfen, auf die die schwarzen Punkte abgebildet werden, liegen viele Zapfen, auf die die weiße Fläche abgebildet wird (◘ Abb. 7.17a, Mitte). Unser Sehsystem hat deshalb kein Problem zu erkennen, dass es sich um zwei getrennte Punkte handelt. Je größer der Abstand zum Buch wird, desto kleiner werden die schwarzen Punkte und die weiße Fläche dazwischen auf der Retina abgebildet. Ab einer bestimmten Entfernung ist die weiße Fläche so klein, dass sie gerade dem Durchmesser eines Zapfens entspricht (◘ Abb. 7.17a, rechts). Diese Zapfen registrieren immer noch ein anderes Signal als die Zapfen unter den schwarzen Punkten, deshalb können wir die Punkte gerade noch als getrennt wahrnehmen. Dieses Minimum separabile, der kleinste trennbare Abstand, entspricht also etwa dem Durchmesser eines Zapfens. Wird die weiße Fläche noch kleiner abgebildet, verschmelzen die schwarzen Punkte in unserer Wahrnehmung zu einer Fläche.

Wollte man die Auflösung des Auges weiter verbessern, blieben nur zwei Wege. Entweder man müsste den Durchmesser der Photorezeptoren verkleinern – dann könnte der Abstand zwischen den schwarzen Punkten kleiner werden. Oder man vergrößert die Brennweite des Auges – dann wird das Bild auf der Retina größer. Genau dies ist die Funktionsweise eines Fernglases, das weit entfernte Objekte stark vergrößert „heranholt“ und so auf viele Zapfen abbildet. Auf natürlichem Wege lässt sich die Brennweite eines Auges allerdings nur wenig erhöhen, denn das Auge müsste dazu größer werden und würde dann z. B. nicht mehr in den Schädel passen. Bei Adler- und Falkenaugen z. B. ist die Brennweite etwas höher als bei uns. Raubvögel haben seitlich stehende Augen. Ihre Augen sind aber bereits so groß, dass sich ihre Rückseiten im Schädelinneren fast berühren. Die Brennweite kann somit kaum noch gesteigert werden.

Die Photorezeptoren können aber auch nicht beliebig klein gemacht werden. Der Grund dafür liegt in der Wellennatur des Lichtes. Wir alle kennen dünne Lichtleiter aus Glasfasern. Licht, das an einem Ende eintritt, kann die Faser nicht verlassen, sondern wird innerhalb der Faser so hin und her reflektiert (der Physiker spricht von Totalreflexion), dass es erst am anderen Ende der Faser wieder austreten kann. Reduziert man den Durchmesser des Lichtleiters aber so, dass er sich der Wellenlänge des Lichtes annähert, tritt ein seltsamer Effekt auf. Das Licht wird nicht mehr in der Faser gehalten, sondern tritt überall aus. Auch die langgestreckten Photorezeptoren sind im Endeffekt solche Lichtleiter, und ihr Durchmesser ist mit 1,5–2,5 µm nur wenig

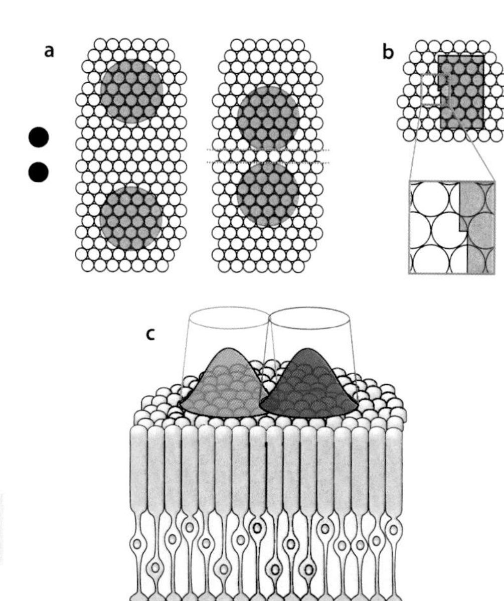

Abb. 7.17 **a** Wir nehmen die links gezeigten schwarzen Punkte als getrennt wahr, weil eine weiße Fläche zwischen ihnen liegt. Die Zapfen unter der weißen Fläche werden anders gereizt als die Zapfen unter der schwarzen Fläche. Bei einer bestimmten Entfernung ist der Abstand der schwarzen Punkte auf der Retina so groß wie der Durchmesser eines Zapfens. So können sie gerade noch getrennt wahrgenommen werden. Wir sprechen dann vom Minimum separabile. **b** Unter bestimmten Bedingungen kann die Auflösung unseres Auges deutlich über das Minimum separabile hinausgehen. Die linke Kante des grauen Objekts hat eine kleine Stufe. Die Höhe der Stufe ist deutlich kleiner als der Durchmesser eines Zapfens in der Fovea, dennoch können wir die Stufe wahrnehmen. Bei dieser Nonius-Sehschärfe (auch Vernier-Sehschärfe genannt) müssen die Signale vieler Zapfen ausgewertet werden, um die erhöhte Auflösung zu erreichen. **c** In a und b wurden die Objekte in idealisierter Weise auf dem Zapfenmuster abgebildet. In Wirklichkeit entsteht durch die Beugung der Augenoptik eine weniger scharfe Abbildung mit weniger exakten Kanten. Werden zwei helle Punkte auf der Netzhaut abgebildet, verteilt sich ihre Helligkeit in Form von zwei Glockenkurven, die sich unter Umständen überlappen. Der Zapfen im Überlappungsbereich erhält aber weniger Licht als die anderen Zapfen. Die zwei Punkte werden also immer noch getrennt wahrgenommen. (© Anja Mataruga, Forschungszentrum Jülich)

größer als die Wellenlänge des sichtbaren Lichtes (0,4–0,75 µm). Würde man die Photorezeptoren sehr viel dünner machen, als sie bereits sind, würden sie ebenfalls „Licht verlieren“, und man würde genau das Gegenteil dessen erreichen, was man will: Die Auflösung würde erniedrigt. Es gibt also ein Optimum an optischer Auflösung – und unser Auge ist gar nicht weit davon entfernt.

Beim Augenarzt wird die Sehschärfe meist bestimmt, indem man immer kleiner werdende Buchstaben lesen muss. Alternativ kann man die Sehschärfe mit standardisierten geometrischen Figuren wie dem Landolt-Ring bestimmen (benannt nach dem Schweizer Augenarzt Edmund Landolt). Der Landolt-Ring wird so auf der Retina abgebildet, dass seine Öffnung genau eine Winkelminute (d. h. 1/60 Winkelgrad) überstreicht (Abb. 7.18). Kann man die Öffnung entdecken, hat man einen Visus von 1. Junge Menschen können unter optimalen Lichtbedingungen einen Visus von 2 erreichen.

Um die Auflösung verschiedener Augen vergleichen zu können, gibt man sie in Grad Sehwinkel an (bzw. in Winkelminuten oder Winkelsekunden; 1 Grad Sehwinkel hat 60 Winkelminuten, jede Winkelminute 60 Winkelsekunden). Nehmen wir an, Sie befestigen ein 10 cm langes Linealstück an einer Wand und betrachten es aus ca. 6 m Entfernung. Dann nehmen diese 10 cm auf dem Lineal etwa einen Sehwinkel von 1° ein. Das Lineal wird auf der Retina ca. 290 µm groß abgebildet. Ein mm auf dem Lineal entspricht dann etwa dem Durchmesser eines Zapfens von 2,5 µm in der Fovea bzw. ca. 0,5 Winkelminuten = 30 Winkelsekunden.

Wenn Sie gute Augen haben, können Sie bei optimaler Beleuchtung also zwei Objekte mit 1 mm Abstand aus 6 m Entfernung gerade noch getrennt wahrnehmen. Die Auflösung von Adler- und Falkenaugen ist etwas höher als unsere. Eine Katze hat eine etwa zehnfach schlechtere Sehschärfe als wir, eine Ratte sieht etwa 80-mal schlechter, und die Fledermaus liegt ganz abgeschlagen: Ihr Minimum separabile ist etwa 500-mal schlechter als unseres. Dies ist für eine Fledermaus aber kein großes

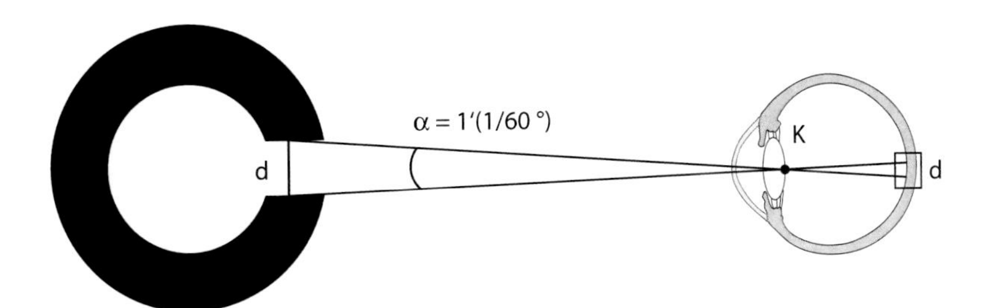

Abb. 7.18 Zur Bestimmung der Sehschärfe werden oft standardisierte Figuren wie der Landolt-Ring verwendet. Aus einer bestimmten Entfernung betrachtet erscheint die Lücke d im Kreis unter einem Bildwinkel von 1/60 Grad (entspricht einer Winkelminute). Die Lücke ist dann so klein, dass sie auf gerade mal zwei Zapfen in unserer Fovea abgebildet wird. Kann die Lücke unter diesen Bedingungen erkannt werden, beträgt der Visus 1. Unter optimalen Lichtbedingungen können vor allem junge Menschen einen Visus von 2 erreichen. *K* Knotenpunkt. (© Anja Mataruga, Forschungszentrum Jülich)

Sinnesbiologie im Alltag: Zwei Arten von Photorezeptoren – zwei Arten der Wahrnehmung

Sicher haben Sie schon einmal Ähnliches erlebt wie in der folgenden Situation beschrieben: Sagen wir, es ist Nacht und Sie befinden sich in Ihrem hell erleuchteten Wohnzimmer. Ihnen gegenüber hängen Fotografien Ihrer Lieben an der Wand, und auf dem Tisch stapeln sich Bücher mit verschiedenfarbigen Buchrücken. Sie lesen gerade die aktuellen Meldungen in der Zeitung. Draußen ist es nahezu stockduster, nur etwas Mondlicht dringt noch in das Zimmer. Plötzlich gehen die Lichter aus – Stromausfall. Sofort schauen Sie auf und sehen erst einmal gar nichts.

Erst nach und nach kehren die Umrisse der Möbel zurück, und Sie sehen wieder, wo an der Wand die Fotografien hängen. Aber die Personen darauf sind kaum auszumachen. Alles ist und bleibt viel weniger deutlich als vorher. Die Buchrücken haben alle Farbe verloren und erscheinen in verschieden dunklen Grautönen. Sie schlagen die Zeitung auf. Die Schlagzeilen zu lesen, ist nicht allzu schwierig, aber das Lesen des eigentlichen Zeitungstextes ist fast unmöglich. Wenn Sie die Buchstaben fixieren wollen, verschwinden sie vor Ihren Augen. Sollte der Stromausfall nicht behoben werden, war es das mit dem Leseabend für heute …

Dieses Beispiel zeigt sehr deutlich, wie stark unsere Wahrnehmung durch die Eigenschaften unserer Sinnesorgane gefiltert wird. Bei hellem Licht sehen wir mit den Zapfen. In der zentralen Netzhaut, wo sie dicht gepackt sind, erlauben sie es uns, mit guter Auflösung zu sehen und außerdem Farben zu erkennen. Bei schwachem Licht sind die Zapfen nicht mehr empfindlich genug – hier müssen die Stäbchen übernehmen. Mit ihnen können wir zwar bei wenig Licht sehen, aber die räumliche Auflösung ist sehr viel schlechter. Sie haben nicht, wie die fovealen Zapfen, ihre eigene Telefonleitung. Stattdessen werden sehr viele Stäbchen auf eine gemeinsame Zelle verschaltet. Auch mit dem Farbensehen ist es vorbei. Und da Stäbchen auch viel langsamer auf Licht reagieren als Zapfen, brauchen wir länger, um die uns umgebenden Objekte zu erkennen. In der Fovea wiederum, mit der wir am Tag unsere Umwelt analysieren, gibt es überhaupt keine Stäbchen. Da die Zapfen bei geringem Licht nicht arbeiten können, ist die Fovea nachtblind: Alles, was wir im Dunkeln fixieren, verschwindet aus unserer Wahrnehmung. Deshalb fixieren Astronomen Sterne nicht, sondern schauen daran „vorbei". Sie werden dann nicht auf die Fovea abgebildet, sondern daneben, wo es viele Stäbchen gibt (siehe Abb. 7.13). Im Umkehrschluss gilt: Falls der Stern beim Fixieren nicht verschwindet, ist er hell genug, um die Zapfen in Ihrer Fovea zu erregen.

Fazit: In der Nacht sind nicht nur alle Katzen grau – wir nehmen sie auch verzögert wahr und sehen sie weniger scharf als am Tage.

Problem, denn sie orientiert sich in der dunklen Nacht ja nicht mit ihren Augen, sondern über ihr ausgezeichnetes Echolot, das es ihr erlaubt, selbst zwischen den feinsten Zweigen im Wald herumzufliegen (▶ Kap. 8).

7.3 Wie unsere Photorezeptoren Licht in die Sprache des Nervensystems übersetzen – die Phototransduktion

7.3.1 Das Außensegment ist die lichtempfindliche Antenne des Photorezeptors

In jedem unserer Augen finden wir etwa sechs Millionen Zapfen und ca. 120 Mio. Stäbchen (◘ Abb. 7.19). Mit diesen wollen wir uns jetzt einmal anschauen, wie Photorezeptoren eigentlich aufgebaut sind und wie sie auf Licht reagieren.

Auch die Photorezeptoren folgen dem universalen Schema einer Sinneszelle (▶ Abschn. 4.1). Ihr Innenabschnitt beherbergt den Zellkörper mit dem Zellkern sowie die normale Ausstattung an zellulären Organellen, die für die biochemische Routinearbeit einer Zelle gebraucht werden, wie Mitochondrien und endoplasmatisches Retikulum. Die Photorezeptoren besitzen ein kurzes Axon. Mit diesem Axon übertragen sie ihre Informationen jedoch nicht direkt in das Gehirn, sondern auf andere Zellen in der Retina. Das Besondere an den Sehzellen ist ihr Außensegment. Es bildet den Lichtdetektor, der alle molekularen Komponenten enthält, die erstens zum Einfangen (zur Absorption) von Licht, zweitens zur Umwandlung des Lichtes in ein biochemisches Signal, drittens zur Verstärkung dieses Signals sowie viertens zur Erzeugung eines elektrischen Signals notwendig sind (▶ Box 7.2). Wenn man die Außensegmente der Stäbchen genauer betrachtet, fällt auf, dass

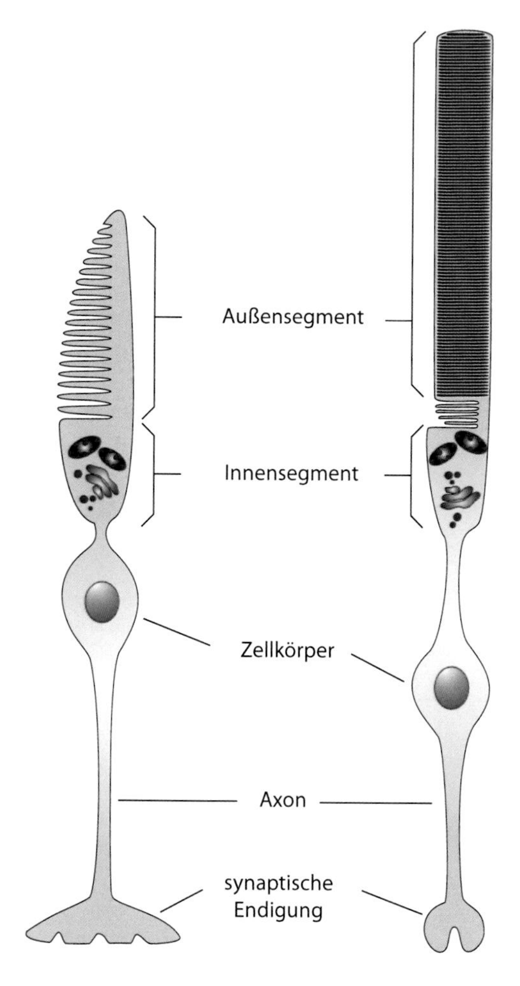

◘ **Abb. 7.19** Das Außensegment der Zapfen (*links*) und Stäbchen (*rechts*) bildet den Lichtdetektor (beim Stäbchen haben wir es purpur eingefärbt). Es enthält alle Komponenten, die notwendig sind, um Licht zu absorbieren und ein elektrisches Signal zu erzeugen. Das Innensegment beherbergt die biochemische Routinemaschinerie der Zelle (Mitochondrien, endoplasmatisches Retikulum usw.). Das Axon endet in einer synaptischen Endigung, die das Signal des Photorezeptors auf nachgeschaltete Zellen in der Retina überträgt. (© Anja Mataruga, Forschungszentrum Jülich)

sie mit einem hohen Stapel dicht gepackter flacher Membranscheibchen, den sogenannten Disks, gefüllt sind (◘ Abb. 7.20). Diese Disks sind wie Münzen in einer Geldrolle angeordnet und werden von der Zellmembran des Außensegments umhüllt. Ihre Zahl variiert je nach Tierart zwischen 500 und 2000, in einem menschlichen Stäbchen findet man ca. 800 solcher Membranscheibchen pro Außensegment. Schmale, mit Cytoplasma gefüllte Zwischenräume trennen die Disks voneinander und von der Zellmembran. Zapfen besitzen meist keine isolierten Membranscheibchen; ihre Zellmembran ist jedoch vielfach gefaltet und verleiht dem Zapfenaußensegment ebenfalls eine stapelförmige Struktur.

Wozu dienen diese auffälligen Membranstapel? Die Antwort: Sie sind der Ort in den Lichtsinneszellen, an dem die Lichtquanten detektiert werden – der Ort der Lichtabsorption.

Sinnesbiologie im Alltag: Erkrankungen des Auges und der Retina

Unser Augenlicht ist von verschiedenen Gefahren bedroht. Eine häufige Erkrankung, vor allem im Alter, ist der graue Star (Linsenkatarakt). Durch eine Trübung der Linse wird die Umwelt nicht mehr scharf auf der Retina abgebildet. Hauptsymptom ist ein langsamer, schmerzloser Sehverlust, verbunden mit „Verschwommensehen". Die Welt erscheint wie durch einen Nebel betrachtet. In besonders starken Fällen ergibt sich gar kein Bild mehr. Heutzutage ist der Austausch der getrübten Linse gegen eine Kunststofflinse ein Routineeingriff der Augenheilkunde. Mit der starren Ersatzlinse kann das Auge nicht auf nahe Objekte scharf stellen, sodass man zum Lesen eine Brille braucht. Bereits im Altertum bis in die Neuzeit gab es Wundärzte (so die damalige Bezeichnung für „Chirurgen"), die meist auf Jahrmärkten den Dienst anboten, den Betroffenen „den Star zu stechen". Dabei wurde eine Nadel von der Seite ins Auge eingestochen, mit der die Linse aus dem Strahlengang gedrückt wurde – alles ohne Narkose, versteht sich. Nebenwirkungen der Methode wie Infektionen, vollständige Erblindung oder Tod waren keine Seltenheit (aber dann war der Starstecher ja schon weg). Beim grünen Star (Glaukom) steigt der Innendruck des Auges übermäßig an. Dadurch werden die Blutgefäße und der Sehnerv am blinden Fleck gequetscht. Im schlimmsten Fall degeneriert der Nerv, und das Auge erblindet. Da die Krankheit schleichend verläuft, erscheint es sinnvoll, den Augeninnendruck beim Arzt ab einem bestimmten Alter regelmäßig messen zu lassen. Liegt der Innendruck zu hoch, kann man versuchen, ihn medikamentös zu senken.

Im höheren Alter kann die Maculadegeneration auftreten, bei der die Photorezeptoren in der zentralen Retina absterben. In der Macula lutea (dem gelben Fleck; siehe ◻ Abb. 7.6) liegt unsere Fovea. In ihr sind die Zapfen zwar besonders dicht gepackt, da aber die Fovea sehr klein ist, enthält sie im Endeffekt nur ca. 50.000 Zapfen, was etwa 1 % aller Zapfen in der Retina entspricht. Wenn Sie Ihren Daumen bei ausgestrecktem Arm betrachten, wird der Daumennagel ziemlich genau auf die Fovea abgebildet. Diese 50.000 fovealen Zapfen vermitteln uns unser Bild von der Welt. Schließlich ist es die Fovea, die mit ihrem feinen Raster an Zapfen die Details der Umwelt für uns erschließt. Diese Spezialisierung der zentralen Retina kann sich bei älteren Menschen zum Nachteil auswirken, denn die Betroffenen verlieren bei der Maculadegeneration ausgerechnet den Bereich der Netzhaut, der ein scharfes, hochaufgelöstes Bild erzeugt. Übrig bleibt nur der weniger gut auflösende periphere Netzhautbereich. Er reicht aus, um sich grob zu orientieren, aber feine Sehleistungen, z. B. Lesen, oder das Erkennen von Gesichtern sind oft nicht mehr möglich.

Eine weitere Erkrankung, bei der die Photorezeptoren der Retina absterben, ist die meist erblich bedingte Retinitis pigmentosa. Eines der vielen Proteine, die für die Signalwandlung in den Photorezeptoren wichtig sind, ist durch einen Gendefekt in seiner Funktion gestört. Retinitis pigmentosa ist also eigentlich ein Überbegriff für eine ganze Palette von genetischen Erkrankungen. Aufgrund des gestörten Stoffwechsels sterben die Photorezeptoren im Laufe des Lebens ab. Da sie nicht ersetzt werden können, führt die Krankheit im jüngeren bis mittleren Erwachsenenalter unter Umständen bis zur vollständigen Erblindung.

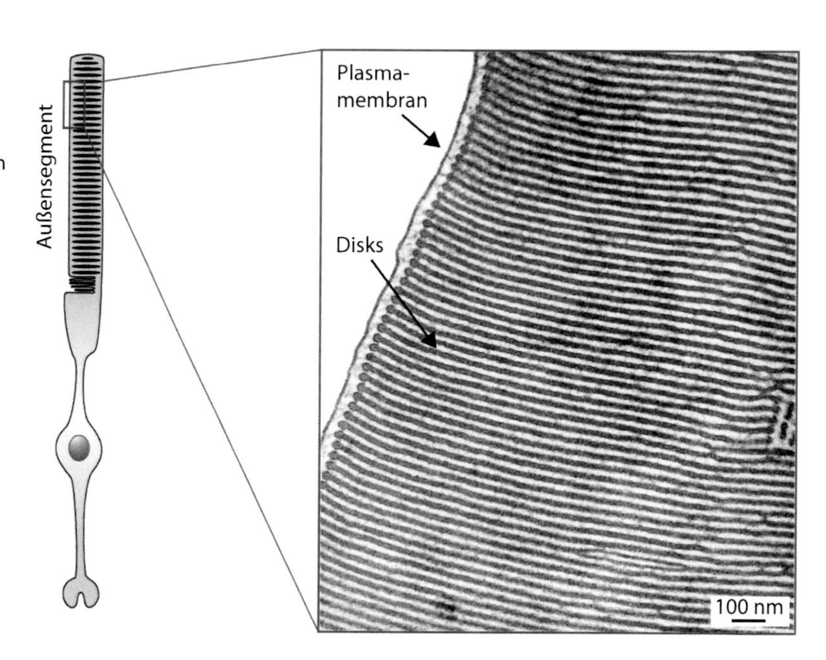

Abb. 7.20 Im Außensegment der Stäbchen sind hauchdünne Membransäckchen, die sogenannten Disks, wie Münzen in einer Geldrolle übereinandergestapelt. In diese Membranen ist das Sehpigment Rhodopsin eingelagert. Die Disks sind der Ort der Lichtabsorption. (© Anja Mataruga und Walter Schröder, Forschungszentrum Jülich)

7.3.2 Der erste Schritt beim Sehen: Ein Farbstoffmolekül im Photorezeptor absorbiert das Lichtquant

Bereits in der zweiten Hälfte des 19. Jahrhunderts studierte der Heidelberger Physiologe Willy Kühne (1837–1900) ein interessantes Phänomen, das kurz zuvor von dem Forscher Franz Boll beschrieben worden war. Wenn er die Netzhäute getöteter Tiere im Dunkeln isolierte und dann bei Licht betrachtete, erschienen sie zuerst rötlich-violett, wurden aber nach kurzer Zeit im Licht blass – sie „bleichten aus". Diese photochemische Reaktion erinnerte ihn an die in den Kinderschuhen steckende Fotografie. Er versuchte sogar, wie auf einem fotografischen Film, Bilder auf der Retina erzeugen. Dazu richtete er präparierte Augen zuerst kurz auf sein Laborfenster aus und tauchte dann die Netzhaut in eine Fixierlösung, die jede weitere Veränderung verhinderte. Auf der so präparierten Netzhaut konnte man deutlich das Abbild des Laborfensters mit seinen Holzstreben erkennen. Wo die dunklen Holzstreben abgebildet wurden, blieb die Retina violett, dort, wo durch die Fensterscheiben viel Licht auf die Retina gelangte, bleichte sie aus. Kühne schloss folgerichtig aus seinen Experimenten, dass die Retina einen violetten Farbstoff enthält, der Licht absorbiert und dabei bleicht – die Grundlage für die Lichtempfindlichkeit der Netzhaut. Wir nennen den Farbstoff aufgrund seiner rötlich-violetten Farbe Sehpurpur oder Rhodopsin.

Rhodopsin ist wie viele andere Zellbausteine ein Protein. Es ist dicht gepackt in die Membran der Disks eingebaut. Wenn Licht in den Photorezeptor einfällt, durchdringt es das ganze Außensegment und damit auch die zahlreichen Disks. Deren Gesamtfläche ist aufgrund der vielen übereinandergeschichteten Membranen über 1000-mal größer als der Querschnitt des Außensegments. Jedes Stäbchen enthält in den Disks seines Außensegments ca. 50 Mio. Rhodopsinmoleküle. Da die Diskmembran mit Rhodopsinmolekülen geradezu vollgestopft ist, wird die Wahrscheinlichkeit, dass ein Lichtquant ein Rhodopsinmolekül trifft und dabei absorbiert wird, enorm erhöht. Deshalb sind Stäbchen geradezu ideale Quantenfänger. Und jetzt kommt das Unglaubliche: Wenn nur ein einziges der Rhodopsinmoleküle ein Lichtquant absorbiert, reagiert das Stäbchen bereits mit einer elektrischen Antwort. Stäbchen haben die Grenze des physikalisch Möglichen erreicht – denn weniger als 1 Lichtquant kann nicht detektiert werden.

7.3.3 Die elektrische Lichtantwort unserer Photorezeptoren ist außergewöhnlich

Die Signalwandlung im Photorezeptor hat gewisse Ähnlichkeiten mit der in Riechzellen, die Sie bereits in ► Kap. 6 kennen gelernt haben. In beiden Fällen handelt es sich um eine G-Protein-gekoppelte Signalwandlung mit einem Schneeballsystem (das Prinzip der G-Protein-gekoppelten Kaskade haben wir in ► Abschn. 4.1 behandelt). Die Verstärkung läuft vom Rezeptormolekül über ein G-Protein, ein Effektorprotein sowie einen intrazellulären Botenstoff bis zum Ionenkanal, der die elektrische Antwort erzeugt. Allerdings unterscheiden sich die einzelnen Komponenten zwischen Photorezeptor und Riechzelle. Und vor allem: Das Vorzeichen der Antwort ist in beiden Zellen genau umgekehrt. Wie kommt es dazu?

Detektiert eine Riechzelle ein Signal, wird während der Signalwandlung der sekundäre Botenstoff cAMP gebildet, der wiederum Ionenkanäle öffnet und zu einem Einstrom von Natriumionen führt. Die Riechzelle wird dadurch erregt (die Details können Sie in ► Kap. 6 nachlesen). Sehzellen hingegen reagieren auf ihren Reiz, also Licht, nicht mit Erregung. Sie sind vielmehr im Dunkeln (!) maximal erregt und reduzieren diese Erregung mit zunehmender Lichtintensität. Dies geschieht folgendermaßen: Im Außensegment der Photorezeptoren ist *im Dunkeln* der dem cAMP verwandte Botenstoff cGMP (zyklisches Guanosinmonophosphat) vorhanden. Das cGMP bindet an Ionenkanäle, die dadurch geöffnet werden. Durch die offenen Kanäle strömen hauptsächlich Natriumionen, aber auch Calciumionen in die Zelle ein. So kommt es zu einem „Dunkelstrom". Dieser Dunkelstrom in die Zelle hinein wirkt dem Ausstrom an Kaliumionen entgegen, der die typische negative Membranspannung von −70 mV einstellen würde (► Kap. 3). Aufgrund der beiden gegenläufigen Ströme bildet sich eine Spannung von −40 mV an der Membran aus. In ► Kap. 3 haben wir gelernt, was eine solche Abweichung vom negativen Membranpotenzial für eine Nervenzelle bedeutet: Es ist eine Depolarisation, und sie ist gleichbedeutend mit Erregung! Der Photorezeptor bildet zwar keine Aktionspotenziale aus, aber die Depolarisation ist groß genug, um ihn zu erregen, sodass er an seiner Synapse Botenstoffe freisetzt, auf die die nachgeschalteten Zellen reagieren.

Absorbiert nun ein Rhodopsinmolekül ein Lichtquant, wird eine Signalkette gestartet, die dazu führt, dass der Dunkelstrom und somit die Depolarisation der Zelle abnehmen. Die Signalkette bewirkt nämlich, dass ein Teil des cGMP abgebaut wird. Weniger cGMP heißt, dass weniger Ionenkanäle im Außensegment offen gehalten werden – viele Kanäle schließen. Der Dunkelstrom in das Außensegment hinein nimmt ab, und der Kaliumausstrom überwiegt: Die Membranspannung wird negativer und an der Synapse wird weniger Botenstoff ausgeschüttet (◘ Abb. 7.21). Diese Veränderung wird von den nachgeschalteten Nervenzellen in der Netzhaut registriert, vielfältig verarbeitet und schließlich zum Gehirn weitergeleitet. Das Gehirn interpretiert das Signal dann als Licht.

Bereits die Absorption eines einzelnen Lichtquants führt dazu, dass genügend Kanäle schließen, um die Membranspannung des Photorezeptors und die Menge an freigesetztem Botenstoff messbar zu verändern. Stärkere Lichtreize zerstören mehr cGMP, schließen mehr Kanäle und lösen folglich eine größere Zellantwort aus. Aber bereits 100 bis 300 Lichtquanten pro Stäbchen genügen, um die Lichtantwort zu sättigen. Dies bedeutet, dass die Zellantwort ab dieser Quantenzahl gleich groß bleibt, egal, wie viel mehr Licht auf das Außensegment trifft.

Unsere Photorezeptoren sind relativ träge. Sie brauchen einige Zeit, um auf einen Lichtreiz zu reagieren. Wie Sie in ► Box 7.2 nachlesen können, muss das schwache Lichtsignal hoch verstärkt werden, indem möglichst viele

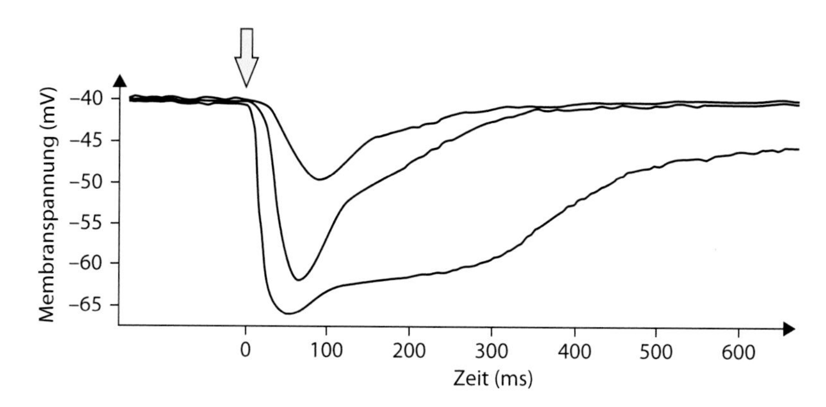

Abb. 7.21 Stäbchen und Zapfen sind im Dunkeln depolarisiert (hier –40 mV). Nach einem Lichtreiz (*gelber Pfeil*) sinkt die Membranspannung auf negativere Werte ab (Hyperpolarisation). Das Ausmaß der Lichtantwort hängt von der Reizintensität ab. Gezeigt sind die Antworten eines Stäbchens auf drei Lichtreize mit unterschiedlichen Lichtintensitäten. In dieser Messung sind die Lichtantworten sehr langsam. Dies liegt daran, dass sie an Stäbchen von Kröten durchgeführt wurden. Bei Säugetieren, und damit auch bei uns, wäre die Lichtantwort schneller. Aber auch unsere Photorezeptoren sind immer noch relativ langsame Zellen. (© Hans-Dieter Grammig, Forschungszentrum Jülich)

7

Moleküle in der Signalkette aktiviert werden – das kostet einfach Zeit. Diese Trägheit ist deshalb bei den Stäbchen, die bereits mit wenig Licht auskommen, stärker ausgeprägt als bei den Zapfen, die bei höheren Lichtintensitäten arbeiten. Fällt ein zweiter Lichtreiz auf einen Photorezeptor, bevor die Antwort auf den ersten Lichtreiz beendet ist, verschmelzen die beiden Antworten. Wir können dann die beiden Reize nicht mehr getrennt wahrnehmen. Bei Stäbchen passiert dies bei 20 bis 30 Reizen pro Sekunde, bei Zapfen erst bei 50 bis 60 Reizen pro Sekunde.

Die Trägheit unserer Photorezeptoren bildet die Grundlage unserer Film- und Fernsehtechnik. Folgen die Bilder genügend schnell aufeinander (etwa 50 Bilder pro Sekunde), entsteht für uns der Eindruck einer fließenden Bewegung ohne Flimmern (man spricht dann von der sogenannten Flimmerfusionsfrequenz). Aus demselben Grund nehmen wir auch das Flackern elektrischer Lampen nicht wahr, obwohl sie ja mit der Wechselstromfrequenz von 50 Hz betrieben werden. Übrigens sind uns die Photorezeptoren anderer Tiere, insbesondere der schnell fliegenden Insekten, in dieser Hinsicht haushoch überlegen. Libellen oder Fliegen können 200 bis 300 Reize pro Sekunde unterscheiden. Für so ein Insekt wirkt also selbst der schönste Kinofilm wie eine Diaschau aus unendlich vielen Einzelbildern. Mehr dazu finden Sie in ► Abschn. 7.6.8.

Box 7.2 Durch das Mikroskop betrachtet: Die lichtaktivierte „Enzymkaskade"

Das Prinzip einer G-Protein-gekoppelten Kaskade wurde bereits in ► Abschn. 4.1 erklärt. Das G-Protein-gekoppelte Rezeptormolekül der Stäbchen ist das Rhodopsin. Es besteht aus zwei Teilen: Ein Protein, das Opsin, ist chemisch mit dem viel kleineren, eigentlich lichtempfindlichen Farbstoff verknüpft. Bei diesem Farbstoff handelt es sich um 11-*cis*-Retinal. Es heißt so, weil es an dem elften Kohlenstoffatom des Moleküls einen charakteristischen Knick aufweist (die *cis*-Form, ■ Abb. 7.22). Retinal wird in unserem Körper aus Vitamin A gebildet (der Spruch, dass Karotten gesund für die Augen sind, hat übrigens damit zu tun, dass Karotten viel Provitamin A enthalten). Das Opsin zeigt den typischen Aufbau G-Protein-gekoppelter Rezeptoren: Die Aminosäurekette schlängelt sich siebenmal durch die Membran.

Das Retinal befindet sich wie in einer Tasche zwischen den sieben Membrandurchgängen. Trifft ein Lichtquant auf das Retinal, wird die Energie dieses Quants genutzt, um das Retinal von der gewinkelten 11-*cis*- in die gestreckte *all-trans*-Form zu überführen. Das gestreckte *all-trans*-Retinal passt nun nicht mehr in die Bindungstasche, und das Protein verformt sich – es kommt zur Konformationsänderung. Das verformte Protein, Metarhodopsin II, ist nun aktiviert und vermag das nächste Protein der Enzymkaskade zu aktivieren. Hierbei handelt es sich um das G-Protein Transducin. Die Aktivierung von Transducin erfolgt genauso wie bei allen anderen G-Proteinen, d. h. das G-Protein zerfällt in zwei Teile, und zwar eine α-Untereinheit und eine βγ-Untereinheit (► Abschn. 4.1). Da das aktivierte Rhodopsinmolekül in der Diskmembran beweglich ist, trifft es auf viele Transducinmoleküle, die es aktivieren kann. Im ersten Verstärkungsschritt in der Kaskade können so von jedem Molekül Metarhodopsin II bis zu 150 Transducinmoleküle aktiviert werden. Vom aktivierten Transducin interessiert uns hier nur die α-Untereinheit. Sie diffundiert ebenfalls entlang der Diskmembran und aktiviert das nächste Protein der Kaskade: das Enzym Phosphodiesterase (PDE).

Die PDE ist aus vier Untereinheiten zusammengesetzt: zwei große einander ähnliche α- und β-Untereinheiten und zwei kleinere γ-Untereinheiten. Die beiden großen Untereinheiten besitzen die Fähigkeit, den intrazellulären Botenstoff cGMP zu spalten. Sie werden aber durch die Bindung der beiden γ-Untereinheiten daran gehindert. Das aktivierte Transducin befreit die PDE von einer der γ-Untereinheiten und die Hemmung der PDE lässt nach. Weniger Hemmung bedeutet im Umkehrschluss mehr Aktivität. Die aktivierte PDE ist ein sehr effektives Enzym. Ihre Aufgabe ist es, den Botenstoff cGMP zu spalten und somit die Menge an vorhandenem Botenstoff in der Zelle zu senken. Die PDE kann dabei bis zu 2000 cGMP-Moleküle pro Sekunde spalten – dies ist die zweite Stufe der Verstärkung der Signalkaskade. Da die cGMP-Konzentration im Außensegment absinkt, schließen die cGMP-gesteuerten Ionenkanäle, und weniger Natrium- und Calciumionen fließen in die Zelle ein. Anders ausgedrückt: Der Dunkelstrom wird kleiner. Bei einer Lichtantwort sinkt deshalb die Membranspannung auf negativere Werte – die Zelle hyperpolarisiert. Oft liest man, dass ein Lichtquant zur Spaltung von 100.000 oder gar Millionen von cGMP-Molekülen führen würde. Diese Werte werden in der Zelle nie erreicht, aber dennoch werden vermutlich einige Hundert oder Tausend cGMP-Moleküle zerstört – genug, um eine Zellantwort auszulösen.

7.3.4 Unsere Photorezeptoren – die etwas anderen Zellen

In ► Kap. 3 haben wir gesehen, dass die „typische Nervenzelle“ ein sehr negatives Ruhepotenzial hat (meist ca. −70 mV). Bei Erregung feuert sie Aktionspotenziale, die nur 1–2 ms andauern, immer gleich groß sind und entlang des Axons zur Zielzelle wandern. Dabei wird das Aktionspotenzial immer wieder zur vollen Größe aufgebaut, damit die Information nicht auf dem langen Weg verloren geht. Die Stärke des Signals ist nicht in der Amplitude der Aktionspotenziale codiert (die ja immer gleich groß ist), sondern in der Frequenz (Zahl der Aktionspotenziale pro Sekunde; ► Abschn. 3.4). Bei typischen Nervenzellen sind die Synapsen nur kurzfristig aktiv. Lediglich während der 1–2 ms, die das Aktionspotenzial dauert, werden spannungsaktivierte Calciumkanäle geöffnet, deren Calciumeinstrom die Freisetzung des Transmitters aus den synaptischen Vesikeln ermöglicht (► Abschn. 3.5). Die Änderung der Membranspannung und die Freisetzung des Transmitters erfolgen also kurzfristig, d. h. transient.

Ganz anders verhält es sich bei unseren Photorezeptoren. Die Stäbchen und Zapfen sind im Dunkeln depolarisiert, also erregt. Ihre Membranspannung liegt dann bei ca. −30 oder −40 mV. Sie feuern keine Aktionspotenziale, aber das brauchen sie auch nicht. Sie müssen ihr Signal nur über eine kurze Strecke weiterleiten (ca. 100 µm), da sie es bereits in der Retina auf andere Nervenzellen übertragen. Das Signal muss deshalb nicht, wie bei langen Axonen, entlang des Weges immer wieder neu verstärkt werden. Die Photorezeptoren können es sich also erlauben, auf Aktionspotenziale zu verzichten und stattdessen mit graduierten

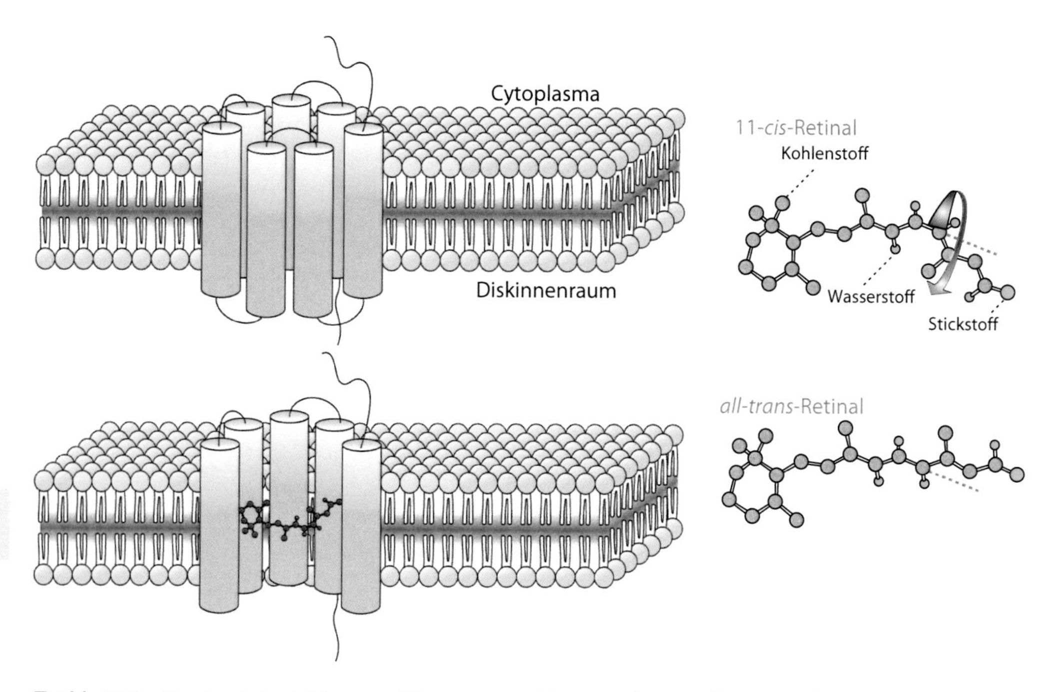

Abb. 7.22 Rhodopsin besteht aus zwei Komponenten: Ein Protein, das Opsin, sitzt in der Diskmembran. Es durchspannt siebenmal die Membran. Die zweite Komponente ist das kleine Molekül Retinal. Es ist chemisch mit dem Opsin verknüpft und befindet sich zwischen den sieben Transmembranwindungen. In der unteren Abbildung wurden die vorderen zwei Transmembranwindungen entfernt. Das Retinal liegt in der 11-*cis*-Form vor. Wenn es ein Lichtquant absorbiert, wird dessen Energie genutzt, das Molekül in die gestreckte *all-trans*-Form zu überführen. Dadurch kommt es zu einer Konformationsänderung im Rhodopsin – es ist aktiviert. (© Anja Mataruga, Forschungszentrum Jülich)

Potenzialen, d. h. mit abgestuften Spannungsänderungen, zu arbeiten. Die Stärke des Reizes ist dann in der Amplitude der Spannungsänderung codiert. Ein schwacher Lichtreiz wird die Membranspannung nur geringfügig verändern, ein starker Lichtreiz dagegen stärker (siehe Abb. 7.21, 7.22 und 7.23).

Sind die Photorezeptoren im Dunkeln depolarisiert, öffnen sich spannungsaktivierte Calciumkanäle an ihrer Synapse. Es kommt zum Calciumeinstrom, und die Photorezeptoren setzen Transmitter frei – und zwar so lange, wie sie depolarisiert sind. Wenn wir nachts im dunklen Zimmer schlafen, kann das Stunden andauern! Die Photorezeptorsynapse ist deshalb darauf spezialisiert, einen hohen Nachschub an Vesikeln bereitzustellen. Dies wird durch eine Art Fließband gewährleistet, an dem Vesikel andocken und zur aktiven Zone der Synapse geleitet werden. Da man in elektronenmikroskopischen Aufnahmen von Photorezeptorsynapsen ein schwarzes Band an der präsynaptischen Membran sieht, spricht man von einer Bandsynapse (Abb. 7.24). Die nachgeschalteten Zellen reagieren auf den Botenstoff, den die Photorezeptoren freisetzen. Es handelt sich hierbei um die Aminosäure Glutamat. Nach Belichtung nimmt die Membranspannung des Photorezeptors negativere Werte an – sie hyperpolarisiert. Je stärker der Lichtreiz, desto stärker ist die Hyperpolarisation und desto mehr Calciumkanäle schließen. Dadurch wird weniger Transmitter freigesetzt. Die nachgeschalteten Zellen reagieren darauf mit einer Veränderung ihrer eigenen Membranspannung. Bandsynapsen finden wir auch bei den Bipolarzellen, die das Signal der Photorezeptoren verlässlich in der Retina wei-

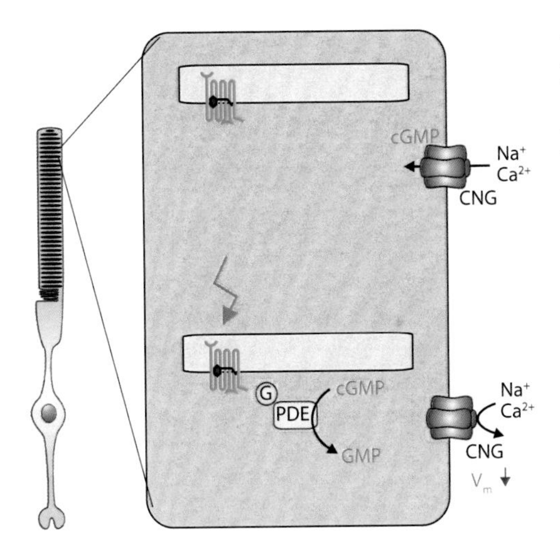

Abb. 7.23 Im Dunkeln (*oben*) halten cGMP-Moleküle Ionenkanäle in der Membran des Außensegments geöffnet. Durch diese zyklisch nukleotidgesteuerten (CNG) Ionenkanäle strömen Natrium- und Calciumionen ein, und die Membranspannung depolarisiert auf −40 bis −30 mV. Wird das Rhodopsin (*grün*) belichtet, wird über das G-Protein Transducin die Phosphodiesterase (PDE) aktiviert. Sie wandelt das cGMP in das wirkungslose GMP um. Die cGMP-Konzentration sinkt, die CNG-Kanäle schließen und der Einstrom von positiven Ionen nimmt ab. Die Membranspannung (Vm) wird deshalb negativer, d. h. die Zelle hyperpolarisiert. (© Anja Mataruga, Forschungszentrum Jülich)

terleiten müssen (sowie bei den Haarsinneszellen des Ohres; ► Kap. 8).

Unsere Photorezeptorsynapsen sind hinsichtlich eines weiteren Aspekts sehr ungewöhnlich. In ◘ Abb. 3.19 haben wir den typischen Aufbau einer Synapse kennen gelernt. Prä- und postsynaptische Endigungen stehen einander gegenüber, nur durch den dünnen synaptischen Spalt getrennt. Bei den Stäbchen und Zapfen dagegen kriechen Ausläufer der postsynaptischen Zellen regelrecht in den synaptischen Endfuß hinein. Wir sprechen von einer invaginierenden Synapse (◘ Abb. 7.24). Bei dem kleinen Stäbchenendfuß gibt es eine einzelne Invagination, in die drei bis vier Fortsätze eindringen. Wie wir später sehen werden, stammen sie von den Stäbchenbipolar- und Horizontalzellen. Der große Zapfenendfuß enthält bis zu 40 solcher Invaginationen und zusätzlich flache Kontakte an seiner Basis. Es ist vermutlich eine der kompliziertesten synaptischen Strukturen in unserem Nervensystem, in der ein Zapfen seine Information auf Dutzende von Nervenzellen gleichzeitig überträgt. Warum die Photorezeptoren so komplizierte synaptische Strukturen haben und wie das Einwachsen der postsynaptischen Elemente kontrolliert wird, ist derzeit noch unklar.

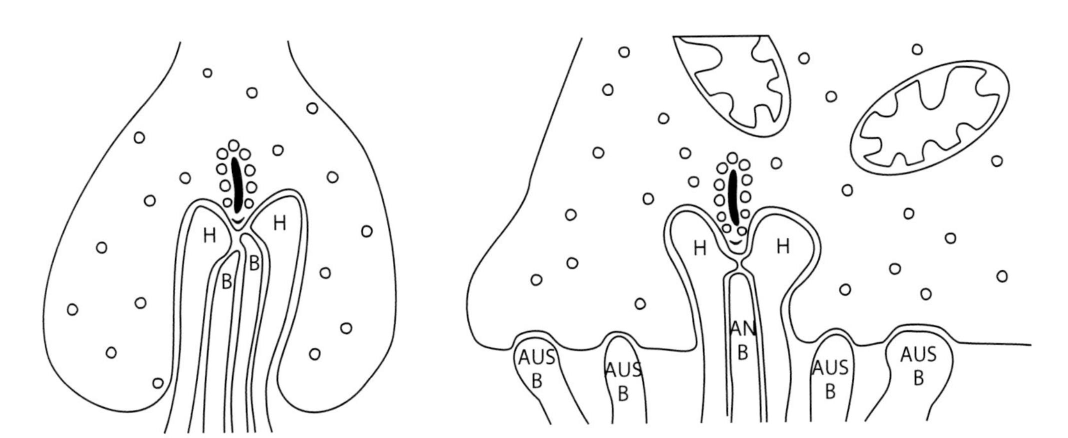

Abb. 7.24 Die Synapsen unserer Photorezeptoren sind sehr kompliziert aufgebaut. Im Stäbchenendfuß (*links*) findet man eine Einstülpung (Invagination), in die die Fortsätze von vier nachgeschalteten Zellen hineinkriechen – zwei von Bipolarzellen (B), zwei von Horizontalzellen (H). Auffällig ist das Band im Endfuß, an dem viele synaptische Vesikel angedockt sind. Im Zapfenendfuß (*rechts*) findet man bis zu 40 Invaginationen sowie flache Kontakte an der Basis. Sie stammen von AUS-Bipolarzellen, während AN-Bipolarzellen invaginieren (► Abschn. 7.5). (© Anja Mataruga, Forschungszentrum Jülich, nach Dowling)

7.3.5 Ein Stäbchen kann zwar auf ein Lichtquant reagieren, wahrnehmen können wir ein einzelnes Lichtquant aber nicht

Wenn ein Stäbchen wie eingangs beschrieben ein einzelnes Quant detektieren kann, warum können wir dieses Quant dann nicht auch sehen? Der Grund liegt in der enormen Empfindlichkeit unseres Auges selbst. Wenn Sie den Verstärker in Ihrer Stereoanlage aufdrehen, fängt es irgendwann an zu rauschen und zu knistern. Der Verstärker unterscheidet nicht zwischen einem sinnvollen Signal wie Musik oder spontanen Stromschwankungen in seinen Schaltkreisen – er verstärkt beides, und es rauscht. Ähnlich ist es im Photorezeptor. Selbst wenn Sie sich in einem absolut lichtdichten Raum aufhalten, erleben Sie keine wirkliche Schwärze. Vielmehr nehmen Sie ein ganz schwaches Flimmern wahr, das sogenannte Eigengrau (so wie ein Fernsehapparat flimmert, wenn kein Programm eingestellt ist). Woher kommt das? Bildlich gesprochen ist jedes Rhodopsinmolekül wie eine vorgespannte Mausefalle. Das Rhodopsin ist so empfindlich eingestellt, dass die winzige Energiemenge des Lichtquants ausreicht, um die Falle zuschnappen zu lassen. Dies kann gelegentlich auch von alleine, ohne Lichtquant, passieren (so wie manchmal ein Buch in Ihrem Regal spontan umfällt, ohne dass Sie wüssten, warum). Zwar ist die Wahrscheinlichkeit, dass sich ein einzelnes Rhodopsinmolekül spontan umwandelt, relativ klein. Aber die Wahrscheinlichkeit für spontane Umwandlungen in der gesamten Retina steigt natürlich mit der Zahl der Rhodopsinmoleküle – und da liegt der Hase im Pfeffer. Wir haben in jedem Auge ca. 120 Mio. Stäbchen mit jeweils 50 Mio. Rhodopsinmolekülen. Von diesen sechs Billiarden (eine Zahl mit 15 Nullen!) Rhodopsinmolekülen führen pro Sekunde ca. 100 eine spontane Umwandlung durch. Die Stäbchen können die spontane Umwandlung nicht von der unterscheiden, die durch ein Lichtquant ausgelöst wird. Sie verarbeiten sie genau wie einen Lichtreiz – wir nehmen ein Flimmern wahr. Damit ein wirklicher Lichtreiz in diesem Hintergrundflimmern nicht untergeht, muss er eine gewisse Intensität haben. Hierzu wurden Tests durchgeführt. Es stellte sich heraus, dass Versuchspersonen einen Lichtreiz wahrgenommen haben, wenn etwa zehn Lichtquanten innerhalb einer Sekunde auf einem kleinen Teil ihrer Netzhaut absorbiert wurden. Die absolute Untergrenze unserer Empfindlichkeit liegt also bei etwa zehn Quanten pro Sekunde.

7.3.6 Besser als jeder fotografische Film: Die Anpassungsleistung der Netzhaut

Wir alle kennen die Situation, wenn wir aus dem dunklen Kino ins helle Tageslicht zurückkehren. Wir sind für kurze Zeit geblendet, gewöhnen uns aber bald an das helle Licht – wir adaptieren. Der Spielraum an Intensität, an den sich unser Auge anpassen kann, ist enorm. Wie eben beschrieben, entdecken wir einen Lichtreiz, wenn etwa zehn Quanten in einer Sekunde in unser Auge gelangen. Wir fangen gerade an, Objekte zu erkennen, wenn bei Sternenlicht einige Zehn- bis Hunderttausend Quanten pro Sekunde in unser Auge fallen (rein rechnerisch absorbiert dann nur jedes 1000. Stäbchen ein Lichtquant). Und wir sehen immer noch, wenn im Winter das Sonnenlicht vom weißen Schnee reflektiert wird – im Vergleich zum Sternenlicht zehn- bis 100 Mrd. Mal heller.

Welche Mechanismen tragen zu dieser enormen Anpassungsfähigkeit unserer Augen bei? Erstens haben wir zwei Photorezeptortypen: Stäbchen und Zapfen (◘ Abb. 7.25). Die Stäbchen sind so empfindlich, dass sie auf einzelne Lichtquanten reagieren. Mit ihnen sehen wir bei Sternenlicht. Dann empfängt jedes Stäbchen in unserem Auge in einer Stunde lediglich ein oder wenige Lichtquanten. Auf die

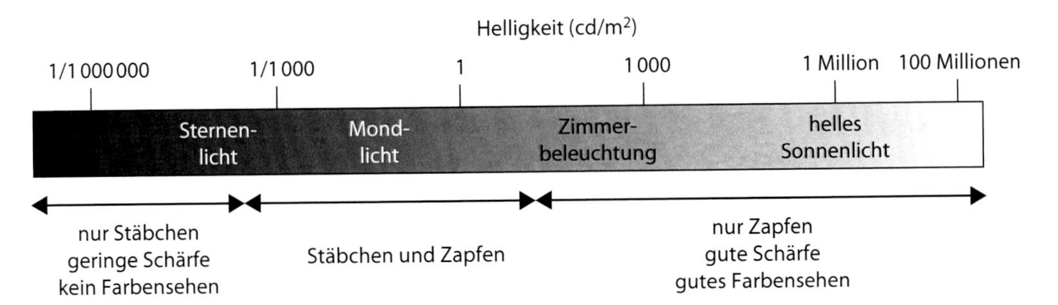

Abb. 7.25 Unser Auge kann sich an einen enormen Belichtungsspielraum anpassen. Bei sehr schwachem Licht sind nur die Stäbchen empfindlich genug, um uns das Sehen zu ermöglichen (skotopisches Sehen). In einem Übergangsbereich (etwa bei Mondlicht und in der Dämmerung) sind Stäbchen und Zapfen gleichzeitig aktiv (mesopisches Sehen). Wird es noch heller, übernehmen alleine die Zapfen das Sehen (photopisches Sehen). Nun können wir Farben gut erkennen und haben eine optimale Sehschärfe. Die Maßeinheit candela für die Lichtstärke (angegeben pro Quadratmeter, cd/m²) mag zwar nicht sehr geläufig sein. Hier geht es aber vor allem darum, den enormen Umfang darzustellen, über den unser Auge funktioniert: von einem Millionstel bis zu 100 Mio. cd/m²! (© Frank Müller, Forschungszentrum Jülich)

Zapfen kommen wir gleich zu sprechen. Zweitens können sich die Photorezeptoren anpassen. Wenn bei Mondlicht mehr Quanten vorhanden sind als bei Sternenlicht, verringern die Stäbchen ihre Empfindlichkeit und passen sich so den Gegebenheiten an. Die molekularen Vorgänge dazu sind in ▶ Box 7.3 erklärt. Einfach ausgedrückt, wenn mehr Licht vorhanden ist, verstärkt das Stäbchen das Signal weniger stark als bei schwachem Licht – so wie Sie bei lauten Passagen der Musik eventuell die Lautstärke etwas zurückdrehen. Trotz dieser Anpassungsfähigkeit stoßen die Stäbchen bei hellerem Licht an ihre Grenzen. Ihre Antwort wird ab einer bestimmten Reizintensität nicht mehr größer – sie ist gesättigt. Die Stäbchen sind dann zum Sehen ungeeignet. Wären wir bei hellem Licht weiterhin ausschließlich auf die Stäbchen angewiesen, würden wir das Gefühl haben, ständig geblendet zu sein. Tatsächlich aber kommen nun die Zapfen ins Spiel. Sie sind von Anfang an weniger empfindlich und können ihre Empfindlichkeit zudem über einen großen Belichtungsbereich anpassen. Die Zapfen decken damit den ganzen Bereich des Tagessehens ab. Zusätzlich wird auch bei der Weiterverarbeitung der Signale in der Netzhaut ständig die Verstärkung nachreguliert. Die Anpassung erfolgt also auf mehreren Ebenen der Informationsverarbeitung.

Die Pupille spielt übrigens bei der Adaptation eine geringere Rolle, als man denken mag. Der Pupillendurchmesser kann in unserem Auge nur von ca. 8 mm auf 2 mm, also um den Faktor 4, verkleinert werden. Die Fläche, und damit die Lichtmenge, die auf die Retina fällt, ändert sich dadurch bestenfalls um den Faktor 16. Dies ist hilfreich, aber viel zu wenig, um bei dem enormen Helligkeitsbereich, an den sich unser Auge anpassen kann, eine wichtige Rolle zu spielen. Wichtig wird die Pupille aber dann, wenn sich die Lichtintensität ganz plötzlich erhöht. In diesem Fall schließt sich die Pupille schnell, verringert so den Lichteinfall und gibt der Netzhaut Zeit, ihre Empfindlichkeit nachzuregulieren. Sobald die Retina adaptiert hat, kann die Pupille wieder geöffnet werden. Interessant ist auch, dass längst nicht alle Pupillen im Tierreich rund sind wie die des Menschen. So haben sich Katzen beispielsweise an das Nachtleben angepasst und besitzen eine weitaus empfindlichere Retina als wir. Eine runde Pupille würde bei hellem Tageslicht zu viel Licht in das Auge lassen. Um die Netzhaut effektiv vor Licht zu schützen, haben Katzen schlitzförmige Pupillen, die sich bei Tageslicht fast vollkommen schließen lassen (▣ Abb. 7.26).

Box 7.3 Durch das Mikroskop betrachtet: Immer am Optimum – wie unsere Photorezeptoren adaptieren

All unsere Sinneszellen (mit der Ausnahme von Schmerzzellen) können adaptieren. Sie „gewöhnen" sich an einen Reiz und reagieren weniger stark oder gar nicht mehr darauf (▶ Abschn. 4.2). Was die Lichtsinneszellen angeht, sind die Mechanismen, die der Adaptation zugrunde liegen, gut verstanden. Betrachten wir ein Stäbchen in der Nacht: Das dunkeladaptierte Stäbchen ist maximal empfindlich, weil der Verstärkungsfaktor in der Signalkaskade sehr hoch ist (▶ Box 7.2). Das lichtaktivierte Rhodopsin aktiviert viele Transducinmoleküle, ein PDE-Molekül zerstört viele cGMP-Moleküle, sodass viele cGMP-abhängige Ionenkanäle schließen. Aufgrund der hohen Verstärkung reagiert die Zelle auf den schwachen Lichtreiz mit einer deutlichen Veränderung der Membranspannung und setzt weniger Botenstoffe frei.

Nun beginnt die Dämmerung, und das Stäbchen wird kontinuierlich belichtet. Die Folge: Das Stäbchen adaptiert und wird dabei weniger empfindlich. Dazu muss die Verstärkung in der Signalkaskade reduziert werden. Wie geschieht das? Der Botenstoff für Adaptation ist in vielen Zellen Calcium. Calcium sind wir schon des Öfteren als wichtigem intrazellulärem Botenstoff begegnet. Wenn im Dunkeln die cGMP-gesteuerten Ionenkanäle geöffnet sind, strömen nicht nur Natriumionen, sondern auch Calciumionen durch die offenen Kanäle in das Außensegment ein. Die Calciumkonzentration würde kontinuierlich ansteigen, wenn nicht im Gegenzug ein anderes Protein, der Natrium/Calcium-Kalium-Austauscher, Calciumionen aus dem Außensegment heraustransportieren würde. So stellt sich bei kontinuierlicher Dunkelheit eine leicht erhöhte, aber konstante Calciumkonzentration im Außensegment ein. Werden die Stäbchen belichtet, schließen einige der cGMP-gesteuerten Ionenkanäle. Der Calciumeinstrom wird also vermindert, der Austauscher transportiert aber ungehemmt weiter Calcium aus der Zelle. Die Calciumkonzentration im Außensegment sinkt deshalb ab, und genau dies ist der Auslöser für die Adaptation (◘ Abb. 7.27).

Wie immer wirkt das Calcium als Stichwortgeber, d. h. die Veränderung der Calciumkonzentration löst Vorgänge aus, die durch Calciumbindeproteine vermittelt werden. Erstens: Das Calciumbindeprotein GCAP kontrolliert die Synthese des Botenstoffes cGMP durch die Guanylatzyklase (GCAP steht für guanylatzyklaseaktivierendes Protein). Sinkt die Calciumkonzentration, wird vermehrt cGMP gebildet. Dadurch werden wieder cGMP-gesteuerte Kanäle geöffnet, und die Membranspannung wird positiver – sie nähert sich wieder der Dunkelspannung an. Zweitens: Das Calciumbindeproteine Recoverin kontrolliert die Aktivität eines Enzyms mit dem Namen Rhodopsinkinase. Die Aufgabe der Rhodopsinkinase besteht darin, Phosphatgruppen auf das aktivierte Rhodopsin zu übertragen. Sobald dies nämlich passiert ist, bindet ein anderes Protein, das Arrestin, an das veränderte Rhodopsin und „versiegelt" es. Es kann dann keine Transducinmoleküle mehr aktivieren. Solange im Dunkeln die Calciumkonzentration aber hoch ist, wird die Rhodopsinkinase vom Recoverin gehemmt, und der ganze Versiegelungsprozess erfolgt sehr langsam. Deshalb kann im dunkeladaptierten Stäbchen ein Rhodopsinmolekül, das durch ein Lichtquant aktiviert wurde, viele Transducinmoleküle aktivieren, bevor es durch das Arrestin aus dem Verkehr gezogen wird. Wenn bei kontinuierlicher Belichtung die Calciumkonzentration absinkt, hemmt das Recoverin die Rhodopsinkinase weniger stark, und diese wird aktiv. Sie überträgt schnell Phosphatgruppen auf das Rhodopsin, sodass das Rhodopsin schon nach kurzer Zeit versiegelt wird. Es kann deshalb nicht mehr so viele Transducinmoleküle aktivieren – der Verstärkungsfaktor in der Kaskade sinkt. Genau dies ist das Ziel der Adaptation. Der Photorezeptor reagiert im Hellen weniger stark als im Dunkeln auf einen gleich intensiven Lichtreiz.

Daneben gibt es eine Reihe anderer Mechanismen, wie der Photorezeptor im Hellen die Verstärkung in der Kaskade reduziert. Zum Beispiel werden am Tage Transducinmoleküle aus dem Außensegment ins Innensegment verlegt. Ein aktiviertes Rhodopsin trifft also in seiner ohnehin kurzen Lebenszeit auf noch weniger Transducinmoleküle, die es aktivieren kann. All diese Mechanismen führen dazu, dass der Verstärkungsfaktor der Enzymkaskade abnimmt, aber sie müssen natürlich genauestens reguliert werden.

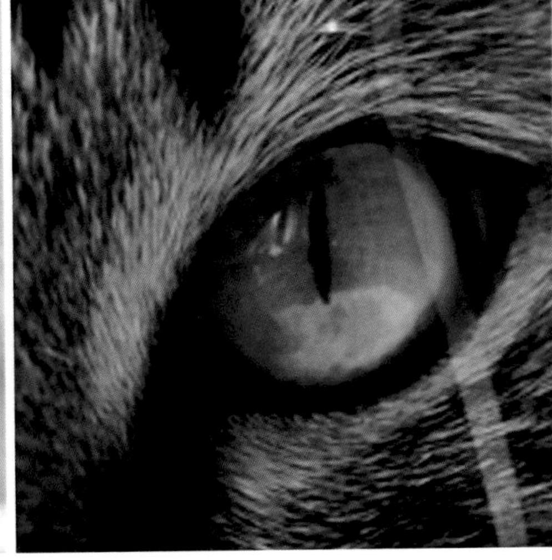

◼ Abb. 7.26 Katzen haben schlitzförmige Pupillen, die sich bei hellem Licht fast vollkommen schließen können. Der Lichteinfall kann dadurch effizienter verringert werden als bei einer kreisförmigen Pupille. (© Valerie Potapova/Adobe Stock)

7.3.7 Immer in Bewegung bleiben – wie Mikrosakkaden unsere Wahrnehmung stabilisieren

Die Adaptation an einen bestehenden Reiz erfolgt sehr schnell und effizient. Daraus ergibt sich ein großes Problem. Nehmen Sie an, Sie betrachten ein kleines schwarzes Kreuz, ohne dabei die Augen zu bewegen. Die Photorezeptoren, auf die die schwarzen Linien des Kreuzes abgebildet werden, würden sich an die dunklen Linien adaptieren. Die Photorezeptoren, auf die der helle Hintergrund abgebildet wird, würden sich an diesen adaptieren. In beiden Fällen würden die Photorezeptoren nicht mehr auf die Reize reagieren, und das Kreuz würde nach etwa 1–2 s aus Ihrer Wahrnehmung verschwinden! Um dies zu verhindern, führt unser Auge winzige Zitterbewegungen durch, sogenannte Mikrosakkaden, die wir nicht willentlich unterdrücken können. Selbst wenn wir versuchen, unsere Augen ganz ruhig zu halten, wird dadurch das Bild auf der Retina immer wieder um den Durchmesser einiger Photorezeptoren verschoben. So werden ständig neue Photorezeptoren für kurze Zeit gereizt – zu kurz, als dass sie adaptieren könnten. Setzt man einer Versuchsperson eine Kontaktlinse auf die Hornhaut, auf der sich eine kleine Leuchtdiode befindet, nimmt die Versuchsperson das Licht nur kurzfristig wahr, danach „erlischt" es. Der Grund liegt darin, dass die Leuchtdiode mit den Mikrosakkaden „mitwandert" und deshalb immer auf die gleichen Photorezeptoren abgebildet wird. Es entsteht ein „stabilisiertes" Netzhautbild, an das die Versuchsperson nach kürzester Zeit adaptiert.

Aus dem gleichen Grund sehen wir auch die großen Blutgefäße unserer Retina nicht. Wenn Sie noch einmal zu ◼ Abb. 7.6 zurückblättern, können Sie Blutgefäße sehen, die vom blinden Fleck aus in die Retina ziehen. Sie liegen direkt auf der lichtzugewandten Seite der Retina und werfen somit einen Schatten auf die Netzhaut. Da das Licht aber im Normalfall immer von vorn kommt, liegt der Schatten immer an der gleichen Stelle, und die Photorezeptoren adaptieren daran.

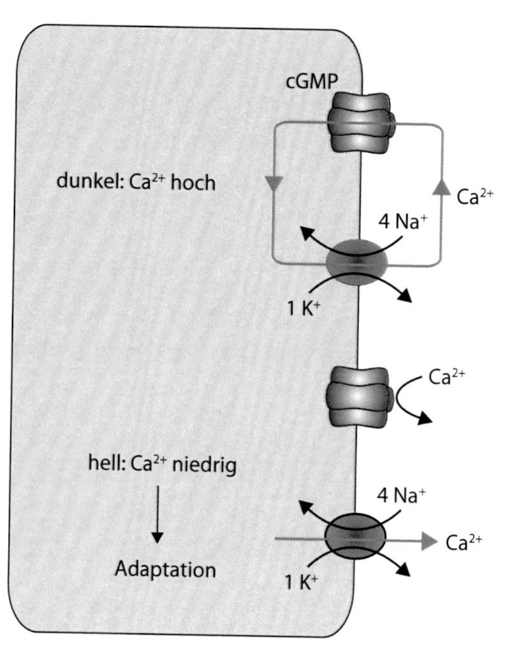

Abb. 7.27 Im Dunkeln fließen durch die geöffneten cGMP-aktivierten Kanäle ständig Calciumionen ins Außensegment, während der Natrium/Calcium-Kalium-Austauscher seinerseits Calciumionen aus dem Außensegment entfernt. Im Rahmen dieses Calciumzyklus stellt sich eine konstante, leicht erhöhte, Calciumkonzentration ein. Wenn nach Belichtung die cGMP-aktivierten Ionenkanäle schließen, sinkt die Calciumkonzentration ab – das Zeichen für die Zelle, die Adaptation einzuleiten. (© Frank Müller, Forschungszentrum Jülich)

Man kann seine Blutgefäße aber sehen, wenn man das Auge von der Seite mit einer Taschenlampe beleuchtet, die man hin und her bewegt. Dann wandert der Schatten der Gefäße auf der Retina, und genau so lange kann man ihn sehen. Hält man die Taschenlampe ruhig, verschwindet er sofort wieder. Alternativ kann man in ein Stück Karton ein winziges Loch stechen (noch dünner als eine Nadel) und durch dieses Loch hindurch eine helle Lampe betrachten. Solange man den Karton bewegt, kann man seine Blutgefäße sehen. Auch wenn die Sonne tief steht und von der Seite in das Auge fällt, kann man die Blutgefäße manchmal für einen kurzen Moment wahrnehmen. Achten Sie auf ein Muster von schwarzen Verästelungen, wie sie in Abb. 7.6b oder in Abb. 7.39a zu sehen sind.

7.4 Farbensehen

7.4.1 Drei Sehpigmente in den Zapfen ermöglichen uns das Farbensehen

Farben spielen beim Sehen eine wichtige Rolle. Wie eindrucksvoll kann eine grüne Wiese mit leuchtend bunten Blüten sein, ein tiefroter Sonnenuntergang oder ein herbstlich gefärbter Wald (Abb. 7.28).

Aber das Farbensehen hat sich in der Evolution nicht entwickelt, um Vielfalt in unsere visuelle Welt zu bringen, sondern weil es biologisch relevante Vorteile bietet (Abb. 7.29).

Für das Farbensehen sind unsere Zapfen zuständig. Wir nehmen mit ihnen die verschiedenen Wellenlängen des sichtbaren Lichtes als unterschiedliche Farben wahr. Die kürzeste sichtbare Wellenlänge von ca. 400 nm erscheint uns blau-violett, die längste noch sichtbare von ca. 750 nm rot. Die Wellenlängen dazwischen entsprechen den anderen Farben des Regenbogens. Aber was bedeutet Farbe eigentlich?

Verschiedenfarbige Objekte wechselwirken unterschiedlich mit Licht. Sehen wir uns an, wie helles Tageslicht (also weißes Licht) durch eine grüne Glasflasche fällt. Der große britische Physiker Isaac Newton (1643–1727) entdeckte vor ca. 300 Jahren, dass weißes Licht eine Mischung aller im Regenbogen vorkommenden Farben ist. Ein Regenbogen entsteht ja dadurch, dass weißes Sonnenlicht in kleinsten Wassertröpfchen in der Luft gebrochen und dabei in seine verschiedenfarbigen Komponenten aufgespalten wird. Mit einem Prisma kann man diesen Effekt ebenfalls erzeugen. In Abb. 7.30 werden die Komponenten des weißen Lichtes durch Blau (kurzwellig), Grün (mittelwellig) und Rot (langwellig) repräsentiert. Die Farbstoffe im Glas absorbieren besonders stark blaues und rotes Licht, lassen aber das grüne Licht gut durch. Deshalb erscheint uns die Flasche grün.

In den Außensegmenten der Photorezeptoren wird Licht durch einen Sehfarbstoff absorbiert. Betrachten wir zunächst das Rho-

Abb. 7.28 Im herbstlich gefärbten Wald, aufgenommen in Südkorea, sind viele Farbschattierungen zu erkennen. In der schwarz-weißen Darstellung gehen diese Aspekte verloren. (© Frank Müller, Forschungszentrum Jülich)

Abb. 7.29 Wo sind die leckeren Früchte? Nur mit intaktem Farbensehen können hungrige Vögel schon aus großer Entfernung die Trauben roter Früchte im Baum erkennen und wissen sofort, dass sich der Flug dorthin lohnt (*oben links*) – ein klarer Evolutionsvorteil des Farbensehens. Farbenblinde Tiere könnten die Beeren nur aus unmittelbarer Nähe aufgrund ihrer Form erkennen (*unten*). (© Frank Müller, Forschungszentrum Jülich)

dopsin der Stäbchen. Mit Stäbchen können wir zwar keine Farben unterscheiden, aber auch ihr Rhodopsin hat „Vorlieben" für bestimmte Wellenlängen. Ähnlich wie das Pigment in der grünen Glasflasche, absorbiert Rhodopsin nicht jede Wellenlänge gleich gut. Es absorbiert rotes Licht am schlechtesten und blaues Licht etwas besser. Diese beiden Anteile des Lichtes werden also am besten vom Rhodopsin reflektiert und ergeben zusammen das eingangs beschriebene Purpur des ungebleichten Rhodopsins. Grünes Licht wird vom Rhodopsin am besten absorbiert. Trägt man diese Vorlieben in einer Kurve über die Wellenlängen des Lichtes auf, ergibt sich für das Rhodopsin der Stäbchen die gepunktete Kurve in ◻ Abb. 7.31, das sogenannte Absorptionsspektrum.

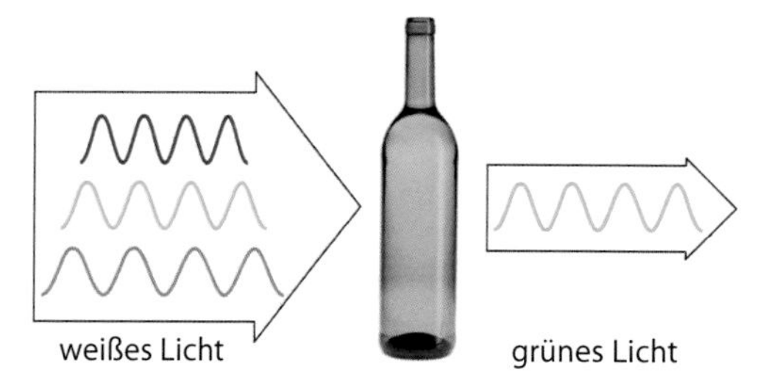

◻ **Abb. 7.30** Weißes Licht ist durch eine Mischung aus blauen, grünen und roten Lichtwellen dargestellt. Das Pigment in der Flasche absorbiert vor allem blaues und rotes Licht. Übrig bleibt grünes Licht. (© Frank Müller, Forschungszentrum Jülich)

Nun zu den Zapfen. Sie ermöglichen uns das Farbensehen. Zapfen enthalten Sehpigmente, die ähnlich aufgebaut sind wie das Rhodopsin der Stäbchen. Auch sie bestehen aus einem Protein, dem Opsin, und dem 11-*cis*-Retinal. Die Proteine in den Zapfen werden aber durch andere Gene codiert als das Rhodopsin. Es gibt drei Gene für Zapfenopsine. Jedes der drei Gene führt zu einer etwas anderen Abfolge von Aminosäuren im Protein. Deshalb hat jedes der drei Opsine ein anderes Absorptionsspektrum (durchgezogene Linien in ◻ Abb. 7.31). Eines der Zapfenopsine absorbiert besonders gut im kurzwelligen blauen Bereich, eines im mittelwelligen grünen und das dritte im langwelligen, bis ins Rote hineinreichenden Bereich. Wichtig ist nun, dass jeder Zapfen in unserer Retina immer nur eines dieser drei Gene nutzt, um seinen Sehfarbstoff aufzubauen. Deshalb gibt es Zapfen, die besonders gut Licht absorbieren im blauen Bereich (oft Blauzapfen genannt), im grünen (Grünzapfen) bzw. roten Bereich (Rotzapfen). Diese unterschiedliche Empfindlichkeit ist die Grundlage für unser Farbensehen.

Sehen wir uns zunächst an, wie ein einzelner Zapfentyp auf verschiedene Wellenlängen reagiert: Nehmen wir an, wir reizen

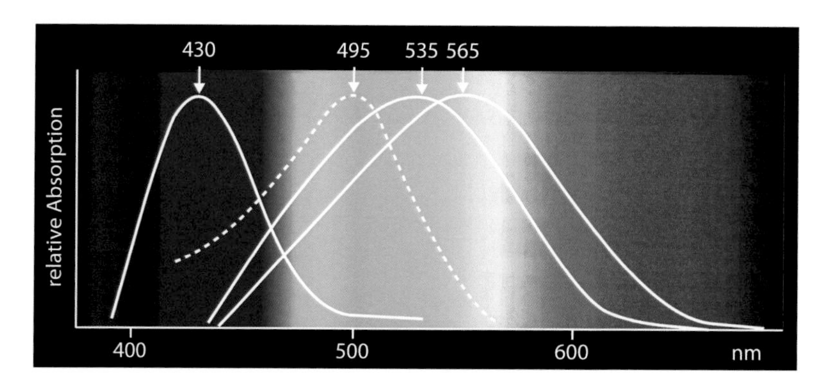

◻ **Abb. 7.31** Die Sehpigmente (*Opsine*) der verschiedenen Zapfen haben unterschiedliche Vorlieben für Wellenlängen und damit unterschiedliche Absorptionskurven (*durchgezogene Linien*). Die Absorptionskurve der Stäbchen ist gepunktet dargestellt. Die oben angegebenen Werte entsprechen der Wellenlänge in Nanometer, die vom jeweiligen Sehpigment am besten absorbiert wird. Man beachte, dass alle Kurven sehr breit sind. (© Frank Müller, Forschungszentrum Jülich)

einen Grünzapfen mit grünem Licht, und zwar mit 1000 Lichtquanten. Da grünes Licht seiner Vorliebe entspricht, werden viele seiner Opsinmoleküle ein Quant absorbieren – wir nehmen einfach einmal an, es würden alle 1000 Quanten absorbiert. Die Phototransduktion erfolgt bei Zapfen ähnlich wie bei Stäbchen. Jedes getroffene Opsinmolekül aktiviert eine bestimmte Anzahl von Molekülen in der Signalkaskade und leistet so seinen Beitrag zur Antwort des Zapfens. Der Zapfen wird um einen bestimmten Betrag, sagen wir 10 mV, hyperpolarisieren (◘ Abb. 7.32, links).

Nun reizen wir ihn mit rotem Licht, wieder mit 1000 Quanten. Diese entsprechen nicht mehr ganz seiner Vorliebe. Sagen wir, der Zapfen ist für rotes Licht 40-mal weniger empfindlich als für grünes Licht, deshalb werden dann nur 1000/40 = 25 seiner Opsinmoleküle ein Quant einfangen. Aber jedes dieser getroffenen Opsinmoleküle aktiviert genauso viele Moleküle in der Enzymkaskade wie ein Opsinmolekül, das durch ein Quant grünen Lichtes aktiviert wurde – es „bemerkt" den Unterschied nicht. Die Antwort des Zapfens auf diesen roten Reiz fällt also nur deshalb kleiner aus, weil weniger Quanten absorbiert wurden. Wir können dies überprüfen, indem wir ihn wieder mit rotem Licht reizen, dieses Mal aber mit 40-mal intensiverem Licht, also mit 40.000 Quanten. Nun werden genauso viele Opsine getroffen, wie wenn wir mit 1000 Quanten grünen Lichtes reizen. Die Antwort ist dementsprechend gleich groß: 10 mV. Wie das Beispiel zeigt, kann der einzelne Zapfen also gar nicht unterscheiden, ob er von wenigen Quanten seiner bevorzugten Wellenlänge getroffen wurde oder von vielen Quanten einer weniger geeigneten Wellenlänge. Der einzelne Zapfen ist „farbenblind". Hätten wir nur eine Zapfensorte in unserer Retina, so könnten wir mit ihnen wie mit unseren Stäbchen keine Farben unterscheiden.

Aber jetzt kommen die beiden anderen Zapfentypen ins Spiel. Die drei Zapfentypen reagieren aufgrund ihrer unterschiedlichen Vorlieben unterschiedlich stark auf den gleichen Reiz. Auf rotes Licht wird der Rotzapfen

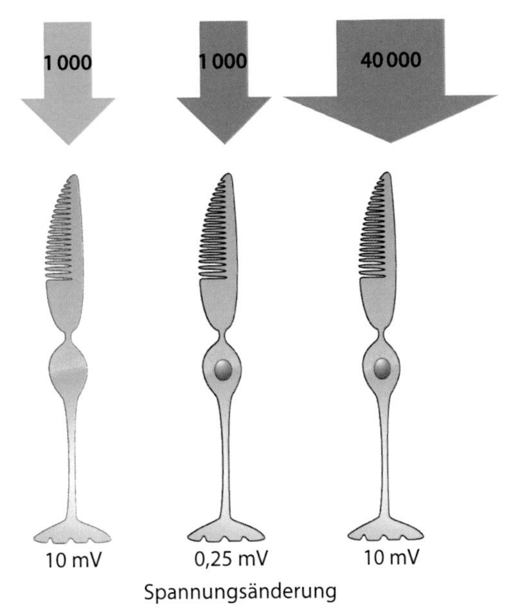

◘ **Abb. 7.32** Ein grünempfindlicher Zapfen wird mit grünem und rotem Licht unterschiedlicher Stärke gereizt. Aufgrund seines breiten Absorptionsspektrums reagiert er auf schwaches grünes Licht genauso stark wie auf starkes rotes Licht. Der einzelne Zapfen ist also „farbenblind". (© Anja Mataruga, Forschungszentrum Jülich)

gut, der Grünzapfen schwächer und der Blauzapfen kaum noch reagieren (◘ Abb. 7.33). Die Wahrnehmung von Farben ist dann „nur" noch reine Rechenleistung unseres Gehirns. Es vergleicht die Antworten der drei Zapfentypen miteinander und errechnet so, welche Farbe das Licht hatte. Wir haben hier einmal mehr ein sehr schönes Beispiel für die Behauptung, die wir eingangs im Buch aufgestellt haben: Unser Gehirn lässt uns vieles wahrnehmen, das gar nicht existiert. Die bunte Welt, in der wir leben, man denke an die Weihnachtsmärkte mit all ihren Lichtern oder einen bunten Blumenstrauß – sie existiert nicht. Die Farben, die wir sehen, sind das Ergebnis von Rechenvorgängen in unserem Gehirn. Interessanterweise kann unser Hirn Tausende von Farben berechnen, obwohl die Vorlieben der drei Zapfen sehr breit sind (siehe die Absorptionskurven in ◘ Abb. 7.31). Dies erinnert uns stark an das olfaktorische System. Jeder

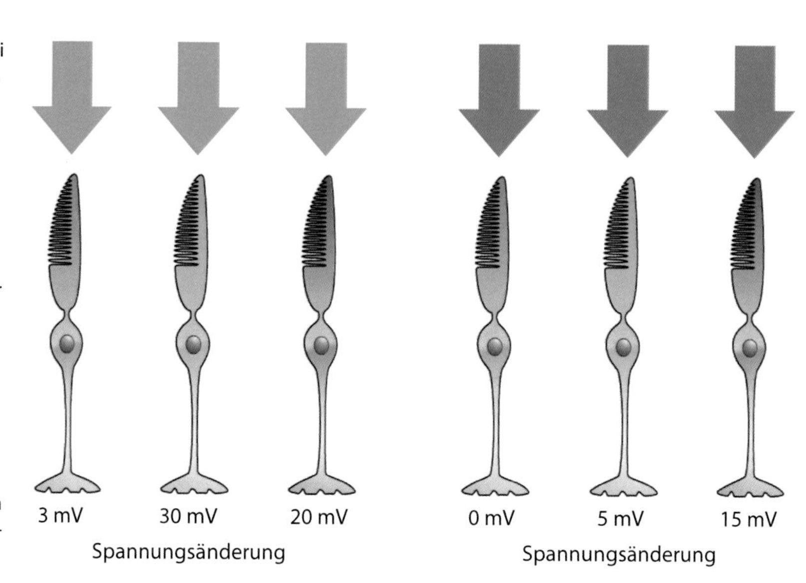

Abb. 7.33 Die drei Zapfenarten reagieren unterschiedlich stark auf farbiges Licht. Grünes Licht führt zur stärksten Spannungsänderung in Grünzapfen, gefolgt von Rot- und Blauzapfen. Auf rotes Licht reagiert der Rotzapfen stark, der Grünzapfen reagiert schwächer und der Blauzapfen gar nicht. Das Gehirn kann aus diesen Verhältnissen die Farbe des Lichtreizes berechnen. (© Anja Mataruga, Forschungszentrum Jülich)

einzelne Duftstoffrezeptor hat ein sehr breites Wirkungsspektrum (▶ Kap. 6), aber indem das Gehirn in einer Musteranalyse die Antwort vieler Riechzellen mit leicht unterschiedlichen Vorlieben miteinander vergleicht, kann es den Duftstoff genau ermitteln.

7.4.2 Die trichromatische Theorie der Farbwahrnehmung

Die Farbe, die wir wahrnehmen, hängt also von den relativen Anteilen der Blau-, Grün- und Rotzapfen am Netzhautsignal ab. Schon der Physiker Thomas Young (1773–1829) vermutete dies vor ca. 200 Jahren. Er konnte nämlich zeigen, dass Weiß, ebenso wie sämtliche Farben des Regenbogens, durch Mischungen von rotem, grünem und blauem Licht erzeugt werden kann. Nach diesem Prinzip der additiven Farbmischung (◻ Abb. 7.34) werden auch in Fernsehgeräten und Computermonitoren Farben aus winzigen roten, grünen und blauen Bildpunkten gemischt. Der deutsche Physiker und Physiologe Hermann von Helmholtz (1821–1894) kam zu dem gleichen Schluss wie Young. Da sie beide drei Farbsysteme (rot, grün, blau) postulierten, sprechen wir von der trichromatischen Theorie des Farbensehens (*tri* bedeutet „drei“) oder der Young-Helmholtz-Dreifarbentheorie.

7.4.3 Farbsehstörungen

Nicht alle Menschen können Farben gleich gut wahrnehmen und voneinander unterscheiden. Etwa 8 % der männlichen Bevölkerung, aber nur ca. 0,1 % der Frauen haben eine Farbsehschwäche, im Volksmund oft fälschlicherweise als Farbenblindheit bezeichnet. Die Tatsache, dass diese Schwächen erblich sind und vor allem Männer betreffen, weist auf einen Defekt in einem Gen hin, das auf dem X-Chromosom liegt.

Wie bereits erwähnt, haben wir drei Gene in unserem Genom, die für Zapfenopsine codieren. Wir sind sogenannte Trichromaten. Zwei der Gene, nämlich die für das Grün- und das Rotopsin, liegen auf dem gleichen Chromosom, dem X-Chromosom. Frauen besitzen zwei X-Chromosomen. Selbst wenn eines ihrer Grünopsingene durch eine Veränderung des Gens, eine Mutation, ausfällt, können sie mit dem intakten Gen auf dem zweiten X-Chromosom genügend Grünopsin herstellen. Ihre Farbwahrnehmung ist also nicht gestört.

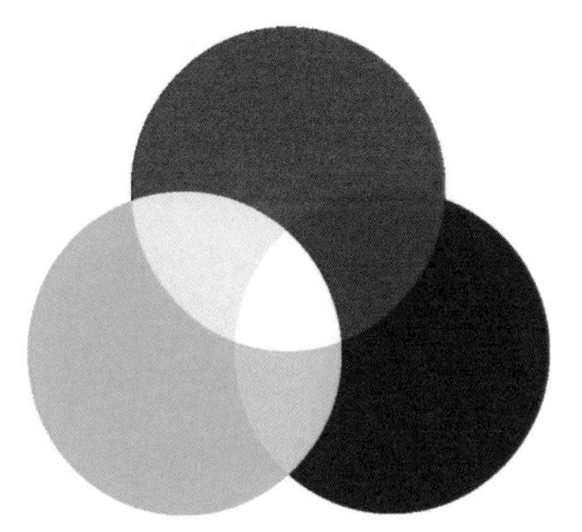

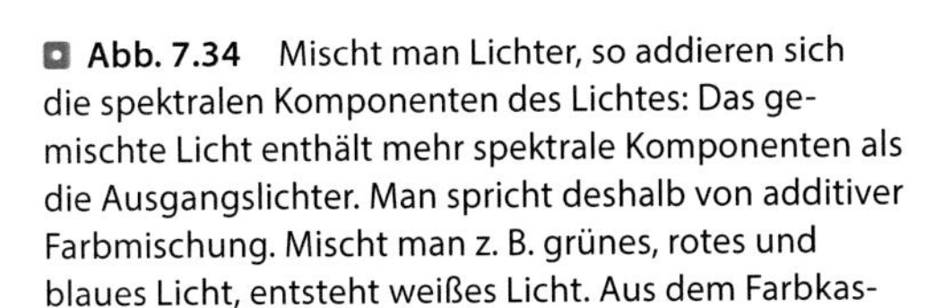
Abb. 7.34 Mischt man Lichter, so addieren sich die spektralen Komponenten des Lichtes: Das gemischte Licht enthält mehr spektrale Komponenten als die Ausgangslichter. Man spricht deshalb von additiver Farbmischung. Mischt man z. B. grünes, rotes und blaues Licht, entsteht weißes Licht. Aus dem Farbkasten kennt man die subtraktive Farbmischung. Da jedes Farbpigment spektrale Komponenten absorbiert, reflektieren die gemischten Farben weniger spektrale Komponenten als die Ausgangsfarben. (© Hans-Dieter Grammig, Forschungszentrum Jülich)

Männer aber haben nur ein X-Chromosom und anstelle des zweiten X-Chromosoms ein Y-Chromosom. Auf diesem Y-Chromosom finden sich keine Gene für Rot- oder Grünopsin. Deshalb prägen sich bei Männern Defekte im Rot- oder Grünopsingen immer aus. Ist eines der Gene defekt, befinden sich folglich in ihrer Retina statt drei nur noch zwei funktionierende Zapfentypen, und dies macht die Unterscheidung von Farben sehr viel schwieriger. Während die betroffenen Männer Grün und Blau noch recht gut trennen können, haben sie Probleme, Grün von Rot oder Orange zu unterscheiden. Ein Betroffener hat es also z. B. schwerer, rote Früchte zwischen grünen Blättern zu entdecken (Rot-Grün-Blindheit). Ist das Gen nicht vollkommen defekt, sondern das Opsin nur in seiner Funktion verändert, ist die Farbwahrnehmung nur leicht gestört (Rot-Grün-Anomalie).

Die Farbtüchtigkeit lässt sich anhand von Ishihara-Tafeln einfach untersuchen. Auf diesen Tafeln mit grünlichen und rötlichen Punkten können normalsichtige Personen ohne Probleme eine Zahl oder ein Muster erkennen (Abb. 7.35). Für den Augenarzt ist dies ein einfacher, aber effektiver Weg, die Farbtüchtigkeit seines Patienten zu analysieren.

Totale Farbenblindheit ist sehr selten. Da die Betroffenen in diesem Fall überhaupt keine funktionierenden Zapfen mehr haben, sind sie nicht in der Lage, Farben zu unterscheiden. Farbenblinde Menschen sehen nur noch mit den Stäbchen und somit so, wie wir das von Schwarz-Weiß-Filmen kennen, nämlich in abgestuften Grautönen. Ihre Sehschärfe ist zudem stark reduziert, und sie sind durch Tageslicht stark geblendet. Ersteres hat damit zu tun, dass die hohe Auflösung des Zapfensystems fehlt. Zweites hängt damit zusammen, dass die Stäbchen sich nicht an die starken Helligkeiten anpassen können, die am Tage herrschen.

7.4.4 Die Evolution des Farbensehens

Viele Tiere können Farben wahrnehmen. Allerdings besitzen die meisten Säugetiere, also auch Ihr Hund oder Ihre Katze, nur zwei Gene für Zapfenopsine. Es sind sogenannte Dichromaten (*di* bedeutet „zwei"). Eines entspricht dem Blauopsin, das andere etwa dem Grünopsin. Sie haben also bei Farbunterscheidungen ähnliche Probleme wie Menschen mit Rot-Grün-Blindheit oder Rot-Grün-Anomalie.

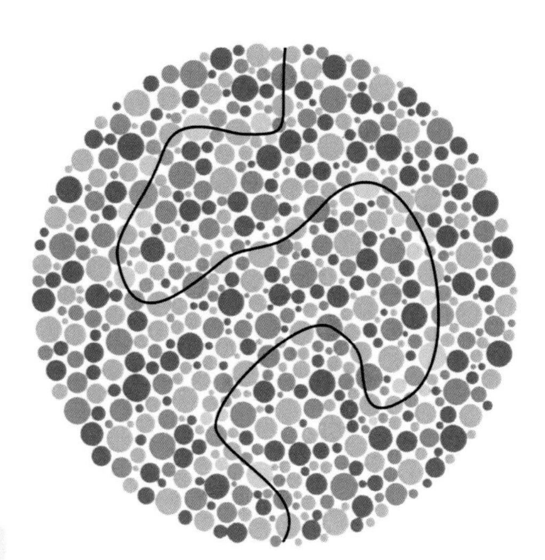

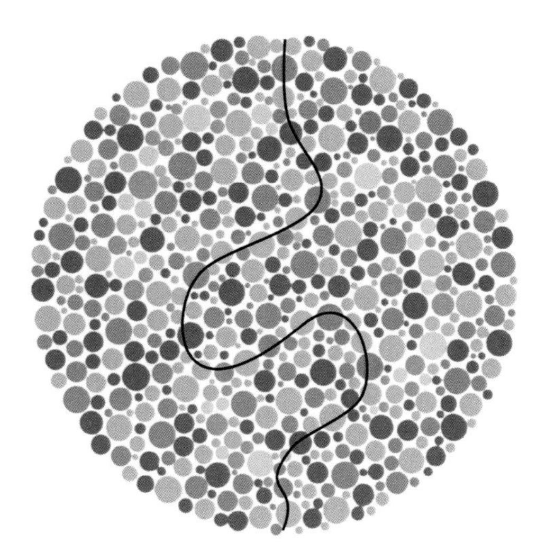

Abb. 7.35 Mit den Ishihara-Tafeln lassen sich Farbsehschwächen leicht diagnostizieren. Normalsichtige Personen erkennen auf dieser Tafel eine geschlängelte Linie in blau-grünen und gelb-grünen Tönen (*links*). Menschen mit Rot-Grün-Schwäche verbinden dagegen die blau-grünen und violetten Punkte zu einer anders verlaufenden Linie (*rechts*). (© Anja Mataruga, Forschungszentrum Jülich, modifiziert nach Ishihara)

Unser drittes Opsingen entstand erst vor ca. 55 Mio. Jahren. Ursprünglich war auch bei unseren Vorfahren nur ein Opsingen auf dem X-Chromosom vorhanden; sie waren also Dichromaten. Erst nachdem sich die Kontinente der alten Welt (Afrika, Europa, Asien) von denen der neuen Welt (Amerika) getrennt hatten, wurde dieses Gen bei einem Affen der alten Welt durch eine Mutation verdoppelt. Die beiden Tochtergene wurden zu unabhängigen Genen, die sich unterschiedlich weiterentwickelten. Schließlich entstanden zwei Opsine, die sich in ihrem Absorptionsspektrum unterscheiden – unsere heutigen Rot- und Grünopsine. Dadurch wurde die Entdeckung von Früchten in grünem Blattwerk sehr erleichtert. Die Träger des dritten Gens hatten also einen großen Evolutionsvorteil, deshalb breitete sich das Gen sehr schnell in der Population aus. Da zwischen den Affen der alten Welt und der neuen Welt kein genetischer Austausch mehr möglich war, haben nur die Altweltaffen drei Gene für Opsine. Dazu zählen z. B. Schimpanse, Gorilla und Orang-Utan, aber auch der Mensch. Die Neuweltaffen in Südamerika haben bis heute nur zwei Opsingene – sie sind immer noch Dichromaten.

Da das Farbensehen einen großen Evolutionsvorteil bringt, hat es sich im Tierreich mehrfach unabhängig voneinander entwickelt. Bei Vögeln oder Fischen, deren Retina ja ähnlich aufgebaut ist wie die unsere, gibt es sogar manchmal mehr als drei Zapfentypen. Diese Tiere sind uns in der Farbunterscheidung deshalb überlegen. Auch bei Insekten ist das Farbensehen weit verbreitet. Bienen müssen damit z. B. Blüten anhand ihrer Farben voneinander unterscheiden. Allerdings nehmen Bienen ein etwas anderes Spektrum wahr als wir Menschen. Bei Bienen gibt es kein Opsin, das im roten Spektralbereich gut absorbieren könnte. Bienen sehen also kein Rot. Das erklärt, warum es bei uns so wenige einheimische rot blühende Pflanzen gibt (Abb. 7.36). Die meisten unser rot blühenden Pflanzen wurden vom Menschen gezüchtet – angepasst an unser Farbenspektrum. Oder sie stammen aus Gegenden, in denen Vögel mit guter Rotwahrnehmung, wie die Kolibris, die Bestäubung übernehmen. In unseren Breiten resultierte die natürliche Zuchtwahl, die wir in ▶ Kap. 2 diskutiert haben, in Blütenfarben, die von Bienen besonders gut wahrgenommen werden: Weiß, Gelb, Violett – und Ultraviolett! Das

■ **Abb. 7.36** Der Klatschmohn ist eine der wenigen ausgeprägt rot blühenden einheimischen Pflanzen. Da Bienen kein Rot wahrnehmen können, blühen die meisten einheimischen Pflanzen weiß, rosa oder gelb. (© Frank Müller, Forschungszentrum Jülich)

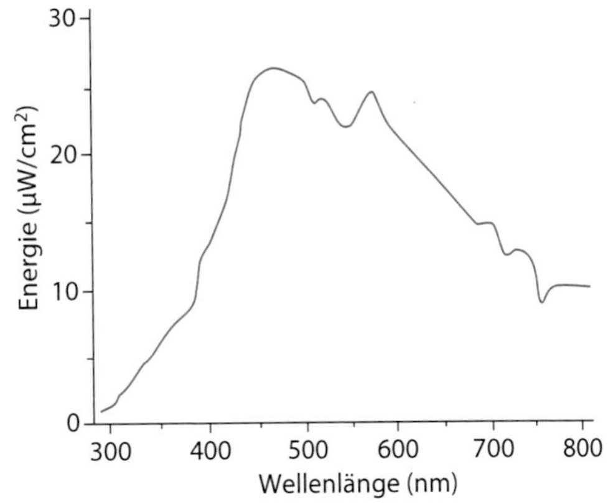

■ **Abb. 7.37** Das Sonnenlicht, das die Erdoberfläche erreicht, umfasst vor allem den Wellenlängenbereich zwischen 400 und 700 nm. Dies entspricht recht gut der spektralen Empfindlichkeit des Menschen. Dargestellt ist die Energie des Lichts in μW (millionstel Watt) pro cm^2. (© Hans-Dieter Grammig, Forschungszentrum Jülich)

können Bienen nämlich im Gegensatz zu uns erkennen. In vielen Blüten werden durch ultraviolette leuchtende Bereiche geradezu „Landebahnen" für Bienen markiert – für unsere Augen allerdings gänzlich unsichtbar.

Aus dem riesigen Spektrum elektromagnetischer Strahlung können wir nur einen winzigen Bereich sehen – von ca. 400–750 nm. Interessanterweise deckt sich das recht gut mit dem Spektrum des Sonnenlichtes, das die Erdoberfläche erreicht (■ Abb. 7.37).

Es erscheint sinnvoll, dass sich unser Sehvermögen dem Sonnenlicht angepasst hat. Aber warum können wir nicht auch benachbarte Spektralbereiche sehen, z. B. die ultraviolette Strahlung – das UV-Licht? UV-Strahlung ist prinzipiell dazu in der Lage, Zellen zu schädigen, wie wir alle aus leidvoller Erfahrung mit Sonnenbrand wissen. Deshalb haben sich bei den meisten Augen Schutzmechanismen entwickelt, die die ultraviolette Strahlung herausfiltern. Unter den Wirbeltieren sind z. B. Raubvögel und Mäuse für ultraviolette Strahlung empfindlich. Die Empfindlichkeitskurve ihres Blauopsins ist zum kürzerwelligen Ultraviolett verschoben. Falken können damit Urinspuren von Beutetieren aus großer Höhe erkennen, denn frischer Urin reflektiert ultraviolette Strahlung. Die Maus mag sich mit ihrem grau-braunen Fell noch so gut tarnen – ihre Urinspur verrät sie. Umgekehrt können Mäuse mit ihren UV-Rezeptoren für uns unsichtbare Muster im Gefieder von Vögeln erkennen und so Raubvögel von anderen Vögeln besser unterscheiden. Deshalb sitzen die UV-Zapfen im unteren Teil der Mausretina, mit dem sie in den Himmel blickt, nicht aber im oberen Teil, der auf den Boden schaut. UV-Sehen bei Maus und Raubvogel – wieder ein Fall von Wettrüsten in der Evolution. Aber auch für friedliche Zwecke lässt sich ultraviolette Strahlung einsetzen. Viele Vogelarten präsentieren bei der Balz UV-Muster in ihrem Gefieder. Wieder andere Vogelarten erkennen an der UV-Licht-reflektierenden Wachsschicht bestimmter Früchte, ob diese reif sind. Hier handelt es sich um einen Mechanismus, der sowohl Tier als auch Pflanze nutzt – eine Art Symbiose. Der Vogel frisst nur reife Früchte, die besonders nahrhaft sind. Die Pflanze vermeidet, dass Früchte gefressen werden, bevor der Samen, der in ihnen steckt, gereift ist. Denn der Samen soll ja mit dem Kot des Vogels verbreitet werden.

Es gibt Tiere, die infrarote Strahlung detektieren können. Bestimmte Schlangenarten haben dazu die sogenannten Grubenorgane entwickelt, die neben der Nase oder dem

Mund sitzen. Dort befinden sich Wärmerezeptoren, die die Wärmestrahlung recht genau registrieren können. Die Schlange kann so Beutetiere auf wenige Grad genau lokalisieren (▶ Abschn. 10.4). Die Augen der Schlangen sind für infrarote Strahlung allerdings ebenso blind wie unsere eigenen Augen. Der Grund ist einfach: Die Photonen infraroter Strahlung haben zu wenig Energie, um Opsine in den angeregten Zustand zu überführen. Wir können infrarotes Licht also nicht sehen, wohl aber mit Wärmerezeptoren in unserer Haut registrieren.

7.5 Die Retina – der Rechner im Auge

7.5.1 Die Netzhaut besteht nicht nur aus Photorezeptoren

Wie wir bereits erfahren haben, wird beim Schmecken und Riechen die Information von den Sinneszellen unmittelbar über Nervenfasern ins Gehirn weitergeleitet und erst dort verarbeitet und ausgewertet. Beim Sehen ist dies anders. Die Retina ist eine Ausstülpung des Gehirns, quasi ein vorgeschobener Posten. Sie enthält nicht nur die Photorezeptoren (die Stäbchen und Zapfen), sondern auch ein direkt dahinter geschaltetes komplexes neuronales Netzwerk. Hier wird die Lichtinformation bereits intensiv verarbeitet, bevor sie an das Gehirn weitergeleitet wird. Sehen wir uns zum besseren Verständnis einen Schnitt durch die Netzhaut an (◘ Abb. 7.38).

Erstaunlicherweise liegen die Photorezeptoren auf der Seite der Retina, die dem Licht abgewandt ist. Bevor das Licht die Opsinmoleküle in den Außensegmenten der Sinneszellen erreicht, muss es also zuerst alle anderen Retinaschichten durchdringen. Ein Ingenieur hätte es sicher anders herum geplant. Aber da die Retina transparenter ist als andere Gewebe, wird der Lichtverlust minimiert. Das Licht wird beim Durchtritt durch das Gewebe allerdings leicht gestreut, und die Abbildung wird dadurch etwas weniger scharf, ähnlich wie wenn man durch eine nicht ganz klare Fensterscheibe blickt. Andererseits haben wir eingangs gesehen, dass die Auflösung in den meisten Teilen des Auges ohnehin so schlecht ist, dass auch dieser Fehler nicht stark ins Gewicht fällt – mit einer Ausnahme: an der Stelle des schärfsten Sehens! Das Bild muss in diesem Bereich besonders scharf sein, und deshalb würden die anderen Netzhautschichten tatsächlich erheblich stören. Die Evolution hat dieses Problem auf einfache und effektive Weise gelöst: Die Schichten des Netzwerks wurden einfach zur Seite geschoben. So entstand die sogenannte Sehgrube (Fovea). Eine Fovea (◘ Abb. 7.39) finden wir nur in wenigen, sehr hochentwickelten Augentypen. Bei Fischen, Reptilien und vor allem bei Vögeln sind Sehgruben weit verbreitet. Unter den Säugetieren haben nur die Primaten (also Affen und Menschen) Sehgruben.

Die Ausbildung der Fovea zeigt einmal mehr, wie die Evolution arbeitet. Sie ist nicht gerichtet, sondern baut auf dem auf, was bereits da ist. Als sich die ersten Augen entwickelten, war die optische Leistung so schlecht, dass es bedeutungslos war, ob die Photorezeptoren zum Licht hin oder vom Licht weg orientiert waren. Im Laufe der Evolution verbesserte sich die Optik der Augen aber immer mehr. Schließlich wurde sie bei einigen Tierarten so gut, dass es sich negativ auswirkte, wenn die gute Abbildung beim Durchgang durch die inneren Retinaschichten wieder verschlechtert wurde. Die Evolution konnte den Aufbau des Auges aber nicht mehr grundlegend ändern. Deshalb blieb es bei der inversen Anordnung, und lediglich die innersten Schichten wurden zur Seite geschoben – es entwickelte sich eine Fovea. Übrigens entstanden diese Foveae erst, nachdem sich die verschiedenen Wirbeltierklassen (d. h. Vögel, Fische, Amphibien, Reptilien und Säugetiere) in der Evolution voneinander getrennt hatten. Mit anderen Worten, sie entstanden unabhängig voneinander gleich mehrfach in der Evolution! Bei den meisten Säugetieren fällt die Optik des Auges schlechter aus als bei uns. Zudem haben sie eine niedrigere Photorezeptordichte. Sie sehen auch in

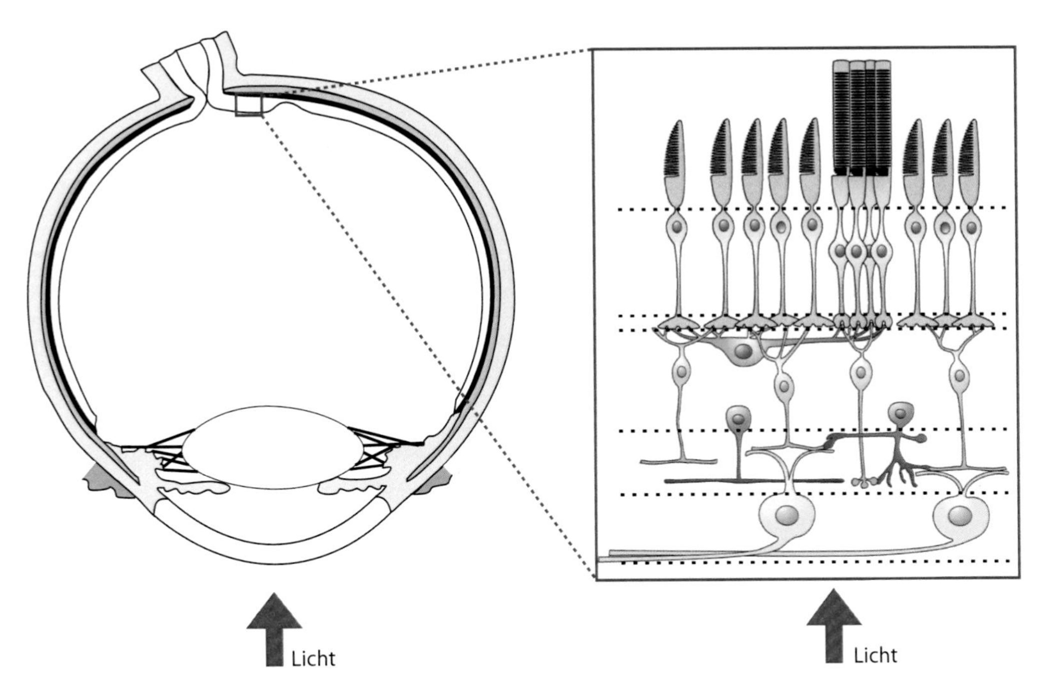

Abb. 7.38 *Links* Die Retina kleidet den Augenhintergrund aus. In der Nähe der optischen Achse des Auges ist die menschliche Retina bis zu 0,5 mm dick, ansonsten nur etwa 0,2 mm. *Rechts* Schematischer Aufbau der Retina. Man kann die Retina grob in zwei Teile gliedern. Im äußeren Teil, der dem Licht abgewandt ist, findet man die Photorezeptoren, die Stäbchen und Zapfen (*grau*). Der innere, dem Licht zugewandte, Teil beherbergt ein ausgeklügeltes Netzwerk aus retinalen Nervenzellen, in dem die visuelle Information verarbeitet wird, bevor sie von den Ganglienzellen (*gelb*) an das Gehirn weitergeleitet wird. Das Netzwerk besteht aus Bipolarzellen (*grün*), Horizontalzellen (*rot*) und Amakrinzellen (*violett*). Jede Zellklasse kommt in mehreren Varianten vor, sodass es ca. 60 verschiedene Nervenzelltypen in der Retina gibt. Das hier gezeigte Schema ist also stark vereinfacht. Die Retina ist invers, d. h. „umgedreht". Um die Photorezeptoren zu erreichen, muss das Licht zuerst die inneren Retinaschichten durchdringen. (© Anja Mataruga, Forschungszentrum Jülich)

ihrer zentralen Retina so schlecht, dass eine Fovea keine Verbesserung gebracht hätte. Deshalb entstand in der Evolution dieser Säugetiere kein Druck, eine Fovea zu entwickeln.

7.5.2 Die Information wird im retinalen Netzwerk weiterverarbeitet

Wir erinnern uns: Die photoelektrische Signalwandlung findet im Außensegment statt. Dabei ändert sich die Spannung an der Außensegmentmembran. Diese Änderung wandert an der gesamten Photorezeptormembran entlang bis zum Endfuß. Dort bilden die Photorezeptoren Kontaktpunkte (Synapsen) mit anderen Zellen aus, auf die sie ihre Signale übertragen (siehe Abb. 7.24; zur Funktionsweise von Synapsen siehe ► Abschn. 3.5). Die Änderung der Membranspannung bewirkt eine Änderung der Menge an Botenstoff (Transmitter), die vom Photorezeptor freigesetzt wird. Die postsynaptischen Zellen besitzen in ihrer Membran unterschiedliche Rezeptormoleküle, die die Transmitter registrieren und darauf reagieren. Abhängig von der Transmittermenge im synaptischen Spalt kommt es in den nachgeschalteten Zellen so zum Öffnen oder Schließen von Ionenkanälen und damit wiede-

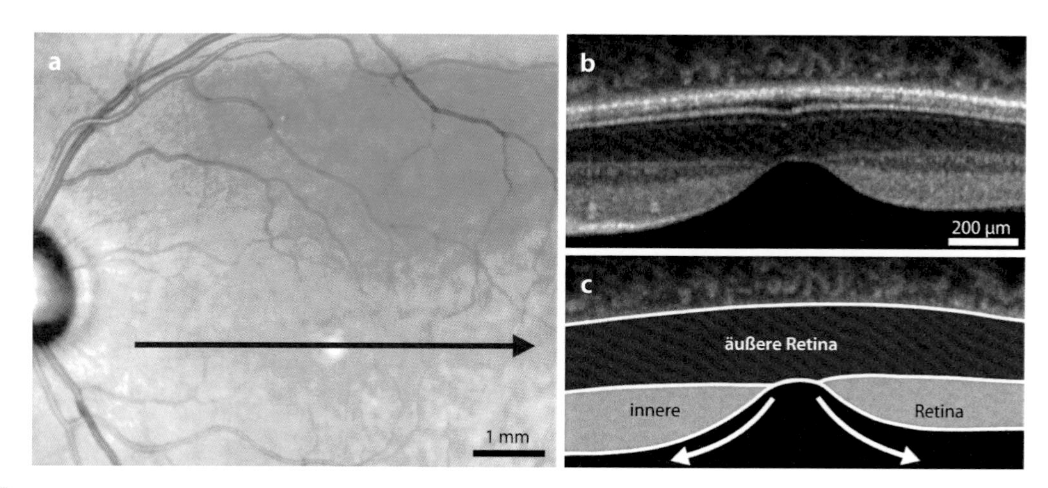

Abb. 7.39 Darstellung der Fovea. In a sieht man den Augenhintergrund mit dem blinden Fleck (*links*) und den Blutgefäßen. Im weißen Punkt liegt die Fovea. Der Pfeil zeigt den Verlauf eines Laserstrahles an, mit dem man die Retina schmerzfrei und ohne sie zu schädigen abtastet. Aus dem reflektierten Licht gelingt es mithilfe der optischen Kohärenztomografie, die retinalen Schichten darzustellen. Das Ergebnis ist in b und c zu sehen. Die Retina ist um die Fovea herum fast 0,5 mm dick. Die Photorezeptoren befinden sich in der äußeren Retina, das neuronale Netzwerk in der inneren Retina. Im Zentrum der Retina sind diese inneren Schichten zur Seite geschoben, sodass eine Sehgrube entsteht: die Fovea. (© Anja Mataruga, Frank Müller, Forschungszentrum Jülich)

rum zur Spannungsänderung. Eine Klasse von Nervenzellen, die an der Synapse Information von den Photorezeptoren erhalten, sind die Bipolarzellen. Sie kontaktieren mit ihren Dendriten die Photorezeptoren und leiten das Signal weiter bis zu ihrer eigenen Axonendigung. Dort übertragen sie es wieder über Synapsen auf einen dritten Zelltyp, die retinalen Ganglienzellen (siehe Abb. 7.38). Erst die Ganglienzellen schicken ihr Axon in das Gehirn. In jedem Auge sammeln sich die Axone von etwa einer Million Ganglienzellen am blinden Fleck und bilden dort den optischen Nerv (Sehnerv).

Die Weiterleitung des Photorezeptorsignals über die Bipolarzelle zur Ganglienzelle mutet wie ein einfacher Staffellauf an. In Wirklichkeit passiert dabei aber viel mehr. Bei jedem Übertragungsvorgang an einer Synapse wird das Signal neu verrechnet und verändert. Neben dieser „Durchgangsstraße“ von den Photorezeptoren zu den Ganglienzellen gibt es aber auch Wege, über die das Signal seitlich weitergeleitet wird. Dafür sind die Horizontal- und die Amakrinzellen zuständig. Diese Seitenwege sind wichtige Elemente der retinalen Schaltkreise. Wir werden später auf sie zurückkommen und dabei auch erfahren, wozu die Verrechnung in der Retina führt.

Das Schema in Abb. 7.38 ist stark vereinfacht. Aber es zeigt, dass es nicht nur einen Typ von Bipolarzelle gibt (eigentlich gibt es 10 bis 12 Typen, die hier aber nicht alle dargestellt sind). All diese Bipolarzelltypen sind zwar dafür da, die Information von den Photorezeptoren auf die Ganglienzellen zu übertragen, aber sie unterscheiden sich voneinander. Erstens haben sie unterschiedlich lange Axone und enden deshalb in verschiedenen Schichten. Außerdem haben sie leicht unterschiedliche elektrische Eigenschaften. Das Gleiche gilt für die Amakrinzellen, von denen es ca. 30 unterscheidbare Typen gibt, und für die Ganglienzellen, die wir in ca. 15 Typen unterscheiden können. Die Retina enthält damit ca. 60 verschiedene Nervenzelltypen. Unterschiedliche Zelltypen erfüllen unterschiedliche Funktionen im Sehvorgang – doch dazu später mehr.

An dieser Stelle wollen wir zwei wichtige Fakten festhalten. Erstens: Unmittelbar lichtempfindlich sind nur die Stäbchen und Zapfen, unsere Lichtsinneszellen. Alle anderen Zellen der Retina erhalten die Information der Sehzellen direkt oder indirekt über synaptische Kontakte und verarbeiten sie weiter. Wie Sie in erfahren können, gibt es eine Ausnahme von dieser Regel. Aber die Zellen, um die es dabei geht, sind wichtig für die Steuerung unserer inneren Uhr und tragen vermutlich nichts zum Sehen im engeren Sinne bei. Zweitens: Nur die Signale der Ganglienzellen erreichen das Gehirn. Sie stellen das Nadelöhr dar, durch das alle Information muss. Die Hauptaufgabe der Retina besteht also darin, die Informationsflut zu mindern und nur die wichtigsten Aspekte herauszufiltern und weiterzuleiten. Wenn man wissen will, was die Retina dem Gehirn erzählt, muss man den Ganglienzellen zuhören.

7.5.3 Die Sprache der Ganglienzellen

Wenn Nervenzellen Information über große Strecken hinweg übertragen müssen, verwenden sie dazu einen universellen Code: das Aktionspotenzial. Diese immer gleich große impulsförmige Änderung der Membranspannung haben wir schon in ► Kap. 3 kennen gelernt. Es gilt die Faustregel: Je mehr Aktionspotenziale die Zelle in einem Zeitraum feuert, desto aktiver ist sie. Bringt man eine Mikroelektrode in die Nähe einer Nervenzelle, kann man diese Aktionspotenziale als kleine Spannungspulse registrieren, verstärken und sogar mit einem Lautsprecher hörbar machen (► Kap. 3). Es klingt, als ob jemand bei jedem Aktionspotenzial auf eine Trommel schlägt. Man kann den Nervenzellen also tatsächlich zuhören. Bereits in den 1950er-Jahren registrierten Forscher in isolierten Netzhäuten die Reaktion von Ganglienzellen auf Lichtreize. Die Ergebnisse überraschten gleich mehrfach. Wir werden zuerst die Ergebnisse darstellen und erklären, warum sie für die Informationsverarbeitung wichtig sind. Erst danach werden wir überlegen, wie das retinale Netzwerk diese Phänomene erzeugt. Was erzählen uns die Ganglienzellen denn so?

Überraschung eins Die meisten Ganglienzellen feuern auch ohne Reiz ein paar Aktionspotenziale pro Sekunde. Dies nennen wir die Spontanaktivität der Zelle.

Überraschung zwei Die meisten Ganglienzellen können durch einen Lichtreiz sowohl erregt als auch gehemmt werden! Betrachten wir dazu ein typisches Experiment, in dem man die Aktivität einer Ganglienzelle in Form ihrer Aktionspotenziale mit einer Elektrode registriert (◻ Abb. 7.40). Man bewegt dabei einen kleinen Lichtpunkt über die Netzhaut, der immer wieder an- und ausgeht. Fällt der Punkt auf Photorezeptoren, die weit von der Ganglienzelle entfernt sind (graue Photorezeptoren), ändert sich die spontane Aktivität der Ganglienzelle nicht. Die Aktivität der Zelle ist oben dargestellt. Jeder Strich entspricht einem Aktionspotenzial. Die Aktivität der Zelle ist immer gleich hoch, unabhängig ob das Licht an oder aus ist (grauer Pfeil, links). Kommt der Lichtpunkt aber in die Nähe der Zelle, kann man Änderungen in ihrer Aktivität beobachten. Überraschenderweise findet man bei den meisten Ganglienzellen zwei Bereiche in der Netzhaut, die zu gegensätzlichen Reaktionen führen. Um die Zelle herum gibt es ein Zentrum in Form einer kreisförmigen Fläche. Jedes Mal, wenn der Lichtpunkt dort angeht (hellblaue Photorezeptoren), feuert die Zelle in unserem Beispiel mehr Aktionspotenziale als sonst (die Frequenz steigt an) – die Zelle ist also erregt (hellblauer Pfeil). Geht der Punkt aus, feuert sie weniger als sonst, wird also gehemmt. Um diesen Kreis herum gibt es einen Ring, in dem genau das Gegenteil passiert (dunkelblaue Photorezeptoren). Geht der Lichtpunkt dort an, nimmt die Zahl der Aktionspotenziale ab, geht der Punkt aus, steigt sie über die spontane Aktivität an (dunkelblauer Pfeil). Das Gebiet in der Netzhaut, in dem der Lichtreiz die Aktivität der Ganglienzelle ändert, nennt man das rezeptive Feld der Zelle. Es ist der Teil der Umwelt, auf den diese Zelle „schaut". Bei den allermeisten Ganglienzellen ist das rezeptive Feld in ein kreisförmiges Feldzentrum und ein ringförmiges Umfeld aufgeteilt. Da Zentrum und Umfeld die Aktivität der Ganglienzellen mit gegensätzlicher Wirkung beeinflussen, sprechen wir von einem Zentrum-Umfeld-Antagonismus. Die Zelle in unserem

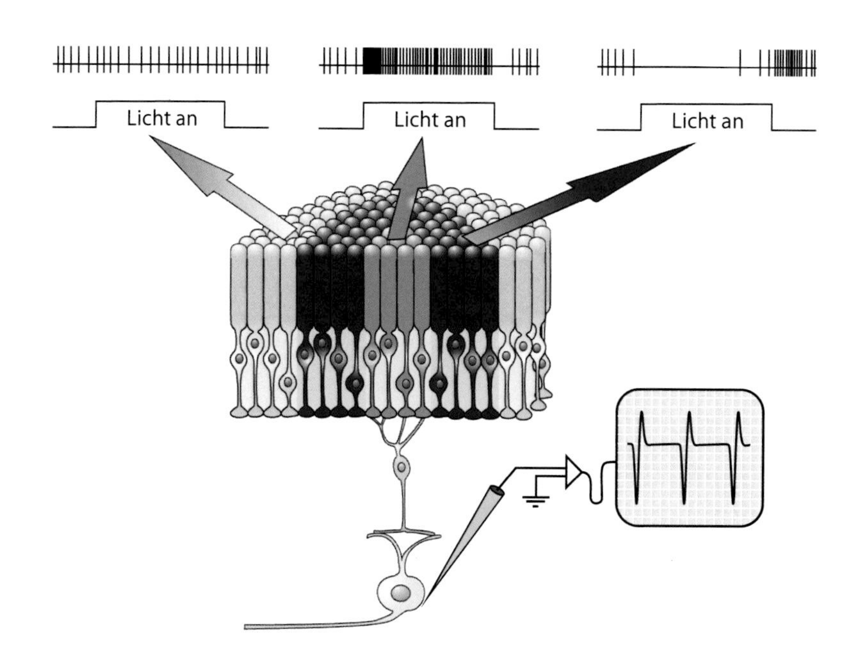

Abb. 7.40 Die Antwort einer Ganglienzelle auf Lichtreize wird in Form ihrer Aktionspotenziale registriert. Diese Zelle besitzt ein rezeptives Feld mit einem Zentrum (*hellblauer Bereich*) und einem antagonistischen Umfeld (*dunkelblauer Bereich*). Es handelt sich um eine AN-Zentrum-AUS-Umfeld Zelle (kurz AN-Zelle). Zur weiteren Erklärung: siehe Text. (© Anja Mataruga, Forschungszentrum Jülich)

Beispiel reagiert im Zentrum auf „Licht an" und im Umfeld auf „Licht aus" mit Erregung. Es ist eine AN-Zentrum-AUS-Umfeld-Zelle. Vereinfacht spricht man von einer AN-Zelle (bzw. ON-Zelle, vom englischen *on* für „an").

Überraschung drei Etwa die Hälfte unserer Ganglienzellen sind AN-Zellen, die andere Hälfte sind AUS-Zellen! Sie reagieren genau umgekehrt. Sie werden also durch Licht im Zentrum gehemmt, im Umfeld erregt (Abb. 7.41).

Aber warum sind die rezeptiven Felder überhaupt so kompliziert aufgebaut? Was bringt dies für die Informationsverarbeitung? Hier die Auflösung:

Überraschung vier Belichtet man das Zentrum und das Umfeld des rezeptiven Feldes einer Zelle gleichermaßen, so reagiert sie kaum darauf. Warum? Weil der Reiz im Zentrum und im Umfeld genau entgegengesetzte Auswirkungen auf die Aktivität der Zelle hat. Eine AN-Zelle wird z. B. durch Licht im Zentrum erregt, durch Licht im Umfeld aber gehemmt. Wird das ganze rezeptive Feld belichtet, heben sich Erregung und Hemmung gegenseitig praktisch auf, die Zelle reagiert kaum. Dabei ist es egal, ob das rezeptive Feld von sehr hellem oder von weniger hellem Licht bestrahlt wird. Die Zelle reagiert nicht, solange die Helligkeit im Zentrum und im Umfeld gleich ist. Das heißt aber, dass die Zelle dem Gehirn auch keine Information über die tatsächliche Helligkeit an ihrem Retinaort liefert. Erst wenn Zentrum und Umfeld unterschiedlich hell sind, reagiert die Zelle, und zwar umso heftiger, je stärker der Unterschied ist. Somit wird klar: Die Ganglienzelle ist kein Helligkeitsdetektor, sondern ein Kontrastdetektor! Sie erkennt den Kontrast zwischen dem Zentrum und dem Umfeld. Das rezeptive Feld der Zelle gibt dem Forscher quasi auch eine Art Bedienungsanleitung, wie man die Zelle am effektivsten zum Feuern bringt. Man macht den Lichtpunkt so groß, dass er das Zentrum optimal ausfüllt, das Umfeld aber nicht mitreizt. Eine AUS-Zelle reagiert besonders gut auf Objekte, die dunkler sind als der Hintergrund, eine AN-Zelle auf Objekte, die heller sind als der Hintergrund. Diffuses Licht ist meist ein schlechter Stimulus;

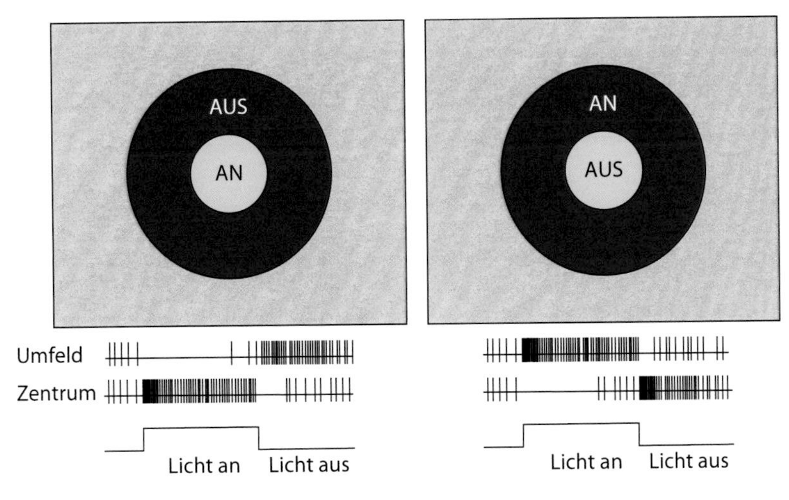

■ **Abb. 7.41** Ganglienzellen mit konzentrischen rezeptiven Feldern kommen als AN- und als AUS-Zellen vor. Dargestellt ist die Antwort auf Belichtung des Zentrums bzw. des Umfelds. AN-Zellen reagieren auf „Licht an" im rezeptiven Zentrum mit Erregung, umgekehrt in ihrem Umfeld. AUS-Zellen werden durch „Licht an" im Zentrum gehemmt, aber durch „Licht aus" im Zentrum erregt. (© Frank Müller, Forschungszentrum Jülich)

sowohl AN- als auch AUS-Zellen reagieren dann gar nicht oder kaum.

Sie fragen sich jetzt vielleicht: Wozu braucht es denn ein solch kompliziertes Konstrukt mit AN- und AUS-Zellen, Zentren und Umfeldern? Die folgenden Überlegungen werden Ihnen die geniale Strategie des Systems verdeutlichen.

7.5.4 Vorteil eins: Objekttrennung durch Kontrastverschärfung!

Die wichtigste Aufgabe des Sehsystems besteht darin, Objekte voneinander zu trennen und getrennt erkennbar zu machen, selbst wenn die Objekte sehr ähnlich sind. Wir müssen z. B. ein Tier mit braunem Fell vor einem sehr ähnlich gefärbten Baumstamm erkennen. Betrachten wir ■ Abb. 7.42. In ■ Abb. 7.42a sehen Sie unterschiedlich graue Felder, die aneinandergrenzen. Sicher bemerken Sie an den Grenzen jeweils zwei dünne Streifen? Zum hellen Feld hin nehmen Sie einen hellen Streifen wahr, zum dunkleren Feld hin einen dunklen Streifen. Diese Streifen nennt man nach ihrem Entdecker Mach'sche Bänder. Bestimmt man allerdings die Helligkeit in der Abbildung von links nach rechts mit einem Messgerät und trägt sie in einem Diagramm auf, erhält man lediglich rechteckige Stufen ohne helle und dunkle Streifen (■ Abb. 7.42b, unten). Sprich: tatsächlich existieren diese Streifen nicht. Aber woher kommen sie dann? Nun, die Mach'schen Bänder sind wie so oft ein reines Produkt unseres Wahrnehmungsvorgangs. Schauen wir uns das genauer an.

Mit der Analyse von ■ Abb. 7.42 sind viele Ganglienzellen beschäftigt. Betrachten wir stellvertretend in ■ Abb. 7.42b die Aktivität der obersten AN-Ganglienzelle (Zelle 1), deren rezeptives Feld im hellen Rechteck liegt. In ihrem Zentrum und Umfeld ist es gleich hell, d. h. die Zelle reagiert nicht (siehe Überraschung vier) und feuert nur spontan Aktionspotenziale (■ Abb. 7.42c). Das Gleiche gilt für AN-Zelle 2, deren rezeptives Feld im dunkleren Rechteck liegt. Dort ist es zwar insgesamt dunkler, aber da es im Zentrum und im Umfeld wieder gleich dunkel ist, ist auch diese Zelle nur spontan aktiv. Anders bei AN-Zelle 3. Ihr gesamtes Zentrum und der größte Teil ihres Umfeldes liegen im Dunkeln, aber ein Teil des Umfeldes liegt im helleren Feld. Dieser Teil ihres Umfeldes wird also stärker belichtet,

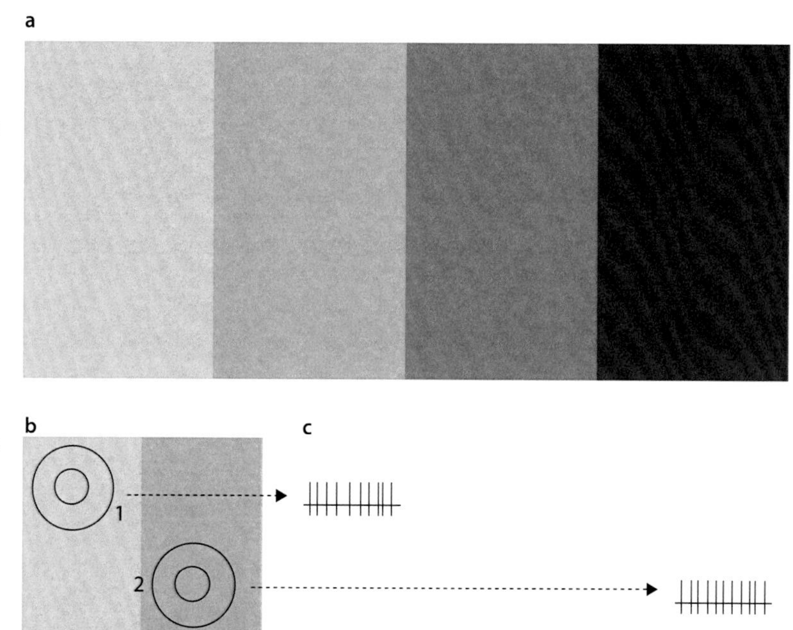

Abb. 7.42 Erzeugung der Mach'schen Bänder. **a** An der Grenze zwischen unterschiedlich grauen Flächen nehmen wir helle und dunkle Linien wahr. **b** Diese Mach'schen Bänder existieren physikalisch nicht. Stattdessen erfolgt die Helligkeitsänderung in Form eines rechteckigen Sprunges (*unten*). Die rezeptiven Felder von vier AN-Ganglienzellen sind eingezeichnet. Man sieht jeweils Zentrum und Umfeld. **c** Die Zellen zeigen eine sehr unterschiedliche Aktivität (zur Erläuterung siehe Text). Trägt man von links nach rechts die Aktivität der Zellen auf, ergibt sich an der Kante jeweils eine Verstärkung bzw. Abschwächung der Aktivität, die wir als helle und dunkle Streifen wahrnehmen. (© Frank Müller, Forschungszentrum Jülich)

und folglich ist die Hemmung der Zelle stärker als bei Zelle 2. Die Aktivität der Zelle sinkt deshalb unter das Niveau der spontanen Aktivität ab. Sie feuert also weniger stark als Zelle 1 und 2. AN-Zelle 4 liegt fast vollständig im helleren Rechteck, aber ein Teil ihres Umfeldes liegt im dunkleren Teil. Sie wird von diesem Teil des Umfeldes weniger stark gehemmt als Zelle 1, d. h. sie feuert stärker als Zelle 1 und 2 und sehr viel stärker als Zelle 3. Ihr Gehirn erhält also von links nach rechts kommend die Information von Zelle 1 „spontane Aktivität = gleichmäßige Helligkeit", von Zelle 4 „mehr Aktivität als sonst = hell", von Zelle 3 „weniger Aktivität als sonst = dunkel" und von Zelle 2 „spontane Aktivität = gleichmäßige Helligkeit". Entsprechend dieser Informationen nehmen wir dunkle und helle Streifen an den Kanten wahr. Negativ ausgedrückt, lügt Ihr Sehsystem dabei, denn die Streifen existieren ja nicht. Positiv ausgedrückt, sagt es Ihnen, was Sie wissen müssen: Hier ist die Trennlinie zwischen zwei grauen Flächen, die sich nur wenig unterscheiden. Diese Streifen wirken, als ob Ihr visuelles System um jedes Objekt herum mit einem Stift eine Umrandung zeichnen würde und Ihnen so hilft, die Objekte zu trennen.

7.5.5 Vorteil zwei: Die Informationsflut wird reduziert

Die beiden oberen Zellen in ◘ Abb. 7.42b liegen mit ihrem gesamten rezeptiven Feld innerhalb eines gleichmäßig hellen Rechtecks. Sie sind praktisch nur spontan aktiv und geben dem Gehirn kaum Information darüber, wie hell die Rechtecke eigentlich sind. Wir nehmen die Rechtecke aber als unterschiedlich hell wahr. Wie ist dies möglich? Das Gehirn berechnet die Helligkeit der Rechtecke neu! Als Grundlage hierzu dienen ihm die Unterschiede in der Aktivität zwischen den beiden unteren Ganglienzellen. Sie liegen an der Kante der Rechtecke und melden Unterschiede in der Helligkeit der beiden Flächen weiter.

Sehen wir uns dies an einem anderen Beispiel genauer an. In ◘ Abb. 7.43 erkennen wir drei kleine Quadrate auf drei unterschiedlich dunklen Untergründen. Die drei Quadrate erscheinen uns unterschiedlich hell. Diese optische Täuschung, der sogenannte Simultankontrast, ist sehr bekannt, und Sie wissen vermutlich, dass die drei Quadrate in Wirklichkeit gleich hell sind. Wenn Sie die Hintergrundfelder mit Papierstreifen abdecken oder eine Maske anfertigen, wie es in ▶ Kap. 13 beschrieben ist, können Sie sich davon überzeugen. Wie verhält sich eine AN-Ganglienzelle, deren rezeptives Feldzentrum im Quadrat liegt, deren Umfeld aber zum Teil auf dem Untergrund liegt? Ist der Untergrund hell, hemmt er die AN-Zelle besonders stark (dargestellt durch die Größe der Pfeile). Das Quadrat erscheint uns deshalb dunkler, als es in Wirklichkeit ist. Wir nehmen also wieder etwas wahr, das nicht der Realität entspricht. Unser visuelles System hat aber zwei gute Gründe, so vorzugehen. Zum Ersten dient die Fehlinforma-

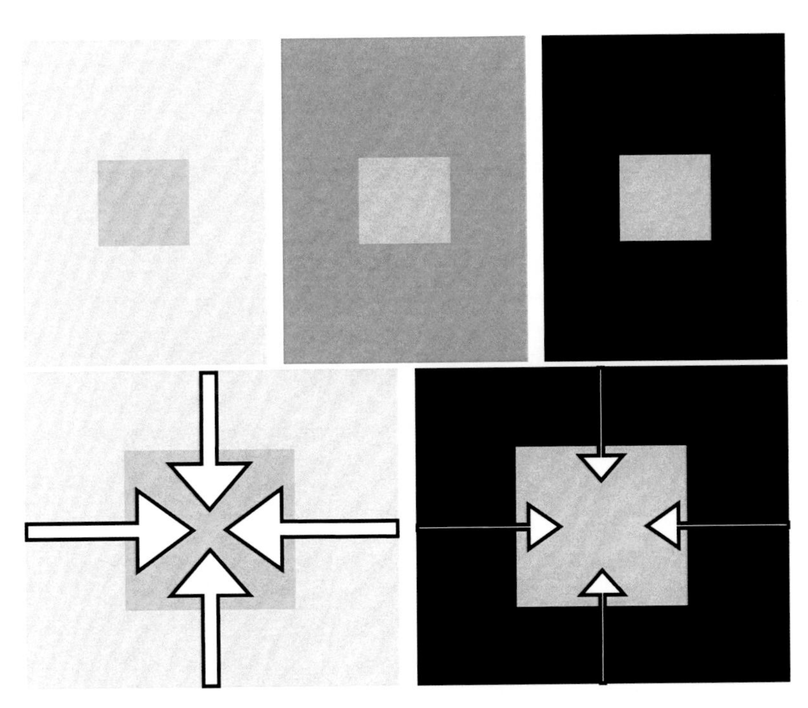

◘ **Abb. 7.43** Erklärung des Simultankontrasts. Die drei Quadrate im oberen Teil der Abbildung sind gleich hell (das können Sie überprüfen, indem Sie die Untergründe mit Papierstreifen abdecken). Sie erscheinen uns aber unterschiedlich hell, weil sie auf unterschiedlich hellen Untergründen liegen. Befindet sich das Quadrat auf einem hellen Untergrund, erfahren die AN-Zellen, die auf die Kante fallen, eine starke Hemmung (*dicke Pfeile*). Ihre Aktivität sinkt ab, und wir nehmen das Quadrat dunkler wahr als auf einem dunklen Untergrund. (© Anja Mataruga, Forschungszentrum Jülich)

tion wieder dazu, die Quadrate besser von den Hintergründen zu trennen. Zum Zweiten aber reduziert es damit die Datenflut und verhindert eine Überlastung unseres Gehirns. Warum? Die Information innerhalb eines gleichmäßig hellen Quadrats ist überall gleich. Angenommen, 100.000 Ganglienzellen hätten ihre rezeptiven Felder in diesem Feld und würden wirkliche Helligkeitswerte weiterleiten, dann würde die gleiche Information 100.000 Mal an das Gehirn weitergemeldet. Was für ein unnötiges Geplapper, aus dem das Gehirn nur die allzu dürftige Information herauslesen könnte, dass alles gleich ist! Das Verhältnis zwischen Datenflut und Informationsgehalt wäre extrem ungünstig. Die Retina macht einen genialen Kunstgriff: Sie übermittelt stattdessen nur die Information über die Kanten an das Gehirn. Die schmalen Kanten werden durch wesentlich weniger Zellen repräsentiert, also muss weniger Information ausgewertet werden. Es ist, als ob Ihre Retina eine „Strichzeichnung" von der Szene machen und an das Gehirn weiterschicken würde. Das Gehirn berechnet dann die Helligkeit der Flächen neu und „malt die Flächen in unserer Wahrnehmung aus". Bei dieser Berechnung sind kleine „Rechenfehler" durchaus beabsichtigt, solange sie dazu dienen, Unterschiede zu verstärken und uns so unsere Umgebung deutlicher wahrnehmen zu lassen.

Ein weiteres schönes Beispiel zur Helligkeitsberechnung haben wir in ▶ Box 7.4 für Sie vorbereitet: die Craik-O'Brien-Cornsweet-Täuschung. Schauen und staunen Sie.

Box 7.4 Durch das Mikroskop betrachtet: Die Craik-O'Brien-Cornsweet-Täuschung

In ◘ Abb. 7.44 sehen Sie eine Reihe von Doppelpyramiden. In allen Fällen erscheint die obere Pyramide dunkler als die untere. Legen Sie jetzt bei der großen Doppelpyramide einen Finger oder Bleistift über die Kante, die die beiden Pyramiden voneinander trennt. Nun erscheinen beide gleich hell. Warum? Nun, beide Flächen sind tatsächlich gleich hell. Unterschiedlich hell erscheinen sie uns nur deshalb, weil wir das Gehirn mit dieser Zeichnung absichtlich getäuscht haben und es sich daher „verrechnen" muss. Um den Eindruck unterschiedlich heller Flächen zu generieren, haben wir an den Grenzen der Pyramiden helle und dunkle Streifen eingezeichnet. Im Gegensatz zu den Mach'schen Bändern existieren diese Streifen also wirklich. Unsere Retina übermittelt diese Streifen an das Gehirn. Und unser Gehirn tut dann, was es immer tut, wenn es erfährt, dass es helle und dunkle Streifen zwischen zwei Flächen gibt: Es errechnet aus dem Unterschied dieser Streifen einen Helligkeitsunterschied und dehnt diesen auf die angrenzenden Flächen aus. Wenn wir die Streifen abdecken, fehlt dem Gehirn diese Information. Es berechnet keinen Helligkeitsunterschied, und wir nehmen die beiden Flächen als gleich hell wahr. Wir haben das Gehirn durch diesen Trick dazu gebracht preiszugeben, wie es die Helligkeit von Flächen berechnet. Es *muss* hier einen Fehler machen, weil wir ihm Informationen liefern, für die es keine andere Möglichkeit der Interpretation hat (◘ Abb. 7.45). Und diese fehlerhafte Berechnung der Helligkeiten nehmen wir als Realität wahr.

7.5.6 Vorteil drei: Unabhängig werden von der Beleuchtung

Alle bisherigen Beispiele laufen auf das Gleiche hinaus: Es sind die Unterschiede, an denen unser Sehsystem vornehmlich interessiert ist. Die Suche nach Unterschieden beginnt bereits in den rezeptiven Feldern der Retina und wird im gesamten Sehsystem fortgesetzt. Aber nicht immer sind Unterschiede eindeutig zu erkennen. Lassen Sie uns dies an einem scheinbar einfachen Problem verdeutlichen. Nehmen wir an, ein Tier ernährt sich von Früchten, die in einem Busch wachsen. Reife Früchte sind dunkel und nahrhaft, unreife Früchte hell und hochgiftig! Das Tier muss also helle und dunkle Früchte voneinander unterscheiden – eine lebenswichtige Aufgabe. Das ist doch einfach, könnte man denken.

■ **Abb. 7.44** Craik-O'Brien-Cornsweet-Täuschung. Ist bei der großen Doppelpyramide die obere Pyramide wirklich dunkler? Legen Sie einen Finger über die Trennlinie! (© Anja Mataruga, Forschungszentrum Jülich)

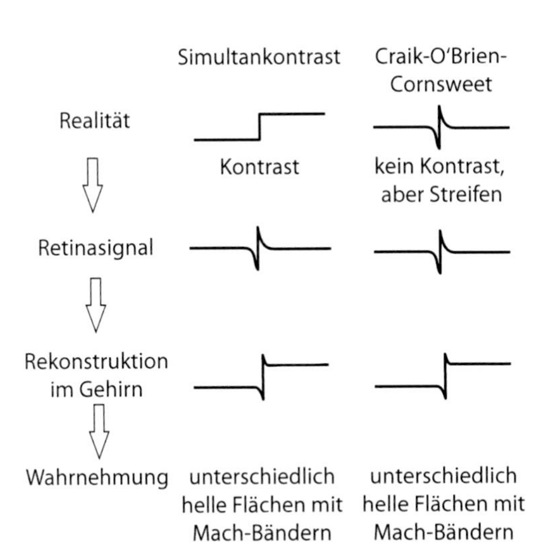

■ **Abb. 7.45** Obwohl sich die beiden Stimuli in der Realität unterscheiden – im rechten Stimulus gibt es keine hellen und dunklen Flächen –, ist das Ausgangssignal der Retina für beide gleich. Deshalb erzeugen beide die gleiche Wahrnehmung. (© Frank Müller, Forschungszentrum Jülich)

Das kann sogar eine Maschine erledigen. Ein Ingenieur könnte z. B. eine Maschine bauen, die die Helligkeit der Früchte exakt misst. Liegt sie über einem bestimmten Helligkeitswert, wird die Frucht als hell und unreif eingestuft, liegt sie darunter, ist sie dunkel und somit reif. Auch die Evolution hätte so einen Mechanismus hervorbringen können. Hat sie aber nicht. Denn was passiert, wenn ein Teil des Busches im Schatten liegt, der andere Teil im Sonnenlicht? Die Früchte im Schatten werden weniger Licht reflektieren als die Früchte im Sonnenlicht. Eine unreife Frucht im Schatten könnte dann dunkler erscheinen als eine reife Frucht in der Sonne. Eine einfache Helligkeitsbestimmung hätte die fatale Konsequenz, dass das Tier die unreife giftige Frucht im Schatten frisst. Wir als zur Abstraktion fähige Wesen könnten vielleicht versuchen, mit diesem Problem intellektuell fertig zu werden, aber ein Tier mit einem kleinen

Abb. 7.46 Die mit A bezeichneten Früchte liegen im Schatten, die mit B bezeichneten Früchte im Licht. Die A-Früchte erscheinen eindeutig heller als die B-Früchte. Aber stimmt das? Machen Sie den Test mit der Maske! Eine Anleitung zur Herstellung einer Maske finden Sie in ▶ Kap. 13 (Abstand der Ausschnitte 3,7 cm für das linke Fruchtpaar, 2,5 cm für das rechte Fruchtpaar). (© Anja Mataruga, Forschungszentrum Jülich)

Gehirn nicht. Sein Überleben hängt davon ab, dass sein Sinnessystem trotz dieser kniffligen Situation solche Fehler vermeidet. Die Wahrnehmung muss von solchen Randbedingungen wie Licht und Schatten unabhängig sein. In der Tat ermöglicht ein gutes Sinnessystem genau das, und zwar indem es vergleicht. Das Ergebnis dieses Vergleichs ist verblüffend! Sehen wir uns dies einmal anhand von Abb. 7.46 an.

Vergleichen Sie Früchte A und B miteinander. Ganz klar: Die A-Früchte sind heller ist als die B-Früchte und werden so als giftige Früchte entlarvt. Aber sind sie wirklich heller? Decken Sie bitte mit Papierstreifen oder einer passenden Maske (▶ Kap. 13) alles außer diesen beiden Früchten in der Zeichnung ab, und Sie erkennen: Frucht A und B haben exakt die gleiche Helligkeit! Wäre unser Sehsystem einfach gestrickt bzw. messtechnisch korrekt, würden wir die A- und B-Früchte so wahrnehmen, wie sie sind – nämlich gleich hell! Aber unser Gehirn ist nicht einfach, und vor allem ist es an Messgenauigkeit nicht im Mindesten interessiert. Es sagt uns nicht, was wahr oder physikalisch korrekt ist, sondern was wir wissen müssen! Und schon sind wir in der Lage, dunkle Früchte im Hellen von hellen Früchten im Dunkeln zu unterscheiden, und zwar, obwohl sie in der Realität gleich hell sind. Wie macht es das?

Unser Sehsystem unterwirft die Szene einmal mehr einem komplexen Rechenvorgang. Was wir wahrnehmen, ist das Ergebnis dieser Auswertung. Erstens vergleicht das Gehirn helle und dunkle Früchte im Schatten und helle und dunkle Früchte im Licht miteinander und „kürzt" dabei sozusagen die Unterschiede in der Beleuchtungsintensität zwischen Schatten und Sonnenlicht heraus (▶ Box 7.5). Zweitens erkennt es den Schatten und „weiß" deshalb, dass eine Frucht im Schatten dunkler ist, als sie es außerhalb des Schattens wäre. Diese Analyse findet im Gehirn statt und nicht in der Retina. Nun wendet das Gehirn die Strategie an, die sich in Jahrmillionen der Evolution als Vorteil herausgestellt hat: Ignoriere die wirkliche Hel-

Box 7.5 Durch das Mikroskop betrachtet: Wie kürzt das Gehirn?

Stellen Sie sich vor, Sie betrachten dieses Blatt Papier (◘ Abb. 7.47) im schwach erleuchteten Keller. Die Buchstaben erscheinen schwarz, das Papier weiß, denn das Papier reflektiert 20-mal mehr Licht als die Tinte. Jetzt tragen Sie das Buch nach draußen in den Sonnenschein, wo es ca. 1000-mal heller ist. Die Buchstaben müssten jetzt blendend weiß erscheinen, denn sie reflektieren nun 1000-mal mal mehr Licht als im Keller. Sie sind also 50-mal heller, als es das Papier im Keller war. Trotzdem erscheinen sie immer noch schwarz! Die Begründung ist einfach: Auch das weiße Papier reflektiert jetzt 1000-mal mehr Licht. Das Gehirn kürzt wie beim Bruchrechnen die Lichtintensitäten sozusagen heraus, und das Verhältnis zwischen Tinte und Papier ergibt wieder 1:20.

Wie kann das Gehirn kürzen? Nervenzellen können erregende Signale addieren (► Abschn. 3.6) und mithilfe von hemmenden Synapsen Signale von anderen Signalen abziehen, also subtrahieren. Auch bei dem Rechenvorgang, den wir hier betrachten, subtrahieren Nervenzellen in der Retina und im Gehirn über hemmende Synapsen Signale voneinander. Um zu verstehen, wie es dabei zum Kürzen kommt, muss man etwas die Mathematik bemühen. In ► Kap. 4 haben wir gesehen, dass die Aktivität einer Sinneszelle oder ihrer nachgeschalteten Nervenzelle nicht direkt mit der Reizintensität ansteigt, sondern mit deren Logarithmus (siehe ◘ Abb. 4.8). Darin liegt die Erklärung. Mathematisch ist es gleich, ob man zuerst zwei Werte durcheinander dividiert und aus diesem Ergebnis den Logarithmus bestimmt oder ob man von den zwei Werten zuerst den Logarithmus bildet und dann die beiden Ergebnisse voneinander abzieht ($\log X/Y = \log X - \log Y$). Das Gehirn kürzt also, indem es Signalwerte, die aus den logarithmischen Kennlinien unserer Sinneszellen stammen, über hemmende Synapsen voneinander abzieht.

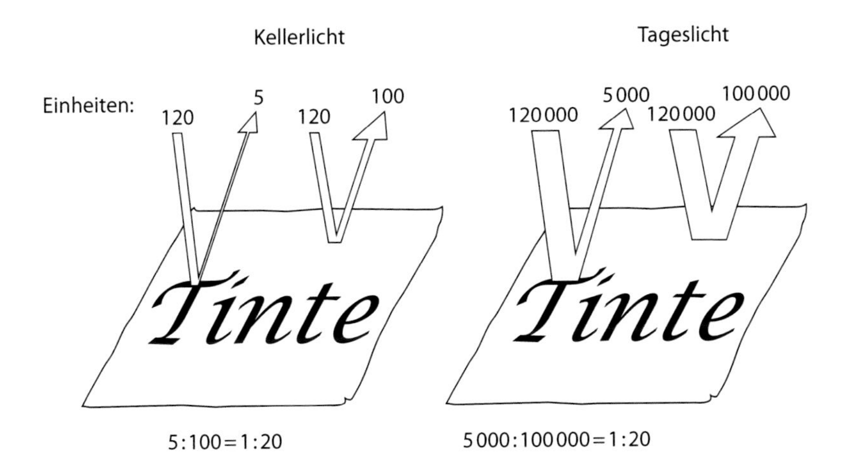

◘ **Abb. 7.47** In unserem Beispiel soll das weiße Papier etwa 80 % des auffallenden Lichtes reflektieren. Dies ist ca. 20-mal mehr, als die schwarze Tinte reflektiert. Ob bei Kellerbeleuchtung oder hellem Sonnenlicht: Das Papier erscheint uns immer weiß und die Tinte immer schwarz, obwohl die Tinte bei hellem Sonnenlicht 50-mal heller ist als das weiße Papier im Keller. Wichtig ist für unsere Wahrnehmung das Verhältnis – und das beträgt immer 1:20. (© Anja Mataruga, Forschungszentrum Jülich

ligkeit, weil sie biologisch meist irrelevant ist, konzentriere Dich auf die Unterschiede und hebe diese hervor! Es erzeugt in uns die Wahrnehmung, dass Frucht A heller ist als Frucht B. Mit einer solchen vollautomatischen Rechenleistung fällt es selbst einem wenig intelligenten Tier leicht, die richtige Wahl zwischen reifen und unreifen Früchten zu treffen. Man kann es gar nicht oft genug betonen: Die Täuschung, der wir hier erliegen, zeugt *nicht* vom Versagen eines unzuverlässigen Gehirns. Im Gegenteil, sie ist die Folge einer durchaus intelligenten Rechenoperation. Sie lässt uns die Wirklichkeit so wahrnehmen, wie es zwar messtechnisch falsch, aber biologisch absolut sinnvoll und oft genug überlebensentscheidend ist.

Wir haben nun „mit eigenen Augen" gesehen, welche Vorteile die zuvor beschriebenen rezeptiven Felder der Ganglienzellen bringen: Sie verschärfen Kontraste, reduzieren die Datenflut und machen uns unabhängig von den Schwankungen der Helligkeit, wie sie zwischen Licht und Schatten oder auch im Laufe des Tages auftreten. Nun wird es höchste Zeit zu überlegen, wie diese rezeptiven Felder überhaupt erzeugt werden.

7.5.7 Wie die Antwort im Zentrum des rezeptiven Feldes erzeugt wird

Wenn ein Lichtreiz auf die Netzhaut fällt, reizt er dort die Photorezeptoren. Dies hat zur Folge, dass die Membranspannung der Photorezeptoren negativer wird und diese weniger Botenstoff an ihren Synapsen freisetzen. Dieser Botenstoff ist Glutamat. Bei der Übertragung der Information auf die nachgeschalteten Bipolarzellen passiert nun Folgendes. Bei bestimmten Bipolarzellen wirkt das Glutamat erregend – es öffnet Ionenkanäle, durch die Natriumionen in die Zelle fließen. Diese Bipolarzellen zeigen deshalb ein ähnliches Signal wie die Photorezeptoren. Ist der Photorezeptor im Dunkeln erregt, erregt sein Glutamat auch diese Bipolarzellen, und diese wiederum erregen die ihnen nachgeschalteten Ganglienzellen. Diese feuern dann im Dunkeln, generieren also Aktionspotenziale. Wenn der Photorezeptor bei Licht weniger Botenstoff freisetzt, wird bei diesen Bipolarzellen ebenfalls die Membranspannung negativer, und sie setzen ihrerseits an den Synapsen mit den Ganglienzellen weniger Botenstoff frei. Die Ganglienzellen sind daher weniger erregt, und die Frequenz der Aktionspotenziale sinkt ab. Weil diese Typen von Bipolarzellen und Ganglienzellen bei „Licht aus" mit Aktivität reagieren, nennen wir sie AUS-Zellen (bzw. OFF-Zellen vom englischen *off* für „aus"). Die Antwort im rezeptiven Zentrum dieser AUS-Ganglienzellen ist also einfach zu erklären – sie folgt im Prinzip der Antwort des Photorezeptors (■ Abb. 7.48).

Neben den AUS-Bipolarzellen gibt es aber auch AN-Bipolarzellen. Sie reagieren ebenfalls auf das Glutamat des Photorezeptors, aber genau umgekehrt. Das Glutamat öffnet bei ihnen keine Ionenkanäle, sondern schließt sie indirekt über einen G-Protein-gekoppelten Mechanismus (▶ Abschn. 4.1). Dadurch haben die AN-Bipolarzellen im Dunkeln eine negative Membranspannung und erregen ihre nachgeschalteten AN-Ganglienzellen nicht. Wenn bei Licht weniger Glutamat freigesetzt wird, öffnen die Ionenkanäle in den AN-Bipolarzellen wieder. Die AN-Bipolarzellen depolarisieren und erregen die AN-Ganglienzellen. Diese feuern also bei „Licht an", wie ihr Name sagt.

7.5.8 Wie die Retina durch laterale Hemmung rezeptive Felder erzeugt

Im rezeptiven Umfeld reagieren die Ganglienzellen aber umgekehrt wie im Zentrum. Wie kommt es zu dieser entgegengesetzten Antwort? Wie eine Antwort umgekehrt wird, haben wir bereits in ▶ Kap. 3 erfahren. Die Zellen bewerkstelligen dies im einfachsten Fall durch eine zeichenumkehrende, d. h. hemmende Synapse!

Diese zeichenumkehrenden Synapsen kommen folgendermaßen zum Einsatz: Photorezeptoren übertragen ihre Information nicht nur auf Bipolarzellen, sondern auch auf sogenannte Horizontalzellen. Diese haben lange Fortsätze, mit denen sie ihre Signale seitwärts in der Retina weiterleiten (■ Abb. 7.49). Sie ermöglichen eine seitwärts gerichtete, laterale Hemmung. Zwischen Photorezeptoren und Horizontalzellen sind erregende Synapsen, d. h. auch die Horizontalzelle folgt im Prinzip dem Photorezeptor: Sie ist im Dunkeln

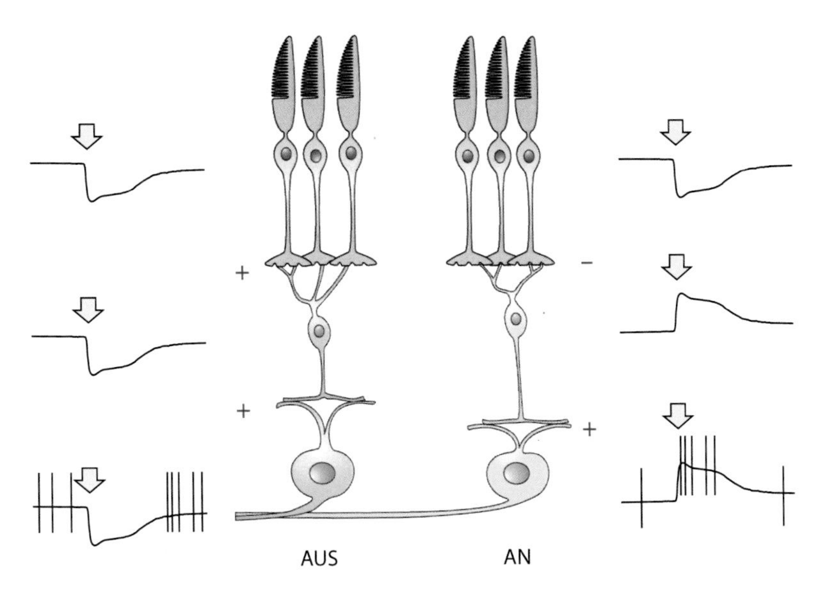

Abb. 7.48 Die Antwort im rezeptiven Feldzentrum entsteht bei der Verschaltung vom Photorezeptor auf die Bipolarzelle. Im AUS-Weg folgen alle Zellen im Prinzip der Lichtantwort des Photorezeptors: Erregung im Dunkeln, Hemmung bei Licht. Im AN-Weg erfolgt eine Zeichenumkehr bei der Übertragung vom Photorezeptor auf die AN-Bipolarzelle (*rotes Minuszeichen*): Deshalb sind AN-Bipolarzellen und AN-Ganglienzellen bei Licht erregt und im Dunkeln gehemmt. (© Anja Mataruga, Forschungszentrum Jülich)

depolarisiert (erregt) und wird bei Licht hyperpolarisiert (gehemmt). Horizontalzellen selbst geben ihre Information nun aber über hemmende Synapsen an ihre nachgeschalteten Zellen weiter. Hier findet also die Zeichenumkehr statt. Betrachten wir die Situation im Dunkeln: Alle Photorezeptoren sind depolarisiert und erregen die AUS-Bipolarzellen und die Horizontalzellen. Diese wirken nun mit einer leichten Hemmung auf die Photorezeptoren zurück. Diese leichte Hemmung sorgt dafür, dass alle Photorezeptoren etwas weniger stark depolarisiert sind – sonst ändert sich wenig.

Horizontalzellen übertragen ihre Signale aber über große Strecken. So kann eine Horizontalzelle ein Eingangssignal von einem Photorezeptor im Umfeld einer AUS-Ganglienzelle erhalten, aber ihrerseits einen Photorezeptor im Zentrum dieser Ganglienzelle hemmen. Wird nun ein Photorezeptor im Umfeld der AUS-Ganglienzelle belichtet, wird er ganz normal hyperpolarisieren und somit weniger Transmitter an die ihm nachgeschaltete Horizontalzelle freisetzen. Dies bedeutet, dass auch die Horizontalzelle etwas hyperpolarisiert und dadurch den Photorezeptor im Zentrum des rezeptiven Feldes weniger hemmt als vorher. Mit anderen Worten, dieser depolarisiert etwas mehr und setzt mehr Transmitter an seine AUS-Bipolarzelle frei. Die AUS-Bipolarzelle wird erregt und treibt ihre AUS-Ganglienzelle zum Feuern an. Die AUS-Ganglienzelle reagiert also mit verstärkter Aktivität, wenn ein Lichtreiz in ihrem Umfeld angeht. Dies ist genau das in Abb. 7.41 dargestellte Verhalten.

Auch AN-Ganglienzellen haben rezeptive Felder mit Zentrum und Umfeld. Die Umfeldantwort wird von den gleichen Horizontalzellen erzeugt, die auch die Umfeldantwort der AUS-Ganglienzellen erzeugen; man muss wegen der Zeichenumkehr der AN-Bipolarzelle nur „einmal um die Ecke denken".

Wir haben hier versucht, mithilfe einfacher Beispiele die Weiterleitungsmechanismen der Lichtsinneszellen auf die ihnen nachgeschalteten Zellen zu beschreiben. Der Vollständigkeit halber sei erwähnt: Tatsächlich ist die Situation

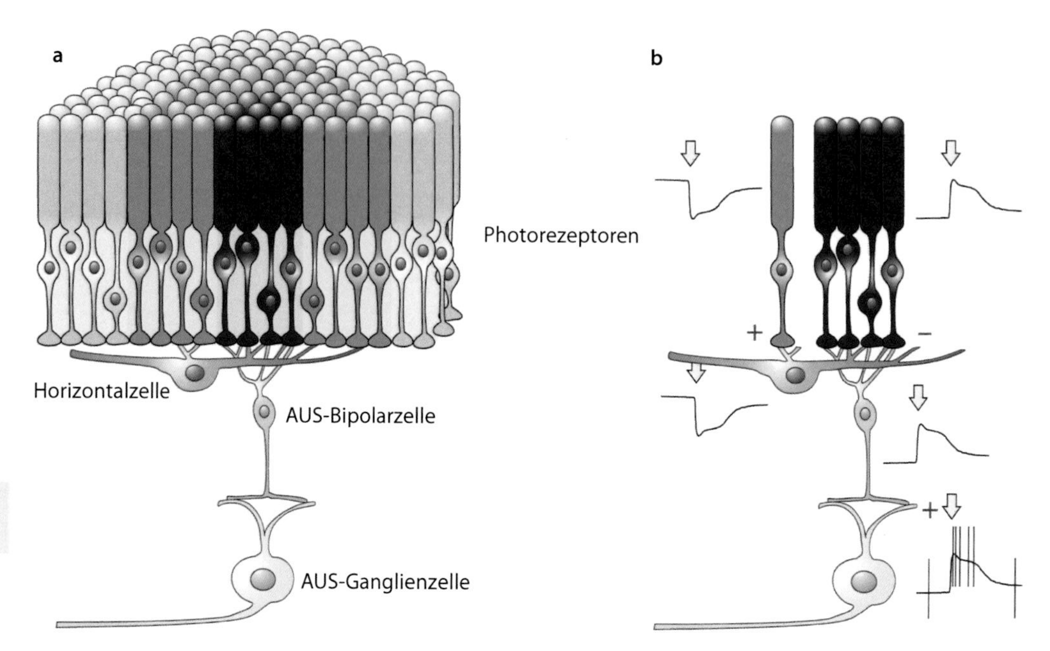

Abb. 7.49 **a** Verschaltung zur Erzeugung eines konzentrischen rezeptiven Feldes einer AUS-Ganglienzelle. Die dunkelblau dargestellten Photorezeptoren bilden das Zentrum, die hellblauen Photorezeptoren stellen das Umfeld dar, graue Photorezeptoren befinden sich außerhalb des rezeptiven Feldes. Die Zentrumsantwort erfolgt durch direkte Verschaltung der Zentrumsphotorezeptoren auf die Bipolarzelle. Wie in Abb. 7.48 gezeigt, sind im AUS-Weg alle Synapsen zeichenerhaltend. Bipolarzelle und Ganglienzelle folgen dem Photorezeptor. **b** Horizontalzellen folgen ebenfalls dem Zeichen des Photorezeptors. Sie sind hemmend, also über eine zeichenumkehrende Synapse auf die Zentrumsphotorezeptoren verschaltet (rotes Minuszeichen). Nur der hellblaue Umfeldphotorezeptor wird belichtet – er hyperpolarisiert. Dies führt zur Hyperpolarisation der Horizontalzelle. Sie hemmt die Zentrumsphotorezeptoren dadurch weniger als vorher, und diese depolarisieren. Die Bipolarzelle und die Ganglienzelle folgen. Die AUS-Ganglienzelle feuert also bei Belichtung des Umfeldes. (© Anja Mataruga, Forschungszentrum Jülich)

sehr viel komplexer als bisher dargestellt. Erstens gelten die beschriebenen Wege mit AN- und AUS-Bipolarzellen nur für die Zapfen. Die Stäbchen speisen ihre Information über eine eigene Bipolarzelle in das retinale Netzwerk ein (▶ Box 7.6). Die Stäbcheninformation erreicht, wenn auch auf anderen Wegen, aber auch AN- und AUS-Ganglienzellen. Zweitens ist jeder Zapfen sowohl mit Bipolar- als auch mit Horizontalzellen verknüpft. Die Zapfen tragen für die Bipolarzellen, die sie direkt kontaktieren und für deren nachgeschaltete Ganglienzellen, zur Zentrumsantwort bei. Weiter entfernt liegende Bipolarzellen können sie nur indirekt, über die Horizontalzellen, beeinflussen. Für diese Bipolarzellen und ihre nachgeschalteten Ganglienzellen tragen sie zur Umfeldantwort bei. So entstehen keine Lücken im Aufbau der rezeptiven Felder. Drittens ist jeder Zapfen sowohl mit AN- als auch mit AUS-Bipolarzellen verknüpft, sodass auch hier keine Lücken entstehen. Und viertens tragen auch in der nächsten Synapsenschicht Zellen mit seitwärts gerichteten Fortsätzen, die Amakrinzellen, zum Aufbau der rezeptiven Felder bei.

7.5.9 Ganglienzellen sind neuronale Filter

In der Retina des Menschen haben die meisten Ganglienzellen die bereits beschriebenen rezeptiven Felder mit Zentrum und antagonistischem Umfeld. Man unterscheidet vor allem

Box 7.6 Durch das Mikroskop betrachtet: Stäbchen gehen ihre eigenen Wege

Als sich die Wirbeltieraugen entwickelten, entstanden zuerst die Zapfen. Sie dienten dazu, am hellen Tag eine Orientierung zu ermöglichen. In der Retina entwickelten sich neuronale Netzwerke, um die Zapfeninformation weiterzuleiten und zu verarbeiten: der AN- und AUS-Weg mit lateraler Hemmung durch Horizontalzellen und Amakrinzellen usw. Erst nachdem die Evolution die photoelektrische Transduktion optimiert hatte, entwickelten sich Photorezeptoren, die mit weniger Licht auskamen und es ermöglichten, auch nachts zu sehen: die Stäbchen. Um für die Verarbeitung der Stäbcheninformation das Rad nicht komplett neu erfinden zu müssen, speiste die Retina die Stäbcheninformation in die bereits bestehenden Zapfennetzwerke ein. Dazu nutzt die Retina zwei wichtige Wege (◘ Abb. 7.50).

Im ersten Weg verläuft die Stäbcheninformation über eine eigene AN-Bipolarzelle, die Stäbchenbipolarzelle, auf eine spezielle Amakrinzelle, die AII-Amakrinzelle. Diese Amakrinzelle muss die Stäbcheninformation mit unterschiedlichen Vorzeichen in den bestehenden AN- und den AUS-Weg der Zapfen übertragen. Zur Übertragung in den AN-Weg benutzt sie eine elektrische Synapse (▶ Abschn. 3.5). So bleibt das Signal als AN-Signal erhalten. In den AUS-Weg speist sie das Signal über eine hemmende chemische Synapse ein. Diese macht aufgrund ihrer Zeichenumkehr (▶ Abschn. 3.5) aus dem AN-Signal wie gewünscht ein AUS-Signal. Man findet aber auch noch einen zweiten Stäbchenweg in der Retina, der in ◘ Abb. 7.50 nicht gezeigt wird. Die Stäbchen bilden elektrische Synapsen mit benachbarten Zapfen aus. Die Information kann dann bereits am ersten Schritt des Zapfenweges eingespeist werden. Warum die Retina zwei Wege für die Stäbcheninformation entwickelt hat, ist noch nicht vollständig klar. Möglicherweise nutzt die Retina bei Sternenlicht den einen, bei Dämmerung den anderen Weg. Die Retina muss also Mechanismen besitzen, die beteiligten Synapsen, abhängig von der Helligkeit, je nach Bedarf „abzuschalten". Die Erforschung dieser Anpassungsmechanismen bleibt weiterhin spannend.

die M-Zellen, die 5–10 % aller Ganglienzellen repräsentieren, und die P-Zellen, die 80–90 % der Ganglienzellen ausmachen (◘ Abb. 7.51). Sowohl P- als auch M-Zellen gibt es als AN- und AUS-Zellen. (M steht für *magno* = groß, P für *parvo* = klein.) In der Tat sind die Dendritenbäume der M-Zellen an jedem Retinaort etwa dreimal so groß wie die einer P-Zelle, was bedeutet, dass auch ihr rezeptives Feld entsprechend größer ist. Auch funktionell unterscheiden sich P- und M-Zellen. P-Zellen sind wegen ihrer kleinen rezeptiven Felder besonders gut für hochauflösendes Sehen, etwa das Lesen, geeignet. Da die Buchstaben auf hellem Grund dunkel sind, sind es vor allem die AUS-Zellen unter den P-Zellen, die Ihnen das Lesen dieses Buches ermöglichen. In der Fovea erfolgt die Verschaltung 1:1, deshalb erhält eine P-Zelle in ihrem Zentrum nur Eingang von einem Zapfen. Die P-Zelle ist die private Telefonleitung des Zapfens, von der wir schon gesprochen haben. Das rezeptive Feld einer P-Zelle in der Fovea ist dementsprechend sehr klein. P-Zellen reagieren auf starke Kontraste und feuern bei Erregung lang anhaltende Salven von Aktionspotenzialen in das Gehirn. Die M-Zellen sind wegen ihrer großen rezeptiven Felder für feine Aufgaben wie das Lesen weniger gut geeignet. Sie dienen vor allem als Alarmsystem, denn sie reagieren auch auf Reize mit schwachem Kontrast sowie auf bewegte Reize. Sie melden in kurzen Salven von Aktionspotenzialen schnell jede Art von Veränderung an das Gehirn.

Die P-Zellen sind übrigens auch die Ganglienzellen, die Farbinformation ins Gehirn übermitteln. In der Fovea des Menschen erhält das Zentrum einer P-Zelle ja nur von einem einzigen Zapfen Eingang, dessen Information dann an das Gehirn übertragen wird, ohne mit der anderer Zapfen gemischt zu werden. Interessanterweise findet man bei den farbspezifischen Zellen oft rezeptive Felder, die in Gegenfarben organisiert sind. Erhält eine AN-Zelle vom P-Typ in ihrem Zentrum nur von einem Rotzapfen Eingang,

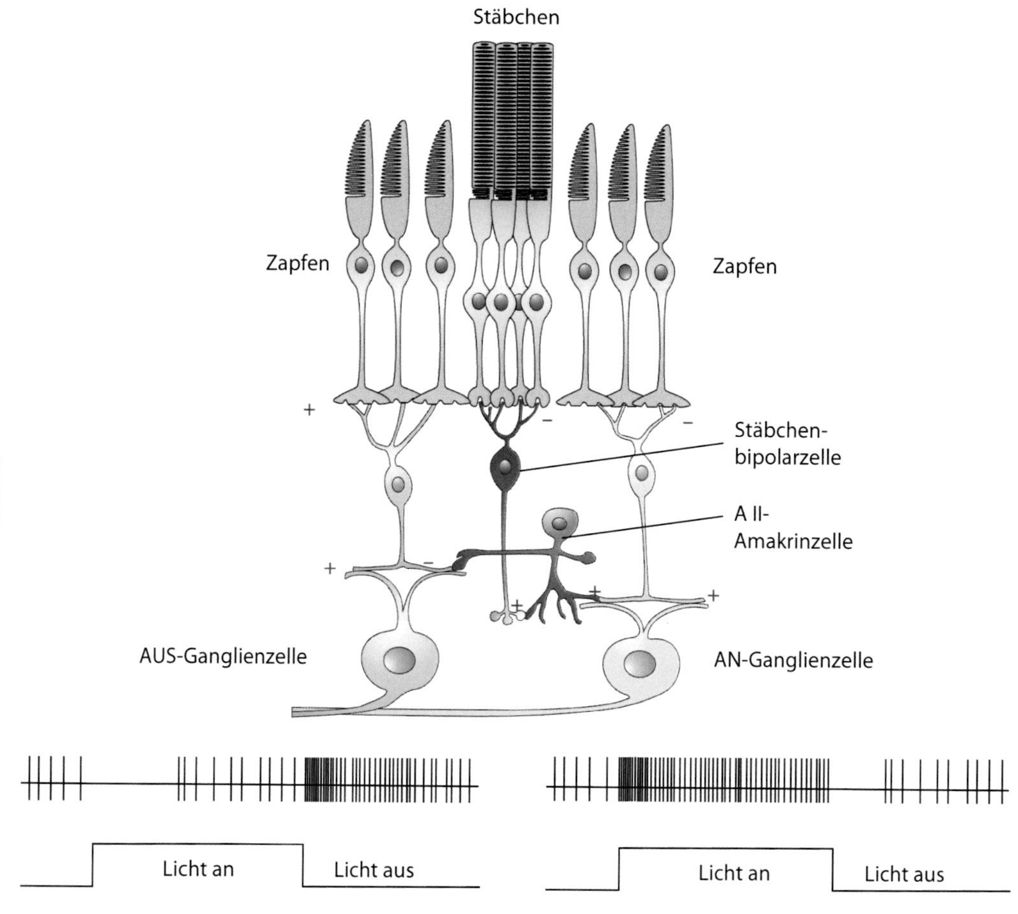

Abb. 7.50 Stäbchen koppeln ihre Signale über einen eigenen Weg in die AN- und AUS-Zapfenwege ein: Er verläuft über die Stäbchenbipolarzelle und die AII-Amakrinzelle (*violett*). (© Anja Mataruga, Forschungszentrum Jülich)

reagiert sie auf rotes Licht im Zentrum mit starker Aktivität. Ihr Umfeld reagiert dagegen besonders gut auf grünes Licht. Grünes Licht im Umfeld hemmt also die Aktivität, die durch rotes Licht im Zentrum ausgelöst wird. Auf weißes Licht, das das ganze rezeptive Feld bedeckt, reagiert die Zelle kaum, da sie durch den roten Anteil des Lichtes im Zentrum erregt, durch den grünen Anteil im Umfeld aber gehemmt wird. Es gibt auch andere Zellen, die Blau und Gelb als Gegenfarben haben. Dass solche Gegenfarbenpaare in unserem Sehsystem eine wichtige Rolle spielen, kann man in Form negativer Nachbilder leicht nachweisen (Abb. 7.52).

5–10 % unserer Ganglienzellen gehören weder in die M- noch in die P-Kategorie. Sie sind weniger gut untersucht, aber sie beherbergen eine bunt gemischte Gruppierung von mehr als zehn Typen von Ganglienzellen. 10 % klingt nicht viel, aber erstens sind dies immerhin ca. 100.000 Ganglienzellen in jeder menschlichen Retina. (Zum Vergleich: Eine Katzenretina hat – alle Ganglienzelltypen mitgezählt – gerade einmal 150.000 Ganglienzellen.) Zweitens bildet jeder dieser selteneren Ganglienzelltypen ein flächendeckendes Muster auf der Retina. Jeder Ort in unserem Gesichtsfeld wird somit von jedem Ganglienzelltyp erfasst und analysiert, genauso wie dies

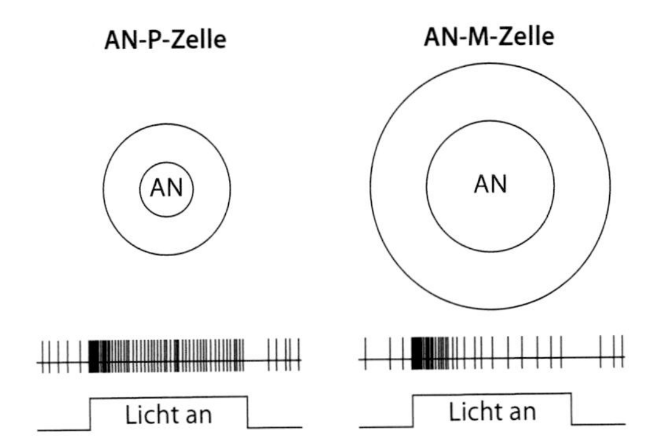

Abb. 7.51 P- und M-Ganglienzellen unterscheiden sich in ihren Eigenschaften. P-Zellen haben kleine rezeptive Felder und feuern bei Reizung lang anhaltende Salven von Aktionspotenzialen. P-Zellen erlauben es uns, feine Details aufzulösen. M-Zellen haben größere rezeptive Felder als P-Zellen und feuern nur eine kurze Salve von Aktionspotenzialen. Sie dienen dazu, uns auf neue Reize aufmerksam zu machen, und spielen eine wichtige Rolle, wenn es darum geht, den Ort und die Bewegung eines Objekts zu bestimmen. Sowohl P- als auch M-Zellen kommen als AN- und AUS-Zellen vor. (© Frank Müller, Forschungszentrum Jülich)

bei P- und M-Zellen der Fall ist. Drittens sind unter den selteneren Ganglienzelltypen einige besonders interessant, weil sie ganz andere rezeptive Felder haben als P- und M-Zellen. Ein Typ reagiert z. B. gar nicht darauf, wenn ein Lichtreiz an- oder ausgeht, sondern nur, wenn sich der Reiz durch sein rezeptives Feld bewegt! Ja sogar nur dann, wenn sich der Reiz in einer bestimmten Richtung bewegt. Bewegt sich der Reiz in die Gegenrichtung, feuert die Zelle nicht. Diese Zellen tragen einer der Vorlieben unseres Sehsystems Rechnung – Bewegung. Sie detektieren Bewegung bereits auf der ersten Stufe der Sehbahn, der Retina. Wir werden solchen bewegungsempfindlichen Zellen im Gehirn wieder begegnen. Ein anderer Zelltyp scheint besonders darauf zu reagieren, wenn sich das Bild eines Objekts in seinem rezeptiven Feld ausdehnt. Diese Zellen könnten ein erstes Warnsignal geben, wenn sich ein Objekt auf uns zu bewegt.

Abb. 7.52 Fixieren Sie das Kreuz eine Minute lang, bewegen Sie dabei Ihre Augen möglichst wenig. Während dieser Zeit adaptieren Ihre Zapfen an die starken Farben der Früchte. Schauen Sie danach auf eine weiße Fläche. Nun nehmen Sie für kurze Zeit ein negatives Nachbild mit den entsprechenden Gegenfarben wahr. Die Zitrone erscheint jetzt bläulich. Die rote Paprikaschote erscheint grünlich, die grüne rötlich. Das Nachbild verblasst schnell, lässt sich aber durch Blinzeln wieder „auffrischen". (© Frank Müller, Forschungszentrum Jülich)

Die Verschaltungsmechanismen, die zu so komplexen rezeptiven Feldern führen, sind natürlich komplizierter als die für P- oder M-Zellen. Wir haben bereits in ▸ Abschn. 2.2.4 diskutiert, dass viele Tiere nur an bewegten Reizen interessiert sind. In der Retina eines Frosches beispielsweise sind deshalb fast alle Ganglienzellen bewegungs- und richtungsselektiv. In dieser Hinsicht ist die Retina eines Frosches also komplizierter verschaltet als unsere Retina. Das kleine Froschgehirn muss dann nur noch wenig tun, um eine Reaktion des Tieres auszulösen. Anders verhält es sich bei den Säugetieren. Da ihre Großhirnrinde beträchtlich gewachsen ist, bot es sich in der Evolution an, die wesentliche Analyse der visuellen Information dorthin auszulagern.

Was bringt es unserem Sehsystem, wenn die visuelle Information von so unterschiedlichen Ganglienzelltypen in das Gehirn weitergeleitet wird? Es ist in etwa so, als würden Sie eine Szene mit zwölf verschiedenen Kameras fotografieren, die jeweils andere Filter vor dem Objektiv haben. Wir können uns die Ganglienzellen in der Tat als „neuronale Filter" vorstellen. Jeder Ganglienzelltyp filtert aus der visuellen Information der Szene einen bestimmten Aspekt heraus: Kontrast, Farbe, Bewegung usw. Die Informationskanäle, die die verschiedenen Ganglienzelltypen repräsentieren, bilden die Basis für die parallele, gleichzeitige Verarbeitung von Information im visuellen System.

7.5.10 Auf ins Gehirn!

Lassen Sie uns, bevor wir die Netzhaut verlassen und uns der Informationsverarbeitung im Gehirn zuwenden, noch einmal Revue passieren, was wir bisher erfahren haben. Wir haben gesehen, wie Licht von den Stäbchen und den Zapfen in die Sprache des Nervensystems übersetzt wird. Bereits an der ersten Synapse im Sehsystem, bei der Übertragung vom Photorezeptor auf die Bipolarzellen, setzt das Sehsystem auf massive parallele Informationsverarbeitung, indem es die Information über etwa zwölf Typen von Bipolarzellen und danach über ebenso viele Typen von Ganglienzellen weiterleitet. Die Retina wirkt wie ein neuronaler Filter, der redundante oder uninteressante Information verwirft und so die Datenflut in das Gehirn stark vermindert. Die komplexe Verschaltung in der Retina erzeugt verschiedene Typen von Ganglienzellen, die sich in den Eigenschaften ihrer rezeptiven Felder unterscheiden. Die wichtigsten Ganglienzellen sind bei uns Menschen die P-Zellen und die M-Zellen. Wir haben die Retina als leistungsfähiges Rechennetzwerk kennen gelernt, in dem die Zellen von Synapse zu Synapse spezifischer werden. Während Photorezeptoren noch einfach auf Licht (an/aus – viel/wenig) reagieren, sind die Ganglienzellen nur zwei oder drei Synapsen später bereits in der Lage, Kontraste wahrzunehmen, genau zwischen hellen und dunklen Reizen oder Farben zu unterscheiden oder sogar hochkomplexe Informationen zu extrahieren (z. B. ein Reiz bewegt sich von rechts nach links). Wir werden sehen, dass das Verhalten der Nervenzellen auch in der Sehbahn zunehmend komplexer wird. Manchmal sind die Veränderungen geringfügig, manchmal dramatisch.

7.6 Eine Reise durch das Sehsystem

7.6.1 Von der Retina bis zur primären Sehrinde

Überlegen wir, wie die Information aus der Retina im Gehirn genutzt werden kann. Der größte Teil der Information wird einer ausführlichen Analyse unterworfen. Sie führt schließlich dazu, dass wir Objekte erkennen und bewusst wahrnehmen, also zu dem, was wir normalerweise mit „Sehen" verbinden. Hierzu wird die Information aus dem Auge zuerst in den Thalamus geleitet. Von dieser wichtigen Umschaltstation im Zwischenhirn ziehen

Exkursion: Ein etwas anderer Typ von Photorezeptor

Lange Zeit dachte man, die Stäbchen und Zapfen seien die einzigen Photorezeptoren in der Netzhaut. Schließlich sind Menschen, deren Stäbchen und Zapfen im Laufe einer Retinaerkrankung abgestorben sind, blind. Es gibt neben dem eigentlichen Sehvorgang allerdings noch andere physiologische Vorgänge in unserem Körper, die durch Licht gesteuert werden. Zum Beispiel muss unsere innere Uhr an den Tag-Nacht-Rhythmus angepasst werden. Wenn wir von Deutschland nach Amerika fliegen, springen wir in wenigen Stunden in eine andere Zeitzone. Dadurch ist unsere innere Uhr nicht mit der neuen Ortszeit synchron. Licht und Dunkelheit treten zu ungewohnten Zeiten auf, und unser natürlicher Rhythmus kommt aus dem Takt. Man braucht ein paar Tage, um sich an den neuen Tagesrhythmus anzupassen. Während dieses Jetlags kommt es unter anderem zu Müdigkeit, Schlafproblemen und verringerter Leistungsfähigkeit. Der wichtigste Zeitgeber, der bei der Umstellung hilft, ist der Hell-Dunkel-Rhythmus der Tageszeiten. Interessanterweise braucht man keine Stäbchen und Zapfen, um diesen Hell-Dunkel-Rhythmus zu registrieren. Vor einigen Jahren fand man heraus, dass es einen speziellen Typ von Ganglienzelle gibt, der ein eigenes Photopigment besitzt: das Melanopsin (■ Abb. 7.53). Melanopsin ist mit dem Rhodopsin verwandt und enthält ebenfalls 11-*cis*-Retinal. Es wurde zuerst in den Melanozyten, den Pigmentzellen, der Froschhaut gefunden. Die Melanozyten in der Froschhaut können sich lichtabhängig zusammenziehen und so die Färbung der Froschhaut an die Umgebungshelligkeit anpassen (vermutlich zur Tarnung).

Um die Umgebungshelligkeit zu detektieren, besitzen die Melanozyten ein eigenes Photopigment, das Melanopsin. In den Ganglienzellen der Retina dient das Melanopsin dazu, das Tageslicht zu registrieren. Es ist wichtig zu betonen, dass die melanopsinhaltigen Ganglienzellen nur ca. 1 % aller Ganglienzellen ausmachen. Dieser seltene Typ von Ganglienzelle funktioniert vollkommen anders, als die AN- und AUS-Zellen, die wir bisher kennen gelernt haben. Diese sind an Kontrasten interessiert und reagieren nicht gut auf gleichmäßige Helligkeit – die melanopsinhaltigen Ganglienzellen sehr wohl! Sie ermöglichen uns kein Formen- oder Farbensehen, aber sie melden zuverlässig an das Gehirn weiter, ob wir Tag oder Nacht haben und wie hell es ist. Das Zielgebiet für die Axone der melanopsinhaltigen Ganglienzellen ist vor allem eine Struktur im Hypothalamus, der Nucleus suprachiasmaticus. Er kontrolliert unsere innere Uhr. Sie wird durch die Meldungen aus der Retina jeden Tag neu „gestellt".

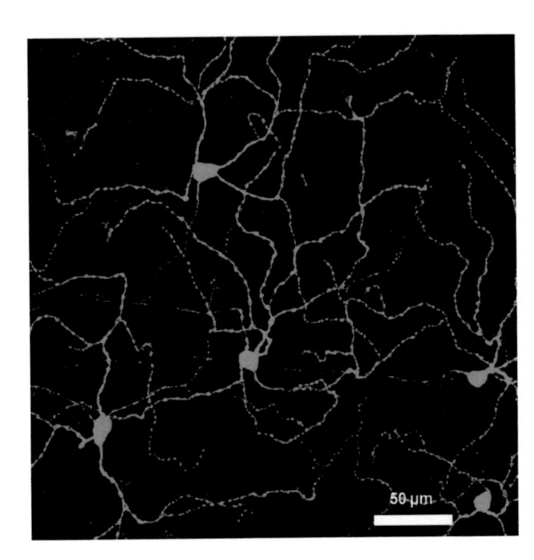

■ **Abb. 7.53** Aufsicht auf melanopsinhaltige Ganglienzellen in der Retina. Sie melden dem Gehirn, ob Tageslicht herrscht oder Dunkelheit und helfen so, die innere Uhr jeden Tag neu zu stellen. (© Frank Müller, Forschungszentrum Jülich)

Fasern zur primären Sehrinde. Sie schickt die Information in andere Gebiete der Großhirnrinde, die jeweils Teilaspekte verarbeiten, z. B. Farbe oder Bewegung.

Die Information aus der Retina wird aber auch für andere Zwecke genutzt, etwa zur Kontrolle der Pupillenöffnung oder um die Bewegung der Augen zu steuern. Und schließlich wird auch unsere innere Uhr jeden Tag durch Information aus der Retina an den Tag-Nacht-Rhythmus neu angepasst. Diese Vorgänge laufen ohne unser Bewusstsein ab und werden von Gehirnteilen übernommen, die sich im Laufe der Evolution schon sehr viel früher entwickelt haben als unsere Großhirnrinde.

Betrachten wir die Sehbahn, die zur bewussten Wahrnehmung führt. Die Axone der Ganglienzellen verlassen das linke und das rechte Auge an der Sehnervpapille. Dahinter bilden sie die beiden Sehnerven, die durch

Öffnungen in der Schädelbasis in das Gehirn eindringen. Die Sehnerven treffen sich an der Sehnervenkreuzung, dem Chiasma opticum. Hier müssen die Axone sortiert werden. Unser Gehirn ist in die linke und rechte Hemisphäre getrennt. Die linke Gehirnhälfte empfängt Information von der rechten Körperhälfte und steuert die Muskeln auf der rechten Körperseite, die rechte Gehirnhälfte ist für die linke Seite zuständig. Ein Schlaganfall in einer Gehirnhälfte führt deshalb zu Ausfallerscheinungen auf der gegenüberliegenden Körperseite. Bei vielen Tieren sitzen die Augen an den Seiten des Kopfes. In diesem Fall ist das gesamte linke Auge für die linke Hälfte des Gesichtsfeldes zuständig. Alle Axone des linken Auges ziehen dann in die rechte Gehirnhälfte, alle Axone des rechten Auges nach links. Unsere Augen sitzen aber frontal. Deshalb gibt es in *beiden* Augen Ganglienzellen, die die linke Hälfte unseres Bildfeldes repräsentieren und deren Axone in die rechte Hirnhemisphäre ziehen müssen. Dies sind im linken Auge die Axone aus der Hälfte des Auges, das zur Nase hin gelegenen ist, und im rechten Auge die Axone aus der schläfenwärts gelegenen Hälfte (in ◻ Abb. 7.54 grün). Entsprechendes gilt für die Axone, die die rechte Bildhälfte repräsentieren (violett).

Nach der Kreuzung nennt man den Sehnerv Tractus opticus („optischer Trakt"). Die Axone ziehen zum Thalamus, den wir bereits in ▶ Kap. 4 kennen gelernt haben. Der Thalamus ist die zentrale Umschaltstelle für alle Sinnesinformation auf dem Weg zur Großhirnrinde. Die Axone der Ganglienzellen münden in einem kleinen Gebiet am Rande des Thalamus, dem seitlichen Kniehöcker, so genannt, weil er einem abgewinkelten Knie ähnelt (Corpus geniculatum laterale, CGL). Wie in ◻ Abb. 7.54 gezeigt, erhält jeder Kniehöcker Eingang aus beiden Augen. Er sorgt penibel dafür, dass die Informationen aus den beiden Augen getrennt bleiben und nicht gemischt werden.

Der Kniehöcker im menschlichen Gehirn besteht aus sechs Schichten von Zellkörpern, die wie in einem gut belegten Sandwich übereinanderliegen. Die Zellen in diesen Schichten erhalten synaptischen Eingang von den Axonen der retinalen Ganglienzellen und schicken ihre eigenen Axone weiter in die Großhirnrinde. Eine Schicht im Kniehöcker erhält nur Eingang aus dem rechten oder dem linken Auge. In den beiden unteren Zellschichten werden die Axone der M-Zellen weiterverschaltet, in den oberen Schichten die Axone der P-Zellen.

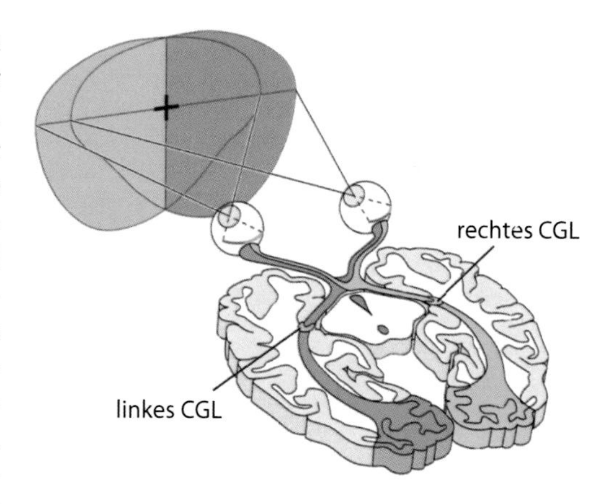

◻ **Abb. 7.54** Die Axone der retinalen Ganglienzellen bilden den optischen Nerv zum Gehirn. Die Axone trennen sich an der Sehnervenkreuzung, um in die rechte oder linke Gehirnhälfte zu ziehen. Die linke Gesichtshälfte (*grün*) wird von der rechten Gehirnhälfte verarbeitet, die rechte Gesichtshälfte (*violett*) in der linken Gehirnhälfte. Die Ganglienzellaxone enden vor allem im visuellen Kern des Thalamus, dem seitlichen Kniehöcker oder Corpus geniculatum laterale (CGL). Vom Thalamus aus erfolgt die ausgeprägte Projektion in die primäre Sehrinde im hinteren Teil der Großhirnrinde. (© Anja Mataruga, Forschungszentrum Jülich, modifiziert nach Bear, *Neurowissenschaften*)

Untersucht man die rezeptiven Felder der Zellen im Kniehöcker, findet man meist konzentrisch organisierte rezeptive Felder, wie man sie aus der Retina kennt. In den unteren Schichten ähneln sie denen der M-Zellen in der Retina. Die Zellen in den oberen Schichten haben Eigenschaften wie die P-Zellen der Retina. Bis auf eine gewisse Kontrastverschärfung durch laterale Inhibition scheinen die rezeptiven Felder kaum verändert. Die Information aus der Retina wird im Kniehöcker also offenbar nicht stark weiterverarbeitet. Bei der Projektion aus der Retina in den Kniehöcker begegnen wir wieder dem Prinzip der topografischen Repräsentation, das wir in ▶ Kap. 4 kennen gelernt haben. Benachbarte Zellen der Retina kontaktieren benachbarte Zellen im Kniehöcker. Wenn man also einen Reiz auf der Retina in direkter Linie von einem Punkt zu einem anderen bewegt, folgt die Erregung im Kniehöcker ebenfalls einer Linie. Diese topografische Anordnung bleibt auch bei der Projektion in die primäre Sehrinde und in vielen Arealen danach erhalten.

Lange Zeit dachte man, der Kniehöcker würde als reine Umschaltstation auf dem Weg zur Großhirnrinde fungieren. Es wird aber immer klarer, dass er auch anderen Zwecken dienen muss. Eine wichtige Erkenntnis war, dass viermal so viele Fasern aus der Großhirnrinde zum Kniehöcker ziehen wie Fasern aus dem Auge! Könnte dies bedeuten, dass die Aktivität der Sehrinde die Weiterleitung der Information aus dem Auge kontrolliert?

Es gibt Situationen, in denen es unerwünscht ist, ständig neue Sinnesinformation in die Großhirnrinde zu leiten, z. B. wenn wir schlafen. In der Tat werden dann die Informationen aus allen Sinnen im Thalamus weitgehend gestoppt. Nur starke Reize, wie Berührungen, laute Geräusche, oder für uns wichtige Signale, wie das Läuten des Weckers, werden noch durchgelassen. Ein anderes Beispiel dafür, dass der Informationsfluss zum Gehirn reduziert wird, sind die schnellen Augenbewegungen, die wir durchführen, um unsere Umgebung abzutasten. Dabei bleibt das Auge kurz auf ein Objekt fixiert und wird dann blitzschnell, in einer sogenannten Sakkade, auf das nächste Objekt ausgerichtet. Bei diesen schnellen Bewegungen verändert sich unser Bildfeld sehr stark, und das Gehirn hätte alle Hände voll zu tun, diese eigentlich unwichtigen Veränderungen zu analysieren. Deshalb wird die Information aus den Augen während einer solchen Sakkade im Thalamus durch Hemmung unterdrückt. Erst nach der Sakkade beginnt die Informationsweiterleitung von Neuem. Wir sind also während jeder Sakkade für ein paar Millisekunden blind! Wir merken aber nichts davon, weil unser Gehirn sofort wieder an die Informationsverarbeitung anknüpft und die entstandene Lücke „auffüllt". Wir werden diesen Punkt in ▶ Abschn. 12.7 erneut aufgreifen.

Im Kniehöcker bleiben also M- und P-Zellen sowie Fasern aus dem rechten und dem linken Auge strikt getrennt. Wie sieht es in der nächsten Station, der primären Sehrinde, aus?

7.6.2 Die Sehrinde ist hochorganisiert

Vom seitlichen Kniehöcker ziehen die Fasern in einem dicken Bündel zum hintersten Teil des Gehirns, dem Okzipitallappen (Hinterhauptslappen; ◘ Abb. 7.54). Dort befindet sich die etwa 3 mm dicke primäre Sehrinde. Diese Projektion und die wesentlichen Schritte der Informationsverarbeitung innerhalb der Sehrinde wurden in den 1960er- und 1970er-Jahren durch die beiden Neurophysiologen David Hubel und Torsten Wiesel aufgeklärt. Für ihre bahnbrechenden Arbeiten erhielten sie im Jahr 1981 den Nobelpreis. Die Informationsverarbeitung in der Sehrinde ist außerordentlich komplex. 200 Mio. Nervenzellen verarbeiten hier die Informationen weiter, die von etwa zwei Millionen Ganglienzellen aus den beiden Augen in die primäre Sehrinde gelangen. Wir können hier nur wenige grundlegende Aspekte besprechen.

Wie schon im Kniehöcker, so finden wir auch in der Sehrinde sechs Schichten (I–VI). Allerdings empfangen nur die Zellen in Schicht IV Eingang vom Kniehöcker. In dieser Schicht bleibt die Information aus dem rechten und dem linken Auge noch strikt getrennt. Die Zellen aus Schicht IV speisen die Information dann in komplexe Schaltkreise der Sehrinde ein. Der Informationstransfer erfolgt vor allem senkrecht zur Schichtung, es gibt aber auch seitwärts gerichtete Verbindungen innerhalb der jeweiligen Schicht (◘ Abb. 7.55). Innerhalb

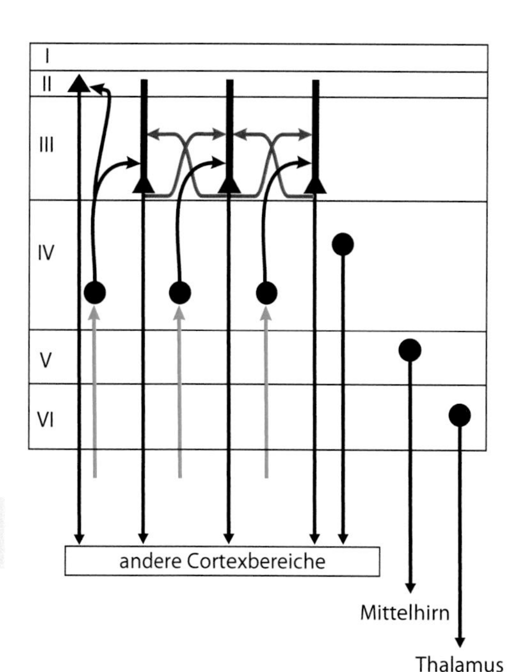

Abb. 7.55 Die primäre Sehrinde ist in sechs Schichten gegliedert. Zellen sind als Kreise oder Dreiecke eingezeichnet. Die Fasern aus dem Thalamus (*grüne Pfeile*) enden vorwiegend in Schicht IV. Von dort wird die Information vor allem in Schicht II und III weitergeleitet. Innerhalb der Sehrinde gibt es laterale Verschaltungen (*rote Pfeile*) sowie senkrechte Projektionen von einer Cortexschicht in andere Schichten. Die meisten wurden aus Gründen der Übersichtlichkeit nicht eingezeichnet. Aus mehreren Cortexschichten wird Information in andere Cortexbereiche gesendet. Außerdem erfolgen Rückmeldungen in den Thalamus und in visuelle Gebiete im Mittelhirn. (© Frank Müller, Forschungszentrum Jülich)

dieser Schaltkreise geht die strikte Trennung der beiden Augen verloren. Viele Zellen erhalten dann Information von beiden Augen, wobei aber meist eines dominiert.

7.6.3 Die meisten rezeptiven Felder in der primären Sehrinde reagieren auf Kanten und Linien

Die konzentrischen rezeptiven Felder der retinalen Ganglienzellen und der Zellen im seitlichen Kniehöcker übermitteln Information über den lokalen Kontrast an einem Ort im Gesichtsfeld. Dabei arbeitet jede Zelle unabhängig von den anderen. Die Information darüber, ob zwei Bildpunkte zum gleichen Objekt gehören oder zu zwei verschiedenen, ist im Ausgangssignal einer einzelnen retinalen Ganglienzelle nicht enthalten. Eine der wichtigsten Aufgaben des Sehsystems besteht darin, die Umrisse eines Objekts zu erkennen und vom Hintergrund zu trennen. Diese Umrisserkennung beginnt in der primären Sehrinde. Die rezeptiven Felder der meisten Zellen sind nicht mehr kreisrund, sondern lang gestreckt und darauf spezialisiert, Linien und Kanten einer bestimmten Orientierung zu erkennen.

Abb. 7.56 zeigt die Antworten einer Zelle in der Großhirnrinde auf eine Linie, die in unterschiedlicher Orientierung auf das rezeptive Feld der Zelle projiziert wird. Bei einer bestimmten Orientierung der Linie reagiert die Zelle mit starker Erregung. Sie feuert eine lange Salve von Aktionspotenzialen. Bei anderen Orientierungen fällt die Aktivität der Zelle geringer aus. Es gibt in der Sehrinde aber weitere Zellen, die auf diese anderen Orientierungen bevorzugt reagieren.

Hubel und Wiesel unterschieden zwischen „einfachen" und „komplexen" Zellen. Einfache Zellen besitzen lang gestreckte rezeptive Felder, die man wie in der Retina in AN- und AUS-Bereiche einteilen kann. Abb. 7.57 zeigt, wie das rezeptive Feld einer einfachen Zelle durch Zusammenschalten retinaler Ganglienzellen erzeugt werden könnte (Prinzip der Konvergenz; ▸ Abschn. 3.6). Die Zelle würde wie die Zelle in Abb. 7.56 am besten auf einen horizontal ausgerichteten Lichtreiz antworten, der ihr rezeptives Feldzentrum optimal ausfüllt.

Die komplexen Zellen reagieren ebenfalls am stärksten auf ausgerichtete Kanten. Sie haben aber keine klaren AN- und AUS-Bereiche. Solange der Reiz in der optimalen Orientierung in ihrem rezeptiven Feld auftaucht, reagieren sie. Auffallend ist, dass die meisten Zellen in der primären Sehrinde wesentlich besser reagieren, wenn sich der Reiz über das

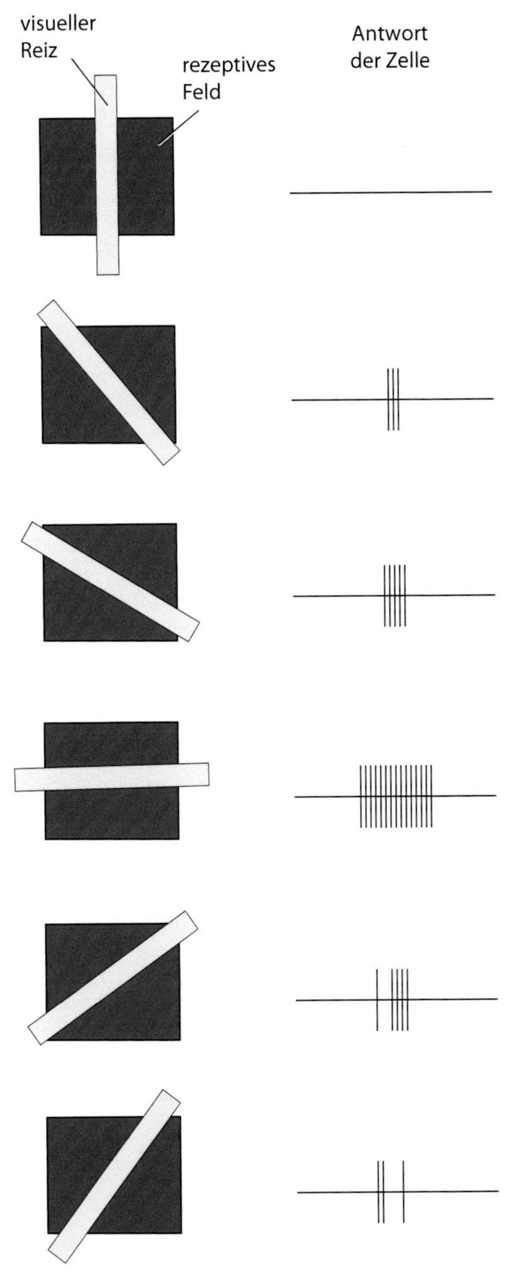

■ **Abb. 7.56** Das rezeptive Feld einer „Einfachzelle" wird mit unterschiedlich orientierten Lichtbalken gereizt. Die Antwort der Zelle in Form von Aktionspotenzialen ist rechts gezeigt. Diese Zelle reagiert bevorzugt auf horizontal ausgerichtete Balken. (© Hans-Dieter Grammig, Forschungszentrum Jülich)

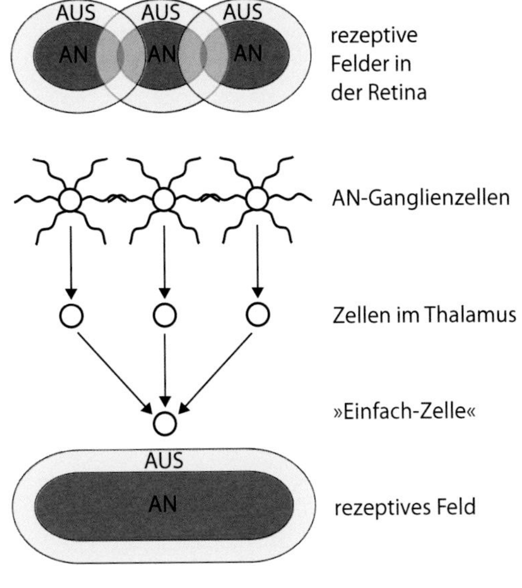

■ **Abb. 7.57** Die lang gestreckten rezeptiven Felder der „Einfachzellen" in der primären Sehrinde haben AN- und AUS-Bereiche. Möglicherweise werden sie durch entsprechende Verschaltung der rezeptiven Felder aus der Netzhaut erzeugt. (© Hans-Dieter Grammig, Forschungszentrum Jülich)

rezeptive Feld *bewegt* – und zwar senkrecht zur Orientierung des Reizes (■ Abb. 7.58).

Hubel und Wiesel fanden ein wichtiges Prinzip der Sehrinde: Sie ist in Form von „Säulen" organisiert, die senkrecht zur Rindenoberfläche verlaufen. Wenn sie ihre Elektroden senkrecht durch die Sehrinde bewegten und dabei die Aktivität immer neuer Zellen ableiteten, lagen die rezeptiven Felder der Zellen an demselben Ort im Gesichtsfeld bzw. auf der Retina. Dahinter steckt natürlich das Prinzip der topografischen Abbildung. Außerdem reagierten alle Zellen entlang der senkrechten Achse auf die gleiche Orientierung des Lichtreizes. Man spricht von einer Orientierungssäule. Wenn sie jedoch daneben noch einmal einstachen, fanden sie eine andere Säule. Wieder reagierten alle Zellen innerhalb dieser Säule auf die gleiche Orientierung, aber sie war gegenüber der ersten Säule verdreht. Die Anordnung dieser Orientierungssäulen ist nicht willkürlich. In aufeinanderfolgenden Säulen änderte sich die bevorzugte Orientierung um jeweils 30°. Dies mag wie eine grobe Einteilung aussehen, aber bedenken Sie, dass dieser Winkel dem Unterschied zwischen 12 und 13 Uhr auf einem Zifferblatt entspricht. Den einfachen und komplexen Zellen ist nur die Orientierung des Reizes wichtig, die Farbe des Reizes ist ihnen gleich. Die Farbinformation muss also in einem anderen Säulentyp verarbeitet werden. Tatsächlich fand man nach einigem Suchen einen neuen Säulentyp, den man Blob nannte. Die Neurone in dieser Säule haben farbempfindliche rezeptive Felder.

Hubel und Wiesel entwickelten aus ihren Daten ein Modell der Sehrinde. Das in ◘ Abb. 7.59 gezeigte Modell stellt eine Idealisierung dar. In Wirklichkeit sind die Säulen nicht ganz so regelmäßig angeordnet. Mittlerweile spricht einiges dafür, dass die Orientierungssäulen wie die Flügel einer Windmühle angeordnet sind. Wir haben aus Gründen der Übersichtlichkeit jedoch diese Darstellung gewählt, sie lässt das Prinzip des Säulenmodells sehr gut erkennen. Die Großhirnrinde ist in Module aufgeteilt. Jedes Modul ist ca. 2 × 2 mm groß und enthält Augendominanzsäulen, Orientierungssäulen und Blobs. Die primäre Sehrinde besteht aus Tausenden solcher Module. Jedes steht für einen Ort im Gesichtsfeld. Die Information, die von diesem Ort stammt, wird im Modul regelrecht zerlegt und analysiert: in Bezug auf Herkunft (rechtes oder linkes Auge), Orientierung von Kanten, Bewegung und Farbe. ◘ Abb. 7.59 zeigt, wie so ein Modul die Information über ein Objekt in Aktivität von Nervenzellen umsetzt.

Das Organisationsprinzip der primären Sehrinde mit den unterschiedlichen Säulen ist bestechend. Aber es zeigt eines klar: Die Analyse der Information erfolgt zuerst einmal lokal. Die Information gelangt durch Schicht IV in das Netzwerk und wird im Wesentlichen durch die Schichten auf und ab geschickt. Die primäre Sehrinde ist vermutlich nicht die Instanz, die ein Objekt in seiner Gesamtheit erkennt. Sie dient wohl eher dazu, Information zu extrahieren, zu sortieren und zur weiteren Verarbeitung in unterschiedliche Bahnen weiterzuleiten. Da aber verschiedene Gehirnareale Rückkopplungen in die primäre Sehrinde machen, ist dies vermutlich nicht ihre einzige Aufgabe. Möglicherweise ist sie irgendwie daran beteiligt, das Bild nach der Detailanalyse wieder zusammenzusetzen.

Die Nervenzellen, die Information aus der primären Sehrinde in andere Gehirnteile schicken, kann man grob in zwei Kategorien einteilen. Die Zellen mit den größten rezeptiven Feldern reagieren mit kurzen Salven von Aktionspotenzialen auf bewegte Reize. Sie sind meist richtungsselektiv. Man

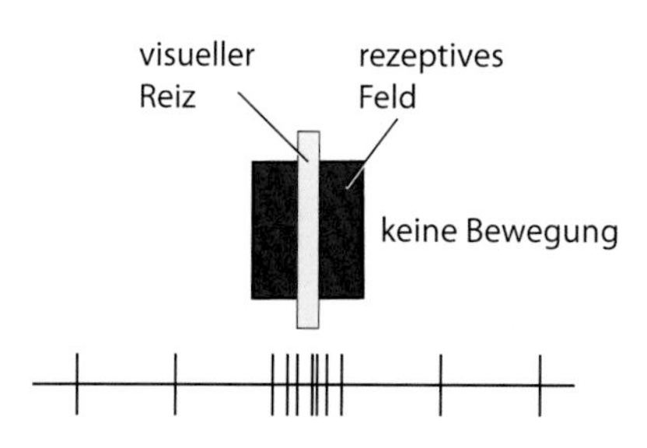

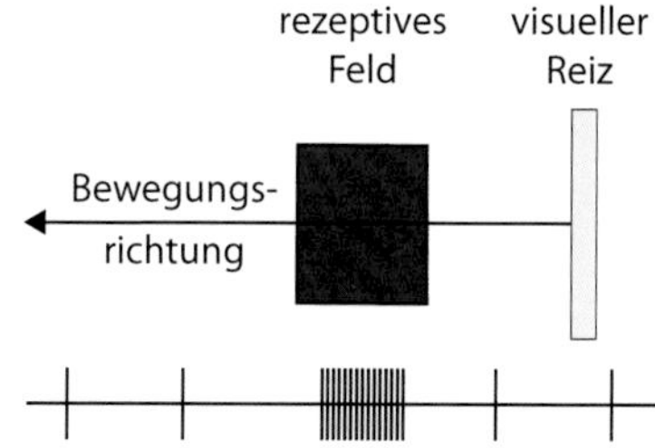

◘ **Abb. 7.58** Die meisten Zellen in der Großhirnrinde reagieren gut auf bewegte Reize. Besonders stark feuern die Zellen, wenn ein Lichtbalken senkrecht zu seiner Orientierung durch das rezeptive Feld bewegt wird. (© Hans-Dieter Grammig, Forschungszentrum Jülich)

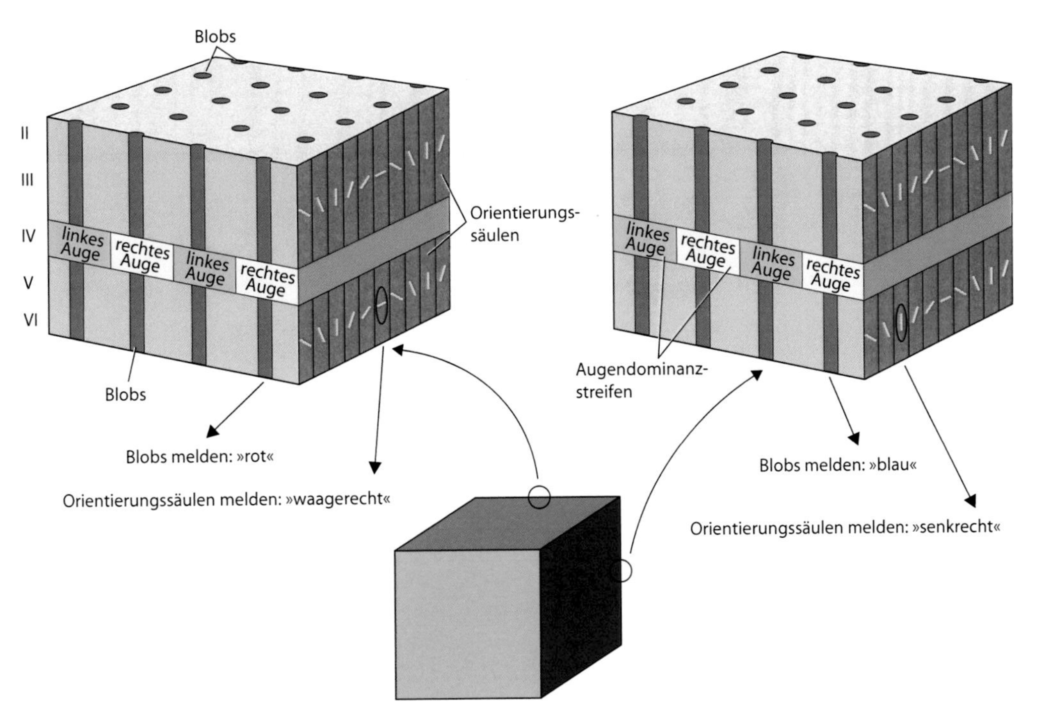

Abb. 7.59 Ein Modul in der primären Sehrinde repräsentiert einen Ort im Gesichtsfeld. Die Information wird im Modul „zerlegt" und in senkrecht angeordneten Säulen von Nervenzellen analysiert. (© Hans-Dieter Grammig, Forschungszentrum Jülich, verändert nach Bear, *Neurowissenschaften*)

geht davon aus, dass sie vor allem von den M-Zellen Eingang erhalten und besonders an der Analyse von Objektbewegungen und der Steuerung der motorischen Cortexareale beteiligt sind. Zellen mit sehr kleinen rezeptiven Feldern sind meist orientierungs-, aber nicht richtungsselektiv. Sie verarbeiten vermutlich Information von den P-Zellen und dienen der detaillierten Analyse der Objektform.

Durch das Mikroskop betrachtet: Der kortikale Vergrößerungsfaktor

Die Projektion aus der Retina in die primäre Sehrinde erfolgt retinotop, d. h. benachbarte Orte auf der Retina werden in benachbarten Orten im Cortex repräsentiert. Da die Ganglienzellen in der zentralen Retina aber sehr viel dichter gepackt sind als in der peripheren Retina, beanspruchen sie dementsprechend mehr Fläche im Cortex. Dies führt zu einer verzerrten Abbildung im Cortex. Das kleine rote Bullauge in der Zielscheibe, das auf die Fovea fällt, wird in der primären Sehrinde also stark vergrößert dargestellt (Abb. 7.60). Die Verzerrung erinnert an den Homunculus, dem wir schon in in Abb. 4.11 begegnet sind. Im somatosensorischen System beanspruchen Hautpartien mit hoher Sinneszelldichte eine größere Cortexfläche als weniger stark innervierte Hautstellen.

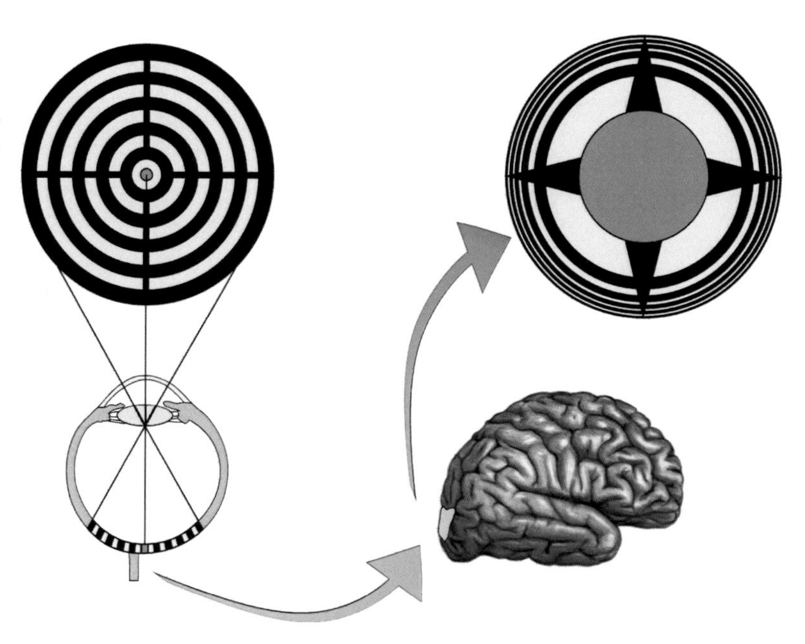

Abb. 7.60 Der kleine Bereich um die Fovea nimmt in der Projektion in der primären Sehrinde einen großen Anteil ein. (© Anja Mataruga, Forschungszentrum Jülich)

7.6.4 Jenseits der primären Sehrinde

In allen sensorischen Systemen unterscheidet man mehrere Gebiete der Großhirnrinde, die mehr oder minder hierarchisch angeordnet sind. Die Information gelangt vom Thalamus in die primäre Hirnrinde, wird dort verarbeitet und anschließend an die sekundäre Hirnrinde weitergeleitet. Am Ende steht der Assoziations-Cortex, der nicht nur von einer Sinnesmodalität, sondern von mehreren Sinnessystemen Eingang erhält und die Information integriert. Die primäre Sehrinde ist also nur eine Station der visuellen Informationsverarbeitung. Beim Affen, dessen Gehirn sehr ähnlich zu unserem aufgebaut ist, wurden insgesamt 30 Areale in der Großhirnrinde identifiziert, die unterschiedliche Aspekte der visuellen Information verarbeiten. Sie sind nicht streng hierarchisch geordnet. Vielmehr wurden ca. 300 Nervenbahnen beschrieben, die die einzelnen Areale miteinander verbinden. Einfach ausgedrückt: Direkt oder indirekt ist praktisch jedes dieser Areale mit den anderen Arealen über Faserverbindungen verknüpft. Vor allem findet man immer wieder Fasern, die Rückkopplungen zu früheren Stationen der Informationsverarbeitung ermöglichen. Abb. 7.61 zeigt sehr schematisch, wie solche Areale miteinander interagieren.

Generell zeichnen sich mittlerweile zwei wichtige Pfade für die Verarbeitung visueller Information in der Großhirnrinde ab. Einer erstreckt sich von der primären Sehrinde zum Scheitellappen (dorsaler Pfad; weiße Pfeile in Abb. 7.62). Die Gehirnareale, die hier liegen, dienen vor allem dazu, Bewegung zu verarbeiten und Objekte im Gesichtsfeld zu lokalisieren. Der zweite Pfad zieht sich von der primären Sehrinde zum Schläfenlappen (ventraler Pfad; schwarze Pfeile in Abb. 7.62): Er dient dazu, Objekte zu identifizieren. Wandert man mit einer Messelektrode entlang dieser Pfade und registriert die Antworten der Zellen auf Lichtreize, stellt man folgende Veränderungen in den rezeptiven Feldern der Zellen fest. Erstens sind sie weniger streng retinotop angeordnet als in der primären Sehrinde. Ihre Aufgabe liegt also weniger darin, den Ort eines Reizes zu repräsentieren. Aus der topografischen wird eine gesichtsfeldübergreifende Repräsentation. Zweitens werden die rezeptiven Felder größer. Große rezeptive Felder eignen sich nicht dafür, Details von Objekten zu erfassen, sind aber gut

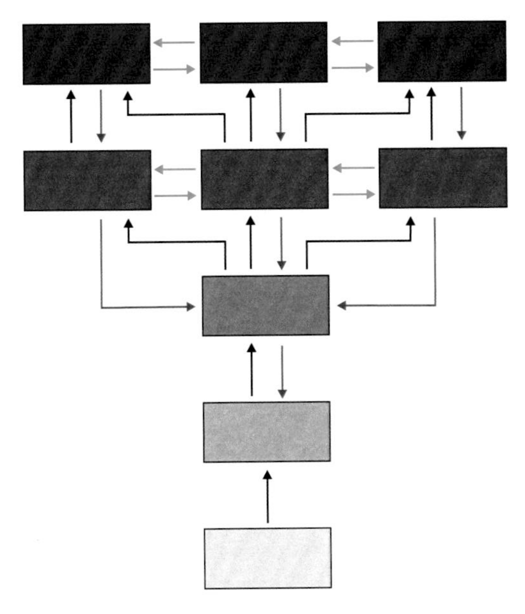

■ **Abb. 7.61** Die Gebiete, die visuelle Information verarbeiten, sind auf vielfältige Weise miteinander verknüpft. Die aufsteigende Projektion (*schwarze Pfeile*) erfolgt von der Retina (*unten*) in den Thalamus. Von dort wird die Information in die primäre Sehrinde geleitet, dann weiter in sekundäre Sehrindengebiete und schließlich in Gebiete des AssoziationsCortex. Dort werden Informationen aus verschiedenen Sinnesmodalitäten zusammengeführt. Vermutlich sind etwa 30 Areale in der Großhirnrinde daran beteiligt, visuelle Information auszuwerten. Bezeichnend ist, dass keine streng hierarchische Projektion erfolgt, sondern die Gebiete untereinander verschaltet sind (*grüne Pfeile*) und ausgiebige Rückkopplungen zu darunterliegenden Stationen erfolgen (*rote Pfeile*). (© Frank Müller, Forschungszentrum Jülich)

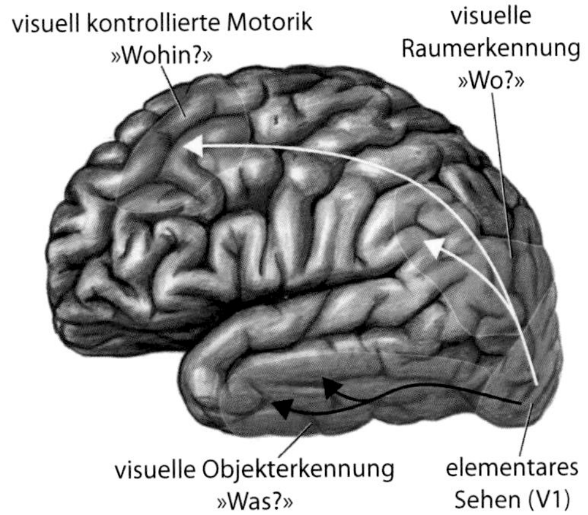

■ **Abb. 7.62** Die primäre Sehrinde V1 liegt im Hinterhauptslappen der Großhirnrinde. Von ihr aus wird die visuelle Information in weite Teile der Großhirnrinde weiterverteilt. Zwei Bahnen sind besonders wichtig. Der dorsale Pfad (*weiße Pfeile*) erstreckt sich von der primären Sehrinde zum Scheitellappen. Er verarbeitet vor allem Bewegung und dient dazu, Objekte zu lokalisieren. Der ventrale Pfad (*schwarze Pfeile*) zieht sich von der primären Sehrinde zum Schläfenlappen. In dieser Bahn werden vor allem Objekte identifiziert. (© Michal Rössler, Universität Heidelberg, und Anja Mataruga, Forschungszentrum Jülich)

geeignet, auf ein ganzes Objekt zu reagieren. Drittens werden die rezeptiven Felder immer spezialisierter.

7.6.5 Der dorsale Pfad: Die Wo-wie-wohin-Bahn

Der dorsale Pfad scheint vor allem für zwei Fragen zuständig zu sein. Erstens: Wo ist das Objekt? Dazu lokalisiert der Pfad ein Objekt im Raum und analysiert seine Bewegung. Zweitens: Wie komme ich zum Objekt, wohin muss ich greifen? Dazu steuern die Areale des dorsalen Pfads die Körperbewegung, mit der man dieses Objekt verfolgen oder ergreifen kann. Wie wichtig es ist, Bewegungen zu erkennen, haben wir schon öfters diskutiert. In einer Welt voller Bewegungen hängt das Überleben davon ab, sich bewegende Objekte zu erkennen, denn sie können Beute oder Fressfeind sein. Nervenzellen in den Arealen der Wo-Wie-Wohin-Bahn reagieren oft besonders gut auf bewegte Reize. Dabei sind die verschiedenen Areale unterschiedlich spezialisiert und die Nervenzellen können unterschiedliche Vorlieben aufweisen. Eine Zelle reagiert vornehmlich auf eine geradlinige Bewegung, eine andere auf kreisförmige Bewegung im Uhrzeigersinn, eine dritte im Gegenuhrzeigersinn. Auch wenn wir uns selbst oder unsere Augen bewegen, verschieben sich die Bilder von Objekten auf unserer Retina – die Umwelt bewegt sich scheinbar an uns vorbei. Die Auswertung dieser Bildverschiebungen kann sehr hilfreich sein, um die eigene Bewegung zu koordinieren. Wie wichtig die Analyse von Bewegungen ist und welche Gehirnareale daran beteiligt sind, zeigt ein Beispiel einer Patientin, bei der nach einem Schlaganfall lokale Gehirnschädigungen im dorsalen Pfad die Informationsverarbeitung unterbrochen haben. Die Patientin klagt darüber, dass sie keine kontinuierliche Bewegung wahrnehmen kann, sondern ihre Welt nur aus „Schnappschüssen" besteht, die wie in einer Diaschau aneinandergereiht werden. Wenn sie Kaffee in eine Tasse gießt, sieht der Kaffeestrahl aus, als sei er gefroren. In einem Moment bedeckt der Kaffee noch als dünne Schicht den Boden der Tasse, im nächsten Augenblick läuft die Tasse schon über. Die Patientin nimmt nicht wahr, wie der Kaffeespiegel in der Tasse kontinuierlich ansteigt. Im Straßenverkehr führt diese Bewegungsblindheit zu sehr gefährlichen Situationen. Erscheint ein Auto eben noch in großer Entfernung, taucht es urplötzlich vor dem Betroffenen auf. Die Geschwindigkeit, mit der sich das Auto nähert, kann nicht abgeschätzt werden. Schäden in anderen Gebieten der Wo-Wie-Wohin-Bahn betreffen vor allem die Lokalisation von Objekten. Die Betroffenen erkennen Objekte problemlos (die Objekterkennung erfolgt in der Was-Bahn, die ja noch intakt ist). Sie können aber nicht genau sagen, wo im Raum diese Objekte sind. Sie haben Probleme damit das Objekt zu ergreifen und greifen oft daneben. Möbelstücke scheinen keinen festen Platz im Zimmer zu haben. Sie werden als Tisch oder Stuhl erkannt, aber sind „irgendwo" im Raum. Selbst beim Zeichnen einfacher Szenen – sagen wir ein Bild von einem Haus mit drei Bäumen – entstehen groteske Probleme. Haus und Bäume werden zwar erkannt, aber beim Zeichnen werden die Orte der Objekte durcheinander gewürfelt, da keines richtig lokalisiert werden kann.

7.6.6 Der ventrale Pfad: die Was-Bahn

In der Was-Bahn werden die Form und die Farbe von Objekten verarbeitet. Die Region V4 ist z. B. sehr wichtig, um die Farbe eines Objektes zu erkennen. Eine Schädigung dieser Region, etwa nach einem Schlaganfall, führt zur Farbenblindheit, und das obwohl die Zapfen in der Retina vollkommen funktionstüchtig sind. Für diese Patienten ist der plötzliche Verlust des Farbensehens eine schmerzliche Erfahrung. Ihre Welt erscheint wie in einem Schwarz-Weiß-Film „grau in grau". Ein Patient berichtete, dass er nach dem Verlust der Farbwahrnehmung beim Essen die Augen schließen musste, weil die graue Farbe seiner Nahrung bei ihm Ekelgefühle auslöste. Manchmal, aber nicht immer, geht der Verlust der Farbempfindung auch mit Defiziten in der Wahrnehmung von Formen einher.

Der ventrale Pfad dient vornehmlich der bewussten Wahrnehmung von Objekten und ihrer Wiedererkennung. Störungen in diesem Verarbeitungspfad führen deshalb zu einem Krankheitsbild, das man visuelle Agnosie nennt. Die Betroffenen können ein Objekt sehen, aber nicht erkennen und benennen. Dabei haben sie oft eine ganz normale Sehschärfe. Agnosie kommt in verschiedenen Schweregraden vor. Bei bestimmten Formen der Agnosie können die Patienten Objekte weder erkennen, noch in ihrer Form und Größe korrekt beschreiben. Andere Patienten können Objekte sehr genau beschreiben oder auch detailgenaue Zeichnungen davon anfertigen, ohne im Mindesten zu erkennen, um was es sich handelt. Sobald sie das Objekt berühren dürfen, können sie es aber sofort identifizieren. Bei der visuellen Agnosie ist also nicht das Gedächtnis gestört, sondern die Umsetzung der visuellen Information in das Erkennen des Objektes. Was mögen diese Menschen empfinden, wenn sie sich in einer Welt bewegen, in der sie nichts von dem erkennen, das sie umgibt? Vielleicht entwickeln Sie eine Ahnung davon, wenn Sie sich vorstellen, Sie gingen durch die Werkstatt eines Außerirdischen. Dann könnten Sie sicherlich verschiedenste Instrumente und Werkzeuge sehen. Sie könnten beschreiben wie groß ein Instrument ist, vielleicht ob es aus Metall oder Kunststoff besteht, wie schwer es ist, ob es bewegliche Teile hat. Aber: Sie haben keine Ahnung, wozu es dient und was es wirklich ist. Die Objekte, die Sie sehen, rufen keine Erinnerung, kein Erkennen in Ihnen wach – sie bleiben Ihnen fremd.

Die rezeptiven Felder in der Retina und in der primären Sehrinde waren sehr klein. Sie dienten dazu, die visuelle Information an einem kleinen Ort im Gesichtsfeld zu analysieren. Entlang des ventralen Pfads werden die rezeptiven Felder der Nervenzellen immer größer. Bei manchen Neuronen umfasst das rezeptive Feld fast das ganze Gesichtsfeld. So große rezeptive Felder sind natürlich ungeeignet, den Ort eines Reizes in unserem Gesichtsfeld zu repräsentieren – aber das müssen sie ja auch nicht. Diese Neuronen antworten vielmehr ganz spezifisch auf einen bestimmten Reiz, unabhängig davon, wo im Bildfeld der Stimulus erscheint. Diese rezeptiven Felder sind auch weit spezialisierter als die rezeptiven Felder, die wir bisher kennen gelernt haben. Sie reagieren nicht mehr auf so einfache Reize wie lokalen Kontrast, Farben oder sich bewegende Objekte. Sie lassen sich nur durch wesentlich komplexere Stimuli aktivieren. Besonderes Interesse hat die Tatsache ausgelöst, dass Nervenzellen im inferiotemporalen Cortex (der Gehirnregion IT) des Affen bevorzugt auf Gesichter reagieren (◘ Abb. 7.63)! Diese Zellen antworten z. T. hochselektiv. Einige reagieren z. B. auf Gesichter, die von vorne gezeigt werden, andere auf Gesichter im Profil. Manche Zellen antworten bevorzugt auf Gesichter, die das Tier direkt anschauen, andere eher auf Gesichter, die nach oben oder unten blicken. Verschiedene Gesichter lösen unterschiedlich starke Reaktionen aus. Es ist allerdings noch zu früh, zu behaupten diese Zellen seien auf Gesichter spezialisiert, denn sie reagieren auch auf andere Reize, wenn auch weniger stark. Ein Defekt in dieser Region könnte zu einer speziellen Form der Agnosie führen, die wir schon in ▶ Kap. 1 kennen gelernt haben. Patienten, die an Prosopagnosie leiden,

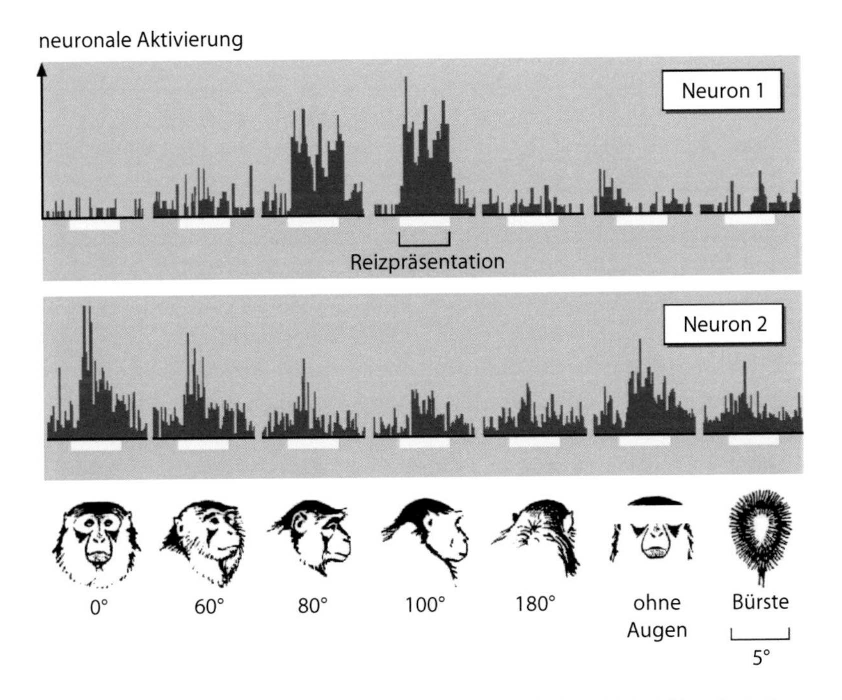

◘ **Abb. 7.63** Im inferiotemporalen Cortex (IT) des Affen findet man Nervenzellen, die besonders stark auf Gesichter reagieren. In diesem Beispiel sind die Reaktionen von zwei Nervenzellen aus dem IT eines Affen auf verschiedene Darstellungen von Gesichtern gezeigt. Die roten Balken stellen Aktionspotenziale pro Sekunde dar, d. h. je höher die Balken sind, desto stärker hat die Zelle auf den Reiz reagiert. Die Zelle 1 reagiert z. B. sehr gut auf Gesichter im Profil, Zelle 2 dagegen besser auf Gesichter in der Frontalansicht. (© Springer Medizin Verlag)

haben Probleme damit, Gesichter zu erkennen, obgleich ihr Sehvermögen ansonsten intakt ist.

Die Was-Bahn und die Wo-Wie-Wohin-Bahn sind natürlich in der Realität nicht so getrennt, wie sie hier der Einfachheit halber dargestellt wurden. Es gibt vielfältige Verknüpfungen über Nervenfasern, so dass die beiden Bahnen ausreichend miteinander interagieren können.

7.6.7 Wo, bitte, geht's zur Großmutterzelle?

Wir haben gesehen, wie die Eigenschaften der rezeptiven Felder von Nervenzellen entlang der Sehbahn immer komplexer wurden. Man kann sich leicht vorstellen, dass die zunehmende Komplexität der rezeptiven Felder erzeugt wird, indem man Zellen mit einfacheren rezeptiven Feldern zusammen auf eine gemeinsame Zielzelle konvergieren lässt (siehe ◻ Abb. 7.57). In der Retina sind die rezeptiven Felder klein und verarbeiten die lokal auftretenden Kontraste und Farben. Schaltet man sie zusammen, kann man damit die rezeptiven Felder in der primären Sehrinde erklären, die bevorzugt auf Linien reagieren. Sie sind ideal geeignet, um die Begrenzungen von Objekten zu detektieren. Diese linienspezifischen rezeptiven Felder könnten in einem höheren Areal vielleicht zu Umrissen und diese anschließend in einem wieder höheren Areal zu einer ganzen Gestalt zusammengesetzt werden. An der Spitze dieser Hierarchie würde dann ein Neuron stehen, das nur dann aktiv ist, wenn ein ganz bestimmtes Objekt in unserem Bildfeld auftaucht: eine Banane, ein Baum oder eine Person. Für diese Art von Neuron hat sich in der Neurobiologie etwas salopp der Begriff „Großmutterzelle" eingebürgert – eine Zelle, die nur reagiert, wenn Ihre Großmutter in Ihrem Bildfeld auftaucht.

Die Gesichter erkennenden Zellen in der Region IT sowie einige Nervenzellen in bestimmten anderen Arealen kommen der Idee der „Großmutterzelle" nahe, aber über ihre Funktion sind sich die Fachleute noch nicht einig. Ein solches System wäre auch nicht gefährlich. Eine Zerstörung der Großmutterzelle bei einer Verletzung oder durch natürlich auftretenden Zelltod (man schätzt, dass im Durchschnitt zwischen 50.000 und 100.000 Zellen im Gehirn täglich absterben) würde dazu führen, dass man seine Großmutter nie wiedererkennen würde oder das Erkennen neu erlernen müsste. Eine solch selektive Zerstörung der visuellen Funktion wurde bisher nie beobachtet. Dies legt den Schluss nahe, dass die Erkennung einer bestimmten Person bzw. eines bestimmten Objekts nicht durch eine einzelne Nervenzelle erfolgt. Mit anderen Worten: Unser Gehirn funktioniert vermutlich anders.

Wenn man länger darüber nachdenkt, passt das Konzept von so höchst spezialisierten Zellen auch nicht in das Bild, das wir bisher von der neuronalen Informationsverarbeitung erhalten haben. Unser Nervensystem scheint lieber weniger selektive Module zu verwenden. Ein Zapfen in der Retina z. B. reagiert nicht auf eine klar definierte Farbe, sondern auf ein sehr breites Spektrum. Eine Riechzelle ist wenig selektiv und kann viele verschiedene Duftstoffe detektieren. Die „Gesichterzellen" reagieren immer auf viele verschiedene Gesichter, wenn auch unterschiedlich stark. Keine dieser Zellen ist wirklich hochspezifisch. Dennoch gelingt es unserem Gehirn in einer Musteranalyse, durch eine konsequente Auswertung vieler Zapfen eine klare Farbempfindung zu erzeugen, durch Auswertung vieler Riechzellen eine klare Duftkomponente zu bestimmen. Unser Gehirn setzt offensichtlich darauf, dass man viele mäßig spezialisierte Zellen und Areale nur gut genug verknüpfen muss, um solche Leistungen zu ermöglichen (siehe ◻ Abb. 7.61). Durch diese vielfältigen Verknüpfungen und Rückkopplungen „reden" die Areale miteinander. Ein Areal teilt den anderen mit, was es gerade herausgefunden hat. Diese Interaktion zwischen verschiedenen Arealen des Gehirns könnte zu einem Mechanismus führen, den die Neurowissenschaftler Bindung nennen und der unserer Wahrnehmung zugrunde liegen könnte. Wir werden diesen Aspekt in ► Kap. 12 aufgreifen.

Sinnesbiologie im Alltag: Prosopagnosie

Woran denken wir zuerst, wenn wir den Namen einer bestimmten Person hören? Manchmal fällt uns eine besonders markante Stimme oder eine bestimmte Verhaltensweise ein, aber meist ist die Person durch ihr Gesicht in unserer Erinnerung präsent. Wir sind sehr gut darin, Gesichter wiederzuerkennen – selbst wenn wir eine Person seit 20 Jahren nicht mehr gesehen haben und ihr Gesicht sich in diesem Zeitraum stark verändert hat. Gesichter sind unsere Visitenkarten, so individuell wie Fingerabdrücke. Was kann man nicht alles in unseren Gesichtern entdecken: Alter und Geschlecht haben es geprägt, Kummer, Leid und Sorgen haben tiefe Furchen eingegraben, Wut, Verzweiflung und Trauer, aber auch Lebensfreude und Weisheit können wir mit einem einzigen Blick darin ablesen. Wir erkennen sofort, ob ein Mensch verärgert, wütend oder gar aggressiv ist – und deshalb eine potenzielle Gefahr darstellt; oder ob er freundlich, gütig oder belustigt ist. Die Gesichtsmimik ist eine internationale Sprache, wenn auch mit lokalen Dialekten. In allen Kulturen dieser Welt ist kaum etwas gewinnender als ein Lächeln – eine Tatsache, die Prominente, insbesondere unsere Politiker, verinnerlicht haben. Auf Wahlplakaten wirbt man mit lächelnden Gesichtern, nicht mit sachlichen Wahlprogrammen. Die Fähigkeit, ein Gesicht nicht nur zu erkennen, sondern auch darin „zu lesen", war und ist also von außerordentlicher Bedeutung im sozialen Kontext. Es überrascht deshalb nicht, Zellen in der Was-Bahn zu finden, die scheinbar darauf spezialisiert sind, Gesichter zu erkennen. Unser Gehirn ist so sehr an Gesichtern interessiert, dass wir in der Tat oft Gesichter sehen, wo es gar keine gibt, z. B. in Wolkenformationen oder in dem Muster marmorierter Kacheln. Wie so oft im Bereich der Neurowissenschaften kann man viel von den Menschen lernen, die eine bestimmte Fähigkeit *nicht* besitzen. Ist die Fähigkeit zur Gesichtererkennung nicht vorhanden, spricht man von Gesichtsblindheit oder Prosopagnosie (abgeleitet aus dem Griechischen von Prosopon – das Gesicht und Agnosia – das Nichterkennen). Prosopagnosie kommt in unterschiedlich starken Ausprägungen vor. Oft tritt sie nach Gehirnschädigungen auf, die durch Schlaganfälle, Tumore oder Unfälle ausgelöst wurden. Was niemand vermutet hätte, wurde erst in den letzten Jahren klar: es gibt auch eine erstaunlich große Zahl von Menschen mit angeborener Prosopagnosie. In manchen Familien tritt sie gehäuft auf, die Krankheit scheint also vererbbar zu sein. Man schätzt, dass etwa 2 % aller Menschen Probleme damit haben, Gesichter zu erkennen. In Deutschland also knapp zwei Millionen!

Diejenigen unter uns, die ohne Probleme Gesichter erkennen, können sich vermutlich kaum ein Bild davon machen, wie Menschen, die an Prosopagnosie leiden, ihre Mitmenschen wahrnehmen. Andererseits können viele Menschen aus westlichen Kulturkreisen die Gesichter von Asiaten weniger gut auseinanderhalten (dies gilt auch umgekehrt). Unser visuelles System wurde in der kindlichen Entwicklung nicht darauf trainiert. Vielleicht gibt dieser Vergleich eine ungefähre Idee von den Problemen, die Patienten mit einer milden Form der Prosopagnosie haben. Menschen mit stark ausgeprägter Prosopagnosie erkennen selbst ihre eigenen Kinder oder Ehepartner nicht am Gesicht. Sie haben sogar Probleme, sich selbst im Spiegel zu erkennen. Je nach Schweregrad können sie auch Alter, Geschlecht und Emotionen des Gegenübers nicht am Gesicht ablesen. Die meisten Betroffenen können Augen, Mund und Nase erkennen oder auch unterscheiden, ob zwei Gesichter, die sie gleichzeitig sehen, gleich oder verschieden sind. Sie schaffen es aber nicht, die individuellen Eigenschaften eines Gesichts zu einem Ganzen zu bündeln, mit einer Person zu assoziieren und die Person daran wiederzuerkennen. Für sie wird ein Gesicht nie zum „du", sondern bleibt „es", eine Ansammlung von unzusammenhängenden Details. Viele der Betroffenen begeben sich nur ungern in die Öffentlichkeit oder auf Gesellschaften, weil sie Bekannte oder Freunde erst erkennen, wenn diese sie ansprechen.

Im Laufe der Zeit entwickeln die Betroffenen aber auch Strategien, um ihr Defizit auszugleichen: Sie erkennen ihre Mitmenschen an der Stimme, am Körperbau oder anderen charakteristischen Merkmalen wie einer Brille. Natürlich hilft auch der Kontext – man erwartet, am Arbeitsplatz seine Kollegen anzutreffen, in der Nähe seiner Wohnung die Nachbarn. Diese Strategien sind manchmal so effizient, dass vor allem Menschen, die von Geburt an unter einer milden Form von Prosopagnosie leiden, ganz gut damit zurechtkommen und sich dieser Störung kaum bewusst sind.

Gesichtererkennung gibt es nicht nur beim Menschen. Auch Tiere, die in großen Gemeinschaften leben, wie Affen und sogar Schafe, erkennen ihre Artgenossen an den Gesichtern. Auch bei ihnen sind bestimmte Gehirnareale in der Was-Bahn auf die Gesichtererkennung spezialisiert.

Sinnesbiologie im Alltag: Die unglaubliche Geschichte des Herrn M. – der Blinde, der sehen kann

Die primäre Sehrinde spielt eine ganz zentrale Rolle in unserem Sehsystem. Sie führt nicht nur eine ausgedehnte Analyse durch, sondern verteilt die verschiedenen Informationsaspekte auch in unterschiedliche Bahnen des Sehsystems. Alle visuellen Areale wirken über ausgeprägte Faserverbindungen in noch weitgehend ungeklärter Weise auf die primäre Sehrinde zurück. Als bei Herrn M. durch einen Unfall die primäre Sehrinde zerstört wurde, hatte das entsprechend dramatische Auswirkungen. Herr M. wurde über Nacht blind (in der erfundenen Person des Herrn M. sind Beobachtungen an mehreren Patienten zusammengefasst). Seine Augen waren durch die Schädigung nicht betroffen, aber für Herrn M. schienen die Auswirkungen des Unfalls gleichbedeutend mit dem Verlust der Augen. Er konnte seine Umgebung nicht mehr wahrnehmen. Man spricht in solch einem Fall von Rindenblindheit.

Doch dann geschah etwas Merkwürdiges. Bei einem Routinetest hielt ein Arzt Herrn M. einen Gegenstand hin und fragte, was das sei. Herr M. antwortete, was er auf solche Fragen immer antwortete: „Wie soll ich etwas erkennen, das ich nicht sehe?" Doch dann griff er zielstrebig nach dem Gegenstand! Noch verblüffter waren die Ärzte, als sie Herrn M. einmal beobachteten, wie er den Korridor entlangging – und um einen Stuhl herumlief, der im Weg stand! Herr M. behauptete im Übrigen danach, er sei dabei stets geradeaus gelaufen. Wie hätte er den Stuhl denn umgehen sollen, da er ihn ja nicht gesehen habe?

Die Ärzte testeten sein Sehvermögen weiter, indem sie ihm auf einem Bildschirm Buchstaben darboten. Wieder wollte Herr M. die Frage, welchen Buchstaben er gesehen habe, nicht beantworten, da er ja gar nichts gesehen habe. Aber wenn die Ärzte ihn drängten zu raten, welcher Buchstabe es gewesen sein könnte, „erriet" er ihn deutlich häufiger, als es durch reinen Zufall zu erwarten war!

Dieses Phänomen, das man bei vielen Patienten mit Rindenblindheit gefunden hat, bezeichnet man als Blindsehen. Die Betroffenen können Objekte nicht bewusst wahrnehmen, aber sie können danach zeigen und liegen beim „Raten" deutlich über dem Zufallsergebnis. Dem Blindsehen liegen vermutlich Informationswege im Sehsystem zugrunde, die die primäre Sehrinde nicht benötigen. Beispielsweise projizieren etwa 10 % unserer retinalen Ganglienzellen in eine Struktur im Mittelhirn, die man Vierhügelplatte nennt (genauer in die beiden oberen Hügel, die Colliculi superiores). Diese Gehirnregion gab es schon lange bevor unsere Großhirnrinde sich zur dominierenden Struktur in unserem Gehirn entwickelte. Sie ist entwicklungsgeschichtlich also sehr alt. Eine ihrer Rollen ist es, die Position von Objekten im Gesichtsfeld zu bestimmen. Sie ist aber nicht an der bewussten Wahrnehmung von Objekten beteiligt. Für ihre Aufgabe benötigt die Vierhügelplatte keine Information aus der primären Sehrinde. Sie dürfte also bei Herrn M. normal funktionieren. So könnte man sich erklären, warum Herr M. zwar Objekte lokalisieren konnte, aber nicht bewusst erkannte.

Mithilfe bildgebender Verfahren ließ sich bei einigen Patienten zeigen, dass auch höhere Gehirnregionen noch auf visuelle Reize reagieren können, wenn die primäre Sehrinde zerstört ist. Daraus kann man schließen, dass es andere Informationswege gibt, die die primäre Sehrinde umgehen, und vermutlich am Blindsehen beteiligt sind. Diese Informationswege könnten vom seitlichen Kniehöcker ausgehen, der Umschaltstation für visuelle Information im Thalamus (▶ Abschn. 4.4; siehe auch ◼ Abb. 7.54). Das Blindsehen zeigt, dass die bewusste Wahrnehmung von Objekten etwas grundlegend anderes ist als eine reflexartige Reaktion auf einen Reiz. Besonders interessant ist aber, dass einige Patienten, die das Blindsehen unter ärztlicher Anleitung trainieren, wieder beginnen, Objekte bewusst visuell wahrzunehmen. Unklar ist, ob dieser Regeneration eine Umorganisation des Sehsystems zugrunde liegt. Auf jeden Fall machen die Ergebnisse Hoffnung, dass Menschen mit Rindenblindheit nach einer aufwendigen Rehabilitation bewusstes Sehen wieder erlangen können.

7.6.8 Andere Lösungen: Komplexaugen

Die Leistungen unseres Sehsystems sind verblüffend, und es ist schwer vorstellbar, dass es andere, ähnlich gut funktionierende Lösungen für das Sehen geben kann. Und dennoch: Das Linsenauge war erst der zweite Entwurf der Evolution für ein leistungsstarkes Auge. Zuvor hatte die Tierwelt schon mit einem ganz

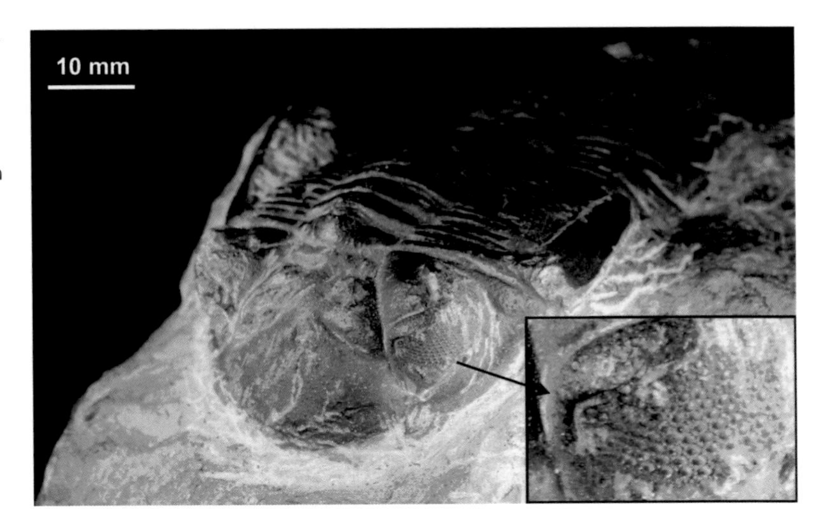

Abb. 7.64 Bei diesem versteinerten Trilobiten kann man die Komplexaugen noch gut erkennen. Sie sind aus vielen Einzelaugen zusammengesetzt. (© Erik Leist, Universität Heidelberg)

anderen Bauplan an den Augen herumexperimentiert und dabei beachtliche Ergebnisse erzielt. Fossilien aus dem Kambrium belegen, dass vor 550 Mio. Jahren die Augen der Tiere völlig anders gebaut waren als unsere Linsenaugen. So findet man bei Trilobiten aus dieser Zeit Augen, die aus etwa 100 Einzelkomponenten zusammengesetzt sind (Abb. 7.64). Trilobiten waren extrem erfolgreiche Tiere. Sie haben sich über einen Zeitraum von 200 Mio. Jahren in den Weltmeeren behauptet – sicher nicht zuletzt wegen ihrer Fähigkeit, Raubtiere rechtzeitig erkennen zu können.

Das Trilobitenauge hat sich bis heute erhalten. Es ist das Komplexauge der heute lebenden Insekten und Krebse und zeigt einige bemerkenswerte Eigenschaften. Dabei ist das grundlegende Bauprinzip eigentlich sehr umständlich: Im Komplexauge gibt es für jeden Bildpunkt – jedes Pixel – ein extra Auge, das Ommatidium (Abb. 7.64). Manchmal werden sogar mehrere Ommatidien zusammengeschaltet zu einem Bildpunkt! Jedes Ommatidium muss vollständig ausgerüstet sein mit lichtbrechenden Linsen, einer kleinen Netzhaut aus acht Photorezeptoren – der Retinula – sowie mit Pigmentzellen und strukturgebenden Elementen. All das für nur einen Bildpunkt! Stellen Sie sich vor, eine Fliege betrachtet den Bildschirm Ihres Rechners. Dessen Bild besteht aus 990 Zeilen mit jeweils 1440 Bildpunkten, also aus insgesamt 1.425.600 Bildpunkten. Wollte die Fliege das Bild scharf sehen, bräuchte sie dafür mindestens 1,5 Mio. Ommatidien. Um diese unterzubringen, müsste jedes ihrer Augen mindestens so groß wie ein Tennisball sein – zu groß für eine Fliege. Die größten Komplexaugen unter den Insekten haben Libellen, die es auf etwa 20.000 Ommatidien pro Auge bringen. Auch diese Weltmeister im Sehen mit Komplexaugen können nur jeden 300. Bildpunkt auf Ihrem Bildschirm sehen – ein völlig unscharfes Bild, das bei weitem nicht an unsere Sehleistung heranreicht.

Ist das Komplexauge also eine Fehlkonstruktion – eine der vielen Sackgassen der Evolution? Was die Sehschärfe angeht, ist dies sicherlich so. Das Linsenauge mit seiner hohen Dichte an Photorezeptoren in der Fovea centralis ist in dieser Hinsicht unschlagbar. Ein Vergleich des Minimum separabile (▶ Abschn. 7.2.5) macht dies deutlich. Verhaltensversuche mit Bienen haben gezeigt, dass diese Tiere zwei Punkte dann getrennt sehen können, wenn sie mindestens durch einen Sehwinkel von 1° voneinander getrennt liegen. (Zum Vergleich: 1° entspricht dem halben Daumennagel auf Armeslänge betrachtet; siehe auch Abb. 12.30.) Der minimale Sehwinkel des Menschen beträgt 0,4 Winkelminuten, dies entspricht einer 150-mal besseren Sehschärfe! Für das scharfe Sehen sind Komplexaugen also eindeutig nicht geeignet. Andere Dinge aber können sie ebenso gut wie Linsenaugen, manche Dinge sogar besser. Sie haben eine ähnlich hohe Lichtempfindlichkeit und ermöglichen ein vergleichbar gutes Farbensehen.

Durch umfangreiche Verhaltensbeobachtungen hat der Biologe Karl von Frisch (1886–1982) herausgefunden, dass Bienen ein trichromatisches Sehsystem haben, mit dem sie das Spektrum vom Ultravioletten über Blau, Grün bis Gelb abdecken. Reines Rot können Bienen im Gegensatz zu uns nicht erkennen, dafür aber die ultravioletten Muster, die viele Blüten für uns unsichtbar tragen. Ihre UV-Empfindlichkeit nutzen die Bienen aber auch besonders im Zusammenhang mit einer Eigenschaft des Lichtes – seiner Polarisation (▶ Abschn. 9.3.2). Die Wahrnehmung der Polarisation des Lichtes gibt den Tieren einen „Himmelskompass", eine Orientierungshilfe, mit der sie sicher über weite Strecken hinweg navigieren können. Die Ommatidien der Komplexaugen eignen sich besonders gut für die Messung der Lichtpolarisation, weil ihre Photorezeptoren sehr empfindlich auf die Polarisation des einfallenden Lichtes reagieren können. Hier bieten die Komplexaugen einen Vorteil, denn Linsenaugen sind im Allgemeinen polarisationsblind.

Eine weitere Stärke des Komplexauges ist die Schnelligkeit der Bildwahrnehmung. Hier sieht man den Einfluss des Selektionsdruckes auf das Sehsystem von Taginsekten. Fliegen sind in der Lage, halsbrecherische Flugmanöver in schwierigem Gelände durchzuführen, selbst dann, wenn ein entnervter Mensch sie verfolgt und mit einer Fliegenklatsche in der Luft herumwedelt. Auch dies ist eine besondere Leistung ihres Sehsystems. Sie ist darauf zurückzuführen, dass die Photorezeptoren der Taginsekten wesentlich schneller auf Licht reagieren als unsere. Unsere Photorezeptoren reagieren auf Belichtung mit Verzögerungen von 10–40 ms; die Photorezeptoren einer Fliege reagieren schon nach 2–3 ms, also fünfmal so schnell. Mit ihren Photorezeptoren kann die Fliege eine Situation visuell sehr viel schneller erfassen und darauf reagieren. Alle beobachteten Bewegungen laufen für eine Fliege langsamer ab als für uns, denn ihr Sehsystem ist einfach fixer als unseres. Aus der Sicht der Fliege nähert sich die Hand, die sie fangen oder erschlagen will, in Zeitlupe – und die Fliege hat genügend Zeit, sich davonzumachen.

Nach heutigem Verständnis sind die Photorezeptoren der Fliegen schneller als unsere, weil ihre Signaltransduktion besser organisiert ist als unsere. Wie schaffen sie das? Auch Fliegen benutzen Rhodopsin als Sehpigment. Der Transduktionsprozess verläuft jedoch über andere Moleküle. Entscheidend für die Schnelligkeit ist aber nicht, welche Signalmoleküle eingesetzt werden, sondern wie eng sie räumlich angeordnet sind. Die Fliegen setzen in ihren Photorezeptoren ein spezielles „Gerüstprotein" ein, dessen Aufgabe es ist, alle an der Phototransduktion beteiligten Proteine zusammenzuschnüren und eng beieinander zu halten. In dem so entstandenen Mikrosystem müssen die beteiligten Signalproteine keine großen Wege zurücklegen, um das nächste Element der Signalkaskade zu aktivieren. Die kurzen Wege beschleunigen alle Abläufe und ermöglichen damit die schnelle Lichtreaktion. Der Trick mit den Gerüstproteinen rettet also der Fliege das Leben, wenn wir mal wieder versuchen, sie zu erschlagen.

Komplexaugen sind eine urtümliche, primitivere Form von Augen, die nicht das gleiche Potenzial für die Entwicklung ausgefeilter Sehsysteme bieten wie Linsenaugen. Sie haben aber durchaus ihre Stärken und versorgen zahllose Tierarten mit schnellen und präzisen visuellen Signalen. Und mal ganz ehrlich: Sehen sie nicht einfach toll aus? (◘ Abb. 7.65)

■ **Abb. 7.65** Bei diesem Krebs sitzen die rosafarbenen Komplexaugen auf zwei blauen „Stielen". (© Erik Leist, Universität Heidelberg)

Weiterführende Literatur

Bear MF, Connors BW, Paradiso MA (2018) Neurowissenschaften. Springer Spektrum, Heidelberg

von Campenhausen C (1993) Die Sinne des Menschen. Thieme, Stuttgart

Dowling JE (2012) The retina: an approachable part of the brain. Harvard University Press, Cambridge

Frings S, Müller F (2012) Visuelles System. In: Physiologie, Duale Reihe. Thieme, Stuttgart, S 624–671

Ishihara S (1917) Tests for colour-blindness. Handaya Hongo Harukich, Tokyo

Koretz JF, Handelman GH (1988) Altersweitsichtigkeit. Spektrum der Wissenschaft N9:54–61

Müller F, Kaupp UB (1998) Signaltransduktion in Sehzellen. Naturwissenschaften 85:49–61

Osterberg G (1935) Topgraphy of the layer of rods and cones in the human retina. Acta Opthalmol Suppl 13(6):1–102

Ramachandran VS, Blakeslee S (2004) Die blinde Frau, die sehen kann. Rowohlt, Hamburg

Schmidt RF, Lang F, Heckmann M (2011) Physiologie des Menschen mit Pathophysiologie. Springer, Heidelberg

Storig P (2003) Blindsehen. Gehirn Geist 2:76–80

Hören

S. Frings, F. Müller, *Biologie der Sinne*, https://doi.org/10.1007/978-3-662-58350-0_8

Wir hören Töne, Musik, Sprache, Geräusche – alles in allem eine Vielfalt an komplexer Information. Wie kann der chaotische Mix aus Schallwellen, der unser Ohr in jeder Sekunde erreicht, so analysiert werden, dass wir darin die einzelnen Schallquellen unterscheiden können, dass wir Wörter verstehen, dass Musik unsere Stimmung beeinflusst, dass wir die Entfernung eines bellendes Hundes abschätzen können? Das Hörsystem hat sich in Jahrmillionen zu einem der leistungsfähigsten Sinnessysteme entwickelt und ist heute unschlagbar bei der Analyse von akustischen Signalen. Während wir Menschen uns vor allem auf die Bedeutung von Klängen konzentrieren, nutzen Fledermäuse ihr Hörsystem, um im Dunkeln zu „sehen". In jedem Fall ist es verblüffend zu sehen, wie reichhaltig die akustische Informationswelt ist und wie hoch entwickelt die Hörsysteme der Tiere sind.

8.1 Bei Nacht im Kreidewald

Vielleicht nähert man sich der Wunderwelt des Hörens am besten, wenn man sich vorstellt, welche Bedeutung dieser Sinn für die frühen Säugetiere hatte. Diese maus- bis wieselartigenartigen Wesen lebten in der Kreidezeit zusammen mit einer Vielfalt hochentwickelter Dinosaurier (◻ Abb. 8.1). In allen Größen kamen die schrecklichen Echsen daher und bedrohten das Leben unserer Vorfahren, denn viele Dinosaurier waren Jäger und fraßen alles, was sich bewegte. Flucht ist kaum eine Option für ein Wieseltier, dem ein langbeiniger Dinosaurier nachstellt. Die einzige Möglichkeit zu überleben, ist, für die Jäger unauffindbar zu sein, sich so gut zu verstecken, dass der Jäger nichts von seiner Beute sieht, riecht oder hört. Wie aber verbirgt man sich vor einem Jagddinosaurier, dessen Sinne durch 100 Mio. Jahre Evolution hinweg für das Auffinden von Beutetieren geschärft worden sind? Man muss ihm aus dem Weg gehen! Man muss einen sicheren Ort, eine Nische für das eigene Leben finden, an dem man einigermaßen ungestört den eigenen Geschäften nachgehen kann.

Diese Lebensnische war für die frühen Säugetiere die Nacht. Im Dunkeln waren die kleinen Tiere zwischen Laub und Gebüsch schwer zu finden. So konnten sie selbst auf Jagd gehen und Insekten oder Würmern nachstellen, die

◻ **Abb. 8.1** Nachts im Kreidewald – eine Szene vor 70 Mio. Jahren. Ein frühes Säugetier versteckt sich nachts vor Sauriern und anderen Raubtieren. Es lauscht mit seinem empfindlichen Gehör auf jedes Rascheln im Laub. Bald wird die große Zeit der Säugetiere kommen, das Tertiär. Die Saurier sind verschwunden, und die Säugetiere können ungehindert das Land besiedeln. (© Michal Rössler, Universität Heidelberg)

zudem in der Nachtkühle weniger beweglich waren. Auch kann man davon ausgehen, dass die Raubsaurier bei Nacht schliefen. Die meisten heute lebenden Raubtiere schlafen viel – am besten mit vollem Bauch. Denn im Schlaf funktioniert die komplizierte Verdauung von Beutetieren am besten. Nachts waren unsere Vorfahren also weniger Gefahren ausgesetzt und konnten daran arbeiten, die Kreidezeit zu überleben. Und das Versteckspiel hat sich gelohnt! Denn am Ende der Kreidezeit wurden die Dinosaurier durch eine apokalyptische Katastrophe fast vollständig ausgelöscht, die Säuger aber überlebten. Im neuen Erdzeitalter, dem Tertiär, stand den kleinen Wieseltieren nun die ganze Erde zur Verfügung. Sie konnten sich frei entfalten und entwickeln, konnten am Tag wie bei Nacht aktiv sein und mit einer schier endlosen Vielfalt von Arten das Land, das Meer und sogar die Luft besiedeln.

Aber die Zeit im nächtlichen Kreidewald hat ihre Spuren hinterlassen – und dies vor allem im Aufbau und in der Leistungsfähigkeit der Sinnesorgane. Neben Augen, die bei Mondlicht sehen können, und Schnurrhaaren zum Abtasten der dunklen Umgebung hat sich vor allem der Hörsinn zu fast unglaublicher Empfindlichkeit entwickelt. Für die Nachttiere war das Hören der einzige zuverlässige Fernsinn. Sehen, Schmecken, Tasten, dies alles funktioniert während der Nacht nur im näheren Umkreis. Das Riechen ist vergleichsweise unzuverlässig, denn es funktioniert nur windabwärts. Ein Jäger, der sich windaufwärts nähert, wird nicht gerochen. Wohl aber gehört! Wenn er nur einen Zweig abknickt, das Laub eines Strauches zum Rascheln bringt oder gar einen Vogel aufscheucht, hat er schon verloren. Das Beutetier wird ihn über viele Meter hinweg hören, wird alarmiert sein und kann seine Flucht vorbereiten. Um dies zu tun, muss es allerdings in der Lage sein, die Schallquelle genau zu orten; es muss hören, *wo* sich der Jäger befindet. Ohne diese Ortsinformation könnte selbst die schnellste Flucht in die Katastrophe führen, nämlich dann, wenn das Beutetier auf den Jäger zu flieht … Neben der Empfindlichkeit für leise Geräusche mussten die Nachttiere also ein genaues Richtungshören entwickeln. Nur beide Fähigkeiten zusammen ermöglichen das Leben im Dunkeln. Sehr bald kommt noch eine dritte Fähigkeit dazu: das Singen – die Kommunikation durch Musik. Aber davon später. Zunächst sehen wir uns an, was Schall eigentlich ist und wie man Schall hören kann.

8.2 Schall hören

8.2.1 Von der Schallquelle in das Ohr

Hören ist eine Analyse der uns umgebenden Luftbewegungen. Unsere Ohren sind zur Luft hin geöffnet, und sie versuchen, aus dem Zustand der Luft Informationen zu gewinnen. Natürlich misst das Gehör nicht den chemischen Zustand der Luft. Vielmehr spürt es feine Druckschwankungen auf und versucht zu verstehen, was diese Druckschwankungen bedeuten. Wie sehr das Gehör an Luft angepasst ist, merkt man beim Tauchen. Unter Wasser klingt alles irgendwie hohl, weit weg, und Schallquellen sind schwer zu orten – unser Gehör funktioniert nicht richtig. Über Wasser jedoch können wir der Luft, die unsere Ohren füllt, eine unvorstellbar komplexe Welt aus Information entnehmen. Wir hören gleichzeitig Straßenlärm, natürliche Geräusche, Sprache, Musik, Klingeln, Knirschen, Knacken, Knurren, Quietschen, Brummen, Fiepen, Flöten und Rascheln – unsere Sprache verfügt über ein fast unbegrenztes Repertoire solcher onomatopoetischen, d. h. lautmalerischen Wörter. Wie gelangt all diese Information in den 1 cm^3 Luft, der unseren Gehörgang – auch Ohrkanal genannt – füllt? Wie kann unser Ohr dieses Durcheinander auftrennen und daraus einzelne Informationen gewinnen?

Betrachten wir die Luft in unserem Gehörgang einmal genauer (◘ Abb. 8.2). Luft ist – im Gegensatz zu Wasser – ein elastisches Medium. Dies bedeutet, dass man Luft zusammendrücken kann und dass die Luft sich von selbst wieder ausdehnt, wenn man sie lässt. Genau das passiert durch eine Schallquelle, beispiels-

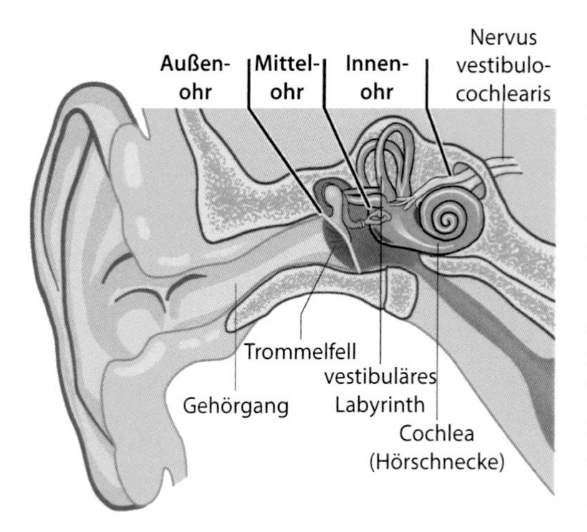

Abb. 8.2 Das Hörsystem des Menschen. Von der Ohrmuschel führt der Gehörgang zum Trommelfell. Die Mittelohrknochen übertragen die Vibrationen des Trommelfells auf das Innenohr, wo sie in der Hörschnecke, der Cochlea, analysiert werden. Das vestibuläre Labyrinth gehört zum Gleichgewichtssinn, der in ▶ Kap. 10 beschrieben wird. (Aus Schmidt et al. 2011)

weise einen Schuss: Schießpulver explodiert im Lauf eines Gewehrs und beschleunigt eine Kugel. Vor der Kugel wird die Luft zusammengedrückt, hinter der Kugel entspannt sie sich wieder – es entsteht eine Druckwelle. Diese Welle breitet sich, beginnend von der Mündung, kugelförmig aus, und zwar dadurch, dass die Luftteilchen in dem Bereich hohen Druckes in starke Schwingungen versetzt werden. Durch diese Schwingungen werden benachbarte Luftpartikel angestoßen, es kommt zu einer Verdichtung der benachbarten Partikel, die nun selbst in Schwingungen versetzt werden.

Bei dem Beispiel des Gewehrknalles entsteht nur eine einzige Welle, die sich über die Landschaft hinweg ausbreitet. Sie tut das mit Schallgeschwindigkeit, mit 340 m pro Sekunde. Weil die Luftpartikel in Laufrichtung der Welle schwingen, spricht man hier von einer Longitudinalwelle. Bei ihrem Weg über das Land transportiert diese Welle durch das gegenseitige Anstoßen der Luftpartikel Energie, nicht aber Masse. Hinter der Welle stellen die Partikel ihre Schwingungen wieder ein; sie bewegen sich letztendlich nicht vom Fleck. Der Energiegehalt der Welle wird mit steigender Entfernung von der Schallquelle immer geringer – die Welle wird gedämpft. Erreicht sie aber mit genügend Restenergie unsere Ohren, dann werden die Luftpartikel im Gehörgang in gleicher Weise in Schwingungen versetzt wie in der umgebenden Luft: Die Welle durchläuft den Gehörgang. Dieser ist nur etwa 2 cm lang. Am Ende prallt die Schallwelle auf das Trommelfell, und das, was jetzt noch übrig ist an Energie, wird auf diese dünne Membran übertragen. Das Trommelfell wird ausgelenkt und überträgt die Restenergie durch die Mittelohrknochen Hammer, Amboss und Steigbügel auf das Innenohr.

Damit ist eine winzige Portion des Schallsignals, das ursprünglich durch den Gewehrknall entstanden ist, an der Stelle angekommen, wo es von unserem Gehör analysiert werden kann. Denn im Innenohr finden wir die Gehörschnecke, auch Cochlea genannt. Dort findet die Signalwandlung statt. Bei der Weiterleitung des Schalles gelingt dem Mittelohr ein sehr eindruckvolles Kunststück: die Übertragung der Schallenergie von Luft in Wasser. Denn das Innenohr ist wassergefüllt und enthält keine Luft. Schall wird aber von Wasseroberflächen reflektiert, also zurückgeworfen. Wäre das Mittelohr wassergefüllt, würde die Schallenergie zu über 90 % reflektiert, und wir könnten nur sehr laute Schallsignale hören. Das Kunststück, welches das Mittelohr vollbringt, ist die Bündelung der Schallenergie auf eine sehr kleine Fläche. Während das Trommelfell eine Fläche von etwa 50 mm^2 aufweist, hat der Eingang des Innenohres, das ovale Fenster, nur 3–4 mm^2 Fläche. Aus diesem Flächenverhältnis ergibt sich eine 15-fache Erhöhung des Schalldruckes, denn Druck ist Kraft pro Fläche. Eine weitere Verstärkung entsteht aus den Hebelkräften, die durch die besondere Anordnung von Hammer, Amboss und Steigbügel resultiert. Das Mittelohr verhindert durch diese mechanischen Tricks, dass die Schallenergie reflektiert wird und damit verloren geht. Ohne Mittelohr wäre Hören, wie wir es kennen, nicht möglich.

8.2.2 Die Vielfalt des Hörens: Töne, Klänge, Geräusche

Der Gewehrknall erzeugt eine einzige Welle, die letztendlich unser Trommelfell auslenkt. So ein Knall ist aber ein sehr ungewöhnlicher Ton, eben weil er extrem kurz und sehr laut ist. Die meisten Geräusche, mit denen wir es zu tun haben, entstehen durch Vibrationen, die in der Luft Longitudinalwellen erzeugen. Wir kennen solche Vibrationen von einer schwingenden Saite oder der Membran eines Lautsprechers. Beides ist vibrierendes Material, das in der umgebenden Luft periodische Schwingungen verursacht, die sich – genau wie der Gewehrknall – mit Schallgeschwindigkeit ausbreiten, bis sie in unser Ohr gelangen. Der Unterschied liegt in der Anzahl der Schwingungen. Ein Knall ist im Idealfall eine einzige Schwingung, ein Ton jedoch ist eine gleichmäßige Abfolge von Schwingungen, die in regelmäßigem Abstand durch die Luft laufen. Entscheidend für die Tonhöhe ist dabei die Anzahl solcher Schwingungen, die pro Sekunde in unserem Ohr ankommen. Beim Kammerton A, demjenigen Ton, auf den die Instrumente eines Orchesters eingestimmt werden, sind dies 440 Schwingungen pro Sekunde – seine Frequenz beträgt 440 Hertz (Hz). Die Frequenz gibt also die Tonhöhe an, die Lautstärke eines Tones entspricht der Amplitude der Schwingungen (◘ Abb. 8.3). Laute Töne sind Schwingungen, bei denen ein hoher Schalldruck erreicht wird – es sind Schallsignale, die viel Energie transportieren und starke Auslenkungen des Trommelfells erzeugen können. Reine Töne mit einer genau definierten Frequenz hören wir allerdings äußerst selten. Sie entstehen nur durch technische Geräte und hören sich dünn und unnatürlich an. Im Alltag hören wir fast immer Tonmischungen. Selbst wenn zwei Geigen den Kammerton A spielen, produzieren sie unterschiedliche Tonmischungen. Je nach Bauart, Alter, Lackierung, Besaitung, Streichtechnik und vielen anderen Faktoren unterscheidet sich der Klang eines Geigen„tones“ deutlich vom Klang einer anderen Geige. Ein Klang beinhaltet eben nicht nur *einen* Ton mit *einer* bestimmten Frequenz. Vielmehr ist ein Klang eine Art Akkord aus dem Grundton kombiniert mit verschiedenen Obertönen und Resonanzklängen, die zusammen ganz charakteristisch für ein Instrument sein können. So klingt das mittlere C, das in der Mitte der Klaviertastatur angeschlagen wird, ganz anders, als wenn es auf einer Querflöte geblasen oder

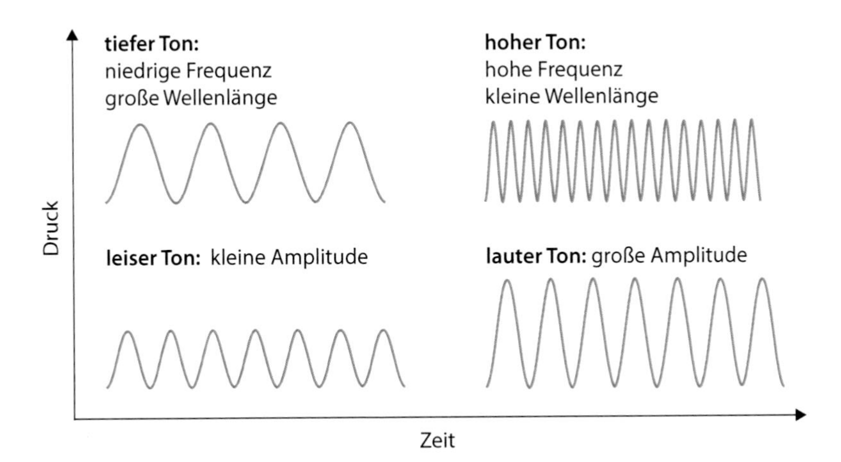

◘ **Abb. 8.3** Reine Töne sind wellenförmige Veränderungen des lokalen Luftdruckes, die von schwingenden Körpern wie Musikinstrumenten oder unseren Stimmbändern erzeugt werden. Bei tiefen Tönen liegen die Druckmaxima weiter auseinander als bei hohen Tönen. Der Abstand zwischen zwei Maxima ist die Wellenlänge, der Kehrwert der Wellenlänge ist die Frequenz (Häufigkeit). Laute Töne erreichen höhere Druckmaxima und ihre Schallwellen größere Amplituden (Höhen). (© Stephan Frings, Universität Heidelberg)

auf einer Violine gestrichen wird. Auf allen drei Instrumenten erklingt zwar das C′ mit einer Frequenz von 262 Hz. Zusätzlich aber hören wir das Mitklingen der für diese Instrumente typischen Resonanzklänge, wie sie vom großen Holzkörper des Klaviers, der Metallröhre der Flöte und der dünnen Holzdecke der Geige jeweils einzigartig hervorgebracht werden. Immerhin bestehen solche Klänge aus Tönen, die zusammenpassen, und man kann die einzelnen Töne eines Klanges mit etwas technischem Aufwand herausfinden.

Ganz kompliziert dagegen wird es bei Geräuschen wie dem Plätschern von Wasser, dem Brummen eines Motors oder der Sprache des Menschen. Hier haben wir es mit einer jeweils charakteristischen, hochkomplexen Mischung von Tönen zu tun, die nur schwer in einzelne Töne zu zerlegen ist – selbst mit großem technischem Aufwand. Aber vor allem Geräusche gelangen von außen in unseren Gehörgang und versetzen dort die Luft in komplizierte, sich überlagernde Schwingungen. Wie geht unser Hörsystem mit diesem komplizierten Schallsignal um? Wie filtert es Bedeutung und Information aus diesem Wust von Frequenzen und Amplituden?

8

8.3 Cochlea – die tonotope Hörschnecke

Das Trommelfell wird also durch die Geräusche aus der Umgebung auf komplizierte Weise bewegt – in Vibration versetzt. Dem Innenohr fällt nun die Aufgabe zu herauszufinden, welche Ursachen zu diesen Vibrationen geführt haben. Ist das Geräusch von Blätterrascheln durch Wind verursacht worden oder vielleicht durch ein Raubtier, das durch den Wald streift? Gibt es in einem vernehmbaren Stimmengewirr die Stimme eines mir bekannten Menschen? Welche Ursache könnte das merkwürdige Grummeln haben, das langsam immer lauter wird? Um diese Dinge herauszufinden, um ein Geräusch einem bekannten Objekt zuzuordnen, muss das Innenohr vor allem die Frequenzmischung eines Geräuschs analysieren. Blätterrascheln ist eine Mischung hoher Frequenzen, eine menschliche Stimme dagegen umfasst unseren vertrauten Bereich von Stimmfrequenzen – jede Schallquelle verrät sich am ehesten durch ihre Frequenzmischung. Wie analysiert unser Innenohr die wilde Frequenzmischung, die vom Trommelfell durch die Gehörknöchelchen auf das ovale Fenster übertragen wird?

8.3.1 Resonanz und Wanderwellen

Resonanz ist der physikalische Begriff für den Vorgang, der im Zentrum der Frequenzanalyse steht. Wir kennen Resonanzphänomene vor allem von Saiteninstrumenten. Solche Musikinstrumente zeigen zwei unterschiedliche Bauprinzipien: unterschiedlich lange Saiten bei der Harfe und gleich lange, aber unterschiedlich dicke Saiten bei der Geige (◘ Abb. 8.4). Eine einfache Harfe kann man sich im Prinzip selbst bauen, indem man einen Metalldraht in verschieden lange Stücke schneidet und die Drähte dann auf einem dreieckigen Rahmen aufspannt. Beim Anschlagen der langen Drähte hören wir einen tiefen Ton, die kürze-

◘ **Abb. 8.4** Bei der Harfe entstehen tiefe und hohe Töne durch unterschiedlich lange Saiten. Bei der Geige sind alle Saiten gleich lang. Die tief gestimmten Saiten sind aber dicker und weicher als die hoch gestimmten. (© Stephan Frings, Universität Heidelberg)

ren Drähte erzeugen höhere Töne. Mit einigem Geschick kann man dieses Instrument richtig stimmen und damit Musik machen. Ein Selbstbau von Geigen ist dagegen schwierig. Denn die gleich langen Saiten haben eine sehr unterschiedliche Beschaffenheit. Die tief klingenden sind dick und weich, die hoch klingenden dünn und hart. Bei einem modernen Flügel sind beide Bauprinzipien vereinigt: Basssaiten sind lang, dick und weich, die Saiten für hohe Tonlagen sind dagegen kurz, dünn und hart.

Für unsere Erkundung des Innenohres ist nun entscheidend, dass Saiten nicht nur durch Anschlagen oder Streichen zum Schwingen gebracht werden können. Sie reagieren auch dann mit Schwingungen, wenn sie von einer Schallwelle getroffen werden, die ihrer eigenen Stimmung entspricht. Wenn also die Geige ein A spielt, schwingt die A-Saite der Harfe mit, ohne dass jemand sie berührt hätte. Erklingt das E der Geige, schwingt die E-Saite der Harfe mit. Jede Saite der Harfe zeigt Resonanzschwingungen bei der ihr eigenen Tonhöhe, bei ihrer Eigenfrequenz. Eine einfache Überlegung führt nun zur Frequenzanalyse im Innenohr: Wenn ein gehörloser Mensch die Harfe beobachtet, während im Verborgenen eine Geige gespielt wird, kann er *sehen*, welche Töne gerade erklingen. Denn er sieht die Resonanzschwingungen der Saiten, und er weiß, auf welche Töne die einzelnen Saiten gestimmt sind. Für den Gehörlosen ist hier also das akustische Signal (die Tonfrequenz) in eine sichtbare, räumliche Information umgesetzt worden. Zu jedem Ton gehört die Position *einer* bestimmten Saite auf der Harfe. Man bezeichnet eine solche räumliche Abbildung der Tonhöhe als Tonotopie, ein zentraler Begriff auch für unser Hörsystem. Denn das Gehirn selbst ist gehörlos – die Nervenzellen des Gehirns können selbst keinen Schall registrieren. Sie sind darauf angewiesen, die Schallinformation vom Innenohr aufbereitet zu übernehmen, und zwar aufbereitet nach dem Prinzip der Tonotopie.

Was in unserem Gedankenexperiment die mitklingende Harfe ist, ist in der Cochlea die Basilarmembran. Und dem gehörlosen Beobachter entspricht in unserem Bild das Gehirn mit seinen Hörsinneszellen, den Haarzellen. Sie informieren das Gehirn darüber, ob und wie die Basilarmembran schwingt. Beide, Basilarmembran und Haarzellen, sind zusammen angeordnet im Corti-Organ, das die Cochlea der Länge nach durchzieht. Sehen wir uns die Cochlea genauer an.

8.3.2 Aufbau der Cochlea

Die Cochlea ist ein System aus etwa 30 mm langen spiralförmig aufgewickelten Membranschläuchen (◘ Abb. 8.5), die geschützt im härtesten Knochen des Körpers, dem Felsenbein des Schädels, eingebettet sind. Der mittlere Membranschlauch wird als Schneckengang oder Scala media (mittlere Treppe) bezeichnet. Seine Basis bildet die Basilarmembran, die nach unten an die Paukentreppe (Scala tympani) grenzt und das Corti-Organ trägt. An der Oberseite wird der Schneckengang durch die Reissner-Membran (nach Ernst Reissner benannt) zur Vorhoftreppe (Scala vestibuli) hin begrenzt, sodass sich ein dreistöckiger Aufbau der Cochlea ergibt (◘ Abb. 8.6). Wenn das Schallsignal von der Fußplatte des Steigbügels an das ovale Fenster übergeben wird,

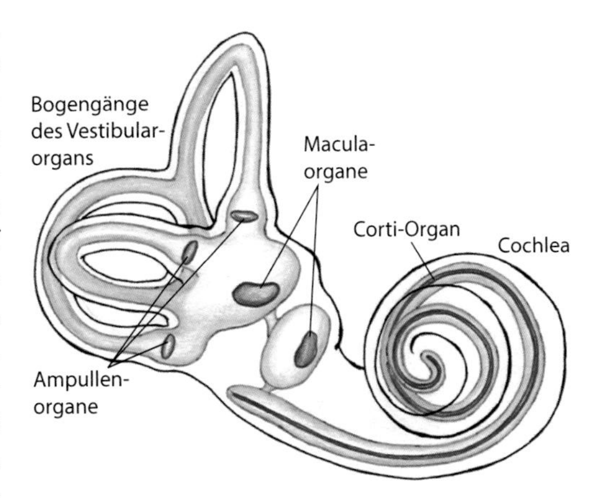

◘ **Abb. 8.5** Das Innenohr ist aus einem System von flüssigkeitsgefüllten Schläuchen aufgebaut. In diesen Schläuchen befinden sich die Sinnesepithelien (dunkelblau). Das Corti-Organ in der Cochlea ist für die Schallanalyse zuständig, während Ampullen- und Maculaorgane des Vestibularorgans den Lagesinn vermitteln. (© Michal Rössler, Universität Heidelberg)

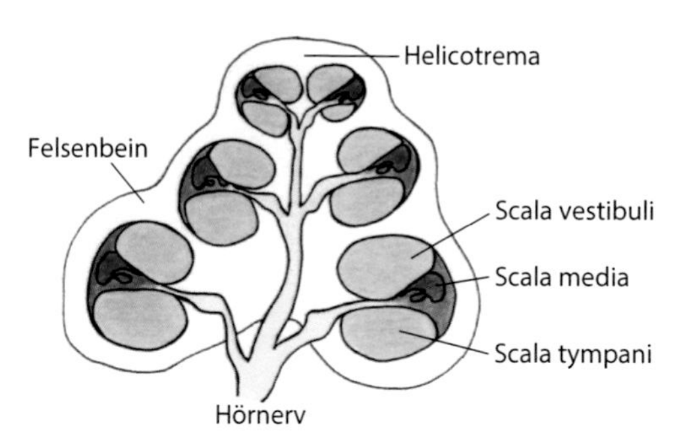

Abb. 8.6 Dieser Schnitt durch die spiralförmig aufgewickelte Cochlea zeigt ihren dreistufigen Aufbau. Die Cochlea wird durch den Membranschlauch der Scala media (*mittlere Treppe*) in drei Kammern unterteilt. Das Schallsignal wird vom Steigbügelknochen des Mittelohres über das ovale Fenster in die obere Kammer, die Scala vestibuli (Vorhofkammer), geleitet. Durch die untere Kammer, die Scala tympani (*Paukentreppe*), kann die Schallenergie aus der Cochlea wieder entweichen. Bei diesem Vorgang kommt es zur Vibration der Scala media. Sie enthält das Corti-Organ, das die Vibration detektiert. (© Michal Rössler, Universität Heidelberg)

trifft es auf den wassergefüllten Innenraum der Scala vestibuli. Wasser verhält sich aber ganz anders als Luft hinsichtlich der Ausbreitung von Schallwellen, denn es kann nicht komprimiert werden. Daher können keine Longitudinalwellen entstehen, es bilden sich stattdessen Transversalwellen, in denen die Schwingungen senkrecht zur Ausbreitungsrichtung stattfinden. Wie aber schwingt Wasser in einer geschlossenen Knochenröhre wie der Cochlea? Ganz verstanden ist dies bisher noch nicht. Aber man weiß heute, dass Töne zwei unterschiedliche Arten von Wellen in der Cochlea auslösen.

Vom ovalen Fenster aus laufen Schallwellen durch die Vorhoftreppe bis zur Spitze der Cochlea. Dort, am Helicotrema, geht die Vorhoftreppe in die Paukentreppe über, durch die die Schallwellen wieder bis zum runden Fenster laufen, dem Ausgangstor der Cochlea. Diese Schallwellen laufen sehr schnell, denn die Schallgeschwindigkeit ist im Wasser etwa viermal so hoch (1550 m/s) als in der Luft. Da sich die Basilarmembran mit dem Corti-Organ zwischen den über und unter ihr liegenden Flüssigkeitsräumen ein wenig bewegen kann, erzeugen die in die Vorhoftreppe einlaufenden Schalldruckwellen noch eine weitere Wellenbewegung. Diese Welle beginnt am ovalen Fenster mit einer Geschwindigkeit von nur etwa 20–100 m/s und wird immer langsamer, bis sie sich an der Schneckenspitze mit nur noch mit 1–10 m/s bewegt. Beim Hören eines reinen Tones zeigt diese „Wanderwelle" zudem an *einer* bestimmten Stelle der Basilarmembran eine besonders starke Vibration. Hohe Töne verursachen diese starke Reaktion am unteren Ende der Cochlea, nahe dem ovalen Fenster, tiefe Töne am oberen Ende, nahe der Schneckenspitze. Die Basilarmembran hat also tonotope Eigenschaften – sie reagiert genau wie unsere Harfe auf unterschiedliche Tonhöhen (Frequenzen) an unterschiedlichen Stellen. Jede Stelle der Basilarmembran hat eine Eigenfrequenz, nämlich genau diejenige Frequenz, die an dieser Stelle die maximale Vibration der Wanderwelle erzeugt.

Diese unterschiedliche Stimmung der Basilarmembran hat ihre Ursache darin, dass sie an der Schneckenbasis schmal ist (0,1 mm) und relativ steif, an der Schneckenspitze aber breiter (0,5 mm) und relativ weich. Ein Vergleich mit einer Harfe veranschaulicht die Stimmung. Stellen Sie sich die Basilarmembran aus vielen quer gespannten Saiten vor (Abb. 8.7). Dann haben sie am unteren Ende der Basilarmembran kurze, harte, hell klingende Saiten und am oberen Ende lange, weiche und dunkel klingende Saiten. Die Basilarmembran bringt durch ihre lokale Stimmung die Voraussetzung für das Mitklingen, für passive Tonotopie. Dies bedeutet, sie kann passiv mit lokalen Vibrationen auf reine Töne reagieren. Dazu tragen sowohl Resonanzverhalten bei (also lokales Mitschwingen) als auch das lokale Maximum der Wanderwelle, die selbst kein Resonanzeffekt ist (Abb. 8.8). Wichtig aber ist, dass diese lokalen, passiven Vibrationen winzig sind! Die Basilarmembran wird bei mittlerer Lautstärke um nur wenige Nanometer ausgelenkt (1 nm ist der

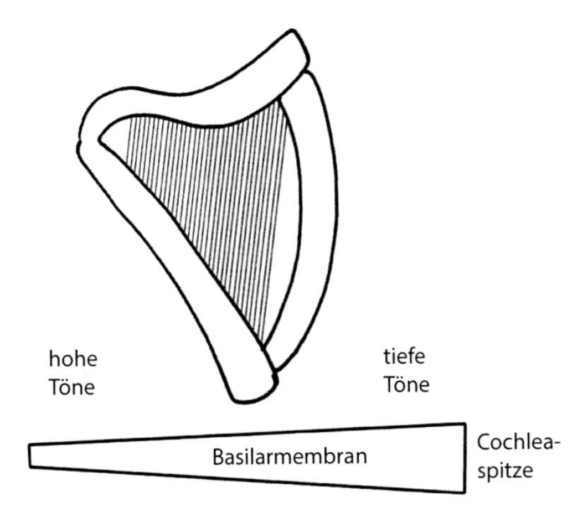

Abb. 8.7 In ihrem unteren Abschnitt ist die Basilarmembran schmaler und härter und reagiert auf hohe Töne so wie die kurzen, harten Saiten der Harfe. Nahe dem Helicotrema ist sie weicher und breiter und zeigt Resonanz auf tiefere Töne so wie die langen Saiten der Harfe. (© Stephan Frings, Universität Heidelberg)

millionste Teil eines Millimeters) – nicht genug, um etwas hören. Zu den passiven Vibrationen der Basilarmembran muss noch ein robuster, aktiver Prozess hinzukommen, damit wir hören können. Wir brauchen einen Verstärker.

8.3.3 Der Verstärker des Corti-Organs

Um zu verstehen, wie die winzigen passiven Vibrationen der Basilarmembran registriert werden können, müssen wir uns ansehen, wie das Corti-Organ aufgebaut ist (Abb. 8.9). Im Corti-Organ gibt es zwei Arten von Haarzellen. Für die Verstärkung des Signals sind die Haarzellen zuständig, die sich in drei Reihen durch das gesamte Corti-Organ ziehen. Sie werden äußere Haarzellen genannt, weil sie in der Nähe der Außenwand des Spiralganges im

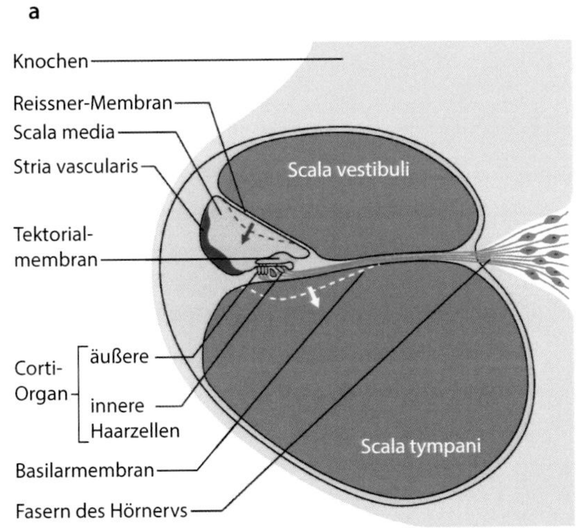

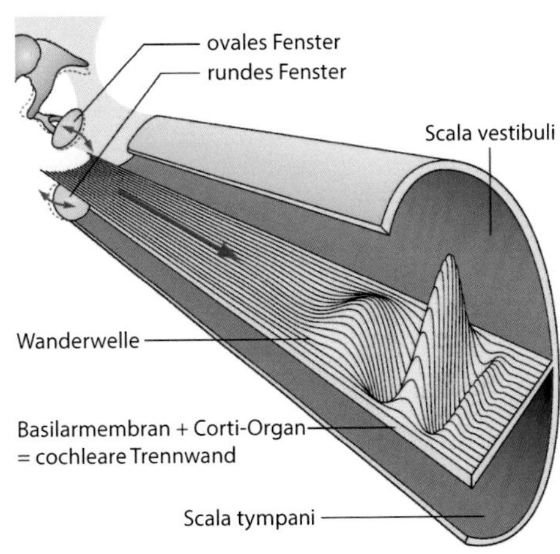

Abb. 8.8 Links: Lage des Corti-Organs auf der Basilarmembran der Cochlea. Wenn Schallwellen in die Scala vestibuli geleitet werden, kommt es zur Vibration der Basilarmembran und der Reissner-Membran, den unteren und oberen Begrenzungen der Scala media. Die Scala media ist mit einer kaliumreichen Flüssigkeit gefüllt, der Endolymphe, die ihrerseits von der Stria vascularis gebildet wird. Für jede hörbare Frequenz gibt es einen bestimmten Ort auf der Basilarmembran, wo sich ein Vibrationsmaximum bildet (rechts; die Auslenkungen sind zur Verdeutlichung stärker dargestellt, als sie es in Wirklichkeit sind). An der Lage des Vibrationsmaximums kann das Gehirn erkennen, welche Frequenz gehört wird. Die Aufteilung der hörbaren Frequenzen auf unterschiedliche Orte in der Cochlea bezeichnet man als Tonotopie (Klangort). (Aus Schmidt et al. 2011)

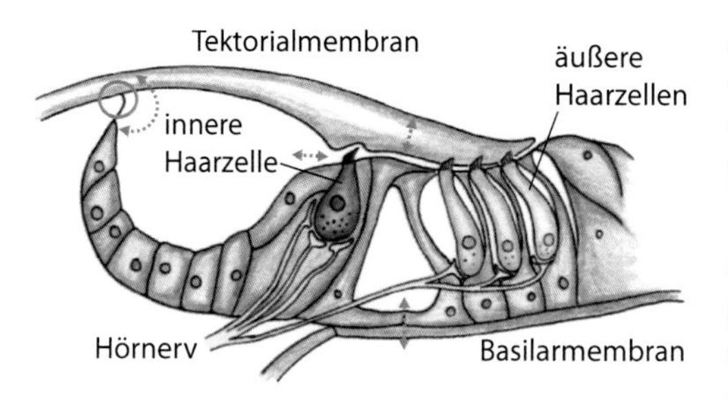

Abb. 8.9 Das Corti-Organ ist eine mechanosensitive Struktur zur Detektion von Vibrationen. Die eigentlichen Sensoren sind die inneren Haarzellen, von denen etwa 3500 entlang des Corti-Organs vom ovalen Fenster bis zum Helicotrema der Cochlea nebeneinander aufgereiht sind. In dem hier dargestellten Querschnitt sieht man rechts drei äußere Haarzellen. Diese Zellen sind beweglich und bilden den cochleären Verstärker, der lokale Vibrationen 100 bis 1000-fach verstärken kann. Der gemeinsame Drehpunkt von Tektorial- und Basilarmembran ist durch einen Kreis gekennzeichnet. Aus den etwas unterschiedlichen Schwingungsrichtungen der beiden Membranen resultieren Scherkräfte, die eine horizontale Vibration der Flüssigkeit (Endolymphe) um die Stereovilli verursacht. (© Michal Rössler, Universität Heidelberg)

Innenohr angeordnet sind. Die äußeren Haarzellen tragen einen Schopf aus Sinneshärchen an ihrer Oberseite, mit denen die Zellen mechanische Reize aufnehmen können. Die Härchen sind die Messfühler dieser Zellen. Wenn sie ausgelenkt werden, erzeugen sie in der Zelle ein elektrisches Signal. Wir werden diesen Vorgang im nächsten Abschnitt noch genauer betrachten. Hier genügt erst einmal die Information, dass die Haarzellen die lokale Vibration der Basilarmembran detektieren können. Dies geschieht, indem sich die vibrierende Basilarmembran mitsamt den Haarzellen relativ zur Tektorialmembran, die dem gesamten Corti-Organ aufliegt, leicht verschiebt. Es kommt zu einer Scherung zwischen Tektorialmembran und Haarzellen und dadurch zur Auslenkung der Sinneshärchen (Abb. 8.9). So entsteht ein elektrisches Signal in den Haarzellen, das eine blitzschnelle Reaktion auslöst: Die äußeren Haarzellen ändern ihre Länge im Takt der lokalen Vibration – sie beginnen selbst zu vibrieren. Aber im Unterschied zu der 1-nm-Vibration der Basilarmembran können sich die Haarzellen um das 1000-fache (1–3 µm) verkürzen und verlängern. Die drei Reihen von Haarzellen schütteln die Tektorialmembran und verstärken die Vibration dadurch 1000-fach und punktgenau. Erst durch diese mechanische Verstärkung kommen die Bewegungen im Corti-Organ in einen Bereich, wo sie gemessen werden können – und wir durch die vibrierenden Haarzellen leise und mittellaute Geräusche hören können.

Aber wie können die Haarzellen ihre Länge verändern? Es sind schließlich keine Muskelzellen. Erstaunlich ist vor allem die hohe Geschwindigkeit, mit der sich die äußeren Haarzellen zusammenziehen können, wenn sie mit ihren Härchen eine Vibration registrieren. Ein hoher Pfeifton zum Beispiel hat eine Frequenz von etwa 15.000 Hz. Dies bedeutet, dass die Basilarmembran im unteren Abschnitt der Cochlea etwa 15.000-mal pro Sekunde schwingt und dass die Haarzellen an dieser Stelle sich 15.000-mal pro Sekunde zusammenziehen müssen. Zum Vergleich: Muskelzuckungen können maximal fünf- bis zehnmal pro Sekunde ausgeführt werden. Werden Muskeln mit höheren Frequenzen aktiviert, kommt es zu einer Dauerverkrampfung. Wie können Haarzellen 1000-mal schneller sein als Muskelzellen? Welcher Mechanismus liegt diesen schnellen Kontraktionen zugrunde?

Wir wissen heute, dass die beweglichen Haarzellen über ein ungewöhnliches Protein verfügen, dessen Name – Prestin (vom italienischen *presto* für „schnell") – auf seine Rolle bei den schnellen Vibrationen hinweist. Prestin ist in die Zellmembran der Haarzellen eingelagert und reagiert auf die Membranspannung. Bei Depolarisation zieht es sich zusammen, auf Hyperpolarisation reagiert es mit Ausdehnung. Da sehr viele Prestinmoleküle in die Haarzellmembran eingebaut sind, addieren sich deren Ausdehnungen und erzeugen so eine erhebliche Längenänderung der ganzen Zelle. Diese elektrisch gesteuerten Vibrationen kann der Ohrenarzt tatsächlich messen und so überprüfen, ob die Vibrationsverstärkung auch funktioniert. Dazu reizt er das Corti-Organ mit einem kurzen Klicklaut und erzeugt damit

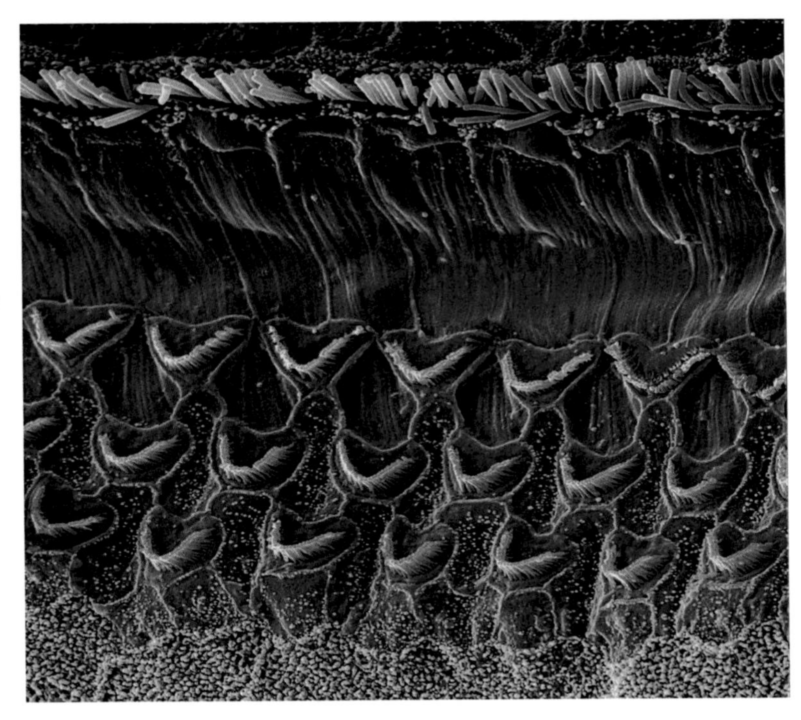

Abb. 8.10 Elektronenmikrografie einer freipräparierten Cochlea. Oben sind die Stereovilli einer einzelnen Reihe innerer Haarzellen zu sehen, unten die Stereovilli der drei Reihen äußerer Haarzellen. Die Stereovilli der äußeren Haarzellen sind V-förmig angeordnet und stecken in der Tektorialmembran, solange das Innenohr intakt ist. (© Steve Gschmeisser/Science Photo Library)

lokale Vibrationen der Basilarmembran. Sofort beginnen Haarzellen an den entsprechenden Stellen mit ihren schnellen Kontraktionen und senden dabei selbst Schall aus. Denn Haarzellen, die auf eine lokale Vibration im Takt der lokalen Eigenfrequenz kontrahieren, erzeugen Schallwellen, die am Außenohr mit einem empfindlichen Mikrofon aufgezeichnet werden können – sie summen sozusagen mit der Frequenz des eingesetzten Klicklautes. Solche otoakustischen Emissionen sind für den Ohrenarzt wichtige Signale für die Überprüfung der Cochleafunktion. Insbesondere werden sie bei Routinegehörtests bei Neugeborenen (Hörscreens) eingesetzt. Es ist eine Möglichkeit, die Reaktion der Cochlea auf Schallreize zu überprüfen, ohne dass der Arzt darauf angewiesen ist, die Patienten zu fragen, ob sie etwas hören oder nicht.

Blickt man von oben auf das Corti-Organ, sieht man, dass die beweglichen äußeren Haarzellen, die den cochlearen Verstärker bilden, in drei parallelen Reihen angeordnet sind (Abb. 8.10). Wie oben beschrieben, verstärkt dieser aktive Motor jeden Ton am Ort seiner Eigenfrequenz und macht ihn so messbar. Die Messung selbst wird von anderen Haarzellen geleistet. Diese sensorischen Haarzellen stehen in einer einzelnen Reihe auf der inneren Seite des Corti-Organs und heißen deshalb innere Haarzellen. Sie gehören zu den faszinierendsten Sinneszellen, denn sie sind gleichzeitig ungeheuer empfindlich und äußerst anpassungsfähig.

8.3.4 Innere Haarzellen – empfindlicher geht es nicht

Forschung ist oft ein Abenteuer, ein Vorstoß ins Unbekannte voller Spannung und Überraschung und mit Entdeckungen, die immer wieder zu der zentralen Erkenntnis führen, dass nichts so wundervoll ist wie die über viele Jahrmillionen ausgereiften Lösungen der Natur für die Probleme des Lebens. Ein perfektes Beispiel für diesen aufregenden Prozess ist die Erforschung der inneren Haarzellen des Corti-Organs. Am Beispiel dieser Zellen können wir sehen, wie der beständige Selektionsdruck auf

■ **Abb. 8.11** Eine Forelle mit deutlich erkennbarem Seitenlinienorgan entlang der Körperachse. (© AlexRaths/iStock)

die Fähigkeit, schwache mechanische Reize registrieren zu können, im Laufe der Evolution zur Perfektion geführt hat: zu Mechanosensoren, die so empfindlich sind, dass sie die Bewegung einzelner Moleküle detektieren können. Die Detektion von kleinsten Schwingungen und Vibrationen scheint derartig wichtig für das Überleben der Tiere gewesen zu sein, dass sich Vibrationsdetektoren wie die Haarzellen zu unvorstellbarer Empfindlichkeit entwickeln konnten.

Die Entstehung von Haarzellen reicht zurück in die Urzeit der Entwicklung von Wirbeltieren. Es gibt Hinweise, dass schon vor etwa 470 Mio. Jahren primitive Fische sich mit der Hilfe von Haarzellen im urzeitlichen Meer orientieren konnten. Die Fische waren es auch, die ganze Sinnesorgane mit Haarzellen entwickelten, Organe, die sie zum Sammeln lebenswichtiger Informationen nutzen konnten. Eine der wichtigsten Informationen für einen Fisch ist die über andere Tiere in seiner unmittelbaren Umgebung. Nähert sich ein großes Tier? Dann nichts wie weg! Dies ist eine Überlebensregel für die meisten Fische. Glücklicherweise kann kein Fisch, auch kein Raubfisch, schwimmen, ohne dabei Druckwellen im Wasser zu erzeugen. Die Druckwellen breiten sich aus und können von den meisten Fischen in der Umgebung wahrgenommen werden. Sie registrieren die Annäherung des Räubers mit ihrem Seitenlinienorgan (■ Abb. 8.11) und den darin enthaltenen Haarzellen. Das Seitenlinienorgan besteht typischerweise aus einem dünnen Kanal, der längs über die Seite des Fisches, knapp unterhalb der Schuppen, verläuft. Durch jede Schuppe führt eine Pore nach draußen und bietet dem Wasser einen Zugang zum Kanal. Treffen nun Druckwellen von der Seite auf diese Poren, tritt Wasser ein, und es kommt zu Wasserbewegungen im Kanal des Seitelinienorgans. Diese mikroskopisch kleine Wasserströmung wird von Haarzellen detektiert. Sie sind in regelmäßigen Abständen im Kanal angeordnet, und das strömende Wasser verbiegt ihre Sinneshärchen. Jede Auslenkung erzeugt ein Nervensignal und liefert dem Gehirn des Fisches Informationen. So kann er rechtzeitig das Weite suchen und dem Räuber entgehen. Das Seitenlinienorgan gibt den Fischen ein genaues Bild all dessen, was sich in ihrer Umgebung bewegt. Es hilft ihnen, Gefahren zu vermeiden, aber auch, in einem Schwarm immer den gleichen Abstand zueinander zu halten (■ Abb. 8.12). Die Sinneshärchen (Stereovilli) der Haarzellen werden dabei durch Wasserströmung gereizt – sie funktionieren also als Strömungssensoren.

Wir werden sehen, dass sie genau das Gleiche in unserem Corti-Organ tun. Auch als die ersten Wirbeltiere vom Wasser an Land wechselten, haben die Haarzellen nicht an Bedeutung verloren, denn die Fähigkeit, Informationen über entfernte Schallquellen zu sammeln, war für Amphibien, Reptilien und Säugetiere ebenso lebenswichtig wie für Fische. Und es waren die Haarzellen von Fröschen, an denen findige Sinnesphysiologen herausgefunden haben, wie Haarzellen eigentlich funktionieren.

Diese heute klassischen Experimente, die in 1980er-Jahren von den Physiologen John Hudspeth und David Corey am California

■ **Abb. 8.12** Schwarmfische (hier Füsiliere, *Caesio teres*) können den Abstand zu ihren Nachbarn weitgehend konstant halten. Dazu dient ihnen vor allem das Seitenlinienorgan. (© Erik Leist, Universität Heidelberg)

Institute of Technology und den Anatomen David Furness, Carole Hackney, James Pickels und Michael Osborne von den Universitäten von Keele und Birmingham in England durchgeführt wurden, brachten die Funktionsweise und die Leistungsfähigkeit der Haarzellen ans Licht. Die zündende Idee war, einzelne Haarzellen aus dem Innenohr von Fröschen zu isolieren und sie mit einem speziell entwickelten Mikrowerkzeug zu stimulieren. Die isolierten Haarzellen behielten ihren Schopf aus Sinneshärchen, der eine deutlich abgestufte Struktur zeigte. Die Sinneshärchen sind Ausstülpungen der Zellmembran, die in ihrem Inneren durch ein Skelett aus Proteinen, dem Aktin, stabilisiert werden. Wir haben solche Ausstülpungen, auch Mikrovilli genannt, bereits bei den Geschmackszellen in der Zunge kennen gelernt (▶ Kap. 5). Dort waren sie der Ort der Signalwandlung. Bei den Haarzellen nennen wir sie Stereovilli – und auch hier sind sie der Ort der mechanoelektrischen Signalwandlung. Mehrere Reihen von Stereovilli sind nebeneinander angeordnet, wobei man eine deutliche Abstufung erkennen kann: Zu einer Zellseite hin ist jede Zellreihe länger als ihre Nachbarreihe. Die Reihe mit den längsten Stereovilli wird von einer Kinozilie flankiert, die an einer kugelförmigen Verdickung zu erkennen ist. Mit ihrem Mikrowerkzeug konnten die Physiologen die Sinneshärchen um genau festgelegte, winzige Strecken auslenken (■ Abb. 8.13a). Gleichzeitig konnten sie mit einer Mikroelektrode messen, wie das elektrische Potenzial über der Zellmembran auf jede Auslenkung reagierte. Sie fanden, dass die Haarzellen extrem empfindlich auf die Berührung der Sinneshärchen reagieren. Schon eine Auslenkung um 10 nm in Richtung der Kinozilie veränderte das Membranpotenzial um 1 mV, bei 100 nm Auslenkung war die Zelle schon maximal stimuliert (■ Abb. 8.13b).

Genauere Untersuchungen ergaben, dass schon eine Auslenkung um 0,3 nm (dies entspricht in etwa dem Durchmesser eines Wassermoleküls) zu einer Änderung von 0,1 mV führt und dass diese Änderung ein Nervensignal erzeugt, das vom Gehirn registriert werden kann. Um diese Zahlen zu verstehen, muss man sich die Größenverhältnisse im Schopf einer Haarzelle vorstellen. Ein einzelnes Sinneshärchen ist etwa 1000 nm lang und hat einen Durchmesser von 150 nm. Wenn die Spitze dieses Härchens um 0,3 nm ausgelenkt wird, entspricht dies nur 2 % seines Durchmessers. Man kann also eigentlich gar nicht von Auslenkung sprechen, es geht hier um ein mikroskopisch feines Antippen – eine Nanoberührung!

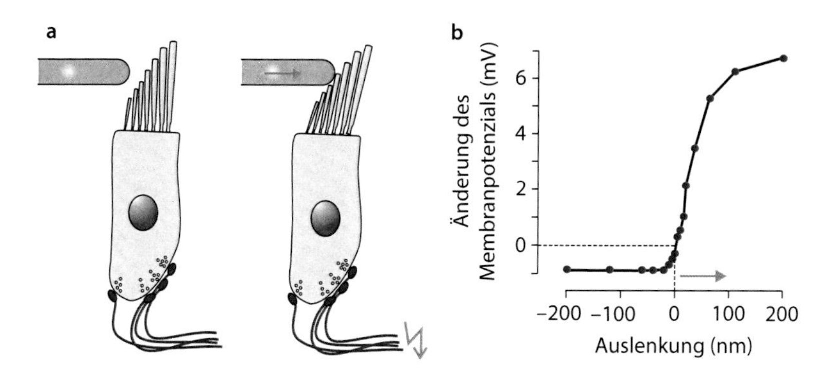

Abb. 8.13 Haarzellen reagieren auf Auslenkung ihrer Stereovilli. **a** Werden die Sinneshärchen mit einem Mikrowerkzeug berührt, feuern die ableitenden Nervenfasern. **b** Schon bei Auslenkung der Stereovilli um wenige Nanometer ändert sich das Membranpotenzial der Haarzelle. Der maximale Effekt ist bei etwa 100 nm Auslenkung erreicht. Bei manchen Tierarten trägt das längste Sinneshärchen eine kugelförmige Verdickung und wird als Kinozilie bezeichnet. Bei Säugetierhaarzellen ist dies nicht der Fall. (© Stephan Frings, Universität Heidelberg)

Ein Vergleich macht dies deutlich: Eine Auslenkung um 0,3 nm bedeutet, dass sich das Sinneshärchen um 0,003° aus der Senkrechten verbiegt. Was bedeutet diese Zahl? Nehmen wir zum Vergleich eine sehr große Struktur, den Eiffelturm in Paris, der 300 m hoch ist. Wenn sich der Eiffelturm um 0,003° verbiegt, wird seine Spitze nur um eine Daumenbreite (um 2 cm) ausgelenkt. So wie eine Verschiebung der Turmspitze um 2 cm nur mit großem technischem Aufwand messbar wäre, so wäre auch die Verschiebung der Stereovillispitze um 0,3 nm nur mit sehr aufwendigen Hightech-Messmethoden zu erfassen. Entscheidend aber ist, dass *die Haarzelle* auf diese winzige Bewegung messbar und zuverlässig reagiert. Wie kann das sein? Was macht diese Zelle mit ihren Sinneshärchen zu einem so extrem empfindlichen Messinstrument?

Bei der Untersuchung des Haarschopfes mit dem Mikrowerkzeug folgte eine Verblüffung auf die andere. Zunächst stellten die Physiologen fest, dass die Stereovilli nur dann mit extremer Empfindlichkeit reagierten, wenn sie das Mikrowerkzeug auf die Kinozilie zu bewegten. Bei Abweichungen von dieser Bewegungsachse reagierte die Haarzelle sofort schwächer. Und bei Querstimulation, also einer Bewegung entlang der gleich langen Stereozilienreihen, passierte gar nichts mehr (Abb. 8.14). Das Bündel aus Stereovilli hatte also eine ausgeprägte Richtungsselektivität. Ein großes Rätsel! Warum reagiert ein Sinneshärchen nur auf ein Antippen in eine bestimmte Richtung? Niemand konnte das erklären. Und dann gab es noch eine Überraschung: John Hudspeth hatte sich überlegt, dass die empfindliche Reaktion der Stereovilli dadurch zustande kommen könnte, dass beim Verbiegen der Sinneshärchen Scherkräfte in deren Membran Ionenkanäle öffnen. Diese Kanäle könnten dann Strom in die Haarzelle leiten und das Membranpotenzial verändern. Die stärksten Scherkräfte treten beim Verbiegen an der Basis der Stereovilli auf, weil sich die Härchen nur im oberen, frei beweglichen Teil elastisch verbiegen können, nicht aber an der Basis. Hudspeth überprüfte also seine Theorie, indem er Änderungen des elektrischen Potenzials während der Auslenkung an verschiedenen Stellen der Stereovilli registrierte (Abb. 8.15). Er erwartete die stärksten Potenziale an der Basis der Sinneshärchen, fand sie aber an deren Spitze! Damit war die Theorie von den Scherkräften widerlegt, und die Physiologen standen wieder vor dem scheinbar unerklärlichen Phänomen Haarzelle. Eines war klar: Diese Sinneszellen funktionierten ganz anders als alle anderen bekannten Zellen, und herkömmliche Erklärungsversuche brachten die Forscher nicht weiter.

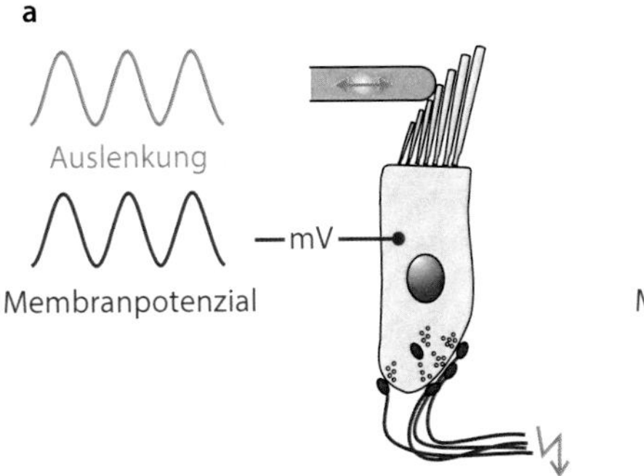

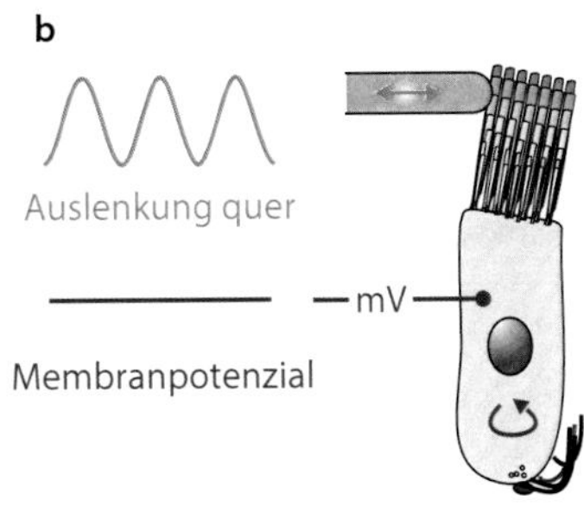

Abb. 8.14 Nachweis der Richtungsselektivität von Haarzellen. **a** Ein Mikrowerkzeug erzeugt eine periodische Auslenkung (rot) entlang der Achse der Längenzunahme der Mikrovilli. Eine Mikroelektrode registriert gleichzeitig die periodische Änderung des Membranpotenzials (blau). **b** Die Haarzelle wird um 90° gedreht, sodass das Mikrowerkzeug die Stereovilli jetzt quer zur Längenachse auslenkt. Auf diese Auslenkung reagiert die Zelle nicht. (© Stephan Frings, Universität Heidelberg)

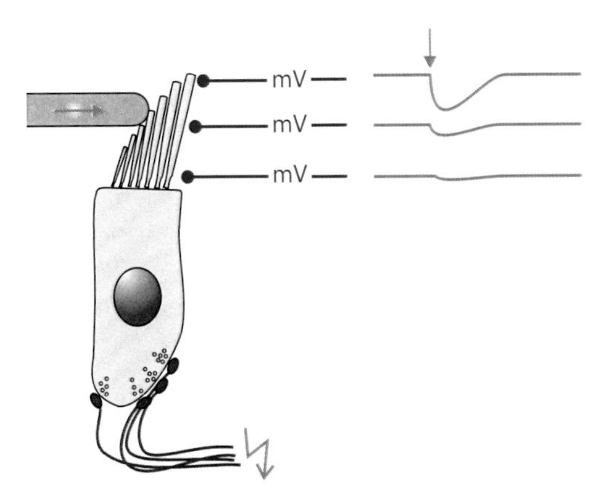

Abb. 8.15 Die Suche nach dem Ort der Transduktionskanäle. Stimulation der Haarzelle löst auf der Außenseite der Stereovilli Feldpotenziale aus, die man mit einer Mikroelektrode messen kann. Am größten sind diese Potenziale oben an den Sinneshärchen – ein Hinweis, dass sich dort die Transduktionskanäle befinden. (© Stephan Frings, Universität Heidelberg)

8.3.5 Die mechanoelektrische Transduktion

Die Lösung dieser vertrackten Probleme kam in den darauffolgenden Jahren von den englischen Anatomen. Sie hatten sich die Haarbündel mit dem Elektronenmikroskop angesehen und dabei eine völlig unerwartete Struktur gefunden. Jedes Sinneshärchen war an seiner Spitze mit seinem längeren Nachbarn durch einen dünnen Proteinfaden verbunden (◘ Abb. 8.16). Zu den gleich langen Nachbarn auf beiden Seiten gab es dagegen keine Verbindung. Sofort war klar, dass diese Verbindungsfäden (Tip-Links) eine Schlüsselrolle bei der Funktion der Haarzellen und damit eine zentrale Bedeutung für das Hören haben würden. In den 25 Jahren seit der Entdeckung der Tip-Links haben viele Arbeitsgruppen mit Hochdruck an der Frage gearbeitet, wie die merkwürdigen Eigenschaften der Haarbüschel durch die Tip-Links zu erklären sind. Heute haben wir eine recht gute Vorstellung davon, was passiert, wenn ein Haarbüschel angetippt wird.

Welche Folge hat die Verbindung von zwei unterschiedlich langen Stereovilli durch einen Proteinfaden? Man kann dies leicht an sich selbst ausprobieren mit einem Gummiband, das man bei ausgestreckten Armen in beiden Händen hält. Schwenkt man beide Arme nach links, dann verschiebt sich die rechte Hand nach unten auf den linken Ellenbogen zu, und das Gummiband wird gestrafft. Schwenkt man aber beide Arme nach oben oder unten, strafft sich das Gummiband nicht. Mit diesem einfachen Experiment kann man die Richtungsselektivität der Stereovilli erklären. Bei einer Auslenkung entlang der Ausrichtung der Tip-Links entfernen sich die beiden Anheftungspunkte des Proteinfadens voneinander, und der Faden

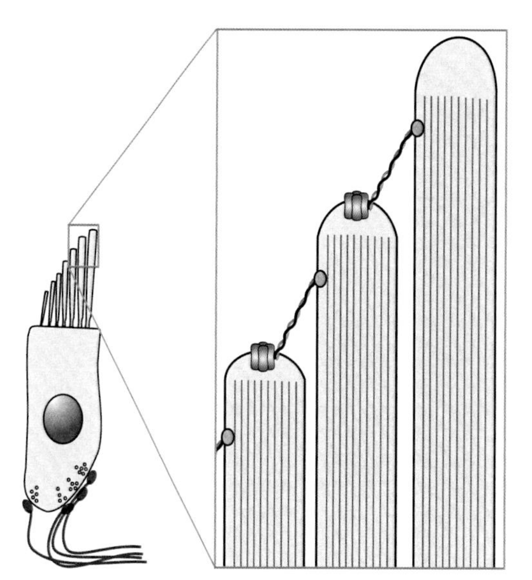

Abb. 8.16 Die Transduktionskanäle sitzen an den Spitzen der Sinneshärchen. Dort sind sie durch einen Proteinfaden (Tip-Link) mit der Seitenwand des nächstlängeren Sinneshärchens verbunden. Bei Auslenkung der Stereovilli strafft sich der Proteinfaden und öffnet dadurch den Transduktionskanal. Kationen, vor allem K^+, können dann in die Stereovilli fließen und die Haarzelle depolarisieren. (© Stephan Frings, Universität Heidelberg)

wird gespannt. Bei einer Auslenkung quer dazu passiert gar nichts, denn die Tip-Links sind nicht gespannt. Da alle Stereovilli mit ihren längeren Nachbarn verbunden sind, reagiert das ganze Bündel mit allen Sinneshärchen unisono auf das Antippen des Haarbündels – vorausgesetzt, es wird in Richtung Kinozilie angetippt. Die Tip-Links werden gespannt und zerren an ihren Anheftungspunkten. Dort sind Ionenkanäle in die Membran der Stereovilli eingebaut, die durch den mechanischen Zug der Tip-Links geöffnet werden; Strom fließt in die Sinneshärchen ein und verändert das elektrische Potenzial der Haarzelle. Ionenkanäle, die direkt durch mechanische Kräfte geöffnet werden, haben wir bereits in ▶ Abschn. 4.1 kennen gelernt. Die Tip-Links erklären sowohl die Richtungsselektivität des Haarbündels als auch die elektrischen Ströme an der Spitze der Stereovilli. Und die extreme Empfindlichkeit kann man ebenfalls verstehen, denn die Tip-Links bestehen aus einer besonderen Proteinmischung (Cadherin 23 und Protocadherin 15), die wenig Elastizität verleiht. Man kann sich die Tip-Links daher vorstellen wie steife, dünne Proteinstäbe, die jede, auch die geringste, Bewegung des Haarbündels direkt auf die Ionenkanäle übertragen. Dieser genial einfache Transduktionsmechanismus funktioniert ohne Zeitverzögerung und mit größtmöglicher Empfindlichkeit.

An dieser Stelle müssen wir ein grundlegendes Problem bedenken: Man kann Messgeräte auch *zu empfindlich* machen. Je empfindlicher ein Messinstrument ist, desto größer ist die Gefahr, dass es durch Störungen unbrauchbar gemacht wird. Bei der Haarzelle haben wir es mit einem Sensor mit atomarer Auflösung zu tun! Wie kann so etwas in unserem Körper funktionieren? Wenn Physiker ein solch hochsensibles Gerät konstruieren würden, dann würden sie es erschütterungsfrei lagern, vermutlich in einem Metallblock auf einem Luftkissen. Nun befindet sich das Corti-Organ aber in unserem Kopf. Es liegt in einer wassergefüllten Röhre, umgeben von weichem, von Blutgefäßen durchzogenem Gewebe. Bei jedem Schritt, bei jeder Kopfbewegung wird das Corti-Organ hin- und hergeschüttelt, und jede Veränderung des Blutdruckes, z. B. bei Anstrengung oder Aufregung, verändert die Druckverhältnisse in der Cochlea. Wie ist es möglich, dass der Nanosensor des Corti-Organs unter diesen Bedingungen genau arbeitet? Einen gewissen Schutz gibt sicher das besonders harte Felsenbein, in das die Windungen der Cochlea eingefräst sind. Die wichtigste Voraussetzung für die Funktionsfähigkeit der Haarzellen ist aber ihre Anpassungsfähigkeit: Haarzellen sind in der Lage, die Ruhespannung der Tip-Links einzustellen. Auch diese verblüffende Eigenschaft wurde mithilfe des Mikrowerkzeugs zum Auslenken der Sinneshärchen entdeckt. Verschiebt man die Stereovilli ein Stückchen in Richtung Kinozilie, reagiert die Zelle zunächst mit einer kurzzeitigen Änderung des Membranpotenzials. Schon nach wenigen Millisekunden hat sich das Membranpotenzial wieder erholt – es kehrt zum Ruhewert zurück, obwohl die Stereovilli ausgelenkt bleiben.

Entscheidend ist nun folgende Beobachtung: Mit diesen gebogenen Stereovilli reagiert die Haarzelle mit genau der gleichen Empfindlichkeit auf weiteres Antippen wie mit aufrecht stehendem Haarbündel. Dies bedeutet, unser Nanosensor funktioniert auch dann noch optimal, wenn seine Sensoren verbogen sind – eine weitere, zunächst unerklärliche Eigenschaft dieser außergewöhnlichen Zellen! Heute ist man der Erklärung ein Stück näher gekommen. Es scheint, dass sich die oberen Anheftungspunkte der Tip-Links verschieben können. Bei einer andauernden Auslenkung verrutschen diese Anheftungspunk kontrolliert nach unten, und zwar soweit, bis die Tip-Links wieder ihre Ruhespannung aufweisen. Es wird angenommen, dass ein Adaptationsmotor – ein Molekülkomplex, der am Cytoskelett der Stereozilien entlangkrabbelt – den oberen Anheftungspunkt im Schlepptau hinter sich herzieht. Dabei wird der Anheftungspunkt immer genau so positioniert, dass die Tip-Links die Ruhespannung hat. Der Motor sorgt also dafür, dass auch verbogene Stereovilli mit höchster Empfindlichkeit auf weiteres Antippen reagieren können. Er kompensiert damit Störungen, die die Haarbündel andauernd verbiegen können, und sorgt dafür, dass die Haarzellen immer maximal empfindlich auf schallerzeugte Flüssigkeitsströmungen im Corti-Organ reagieren.

8.3.6 Haarzellen übertragen ihr Signal auf Nervenfasern

Lassen wir nun die Experimente mit dem Mikrowerkzeug und die erstaunlichen Reaktionen der Haarzellen auf das Antippen ihrer Haarbündel. Kehren wir zurück zum Corti-Organ. Ein Ton hat das Corti-Organ an einer bestimmten Stelle zur Vibration gebracht, und diese Vibration ist dann von den äußeren Haarzellen verstärkt worden. Das Resultat ist eine Scherbewegung zwischen den Haarzellen und der darüberliegenden Tektorialmembran. In dem schmalen Spalt dazwischen erzeugt diese Scherbewegung eine Flüssigkeitsströmung (siehe ◘ Abb. 8.9). Und Strömung ist ja genau der Reiz, auf den die Haarzellen seit dem Seitenlinienorgan der Fische ausgelegt sind. Ihre Haarbündel wiegen sich im Takt der Resonanzschwingung, Tip-Links öffnen und schließen Transduktionskanäle, und die Membranspannung verändert sich im Takt – sie oszilliert. In diesem Zustand ist die innere Haarzelle aktiviert. Jetzt muss sie dem Gehirn ein eindeutiges Signal schicken. Und auch für diese Aufgabe ist – wen wundert's – die Haarzelle optimal ausgerüstet. Schaut man sich innere Haarzellen mit dem Mikroskop an, sieht man, dass an ihrem unteren Ende eine Vielzahl von Nervenfasern mit ihren Synapsen andocken. Etwa zehn bis 20 Synapsen trägt jede einzelne innere Haarzelle. Bereits dieser Umstand weist darauf hin, dass die Übergabe des Haarzellsignals an das Nervensystem mit besonders viel Aufwand betrieben wird.

Die Synapsen der Haarzellen müssen ähnlich gut optimiert sein wie die Stereovilli auf der anderen Seite der Zelle. Denn einerseits müssen sie praktisch immer aktiv sein. Unsere Ohren sind nie verschlossen, ständig werden wir von Schallwellen mit vielen unterschiedlichen Frequenzen getroffen, ständig werden Haarzellen aktiviert und geben ihr Signal an die Nervenfasern weiter. Die Synapsen müssen also eine praktisch unerschöpfliche Fähigkeit zur Daueraktivierung haben. Gleichzeitig müssen sie extrem schnell an- und wieder abschaltbar sein. Denn die Nervenfasern können Tönen bis zu einigen Kilohertz (kHz), d. h. einigen Tausend Schwingungen pro Sekunde, genau folgen, und dies geht nur, wenn die Synapsen das Signal entsprechend schnell durchreichen können. Schließlich müssen Haarzellsynapsen auch enorm empfindlich auf Änderungen des Membranpotenzials reagieren. Denn die Haarbündel erzeugen Depolarisationen im Bereich von nur wenigen Millivolt, bei leisen Geräuschen sogar nur wenige zehntel Millivolt. Auf diese winzigen elektrischen Signale muss die Haarzellsynapse zuverlässig und schnell reagieren. Wir finden aus diesen Gründen – ähnlich wie beim Photorezeptor – den besonderen Bautyp von Hochleistungssynapse, die Bandsynapse (◘ Abb. 8.17; siehe ► Abb. 7.24). Darin sind auf der Haarzellseite jeder Synapse

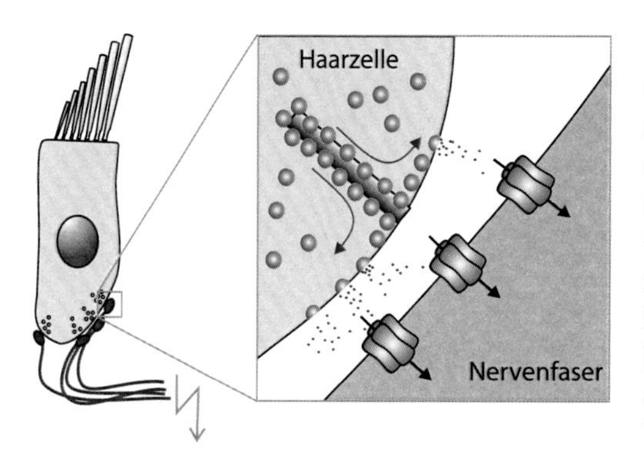

Abb. 8.17 Die Bandsynapsen der Haarzellen. Haarzellen reagieren extrem empfindlich auf Auslenkungen ihrer Stereovilli; ihre Reaktion ist schnell und ausdauernd. Für die effiziente Übertragung des Signals auf Nervenfasern sorgt eine besondere Art von Synapse. Bei diesen Bandsynapsen wird durch eine spezialisierte Proteinstruktur, das „Band", ein schneller Nachschub von transmitterhaltigen Vesikeln zur präsynaptischen Membran sichergestellt. Auch bei Daueraktivität gibt es immer ausreichend Vesikel in der aktiven Zone, wo die Vesikel ihren Inhalt, den Transmitter Glutamat, ausschütten können. In der Membran der Nervenfaser werden Glutamatrezeptoren durch den Transmitter geöffnet und leiten Natriumionen in die Faser. Es kommt zur Depolarisation und zur elektrischen Erregung. (© Stephan Frings, Universität Heidelberg)

Strukturen vorhanden, die dazu dienen, Transmittervesikel zu sammeln und für die Signalübertragung zur Verfügung zu stellen. Diese Strukturen („Bänder") sorgen dafür, dass der Haarzellsynapse nie, auch nicht bei Dauerbeschallung, der Transmitter ausgeht, der für die schnelle Signalübertragung gebraucht wird. Die Haarzelle ist also an beiden Polen, dem sensorischen und dem synaptischen, auf Hochleistung optimiert. Sie ist ein Musterbeispiel für das Prinzip der absoluten Optimierung durch Evolution – absolut, weil ihre Empfindlichkeit bis zur Grenze des physikalisch Sinnvollen gesteigert worden ist.

Nur in einer Hinsicht haben die Haarzellen unseres Innenohres enge Grenzen: in ihrer Anzahl! Jedes Innenohr verfügt über die gesamte Länge seines Corti-Organs – vom ovalen Fenster bis zur Schneckenspitze – nur über etwa 3500 innere Haarzellen. Dies bedeutet, dass unsere gesamte Klangwelt von nur etwa 7000 Zellen registriert wird! Vergleichen Sie das mit 130 Mio. Photorezeptoren jeder Netzhaut und etwa zehn Millionen Riechzellen in jedem Nasenloch! Besonders kritisch ist der Umstand, dass innere Haarzellen nicht nachwachsen können – einmal beschädigt, sind sie für immer verloren. Und man kann sie leicht beschädigen, z. B. durch übermäßig laute Beschallung. So können bei Schallpegeln über 140 dB (Dezibel), wie sie bei Schüssen, Knallkörpern, aber auch bei extrem lauter Musik vorkommen, Tip-Links abreißen, Stereovilli abbrechen und Haarzellen zugrunde gehen. Das Resultat ist ein Hörschaden, der auf den Frequenzbereich der Schallquelle beschränkt sein kann. Bei diesen Frequenzen bleibt unter Umständen lebenslang eine Wahrnehmungslücke. Es ist deshalb ratsam, mit den Innenohren pfleglich umzugehen und sie vor zu lautem Schall zu schützen.

Glücklicherweise bleiben die Nervenfasern, die mit den abgestorbenen Haarzellen Synapsen hatten, im Allgemeinen erhalten, auch wenn die Haarzellen selbst funktionslos geworden sind. Dies ist die Grundlage für die bisher erfolgreichste sensorische Prothese: das Cochleaimplantat (Abb. 8.18). Hier wird durch ein am Kopf befestigtes Mikrofon Schall aufgezeichnet und von einem Sprachprozessor in elektronische Signale umgewandelt. Dabei werden die unterschiedlichen Frequenzbereiche der Geräusche voneinander getrennt, so wie das im gesunden Innenohr das Corti-Organ machen würde. Die aufbereiteten Signale werden dann drahtlos auf einen Empfänger übertragen, der unter der Kopfhaut hinter dem Ohr implantiert wird. Dieser Empfänger kann über Reizelektroden die Hörnervenfasern in der geschädigten Cochlea stimulieren. Da die Geräusche in ihre Frequenzbereiche zerlegt worden sind, kann das Gerät die Frequenzinformation weitergeben: Tiefe Frequenzen erzeugen eine Stimulation in der oberen Cochlea, hohe Frequenzen führen zur elektrischen Stimulation der unteren Cochlea. Auf diese Weise erreicht das Gehirn eine ähnlich tonotope Information, wie es sie aus einer unbeschädigten Cochlea erhalten würde. Cochleaimplantate werden seit vielen Jahren sehr erfolgreich eingesetzt und geben ehemals Gehörlosen ein erstaunlich gutes Sprachverständnis.

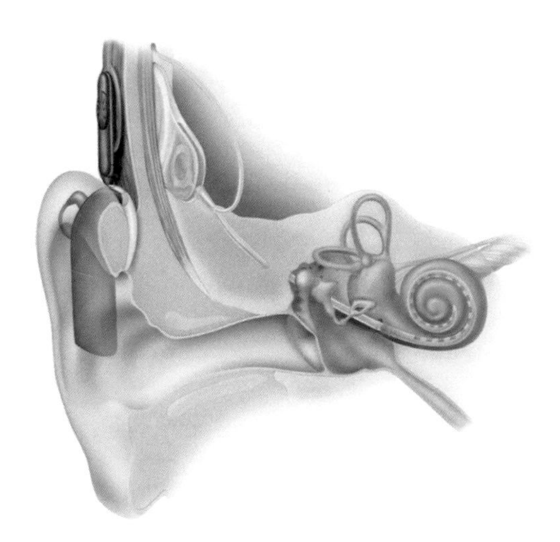

Abb. 8.18 Cochleaimplantate ermöglichen das Hören, selbst wenn die Haarzellen der Cochlea zugrunde gegangen sind. Dazu werden Schallsignale von einem Sprachprozessor aufbereitet und durch eine Übertragungsspule drahtlos an ein Implantat übertragen. Das aufbereitete Signal ist nach Frequenzen sortiert – ein Vorgang, der im gesunden Innenohr von der Cochlea geleistet wird. Das Implantat aktiviert direkt die Endigungen des Hörnervs in der Cochlea und zwar auf tonotope Weise: Hohe Frequenzen erzeugen Stimulationen nahe dem Mittelohr, tiefe Frequenzen nahe der Schneckenspitze. (© Cochlear)

8.4 Unsere Hörwelt

Wenn man bedenkt, dass alle Hörinformation, die uns erreicht, letztendlich in dem Gewirr von Luftschwingungen enthalten ist, die unseren Gehörgang vor dem Trommelfell durchqueren, dann wundert es schon, wie detailliert diese Information ist. Wir können die beeindruckende Vielfalt unserer Hörwelt sehr leicht ausprobieren. Wir müssen nur für einige Minuten die Augen schließen und versuchen, alles zu identifizieren, was wir hören: ein eindrucksvolles Experiment! Wir hören weit entfernte und ganz nahe, gleichmäßig summende und wechselhafte Geräusche, Menschen, die sprechen, gehen und lärmen, vielfältige Laute von Tieren, Musik sowie Geräusche, die uns beunruhigen, weil wir sie keinem Objekt zuordnen können. So ein fünfminütiger Ausflug in unsere Hörwelt ist sehr eindrucksvoll, egal ob wir ihn am Schreibtisch unternehmen, in der freien Natur oder am Bahnhof. Wir können auf diese Weise unmittelbar die schwindelerregende Informationsvielfalt erleben, die wir ununterbrochen mit den Ohren aufnehmen. Dabei ist ein Phänomen besonders deutlich: Wir interessieren uns überhaupt nicht für die Physik der Geräusche (Frequenzen, Amplituden), sondern ausschließlich für deren Bedeutung. Wenn wir das komplexe Frequenzgemisch der menschlichen Sprache mit ihren typischen Modulationen hören, dann möchten wir wissen, welche Person da spricht, wo sie ist, in welcher Gefühlslage sie sich wohl befindet und was sie sagt. Auch bei der Wahrnehmung von Vogelgesang interessiert uns das Was und Wo des Sängers, nicht aber sein Frequenzspektrum. Meist sind wir sehr gut darin, Hörobjekte zu orten und zu identifizieren. Wie aber machen wir das? Wie bestimmen wir die Richtung und Entfernung zu einer Schallquelle, die wir nicht sehen können? Und wie entwirren wir unsere Hörwelt? Wie können wir wahrgenommene Geräusche aus dem chaotischen Schwingungssalat in unserem Gehörgang herausfiltern und darin ein Hörobjekt erkennen? In diesem Abschnitt sollen diese erstaunlichen Leistungen unseres Hörsystems im Einzelnen erklärt werden.

8.4.1 Schallortung

Nehmen wir an, wir hören auf einem Spaziergang einen Hund bellen. Da aufgeregte Hunde gefährlich sein können, interessiert uns dieses Geräusch, und wir wollen wissen, wo sich der Hund befindet und ob er vielleicht näher kommt. Solange wir den Hund nicht sehen, sind wir auf unser Gehör angewiesen. Zunächst einmal müssen wir das rhythmische Geräusch mit dem charakteristischen Frequenzgemisch aus allen anderen Geräuschen herausfiltern und als Bellen erkennen. Keine triviale Aufgabe! Denn in unserem Gehörgang überlagern sich ja Töne, Klänge, Geräusche von 100 verschiedenen Schallquellen. Es gelingt nur aus einem Grund, das Bellen herauszufiltern: Wir wissen genau, wie Hundebellen klingt; wir erkennen es wieder. Wo aber kommt es her? Wo

■ **Abb. 8.19** Richtungshören. Ein Hund bellt links hinter einem Spaziergänger. Ohne den Hund zu sehen, weiß der Mann sofort, wo sich der Hund befindet. Das Gehör leistet diese blitzartige Ortung, indem es herausfindet, dass das Bellen am linken Ohr einen winzigen Sekundenbruchteil früher ankommt als am rechten Ohr – und dies, obwohl außer dem Hund noch zahlreiche andere Schallquellen gleichzeitig wahrgenommen werden. (© Michal Rössler, Universität Heidelberg)

ist der Hund? Nehmen wir an, er läuft links von uns durch eine Gartenanlage (■ Abb. 8.19). Sein Bellen erzeugt Schallwellen, die sich von seinem Maul aus kugelförmig über die Umgebung ausbreiten und dabei auch unsere Ohren erreichen. Allerdings kommen sie am linken, dem Hund zugewandten Ohr den Bruchteil einer Sekunde früher an als im rechten Ohr. Tatsächlich beträgt die Verzögerung etwa 600 µs (600 millionstel Sekunden), wenn der Hund genau seitlich von uns läuft, denn diese Zeit benötigt eine Schallwelle, um von links nach rechts unseren Kopf zur durchqueren. Außerdem klingt das Bellen auf der abgewandten Seite des Kopfes etwas leiser, weil es ja durch den Kopf gedämpft worden ist. Beide Informationen – die Zeitverzögerung und die Schalldämpfung – kann das Hörsystem nutzen, um den Hund zu orten. Dabei ist es nur schwer vorstellbar, dass das Hörsystem einen Zeitunterschied von 600 µs messen kann. Tatsächlich können wir aber sogar Zeitunterschiede von etwa 10 µs zwischen den beiden Ohren ausmachen. Verblüffend, denn in 10 µs kommt eine Schallwelle gerade einmal 3 mm weit.

Wie kann man sich eine derart genaue Zeitmessung vorstellen? Erste Erkenntnisse zu diesem Thema kamen von Experimenten des Verhaltensforschers Mark Konishi vom California Institute of Technology, der herauszufinden versuchte, wie Schleiereulen es schaffen, bei absoluter Dunkelheit Mäuse zu orten und zu fangen. Es gibt im Gehirn dieser Tiere Nervenzellen, die nur reagieren, wenn sich eine Schallquelle in einem bestimmten Winkel des Hörfeldes befindet, wenn die Schallwellen also in einem bestimmten Winkel auf den Kopf auftreffen. Ändert sich der Winkel, reagiert eine andere Zelle – die ganze Umgebung des Tieres ist durch eine „akustische Karte" in seinem Gehirn abgebildet. Die Tiere können mithilfe ihrer richtungsselektiven Neurone ihre Jagdbeute sehr genau orten. Feuert eine Nervenzelle, die für „Schallquelle 35° nach rechts, 15° nach unten" zuständig ist, drehen die Tiere ihren Kopf schlagartig in die angegebene Richtung, bis die entsprechende Zelle auf ihrer akustischen Karte signalisiert: „Schall direkt von vorn!" Dann stürzen sie sich geradeaus auf ihr Opfer. Dieses Zielsystem arbeitet blitzartig und mit großer Präzision – und es fasziniert Sinnesphysiologen schon seit vielen Jahren.

Eine Theorie dazu, wie solche richtungsselektiven Nervenzellen zustande kommen könnten, war schon vor 60 Jahren von Lloyd Jeffress, einem Psychologen an der University of Texas, entwickelt worden. Sie basiert auf der Idee, dass verschieden lange Nervenfasern aus den beiden Innenohren im Gehirn miteinander verschaltet sind (■ Abb. 8.20). Dabei handelt es sich um diejenigen Nervenfasern, die das Signal von den inneren Haarzellen in der jeweiligen Cochlea übernehmen. Die Nervenfasern sind mit Zellen verbunden, die nur dann stark aktiviert werden, wenn sie die Signale von beiden Ohren *gleichzeitig* empfangen. Solche Zellen – sogenannte Koinzidenzdetektoren – bilden, so die Idee, im Gehirn eine akustische Karte. Wie ein Koinzidenzdetektor funktioniert, haben wir bereits in ► Abschn. 3.6 (siehe auch ► Abb. 3.22) erfahren. Im Gehirn der Schleiereule gibt es eine ganze Reihe von Koinzidenzdetektoren. Welcher ist für welche

Abb. 8.20 Richtungshören bei der Schleiereule. Die Ohren der Eule liegen verborgen unter dem Gesichtsgefieder etwas unterhalb der Augen. Vom rechten und linken Ohr verlaufen die Hörnerven zu einer gemeinsamen Verschaltungsstation im Gehirn und haben dort gemeinsame Zielzellen. Wichtig ist, dass eine solche Zielzelle nur dann aktiviert werden kann, wenn Signale aus beiden Ohren *gleichzeitig* bei ihr eintreffen. Das Verschaltungsprinzip ist links anhand von drei Zielzellen dargestellt. Liegt die Schallquelle gerade vor der Eule, treffen sich die Signale beider Ohren in der mittleren Zelle, denn sie haben gleich lange Wege zurückzulegen. Eine Aktivität der mittleren Zelle bedeutet also: „Schallquelle gerade voraus!" Kommt der Schall von links, hat das Signal vom linken Ohr einen geringfügigen Vorsprung, weil der Schall zuerst auf das linke Ohr trifft. Die beiden Signale treffen sich dann nicht mehr in der mittleren, sondern in der rechten Zelle. Wann immer die rechte Zelle feuert, bedeutet dies: „Schall von links!" Das Feuern der linken Zelle bedeutet: „Schall von rechts!" Die Richtung der Schallquelle ist also in der Aktivität einer Zielzelle codiert. In Wirklichkeit gibt es nicht nur drei solcher Zellen, sondern Hunderte, jede für eine bestimmte Schallposition im Umkreis der Eule. Sie erreicht mit ihrem ausgefeilten Richtungshören eine hohe Ortungspräzision und kann selbst in absoluter Dunkelheit Mäuse jagen, indem sie deren Rascheln ortet. (© Michal Rössler, Universität Heidelberg)

Richtung zuständig? Wenn die Schallquelle vor dem Tier liegt, kommt das Schallereignis an beiden Ohren gleichzeitig an. Weil die beiden Nervenfasern, die zur mittleren Zelle führen, gleich lang sind, erreichen die Signale aus den beiden Ohren die mittlere Zelle gleichzeitig – sie feuert. Die in der Mitte liegenden Zellen reagieren also auf Schall von vorn. Bei allen anderen Zellen ist entweder die Faser zum rechten Ohr oder zum linken Ohr kürzer. Im ersten Fall werden die Zellen nur aktiviert, wenn sich die Schallquelle links vom Kopf befindet. Denn nur dann wird das spätere Eintreffen am rechten Ohr durch die kürzere Verbindung kompensiert. Kommt der Schall dagegen von rechts, reagiert eine Zelle mit kürzerer Verbindung zum linken Ohr. Für jeden Ort im Hörfeld gibt es also eine richtungsspezifische Zelle, und alle zusammen bilden die akustische Karte. Da die verschiedenen Haarzellen aber auch für verschiedene Frequenzen stehen, muss es diese Karte mehrfach geben. Man stellt

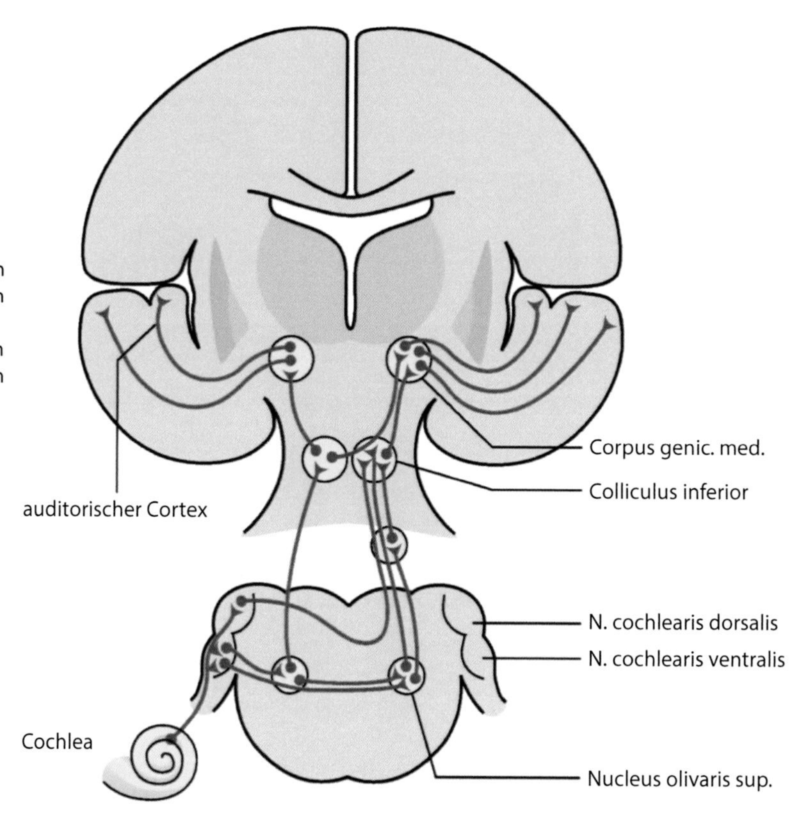

Abb. 8.21 Die zentrale Hörbahn des Menschen führt von der Cochlea bis zur Hörrinde im Schläfenlappen des Gehirns. Auffällig sind mehrere Querverbindungen. Hier können die Signale von beiden Ohren miteinander verglichen werden, was vor allem für das Richtungshören notwendig ist. Letztlich versorgt jedes Ohr sowohl die linke als auch die rechte Hörrinde. (Aus Schmidt et al. 2011, modifiziert)

sich vor, dass sich im Gehirn für jedes Haarzellpaar mit gleicher Eigenfrequenz, eine Zelle im linken und eine im rechten Ohr, eine solche Karte befindet, sodass Geräusche mit allen hörbaren Frequenzen geortet werden können.

Diese Idee von Lloyd Jeffress hat über viele Jahre hinweg die Erforschung der Schallortung gelenkt. Bei den Schleiereulen hat sich das Modell auch bestätigt, denn im Hörzentrum dieser Vögel gibt es tatsächlich Koinzidenzdetektoren mit unterschiedlich langen Verbindungen zu den beiden Ohren. Bei den Säugetieren scheint die akustische Karte der Hörwelt aber auf andere Art zustande zu kommen. Bis heute ist die Schallortung beim Menschen unverstanden. Klar scheint aber zumindest, dass es bei uns anders funktioniert als bei der Schleiereule. Wo könnte unsere akustische Karte angelegt sein? Wir hatten ja gesehen, dass von jeder inneren Haarzelle zehn bis 20 Nervenfasern mit sensorischen Signalen versorgt werden. Wenn man von den Schneckengängen der beiden Ohren aus den Nervenfasern folgt, gelangt man in den Hirnstamm, wo die Fasern in den beiden Schneckenkernen (Nuclei cochleares) mit Synapsen endigen (Abb. 8.21). Von hier aus geht es weiter in ein wichtiges Verarbeitungszentrum im Hirnstamm, zu den Olivenkernen (Nuclei olivares). Beide Kernbereiche sind paarig angelegt; einer für jedes Innenohr.

Wichtig ist, dass jeder Schneckenkern *beide* Olivenkerne versorgt. In den Olivenkernen wird also die Information aus beiden Ohren zusammengeführt. Hier können Verrechnungen von Laufzeitunterschieden stattfinden. Tatsächlich weiß man, dass die Olivenkerne zum Richtungshören beitragen. Man weiß nur nicht genau, wie. Auf dem Weg in Richtung Großhirn passieren die Hörsignale noch eine zweite Station, an der die Informationen aus beiden Ohren verglichen werden. Auf der Vierhügelplatte des Hirnstammes befinden sich die beiden unteren Hügel (Colliculi inferiores). Auch sie zeigen eine Querverdrahtung (◘ Abb. 8.21), die zur Schärfung des Richtungshörens beiträgt. Die Schallortung ist also ein Prozess, der schon im Hirnstamm, unmittelbar nach dem Eintritt der akustischen Information in das Gehirn, beginnt. Hier unterscheidet sich das Hörsystem von anderen Sinnen wie dem Riechen, dem Sehsinn oder dem Tastsinn, denn während bei diesen die Signale vom rechten und linken Teil des Körpers sorgsam getrennt gehalten werden, vergleicht der Hörsinn von Anfang an die Eingänge von beiden Ohren – im Dienste der Schallortung.

Wenn das Richtungshören auf der Messung von Laufzeitunterschieden beruht, können wir zwei Voraussagen machen. Erstens müsste bei Ausfall eines Ohres die Schallortung unmöglich sein. Dies ist ziemlich richtig. Wenn man sich ein Ohr zuhält oder zustopft, fällt es sehr schwer, mit dem noch offenen Ohr Schallquellen zu lokalisieren – unmöglich ist es aber nicht. Zweitens müssen wir erwarten, dass wir nicht unterscheiden können, ob sich eine Schallquelle gerade *vor* uns oder gerade *hinter* uns befindet. Denn in beiden Fällen kommt der Schall ja gleichzeitig an beiden Ohren an. Es gibt keinen Laufzeitunterschied, also auch keine unterschiedliche Ortung. Das Gleiche gilt für Schallquellen, die sich genau über uns befinden. Vorn – oben – hinten: alles ununterscheidbar? Dies ist natürlich Unsinn! Wir können sehr gut sagen, ob sich ein Auto von vorn oder hinten nähert. Das verdanken wir einer Struktur, der wir im Allgemeinen nur eine dekorative Rolle zuschreiben: der Ohrmuschel. Diese unregelmäßig geformte Knorpelfläche reflektiert Schallwellen auf sehr komplexe Weise – und bei jedem Menschen anders, da kein Ohr dem anderen gleicht. Manche Frequenzen werden einfach reflektiert, manche mehrfach, je nach Frequenz und Form der Ohrmuschel. Wenn sich eine Schallquelle relativ zu unserem Ohr bewegt, verändert sich dadurch das Geräusch auf charakteristische Weise, und unser Gehirn hat gelernt, daraus Ortungsinformation zu gewinnen. Bewegen wir beispielsweise den Kopf in Richtung auf das Bellen, dann können wir die Veränderung des Bellgeräuschs während der Drehung nutzen, um den Hund noch genauer zu lokalisieren. Viele Tiere, z. B. Zebras, nutzen diesen Effekt und verbessern ihr Ortungsvermögen durch bewegliche Ohren, die wie Richtmikrofone auf eine Schallquelle ausgerichtet werden können (◘ Abb. 8.22).

◘ **Abb. 8.22** Die Ohrmuscheln spielen eine große Rolle bei der Ortung von Schallquellen. Die meisten Säugetiere können ihre Ohrmuscheln wie Richtmikrofone auf eine Schallquelle hin ausrichten. Um ihre Umgebung nach interessanten Geräuschen abzuhorchen, können sie beide Ohrmuscheln unabhängig voneinander bewegen. (© Erik Leist, Universität Heidelberg)

8.4.2 Die Wahrnehmung von Sprache

Wenn man darüber nachdenkt, welche Erfindung die Entwicklung des Menschen zum dominierenden Säugetier gefördert hat, fallen meist mehrere Begriffe: der aufrechte Gang, der Gebrauch von Werkzeugen oder die erfolgreiche Sozialstruktur der Urmenschensippen. Übersehen wird dabei oft eine Eigenschaft, die von manchen sogar als entscheidende Erfindung angesehen wird: die Fähigkeit zu sprechen, die nach gängigen Hypothesen zur Sprachentwicklung nicht viel weiter als 100.000 Jahre zurückreichen kann. Mit Sprache ist hier nicht die Fähigkeit gemeint, bestimmte Objekte mit einem Grunzlaut zu benennen; so etwas können auch manche Tiere ganz gut. Ebenfalls nicht gemeint sind die Äußerungen von roher Emotion, wie sie bei vielen Tieren vorkommen, die aufgeregt fauchen, bellen und fiepen oder ruhig schnurren, brummen und winseln können. Diese Art von Lautbildung dient zwar der Kommunikation, hat aber mit Sprache wenig zu tun. Sprache leistet viel mehr: Durch sie wird alles in ein begreifbares System geordnet – Vergangenheit, Gegenwart Zukunft, die Vorstellung von Raum und Entfernung. Alles wird in Sprache gefasst, wird formuliert und wird damit denkbar. Denken ohne Sprache ist nicht vorstellbar und Sprache nicht ohne Denken – vielleicht sind sie sogar ein und dasselbe. Es ist die Sprache, die uns Abstraktion ermöglicht, das Erwägen von Möglichkeiten, die Analyse von Erlebtem und die Planung von Zukünftigem. Sprache ist also eigentlich das, was uns zu Menschen macht. Obwohl wir heute nicht wissen, wann und durch welchen Evolutionsmechanismus Sprache entstanden ist, scheint eines plausibel: Die Entwicklung der Großhirnrinde des Menschen hat unmittelbar mit der Sprachentwicklung zu tun. Sprache, Denken und Sprechen sind Leistungen der Großhirnrinde, und die zentrale Bedeutung der Sprache in der Evolution des Menschen ist auch der Grund für die phänomenale Entwicklung unserer Großhirnrinde. Sprache war der Motor für den Aufstieg des Menschen zur dominierenden Art auf der Erde – eine Hypothese, für deren Gültigkeit vieles spricht.

Sprache entsteht durch Sprechen. Wie aber funktioniert Sprechen? Welche physiologischen Anpassungen haben den sprechenden Menschen hervorgebracht? Und wie hat sich der Hörsinn auf die Wahrnehmung von Sprache eingestellt? Die anatomische Grundlage des Sprechens ist beim Menschen die gleiche wie bei anderen Säugetieren: Luft aus der Lunge wird durch die Stimmritze des Kehlkopfes gepresst und versetzt dabei die Stimmlippen (auch Stimmbänder genannt) in Schwingungen. Mit welcher Frequenz die Stimmlippen schwingen, können wir durch den Druck einstellen, mit dem wir Luft durch den Kehlkopf

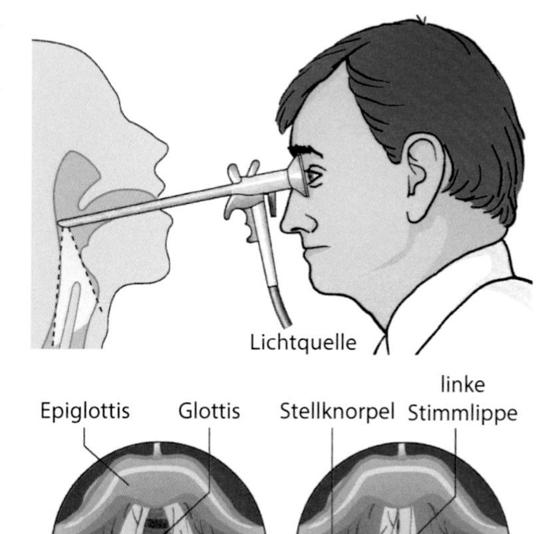

Abb. 8.23 Der Kehlkopf kann vom Arzt mit dem Lupenlaryngoskop betrachtet werden. Man sieht die Stimmlippen (auch Stimmbänder genannt), deren Vibration im Luftstrom den Sprachschall erzeugt (Phonation). Die Frequenz hängt von Spannung und Stellung der Stimmlippen ab sowie vom Druck, mit dem die Atemluft durch die Stimmritze (Glottis) gepresst wird. (Aus Schmidt et al. 2011)

pressen. Außerdem wird die Stimmritze durch einen ganzen Satz von Muskeln gesteuert. Beim Einatmen wird sie weit aufgestellt, damit dem Einstrom von Atemluft so wenig Widerstand wie möglich entgegensteht. Beim Ausatmen bringt dann eine ganze Muskelgruppe die Stimmritze in genau die Form, die den gewünschten Ton hervorbringt (Abb. 8.23). Dieser Vorgang wird als Phonation bezeichnet. Durch Phonation entstehen Töne unterschiedlicher Tonhöhen und Lautstärken, die mit der menschlichen Stimme aber noch nicht viel gemein haben.

Die Umwandlung der Kehlkopflaute in eine Stimme ist ein zweiter Prozess, die Artikulation. Wie in Abb. 8.24 gezeigt, wird sie von den Strukturen des Stimmtraktes geleistet,

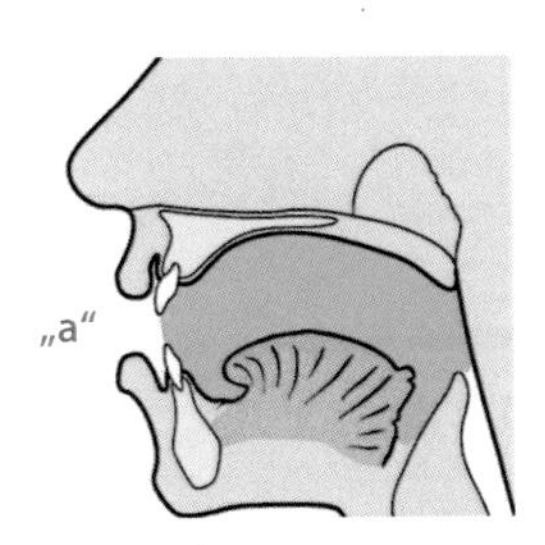

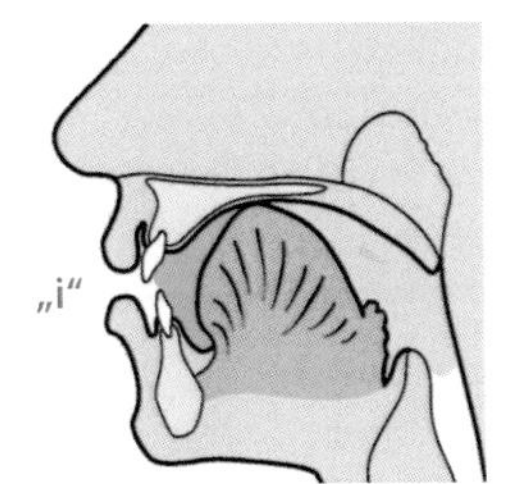

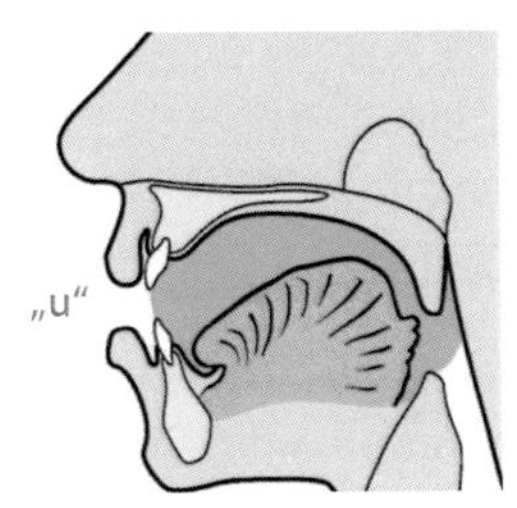

Abb. 8.24 Beim Sprechen erfolgt die Lautbildung mit Beteiligung des gesamten Hohlraumes von Mund und Rachen. Die Artikulation, die Herstellung der hörbaren Sprache, ist eine komplexe, mühsam zu lernende Leistung unseres Stimmapparats. (Aus Schmidt et al. 2011)

Abb. 8.25 Einige Beispiele für Phoneme mit Beispielwörtern und deren Schreibweise in Lautschrift. (© Stephan Frings, Universität Heidelberg)

a:	Abend	a:bɜnt	p'	Panne	P'anɜ
a	Ast	ast	t'	tragen	t'ra:gɜn
ɛ:	ähnlich	ɛ:nliç	k'	Wecker	vɛk'ɜr
ɛ	emsig	ɛmziç	j	jeder	je:dɜr
e:	Esel	e:zɜl	S	Sonne	zɔnɜ
e	Debatte	de'batɜ	Z	Haus	haUs
ɜ	Tinte	tintɜ	ʃ	Spiel	ʃpi:1
o:	oben	o:bɜn	ts	kurz	K$_u$rts
o	Tomate	to'ma:tɜ	f	Vater	fa:tɜr
ɔ	offen	ɔfɜn	v	Klavier	kla'vi:r
ø:	Öse	ø:zɜ	ç	ich	iç

zu dem Rachen, Mund- und Nasenhöhle sowie Zunge, Gaumen, Zähne und Lippen gehören. All diese Strukturen verändern die Kehlkopftöne dramatisch. Sie erzeugen Resonanzeffekte mit Ober- und Untertönen, dämpfen spezifisch bestimmte Frequenzen, während sie andere Frequenzen verstärken, und mischen die dabei entstehenden Vokale mit vielfältigen Zisch- und Klickgeräuschen, den Konsonanten. Durch Phonation und Artikulation entsteht so bei jedem Menschen der einzigartige Klang der eigenen Stimme – unverwechselbar und ebenso individuell wie ein Fingerabdruck. Nun ist unser Stimmapparat ein sehr vielseitiges Instrument mit kompliziert geformten beweglichen und unbeweglichen Teilen. Die Vielfalt von Klängen, die wir artikulieren können, scheint unbegrenzt – vom Brummen bis zum Quieken, vom Knirschen über das Krächzen bis zum Prusten, die Klangvariationen sind schier unerschöpflich. Wie kann ein solches Organ Laute produzieren, die ein anderer Mensch sinnvoll interpretieren kann?

An dieser Frage wird die Bedeutung der Konvention für die Sprache deutlich. Die Angehörigen eines Kulturkreises vereinbaren, dass nicht alle möglichen Geräusche für die Sprache verwendet werden, sondern nur eine kleine Auswahl davon: die Phoneme einer Sprache. Im Deutschen verwenden wir etwa 40 Phoneme (Abb. 8.25). Jedes davon hat einen bestimmt Klang, hat für sich allein keine

Bedeutung, ist aber bei Wortbildungen bedeutungsentscheidend. So entscheidet das mittlere der drei Phoneme im Wort *Tür* über die Wortbedeutung und grenzt sie eindeutig ab gegen die Worte *Tier*, *Tor*, *Tour* und *Teer*. Andere Sprachen verwenden andere Phoneme und teilweise wesentlich weniger oder auch mehr als wir. So findet das Phonem/θ/, das für das englische *th* in *thing* steht, bei uns keine Anwendung und wird bestenfalls als Lispeln angesehen, als Lautbildungsstörung, die keinem Phonem unserer Sprachkonvention entspricht.

Mit unseren 40 Phonemen haben wir einen Baukasten aus Lauten, die zu Wörtern kombiniert werden können. Wie immer sie beim Sprechen kombiniert werden, der Zuhörer erkennt die Phoneme als klangliche Bausteine der Sprache und konzentriert sich darauf, die Bedeutung von Wörtern und Sätzen zu verstehen. Aus der Sicht der Sinnesbiologie ist dieses Baukastensystem für Wortklänge der entscheidende Schritt zur Sprachentstehung. Denn das Hörsystem muss sich bei der Spracherkennung nicht mehr auf die unendliche Vielfalt von möglichen Geräuschen einstellen, die unser Stimmtrakt erzeugen kann. Es muss nur die zugelassenen 40 Phoneme herausfiltern und erkennen, wie sie kombiniert werden. Die Sprachforschung zeigt uns, dass unser Hörsystem erstaunlich virtuos mit den Phonemen umgehen kann: Es kann fehlende Phoneme ergänzen, falsche Phoneme ersetzen und sogar Korrekturen vornehmen, wenn sich durch ein Phonem ein unsinniger Satzzusammenhang ergibt. Solche Korrekturen setzen eine gewisse Vertrautheit mit dem Verhältnis von Klang und Bedeutung voraus, wie man sie meist nur in der Muttersprache erlangt.

Seit über 150 Jahren interessieren sich Neurobiologen für die Frage, welche Teile des Gehirns für die Sprache zuständig sind. Wo werden beim Zuhören die Phoneme auseinandergehalten und die Wörter verstanden? Wo verläuft der umgekehrte Prozess: die Steuerung der Artikulation hin zur Erzeugung von richtigen Wörtern aus richtigen Phonemen? Eine grundlegende Einsicht geht auf Untersuchungen von Patienten mit Sprech- oder Sprachverständnisproblemen zurück. Sie zeigten, dass

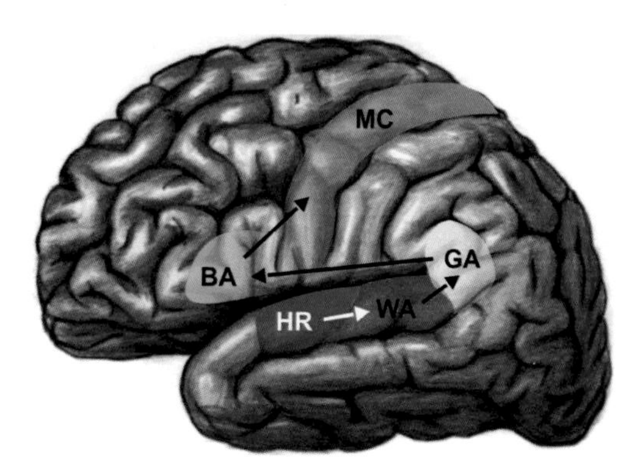

Abb. 8.26 Hören, Verstehen und Sprechen in einem einfachen Modell. Wenn wir jemanden sprechen hören, verarbeitet zunächst die Hörrinde (HR) die akustischen Signale nach Frequenzen, Lautstärken und Richtung – nicht aber nach Bedeutung. Das Wernicke-Areal (WA) erst erschließt die Bedeutung des Gehörten und leitet den verstandenen Inhalt über den Gyrus angularis (GA) weiter an das Broca-Areal (BA). Hier werden sinnvolle Worte für die Antwort geplant, und der Motorcortex (MC) wird damit beauftragt, die Muskeln des Stimmapparats zum Sprechen zu bringen. (© Stephan Frings und Michal Rössler, Universität Heidelberg)

diese beiden Fähigkeiten an unterschiedlichen Stellen der Großhirnrinde bearbeitet werden. Darüber hinaus hat man gefunden, dass von allen kognitiven Leistungen die Sprachfähigkeit am stärksten lateralisiert ist: Sie entsteht zum großen Teil durch Aktivitäten der linken Gehirnhälfte – erstaunlich, wenn man bedenkt, dass beide Ohren zuhören, wenn jemand zu uns spricht.

Betrachten wir nun, wie unser Gehirn bei einem Gespräch arbeitet, wie es zuhört, versteht und eine Antwort formuliert (Abb. 8.26). Die Schallinformation erreicht die Hörrinde im oberen Schläfenlappen und wird dort grundlegend analysiert, z. B. auf Frequenzgehalt, Lautstärke und Richtung. Von dort gelangt die vorbearbeitete Information in das Wernicke-Areal, einen Teil der Großhirnrinde, der sich bei den meisten Menschen am hinteren Ende des linken Schläfenlappens befindet. Das Wernicke-Areal spielt eine Schlüsselrolle beim Sprachverständnis. Vermutlich werden hier die Phoneme erkannt und der Sinnzusammenhang von Wörtern aus Phonemfolgen abgeleitet. Es gibt Menschen, bei denen das Wernicke-Areal beschädigt ist, z. B. durch eine Verletzung oder einen Hirninfarkt. Diese Patienten verstehen kaum einen Wortzusammenhang. Sie können zwar leicht und flüssig reden, aber das, was sie sagen, ergibt kaum Sinn, denn sie bauen sich aus den Phonembausteinen Pseudowörter zusammen, die es in ihrer Sprache nicht gibt. Dieses Krankheitsbild wird als Wernicke-Aphasie (Aphasie bedeutet Sprachlosigkeit) bezeichnet. Beim gesunden Menschen gelingt dem Wernicke-Areal unter Mitwirkung anderer Gehirnregionen diese Aufgabe. Dies macht es möglich, den Gesprächspartner zu verstehen.

Um eine Antwort geben zu können, müssen aus Phonemen Wörter und aus Wörtern grammatikalisch richtige Sätze gebildet werden. Bei dieser Aufgabe spielt das Broca-Areal eine zentrale Rolle. Diese Region der Großhirnrinde befindet sich vorn etwas oberhalb des linken Schläfenlappens (◘ Abb. 8.26). Neben dem Zusammenstellen von sinnvollen Sätzen muss das Broca-Areal auch die komplizierte Motorik in Gang setzen, die für Phonation und Artikulation notwendig ist. Dazu gehen vom Broca-Areal Befehle zum motorischen Cortex, der dann die entsprechenden Bewegungen im Stimmtrakt auslöst. Menschen mit Broca-Aphasie verstehen Sprache gut, können aber nur schwer sinnvolle Sätze formulieren, denn sie haben einen eingeschränkten Sinn für Grammatik und eine unzureichende Kontrolle über den Sprechapparat.

Wie sehr wir auf die Erkennung der Phoneme angewiesen sind, sieht man besonders gut an der Altersschwerhörigkeit. Bei den meisten Menschen im Alter von über 50 Jahren lässt die Empfindlichkeit des Hörens selektiv für hohe Frequenzen nach. Man sieht an sogenannten Audiogrammen, dass die Hörempfindlichkeit über 3 kHz deutlich reduziert ist (◘ Abb. 8.27). Besonders bei sehr hohen Frequenzen (10–16 kHz) geht das Hörvermögen drastisch zurück. Der Grund dafür ist vermutlich, dass diejenigen äußeren Haarzellen des Corti-Organs, die für die höchsten Frequenzen zuständig sind, im Alter ihre Funktion einstellen, einfach weil sie lebenslang die höchste Leistung – Elektromotilität bei höchster Frequenz – erbringen mussten. Damit fällt der Verstärker des Corti-Organs (▶ Abschn. 8.3.2) für die hohen Frequenzen aus. Solche Frequenzen finden sich aber besonders in Zisch- und Klicklauten, wie sie in den Konsonantenphonemen vorkommen. Phoneme wie/d/,/t/,/k/,/z/,/s/ oder/ç/ enthalten hohe Frequenzen und ändern ihren Klang für den Altersschwerhörigen. Die Großhirnrinde, die sich seit der frühkindlichen Zeit des Sprechenlernens auf einen bestimmten Klang eines jeden Phonems eingestellt hat, kommt mit deren verändertem Klang nicht gut zurecht – das Sprachverständnis leidet, man muss nachfragen: „Was hast du gesagt?“ Die Konvention über den Klang der Phoneme ist für den Altersschwerhörigen verletzt.

8.4.3 Musik – der direkte Weg zur Emotion

Seit Tiere ein Gehör haben, horchen sie auf Geräusche in der Welt, die sie umgibt. Immer versuchen sie, die Ursachen der Geräusche zu erkunden – die Bedeutung von Klängen zu lernen und daraus Nutzen zu ziehen. Das Gehör der höheren Tiere ist für diese Art der Analyse ausgelegt; es fragt unablässig danach, was ein Klang bedeutet, woher er kommt, was ihn verursacht haben könnte, ob er Gefahr bedeutet oder etwas Gutes. Versetzen wir uns noch einmal für einen Moment in einen der Ursäuger im nächtlichen Kreidewald. Er hört das Rauschen der Baumkronen und der Büsche, durch die ein Luftzug geht. Dieses Geräusch ist nicht besonders interessant, denn es ist immer da – manchmal stärker, manchmal schwächer. Es bildet den Hintergrund der Hörwelt, die Geräuschkulisse, von der sich wirklich interessante Geräusche deutlich abheben. Plötzlich aber vernimmt das Tier etwas Auffälliges: ein rhythmisches Geräusch – eigentlich ein leises Rascheln, das sich aber im Sekundentakt vom Hintergrund abhebt. Jetzt kommt es darauf an, dass das Tier den Rhythmus dieses Geräuschs erkennen und seine Bedeutung verstehen kann. Denn dieses Geräusch stammt

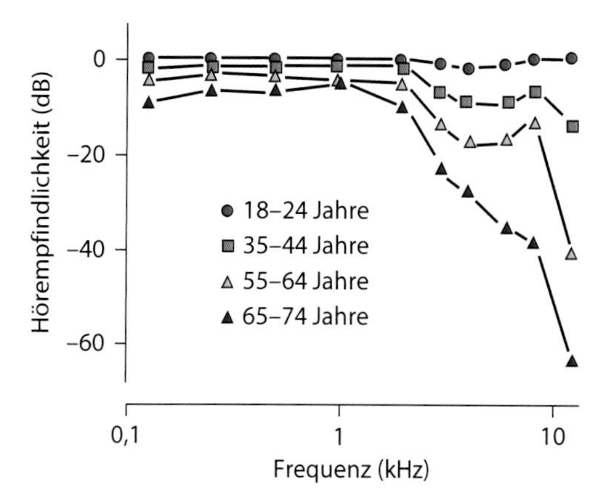

Abb. 8.27 Altersschwerhörigkeit. An diesen Audiogrammen von Menschen unterschiedlichen Alters kann man erkennen, dass die Altersschwerhörigkeit zuerst diejenigen Teile der Cochlea betrifft, die die höchsten Frequenzen zu verarbeiten haben. Hier versagen im Alter zunehmend die äußeren Haarzellen, sodass die Wahrnehmung hochfrequenten Schalles beeinträchtigt ist. Dies betrifft besonders die Zischphoneme. Der Satz „Schade, dass die Katze nicht sieben Liter Milch trinkt" wird für den Alterschwerhörigen zu „–a–e, da– die Ka–e ni– –ieben Li–er Mil– trin–" und ist somit nicht nur sinnlos, sondern auch unverständlich. (© Stephan Frings, Universität Heidelberg)

von den Füßen eines Raubsauriers, der mit gleichmäßigen und vorsichtigen Schritten auf der Suche nach Nahrung durch das Unterholz streift. Wenn unser Ursäuger den Zusammenhang zwischen Rhythmus und Gefahr nicht versteht, ist es um ihn geschehen; der Saurier wird ihn finden und fressen. Rhythmische Geräusche müssen dem Ursäuger immer verdächtig erscheinen, den sie stammen oft von anderen Tieren. Ihr Gehen, Fliegen, Atmen, ihr Herzschlag und oft auch ihre Rufe sind deutlich rhythmisch, während die natürliche Geräuschkulisse aus Wind, Laub und Regen eher gleichmäßig und ohne erkennbare Zeitstruktur rauscht. Rhythmische Geräusche sind eine akustische Eigenart des tierischen Lebens und schon aus diesem Grund von großer Bedeutung bei der Entwicklung des Hörsystems. Hier ist der biologische Grundstein für *eine* Komponente der Musik: den Rhythmus, die zeitliche Struktur der Musik.

Für die zweite Komponente, die Melodie, gab es vielerlei Vorbilder in der Hörwelt der frühen Tiere und Menschen – vom heulenden Wind über die vielen unterschiedlichen Tierstimmen bis hin zur eigenen Vokalisation in Freude und Schmerz: Die Menschen waren immer von einer reichhaltigen Hörwelt umgeben. Und wir können annehmen, dass sie schon früh in der Lage waren, musikartige Geräusche zur Kommunikation einzusetzen. Stellen wir uns vor, ein Eiszeitjäger kommt zurück in die Wohnhöhle seines Clans und muss berichten, dass ein anderer Jäger von einem Wolf getötet worden ist. Vor der Erfindung der Sprache hat er dies vermutlich durch eine kleine Vorführung bewerkstelligt, bei der Wolfgeknurre und Menschengeheul die zentralen musikalischen Elemente waren. Genau genommen zieht sich von dieser Szene bis zur musikalischen Vergegenwärtigung des Wolfes in Prokofjews *Peter und der Wolf* eine gerade Linie der künstlerischen Entwicklung. Wie Worte können auch Klänge und Geräusche symbolischen Inhalt und damit kommunikativen Wert haben. Und wie der Sprache kommt auch der Musik eine zentrale Rolle bei der Vermittlung von Inhalten zwischen den Menschen zu.

Es war sicher ein großer Durchbruch für die frühen Menschen, als sie mit der Entwicklung von Musikinstrumenten begannen. Denn mit einem Musikinstrument erschließt man sich Klänge, die die eigene Kehle nicht hervorbringen kann. Soweit wir heute wissen, begannen die Menschen mit der Herstellung von Instrumenten etwa zu der Zeit, als sie auch mit dem Sprechen begannen – vor etwa 50.000 Jahren. Die ältesten bisher gefundenen Instrumente sind pentatonisch gestimmte Knochenflöten aus der Altsteinzeit, die im Jahr 2008 auf der Schwäbischen Alb gefunden wurden (Abb. 8.28). Diese Flöten sind 35.000 Jahre alt und zeugen von einer schon damals etablierten musikalischen Tradition. Musizieren ist möglicherweise so alt wie das Sprechen – ein Hinweis darauf, dass beide Formen der akustischen Kommunikation ähnlich wichtige Beiträge zur Entstehung

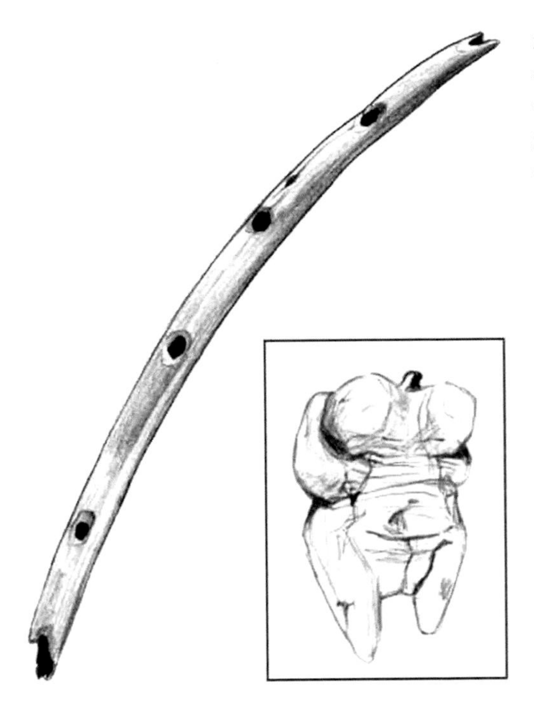

Abb. 8.28 Das älteste bekannte Musikinstrument. Flöte aus einem Geierknochen, die 2008 in der Hohle-Fels-Höhle auf der Schwäbischen Alb gefunden wurde. Sie ist vor etwa 40.000 bis 36.000 Jahren von eiszeitlichen Menschen – der Kultur der „Venus aus dem Eis" (kleines Bild) – hergestellt worden und funktioniert noch heute. (© Michal Rössler, Universität Heidelberg, modifiziert nach Conard und Wertheimer)

des modernen Menschen geliefert haben. Wir können annehmen, dass Gesang immer eine kommunikative Funktion hatte, eine Funktion, die nur schwer gegen die Rolle des Sprechens abzugrenzen ist. Der Frequenzbereich der menschlichen Gesangsstimme entspricht in etwa demjenigen Bereich unseres Hörspektrums, der für das Hören von Sprache eingesetzt wird (Abb. 8.29). Mit den Musikinstrumenten haben wir diesen Bereich erheblich erweitert. So reichen die Obertöne von Piccoloflöte und Geige bis in den Frequenzbereich über 10 kHz. Im Tieftonbereich reichen die Basspfeifen großer Kirchenorgeln wie im Altenberger Dom bis an unsere Hörgrenze bei 16 Hz (Kontraposaune 32′) oder sogar in den darunterliegenden Infraschallbereich (Donner 64′, 8 Hz). Solche tiefen Töne werden nicht im eigentlichen Sinne gehört; sie werden auf eine andere Art empfunden – vermutlich durch Resonanzschwingungen im Knochengerüst – und verleihen der Musik eine eindringliche, etwas unheimliche Note.

Die Wirkung von Musik auf den Menschen unterscheidet sich grundsätzlich von der Wirkung der Sprache. Musik hat einen unmittelbaren Zugang zum Gefühlsleben und kann Emotionen in allen Schattierungen auslösen. Reine Sprache kann dies nicht. Ihr Zugang zur Gefühlsbildung führt über das Verständnis des Gesprochenen, über das Vorstellungsvermögen, über die Fantasie. Nur durch Anleihen bei der Musik kann Sprache direkter wirken. Durch geschickten Einsatz von Intonation, Betonung und Verzögerung, durch die Prosodie, den Singsang des Sprechens, können Emotionen gelenkt werden. Entsprechend ist auch der Verarbeitungsweg von Musik im menschlichen Gehirn anders als der der Sprache. Während Sprachverständnis seinen Schwerpunkt in der linken Gehirnhälfte hat, kommt beim Musikhören zuerst die rechte Gehirnhälfte zum Zug. Diese gegensätzliche Lateralisation von Sprache und Musik ist schon erstaunlich und ist keineswegs vollständig erforscht. Es gibt Hinweise darauf, dass für das gesamte Hörsystem eine Art Arbeitsteilung gilt: links Sprache, rechts Musik. Diese Trennung ist allerdings weder vollständig noch bei jedem Menschen gleichermaßen ausgeprägt. So wird die Rhythmuskomponente der Musik vermutlich in der linken Gehirnhälfte verarbeitet, nicht in der „musikalisch-emotionalen" rechten. Außerdem beziehen sich solche Angaben im Allgemeinen auf Rechtshänder, und die Händigkeit eines Menschen steht mit der Spezialisierung einer Gehirnhälfte auf eine Funktion in Zusammenhang. Klar ist heute, dass Musik im Gehirn getrennt von der Sprache verarbeitet wird. Die neurobiologischen Verschaltungen weisen darauf hin, dass es beim Musikhören weniger um die Entschlüsselung von codierter Information geht als um eine sinnvolle emotionale Reaktion.

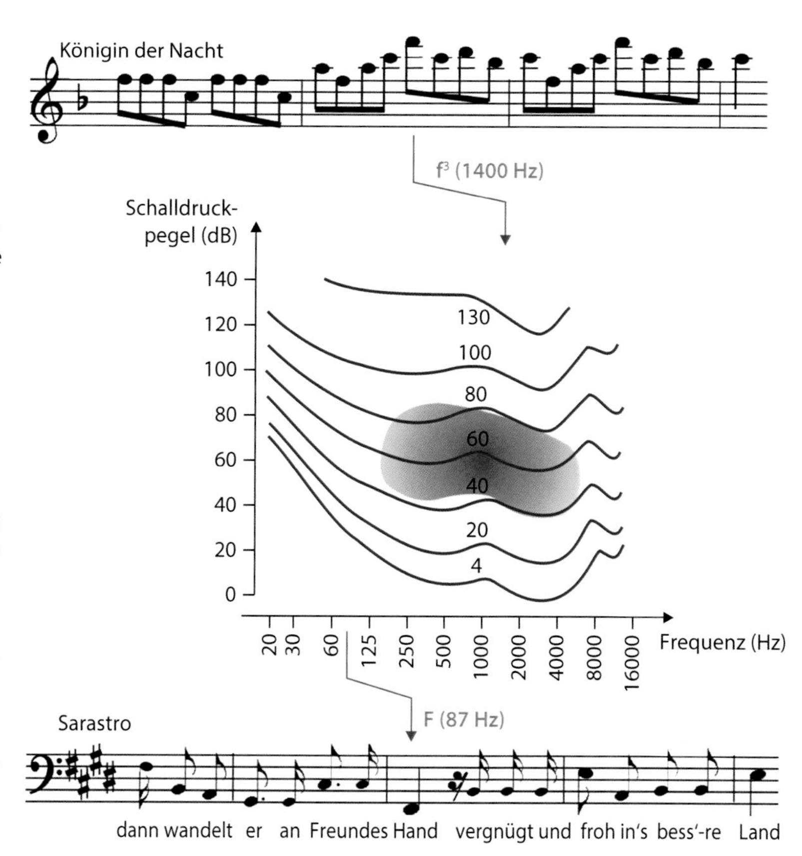

Abb. 8.29 Der Sprachbereich des Menschen ist hier durch einen orangefarbenen Fleck dargestellt. Er reicht von etwa 200–6000 Hz, dem Bereich der Zisch- und Klickphoneme. Die menschliche Stimme stellt immer ein komplexes Geräusch dar. Es besteht aus einem Grundton und mehreren Obertönen. Die Grundtöne einer Bassstimme reichen bis unter 100 Hz (Sarastro in der *Zauberflöte*), und der Sopran der Königin der Nacht erreicht einen Grundton von 1400 Hz. Musikinstrumente füllen unser Frequenzspektrum besser aus als unsere Stimme von 16–10.000 Hz. (© Stephan Frings, Universität Heidelberg)

8.5 Die Hörwelt der anderen: Echoortung

8.5.1 „Sehen mit den Ohren"

Aus der Sicht des Menschen ist das Hören ein ungeheuer vielseitiger Sinn. Von der Wahrnehmung des Raschelns im Laub über die Mustererkennung zur Sprache und zur Musik: Es scheint, dass ein großer Teil unserer Wahrnehmung der Welt durch den Hörsinn vermittelt wird. Und doch ist uns eine besondere Leistung des Hörens gänzlich verschlossen. Es handelt sich hier wiederum um eine Sinnesleistung, bei der die Evolution einen erstaunlichen Grad von Perfektion hervorgebracht hat, der schon Generationen von Biologen begeistert: die Echoortung, das „Sehen mit den Ohren". Kehren wir noch einmal zurück in den Kreidewald zu den frühen Säugetieren, die sich vor Raubechsen verstecken mussten und deshalb nur nachts unterwegs waren. Angewiesen auf die Fähigkeit, im Dunkeln Nahrung zu finden, setzten viele Tiere auf die Optimierung ihres Geruchssinnes. Zudem entwickelten sie lichtstarke Augen, mit denen sie sich zumindest in der Dämmerung und bei Mondlicht einigermaßen orientieren konnten. Diese Tiere schnüffelten sich erfolgreich durch die Evolution der Säugetiere und bilden heute deren größte Ordnung: Etwa 1800 Arten von Nagetieren bevölkern heute die Erde. Viele von ihnen sind Nachttiere geblieben, andere konnten den Tag zurückerobern. Begonnen aber haben sie ihren Erfolg im dunklen Kreidewald, wo sie sich von Pflanzen und Bodeninsekten ernährten, die dort in großen Mengen zu finden waren.

Es ist einigen besonders verwegenen Kreidewaldbewohnern zu verdanken, dass die Säugetiere sich ein weiteres, reichhaltiges

Nahrungsangebot erschließen konnten: die nahrhaften Fluginsekten. Zu Zeiten des Kreidewalds hatten die Fluginsekten schon über 200 Mio. Jahre Evolution hinter sich. Tatsächlich waren sie die ersten Tiere, die das Fliegen gelernt haben und auf ihren vier Flügeln zwischen den Bäumen der Devonwälder auf Nahrungssuche waren. Im Kreidewald gab es eine reiche Vielfalt an Fluginsekten – eine verlockende Futterquelle für die nachtaktiven Säugetiere. Aber wie kommt man als rattenähnliches Säugetier an eine schöne, fette Motte oder Libelle? Vermutlich haben die frühen Säuger damit begonnen, Bäume zu erklimmen, auf Ästen zu lauern und unvorsichtige Brummer zu fangen. Das Gehör dazu hatten sie und akrobatisches Klettergeschick sicher auch. Vielleicht haben diese Insektenjäger entdeckt, dass es vorteilhaft ist, von Baum zu Baum zu springen. Dies ist schneller und zudem weniger gefährlich als alternativ den Stamm hinunterzuklettern, dann ein Stück über den Waldboden zum nächsten Baum zu rennen, um diesen wieder hochzuklettern. Je weiter man springen kann, desto schneller gelangt man in vorteilhafte Jagdgründe – vielleicht einen blühenden Baum, bei dem sich besonders viele Fluginsekten versammelt haben.

Wie die Säugetiere ihre Sprungweite erhöhen können, zeigen uns heute die Pelzflatterer, hörnchenartige Säuger, die Flughäute zwischen Vorder- und Hinterbeinen aufspannen können und mit diesen Tragflächen bis zu 70 m weit gleiten können (◘ Abb. 8.30). Dieser passive Gleitflug war den frühen Säugern aber nicht genug. Irgendwann im Kreidewald, vielleicht vor 60 bis 100 Mio. Jahren, lernten die Handflügler wirklich fliegen. Sie lernten, ihre Flughäute so einzusetzen, wie es die Vögel mit ihren Flügeln machen. Sie lernten blitzschnelle Flugmanöver und konnten nun Insekten im Flug nachstellen (◘ Abb. 8.31). Und mit dieser neuartigen Flugakrobatik eröffneten sich die Handflügler, die Fledermäuse, ein wahres Eldorado an Nahrungsquellen. Im Laufe der folgenden Jahrmillionen erschlossen sie für sich so ziemlich jede Nahrungsquelle, die auch von Vögeln genutzt wird: Insekten, Blüten und

◘ Abb. 8.30 Der Philippinen-Gleitflieger *Cynocephalus volans* hat zwischen seinen Beinen eine Flughaut ausgebildet, die ihm eine Spannweite von 70 cm gibt. Damit gleitet er im Segelflug von Baum zu Baum. (© Alfred Brehm, *Brehms Thierleben* 1882–1889)

sogar Fische. Im Gegensatz zu den Vögeln blieben die Fledermäuse aber dem Nachtleben treu. Sie versteckten sich tagsüber in geschützten Höhlen und flogen nachts aus, um Beute zu jagen – so, wie sie dies auch heute noch tun.

Flugakrobatik in einem dunklen Wald? Fliegen in Höhlen? Dies erscheint zunächst unmöglich, denn weder das Geäst der Waldbäume noch die Höhlenwände sind ja sichtbar ohne Licht. Die Fledermäuse mussten lernen, ihre Flugakrobatik *blind* auszuführen! Tatsächlich haben Fledermäuse nur sehr kleine, lichtschwache Augen, ähnlich den Augen ihrer Namensvettern, der Mäuse. Nachts sehen sie vermutlich ziemlich wenig mit diesen Augen – Fledermäuse sehen mit den Ohren! Und sie sehen mit ihren Ohren ähnlich scharf wie wir mit unseren Augen. Es ist eine der großen, unverstandenen Fragen der Sinnesbiologie, wie sie dies wohl erlernt haben. Man kann sich ja gut vorstellen, dass ein früher Säuger auf einem Ast sitzt und ins Dunkle lauscht, bis sich ein brummendes Insekt zufällig in seine Reichweite verirrt. Aber von dieser unschwer zu erlernenden Abfolge von Reiz und Reaktion ist es doch ein sehr weiter Weg bis hin zur Echoortung! Zunächst einmal reicht für die Echoortung nicht das passive Lauschen. Das Tier

Abb. 8.31 Flugakrobatik der Fledermäuse. Blitzschnelle Wendungen, zielgerichteter Beuteanflug, das Ergreifen der Beute und sogar das Fressen während des Fluges: Kaum ein Vogel zeigt eine vergleichbare Wendigkeit. (© Michal Rössler, Universität Heidelberg)

muss aktiv werden: Es muss einen Ortungsruf aussenden. Dann muss es in seiner komplexen Hörwelt aus Blätterrauschen und den vielfältigen Geräuschen anderer Nachttiere das spezifische Echo des eigenen Ortungsrufes erkennen. Und schließlich muss es aus dem Vergleich von Ortungsruf und Echo Informationen über die Art, die Position und die Bewegungsgeschwindigkeit einer Motte gewinnen – eine fantastische Leistung, die die Fledermäuse bereits am Ende der Kreidezeit, vor 65 Mio. Jahren, erlernt hatten. Wir wissen dies, weil die ältesten Fossilien von Fledermäusen etwa 55 Mio. Jahre alt sind. Und sie zeigen, dass zu dieser Zeit, dem Eozän, die Fledermäuse schon alle körperlichen Merkmale aufwiesen, die sie für die Navigation mit Echoortung benötigen. Der nächtliche Kreidewald war also die Schule für die Echoortung. Und die Fledermäuse wurden durch sie die einzigen fliegenden Säugetiere überhaupt – und mithin nach den Nagetieren die erfolgreichste Säugetiergruppe. Etwa 1000 Arten von Fledermäusen bevölkern heute die nächtlichen Wälder und Höhlen der Erde. Sie haben sich durch ihre blinde Flugakrobatik einen Lebensraum gesichert, den ihnen kaum ein anderes Tier streitig macht.

8.5.2 Die Kunst der Echoortung

Aber die Echoortung ist eine sehr schwierige Kunst, und die Fledermäuse hatten eine Menge von physikalischen Nüssen zu knacken, bis sie in der Lage waren, nachts Fluginsekten zu jagen. Da ist zunächst das Problem der geringen Lautstärke von Echos. Diese Lautstärke hängt von der Größe des Objekts ab, das den Ortungsruf reflektiert. Wir Menschen kennen Echos ja nur aus dem Gebirge. Wenn wir im Hochgebirge laut „Wie heißt der Bürgermeister von Wesel?“ rufen, hören wir am Ende dieses Rufes die Antwort „Esel!“. Dieses Spiel mit dem Echo funktioniert aus drei Gründen: Unser Ortungsruf wird von einem riesigen Objekt reflektiert, einem ganzen Bergmassiv, das einen großen Teil der Schallwellen unseres Rufes zurückwirft. Der zweite Grund ist die zeitliche Verzögerung zwischen Ruf und Echo, die sich aus der Entfernung zum Bergmassiv und der Schallgeschwindigkeit ergibt. Der dritte Grund für das Gelingen dieses Spieles ist, dass wir während unseres Rufes unsere Ohren auf unempfindlich stellen, schon damit unser eigenes Gebrüll uns nicht zu sehr in den Ohren dröhnt. Am Ende des Rufes stellen wir unser Gehör wieder scharf, gerade rechtzeitig, um das letzte Wort des Echos wahrnehmen zu können. Wir werden sehen, dass Fledermäuse solche Techniken auch einsetzen, allerdings in einer fast unglaublich verfeinerten Weise.

Echos zu hören, wird schnell schwieriger, wenn die Objekte kleiner werden. Was in den Alpen gelingt, klappt in den Mittelgebirgen schon weniger gut, da die Berge dort kleiner sind. Denn je kleiner ein Objekt ist, desto geringer ist der Anteil der reflektierten Schallwellen und damit die Lautstärke des Echos (◘ Abb. 8.32). Fledermäuse sind nun aber darauf angewiesen, sehr kleine Objekte durch deren Echo zu entdecken, nämlich Fluginsekten, die nur wenige Zentimeter groß sind. Und deren Echos sind, ihrer geringen Größe entsprechend, extrem leise. Die Fledermäuse haben dieses Problem dadurch gelöst, dass sie extrem laute Ortungsrufe aussenden – sie schreien einfach unglaublich laut! Der Schalldruckpegel ihrer Ortungsrufe liegt bei 100–120 dB, einer Lautstärke, die in unserer Hörwelt zwischen Diskomusik und Düsentriebwerk liegt. Stellen Sie sich vor, wir wären in der Lage, die Ortungsrufe der Fledermäuse zu hören! Wir müssten von Frühling bis Herbst nachts Ohrenschützer tragen. Sonst würde uns das ohrenbetäubende Geschrei der Fledermäuse um den Verstand bringen. Aber glücklicherweise ist unser Gehör völlig taub für die Fledermausrufe. Denn sie rufen mit extrem heller Stimme – im Ultraschallbereich, der unseren Ohren verschlossen ist. Mit ihren lauten Ortungsrufen stellen die Fledermäuse sicher, dass das von kleinen Fluginsekten zurückgeworfene Echo deutlich gehört werden kann.

Wie aber können die Tiere das schwache Mottenecho und den 100- bis 1000-mal lauteren Ortungsruf auseinanderhalten? Zunächst einmal können auch die Fledermäuse

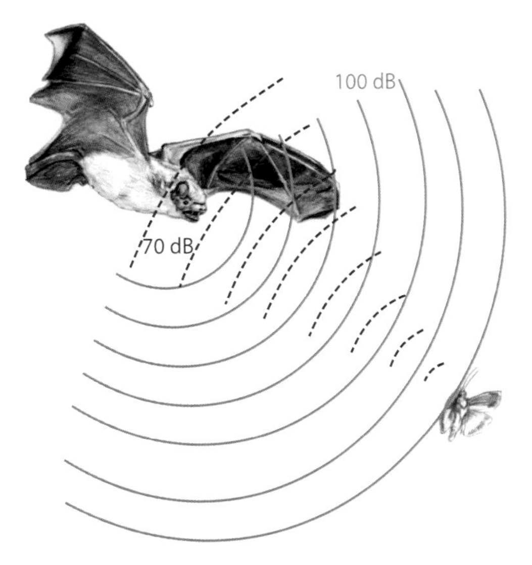

◘ **Abb. 8.32** Kleine Beute, schwache Echos. Das von einer Motte zurückgeworfene Echo ist rund 30–40 dB schwächer als der eigene Ortungsruf. Dies bedeutet, dass nur 1 bis10 % der Lautstärke des Ortungsrufes vom Echo einer Motte zu erwarten ist. Die Fledermaus muss daher sehr laut schreien, um ein vernehmbares Echo zu erzeugen. (© Stephan Frings und Michal Rössler, Universität Heidelberg)

ihr Ohr auf schwerhörig stellen, während sie schreien. Sie machen dies durch spezielle Muskeln im Mittelohr, die die Schallübertragung vom Außenohr auf die Hörschnecke dämpfen. Wichtiger aber ist, dass sie niemals gleichzeitig schreien und auf ein Echo horchen. Sie stoßen erst einen sehr kurzen Ortungsruf aus und horchen dann schweigend auf das Echo. Wie kurz diese Rufe sein müssen, ergibt folgende Überlegung. Wenn eine Motte im Abstand von 1 m vor einer Fledermaus vorbeifliegt, kommt ihr Echo schon nach 5,9 ms bei der Fledermaus an. Die Fledermaus muss also in weniger als 5,9 ms ihre Stimme abschalten und anfangen, dem Echo zu lauschen. Tatsächlich finden Fledermausforscher, dass die Ortungsrufe kürzer sind als 4 ms und dass sie immer kürzer werden, je näher die Motte kommt (◘ Abb. 8.33). Die Fledermaus wechselt also blitzschnell zwischen Schreien und Hören und lässt zwischen zwei Ortungsrufen immer eine Zeit der Stille, in der sie das leise Echo hören kann, mit dem sich die Motte verrät.

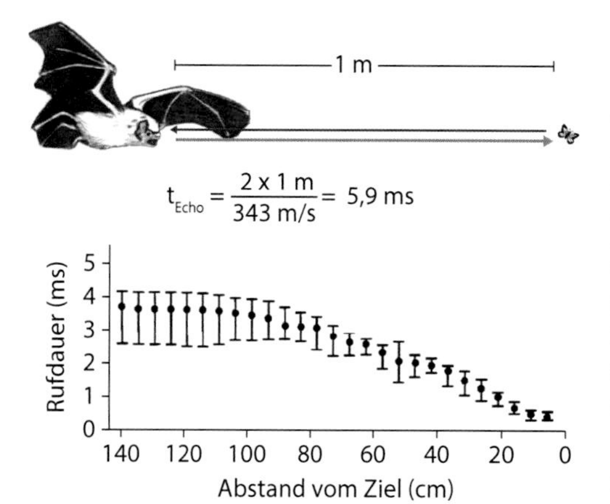

Abb. 8.33 Abschätzung der Entfernung zur Beute. Die Fledermaus misst die Zeit, die vom Ortungsruf bis zum Eintreffen des Echos vergeht. Je länger diese Zeit ist, desto weiter ist die Beute entfernt. Dabei muss die Rechnung schnell gehen. Hier ist die Situation für eine Motte in 1 m Entfernung gezeigt. Aufgrund der Schallgeschwindigkeit (343 m/s) ist das Echo schon 5,9 ms nach dem Ortungsruf wieder bei der Fledermaus. Um zu verhindern, dass Echo und Ortungsruf zusammenfallen, muss sie sehr kurze Rufe ausstoßen. Tatsächlich sieht man im Diagramm, dass die Rufe kürzer als 4 ms sind und bei Annäherung an die Beute noch wesentlich kürzer werden. (© Stephan Frings und Michal Rössler, Universität Heidelberg)

Wenn man sich überlegt, welche Menge an Information eine Fledermaus aus dem leisen Mottenecho gewinnen muss, um „mit den Ohren sehen" zu können, dann kommt man aus dem Staunen nicht heraus. Vor dem Hintergrund einer Landschaft mit Bäumen, Hügeln, Häusern und Telefondrähten, die allesamt die Ortungsrufe der Fledermaus reflektieren, muss die Nachtjägerin *ein* bestimmtes Echo als Mottenecho identifizieren; sie muss den Raumwinkel bestimmen, aus dem dieses Signal kommt; sie muss berechnen, in welcher Entfernung sich die Motte befindet, und sie muss herausfinden, in welche Richtung und mit welcher Geschwindigkeit sich die Motte bewegt. Versuchen wir einmal, ihr dabei über die Schulter zu schauen.

Welche Überlegungen führen die Fledermaus zum Ziel? Die Lautheit des Echos ist erst einmal nicht besonders hilfreich. Denn ein kleines, nahes Objekt (z. B eine Motte) kann ein gleich lautes Echo erzeugen wie ein größeres, dafür aber weiter entferntes Objekt (z. B. ein Vogel). Ohne Entfernungsmessung nützt die Echolautstärke also wenig. Eine Entfernungsmessung kann die Fledermaus durchführen, indem sie misst, wie viel Zeit vom Aussenden des Ortungsrufes bis zum Eintreffen des Echos vergeht. Da die Schallgeschwindigkeit konstant ist, hängt diese Zeit nur von der Entfernung des Objekts ab, und die Fledermaus kann den Abstand zur Motte ausrechnen (Abb. 8.33).

Ausrechnen? Wie rechnet eine Fledermaus? Rechnen ist schließlich in unserem Sprachgebrauch eine mühsam erlernte Fertigkeit, die in hohem Maße Fähigkeiten zur Abstraktion und zum symbolischen Denken voraussetzt. Wie kann also eine Fledermaus mit einem nur wenige Gramm schweren Gehirn so etwas leisten? Wir haben bereits bei der Schallortung (► Abschn. 8.4.1) gesehen, dass das Hörsystem sehr gut darin ist, kleine Zeitverzögerungen – bei der Schallortung waren es Verzögerungen zwischen dem rechten und linken Ohr – zur Berechnung von Raumwinkeln heranzuziehen. Nach dem Jeffress-Modell zur Schallortung (siehe Abb. 8.20) dienen dazu spezielle Neurone, die Koinzidenzdetektoren, die bei gleichzeitiger Stimulation von beiden Ohren aktiviert werden. Solche Koinzidenzdetektoren kommen nun auch bei der Fledermaus zum Einsatz, wenn es um die Entfernungsmessung geht. Diese Neurone befinden sich in der Hörrinde des Fledermausgehirns. Sie bekommen zwei Eingänge: einen Eingang vom Vokalisationsapparat, der den Ortungslaut hervorbringt, den anderen von den Ohren, die das Echo registrieren. Zwei Eingänge also, die gleichzeitig aktiviert sein müssen, um das Koinzidenzneuron zu erregen. Dies passiert natürlich nicht von selbst, denn Ruf und Echo sind, wie wir gesehen haben, *nie* gleichzeitig. Der Trick ist, dass in den Weg, der durch den Ruf aktiviert wird, eine Verzögerung eingebaut wird. Das geschieht vermutlich dadurch, dass mehrere Neurone zwischengeschaltet werden (Abb. 8.34). An jeder Synapse entsteht eine Verzögerung von etwa 3 ms, und das Signal wird im Rufkanal dadurch abgebremst. Sind

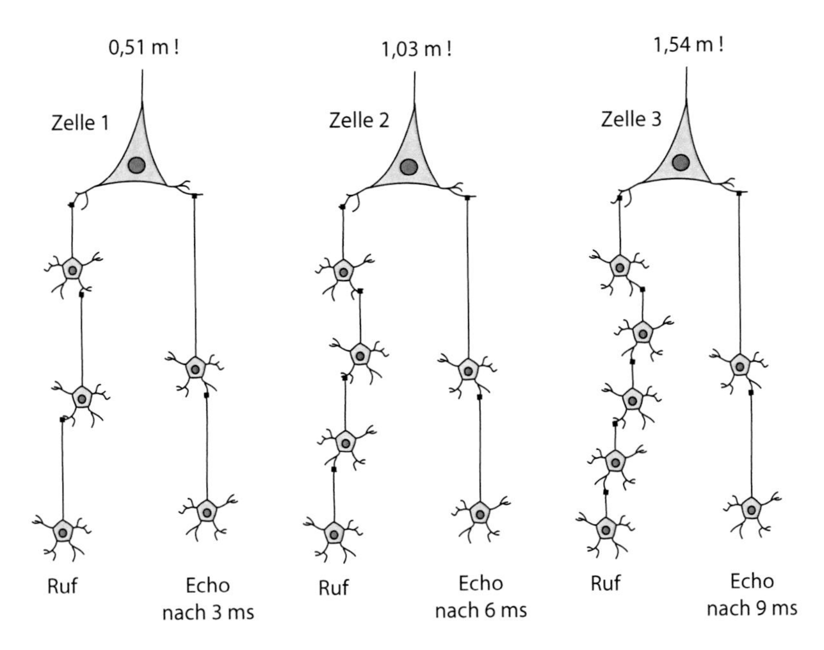

Abb. 8.34 Die Rechenmaschine der Fledermaus. Um die Entfernung zur Beute bestimmen zu können, muss die Fledermaus herausfinden, nach wie vielen Millisekunden (ms) das Echo auf ihren Ortungsruf zurückkommt. Je weiter die Beute entfernt ist, desto länger dauert es bis zum Echo. Diesen einfachen Zusammenhang nutzt die Fledermaus zu einer neuronalen Analyse. Sie verschaltet Signalwege, die durch den Ortungsruf aktiviert werden, mit Signalwegen, die im Hörsystem vom Echo aktiviert werden. Beide Wege führen zu Neuronen, die nur aktiv werden, wenn sie durch beide Wege in demselben Moment stimuliert werden. Diese Koinzidenzdetektoren sind als Zelle 1, 2, und 3 dargestellt. Bei allen drei Zellen kommt das Echosignal über zwei Neurone herein, das Rufsignal dagegen läuft über eine Kette von entweder drei (Zelle 1), vier (Zelle 2) oder fünf (Zelle 3) Neuronen. Bei jeder Übergabe neuronaler Signale an einer Synapse kommt es zu einer Verzögerung von etwa 3 ms. Diese Zeit wird für die Transmitterfreisetzung und die Aktivierung der postsynaptischen Zelle benötigt. Wegen dieser synaptischen Verzögerung wird das Rufsignal bei Zelle 1 um 9 ms verzögert, denn es muss über drei Synapsen weitergeleitet werden. Das Echosignal muss nur über zwei Synapsen, wird also nur um 6 ms verzögert. Das Echosignal hat somit 3 ms Vorsprung. Wenn das Echo einer Motte genau 3 ms nach dem Ortungsruf zurückkommt, treffen beide Signale *gleichzeitig* bei Zelle 1 ein – die Zelle wird aktiviert, feuert Aktionspotenziale und teilt dem Rest des Gehirns mit: Die Motte ist 0,51 m entfernt! Zelle 1 ist also spezialisiert auf Echosignale, die von 0,51 m entfernten Objekten zurückkommen, und sie feuert nur dann. Zelle 2 und 3 haben jeweils ein weiteres Neuron in den Rufweg eingebaut und sind damit auf längere Entfernungen spezialisiert. Die Fledermaus hat in ihrem Gehirn ein ganzes System solcher entfernungsselektiver Verschaltungen. Aus jedem Echosignal wird dadurch blitzschnell die Distanz zur Beute ermittelt. (© Stephan Frings, Universität Heidelberg)

zum Beispiel fünf Zellen im Rufkanal hintereinandergeschaltet, wird das Rufsignal gegenüber dem Echosignal um 15 ms verzögert. Beide Signale treffen nur dann gleichzeitig beim Koinzidenzdetektor ein, wenn das Echo 15 ms nach Aussenden des Rufes gehört wird. Und dies passiert, wenn sich die Motte genau 1,54 m vor der Fledermaus befindet. Wenn also ein Echo diesen bestimmten Koinzidenzdetektor aktiviert, „weiß" die Fledermaus, dass ihre Jagdbeute sich in 1,54 m Entfernung befindet. Die Hörrinde der Fledermaus besitzt ein ganzes System solcher Koinzidenzdetektoren, geeicht auf unterschiedliche Entfernungen. Zusätzlich zu der räumlichen Abbildung der Frequenzen (Tonotopie), die wir an unserer Hörrinde gesehen haben, haben die Fledermäuse eine räumliche Abbildung von Entfernungen, berechnet aus den Zeiten zwischen Ortungsruf und Echo. Dieser fest verdrahtete

Rechenapparat informiert die Fledermaus blitzschnell und vollautomatisch über die Distanz zu einem Objekt.

8.5.3 Angewandte Physik – die Fledermaus nutzt den Dopplereffekt

Wenn Fledermäuse ihre Beute aufspüren, kommt es zu einem interessanten Phänomen, das wir alle aus einem anderen Zusammenhang kennen: die Dopplerverschiebung. Bei einem Krankenwagen, der sich uns mit laufender Sirene nähert, klingt das Sirenengeheul hoch. Sobald der Wagen an uns vorbei ist und sich wieder entfernt, erklingt die Sirene deutlich tiefer. Ihre Frequenz scheint abgesunken zu sein. Diese Dopplerverschiebung entsteht, weil ein Krankenwagen, der 50 km pro Stunde zurücklegt, sich mit ca. 4 % der Schallgeschwindigkeit bewegt. Die Bewegung der Schallquelle und die Ausbreitung der Schallwellen überlagern sich. Die Wellenberge folgen beim Annähern schneller aufeinander – die Sirene klingt hoch. Beim Wegfahren haben die Wellenberge einen größeren Abstand, die Sirene klingt tiefer.

Auch wenn Fledermäuse jagen, tritt die Dopplerverschiebung auf. Denn die Bewegungsgeschwindigkeit dieser schnell fliegenden Tiere liegt im Bereich von 1 bis 5 % der Schallgeschwindigkeit. Dies bedeutet, dass sich die Schallfrequenzen in der Fledermauswelt durch Flugbewegungen von Jägern und Gejagten um 1 bis 5 % verändern! Fliegt eine Motte auf die Fledermaus zu, ist die Echofrequenz deshalb höher als die Ruffrequenz. Entfernt sich die Motte, erniedrigt sich die Echofrequenz. In der Hörwelt der Fledermaus sind Dopplerverschiebungen alltäglich, und die Tiere können mit bewundernswerter Präzision Bewegungen aus diesen Frequenzänderungen berechnen. Fledermäuse erreichen diese Fähigkeit dadurch, dass sie einen großen Teil ihrer Hörschnecke auf genau denjenigen Frequenzbereich spezialisiert haben, den sie für ihren Ortungsruf einsetzen. In diesem Frequenzbereich hat das Hörsystem der Fledermaus die

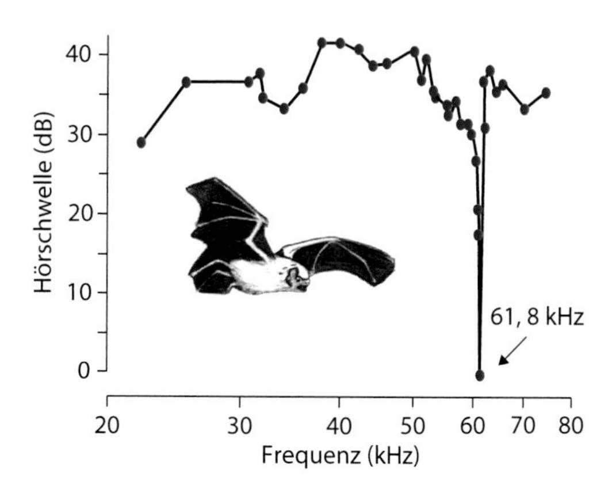

Abb. 8.35 Die akustische Fovea der Fledermaus. In Anlehnung an die Fovea centralis der Netzhaut, dem Ort des schärfsten Sehens, bezeichnet man im Hörsystem der Fledermaus den Frequenzbereich mit der höchsten Hörempfindlichkeit als akustische Fovea. In diesem sehr engen Frequenzbereich liegt die Hörschwelle etwa 40 dB (also 100-mal) niedriger als im übrigen Hörspektrum. Dieser Bereich entspricht genau der Echofrequenz. (© Stephan Frings und Michal Rössler, Universität Heidelberg)

höchste Schallempfindlichkeit und das beste Unterscheidungsvermögen zwischen einzelnen Frequenzen (Abb. 8.35). Eine Schnurrbartfledermaus, die Ortungsrufe mit einer Frequenz von 61 kHz ausstößt, kann ohne Weiteres unterscheiden, ob das Echo eine Frequenz von 61,0 kHz, 61,1 kHz oder 60,9 kHz hat. Die höhere Frequenz verrät ihr, dass sich ein Objekt nähert, die niedrigere, dass sich das Objekt entfernt. Für diese hochgenaue Frequenzanalyse benötigt die Fledermaus etwa ein Drittel ihrer Cochlea – ihre akustische Fovea, benannt nach dem Bereich des hochauflösenden Sehens auf der Netzhaut unseres Auges.

Ein Problem muss die Fledermaus für ihre Frequenzanalysen aber berücksichtigen: ihre eigene Fluggeschwindigkeit und die dadurch entstehenden Frequenzveränderungen. Fliegt die Fledermaus durch einen Wald, erscheinen ihr die Echos aller vor ihr liegenden Bäume höher und die Echos aller seitlich und hinter ihr stehenden Bäume tiefer – obwohl sich ja nicht die Bäume bewegen, sondern die Fledermaus. Die Tiere haben eine geniale Methode entwickelt, mit dieser Frequenzverzerrung zu-

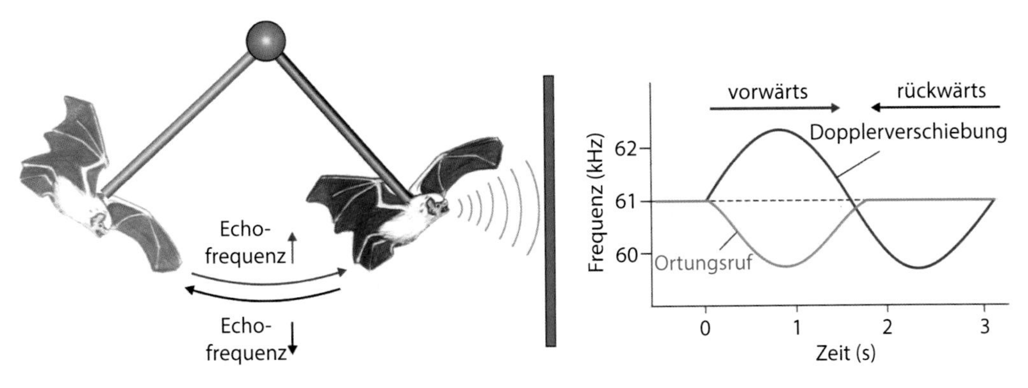

Abb. 8.36 Dopplerkompensation. In diesem Experiment wurde untersucht, inwieweit die Fledermaus die Dopplerverschiebung, die durch ihre eigene Flugbewegung entsteht, ausgleicht. Das Tier wurde an einer Schaukel befestigt und die Frequenz seines Ortungsrufes gemessen. Das Ergebnis ist rechts gezeigt: Immer wenn die Fledermaus auf ein Objekt zu bewegt wird, reduziert sie die Frequenz um genau so viel, wie das Echo durch die Dopplerverschiebung erhöht würde. Als Resultat bleibt die Echofrequenz immer genau bei 61 kHz, im Bereich der akustischen Fovea. Beim Zurückschwingen verändert das Tier seinen Ortungsruf nicht. Rückwärtsfliegen gibt es nicht im Leben einer Fledermaus – und deshalb auch kein neuronales Programm, um die Ruffrequenz bei Rückwärtsbewegungen zu korrigieren. (© Stephan Frings und Michal Rössler, Universität Heidelberg)

rechtzukommen: Wann immer sie auf einen unbeweglichen Gegenstand wie einen Baum oder ein Haus zufliegen, reduzieren sie die Frequenz ihres Ortungsrufes um genau den Betrag, der die aktuelle Dopplerverschiebung ausgleicht.

Ein Beispiel: Die Fledermaus fliegt auf einen Baum zu und ruft mit 61,0 kHz. Infolge ihrer Fluggeschwindigkeit hört sie ein Echo bei 61,1 kHz. Sofort ändert sie ihre Ruffrequenz auf 60,9 kHz, was dazu führt, dass die Echofrequenz auf 61,0 kHz absinkt. Die Fledermaus korrigiert ihre Ruffrequenz also so, dass das Echo immer in dem Frequenzbereich bleibt, in dem die Fledermaus die größte Empfindlichkeit aufweist. In Abb. 8.36 ist ein Experiment dargestellt, mit dem diese erstaunliche Fähigkeit zur Dopplerkompensation untersucht worden ist. Eine Fledermaus wird an einer Schaukel befestigt und mit einer bestimmten Geschwindigkeit hin- und hergeschaukelt. Bei jedem Vorwärtsschwung nähert sie sich einer Wand. Ihre Ortungsrufe wurden mit einem Mikrofon aufgezeichnet und deren Frequenz analysiert. Es zeigte sich, dass die Fledermaus die Frequenz ihrer Ortungsrufe exakt so modulierte, dass das Echo konstant bei der optimalen Echofrequenz von 61 kHz blieb. Dieses erstaunliche Experiment zeigt, dass die Tiere die Echos sehr genau kontrollieren können und sie immer dafür sorgen, dass die Echos von stehenden Objekten eine konstante Frequenz haben. Diese auf einem bestimmten Wert gehaltenen Echos bilden vermutlich den Hintergrund des Hörbildes, das die Fledermaus wahrnimmt. Bewegt sich etwas vor diesem Hintergrund, erregt es die Aufmerksamkeit des Tieres und wird näher behorcht.

Nun kommt es darauf an, eine Motte als Motte zu erkennen. Und dabei setzt die Fledermaus auf ein Bewegungsmuster, das allen Fluginsekten gemein ist: das Flattern mit den Flügeln. Die Dopplerverschiebung gibt ihr die Gelegenheit, ein flatterndes Insekt von allen anderen Echoobjekten in ihrer Hörwelt zu unterscheiden. Denn das Flattern bewirkt ein unverwechselbares Frequenzmuster: ein Auf und Ab der Echofrequenz im Takt des Flatterns (Abb. 8.37). Wenn das Tier solch ein regelmäßig moduliertes Echo empfängt, kann es seinen Ruf gezielt auf das Opfer ausrichten, es kann seinen Ortungsruf fokussieren. Dabei helfen bei vielen Fledermausarten bizarr aussehende Strukturen, die sie auf ihren Nasen tragen (◘ Abb. 8.38). Diese kleinen Knorpelaufsätze beschränken den Ortungsruf auf einen engen Kegel, etwa so wie eine „Flüstertüte", jene konische Blechröhre, die ein Freiluftredner benutzen kann, um seine Ansprache auf die Zuhörer zu bündeln. Mit ihrem fokussierbaren Schallkegel können die Fledermäuse ihre Umwelt abtasten, so wie wir dies mit unserem Blick tun. Sie können sich auf interessante Objekte konzentrieren, können diese Objekte lokalisieren und identifizieren und schließlich erjagen. Jeder, der Fledermäusen in der Abenddämmerung bei ihrer Jagd auf Fluginsekten zuschaut, ist begeistert von der Schnelligkeit und Wendigkeit dieser Tiere und ihrer unvergleichlichen Flugakrobatik. Man versteht bei solchen Beobachtungen, dass die Echoortung – das „Sehen mit den Ohren" – der visuellen Orientierung, die z. B. Schwalben bei der Jagd auf Taginsekten einsetzen, nicht erkennbar unterlegen ist. Die Nachtjäger sind genauso erfolgreich wie die Tagjäger. Sinnesleistung und Flugfähigkeit sind bei beiden Tieren ähnlich perfektioniert.

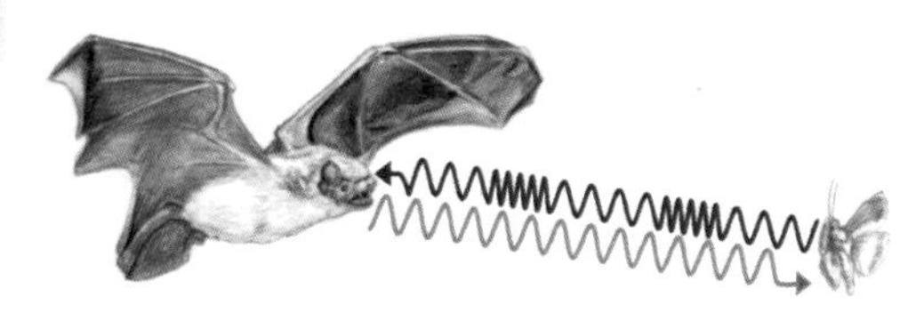

◘ **Abb. 8.37** Modulation des Echos durch das Flattern einer Motte. Die Frequenz des Rufes (*rot*) ist konstant, die des Echos (*blau*) erfährt eine periodische Dopplermodulation, an der die Fledermaus die Bewegung ihrer Beute erkennen kann. (© Stephan Frings und Michal Rössler, Universität Heidelberg)

8.6 Andere Lösungen: Mit den Knochen hören

Schall erreicht unser Innenohr auf dem Luftweg durch Außen- und Mittelohr. Unser Gehörsystem ist ausgelegt auf die Gesetze der Schallausbreitung in der Luft, auf die Schallgeschwindigkeit, Dämpfung und Frequenzfilterung. Was passiert aber, wenn es darauf ankommt, Schall zu hören, der sich nicht durch die Luft, sondern durch das Wasser oder durch das Erdreich ausbreitet? Wenn wir in einem Schwimmbecken tauchen, können wir die Stimmen von Leuten am Beckenrand nur gedämpft hören. Die Stimmen hören sich verzerrt an, es ist schwer, sie einer Person zuzuordnen. Und es ist fast unmöglich zu sagen, *wo* sich die sprechenden Personen befinden – unser Schallortungssys-

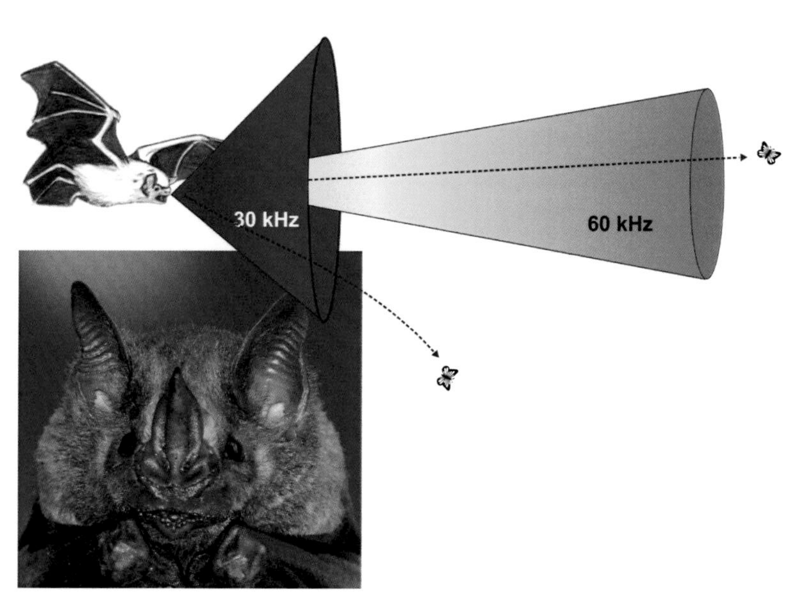

◘ **Abb. 8.38** Verstellung des Raumwinkels. Fledermäuse bündeln ihren Ortungsruf in eine Raumrichtung und suchen jeweils einen bestimmten Raumwinkel nach Beute ab. Wenn sie sich der Beute nähern, können sie durch Absenken der Ruffrequenz den Raumwinkel aufweiten – eine Strategie, die dabei hilft, eine einmal angepeilte Beute nicht wieder zu verlieren. (© Stephan Frings und Michal Rössler, Universität Heidelberg; Foto: amskad/Adobe Stock)

tem versagt. Natürlich ist dies für uns kein Problem, denn lange bleiben wir nicht unter Wasser, und nach dem Auftauchen funktioniert das Gehör in der Luft wieder normal. Aber es gibt Säugetiere, deren Hörwelt sich komplett unter Wasser abspielt, die Wale und Delfine. Fossilfunde weisen darauf hin, dass diese Meeressäuger von etwa hundsgroßen Paarhufern abstammen, die vor etwa 50 Mio. Jahren zunächst das Brackwasser der Mangroven und dann das offene Meer besiedelt haben (◘ Abb. 8.39). Dabei wurde das gesamte Hörsystem umgebaut und an die Schallausbreitung im Wasser angepasst.

Zunächst einmal wurde das Trommelfell abgeschafft, denn diese dünne Membran eignet sich nur für die Aufnahme von Luftschall, und durch eine dünne Knochenplatte ersetzt, die sich aus dem Schläfenbein der Urwale entwickelte (◘ Abb. 8.40). Diese Knochenplatte wurde aber nicht mit dem Gehörgang verbunden, so wie dies beim Trommelfell der Fall war. Stattdessen steht sie in Kontakt mit dem Unterkiefer der Tiere, der damit die Funktion unseres Außenohres übernimmt. Um die Schallleitungsfähigkeit des Unterkiefers zu verbessern, wurden ölgefüllte Kanäle eingebaut. In diesen Ölkammern erreicht der Schall eine Geschwindigkeit von 2400 m/s, fast doppelt so schnell wie im Wasser – ein Trick, der den Unterkiefer eines Delfins zu einer Schallautobahn werden lässt. Er leitet Schall direkt zu der Knochenplatte, die das Trommelfell ersetzt hat. Wie das Trommelfell bei uns, ist diese Platte an die Mittelohrknochen gekoppelt und überträgt das Schallsignal durch Hammer, Amboss und Steigbügel auf das Innenohr. Eine weitere Maßnahme war notwendig, damit die Urwale ein brauchbares Richtungshören entwickeln konnten: Das gesamte Innenohr musste vom Schädel abgekoppelt werden. Das Felsenbein mit dem Innenohr liegt frei in weichem Bindegewebe ohne Kontakt zum Schädel (◘ Abb. 8.40). Nur so konnte verhindert werden, dass Schall aus jeder beliebigen Richtung von den Schädelknochen auf das Innenohr übertragen wird, denn das hätte jede Schallortung unmöglich gemacht. Der Delfin kann heute die Klicks und Pfiffe seiner Artgenossen orten, indem er seinen Kopf dreht und mit dem Unterkiefer lauscht, in welcher Richtung das Geräusch am lautesten ist. Er hört also mit einem Knochen.

Eine ähnliche Situation finden wir bei den Elefanten. Diese Tiere nutzen ein sehr tiefes Gebrumm, das als Infraschall bezeichnet wird, um miteinander über viele Kilometer hinweg zu kommunizieren. Bei den Elefanten leben Mütter, Töchter und Tanten in Gruppen, während junge Bullen in separaten Junggesellengangs durch die Landschaft ziehen. Die Väter wandern zumeist allein. Da Elefantenkühe

◘ **Abb. 8.39** Urvater der Wale, *Pakicetus inachus*, ein Landtier mit einer Körperform ähnlich einem großen Hund. Noch streift *Pakicetus* über die asiatischen Strände des Tethysmeeres im Zeitalter des Eozän vor 55 Mio. Jahren. Bald schon werden sich seine Nachkommen ganz auf ein Leben im Meer einstellen und die Gruppe der Wale hervorbringen. (© Nobu Tamura, Wikimedia Commons, under CC BY 3.0)

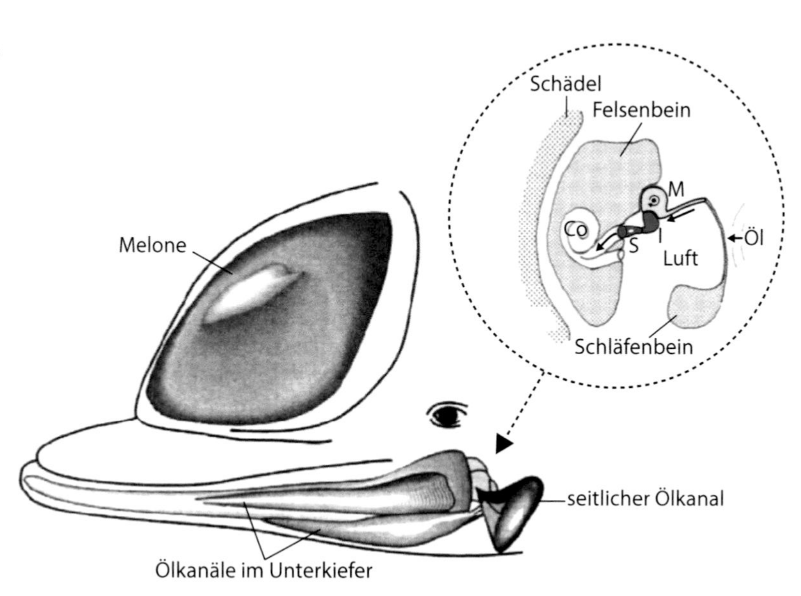

Abb. 8.40 Lage des Innenohres beim Delfin. Schallsignale erreichen das Innenohr durch Ölkanäle im Unterkiefer und werden auf eine dünne Knochenplatte des Schläfenbeines übertragen. Von dort übertragen die Mittelohrknochen (Hammer, gelb; Amboss, blau; Steigbügel, rot) die Signale auf die Cochlea im Felsenbein, das in einer Bindegewebskapsel ohne Kontakt zum Schädelknochen aufgehängt ist. (© Stephan Frings, Universität Heidelberg)

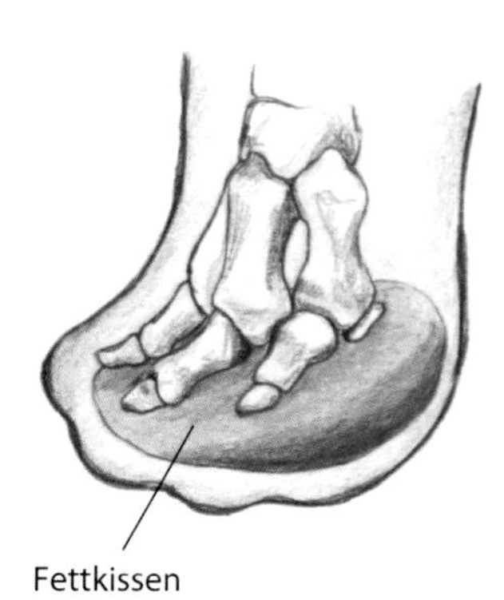

Abb. 8.41 Ein afrikanischer Elefant lauscht mit seinen Vorderbeinen nach Infraschallsignalen, die im Boden weitergeleitet wurden. Er stellt die Vorderfüße fest auf den Boden und nutzt ein Fettkissen über der Sohle als Mikrofon. Die hohe Schalldurchlässigkeit von Fett hilft dem Elefanten beim Hören genau wie die Ölkammern im Unterkiefer der Delfine. (© Michal Rössler, Universität Heidelberg)

nur alle vier Jahre für fünf Tage aufnahmebereit sind, müssen sie genau zum richtigen Termin einen Bullen herbeirufen, und das klappt am besten über Telekommunikation via Infraschall. Sie erzeugen dazu sehr laute Töne (etwa 100 dB) im Bereich von 20 Hz (Wellenlänge: 17 m) – eine Frequenz an der unteren Grenze unseres Hörspektrums. Solche Töne werden über weite Strecken durch Luft und Erde weitergeleitet, weil sie kaum gestreut, reflektiert und absorbiert werden. Da Elefanten sehr schwer sind, kann das Schallsignal effektiv über die Vorderbeine in die Erde geleitet werden. Vom Kehlkopf aus gelangen die tiefen Schallwellen durch Schulter und Beinknochen in die Vorderfüße und dort, begünstigt durch ein Fettkissen (Abb. 8.41), in die Erde. Das Fettkissen erfüllt bei Fernrufen und beim Hören der Infraschallsignale die gleiche Funktion wie die Ölkanäle im Unterkiefer des Delfins: Es erleichtert die Übertragung der Schallwellen zwischen Körper und Boden. Das enorme Gewicht der Riesentiere sorgt für perfekten Kontakt zwischen Fußsohle und Grund. Knochen mit Fettkörpern funktionieren also wie Mikrofone für das Hörsystem bei der Wahrnehmung von Schallwellen, die sich nicht durch Luft ausbreiten.

Weiterführende Literatur

Ashmore J, Avan P, Brownwell BE, Dallos P, Dierkes K, Fettiplace R, Grosh K, Hackney CM, Hudspeth AJ, Jülicher F, Lindner B, Martin P, Meaud J, Petit C, Santos Sacchi JR, Canlon B (2010) The remarkable cochlear amplifier. Hear Res 266:1–17

Barth FG, Giampieri-Deutsch P, Klein HD (2012) Sensory perception. Mind and matter. Springer, Wien

Conard NJ, Wertheimer J (2010) Die Venus aus dem Eis. Albrecht Knaus, München

Conard NJ, Malina M, Münzel SC (2009) New flutes document the earliest musical tradition in southwestern Germany. Nature 460:737–740

Corey DP, Hudspeth AJ (1979) Response latency of vertebrate hair cells. Biophys J 26:499–506

Corey DP, Hudspeth AJ (1983) Kinetics of the receptor current in bullfrog saccular hair cells. J Neurosci 3:962–976

Dietz C, von Helversen O, Nill D (2007) Handbuch der Fledermäuse Europas und Nordwestafrikas. Frankh-Kosmos Verlags GmbH, Stuttgart

Hellbrück J, Ellermeier W (2004) Hören. Hogrefe, Göttingen

Hudspeth AJ (1982) Extracellular current flow and the site of transduction in vertebrate hair cells. J Neurosci 2:1–10

Hudspeth AJ (1989) How the ear's works work. Nature 341:397–404

Hudspeth AJ (2008) Making an effort to listen: mechanical amplification in the ear. Neuron 59:530–545

Manley GA, Popper AN, Fay RR (2004) Evolution of the vertebrate auditory system. Springer, New York

Schmidt RF, Lang F, Heckmann M (2011) Physiologie des Menschen mit Pathophysiologie. Springer, Heidelberg

Orientierung und Navigation

S. Frings, F. Müller, *Biologie der Sinne*, https://doi.org/10.1007/978-3-662-58350-0_9

Wenn wir mithilfe eines GPS-gestützten Navigationssystems von Köln nach München fahren, erscheinen uns Orientierung und Navigation die leichteste Sache der Welt zu sein. Anders ist das für Tiere, die bei ihren Wanderungen auf natürliche Navigationshilfen angewiesen sind. Woher bezieht ein Storch auf dem Flug nach Afrika die Informationen, die ihn auf dem richtigen Kurs halten? Wie findet eine Schildkröte über Tausende von Kilometern hinweg genau den Strand, an dem sie selbst aus dem Ei geschlüpft ist? Die Sinnesbiologie versucht seit vielen Jahren, solchen Fragen auf den Grund zu gehen. Die Ergebnisse sind faszinierend! Die Tiere sind in der Lage, ihre Umwelt so genau zu untersuchen, wie wir Menschen dies nur mit fortgeschrittener Technik können. Tiere sind echte *high-end user* derjenigen Informationsquellen, die für die Orientierung auf der Erde nützlich sind.

9.1 Wo bin ich?

Haben wir Menschen überhaupt einen Orientierungssinn? Wissen wir von selbst, wo es langgeht? Warum verirren wir uns im Wald oder in einer fremden Stadt? Nehmen wir den Wald. Wir haben unser Auto auf einem Wanderparkplatz am Waldrand abgestellt und sind dann mehrere Stunden lang tief in den Wald hineingegangen. An einer uns fremden Stelle im Wald, an der Bäume allen visuellen Bezug zur Landschaft versperren und alle Geräusche dämpfen, die uns verraten könnten, wo wir sind, sind die meisten von uns völlig hilflos (■ Abb. 9.1). Vielleicht erinnert sich der eine oder andere an eine Methode, wie man mithilfe einer Uhr Süden finden kann: Man richtet den Stundenzeiger auf die Sonne. Richtung Süden geht es dann entlang einer Linie genau in der Mitte zwischen dem Stundenzeiger und der 12. Aber, was nützt es schon, dass man die Himmelsrichtungen kennt, aber nicht weiß, auf welchem Weg man aus dem Wald herauskommt? Liegt der Wanderparkplatz, wo unser Auto steht, südlich oder nördlich, westlich oder östlich? Meist haben wir nur eine vage und trügerische Ahnung davon. Ein besseres Hilfsmittel ist da ein GPS-fähiges Smartphone. Es ermittelt den eigenen Standort und stellt ihn auf einer Landkarte dar. Wenn auf dieser Karte auch der Wanderparkplatz eingezeichnet ist, finden wir schnell heraus, welche Richtung auf dem kürzesten Weg aus dem Wald herausführt.

Das Global Positioning System (GPS), eine Landkarte, eine Uhr mit Analoganzeige und einiges Pfadfindergrundwissen – wir brauchen schon einige Hilfsmittel, um uns in unbekanntem Terrain zu orientieren. Da erscheinen die Orientierungsfähigkeiten der Tiere vergleichsweise magisch. Wie ein Hund immer nach Hause findet, wie eine Biene über mehrere Kilometer hinweg zu ihrem Stock zurückfindet und wie eine Brieftaube Hunderte von Kilometern über unbekanntes Land hinweg zielsicher ihren Heimatschlag anfliegt – solche Leistungen scheinen uns unerklärlich. Aber das sind sie natürlich nicht; es sind Sinnesleistungen wie das Sehen oder das Hören. Es gibt spezialisierte Sinnesorgane und Sinneszellen dafür, und es gibt angeborene und erlernte Verarbeitungsprozesse in den Gehirnen der Tiere, mit denen Ortsinformation ausgewertet und interpretiert wird, nicht anders, als es die Sehrinde und Hörrinde in unserem Gehirn tun. Im Unterschied zu den menschlichen Sinnen sind jedoch die Orientierungssinne der Tiere weit weniger gut erforscht – ein großes und spannendes Arbeitsgebiet für zukünftige Biologen.

Auch Tiere verirren sich. Es kommt vor, dass Brieftauben verloren gehen, Zugvögel in falschen Gebieten auftauchen und Wale stranden. Es gibt eben eine Menge Informationen zu verarbeiten, um den richtigen Weg durch Wälder und Meere zu finden, und nicht immer kommen sie dabei zum richtigen Ergebnis. Die Informationsfülle, mit der Tiere sich in ihrer Welt zurechtfinden, ist wirklich bemerkenswert. Sie nutzen erlerntes Wissen über das Aussehen ihrer unmittelbaren Umgebung und über die Formen und Farben ganzer Landschaften. Sie werten tagsüber den Sonnenstand aus und nachts die Konstellation der Sterne. Sie analysieren das Polarisationsmuster des Sonnenlichtes und das Magnetfeld der Erde. Und sie erschnüffeln die chemische Zusammensetzung

Abb. 9.1 Links oder rechts? Wo geht's weiter? In unbekanntem Gelände sind viele Menschen orientierungslos. Hilft der Sonnenstand? Der Wind? Oder die Erinnerung an alle *Rechts-* und *Linkskurven* des bisherigen Spaziergangs? Glücklich kann sich derjenige schätzen, der ein GPS-Gerät dabei hat! (© Erik Leist, Universität Heidelberg)

von Luft, Erde und Wasser, messen Windrichtung und -geschwindigkeit sowie Änderungen von Temperatur, Luftfeuchtigkeit und eine Fülle akustischer Signale. Nur wenn die Gesamtschau all dieser Daten stimmig ist und zu einem eindeutigen Ergebnis führt, können sich die Tiere orientieren und gehen nicht verloren. Es ist verblüffend, wie treffsicher sie darin sind!

9.2 Die Orientierung an chemischen Signalen

Vollkommen sicher werden anscheinend Ameisen entlang einer Ameisenstraße geleitet. Solche Straßen entstehen, wenn eine Ameise in einiger Entfernung vom Ameisenhaufen eine Futterquelle entdeckt hat. Bei ihrem Heimweg legt sie eine Duftspur an, die vielen Ameisen dazu dient, die Futterquelle vom Ameisenhaufen aus zu erreichen. Bald schnüffeln sich Tausende von Ameisen mithilfe ihrer Antennen an der Spur entlang, und praktisch kein einziges Tier kommt dabei vom Weg ab (Abb. 9.2). Sie alle laufen die Straße entlang, verstärken dabei die Duftsignale und sorgen für Futternachschub in der Kolonie. Die chemische Orientierung funktioniert hier offensichtlich perfekt. Jedes Tier weiß genau, wie es zu seinem Ziel kommt. Und die Orientierung bedarf keiner komplizierten Analyse. Die Ameisen müssen nur ein einfaches Programm ausführen, und das heißt: „Laufen und niemals die Duftspur verlassen!" Mit dieser Methode können die kaum 1 cm großen Tiere mehrere Hundert Meter weit durch unbekanntes Gelände wandern. Voraussetzung für diese zuverlässige Navigation ist eine gut wahrnehm-

Abb. 9.2 Ameisen folgen einer Duftspur. Ein einzelnes Tier hat die Spur gelegt und weist ihren Schwestern damit den Weg zu einer Futterquelle. Wie auf einem Gleis folgen Hunderte von Tieren dieser Spur und verstärken sie dabei, sodass letztlich eine Ameisenstraße entsteht. (© Michal Rössler, Universität Heidelberg)

bare, ununterbrochene Duftspur. Sie führt die Ameisen genauso sicher durch die Landschaft, wie Gleise einen Eisenbahnzug führen.

Solche eindeutigen chemischen Signale sind aber selten in der Natur; meist müssen Tiere mit diffuseren chemischen Signalen auskommen und benötigen für die Navigation zusätzliche Information. Nehmen wir als Beispiel einen Schmetterling, ein Männchen, das einer Duftspur zu einem Weibchen folgen will. Die Duftspur, die zum Weibchen führt, verläuft durch die Luft, und sie ist keineswegs gerade und ununterbrochen. Vielmehr besteht sie aus vielen kleinen, vom Wind zerfaserten und zerrissenen Duftwölkchen, die durch Verwirbelungen in alle Himmelsrichtungen verteilt werden. Trotzdem kann der Schmetterling dieses scheinbar chaotische Signal auswerten. Er braucht dazu allerdings eine zweite Information: die Windrichtung. Denn eines ist klar: Der Lockstoff des Weibchens wird vom Wind verweht, und der Weg zum Weibchen verläuft gegen den Wind. Die Windrichtung zu bestimmen, ist für den Schmetterling leicht, solange er auf einer Pflanze sitzt. Beim ruhenden Tier registrieren empfindliche Sinneshaare die über den Insektenkörper streichende Brise. Schwieriger wird dies im Flug. Das Flügelflattern, der durch den Vortrieb entstehende Fahrtwind und die wetterbedingte Windströmung überlagern sich und sind sensorisch nur schwer auseinanderzuhalten. Wie findet das fliegende Männchen also heraus, woher der Wind weht? Vermutlich muss das Tier ermitteln, wie stark und in welche Richtung es während des Fluges vom Wind abgetrieben wird. Dazu braucht es seinen Sehsinn. Fliegt es beispielsweise auf einen Baum zu, und der Wind kommt von links, muss es ständig dagegen ankämpfen, nach rechts abgetrieben zu werden. Es verändert sein Flugverhalten, um seinen Kurs zu stabilisieren, und die Windrichtung ist ihm klar.

Mit dieser Information kann der Schmetterling nun der Duftspur zum Weibchen folgen. Er flattert zunächst suchend und ungerichtet herum. Wann immer er aber das Weibchen riecht, dreht er sich in den Wind und fliegt eine Weile gegen die Windrichtung. Wenn er die Spur verliert, wird wieder in alle Richtungen gesucht, bis das nächste Duftwölkchen das Signal zum Gegen-den-Wind-Fliegen gibt (◘ Abb. 9.3). Der Duft des Weibchens löst also beim Männchen ein einfaches Verhalten aus. Das Männchen bestimmt die Windrichtung und fliegt windaufwärts – ein sehr effektives Lotsenprinzip, das auf zwei Sinnesinformationen beruht, dem Riechen und dem Sehen.

Ohne mindestens eine Zusatzinformation kommt auch ein berühmter Wanderer der

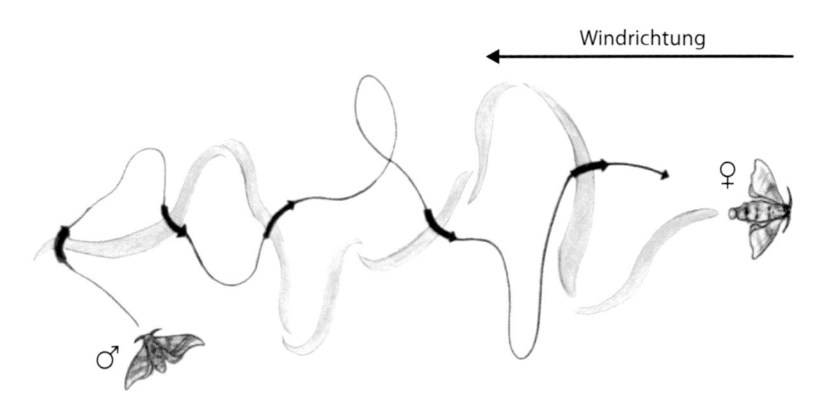

◘ **Abb. 9.3** Ein männlicher Nachtfalter (♂) findet sein Weibchen (♀), indem er einer Duftspur folgt. Obwohl der Duft im Wind verwirbelt wird, gelingt es ihm, der Spur zu folgen. Immer wenn er den Duft wahrnimmt, dreht er sich in den Wind. Außerhalb der Duftspur flattert er ungerichtet umher. Diese Strategie bringt ihn dem Weibchen immer näher. (© Michal Rössler, Universität Heidelberg)

Meere nicht aus, dessen Zielfindung von chemischen Signalen abhängt – der Lachs. Nach ihrer zwei- bis dreijährigen Jugendphase in Flüssen und Seen machen sich diese Fische auf die Reise ins Meer. Dort bleiben sie weitere zwei bis drei Jahre und wachsen zu großen, geschlechtsreifen Tieren heran. In ihrer letzten Lebensphase wandern sie wieder zurück in die Flüsse und Seen, wo sie geboren worden sind, um sich dort zu paaren und dann zu sterben (◘ Abb. 9.4). Diese Lachswanderung ist für Sinnesbiologen eine harte Nuss. Wie finden die Tiere aus den Weiten des Meeres zurück in ihre Flüsse? Woran erkennen sie den Ort, an dem sie geboren wurden?

Im Meer gibt es eine Reihe von Informationsquellen, die die Fische nutzen können: die Wassertemperatur, die Abfolge der horizontalen Schichten von Wasser mit unterschiedlichem Salzgehalt, Meeresströmungen mit unterschiedlichen Pflanzen- und Tiergesellschaften,

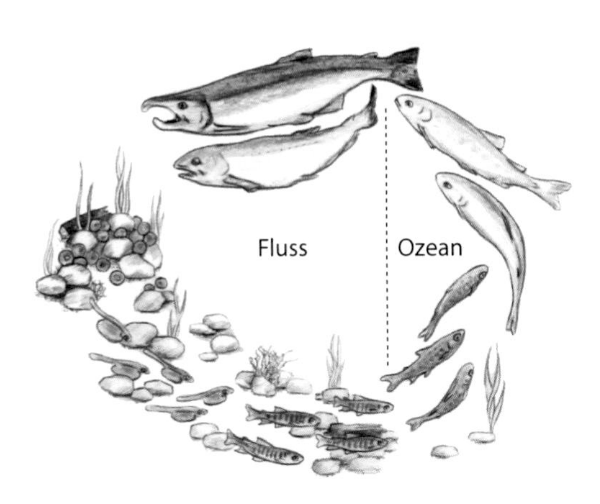

◘ **Abb. 9.4** Die verschiedenen Entwicklungsstadien des pazifischen Lachses *Oncorhynchus*. Die Tiere schlüpfen in schnell fließendem Süßwasser und wachsen innerhalb von zwei bis vier Jahren in ihren Heimatflüssen zu Blanklachsen heran. Nach einigen physiologischen Anpassungen, die ihnen das Leben im Salzwasser ermöglichen, wandern die Blanklachse in den Ozean und nutzen dort über zwei bis drei Jahre hinweg das reichhaltige Nahrungsangebot. Dann kehren sie in ihren Heimatfluss zurück. Während des Aufstiegs zum Ort ihres Schlüpfens werden sie geschlechtsreif und verändern dabei ihr Aussehen. Nach dem Ablaichen am Ort ihrer Geburt sterben die Tiere. (© Michal Rössler, Universität Heidelberg)

der Sonnenstand, die Lichtpolarisation sowie das Erdmagnetfeld. Vermutlich gelingt es den Lachsen, mithilfe solcher Informationen in die Nähe derjenigen Küsten zu gelangen, an denen die Mündungen ihrer Heimatflüsse liegen. Dann aber übernimmt die chemische Navigation die Hauptrolle. Man weiß dies, weil blinde Lachse durchaus in der Lage sind, ihren Geburtsort wiederzufinden, Lachse mit verstopften Nasenlöchern jedoch nicht. Der Weg von der Flussmündung bis zum Laichplatz kann sehr kompliziert sein. Oft müssen die Tiere vom Hauptlauf des Flusses in einen Nebenfluss abbiegen und dann einen bestimmten Nebenarm dieses Nebenflusses finden. Zudem gilt es, Stromschnellen und Untiefen zu überwinden, und jede Siedlung und Fabrik entlang der Ufer leitet neue Geruchsstoffe in das Flusswasser. Trotz dieser Schwierigkeiten finden viele Tiere den genauen Ort ihrer Geburt wieder – wie man mit speziellen Markierungsmethoden eindeutig beweisen konnte.

Wie die Schmetterlinge haben auch die Lachse für ihre Wanderung mindestens eine Zusatzinformation: die Strömungsrichtung. Sie fahren immer gut damit, stromaufwärts zu schwimmen, wann immer sie die Lockstoffe riechen, die sie zu ihrem Heimatfluss führen. Wenn sie dieses chemische Signal verlieren – etwa wenn sie an der Mündung ihres Nebenarmes vorbeigeschwommen sind –, halten sie an, drehen um, schwimmen flussabwärts, bis sie die Fährte wieder aufnehmen können, und drehen dann genau in die Mündung ein, die das nach Heimat duftende Wasser mit sich führt. Diese einfachen Strategie – „mit Duft stromaufwärts, ohne Duft stromabwärts" – erklärt sicher nicht die gesamte Navigationskunst der Lachse. Aber sie zeigt, wie die Kombination eines chemischen Signals mit der Kenntnis der Strömungsrichtung zur Zielfindung dienen kann. Leider wissen wir heute noch kaum etwas über die chemischen Verbindungen, die den Lachs auf seiner Wanderung leiten. Und wir wissen noch so gut wie nichts über die Vorgänge im Gehirn dieses Fisches, wenn er über Tausende von Kilometern nach Hause findet.

9.3 Visuelle Orientierung

9.3.1 Sonne und Polarstern dienen als Orientierungshilfe

Wenn ein Zugvogel merkt, dass die Tage kürzer werden und die Temperaturen sinken, wird er unruhig. Die Zugunruhe erfasst ihn und treibt ihn nach Süden. Es ist die Zeit, wenn die Schwalben sich auf den Telefondrähten versammeln, aufgeregt zwitschern und ihr Gefieder putzen (◘ Abb. 9.5). Es ist Herbst. Wer nicht im Winter zugrunde gehen will, muss sich auf den Weg nach Süden machen. Aber wo ist Süden? An einem klaren Herbsttag kann man dies leicht am Sonnenstand erkennen. Die Sonne geht im Osten auf, steigt scheinbar mit einer Geschwindigkeit von 15 Grad pro Stunde über den Himmel und geht im Westen unter. Wenn die Schwalbe diesen Zusammenhang kennt, kann sie ihren Flug nach Süden an der Sonne ausrichten. Wenn sie morgens gegen 9 Uhr losfliegt, muss sie dafür sorgen, dass sie die Sonne im Winkel von 45 links vor sich sieht. Mittags fliegt sie dann gerade auf die Sonne zu, und nachmittags um 15 Uhr sollte die Sonne 45 Grad rechts zur Flugrichtung stehen. Kein Problem für eine ziemlich clevere Schwalbe – eine Schwalbe, die weiß, wie viel Uhr es ist! Aber das wissen Vögel, so wie die meisten anderen Tiere auch. Denn Tiere besitzen genau wie wir – und übrigens auch Pflanzen – eine „innere Uhr", einen Taktgeber, der die Lebensprozesse sinnvoll an den Tag-Nacht-Rhythmus anpasst. Spezialisierte Gehirnstrukturen sind für diese Aufgabe ausgerüstet: das Pinealorgan, das bei Vögeln vermutlich der wichtigste Taktgeber ist, sowie der suprachiasmatische Nucleus (SCN), der bei den Säugetieren die Hauptrolle spielt. Die innere Uhr ist grob auf einen 24-Stunden-Rhythmus programmiert und wird täglich durch Sonnenaufgang und Sonnenuntergang genau eingestellt.

◘ **Abb. 9.5** Im Herbst versammeln sich Schwalben zum gemeinsamen Flug nach Süden. In dieser Phase der Zugunruhe sind ihre Navigationsfähigkeiten besonders gut entwickelt und können sinnesbiologisch untersucht werden. (© Michal Rössler, Universität Heidelberg)

Wir wissen, dass die innere Uhr auch umgestellt werden kann, wenn wir in eine andere Zeitzone reisen. Nach einem Flug nach New York müssen wir nicht nur unsere Armbanduhr um fünf Stunden zurückstellen, auch unsere innere Uhr muss um fünf Stunden verstellt werden – ein unangenehmer Vorgang, der sich als Jetlag äußert, aber nicht länger als zwei bis drei Tage dauert. Diese Verstellbarkeit der inneren Uhr haben Vogelforscher genutzt, um die Idee zu überprüfen, dass Zugvögel sich am Sonnenstand orientieren. Bei Versuchsvögeln in einem Labor wurde während der Phase der Zugunruhe die innere Uhr um sechs Stunden „nach" gestellt, indem einige Tage lang das Raumlicht nachts um 12 Uhr an- und mittags um 12 Uhr wieder ausgeschaltet wurde. Als die Tiere danach ins Freie entlassen wurden, flogen sie nicht nach Süden, sondern nach Westen (◘ Abb. 9.6). Ihr Fehler (90 Grad) entsprach genau dem Winkel, den die Sonne innerhalb von sechs Stunden durchmisst. Die Vögel flogen in die falsche Himmelsrichtung, weil ihre innere Uhr um sechs Stunden verstellt war: Morgens um 9 Uhr verhielten sie sich so, als wäre es schon 15 Uhr. Nur mit richtig gestellter innerer Uhr können Vögel also den Südkurs errechnen – aus dem Sonnenstand und der gefühlten Tageszeit.

So wie die Sonne ein zuverlässiger Leitstern für tagziehende Vögel wie Schwalben ist, kann der Polarstern den Zugvögeln den Weg durch die Nacht weisen. Zu den nachtziehenden Vogelarten gehören unter anderem Braunkehlchen, Gartengrasmücke, Schilfrohrsänger und Nachtigall. Diese Vögel können sich tatsächlich am Sternenhimmel orientieren. Dies haben Versuche mit Zugvögeln gezeigt, die in Planetarien gehalten wurden, wo den Vögeln jede beliebige Sternkonstellation vorgespielt werden konnte. Im Gegensatz zum Sonnenstand, der sich tagsüber gleichmäßig verändert, ist die Position des Polarsterns während

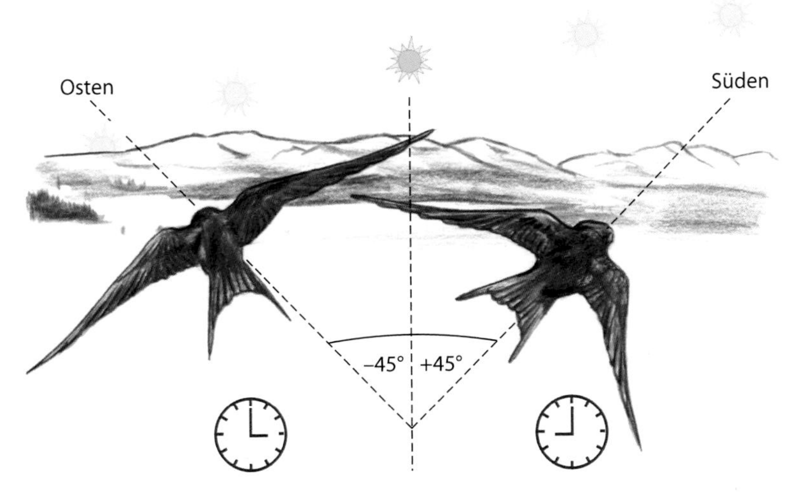

Abb. 9.6 Fehlnavigation einer Schwalbe mit verstellter innerer Uhr. Die hier gezeigte Szene spielt im Herbst, morgens um 9 Uhr; die Sonne steht im Südosten. Die Schwalben müssen nach Süden in ihr Winterquartier fliegen. Der Vogel mit richtig gehender innerer Uhr (*rechts*) sorgt dafür, dass die Sonne in einem Winkel von 45 Grad *links* neben ihm steht. Er fliegt programmgemäß nach Süden. Der Vogel, dessen innere Uhr um sechs Stunden vorgestellt ist (*links*), verhält sich so, als wäre es schon 15 Uhr. Um diese Zeit müsste er die Sonne im Winkel von 45 Grad *rechts* von sich sehen, um nach Süden zu kommen. Da unsere Szene aber um 9 Uhr morgens spielt, fliegt er irrtümlich nach Osten. Dieser Versuch beweist, dass die Tiere sich am Sonnenstand orientieren. (© Stephan Frings und Michal Rössler, Universität Heidelberg)

der ganzen Nacht praktisch konstant im Norden. Damit haben die Tiere einen festen Referenzpunkt: Mit dem Polarstern im Rücken fliegen sie sicher nach Süden. Eigentlich ist die Navigation nachts einfacher als am Tag, denn man braucht keine Uhr. Die ganze Nacht über zeigt der Polarstern klar und deutlich am Himmel: „Hier ist Norden.“ Wie aber erkennt ein Vogel den Polarstern? Er unterscheidet sich weder in Helligkeit noch in Farbe von vielen sichtbaren Sternen am Nachthimmel. Wir Menschen wissen, wie man ihn findet: indem man sich die Strecke zwischen den beiden hintersten Sternen des Großen Wagen vierfach in Richtung des Kleinen Bär verlängert vorstellt (Abb. 9.7). Für uns ist das leicht – aber für eine Gartengrasmücke?

Die Versuche im Planetarium haben gezeigt, dass die jungen Vögel lernen, den Polarstern als das Zentrum der Rotation des Sternenhimmels zu erkennen. Denn infolge der Erddrehung kreisen die Sternbilder während der Nacht um den Polarstern, den ruhenden nördlichen Pol unseres Sternenhimmels

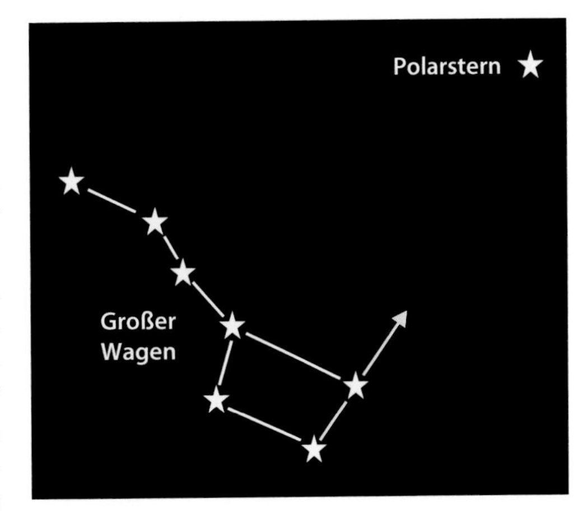

Abb. 9.7 So finden wir Menschen den Polarstern: Ausgehend vom Großen Wagen, einem leicht zu erkennenden Sternbild, finden wir den Polarstern durch vierfache Verlängerung der „Hinterwand“ des Wagens. (© Stephan Frings, Universität Heidelberg)

(Abb. 9.8). Und so verlief der Versuch: Man ließ Jungvögel unter einem Sternenhimmel mit verändertem Rotationszentrum aufwachsen. Dazu ließ man den in das Planetarium proji-

Abb. 9.8 Alles dreht sich um den Polarstern. Aufgrund der Rotation der Erde beschreiben die Sterne während der Nacht kreisförmige Bewegungen um den Polarstern herum. Jeder weiße Strich zeigt die Bahn eines Sterns während einer 45-minütigen Aufnahme. Der einzige Stern, der sich kaum bewegt, ist Polaris, der Nordstern, der Mittelpunkt der Drehbewegungen. Er zeigt Zugvögeln während der Nacht die Nordrichtung an. (© Mit freundlicher Genehmigung von B. King, ▶ www.astrobob.areavoices.com)

zierten künstlichen Sternenhimmel nicht um den Polarstern kreisen, sondern um den Stern Beteigeuze, einen besonders im Winternachthimmel auffälligen Stern aus dem Sternbild Orion. Die Vögel akzeptierten diesen künstlichen Mittelpunkt der Sternendrehung als „Nord" stern ihres Himmelskompasses und orientierten sich während der nächsten Zugunruhe so, dass sie statt des Polarsterns den Stern Beteigeuze im Rücken hatten. Aus diesem Experiment kann man schließen, dass die Zugvögel den Polarstern daran erkennen, dass er das Zentrum der Rotation des Sternenhimmels bildet. Welch eine unfassbare Leistung! Das angeborene Lernprogramm, das die Tiere dazu befähigt, den Sternenhimmel und seine systematischen Bewegungen zu erkennen und auszuwerten, muss sich bei den Vögeln über lange Zeiträume hinweg gebildet haben. Es ist nur schwer vorstellbar, dass diese Fähigkeit ohne eine zweite Methode der Nordfindung entstanden ist, einen weiteren Kompasssinn, der bei Nachtflügen eingesetzt werden kann. Ein solcher zweiter Sinn hätte die Evolution des Sternenkompasses begleiten und als Referenz unterstützen können. Ein guter Kandidat ist der Magnetsinn, den wir uns im folgenden Abschnitt ansehen werden.

9.3.2 Die Detektion von polarisiertem Licht

Zunächst aber noch zu einer Methode der visuellen Orientierung, die ein Problem löst, das die Analyse des Sonnenstandes mit sich bringt: Wie orientiere ich mich tagsüber, wenn die Sonne hinter Wolken verborgen ist? Bei teilweise bedecktem Himmel, wenn nicht klar ist, wo sich die Sonne gerade befindet, kann man nicht so leicht eine Himmelsrichtung bestimmen. Tatsächlich haben viele Tiere dieses Problem gelöst, indem sie gelernt haben, eine besondere Eigenschaft des Lichtes zu nutzen – seine Polarisation. Lichtpolarisation ist keine offensichtliche Erscheinung unseres Alltags und deshalb nicht so anschaulich wie die Farben oder die Helligkeit des Lichtes. Aber Lichtpolarisation spielt tatsächlich eine große Rolle in der Technik (z. B. beim Bau von Flachbild-

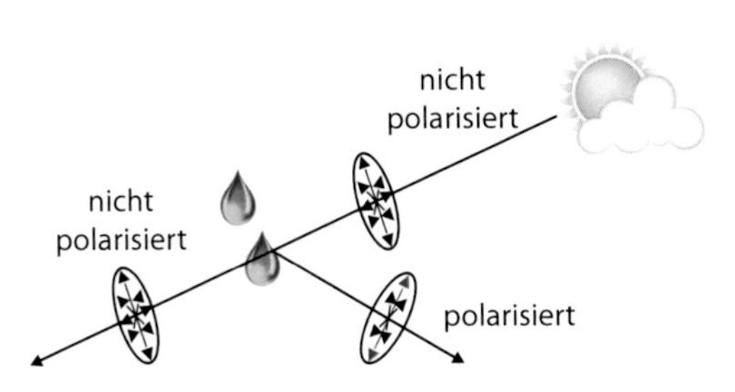

Abb. 9.9 Lichtpolarisation entsteht durch Reflexion an Wassertropfen. Das von der Sonne kommende Licht ist nicht polarisiert; Lichtwellen aller Schwingungsebenen sind gleich häufig vertreten. Beim Durchdringen von Wassertropfen in der Atmosphäre erfolgt keine Polarisation, wohl aber bei der Reflexion. (© Stephan Frings, Universität Heidelberg)

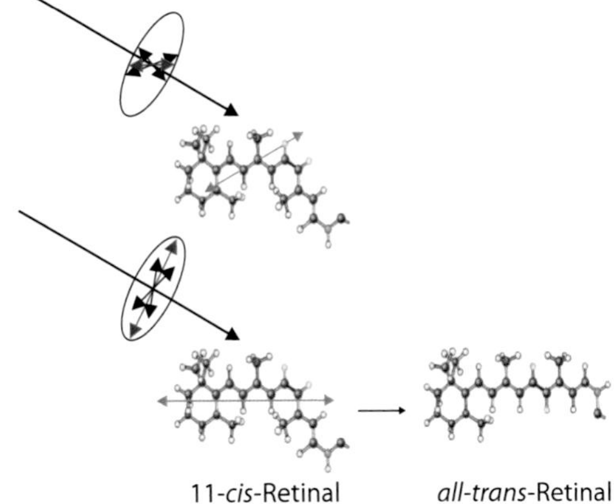

Abb. 9.10 Das lichtabsorbierende Molekül Retinal ist auch ein Sensor für Lichtpolarisation. Wird das lang gestreckte Retinalmolekül von Licht getroffen, das quer zur Molekülachse polarisiert ist, wird das Licht nicht absorbiert (*oben*). Entspricht die Lichtpolarisation dagegen der Ausrichtung der Molekülachse (*unten*), kommt es zur Absorption und zur Lichtreaktion, der Streckung des Retinals in seine *all-trans*-Isoform. Diese Lichtreaktion ist die Grundlage praktisch aller Sehvorgänge im Tierreich. (© Stephan Frings, Universität Heidelberg)

schirmen), in der Fotografie (Polarisationsfilter entspiegeln reflektierende Oberflächen) und in der Wissenschaft (vor allem in der Mikroskopie). Licht, das direkt von der Sonne kommt, ist nicht polarisiert. Dies bedeutet, dass die elektromagnetischen Wellen der Lichtquanten in allen Schwingungsrichtungen gleichermaßen auftreten (Abb. 9.9). Sobald das Sonnenlicht aber in die Erdatmosphäre eindringt, ändert sich das. Je nach Einfallswinkel werden einige Schwingungsrichtungen stärker unterdrückt als andere, und es entsteht mehr oder weniger polarisiertes Licht. Trifft dieses Licht auf eine reflektierende Oberfläche, verstärkt sich die Polarisation. Polarisiertes Licht ist also immer irgendwo gespiegelt oder gestreut worden – und das interessiert viele Tiere. Durch die Wahrnehmung der Lichtpolarisation können sie beispielsweise spiegelnde Wasseroberflächen finden oder spiegelnde Oberflächenstrukturen von Beutetieren anhand der Lichtpolarisation ausmachen. Kein Wunder, dass das Polarisationssehen im Tierreich weit verbreitet ist. Allerdings gibt es dafür eine biologische Voraussetzung: eine Lichtsinneszelle, die verschieden ausgerichtete Polarisationsebenen voneinander unterscheiden kann. Bei fast allen Tieren beruht das Sehen primär auf der Lichtabsorption durch Retinal im Rhodopsinmolekül (▶ Kap. 7).

Retinal eignet sich tatsächlich sehr gut für das Polarisationssehen, denn es absorbiert diejenigen Lichtquanten am besten, deren Schwingungsebene entlang der Längsachse des Retinalmoleküls ausgerichtet ist (Abb. 9.10). Licht, das quer zur Molekülachse schwingt, wird wesentlich schlechter absorbiert. Wenn nun alle Retinalmoleküle in einem Photorezeptor gleich ausgerichtet wären, dann hätten wir einen perfekt polarisationsempfindlichen Lichtsensor. Bei den Photorezeptoren im menschlichen Auge ist dies aber nicht der Fall. Im Gegenteil: Die Rhodopsinmoleküle in den Außensegmenten können sich frei in der Diskmembran bewegen – mit Retinalmolekülen in jeder Ausrichtung senkrecht zum Lichteinfall. Ohne Vorzugsrichtung gibt es aber keine Polarisationsempfindlichkeit – wir sind praktisch polarisationsblind. Anders ist dies bei den Photorezeptoren der Insekten. Hier befindet sich das Rhodopsin nicht in Disks im Inneren der Zelle, sondern in sehr dünnen, röhrenförmigen Ausstülpungen der Zellmembran, den Mikrovilli (Abb. 9.11). Durch deren Zylinderform ergibt sich eine Vorzugsausrichtung

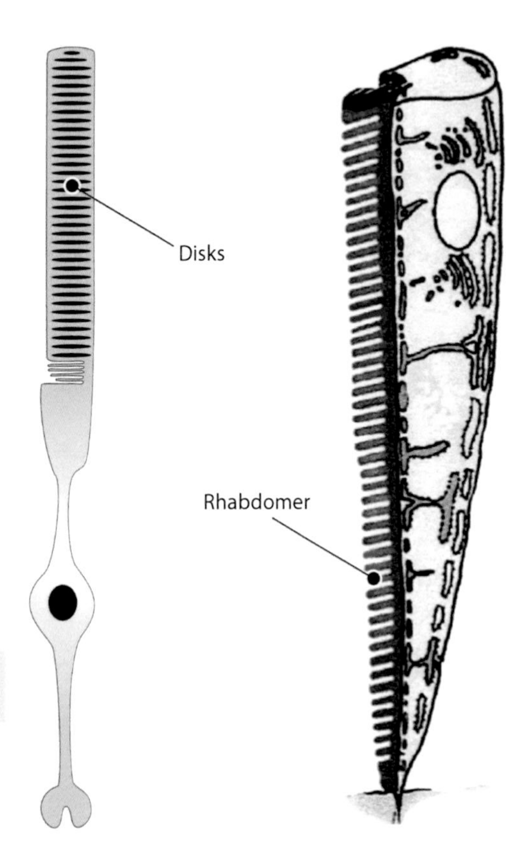

Abb. 9.11 Die Voraussetzung für das Polarisationssehen ist eine Vorzugsausrichtung der Retinalmoleküle im Rhodopsin der Photorezeptoren. Bei den Photorezeptoren der Wirbeltiere (*links*) befindet sich das Rhodopsin in den Disks des Außensegments. Dort sind die Rhodopsinmoleküle frei drehbar, und es gibt keine Vorzugsrichtung. In den Mikovilli, die das Rhabdomer des Insekten-Photorezeptors bilden (*rechts*), ist dies anders. In der Membran der dünnen, schlauchförmigen Mikrovilli ist der größte Teil des Retinals entlang der Längsachse der Mikrovilli angeordnet. Zudem haben alle Mikrovilli die gleiche Ausrichtung. Das Rhabdomer absorbiert aus diesen Gründen Licht, das entlang der Mikrovilli polarisiert ist, besser als Licht mit quer zur Mikrovilliachse verlaufender Polarisierung. Das Rhabdomer ist somit polarisationsempfindlich. (© Anja Mataruga, Forschungszentrum Jülich)

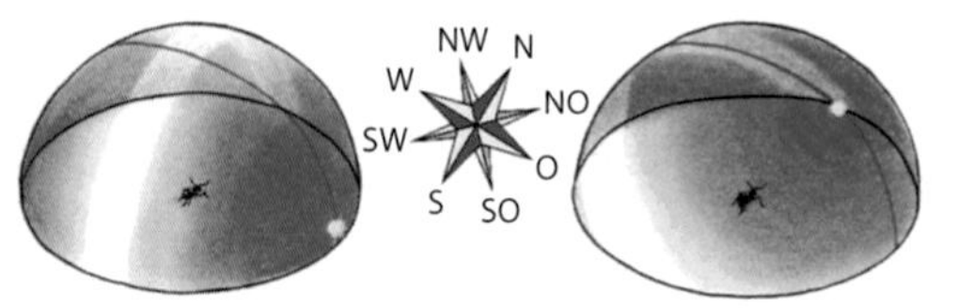

Abb. 9.12 Lichtpolarisation als Himmelskompass. Die Sonne geht im Osten auf (*links*) und steigt während des Vormittags immer höher am Himmel (*rechts*). Im Winkel von 90 Grad zum Sonnenstand bildet sich am Himmel ein Streifen maximaler Lichtpolarisation, der von Süden nach Norden verläuft (*weiß*). Er entsteht, weil aus diesem Bereich des Himmels kein Sonnenlicht direkt die Erde erreicht, sondern nur Licht, das an atmosphärischen Partikeln und Wassertropfen reflektiert worden ist. Und Reflexion erzeugt Polarisation. Die abgebildete Ameise kann mit ihren polarisationsempfindlichen Augen diesen Streifen sehen und weiß deshalb, wo Norden und Süden sind, auch wenn Wolken die Sonne verdecken. (© Michal Rössler, Universität Heidelberg)

des Retinals, nämlich entlang der Längsachse des Röhrchens, das damit als Ganzes polarisationsempfindlich wird. Wenn nun alle Mikrovilli eines Photorezeptors parallel übereinander angeordnet werden, dann reagiert der gesamte Photorezeptor stark auf Licht, das entlang seiner Mikrovilli polarisiert ist, aber schwach auf Licht, das quer zu den Mikrovilli schwingt. Solche Photorezeptoren sind bei wirbellosen Tieren weit verbreitet. Diese Tiere können damit reflektierende Oberflächen besonders gut ausmachen.

Augen mit polarisationsempfindlichen Photorezeptoren eignen sich aber auch hervorragend für die Orientierung am Sonnenstand. Denn die Polarisation des Tageslichtes hängt direkt vom Sonnenstand ab. Sie ist am stärksten im rechten Winkel zum Sonnenstand, weil alles Licht, das uns aus dieser Richtung erreicht, reflektiert, gestreut oder gebrochen ist – allesamt Prozesse, bei denen die Lichtpolarisation zunimmt. Es entsteht aus diesem Grund ein Band maximaler Polarisation am Himmel, das sich im Laufe des Tages mit dem Sonnenstand verschiebt (Abb. 9.12). Bei Sonnenaufgang überspannt dieses Band den Himmel senkrecht von Norden nach Süden. Im Laufe des Morgens wird sein Verlauf immer flacher, bis es gegen Mittag den Horizont umspannt. Nachmittags kippt es dann weiter – immer der Sonne gegenüber –, bis es abends wieder von Nord nach Süd durch den Zenit verläuft. Wenn ein Tier in der Lage ist, dieses Band der maximalen Lichtpolarisation, oder auch nur einen

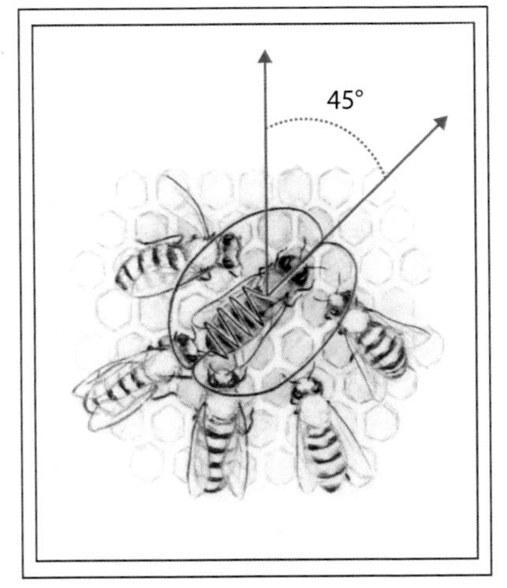

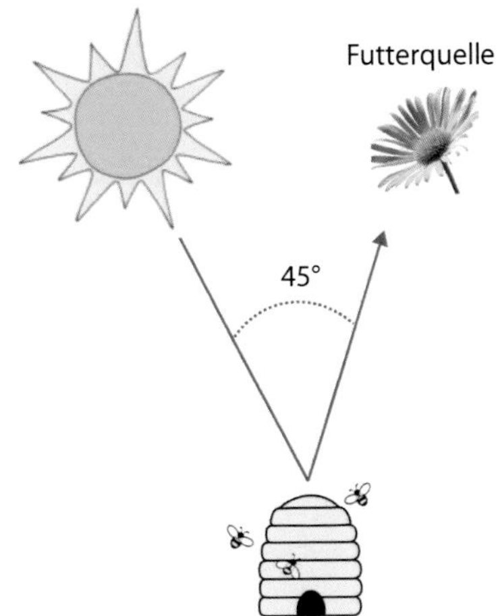

Abb. 9.13 Auf dem Tanzboden einer Bienenwabe beobachten fünf Bienen ihre Schwester beim Schwänzeltanz. Dieser Tanz findet im dunklen Stock statt und dient der Übermittlung von Navigationsinformation. Die Tänzerin zeigt ihren Schwestern, wo es eine lohnende Futterquelle gibt. Die Codierung dieser Information ist einfach: Senkrecht nach oben bedeutet Richtung Sonne, senkrecht nach unten bedeutet von der Sonne weg. In unserem Bild tanzt die Tänzerin entlang einer Linie, die 45 rechts zur Senkrechten verläuft. Dann kehrt sie zurück zum Ausgangspunkt und tanzt erneut. Die fünf Schwestern lernen daraus, dass ein Flugweg im Winkel von 45 Grad rechts von der Sonne vom Stock zur Futterquelle führt (*rechts*). Auch die Entfernung zur Futterquelle wird mitgeteilt: Je weiter die Futterquelle entfernt ist, desto länger ist die Strecke, über die sich die Tänzerin zitternd und vibrierend bewegt. Ihre Schwestern bekommen so recht genaue Navigationshilfen für das Ansteuern der Futterquelle. (© Michal Rössler, Universität Heidelberg)

Teil davon, zu sehen, kann es daraus den aktuellen Sonnenstand ableiten. Es hat dann die beiden Informationen, Zeit und Sonnenstand, die es zur Orientierung benötigt.

Diesen Trick beherrschen z. B. die Bienen. Sie reservieren den oberen Teil ihres Komplexauges für das Polarisationssehen. Diese „Pol"-Region ist speziell für die Detektion der Lichtpolarisation ausgelegt. Mit ihr finden die Bienen sicher zurück zum Stock, auch wenn sie an bewölkten Tagen die Sonne selbst nicht sehen können. Der Sonnenstand wird auch im Bienenstock selbst gebraucht, wenn die heimkehrende Bienen ihren Schwestern mitteilen, wo eine gute Futterquelle zu finden ist. Bekanntlich wird diese Information durch den Schwänzeltanz weitergegeben (Abb. 9.13), bei dem die Lage der Futterquelle relativ zum Sonnenstand auf die Wabe „gezeichnet" wird. Diese Art der Kommunikation funktioniert auch dann, wenn die tanzende Biene bei ihrem Flug die Sonne überhaupt nicht sehen konnte. Wenn irgendwo ein kleines Stückchen blauer Himmel war, hat sie den Sonnenstand aus dem Polarisationsmuster abgeleitet.

9.4 Der magnetische Kartensinn

9.4.1 Das Magnetfeld der Erde

Viele Tiere orientieren sich am Magnetfeld der Erde. Manche richten ihre Behausungen nach Norden aus, andere marschieren entlang von Magnetfeldlinien wie eine Pfadfindergruppe, die einem Scout mit Kompass folgt. Wieder andere navigieren über Zehntausende von Kilometern durch Meere und Lufträume, auf magnetisch definierten Zugrouten, die über viele Generationen hinweg beibehalten werden. Welche Information gewinnen die Tiere aus dem Magnetfeld der Erde? Und wo sind ihre Sinnesorgane für das Erdmagnetfeld?

Das Erdmagnetfeld entsteht durch Strömungen von flüssigem Eisen im Erdkern – Strömungen, die senkrecht zur Erdoberfläche

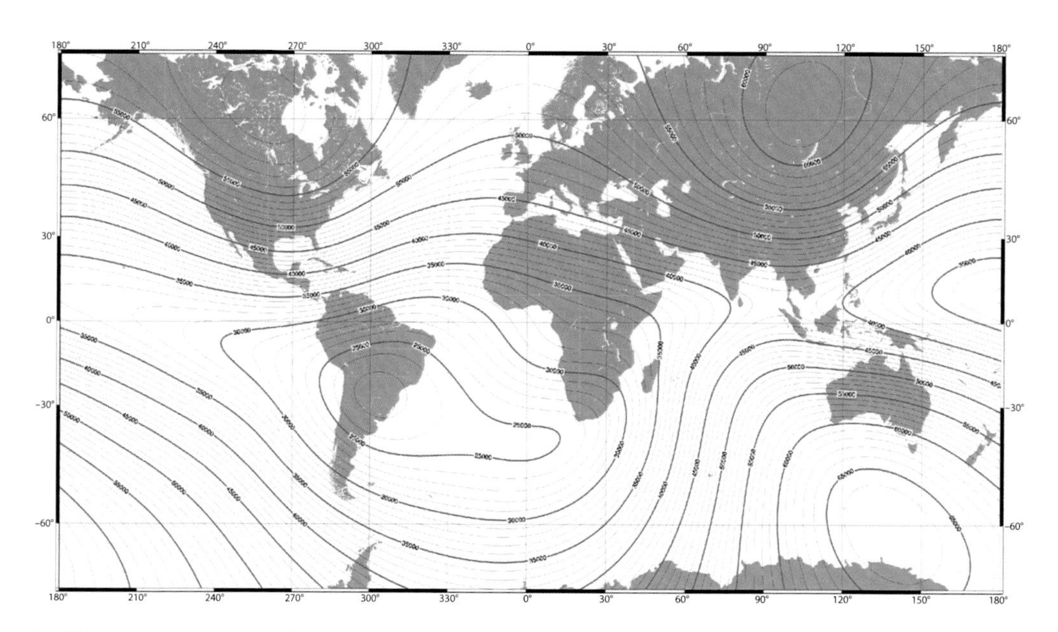

Abb. 9.14 Die Intensität des Erdmagnetfeldes variiert zwischen 30.000 nT (Nanotesla) in Äquatornähe und 60.000 nT in den Polregionen. Die Linien verbinden Orte mit gleicher Magnetfeldstärke. In Bereichen mit nahe beieinander liegenden Linien ändert sich die Magnetfeldstärke besonders stark. Diese Regionen eignen sich besonders gut für Positionsbestimmungen durch den Magnetsinn. (S. Maus, S. Macmillan, S. McLean, B. Hamilton, A. Thomson, M. Nair, und C. Rollins, 2010, The US/UK World Magnetic Model for 2010–2015, NOAA Technical Report NESDIS/NGDC, ► http://www.ngdc.noaa.gov/geomag/WMM/DoDWMM.shtml)

verlaufen und durch die Temperaturdifferenz von etwa 3000 °C zwischen Erdkern und Erdmantel getrieben werden. Das durch diesen sogenannten Geodynamo erzeugte Magnetfeld ist leicht auf der Erdoberfläche messbar. Drei Parameter sind entscheidend für die Orientierung magnetsensitiver Tiere.

Stärke des Magnetfelds Sie wird in der Einheit Tesla (T) gemessen und variiert auf komplizierte Weise über den gesamten Globus (Abb. 9.14). Im Bereich des Äquators kann man mit einem Magnetometer eine Feldstärke von 30.000 nT (Nanotesla = 1 milliardstel Tesla) messen, während in Arktis und Antarktis doppelt so starke Feldstärken herrschen. Zudem gibt es überall auf der Erde magnetische Anomalien im Bereich von 100–1000 nT, die von den lokalen geologischen Bedingungen, etwa durch eisenhaltiges Gestein, verursacht werden.

Nordweisung der Magnetfeldlinien Die Kraftlinien des Erdmagnetfeldes verlassen die Erde am Südpol und verlaufen um den Erdball herum nach Norden, wo sie am magnetischen Nordpol in die Erde zurückkehren (Abb. 9.15). Die waagerecht montierte Nadel eines Magnetkompasses wird entlang der horizontalen Komponente dieser Kraftlinien ausgerichtet und zeigt damit auf magnetisch Nord. Auf dem Deklinationskompass ist der Winkel zwischen der Erdachse und der Achse des Magnetfeldes, die Deklination, angegeben.

Inklination der Magnetfeldlinien: Die Ausrichtung der Magnetfeldlinien relativ zur Erdoberfläche ändert sich systematisch mit dem Breitengrad. Auf der Südhalbkugel zeigen sie Richtung Himmel, am Äquator verlaufen sie parallel zur Erdoberfläche, und auf der Nordhalbkugel weisen sie ins Erdinnere (Abb. 9.15). Bei einem Inklinationskompass richtet sich eine senkrecht montierte Magnetnadel genau entlang der Feldlinien aus (Abb. 9.16).

Im Prinzip kann man mit diesen Magnetfeldparametern navigieren, d. h. man kann herausfinden, wo man sich befindet, wo sich ein Zielort befindet und auf welchem Weg man zu diesem Zielort gelangen kann. Im Atlantik

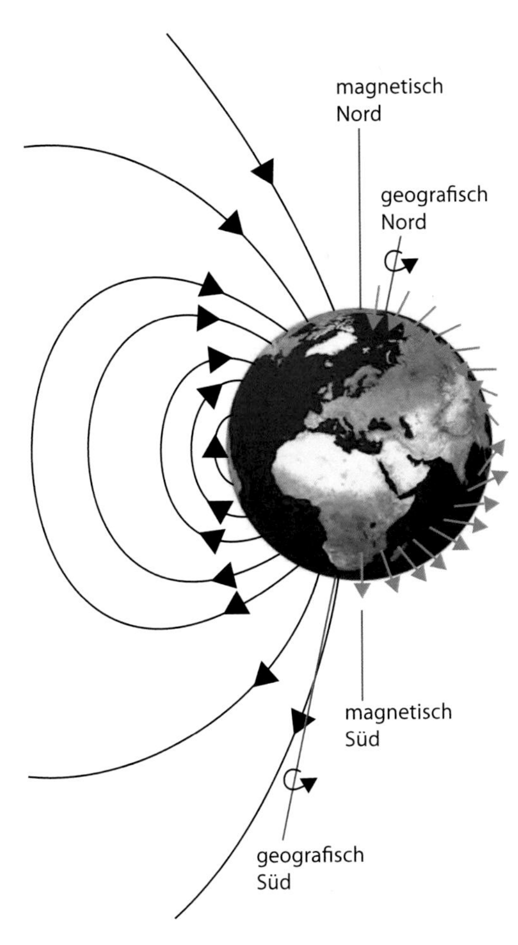

Abb. 9.15 Das Magnetfeld der Erde bietet magnetsensitiven Tieren Orts- und Richtungsinformation für ihre Wanderungen. Die magnetischen Pole liegen zurzeit in der Nähe der geografischen Pole. Während aber die geografischen Pole durch die Rotationsachse der Erde festgelegt sind, können die magnetischen Pole wandern. Für die Navigation der Tiere spielt der lokale Neigungswinkel des Erdmagnetfeldes, die Inklination, eine entscheidende Rolle. Die Inklination ändert sich systematisch über die Erde, wie an den roten Pfeilen zu erkennen ist. Wenn ein Tier die Inklination messen kann, weiß es in etwa, in welcher geografischen Breite es sich befindet. (© Stephan Frings, Universität Heidelberg)

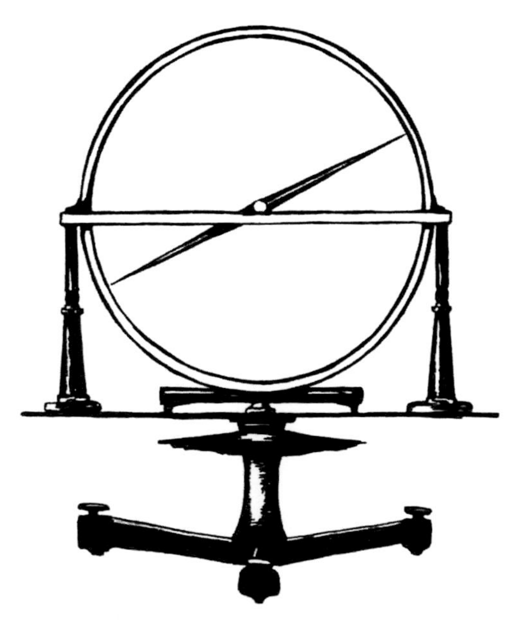

Abb. 9.16 Der Inklinationskompass. Im Gegensatz zum gewohnten Deklinationskompass, mit dem wir die Himmelsrichtung bestimmen, ist die Magnetnadel beim Inklinationskompass senkrecht montiert. Sie ist zudem sehr genau ausbalanciert und richtet sich entlang der Magnetfeldlinien der Erde aus. Der abgebildete Kompass zeigt eine Inklination von etwa 70 Grad, wie wir sie im Norden Deutschlands haben. Zugvögel nutzen vor allem die Inklination für ihre Orientierung am Magnetfeld der Erde. (© Michal Rössler, Universität Heidelberg)

bilden die Linien gleicher Feldstärke und die Linien gleicher Inklination ein Raster, ganz ähnlich dem Netz aus Längen- und Breitengraden auf einer Landkarte (Abb. 9.17). So wie jedem Punkt auf dem Atlantik eine eindeutige Kombination von geografischer Länge und geografischer Breite zugeordnet ist, hat jeder Ort auch eine bestimmte Kombination von Magnetfeldstärke und Inklination. Theoretisch kann man also mit einem Magnetometer, einem Inklinationskompass und einer Karte der Magnetlinien seinen Standort auf dem Atlantik bestimmen. Wenn man weiterhin die Himmelsrichtung zu einem Zielort ermitteln kann, indem man seinen aktuellen Standort und den Zielort auf einer Seekarte mit einer Linie verbindet, dann ist es möglich, mithilfe der Nordweisung eines Deklinationskompasses den Zielort zu finden. Das klingt kompliziert – zu schwierig für Menschen, die nicht in Navigation ausgebildet worden sind. Es ist aber nicht zu schwierig für manche – nicht einmal besonders kluge – Tiere! Langusten wandern durch den Golf von Mexiko und orientieren

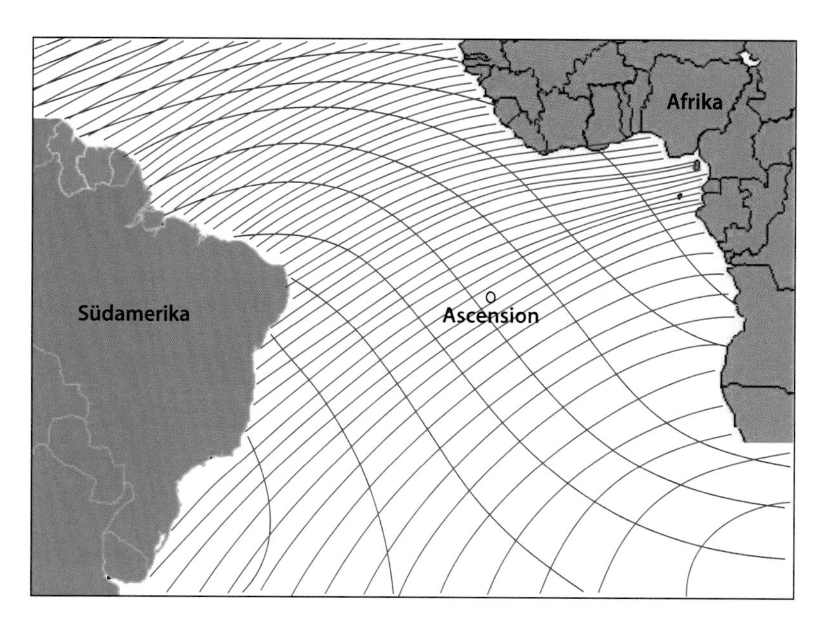

Abb. 9.17 Das Erdmagnetfeld gibt Ortsinformation. Wie bei geografischen Karten zwei Koordinaten (Längen- und Breitengrad) eine jeweils eindeutige Ortsangabe liefern, so geht dies auch mit zwei Magnetfeldkoordinaten, hier am Beispiel des Südatlantiks gezeigt. Linien gleicher Magnetfeldstärke sind blau dargestellt, Linien gleicher Inklination (Isoklinen) rot. Die Abstände zwischen den Linien sind jeweils zehn nT (*blau*) und zwei Grad (*rot*). Jeder Ort auf dem Südatlantik ist durch eine eindeutige Kombination der beiden Magnetkoordinaten gekennzeichnet. Vermutlich mithilfe dieser Koordinaten finden Meeresschildkröten, die an der Küste Brasiliens leben, zur Insel Ascension. Dort, in etwa 3000 km Entfernung vom Festland, legen sie ihre Eier ab und schwimmen dann zurück zur brasilianischen Küste. (© Stephan Frings, Universität Heidelberg, modifiziert nach Lohmann et al. (2008))

9

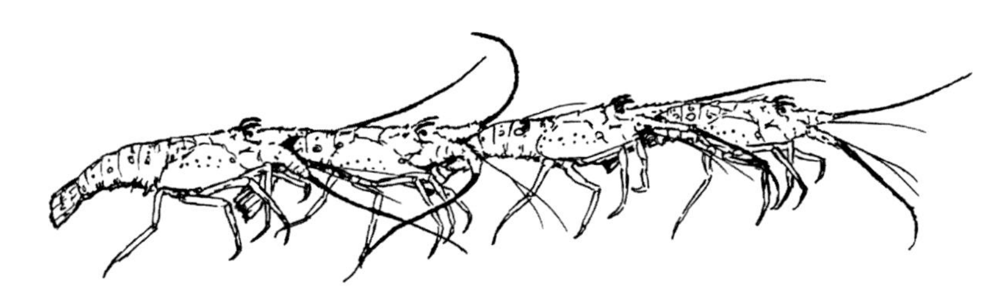

Abb. 9.18 Der Zug der Langusten im Golf von Mexiko. Einmal im Jahr wandern einige Langustenpopulationen über viele Kilometer im Gänsemarsch über den Meeresboden. Sie tun dies, um Stürmen zu entgehen und ruhigere Gewässer zu erreichen. Die Tiere haben einen sehr präzisen Magnetsinn, mit dem sie ihre aktuelle Position im Meer bestimmen können. (© Michal Rössler, Universität Heidelberg)

sich dabei am Erdmagnetfeld (Abb. 9.18). Fängt man sie ein und lässt sie ein Stück weiter westlich wieder frei, laufen sie nach Osten, um wieder in gewohnte Gewässer zu kommen. Gaukelt man ihnen mit Magnetspulen die Magnetkoordinaten eines nördlich gelegenen Ortes vor, laufen sie sofort nach Süden – in die Richtung auf ihre gewohnten Magnetkoordinaten. Sie „fühlen" also sowohl ihren Standort als auch die Richtung, die zu ihrem Ziel führt – beides aufgrund ihrer Analyse des Erdmagnetfeldes. Es ist eine der großen Herausforderungen der Sinnesbiologie, solche verblüffenden Orientierungsleistungen wie die von wandernden Langusten mit ihrem „magnetischen Gefühl" zu erforschen!

9.4.2 Magnetsinn bei Vögeln

Die größten Fortschritte bei der Erforschung des Magnetsinnes sind bisher bei Zugvögeln und Brieftauben gemacht worden. Dass diese Tiere Magnetfelder auswerten, weiß man aus Versuchen, bei denen sie künstlichen Magnetfeldern ausgesetzt wurden und sich auf vorhersagbare Weise umorientierten (◘ Abb. 9.19). Unsere Zugvögel verfallen zweimal im Jahr, im Herbst und im Frühjahr, in Zugunruhe, und auch für die Erforscher des Magnetsinnes brechen dann unruhige Zeiten an. Denn nur während der Zugunruhe interessieren sich die Vögel für Orientierungshilfen wie Sternenhimmel oder Erdmagnetfeld. Also müssen die meisten Versuche innerhalb weniger Wochen im Herbst und Frühjahr durchgeführt werden. Dann allerdings sind Zugvögel sehr kooperativ. Sie orientieren sich an künstlichen Magnetfeldern im Labor, so wie sie sich an künstlichen Sternbildern im Planetarium orientieren. Zwischen den Zeiten der Zugunruhe sind wohl Brieftauben die wertvollsten Mitarbeiter der Forscher. Ihre besondere Leistung, ihr Heimfindevermögen von jedem beliebigen Ort – selbst aus großen Entfernungen vom Heimatschlag –, ermöglicht eine Fülle von Studien zum Orientierungsvermögen. Man kann Brieftauben Magnete an den Kopf kleben, kann sie über Anomalien des Erdmagnetfeldes fliegen lassen oder ihre innere Uhr verstellen. Zusammen mit den Zugvögeln haben sie in den letzten 30 Jahren dabei geholfen, die ersten Rätsel des Magnetsinnes zu lösen.

◘ **Abb. 9.19** Ein am Kopf angelegtes Magnetfeld kann die Orientierungsfähigkeit einer Brieftaube beeinträchtigen. Der um den Kopf geschlungene Draht bildet eine Helmholtz-Spule. Wenn ein schwacher Strom durch den Draht fließt, erzeugt er ein Magnetfeld – ein Störfeld, welches das Erdmagnetfeld überlagert und maskiert. Ohne Strom entsteht kein Störfeld, und die Tauben können sich orientieren. Man sieht den Effekt des Störfeldes in der Darstellung rechts: Brieftauben wurden von ihrem Schlag wegtransportiert und freigelassen. Ohne Störfeld orientieren sich die meisten Tiere sofort in Richtung ihrer Heimatschläge. Jeder blaue Punkt steht für eine Taube; die Position auf dem Kreis gibt die Abflugrichtung an. Bei eingeschaltetem Störfeld orientieren sich die Vögel falsch (*rote Punkte*). Sie können das Erdmagnetfeld nicht mehr wahrnehmen und orientieren sich stattdessen am Störfeld – das allerdings leitet sie nicht nach Hause. (© Michal Rössler und Stephan Frings, Universität Heidelberg)

Nach dem heutigen Wissensstand analysieren die Vögel die lokale Stärke des Erdmagnetfeldes sowie die Inklination der Kraftlinien. Diese beiden Parameter können dazu dienen, Positions- und Kompassinformation zu gewinnen. Lokale Feldstärken könnten dabei in ähnlicher Weise als Wegmarken dienen wie Hügel und Täler. Diesen Eindruck vermittelt eine farbliche Darstellung der lokalen Abweichungen der Magnetfeldstärken in Deutschland (◘ Abb. 9.20). Die lokalen Bedingungen des Erdmagnetfeldes zeigen eine ähnlich komplexe Struktur wie die Höhenprofile der Landschaft. Es ist durchaus vorstellbar, dass Vögel die „Höhen" und „Senken" im Magnetfeld ihrer Heimat kennen und zur Orientierung verwenden. In größerem Maßstab kann die Stärke des Magnetfeldes, das ja Richtung Äquator immer schwächer wird (siehe ◘ Abb. 9.14), als Wegweiser dienen, besonders wenn andere, deutlichere Navigationshilfen wie Küstenlinien fehlen. So müssen Zugvögel, die im Herbst aus Mittel- und Nordeuropa über die Westroute nach Afrika ziehen, ihren Kurs mitten über Spanien um etwa 45 Grad drehen, von Südwest auf Süd (◘ Abb. 9.21). Es gibt gute Hinweise darauf, dass diese Wendung durch das Erdmagnetfeld ausgelöst wird, dessen Stärke über Spanien von 45.000 nT auf 42.000 nT absinkt.

Ein weiteres Beispiel aus dem Tierreich ist die zehnjährige Wanderung der Meeresschildkröte *Caretta caretta*. Diese Tiere reisen im nordatlantischen Strömungssystem zunächst mit dem Golfstrom von Amerika nach Europa und dann mit dem Nordäquatorialstrom wieder zurück in die Karibik (◘ Abb. 9.22). Dabei gibt es zwei kritische Bereiche, wo gut funktionie-

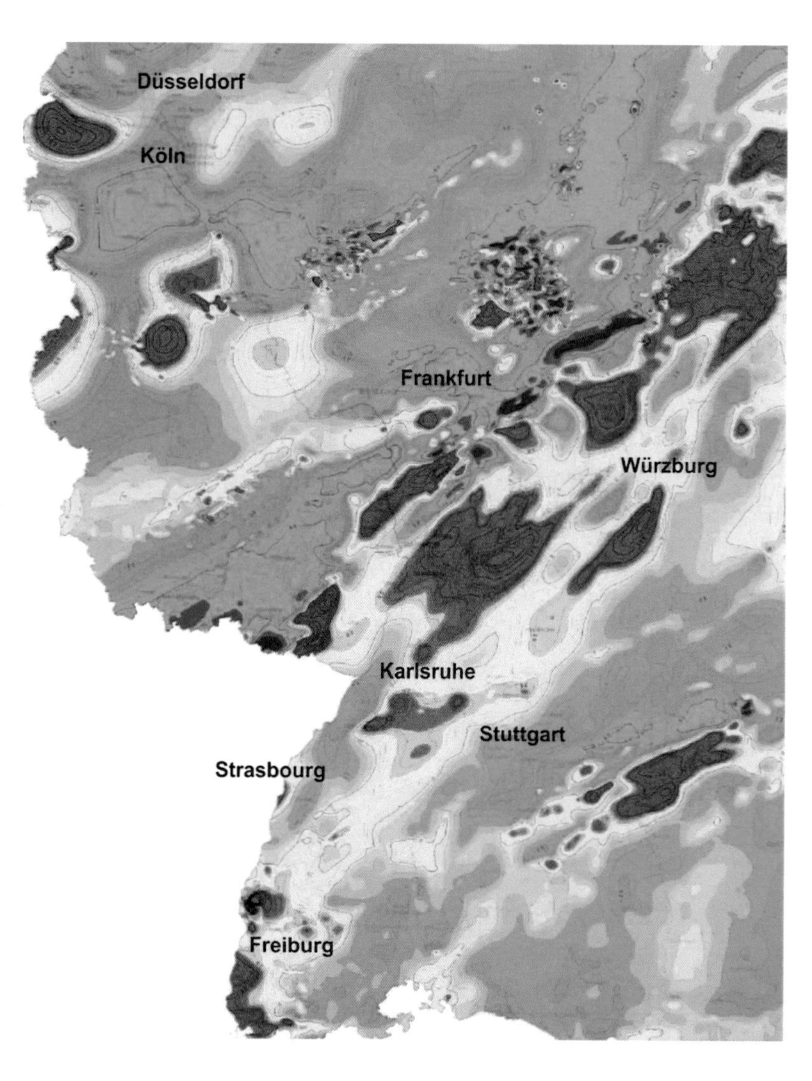

Abb. 9.20 Karte der Magnetanomalien in Südwestdeutschland. Auf den gelben Flächen entspricht die Magnetfeldstärke den lokalen Normalwerten (etwa 48.000 nT). Die rote Farbe zeigt lokal höhere Intensitäten (50 bis > 100 nT stärker), blaue Bereiche haben eine um 50 bis > 500 nT reduzierte Intensität. (Aus: Anomalien des erdmagnetischen Totalfeldes der Bundesrepublik Deutschland, 1:1.000.000. GeoCenter Scientific Cartography, Stuttgart. © Mit freundlicher Genehmigung des Leibniz-Instituts für Angewandte Geophysik, Hannover)

rende Navigation lebenswichtig ist: Im Nordatlantik müssen die Tiere aus dem Golfstrom ausscheren und nach Süden in Richtung der Azoren schwimmen. Der andere kritische Bereich liegt südlich der Azoren, etwa in Höhe der Kanarischen Inseln. Hier dürfen die Tiere nicht weiter nach Süden reisen, sondern müssen sich nach Westen wenden, um den Äquatorialstrom zu erreichen. Beide Wendepunkte werden offenbar an den lokalen Magnetfeldstärken erkannt – die Änderung der Wanderungsrichtung wird durch Magnetsignale ausgelöst.

Wie magnetempfindliche Tiere die lokale Magnetfeldstärke messen, ist noch unverstanden. Es könnte sein, dass kleine Magnetitpartikel daran beteiligt sind. Magnetit ist ein magnetisches Eisenoxid, das die Tiere selbst herstellen können und manchmal in oder an Nervenzellen ablagern. Je nach Stärke des Magnetfeldes könnten so Nervensignale entstehen, die das Gehirn des Tieres interpretieren kann. Bisher sind aber noch keine Einzelheiten darüber bekannt, ob Magnetitpartikel Nervenzellen steuern könnten und wie ein dabei entstehendes Signal vom Gehirn ausgelesen wird. Bisher findet man solche Partikel vor allem in Makrophagen, Fresszellen des Immunsystems, und diese haben vermutlich nichts mit dem Magnetsinn zu tun.

Ortsinformation allein hat für ein wanderndes Tier nur begrenzten Nutzen. Zusätz-

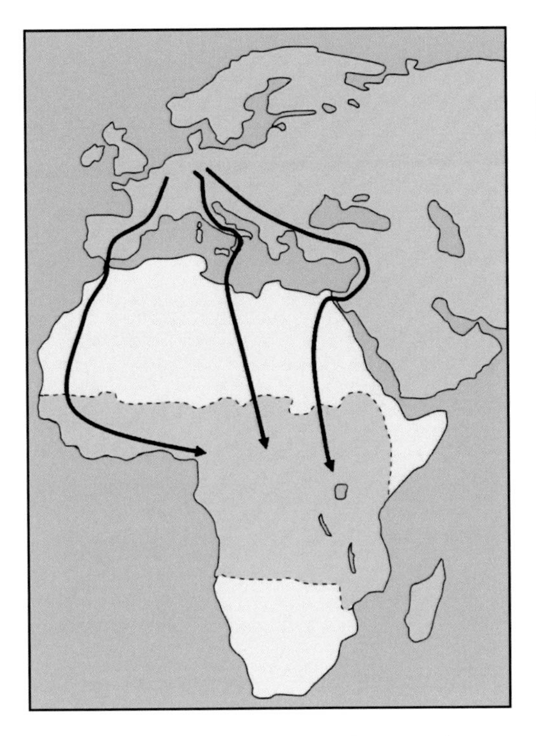

Abb. 9.21 Vogelzugrouten von den Brutgebieten in Europa zu den Winterquartieren in Afrika. (© Mit freundlicher Genehmigung von Lanzi aus der deutschsprachigen Wikipedia, under CC BY-SA 3.0)

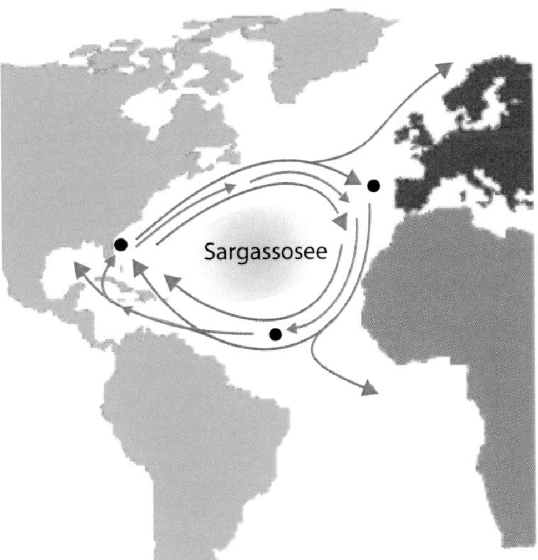

Abb. 9.22 Die Wanderung der Meeresschildkröte *Caretta caretta* von ihrem Geburtsstrand an der Ostküste Floridas um die Sargassosee herum bis in die Karibik. Die Reise verläuft zunächst ostwärts mit dem Golfstrom Richtung Europa. Im Bereich der Azoren müssen die Tiere nach Süden abdrehen, um nicht im kalten Wasser des Nordatlantikstromes unterzugehen. Zur Rückreise nutzen die Tiere den Nordäquatorialstrom, der sie westwärts in die Karibik bringt, wo sie bis zur Geschlechtsreife bleiben. Erst dann machen sie sich auf den Weg zurück nach Florida, um ihre Eier auf ihrem Geburtsstrand abzulegen. An den wichtigen Wendepunkten dieser mehrjährigen Reise hilft den Tieren ihr Magnetsinn. Offensichtlich wissen sie durch Auswertung der Magnetfeldkoordinaten, an welcher Stelle des Atlantiks sie sich befinden und was sie tun müssen, um auf Kurs zu bleiben. (© Stephan Frings, Universität Heidelberg, modifiziert nach Lohmann et al. (2008))

lich wird die Information benötigt, in welche Richtung die Reise weitergehen soll. Dazu aber benötigt man einen Kompasssinn – eine Vorstellung davon, in welche Himmelsrichtung man gehen muss, um zu seinem Ziel zu gelangen. Die Vogelforscher haben einen zweiten, von Magnetit gänzlich unabhängigen Magnetsinn vorgeschlagen. Einiges spricht dafür, dass manche Zugvögel, z. B. das Rotkehlchen, in der Lage sind, bestimmte Eigenschaften des Erdmagnetfeldes zu *sehen*. Diese spannende Hypothese führt zu der Vorstellung, dass die visuelle Wahrnehmung für diese Tiere in irgendeiner Weise vom Magnetfeld verändert wird, vielleicht durch die Abschattung des nördlichen und südlichen Horizonts gegenüber dem östlichen und westlichen Horizont (Abb. 9.23). Wenn sich diese Hypothese weiter mit Daten untermauern lässt, können wir uns die visuelle Welt der Zugvögel mit einem fest eingebauten Magnetkompass vorstellen: Die Tiere *sehen* den Verlauf der Kraftlinien des Erdmagnetfeldes und können ihnen folgen. Diese Idee basiert auf der Beobachtung, dass die Magnetorientierung von Rotkehlchen und anderen nachtziehenden Vögeln in Laborversuchen nur gelang, wenn die Tiere sehen konnten. Mit abgedeckten Augen dagegen funktionierte die Orientierung an Magnetfeldern nicht. Es scheint, dass das Sehen bei diesen Tieren zum Kompasssinn gehört. Die Vögel können scheinbar die Inklination der Magnetfeldlinien erkennen und sich daran polwärts (die Linien hinab) oder äquatorwärts (die Linien hinauf) orientieren. Wie aber kann die Inklination auf den Sehvorgang in der Retina des Auges wirken? Ein erster Hinweis darauf, wie diese magnetovisuelle Wechselwirkung funktionieren könnte, stammt aus Untersuchungen mit verschiedenen Lichtfarben. Die Rotkehlchen brauchen zur Magnetorientierung blau-grünes Licht – gelbes und rotes Licht sind wirkungslos. Es könnte also ein Farbrezeptor, ein Photopigment, beteiligt sein, das besonders gut blaues Licht absorbiert.

Neben den Opsinen, die wir als Photopigmente für den eigentlichen Sehvorgang in ► Kap. 7 behandelt haben, gibt es im Tier- und Pflanzenreich weitere Photopigmente. Eines davon ist das Protein Cryptochrom. In den Retinae einiger Vögel wurde Cryptochrom entdeckt. Das Cryptochrom hat eine komplizierte Photochemie. Wenn es Licht absorbiert, bilden sich im Molekül Strukturen, die chemisch reaktiv sind, sogenannte Radikale. Diese scheinen empfindlich für das Magnetfeld zu sein. Noch ist unklar, wie diese Magnetempfindlichkeit in eine zelluläre Antwort umgewandelt werden könnte. Die wissenschaftlichen Ergebnisse solcher Studien sind noch recht widersprüchlich. Aber vielleicht zeigen sie eine faszinierende Möglichkeit für eine Einwirkung des Erdmagnetfeldes auf neuronale Aktivität. Es könnte sein, dass das visuelle System bestimm-

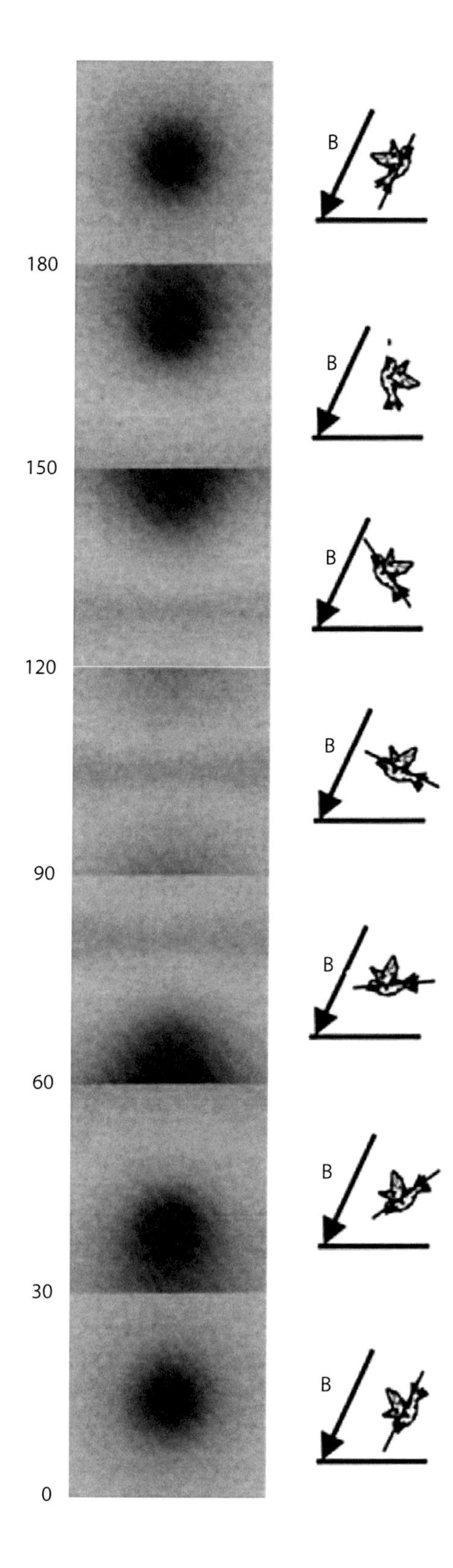

Abb. 9.23 Sinnesbiologische Vorstellung von der visuellen Wahrnehmung des Erdmagnetfeldes bei einem Zugvogel. Die grauen Quadrate stehen für das Sehfeld des Vogels, der in verschiedenen Winkeln zum lokalen Magnetfeld B mit der Inklination 68 Grad fliegt. Die Muster sind aufgrund der Augenanatomie und der Hypothese zur Modulierung Cryptochrom-haltiger Ganglienzellen durch das Erdmagnetfeld berechnet worden. Man erkennt ein dunkles Zentrum des Sehfeldes, wenn der Vogel parallel zur Magnetfeldlinie fliegt, und zwar unabhängig von der Flugrichtung (Null Grad und 180 Grad). Je steiler der Winkel zwischen Magnetfeldlinie und Flugrichtung ist, desto weiter verschiebt sich der dunkle Bereich zur Peripherie. Dieses Modell stimmt mit Verhaltensbeobachtungen überein, die gezeigt haben, dass der visuell vermittelte Magnetsinn funktionell einem Inklinationskompass ähnelt. (© Mit freundlicher Genehmigung von Elsevier Ltd. Oxford, UK)

ter Tierarten magnetisch moduliert werden kann und damit für die Wahrnehmung eines nichtadäquaten – weil nicht durch Licht vermittelten – Reizes genutzt werden kann.

Die Erforschung des Magnetsinnes ist noch in einem Anfangsstadium. Die kommenden Jahrzehnte werden zweifellos faszinierende Einblicke in die magnetgesteuerten Lebensprozesse bringen und eine Sinnesmodalität verständlich machen, die für uns Menschen unzugänglich, für viele Tiere aber alltägliche Informationsquelle ist (▶ Box 9.1 und 9.2).

Box 9.1 Durch das Mikroskop betrachtet: Wie untersucht man Navigationsverhalten?

Eigentlich ist es ein Widerspruch: Navigationsverhalten findet oft im Maßstab von Hunderten von Kilometern statt, und zwar bei Tieren, die sich frei und ungestört bewegen. Entsprechend großräumig sind die Orientierungssignale der wandernden Tiere: Küstenlinien, Gebirge, das Erdmagnetfeld, Meeresströmungen, der Stand von Sonne, Mond und Sternen, Signale von anderen Tieren. Andererseits werden die meisten Verhaltensexperimente zur Navigation von Tieren im Labor durchgeführt, also in Situationen, wo die Tiere zwar wandern möchten, aber im Labor eingesperrt bleiben. Dies ist nötig, weil man nur in einem Labor den Tieren genau definierte Navigationssignale präsentieren kann, um dann zu beobachten, wie sie darauf reagieren. Dazu gehören der Sternenhimmel im Planetarium, die Magnetspule um einen Vogelkäfig und der Taubenschlag, der bestimmten Geruchsreizen ausgesetzt wird. Was kann man von einem Tier in dieser Lage lernen?

Die Sinnesbiologie hat gezeigt, dass man tatsächlich eine Menge wertvoller Beobachtungen im Labor machen kann. Dies liegt daran, dass die eingesperrten Tiere auch im Labor Verhaltensmuster zeigen, die mit dem Wandern zu tun haben. So versucht das Rotkehlchen während seiner Zugunruhe im Herbst aus dem Labor zu entkommen, und zwar in Richtung Süden, wo sein Winterquartier liegt (◘ Abb. 9.24). Und die kleine Seeschildkröte, die in einem Aquarium im Labor herumschwimmt, versucht, aus ihrem Gefängnis in genau diejenige Richtung zu entkommen, wo sie glaubt, dass sich der Golfstrom befindet. Denn den muss sie für ihre Reise um die Sargassosee erreichen. Man kann die Labortiere nun künstlich veränderten Magnetfeldern, Sternenhimmeln oder Gerüchen aussetzen und schauen, in welcher Weise sie sich täuschen lassen. Dabei kann der Sinnesbiologe herausfinden, ob das Tier einen bestimmten Reiz wahrnehmen kann oder nicht – er findet also heraus, ob ein Tier magnetsensitiv ist oder polarisationsempfindlich oder ob es den Nordstern erkennen kann – mehr erst einmal nicht.

Schwieriger wird es herauszufinden, welche der einzelnen Informationen wirklich während der Wanderung zur Navigation eingesetzt werden. Niemand kann mit einem Zugvogel nach Süden fliegen und ihn beständig dazu befragen, welche Navigationshilfen er gerade verwertet. Aber große Fortschritte in der Telemetrie ermöglichen es heute, Tiere über die ganze Erde hinweg zu orten und ihre Wanderwege zu analysieren. Die Ergebnisse dieser Messung können wir interpretieren. Fliegt beispielsweise im Herbst eine Formation aus Störchen an der italienischen Küste entlang Richtung Sizilien, brauchen diese vermutlich keine andere Navigationshilfe als die Küstenlinie am Tyrrhenischen Meer. Was aber veranlasst sie, mitten in Sizilien plötzlich nach Süden abzudrehen (◘ Abb. 9.25) und dann nach Afrika weiterzufliegen? Der Sonnenstand? Die Lichtpolarisation? Die Inklination der Magnetfeldlinien? Das spezifische Aroma der Luft über Sizilien oder der Geruch des weiter südlich gelegenen Mittelmeeres? Der visuelle Eindruck der Landschaft? Vielleicht gar akustische Information – besondere Geräusche, die vom Wind oder vom Wasser verursacht werden? Vielleicht all das zusammen? Wir werden es womöglich nicht herausfinden. Wir müssen uns darauf beschränken, die grundsätzliche Fähigkeit der Tiere zur Nutzung der verschiedenen Informationsquellen im Labor nachzuweisen. Auf der Grundlage der Erkenntnisse, die unter den eingeschränkten, aber gut definierten Bedingungen im Labor gewonnen worden sind, kann die Beobachtung der Tierwanderungen Aufschluss darüber geben, auf welche Weise die Evolution diese Höchstleistung im Tierreich hervorgebracht hat: die jährliche Fernwanderung der Zugtiere. Nach vielen Jahren solcher Untersuchungen hat sich bei den Erforschern der Tiernavigation eine Erkenntnis verfestigt: Wandernde Tiere verfügen über eine überaus reiche und vielgestaltige Sinneswelt. Sie nutzen jede erdenkliche Informationsquelle zur Orientierung auf ihrer Wanderschaft, und ihre Fähigkeiten bei der Auswertung dieser Information versetzen Wissenschaftler immer wieder in Erstaunen.

Box 9.2 Exkursion: Orientierung an elektrischen Feldern

Für Fische gibt es neben den Informationsquellen, die auch die Landtiere nutzen können, noch eine weitere Möglichkeit der Orientierung: elektrische Felder. Weil Wasser elektrischen Strom besser leitet, als Luft dies tut, können die Wasserbewohner die Ausbreitung elektrischer Felder für ihre Navigation einsetzen. Besonders gut im Aufspüren elektrischer Felder sind die Knorpelfische, also Haie und Rochen, und der Weltmeister ist vermutlich der Hammerhai. Sein merkwürdig breit gezogener Kopf ist der wohl am höchsten entwickelte Elektrodetektor im Tierreich. Mit zahllosen elektrosensitiven Strukturen, den Lorenzinischen Ampullen, registriert dieses einzigartige Sinnesorgan elektrische Felder, die vom Muskel- und Nervengewebe anderer Tiere erzeugt werden. Manche Biologen denken, dass der Elektrosinn auch zur Navigation eingesetzt werden kann, denn bei der Bewegung durch das Erdmagnetfeld entstehen elektrische Signale (durch elektromagnetische Induktion), die die Tiere vermutlich registrieren können. Es ist denkbar, dass die Haie Informationen über ihren Standort im Erdmagnetfeld durch den Elektrosinn erhalten können (◻ Abb. 9.26). Eine besonders interessante Variation über die Orientierung an elektrischen Feldern sind afrikanische und südamerikanische Süßwasserfische, die die elektrischen Felder selbst produzieren. Solche aktiv elektrischen Fische haben große Teile ihrer Schwanzmuskulatur zu einem Organ umgebildet, das ständig elektrische Wechselfelder produziert. Mit hochempfindlichen Elektrosensoren am ganzen Körper registrieren diese Fische die Ausbreitung der selbst erzeugten Felder, so wie wir das Licht einer Taschenlampe betrachten, mit der wir in die Nacht hineinleuchten. Aktiv elektrische Fische wie der hier gezeigte Elefantenrüsselfisch (*Gnathonemus petersii*) orientieren sich also an selbst erzeugten Signalen – ähnlich wie die Fledermäuse mit ihrem Biosonar. Die Reichweite dieser Art von Signalen ist aber nicht sehr groß. Vermutlich dienen sie einerseits zur Kommunikation zwischen den Tieren und andererseits zur Wahrnehmung von Objekten im Umkreis von 20–30 cm (◻ Abb. 9.27).

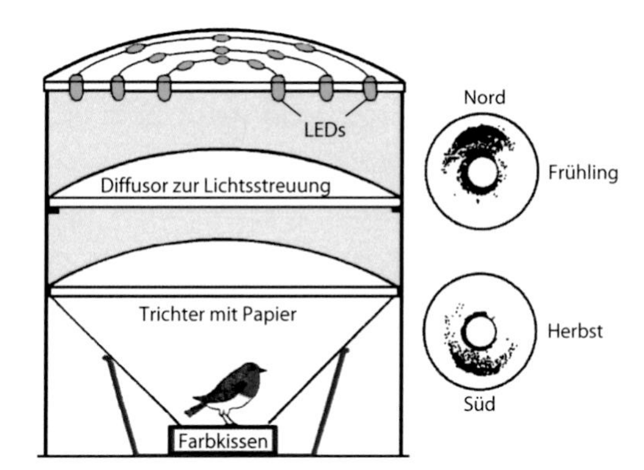

◻ **Abb. 9.24** Zur Untersuchung der Zugunruhe bei Vögeln im Frühling und Herbst kann man eine trichterförmige Kammer verwenden, deren Wände mit Papier ausgekleidet sind. Der Testvogel sitzt auf einem Farbkissen, sodass er bei jedem Sprung an der Papierwand sichtbare Spuren hinterlässt. Zur Zeit der Frühlingsunruhe, wenn die frei fliegenden Vögel aus ihren Winterquartieren nach Norden ziehen, findet man bei den Testvögeln hauptsächlich Spuren an der Nordwand des Trichters (*rechts oben*). Im Herbst, zur Zeit des Vogelfluges nach Süden, findet man die entsprechenden Spuren an der Südwand des Trichters (*rechts unten*). Woher weiß der Testvogel in seinem lichtdichten Gefäß, wo Norden und Süden sind? Verhaltensexperimente mit künstlichen Magnetfeldern haben gezeigt, dass die Testvögel sich am Erdmagnetfeld orientieren, dass sie für diese Orientierung aber blau-grünes Licht benötigen. Das Licht wird mit lichtemittierenden Dioden (LED) zur Verfügung gestellt. Gelbes und rotes Licht sind wirkungslos. Solche Versuche haben zu der Hypothese geführt, dass Zugvögel bestimmte Komponenten des Erdmagnetfeldes sehen können – ein Vorgang, der durch Cryptochrom-haltige Zellen in der Netzhaut des Auges vermittelt werden könnte. (© Mit freundlicher Genehmigung von Prof. Dr. R. Wiltschko, Universität Frankfurt am Main)

Abb. 9.25 Ein Storch kommt auf seiner Herbstreise nach Afrika am Mittelmehr an. Wir wissen nicht, an welchen Navigationssignalen er sich gerade orientiert. Aber es scheint, als stünde ihm eine Menge an Information zur Verfügung – durchaus vergleichbar mit den Navigationsdaten, die der Pilot eines Flugzeugs auswertet: Nordweisung, Fluglage, Flughöhe, Temperatur und Geschwindigkeit, Tages- und Jahreszeit, Inklination und Intensität des Magnetfelds sowie eine gewisse Kenntnis geografischer Gegebenheiten wie Küstenlinien, Gebirgszüge, Magnetfeldanomalien und Besiedelung. Kein Wunder, dass sich kaum ein Zugvogel auf seiner Afrikareise verirrt! (© Michal Rössler, Universität Heidelberg)

Abb. 9.26 Hammerhai. (© Michal Rössler, Universität Heidelberg)

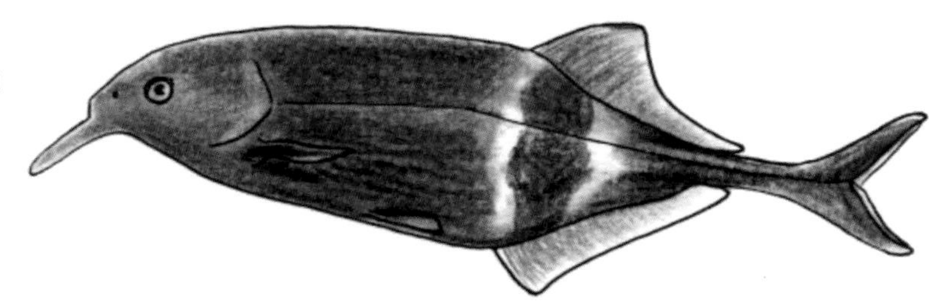

Abb. 9.27 Elefantenrüsselfisch. (© Michal Rössler, Universität Heidelberg)

Weiterführende Literatur

Barth FG, Schmid A (2001) Ecology of sensing. Springer, Heidelberg

Berthold P (2000) Vogelzug. Wissenschaftliche Buchgesellschaft, Darmstadt

von der Emde G (2006) Non-visual environmental imaging and object detection through active electrolocation in weakly electric fish. J Comp Physiol A 192:601–612

Flamarique IN (2011) Unique photoreceptor arrangements in a fish with polarized light discrimination. J Comp Neurol 519:714–737

von Frisch K (1993) Aus dem Leben der Bienen. Springer, Heidelberg

Goodenough J, McGuire B, Jakob E (2010) Perspectives on animal behaviour. Wiley, Hoboken

Hölldobler B, Wilson EO (2009) The superorganism. WW Norton & Co, New York

Horvath G, Varju D (2004) Polarized light in animal vision. Springer, Berlin

Hughes HC (2001) Sensory exotica. MIT Press, Cambridge

Lohmann KJ (2010) Magnetic-field perception. Nature 464:1140–1142

Lohmann KJ, Lohmann CMF, Endres CS (2008) The sensory ecology of ocean navigation. J Exp Biol 211:1719–1728

Lohmann KJ, Lohmann CMF, Putman NF (2010) Magnetic maps in animals: nature's GPS. J Exp Biol 210:3697–3705

Lopez-Larrera C (2012) Sensing in nature. Springer Science + Business Media, New York

Tautz J (2007) Phänomen Honigbiene. Springer Spektrum, Heidelberg

Wehner R (2012) Wüstennavigatoren en miniature. Biol Unserer Zeit 6:364–373

Wiltschko W, Wiltschko R (2005) Magnetic orientation and magnetoreception in birds and other animals. J Comp Physiol A 191:675–693

Wiltschko W, Wiltschko R (2007) Magnetoreception in birds: two receptors for two different tasks. J Ornithol 148:61–76

Wiltschko W, Wiltschko R (2013) The magnetite-based receptors in the beak of birds and their role in avian navigation. J Comp Physiol A 199:89–98

Tasten und Fühlen

S. Frings, F. Müller, *Biologie der Sinne*, https://doi.org/10.1007/978-3-662-58350-0_10

Der „fünfte Sinn", das Fühlen oder Tasten, wird durch eine Vielzahl unterschiedlicher Sinneszellen vermittelt. Diese Zellen registrieren die Berührung der Haut und geben Aufschluss über die Beschaffenheit des Gegenstands, der uns berührt. Temperatursensoren reagieren empfindlich auf Änderung der Hauttemperatur. In spezialisierten Organen wirken Temperatursensoren als Infrarotdetektoren und verleihen manchen Tieren eine Art Nachtsicht. Vor der Beschädigung des Körpers warnen uns Schmerzrezeptoren. Sie können ihre Empfindlichkeit verstellen und dadurch besonders starke Warnsignale erzeugen. Aber das Schmerzsystem ist auch abschaltbar. Ohne eine körpereigene Schmerzunterdrückung könnte das Schmerzsystem nicht sinnvoll funktionieren – der Schmerz würde uns nicht schützen; er würde uns quälen wie im Zustand chronischer Schmerzempfindung. Der fünfte Sinn ist also ein kompliziertes und lebenswichtiges System.

Abb. 10.1 „Sehen" mit den Händen. Wie lange muss die Versuchsperson die beiden Objekte hinter dem Schirm betasten, bis sie weiß, ob es sich um ein lebendiges Tier oder um ein unbelebtes Spielzeug handelt? (© Michal Rössler, Universität Heidelberg)

10.1 Unsere Haut

„Blinde sehen mit den Händen" ist ein Spruch, der Menschen mit intaktem Sehsinn nur wenig sagt. Man stellt sich vielleicht vor, dass ein blinder Mensch mit geübten Händen einen Gegenstand abtastet, und dass „vor seinem inneren Auge" dabei die Form und Beschaffenheit des Gegenstands zunehmend deutlich werden. Welche Art von Sinneserfahrung dies genau ist, bleibt uns verschlossen. Aber die Geschicklichkeit und Wahrnehmungsfähigkeit von Blinden bei diesem Vorgang verblüffen uns und zeigen, dass die Haut – insbesondere die der Hände – ein leistungsfähiges Sinnesorgan ist. Wir können dies spielerisch selbst erfahren, wenn wir versuchen, einen Gegenstand zu ertasten, den wir nicht sehen können, weil er sich z. B. hinter einer undurchsichtigen Trennwand befindet (Abb. 10.1). Schnell bekommen wir viele wichtige Dinge heraus. Größe, Oberflächenstruktur, Härte, Temperatur, Entfernung, Bewegung: All das ertasten wir in wenigen Sekunden. Und wenn wir ein Spielzeugauto ertasten, reagieren wir anders, als wenn hinter der Trennwand eine Ratte sitzt!

Unsere Haut ist wirklich sehr empfindlich. Das können Sie an sich selbst überprüfen. Berühren Sie mit einer Bleistiftspitze ein Haar auf der Rückseite Ihrer Hand. Wenn Sie das Haar nur ein wenig auslenken, empfinden Sie ein leicht kitzelndes Berührungsgefühl. Lassen Sie den Stift über die Haare streichen, ohne dabei die Haut selbst zu berühren, spüren Sie jedes einzelne Haar – zumindest solange sich der Bleistift bewegt. Wenn die Bewegung aufhört, hört auch das Berührungsgefühl auf.

Wie kann eine tote Struktur wie ein Haar so empfindlich sein? Haare sind in der Haut in beutelförmige Halterungen eingelagert, den Haarfollikeln (Abb. 10.2). Die Wand dieser Follikel ist von sensorischen Nervenfasern umsponnen – den Haarfollikelsensoren. Diese Sensoren reagieren auf jede Auslenkung des Haares; sie reagieren selbst dann, wenn sich die Haarbasis nur um den Bruchteil eines Millimeters

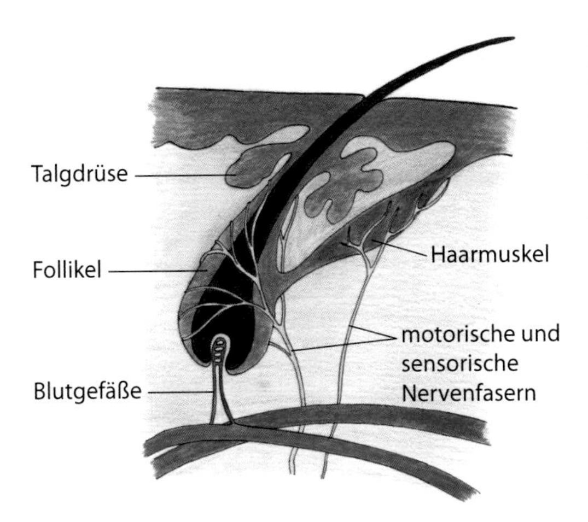

Abb. 10.2 Ein Haar und sein Versorgungssystem. Im Haarfollikel wird das Haar gebildet und ernährt. Der Follikel ist von sensorischen Nervenfasern umsponnen, die jede Auslenkung des Haares bei Berührung registrieren können. Der Haarmuskel kann das Haar aufrichten, es entsteht Gänsehaut. (© Michal Rössler, Universität Heidelberg)

verschiebt. Haarfollikelsensoren sind hochempfindliche Mechanorezeptoren – sie machen jedes Haar zu einem feinfühligen Sinnesorgan. Wie kann es aber sein, dass unser Gehirn nicht unablässig von Tausenden von Haaren mit Berührungsinformation überschüttet wird? Schließlich werden ja ständig Haare bewegt, sei es durch aufliegende Kleidung, durch Luftströmungen oder durch Körperbewegungen. Die Haarfollikelsensoren sorgen selbst dafür, dass dies nicht passiert. Sie geben ihr Signal nur ab, während sich das Haar bewegt, nicht aber wenn es unbewegt bleibt, z. B. wenn von es von einem Kleidungsstück konstant an die Haut gedrückt wird. Sie reagieren nur auf Bewegung, bei Stillstand adaptieren sie (Abb. 10.3); sie sind also hochempfindliche Haarbewegungssensoren. Aber uns interessiert natürlich nicht nur die Bewegung unserer Haare. Jede Berührung muss analysiert werden, und dies machen wir besonders gut mit Hautbereichen, die überhaupt keine Haare haben – den Handflächen, den Lippen und den Fußsohlen.

Eine Menge unterschiedlicher und kompliziert aufgebauter Sensoren bevölkern die Haut zu diesem Zweck. Die Sinneszellen selbst haben ihre Zellkörper in den Spinalganglien, die nahe des Rückenmarks zu finden sind. Sie senden lange Fasern in die Haut, wo die Nervenendigungen an komplexen Strukturen enden (Abb. 10.3a). Diese sind für die Übertragung mechanischer Reize auf die Nervenfaser wichtig. Bei den Ruffini-Körperchen sind dies z. B. speziell strukturierte Bindegewebsfasern. Bei den Pacini-Korpuskeln werden die fingerförmigen Ausläufer der Nervenendigung von Kapseln umgeben, die wie Zwiebeln aus Schichten lamellenartiger Hilfszellen aufgebaut sind. Diese Kapseln können mehrere Millimeter lang sein. Die Strukturen bestimmen die Funktion der Sensoren – Vibrationssensoren, Drucksensoren, verschiedene Bewegungssensoren sowie Sensoren für Wärme und Kälte.

Mit all diesen spezialisierten Sinneszellen kann die Haut recht präzise Information an das Gehirn liefern. Ein Beispiel: Nehmen wir an, Ihr Arzt sticht Ihnen mit einer Injektionsnadel in die Haut. Obwohl Sie sich abwenden und nicht hinschauen wollen, wissen Sie doch recht genau, was da vor sich geht, denn Ihre Haut meldet an das Gehirn: „Ein kalter Gegenstand (Kaltrezeptoren) drückt meine Haut (Meissner-Zellen) um 4 mm (Merkel-Zellen) ein. Der Gegenstand wird von einer ruhigen Hand geführt (Warmrezeptoren, Haarfollikelsensoren), ist spitz (Tastscheiben), vibriert leicht (Pacini-Korpuskeln) und bleibt bei 4 mm Eindringtiefe stehen (Ruffini-Körperchen). Beim Eindrücken wird die Haut leicht verletzt (Schmerzzellen)“. Alles in allem also eine recht genaue Beschreibung des Vorgangs! Die Genauigkeit unseres Berührungssinnes ist aber nicht überall gleich. Lippen und Finger sind hier weit besser als die Haut des Rumpfes und der Beine. Dies liegt daran, dass die empfindliche Haut von Lippen und Fingerkuppen mehr als zehnmal so viele Hautsinneszellen hat wie andere Hautbereiche. Es gibt jedoch keine gesunde Hautpartie ohne Versorgung durch Sinneszellen. Eine solche Haut würde sich taub anfühlen wie bei einer örtlichen Betäubung oder einer Nervenverletzung.

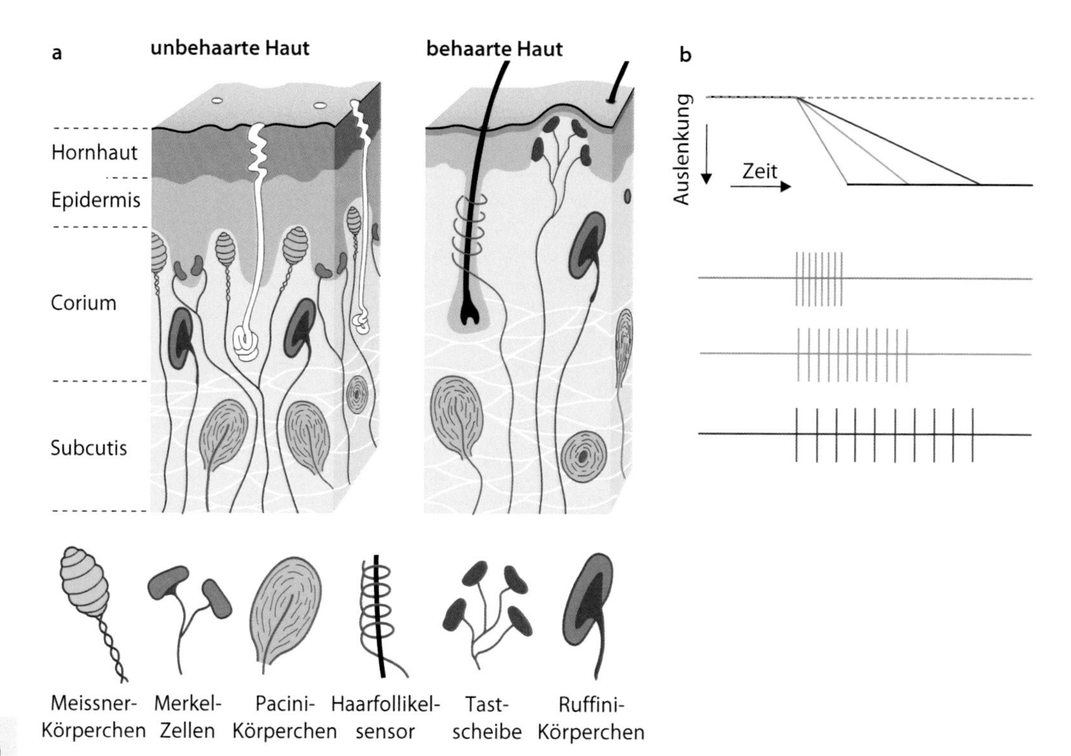

Abb. 10.3 Mechanorezeptoren in der Haut. **a** Sechs unterschiedliche Typen von Sinneszellen befinden sich in der Haut, jede spezialisiert auf eine besondere Art von mechanischer Stimulation. Mechanorezeptoren liegen nicht als „freie Nervenendigung" in der Haut vor, z. B. Schmerzzellen. Vielmehr enden sie an komplexen Hilfsstrukturen aus Zellen oder Bindegewebsfasern, die bei der Übertragung der mechanischen Kräfte auf die Nervenfaser eine wichtige Rolle spielen. Behaarte Haut ist etwas anders ausgestattet als unbehaarte. **b** Adaptation von Haarfollikelsensoren. Ein Haar wird durch Berührung ausgelenkt und in einer gebogenen Stellung gehalten. Der Haarfollikelsensor feuert Aktionspotenziale während der Auslenkung, nicht aber wenn das Haar unbeweglich in der gebogenen Stellung gehalten wird: Der Sensor adaptiert, er passt sich an die gebogene Stellung an. Seine Aktivität während der Auslenkung hängt von der Auslenkungsgeschwindigkeit ab: je schneller, desto mehr Aktivität. Unsere Wahrnehmung der Berührung von Haaren entspricht den Eigenschaften der Haarfollikelsensoren. Wir registrieren die Geschwindigkeit der Auslenkung, nicht aber die Position des unbewegten Haares. (Links: © Stephan Frings, Universität Heidelberg; *rechts* aus Schmidt et al. 2011)

In den Fingerkuppen besiedeln über 300 Mechanorezeptoren jeden Quadratzentimeter Haut zusammen mit ein bis fünf Temperaturrezeptoren und einigen Hundert Schmerzfasern. Man kann sich vorstellen, dass auf diese Weise Tausende von Hautsinneszellen eine einzelne Hand versorgen und dass sie ihre Information über dicke Axonbündel zum Gehirn schicken. Dort werden die Berührungsinformationen im Thalamus nach Körperarealen sortiert und an den zuständigen Bereich der Großhirnrinde, den somatosensorischen Cortex, weitergeleitet (Abb. 10.4). Da die meisten Sinneszellen in Händen und Lippen liegen, beschäftigt sich der größte Teil des somatosensorischen Cortex mit der Information aus diesen Bereichen. Nur etwa ein Drittel dieses Rindenbereichs bleibt übrig, um den gesamten Rest des Körpers zu verarbeiten.

Die Aufteilung des somatosensorischen Cortex nach Körperarealen – die Somatotopie – ist ein Beispiel für eines der wichtigsten Ordnungsprinzipien im Gehirn: Zusammengehörende Signale (alle Hautsinne vom Zeigefinger

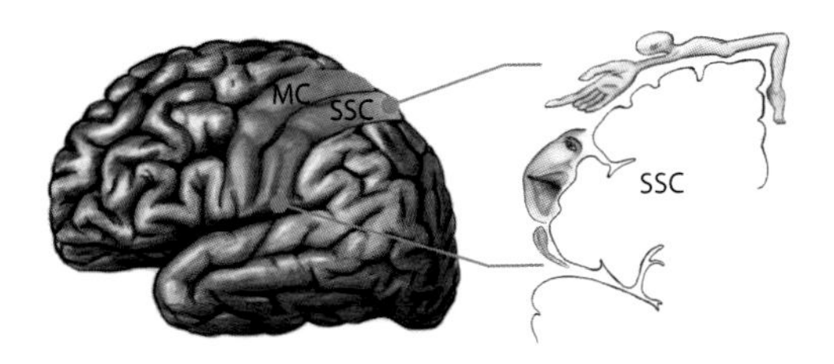

■ **Abb. 10.4** Die Signale der Hautsinneszellen gelangen in den primären somatosensorischen Cortex (*SSC*), der parallel zum motorischen Cortex (*MC*) hinter der Zentralfurche der Großhirnrinde verläuft. Auf jeder Gehirnseite werden die Informationen der gegenüberliegenden Körperseite verarbeitet, wobei unterschiedliche Orte auf dem SSC für unterschiedliche Körperregionen zuständig sind (Somatotopie). In der Homunculus-Darstellung rechts kann man erkennen, dass etwa zwei Drittel des SSC von Zunge, Gesicht und Hand beansprucht werden, weil sich dort die größte Anzahl von Sinneszellen befinden. Der Rest des Körpers begnügt sich mit dem verbleibenden Drittel des SSC. (© Michal Rössler, Universität Heidelberg)

der linken Hand) werden räumlich zusammen verarbeitet. Signale, die nicht zusammengehören (Hautsinne von linker Hand und rechtem Fuß) werden dagegen räumlich getrennt verarbeitet. Auf diese Weise entsteht eine Art Landkarte der Hautsinne auf dem somatosensorischen Cortex mit großen Bereichen für besonders empfindliche Areale und kleinen Bereichen für die weniger empfindlichen. Berührung der Haut löst also neuronale Aktivität in genau dem Teil des somatosensorischen Cortex aus, der für die berührte Stelle zuständig ist.

10.2 Tasthaare

Die Messung von Haarbewegung durch Mechanorezeptoren an den Haarfollikeln ist von praktisch allen Säugetieren (der Mensch ist vielleicht die einzige Ausnahme bei den Landsäugern) verfeinert worden. Lange, borstenartige Haare werden mit einem komplizierten Messapparat an den Follikeln kombiniert, um hochempfindliche Tasthaare, die Vibrissen, zu bekommen (■ Abb. 10.5).

Viele nachtaktive Säugetiere tasten mit ihren Schnurrhaaren ihre Umgebung ab. Oft sind diese Tasthaare beweglich, durch spezielle Muskeln willkürlich steuerbar. Die Tiere lassen die Haare fünf- bis zehnmal pro Sekunde hin- und herpendeln und registrieren dabei jede Berührung. Dressurversuche mit Ratten haben gezeigt, dass die Tiere nicht nur den Ort von Objekten bestimmen, sondern auch deren Form ertasten können. Ähnlich wie ein Blinder mit den Händen „sieht", erschließt sich die Ratte ihre nächtliche Umgebung durch ihre Tasthaare. Tatsächlich ist der Verlust der Tasthaare für diese Tiere ein größeres Problem als der Verlust der Sehfähigkeit. Ohne Sehsinn können sie sich gut orientieren, finden ihren Weg, finden Futter und finden andere Ratten. Ohne Tasthaare klappt das alles nicht richtig. Bei Katzen und Hunden dienen die hochempfindlichen Schurrhaare vermutlich in erster Linie der Nahorientierung. Besonders bei der Erkundung von Fährten, von dunklen Winkeln und Ecken sowie beim Beutefang liefern sie genauere Informationen als die Augen. Tatsächlich löst die Berührung der Schnurrhaare das reflexhafte Schließen der Augen aus, wohl ein Schutzmechanismus, der verhindert, dass beim Stöbern im Unterholz und beim Kampf mit Beutetieren die Augen zerkratzt werden.

Selbst Meeressäuger setzen Tasthaare zu Orientierung ein. Robben können mit ihren Schnurrhaaren die Wirbelschleppen ertasten, die ein Beutefisch viele Meter weit hinter sich herzieht, obwohl diese nur aus winzigen Wasserbewegungen bestehen. Bei vielen Meeres- wie Landsäugern haben die Tasthaare zudem eine wichtige soziale Funktion: Das gegenseitige Betasten mit den Schnurrhaaren entscheidet über Frieden oder Aggression – vielleicht eine tierische Version des menschlichen Kusses. Stutzt man Mäusen oder Ratten ihre Schnurrhaare, kann die soziale Struktur in den Gruppen zusammenbrechen und zu Tumult und sinnloser Aggression führen. Tasthaare spielen also eine wichtige Rolle im Leben der Säugetiere.

Das Bauprinzip von Tasthaaren ähnelt zunächst dem der Haare auf unserem Handrücken; die Tasthaare sind jedoch sehr viel

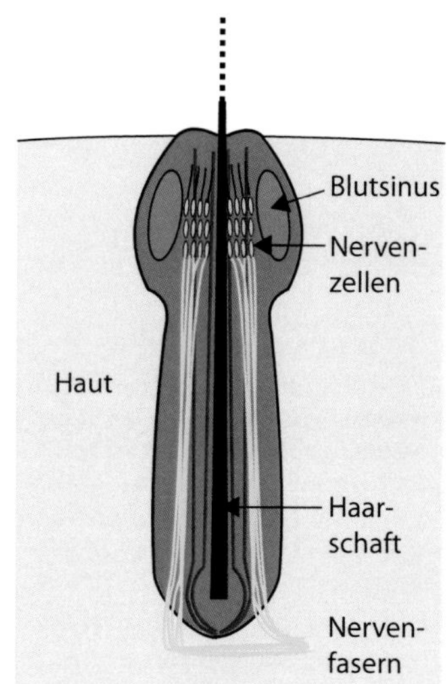

Abb. 10.5 Vibrissen sind empfindliche Tasthaare, die besonders bei nachtaktiven Säugetieren wie dem Tiger ausgeprägt sind. Mit den Vibrissen können die Tiere ihre unmittelbare Umgebung abtasten und so auch im Dunkeln Sinnesinformation gewinnen. Im Follikel der Vibrissen findet man einen Ring aus zahlreichen Nervenzellen, die jede Auslenkung der Vibrisse registrieren und an das Gehirn melden. (© Erik Leist und Stephan Frings, Universität Heidelberg)

länger und härter. Es handelt sich dabei um tote Keratinstrukturen wie bei anderen Haaren auch. Die Follikel allerdings sind wesentlich komplizierter gebaut (Abb. 10.5). Sie sind größer und von einer dicken Bindegewebskapsel umgeben, die dem Tasthaar Halt gibt. Ein komplexes Blutgefäßsystem umgibt diese Kapsel und versorgt die sauerstoffhungrigen Nervenzellen des Follikels. Und davon gibt es eine Menge! Während die Bewegung unserer Haare von nur *einem* Haarfollikelsensor gemessen wird, gruppieren sich um den Follikel eines Tasthaares mehrere Hundert bis über 1000 Mechanosensoren und registrieren jede noch so kleine Auslenkung des Haares. Sie erfassen genau, in welche Richtung sich das Haar bewegt, wie schnell und wie weit es ausgelenkt wird. Mit einem Feld von 20 bis 30 Schnurrhaaren auf jeder Nasenseite, wie es viele Säuger haben, ergibt sich daraus eine sehr konkrete Information über den nasennahen Raum, der von den Vibrissen erreicht wird. Die Nähe zur Nase ist dabei natürlich sinnvoll. Denn während die Tasthaare Ort und Form eines Objekts analysieren, führt die Nase ihre chemische Analyse durch. Beides zusammen liefert dem Tier alle wichtige Information. Es kann das Objekt erkennen und sich dann für das richtige Verhalten entscheiden.

Die Kombination von Haaren und Nervenzellen ist eine ideale Lösung für viele Sinnesorgane, die mechanische Reize detektieren müssen. Solche Sinneshaare werden daher von den unterschiedlichsten Tieren eingesetzt. Wir finden sie als Mechanosensoren bei Insekten ebenso wie als windempfindliche Haare auf den Beinen von Spinnen (Abb. 10.6). Ihre große Empfindlichkeit entsteht durch die Hebelwirkung („Kraft mal Kraftarm ist gleich Last mal Lastarm"). Nur wenig Kraft ist nötig, um das lange Haar (den Kraftarm) zu bewegen. Dabei wirkt das kurze Endstück unterhalb des Angelpunktes (der Lastarm) jedoch mit erheblicher Kraft auf die Nervenzelle ein. Diese reagiert auf Verformung oder Quetschung ihres Dendriten mit elektrischer Erregung: Ein neuronales Signal entsteht und läuft in Richtung zentrales Nervensystem. Ein einfaches, aber hocheffizientes Sinnesorgan!

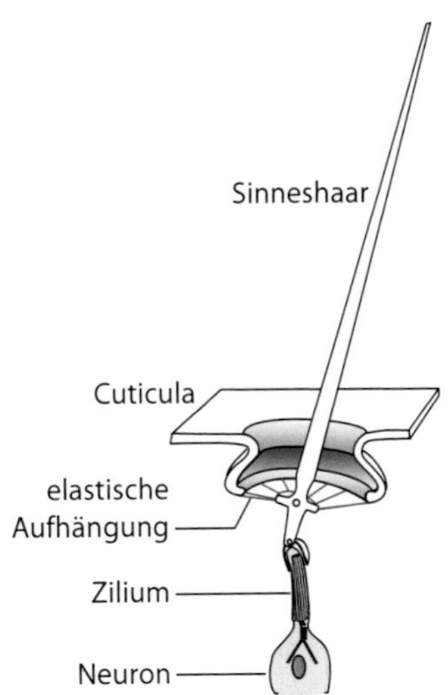

Abb. 10.6 Ein einfacher und effektiver Mechanosensor. Jede Bewegung des Sinneshaares wird auf ein sensorisches Neuron übertragen. Solche Sinnesorgane (Trichobothrien) sind bei Insekten und Spinnen weit verbreitet und erfassen Luftbewegungen, Vibrationen und Berührungen. Links kann man derartige Sinneshaare auf den vorderen Beinen einer Wespenspinne erkennen. (© Stephan Frings und Erik Leist, Universität Heidelberg)

10.3 Schmerz – Warnung und Leid

Für die meisten Menschen ist Schmerz eine Erfahrung, die mit allen Mitteln verhindert werden muss. Es ist ein negativer Sinn, einer, den wir lieber nicht hätten. Über den Verlust unseres Hör- oder Sehsinnes würden wir bitterlich klagen. Aber der Schmerz? Wäre das Leben nicht schöner ohne Schmerz? Sollten wir den Schmerzsinn nicht abschaffen – wegzüchten oder pharmakologisch unterdrücken? Diese Frage können am besten Menschen beantworten, die keinen Schmerz empfinden. Oder deren Ärzte. Denn die angeborene Schmerzunempfindlichkeit ist eine schlimme Krankheit, mit der die betroffenen Patienten oft nur schwer zurechtkommen. Der Grund dafür ist, dass diese Patienten nicht sofort merken, wenn sie sich verletzen. Obwohl sie im Allgemeinen über einen intakten Tastsinn verfügen, entdecken sie Verletzungen oft visuell und viel zu spät. Sie sehen Blut, *nachdem* sie sich auf die Zunge gebissen haben, oder sie sehen eine unnatürliche Gelenkstellung lange *nach* einer Knochenfraktur. Es fehlt aber die unmissverständliche Warnung, die ein funktionierendes Schmerzsystem liefert, um derartige Verletzungen zu verhindern: Stopp! Nicht weiter! Gewebe in Gefahr!

Solche Warnsignale produziert ein gesundes Schmerzsystem täglich und hilft uns damit, Schäden zu vermeiden. Ein Beispiel aus dem Alltag: Sie haben im Supermarkt eingekauft und tragen nun eine Plastiktüte mit 10 kg Lebensmitteln nach Hause. Der Griff der Plastiktüte rutscht in Ihrer Hand zu einem schmalen Band zusammen und drückt zwischen dem ersten und zweiten Glied von Zeige-, Mittel- und Ringfinger die arterielle Blutversorgung ab (Abb. 10.7). Zunächst empfinden Sie dies nur als unangenehm, denken aber daran, dass Sie nur eine Viertelstunde zu laufen haben, und setzen Ihren Weg fort. Nach zwei oder drei Minuten aber schmerzen Ihre Fingergelenke so unerträglich, dass Sie die Tüte abstellen, sich die Finger reiben und dann die Tüte in der anderen Hand weitertragen. Vielleicht hat Ihr Schmerzsinn Ihnen gerade die Funktionsfähigkeit Ihrer Finger gerettet. Denn bei längerer Unterbrechung der Blutversorgung kann Gewebe geschädigt werden und für immer seine Funktion verlieren. Das Schmerzsystem zwingt uns also

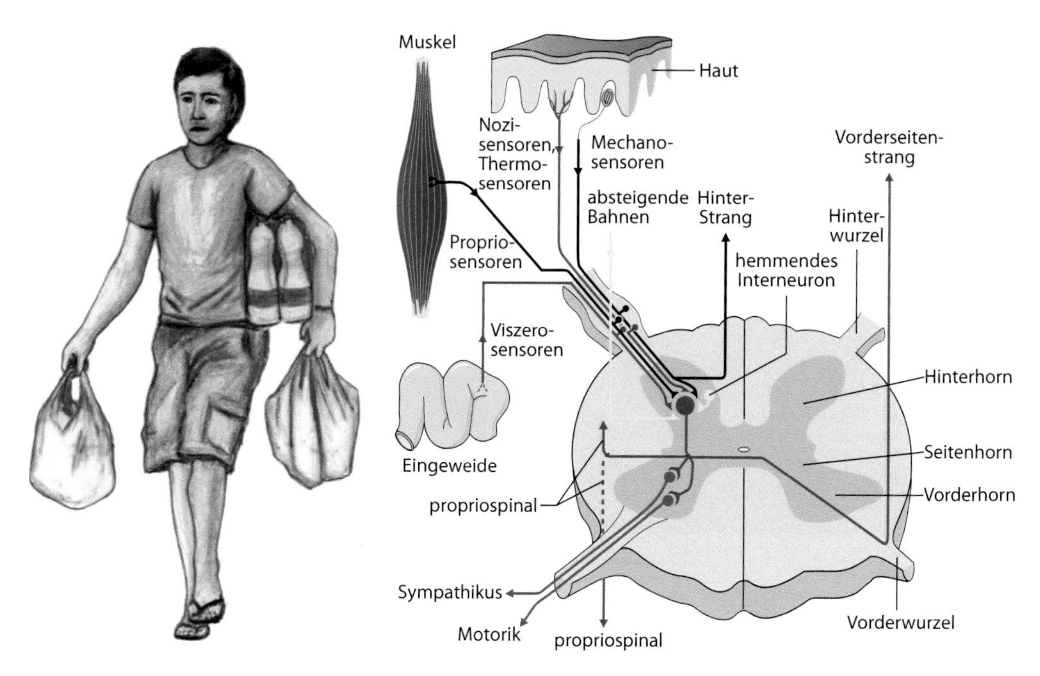

Abb. 10.7 *Links*: Schmerz im Alltag. Infolge des Abdrückens von Blutgefäßen in den Fingern kommt es zur lokalen Unterversorgung mit Sauerstoff und zu einer Ansäuerung des Fingergewebes. Säureempfindliche Schmerzfasern werden aktiviert und alarmieren den Tütenträger. *Rechts* Im Hinterhorn des Rückenmarks treffen die Signale der Schmerzsinneszellen (Nozisensoren, Nozirezeptoren) zusammen mit den Signalen der Tastsinneszellen ein. Die Schmerzinformation wird auf die andere Seite des Rückenmarks geleitet und dort im Vorderseitenstrang zum Gehirn geleitet. (Links: © Michal Rössler, Universität Heidelberg; *rechts* aus Schmidt et al. 2011)

zum schonenden Umgang mit unserem Körper und hilft uns dabei, unbeschadet durch den Tag zu kommen. Ein notwendiger, guter Sinn also. Eine Sinnesmodalität, die dafür Sorge trägt, dass wir uns so verhalten, wie es in unserer jeweiligen Umgebung sinnvoll ist. Wehe aber, wenn der Schmerzsinn außer Kontrolle gerät! Wenn er seine Warnsignale andauernd und ohne wirklichen Anlass erzeugt! Dann plagt uns der chronische Schmerz, und dieser vergällt uns den Alltag, anstatt uns zu helfen. Der gute Schmerz – der böse Schmerz, Warnung und Leid: Sehen wir uns an, wie die beiden Seiten desselben Sinnes zusammenhängen.

Der Schmerzsinn hat seine eigenen Sinneszellen, ist also vom Tastsinn unabhängig und klar unterscheidbar. Schmerzsinneszellen – die Fachbezeichnung ist Nozizeptoren, das bedeutet Rezeptoren für noxische (gewebeschädigende) Einwirkungen auf den Körper – befinden sich an vielen Stellen im Körper, in der Haut, den Gelenken, den Muskeln, Eingeweiden und Augen, überall eben, wo es wehtun kann. Nozizeptoren haben freie Nervenendigungen, ähnlich wie Temperaturrezeptoren, und verfügen nicht über sensorische Hilfsstrukturen wie die Zwiebeln und Platten der Tastsinneszellen. Die Nervenendigungen sind unter normalen Bedingungen nicht aktiv; sie feuern keine oder nur wenige elektrische Signale. Wenn aber Feuer, Nadelstiche oder Schläge das Gewebe bedrohen, schicken sie ihr Warnsignal in Wellen von Aktionspotenzialen in das Rückenmark und von dort in das Gehirn. Im Gehirn werden die Signale analysiert, und eine sinnvolle Reaktion wird geplant. In den meisten Fällen besteht diese darin, dass eine unerträgliche Schmerzempfindung ausgelöst wird, die uns dazu veranlasst, uns von der Gefahrenquelle zu entfernen.

Das Warnsignal wird dabei durch zwei unterschiedliche Arten von Nervenfasern geleitet: schnelle und langsame. Die schnellen Fasern gehören zu den Aδ-Fasern. Sie haben dicke Axone und sind von Myelinschichten umgeben, die ihre Leitungsgeschwindigkeit erhöhen (Box 3.8). Sie leiten das Warnsignal vom Fuß bis zum Kopf in etwa einer fünfzigstel Sekunde und vermitteln den stechenden Schmerz bei Kontakt mit einem heißen Gegenstand oder bei Verletzung der Haut. Sie lösen auch die Reflexe aus, die z. B. die Hand vom heißen Ofen zurückzieht. Die meisten Schmerzfasern sind aber langsam, denn sie haben dünne unmyelinisierte Axone. Sie brauchen etwa 1–2 s, um das Gehirn über eine Fußverletzung zu informieren. Diese C-Fasern vermitteln lang anhaltende Schmerzempfindungen, die als bohrend oder brennend beschrieben werden. Die Zellkörper beider Arten von Nozizeptoren liegen in den Spinalganglien nahe am Rückenmark, und die Kontaktstellen (Synapsen) der Nozizeptoren befinden sich im Hinterhorn des Rückenmarks (◘ Abb. 10.7). Hier wird das Warnsignal an das zentrale Nervensystem übergeben – ein hochinteressanter Vorgang, den wir uns noch genauer ansehen werden.

Zunächst aber zur Frage, wie eine Schmerzsinneszelle gewebeschädigende Einwirkungen registriert. Mit welchen speziellen Sensoren ist ein Nozizeptor ausgerüstet? Wie sind die sensorischen Proteine beschaffen, die nicht unter normalen Bedingungen aktiviert werden, sondern nur, wenn dem Körper Verletzung, Verbrennung oder Verätzung droht?

Die schwierige Suche nach den Sensorproteinen des Schmerzsystems hat auf einem interessanten Umweg zum Erfolg geführt, über den Scharfgeschmack. Die meisten Menschen haben in ihrem Essen gern eine „scharfe“ Note, die im englischen Sprachraum allerdings nicht als *sharp*, sondern als *hot* bezeichnet wird. Das Wort „heiß“ trifft die biologische Grundlage des Scharfgeschmacks wesentlich besser, obwohl die Schärfe eines Essens nicht direkt etwas mit seiner Temperatur zu tun hat. Auch kaltes Essen kann *hot* sein, denken Sie an Meerrettichsauce oder das Tabasco-Gewürz. Scharfes Essen heizt den Mundraum keineswegs auf, obwohl sich das manchmal so anfühlen mag. Wir haben es mit einer chemischen Aktivierung von Hitzesensoren in den Schmerzsinneszellen des Mundes zu tun. Die für die Warnung vor Verbrennungen zuständigen Nozizeptoren werden durch natürliche Pflanzeninhaltsstoffe aktiviert. Der bekannteste dieser Stoffe ist das Capsaicin, ein Inhaltsstoff vieler scharf schmeckender Pflanzen aus der Gattung *Capsicum*, zu der die milderen Gemüse Paprika und Peperoni (*Capsicum annuum*) ebenso gehören wie der scharfe Tabasco-Chili (*Capsicum frutescens*). Capsaicin aktiviert Nozizeptoren und erzeugt damit die Empfindung schmerzhafter Hitze – bei richtiger Dosierung ein interessanter zusätzlicher Sinneseindruck beim Essen.

Für die Sinnesbiologen hat Capsaicin aber noch eine weit spannendere Bedeutung. Da es an die unbekannten Hitzesensoren in Nozizeptoren bindet, kann man diese Hitzesensoren mithilfe von Capsaicin in einem Proteingemisch erkennen, sie isoliert untersuchen und schließlich identifizieren. Die Capsaicinbindenden Hitzerezeptoren wurden durch eine besondere Methode zur Identifizierung unbekannter Proteine gefunden, der Expressionsklonierung. Diese Methode sowie der Einsatz von Capsaicin werden in ► Box 10.1 erklärt. Es stellte sich heraus, dass die Hitzesensoren Ionenkanäle sind, die bei Temperaturen über 40 °C ihre Pore öffnen, sodass Natrium- und Calciumionen in die Schmerzfaser einströmen. Durch diesen Einstrom werden Aktionspotenziale ausgelöst, die das Warnsignal „Vorsicht, Hitze!“ in das zentrale Nervensystem transportieren.

Nach ihrer Entdeckung wurden die hitzeempfindlichen Ionenkanäle mit der Kurzbezeichnung TRPV1 versehen. Sie gehören zu der großen Familie der TRP-Kanäle, die uns schon in den Kapiteln zum Schmecken (► Kap. 5), Riechen (► Kap. 6) und Sehen (► Kap. 7) begegnet ist. Die Zusatzbezeichnung „V1“ bezieht sich auf ihre Fähigkeit, Vanilloide zu binden. Dies sind chemische Verbindungen, die eine Vanillylgruppe enthalten, und Capsaicin ist eine solche Verbindung. Wenn Capsaicin

Box 10.1 Durch das Mikroskop betrachtet: Expressionsklonierung von Schmerzrezeptoren

Der erste Schritt ist immer der schwerste, dies gilt auch für die Forschung. Wenn man gar nichts weiß über ein gesuchtes Protein, außer dass es existiert und was es macht, wo soll man dann mit der Suche beginnen? In dieser Lage befand sich die Schmerzforschung bis in die 1990er Jahre. Natürlich wusste man, dass Schmerzfasern auf Hitze, Säure, Quetschung und andere Schmerzreize reagieren. Man wusste auch, dass diese Reize die Schmerzfasern elektrisch erregen. Aber wie dies geschieht, welche Proteine dabei als Reizrezeptoren wirken, das war vollkommen unbekannt. Wie sollten diese Proteine identifiziert werden? Die Arbeitsgruppe von David Julius an der University of California in San Francisco hatte schließlich die entscheidende Idee. Und die hatte mit Chilischoten zu tun und mit deren scharfem Inhaltsstoff Capsaicin.

Die Physiologen in David Julius' Arbeitsgruppe wussten, dass Hitzeschmerz auf zwei unterschiedliche Arten erzeugt werden kann: durch Temperaturen über 45 °C und durch Capsaicin. Mit solch hohen Temperaturen kann man in der Sinnesbiologie kaum arbeiten, denn sie zerstört Proteine und schädigt Zellen. Capsaicin aber ist, zumindest in den Konzentrationen, in denen es Scharfgeschmack auslöst, nicht giftig, kann also auch in biologischen Experimenten eingesetzt werden. Die Idee war also, Capsaicin für die Suche nach dem Hitzerezeptor zu benutzen, demjenigen Protein, das auf gewebeschädigende Hitze reagiert. Das Protein aus Schmerzzellen zu isolieren, war nicht möglich, denn es befindet sich in nur winzigen Mengen in den schwer zugänglichen Schmerzfasern in der Haut. Die Forscher entschlossen sich daher, nach dem unbekannten Gen zu suchen, das die Information für die Biosynthese des Hitzerezeptors trägt. Wie aber sucht man nach einem Gen, über das man nichts weiß? Immerhin wussten die Schmerzforscher eines: Wenn dieses Gen in einer Zelle abgelesen wird, dann werden Hitzerezeptoren gebildet, und die Zelle reagiert auf Capsaicin. Und diese Information reichte aus, um das Gen und das dazugehörige Protein zu finden.

Zunächst einmal mussten die Forscher das gesuchte Gen aus Schmerzzellen isolieren, denn nur von Schmerzzellen weiß man, dass das Gen abgelesen wird. Wie wir in ► Kap. 3 gesehen haben, wird dafür zuerst eine Kopie des Gens, die mRNA, hergestellt (Box 3.2). Die Zellkerne von Schmerzzellen mitsamt ihrem Genmaterial liegen in den Spinalganglien (◘ Abb. 10.8). Aus solchen Spinalganglien wurde die mRNA isoliert. Man hatte damit ein Gemisch von Tausenden von Genkopien in der Hand, und irgendwo darunter musste sich die Kopie des Gens für den Hitzerezeptor verstecken.

Das Ziel war nun, genau dieses Gen aus dem Gemisch herauszufischen. Dazu wurde zunächst die mRNA in DNA umgeschrieben. Ein spezielles Enzym, wie man es bei bestimmten Viren findet, wurde dafür verwendet, eine reverse Transkriptase, die eben „revers" arbeitet und DNA aus RNA macht statt RNA aus DNA. Mit DNA ist es leichter zu arbeiten als mit mRNA, und die Forscher konnten nun in ihrer DNA-Mischung nach dem Hitzerezeptorgen suchen. Ihre Strategie sah vor, eine Methode einzusetzen, bei der sich das gesuchte Gen durch die Funktion seines Proteins zu erkennen gibt – die Expressionsklonierung. Dazu benutzten sie Zellen, die garantiert nicht auf Capsaicin reagierten, die also keine Hitzerezeptoren hatten. In diese sogenannten Ammenzellen brachten die Forscher winzige Mengen der aus den Spinalganglien gewonnenen DNA-Mischung ein. Die Zellen nutzten diese DNA, um die Schmerzzellproteine herzustellen. Sie wurden dadurch selbst schmerzempfindlich – sie reagierten auf Capsaicin. Die Überführung des Hitzerezeptorgens in die Ammenzellen war gelungen!

Der nächste Schritt war, frischen Ammenzellen nicht mehr das ganze DNA-Gemisch aus den Spinalganglien zu geben, sondern nur noch einen Teil davon. Dazu wurde die DNA in mehrere Fraktionen aufgeteilt, und jede Fraktion wurde in andere Ammenzellen überführt. Sofort sahen die Forscher, dass nur *eine* der Gruppen von Ammenzellen Capsaicin-empfindlich wurde. Die anderen hatten Fraktionen abbekommen, in denen das gesuchte Gen nicht vorhanden war. Diese Fraktionen waren für den Rest des Projekts uninteressant. Die verbleibende Fraktion teilten die Forscher nun wieder in Unterfraktionen auf, überführten die Unterfraktionen einzeln in Ammenzellen und suchten nach der „positiven" Fraktion, also der, in der sich das Hitzerezeptorgen befinden musste. Diese wurde dann wieder aufgeteilt, und nach vielen Durchgängen mit immer kleineren Fraktionen konnten die Forscher schließlich dasjenige Gen isolieren, das allein für die Capsaicin-Empfindlichkeit der Ammenzellen verantwortlich war.

Diese Expressionsklonierung war ein langer und arbeitsreicher Prozess, aber der Erfolg war groß: Das erste Schmerzrezeptorprotein war entdeckt! Die Forscher nannten dieses Protein Vanilloidrezeptor 1 (VR1), weil es Capsaicin bindet, das chemisch in die Gruppe der Vanilloide gehört. Bei dem Rezeptorprotein handelt es sich um einen Ionenkanal aus der TRP-Familie, weshalb sein Name heute TRPV1 ist. Genau wie die Schmerzfasern reagieren auch Ammenzellen, wenn sie TRPV1 produzieren, auf unterschiedlich scharf schmeckende Paprikasorten mit unterschiedlich heftigen Reaktionen. Tatsächlich benehmen sich die Ammenzellen ziemlich genau wie hitzeempfindliche Schmerzfasern! Wir wissen heute, dass TRPV1 den milden Hitzeschmerz zwischen 40 und 50 °C vermittelt. Nachdem TRPV1 entdeckt war, konnte mit viel weniger Aufwand eine ganze Reihe verwandter Proteine in Schmerzzellen identifiziert werden. Der nahe Verwandte TRPV2 wird erst bei über 50 °C aktiv und spielt wohl die Hauptrolle beim Verbrennungsschmerz. TRPV2 wird aber nicht durch Capsaicin aktiviert und wäre uns vermutlich noch lange verborgen geblieben. Unser Scharfgeschmack ist damit ein echter Glücksfall für die Sinnesbiologie. Er hat die Expressionsklonierung von TRPV1 ermöglicht und damit das aus biomedizinischen Gründen wichtige Forschungsgebiet der Schmerzrezeptorproteine eröffnet.

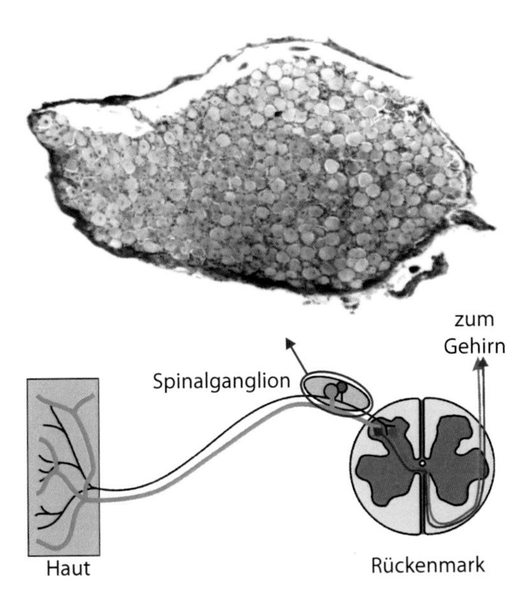

Abb. 10.8 Schmerzzellen haben sensorische Endigungen in der Haut, in Gelenken und anderen Geweben. Ihre Synapsen liegen im Rückenmark, wo das Schmerzsignal zum Gehirn geleitet wird. Die Zellkörper der Schmerzzellen – und damit auch ihre Zellkerne mit der DNA – liegen in den Spinalganglien nahe am Rückenmark. Oben ist ein Schnitt durch ein Spinalganglion gezeigt. Es hat einen Durchmesser von 2–3 mm und ist von der harten Hirnhaut (Dura mater; *blau*) umschlossen. Spinalganglien enthalten Tausende von Zellkörpern, die man hier als kleine Kreise erkennen kann. Aus ihnen wurde die DNA für die Expressionsklonierung von Hitzerezeptoren gewonnen. (© Stephan Frings, Universität Heidelberg)

an den TRPV1-Kanal bindet, verschiebt sich dessen Temperaturempfindlichkeit, und er öffnet schon bei normaler Körpertemperatur. Dies führt zu genau der Sinneswahrnehmung, die man durch das Würzen mit Chili erreichen möchte, nämlich der Wahrnehmung von moderatem Hitzeschmerz ohne Gefahr von Verbrennung und von Brandblasen im Mund. Die Entdeckung dieser Zusammenhänge war ein wichtiger Fortschritt für die Schmerzforschung, in deren Folge weitere Ionenkanäle entdeckt wurden, die durch ihre Öffnung schmerzhafte Warnsignale auslösen. Mehrere TRP-Kanäle sind dabei sowie auch Kanäle aus anderen, strukturell verwandten Proteinfamilien (Abb. 10.9). Alle diese Kanäle werden direkt durch den noxischen Reiz geöffnet, alle leiten Natrium- und Calciumionen in die Schmerzfasern, und alle lösen das Feuern von Aktionspotenzialen aus.

Eine Beobachtung ist zunächst verblüffend, ist aber bezeichnend für das Schmerzsystem. Die meisten Schmerzfasern enthalten nicht nur *eine* Sorte dieser Kanäle, sondern mehrere unterschiedliche Kanaltypen. So findet man in vielen Schmerzfasern nebeneinander sowohl hitzeempfindliche TRPV1-Kanäle als auch säureempfindliche ASIC-Kanäle (*acid-sensing ion channels*) sowie schlag- und stichempfindliche (mechanosensitive) DEG (*degenerin*)-Kanäle. Solche Fasern reagieren also gleichermaßen bei Verbrennung, Verätzung und Quetschung des Gewebes, und zwar immer mit dem gleichen Signal – mit Aktionspotenzialen. Welches Signal entsteht hier? Welche Botschaft wird zum Gehirn geschickt? Offensichtlich keine sehr genaue. Denn die zuständigen Zentren im Gehirn können ja nicht wissen, was an der Körperoberfläche los ist. Die Schmerzfasern

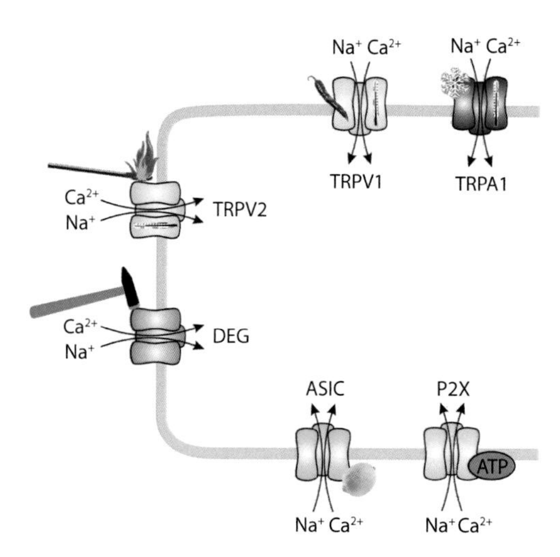

Abb. 10.9 Die sensorische Endigung eines Nozizeptors ist eine Nervenfaser dicht bestückt mit Ionenkanälen zur Erfassung gewebeschädigender Reize und zur Signalweiterleitung. TRPV1- und TRPV2-Kanäle detektieren Hitze, Kanäle der Degenerinfamilie (vgl. *oben* DEG) mechanische Reize, ASIC-Kanäle reagieren auf Säure, P2X-Kanäle auf ATP und TRPA1-Kanäle auf Kälte. Alle leiten, wenn aktiviert, Natrium- und Calciumionen in die Faser und depolarisieren sie damit. Dies führt zum Feuern von Aktionspotenzialen. Die Aktionspotenziale laufen über die Nervenfaser in das Hinterhorn des Rückenmarks. Dort wird sie auf Nervenzellen verschaltet, die in das Gehirn weiterleiten. (© Stephan Frings, Universität Heidelberg, und Anja Mataruga, Forschungszentrum Jülich)

mit mehreren unterschiedlichen Sensoren – die polymodalen Fasern – erzeugen ein schnelles und starkes Alarmsignal. Sie funken an das Gehirn „Vorsicht, Verletzungsgefahr!", geben aber keine genauere Information über die Art der Bedrohung. Diese Art von Ungenauigkeit ist eine Eigenart des Schmerzsystems, die sich auch an anderer Stelle – im Rückenmark – zeigt. Es geht eben um eine schnelle Reaktion in einer gefährlichen Situation und nicht um die genaue Analyse dieser Situation.

Das Rückenmark nimmt die Warnsignale des Schmerzsystems auf, bearbeitet sie und leitet sie an das Gehirn weiter, wo letztendlich die Schmerzempfindung entsteht. Wenn man den Weg der schnellen Fasern (Aδ-Fasern) und der langsamen Schmerzfasern (C-Fasern) von der Haut bis zum Gehirn verfolgt, findet man, dass die Fasern im Rückenmark getrennte Wege gehen. Die schnellen Fasern werden direkt auf Rückenmarksneurone mit langen Axonen verschaltet, über die ihre Signale schnellstmöglich Richtung Gehirn geleitet werden. Die langsamen Fasern dagegen parken ihre Signale erst einmal auf Interneuronen, die nur kurze Axone, dafür aber mehrere Dendriten haben. Über diese Dendriten wird Information von umliegenden Zellen eingesammelt, vom Interneuron verarbeitet und erst dann an ein Neuron mit langem Axon weitergegeben. So eine Verarbeitungsstufe ermöglicht es dem Schmerzsystem, sich ungewöhnlichen Bedingungen anzupassen. Es kann beispielsweise das Warnsignal verstärken, wenn der Alarm nicht dazu führt, den noxischen Reiz zu beenden. Das Schmerzsystem ist vermutlich der einzige Sinn, der bei anhaltender Stimulation nicht adaptiert. Während Augen, Ohren und Nase bei Dauerstimulation immer unempfindlicher werden, nimmt die Empfindlichkeit des Schmerzsystems kontinuierlich zu. Wenn Sie mit einer Nadel immer wieder in dieselbe Stelle Ihrer Haut stechen, wird der Schmerz immer schlimmer. Das Rückenmark mit seinen Interneuronen im Schmerzsystem trägt zur Verstellung der Schmerzempfindlichkeit wesentlich bei.

Aber glücklicherweise erlaubt das Rückenmark nicht nur eine Verstärkung des Schmerzsignals, sondern auch seine Dämpfung, ja sogar eine totale Schmerzblockade. Dazu haben wir ein körpereigenes System der Schmerzunterdrückung – eine Möglichkeit, den Schmerz abzuschalten. Jedes Alarmsystem muss abschaltbar sein. Eine Feuersirene muss die Feuerwehr mit lautem Heulen zum brennenden Haus holen. Während der Löscharbeiten aber muss sie still sein, sonst bringt das Geheul die Feuerwehrmänner um ihren Verstand. Ähnlich verhält es sich beim Schmerz. Der Alarm muss sein, um Verletzungen zu verhindern oder zu begrenzen. Da aber jemand, der starke Schmerzen erleidet, kaum einer vernünftigen Handlung fähig ist, muss der Schmerz zumindest zeitweise unterdrückt werden, um sinnvoll reagieren zu können. Ein Tier kann so nach dem Biss eines Raubtieres vielleicht noch fliehen

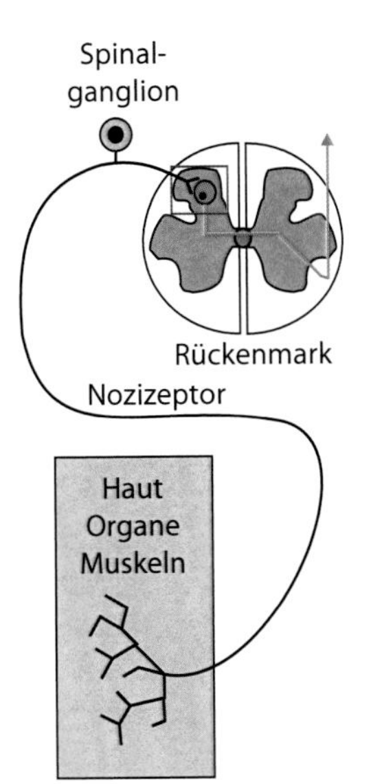

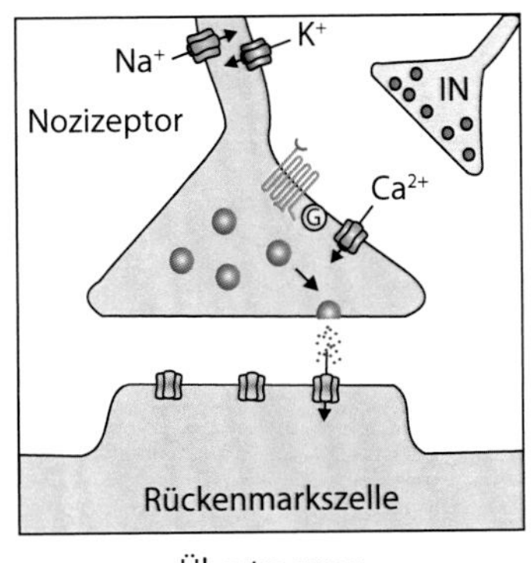

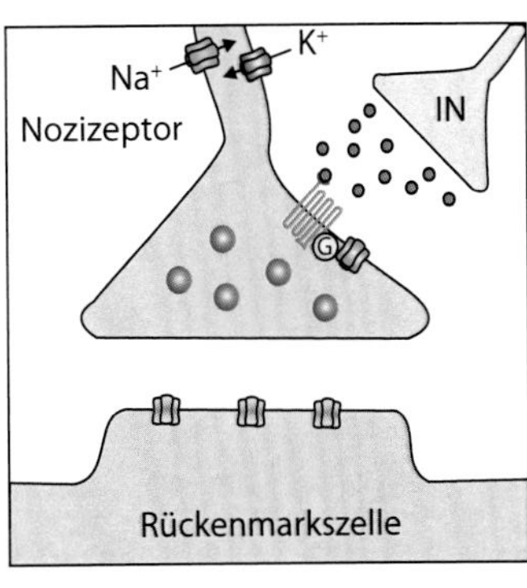

Abb. 10.10 Schmerzblockade im Hinterhorn des Rückenmarks. In der Synapse von Nozizeptor und Rückenmarkszelle wird das Schmerzsignal durch den Transmitter Glutamat übertragen. Die Glutamatfreisetzung wird, wie an allen chemischen Synapsen, durch den Einstrom von Calciumionen ausgelöst. Die präsynaptische Membran enthält Opioidrezeptoren (*rot*). Diese Rezeptoren werden durch Endorphine aktiviert, die aus Interneuronen (IN) zur Schmerzunterdrückung freigesetzt werden. Einmal aktiviert, blockieren die Opioidrezeptoren über ein G-Protein die Calciumkanäle, die für die Glutamatfreisetzung gebraucht werden. Es kommt nicht zur Transmitterfreisetzung: Das Schmerzsignal ist blockiert. (© Stephan Frings, Universität Heidelberg)

und trotz der Verletzung überleben. Dies ist eine Interpretation. Genau verstanden ist der Sinn der Schmerzunterdrückung noch nicht. Aber es ist klar, dass das Gehirn Steuersignale in das Rückenmark schicken kann, welche die Synapsen der Nozizeptoren blockieren können. Denn diese Synapsen verfügen über eine spezielle Ausstattung zum Abschalten des Signaltransfers: die Opioidrezeptoren (Abb. 10.10). Das Steuersignal zur Schmerzunterdrückung endet auf Nervenzellen (den Interneuronen), die bei Aktivierung Botenstoffe ausschütten, die wir Endorphine nennen. Die Endorphine schalten die Opioidrezeptoren auf der Axonendigung der Schmerzfasern an. Dies führt zur Unterbrechung der Signalübertragung – das Warnsignal der Nozizeptoren kann nicht auf die Rückenmarksneurone übertragen werden, und das Gehirn bleibt von der Reizüberflutung aus dem Schmerzsystem verschont. Eine Auswirkung dieser Schmerzunterdrückung ist die scheinbar paradoxe Schmerzfreiheit von manchen schwer verletzten Menschen. Es gibt Berichte von Menschen, die schreckliche Verletzungen in Unfällen oder Kriegen erlitten haben, zunächst aber keinen Schmerz spürten. Der Schmerz kam erst später, manchmal nach Stunden, wenn das System zur körpereigenen Schmerzunterdrückung seine Funktion eingestellt hat.

Neben dem Schutz vor lähmendem Schmerz unmittelbar nach Verletzungen hat dieses System noch eine zweite Bedeutung für uns Menschen. Es bietet den Pharmakologen einen idealen Ansatzpunkt für die Schmerztherapie, für die Unterdrückung von Schmerzwahrnehmung durch medizinische Wirkstoffe. Denn die Opioidrezeptoren binden nicht nur Endorphine, sondern auch Morphin, das vermutlich wirksamste Schmerzmittel. Morphin ist ein Inhaltsstoff im Saft des Schlafmohns (*Papaver somniferum*), der im Mittelmeerraum seit der Antike zur Schmerzlinderung eingesetzt wurde (Abb. 10.11). Gelangt Morphin in die Rückenmarksflüssigkeit,

Abb. 10.11 Schlafmohn (*Papaver somniferum*), eine Heilpflanze, aus deren Kapseln Morphium gewonnen wird. Die wirksame Substanz Morphin bindet an die Opioidrezeptoren an den Synapsen der Nozizeptoren und wirkt damit wie Endorphine. Morphin unterbricht die Schmerzweiterleitung und bewirkt damit eine sehr effektive Schmerzlinderung. (© Michael Joachim Lucke, Wikimedia commons, under CC BY-SA 3.0)

bindet es an die Opioidrezeptoren und blockiert die Weiterleitung der Warnsignale von Nozizeptoren auf Rückenmarkszellen – die Schmerzwahrnehmung bleibt aus. Morphin kann diese segensreiche Rolle erfüllen, weil seine Struktur Ähnlichkeiten zu den Endorphinen aufweist. Diesem wundervollen Zufall verdanken wir ein hochwirksames Schmerzmittel, das dem Schlafmohn selbst vermutlich nichts nützt, wohl aber zahllosen Schmerzpatienten. Morphinartige Schmerzmittel werden heute synthetisch hergestellt und sowohl durch den Mund als auch durch direkte Injektion in die Rückenmarksflüssigkeit eingesetzt. Die Wirksamkeit dieser Substanzen ist beeindruckend.

Aber es gibt noch einen weiteren Weg, das Signal der Nozizeptoren im Rückenmark zu stoppen, und dieser ist ebenso eindrucksvoll. Er beruht weder auf der Wirkung von Schmerzmitteln noch auf der von Endorphinen. Dieser besondere Schmerzdämpfer resultiert aus einer Verbindung zwischen den Hautsinnen und dem Schmerzsystem im Rückenmark. Wir alle nutzen ihn im Alltag (Abb. 10.12). Ein Kind quetscht sich die Finger beim Zuschieben einer Schublade. Das tut weh, und das Kind weint. Was macht die Mutter? Sie pustet auf die schmerzenden Finger, und der Schmerz lässt nach. Man könnte vielleicht denken, dass die Schmerzlinderung hier eine Folge von Zuwendung und Trost ist, dass sie also eine rein emotionale Ursache hat. Dies ist aber nicht der Fall. Das Schmerzsystem reagiert tatsächlich auf das Pusten – obwohl es selbst diesen sanften Reiz gar nicht registrieren kann (denn Pusten ist kein gewebeschädigender Reiz). Der Reiz wird aufgenommen durch die Hautsinne, besonders durch Haarfollikel- und Temperatursensoren in der Fingerhaut. Das Signal dieser Zellen läuft über Axone in das Rückenmark und wird dort auf Rückenmarkszellen übertragen. Bevor das geschieht, verzweigt sich das Axon aber und schickt einen Seitenast (eine Kollaterale) in Richtung Schmerzsystem (Abb. 10.12). Ein hemmendes Interneuron überträgt schließlich das durch Pusten erzeugte Signal mit seinem Transmitter GABA auf die Synapse eines Nozizeptors und dämpft damit die Signalweiterleitung im Schmerzweg. GABA öffnet nämlich Chloridkanäle, durch die Chloridionen in die Zelle einströmen. Die negativ geladenen Chloridionen hyperpolarisieren die Zelle – es kommt zur Hemmung (▶ Abschn. 3.6). Durch ihre Seitenäste im Rückenmark unterbrechen die Sensoren der Hautsinne also den Zugang nozizeptiver Signale zum Schmerzsystem; Pusten, Rubbeln und Kühlen lindern Schmerz. Wir besitzen also zwei Vorrichtungen zur Schmerzdämpfung: das vom Gehirn kontrollierte, Endorphin-vermittelte System, und das von außen gesteuerte, GABA-vermittelte System.

So wichtig es ist, die Schmerzempfindung dämpfen zu können, so wichtig ist es auch, sie bei Bedarf steigern zu können. Denn die Schutzfunktion des Schmerzsystems wird besonders dann dringend gebraucht, wenn eine

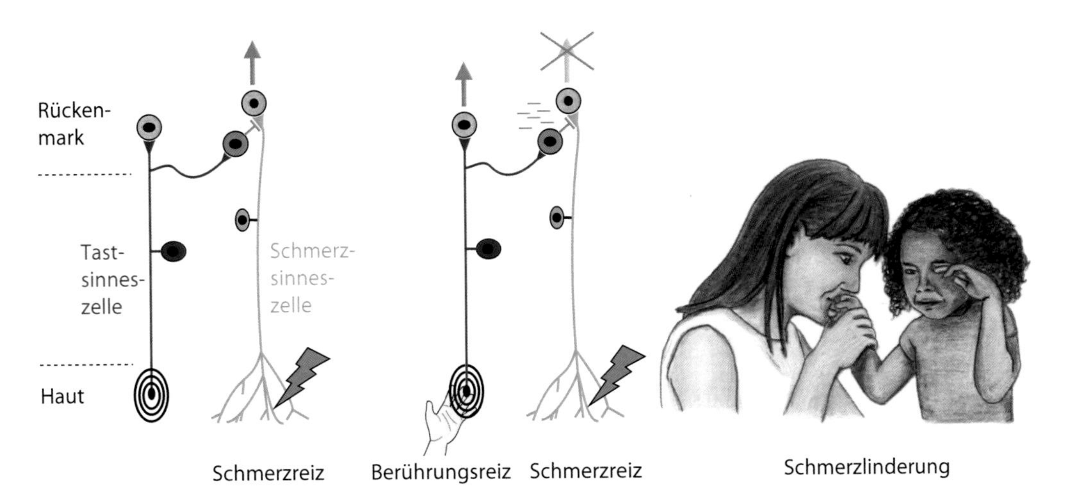

Abb. 10.12 Schmerzlinderung durch Pusten. Links: Die Schmerzzelle in der Haut leitet einen Schmerzreiz an das Gehirn. *Mitte* Bei Aktivierung von Tastsinneszellen durch Pusten werden zwei Signale erzeugt. Ein Berührungssignal geht über das Rückenmark zum Gehirn und informiert über den Vorgang des Pustens. Zusätzlich wird über eine Querverbindung im Rückenmark ein hemmendes Signal auf die Synapse des Nozizeptors im Rückenmark erzeugt. *Rechts* Diese Hemmung mildert die Schmerzempfindung. (© Anja Mataruga, Forschungszentrum Jülich, und Michal Rössler, Universität Heidelberg)

Körperregion schon verletzt ist. Dann muss das Warnsignal besonders deutlich sein. Darum kümmert sich das Immunsystem. Egal, ob eine Verletzung der Haut, eines Muskels oder eines Organs vorliegt, das Immunsystem sichert die verletzte Stelle ab, indem es alle Register der Pathogenabwehr zieht. Fresszellen, Antikörper, Verteidigungsproteine aus dem Blut, alles wird mobilisiert, um eindringende Krankheitserreger unschädlich zu machen. Und dabei wird auch die Empfindlichkeit des Schmerzsystems verstellt. Denn die Schmerzfasern in der verletzten Haut reagieren auf viele Substanzen, die das Immunsystem einsetzt, um die Pathogenabwehr zu organisieren. Es sind dies Entzündungsmediatoren, Signalstoffe, mit denen das Immunsystem z. B. Fresszellen in den verletzten Bereich lockt. Diese Stoffe wirken auch auf Schmerzfasern; sie erhöhen deren Empfindlichkeit und verstärken die Reaktion auf noxische Reize. Dies kann jeder bestätigen, der sich schon einmal ein entzündetes Gewebe gestoßen hat. Die Schmerzwahrnehmung ist stärker als im nicht entzündeten Gewebe.

Entzündung verursacht eine Hyperalgesie – eine gesteigerte Schmerzreaktion auf noxische Reize. Oft hilft uns bei einer Entzündung auch das Pusten nicht mehr. Im Gegenteil! Ein entzündetes Gewebe kann auch schon beim Pusten oder Rubbeln Schmerzen auslösen. Denken Sie an Sonnenbrand (Abb. 10.13). Die durch übermäßiges Sonnenbaden gerötete Haut ist entzündet – die Rötung ist eine Folge der Entzündung; Entzündungsmediatoren erweitern die Blutgefäße der Haut und verstärken die Hautdurchblutung. Wenn man einem Menschen mit Sonnenbrand jovial auf die Schulter schlägt, fährt er schreiend auf – Hyperalgesie. Aber er kann nicht einmal Reize tolerieren, die normalerweise *nicht* schmerzhaft sind. Schon eine leichte Berührung der entzündeten Haut, also eine Aktivierung von Tastsensoren, löst Schmerz aus. Diese schmerzhafte Empfindung von normalerweise nicht schmerzhaften Reizen nennt man Allodynie (vom Griechisch für „der andere Schmerz"). Hier wird uns das von außen gesteuerte System zur Schmerzdämpfung zum Verhängnis, dasselbe, das die Mutter nutzt, wenn sie ihrem Kind auf die schmerzenden Finger pustet. Die eigentlich hemmende Querverbindung von Tastsinneszellen zu Nozizeptoren im Rückenmark wird

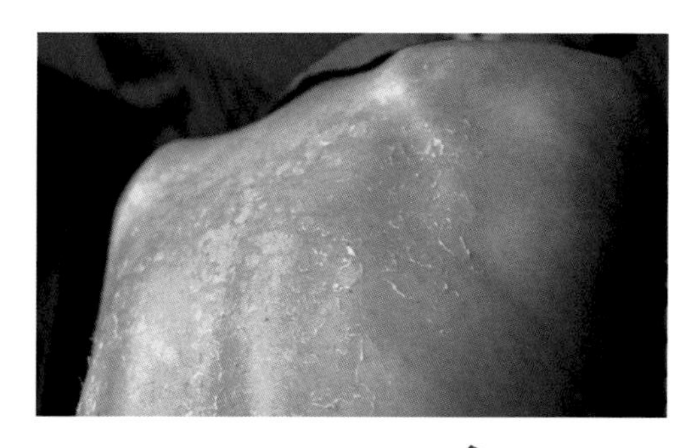

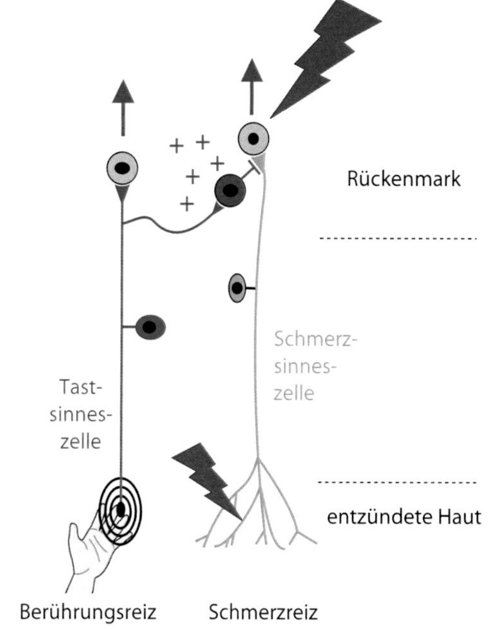

Abb. 10.13 Entzündung verstärkt Schmerz. Sonnenbrand ist eine Entzündung der Haut. Durch die Entzündung werden die sensorischen Endigungen der Schmerzsinneszellen verstellt: Sie reagieren jetzt heftiger auf Schmerzreize (Hyperalgesie). Sie reagieren sogar auf Berührungsreize, die normalerweise nicht schmerzhaft sind (Allodynie). Die Querverbindung (siehe Abb. 10.12) zwischen Tastsinneszellen und den Synapsen der Nozizeptoren im Rückenmark kann bei Entzündung von Hemmung auf Aktivierung schalten. Selbst eine leichte Berührung der entzündeten Haut kann auf diesem Weg ein Schmerzsignal auslösen. (Oben: © koldunova_anna/Adobe Stock, unten © Anja Mataruga, Forschungszentrum Jülich)

bei Entzündungen zu einer erregenden Verbindung. Wie kann das passieren? Wie kann ein hemmender Botenstoff wie GABA auf einmal erregend wirken? Noch sind die beteiligten Vorgänge nicht im Detail verstanden, es hat aber vermutlich damit zu tun, dass bei Entzündungen die Chloridkonzentration in Nozizeptoren ansteigt. Wenn GABA dann Chloridkanäle öffnet, strömen Chloridionen aus der Zelle aus. Der Verlust der negativen Ladung depolarisiert die Zelle – aus der hemmenden Querverbindung ist eine erregende Verbindung geworden (eine erregende Wirkung von Chloridionen hatten wir bereits beim Riechen kennen gelernt; ▶ Abschn. 6.5). Im Endeffekt leitet die Querverbindung also Tastsignale in das Schmerzsystem. Das Gehirn stellt Aktivität im Schmerzsystem fest – deshalb tut jegliche Berührung weh. Hyperalgesie und Allodynie sind natürlich sinnvolle Schutzmechanismen. Denn beim Auftreten einer Entzündung heißt es vor allem „Finger weg". Die Selbstreparatur von verletztem Gewebe braucht seine Zeit und entwickelt sich am besten, wenn die verletzte Körperstelle weder berührt noch sonst irgendwie belastet wird.

Leider sind Entzündungsreaktionen keineswegs immer sinnvoll. Bei einigen Erkrankungen treten dauerhafte, chronische Entzündungen auf, die vom Immunsystem über Monate und Jahre hinweg aufrechterhalten werden können. Solche, mit der Entzündungsendung „-itis" bezeichneten Erkrankungen (Arthritis, Gastritis, Neuritis, Dermatitis) halten die Nozizeptoren dauerhaft im Zustand der Überempfindlichkeit und können damit Ursache für chronischen Schmerz sein. Eine wichtige Strategie in der medizinischen Behandlung chronischer Schmerzen ist deshalb, Entzündungsreaktionen zu unterdrücken, damit die Nozizeptoren wieder auf ihre Ruheempfindlichkeit zurückgestellt werden können. Viele bekannte Schmerzmittel werden zu diesem Zweck eingesetzt (Acetylsalicylsäure, Paracetamol, Diclofenac, Ibuprofen). Chronische Schmerzen können aber auch entstehen, wenn Schmerzfasern beschädigt werden, etwa durch Verletzungen von Haut oder Gelenken, durch Quetschung von Nervenfasern in Knochengelenken oder durch chirurgische Eingriffe. Eine beschädigte Schmerzfaser kann ein Dauerfeuer von Warnsignalen an das Rückenmark schicken, auch wenn überhaupt kein äußerer Schmerzreiz vorliegt. Ein solches

Dauerfeuer ist nicht einfach nur unangenehm, sondern birgt auch die Gefahr der Verstetigung, des andauernden, chronischen Leidens. Das unablässige Dauerfeuer aus geschädigten Nozizeptoren bringt die Verarbeitung von Schmerzsignalen im Rückenmark und im Gehirn durcheinander. Die zuständigen Nervenzentren werden überreizt und entfalten selbst eine krankhafte Daueraktivität. Die Berührungsrezeptoren der Haut wirken auf die Rückenmarksneurone ein, sodass selbst ein leichtes Berühren den chronischen Schmerz verstärken kann. Und im Gehirn kann sich die Schmerzerfahrung als tief verankerte Erinnerung eingraben und selbst dann noch Schmerzwahrnehmung auslösen, wenn die Nozizeptoren ruhig gestellt sind. Solche durch Verletzungen von Schmerzfasern verursachten Schmerzen werden als Neuropathien bezeichnet und sind weit schwieriger zu behandeln als der entzündungsbedingte Schmerz. Strategien zur Linderung neuropathischer Schmerzen müssen individuell erprobt werden. Opioide können genauso zum Einsatz kommen wie krampflösende Mittel, Psychopharmaka und – als letzte Option – neurochirurgische Eingriffe.

10.4 Kälte, Wärme, Infrarot

Temperatur ist für alle Tiere ein lebensentscheidender Faktor. Jedes Tier muss dafür sorgen, mit einer möglichst günstigen Körpertemperatur zu leben. Obwohl unterschiedliche Strategien zum Umgang mit Temperaturschwankungen existieren („Kaltblüter" und „Warmblüter"), ist das Problem das gleiche: Bereits Abweichungen von wenigen Grad haben deutliche Effekte auf den Stoffwechsel. Sie beeinträchtigen Lebensfunktionen und können sogar lebensbedrohlich sein – denken Sie an Unterkühlung und Hitzschlag. Kein Wunder, dass unser Körper mit Temperatursensoren ausgestattet ist. Dies sind Sinneszellen, deren sensorische Endigungen in der Haut liegen. Ihre molekulare Ausstattung ermöglicht es ihnen, bestimmte Temperaturen zu detektieren. Die Ionenkanäle, die sie dazu verwenden, gehören wieder einmal in die Gruppe der TRP-Kanäle (10.1). In jedem Quadratzentimeter Haut haben wir im Mittel einen Warmsensor sowie etwa drei Kaltsensoren – in empfindlichen Hautregionen mehr, in unempfindlichen weniger. Wir haben also einen aufwendig gestalteten Temperatursinn. Wenn wir aber herausfinden wollen, wie gut dieser Sinn funktioniert, stoßen wir auf eine Reihe verwirrender Beobachtungen. Temperaturempfindung ist deutlich subjektiv: Manche Leute frieren bei Temperaturen, die andere als angenehm empfinden, andere schwitzen im Bereich der Wohlfühltemperatur ihrer Mitmenschen. Die „gefühlte Temperatur" scheint sich grundlegend von der physikalischen Temperatur zu unterscheiden, die wir mit dem Thermometer messen. Kaum jemand ist in der Lage, präzise Angaben über Luft- oder Wassertemperaturen zu machen. Wir behelfen uns stattdessen mit ungefähren Angaben wie „kühl" oder „lauwarm". Wenn wir zwei gleich warme Gegenstände anfassen, einen aus Holz und einen aus Eisen, fühlt sich das Eisen kälter an als das Holz. Beim Badewasser können wir die Temperatur recht schwer bestimmen. Nur wenn sie deutlich über 41 °C steigt, werden wir plötzlich sehr empfindlich: 40 °C tolerieren wir, 45 °C schon nicht mehr. Was ist das also für ein merkwürdig ungenauer Sinn?

Ein einfaches Experiment hilft hier weiter (◘ Abb. 10.14). Dazu brauchen wir drei Becher

◘ **Abb. 10.14** Temperaturtest. Unsere Temperaturwahrnehmung ist auf Änderungen spezialisiert. Lauwarmes Wasser fühlt sich an beiden Händen unterschiedlich an, wenn die eine Hand vorher in heißem, die andere in kaltem Wasser gewesen ist. (© Michal Rössler, Universität Heidelberg)

mit Wasser, einen mit eiskaltem (ca. 5 °C), einen mit lauwarmem (ca. 25 °C) und einen mit heißem Wasser (ca. 40 °C). Wir halten unseren linken Zeigefinger für 1–2 min in das eiskalte, den rechten Zeigefinger gleichzeitig in das heiße Wasser. Danach stecken wir beide in das lauwarme Wasser. Wie fühlt sich das an? Der linke Finger meldet „Das laue Wasser ist heiß!", der rechte meldet „Das lauwarme Wasser ist kalt!". Die Temperatursensoren der beiden Finger produzieren also unterschiedliche Signale, obwohl sie in demselben Wasserglas stecken. Die Information, die von diesen Sinneszellen zum Gehirn geht, betrifft also nicht die aktuelle Temperatur des lauwarmen Wassers, sondern die Temperatur*änderung* im Vergleich zu den beiden anderen Bechern. Sie melden ans Gehirn „Es wird kälter" oder „Es wird wärmer", nicht aber „Das Wasser ist 25 Grad Celsius warm". Diese Art von Empfindung ist unser vorherrschender Sinneseindruck von der Umgebungstemperatur.

Das Wasser eines Badesees mag uns kalt vorkommen, wenn wir aus der warmen Sonne kommen. Nach wenigen Minuten im Wasser – wenn sich nichts mehr ändert – empfinden wir das Wasser schon fast als lauwarm. Und der Gegenstand aus Eisen kühlt die Haut wegen seiner hohen Wärmeleitfähigkeit schneller ab als das Holz mit seiner geringen Wärmeleitfähigkeit. Also auch hier wird eine Temperaturänderung gespürt. Dass Temperatursensoren auf Temperaturänderungen spezialisiert sind, haben wir bereits in ▶ Abb. 4.6 gesehen. Gleich nach einem Temperatursprung reagiert der Warmsensor mit stark erhöhter Feuerrate – er signalisiert dem Gehirn mit Aktionspotenzialen, dass sich etwas tut. Aber schon nach wenigen Sekunden lässt das Feuern nach, oder die Sinneszelle verfällt in eine rhythmische Aktivität, bei der sich aktive und ruhige Phasen abwechseln. Das Nachlassen der Aktivität bei konstanter Temperatur ist also eine charakteristische Eigenschaft der Temperatursensoren. Die Zellen passen sich an die neue Temperatur weitgehend an, sie adaptieren. Aus diesem Grund eignen sie sich nicht gut als Thermometer – als Temperaturmessgeräte. Ihre wichtigste Aufgabe ist, das Gehirn bei Änderung der Temperatur zu warnen und dadurch eine sinnvolle Reaktion zu ermöglichen. Im adaptierten Zustand bleibt allerdings immer noch eine leicht erhöhte Aktivität übrig, sodass wir andauernd Kälte und Hitze empfinden können. Wenn der Bereich des Angenehmen allerdings verlassen wird – unter 17 °C und über 45 °C –, stellen die Kalt- und Warmsensoren ihren Dienst komplett ein (◘ Abb. 10.15), und die Schmerzrezeptoren übernehmen. Kälte- und Hitzeschmerz werden ausgelöst als Resultat der unmissverständlichen, nicht adaptierenden Signale der Nozizeptoren.

Wärme kann auf zweierlei Wegen übertragen werden: durch direkten Kontakt mit einem wärmeren Material (Luft, Wasser, Haut, Heizdecke) sowie durch die Absorption elektromagnetischer Strahlung. Für die Sinnesbiologie spielt hier der nahe Infrarotbereich des elektromagnetischen Spektrums von Wellenlängen eine wichtige Rolle. Denn dieser Bereich (780–1400 nm) schließt direkt an den Bereich des sichtbaren Lichtes an (380–780 nm) und wird von einigen Tieren zur Wärmewahrnehmung genutzt. In ▶ Kap. 7 hatten wir gelernt, dass wir infrarote Strahlung nicht sehen können. Die Energie eines infraroten Quants ist zu gering, um die Sehpigmente unserer Photorezeptoren aktivieren zu können. Interessanterweise gelingt es aber

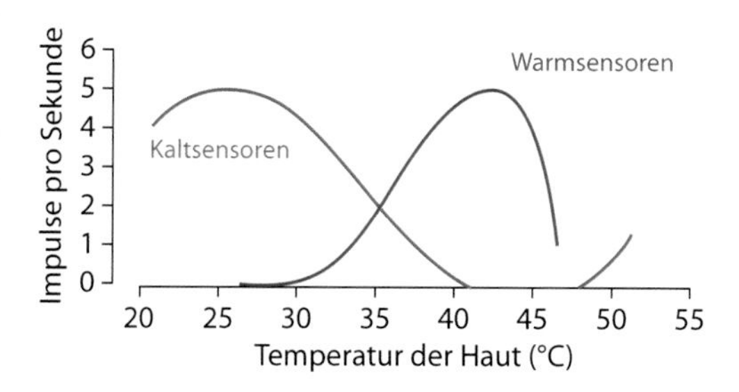

◘ **Abb. 10.15** Die Reaktionen von Kalt- und Warmsensoren auf unterschiedliche Hauttemperaturen. Ausgehend von der sogenannten Indifferenztemperatur bei 35 °C steigt die Aktivität von Warmrezeptoren bei Erwärmung bis etwa 44 °C. Bei höheren Temperaturen stellen sie ihren Dienst ein, und die Schmerzsinneszellen übernehmen. Kaltsensoren feuern maximal bei etwa 25 °C und zeigen ein „paradoxes" Kälteempfinden im Schmerzbereich um 50 °C. (© Stephan Frings, Universität Heidelberg)

einigen Tierarten, mithilfe von Wärmestrahlung Objekte zu orten. Dieser Infrarotsinn ist bisher am besten untersucht worden bei Schlangen, Vampirfledermäusen und Feuerkäfern. Diese Tiere haben Infrarotsensoren entwickelt, spezielle Sinnesorgane zur Wahrnehmung von Wärmestrahlung. Ausgerüstet mit solchen exotischen Detektoren haben sie sich Informationen erschlossen, wie sie uns Menschen nur durch Wärmebildkameras zugänglich wird.

Wie sieht die Wärmebildkamera einer Schlange aus? Am Kopf einer Klapperschlange sieht man zwischen Augen und Nasenlöchern ein kleines Loch, dessen Öffnung nach vorn gerichtet ist (◘ Abb. 10.15). Dieses Loch ist die Öffnung der Wärmebildkamera, des Grubenorgans. Wärmestrahlung, die von einem warmblütigen Tier – insbesondere einer Maus – ausgeht, fällt in das Grubenorgan und trifft dort auf eine dünne, quer durch das Grubenorgan aufgespannte Membran. Durch Absorption der Infrarotstrahlung erwärmt sich die Membran um den Bruchteil eines Grades, wobei es hilfreich ist, dass die Membran auf beiden Seiten durch Luftkammern wärmeisoliert ist. In der Membran befinden sich etwa 6000 bis 7000 Wärmesensoren. Jeder dieser Sensoren bildet ein dichtes, hochempfindliches Geflecht aus feinen Fortsätzen, das auf unvorstellbar geringe Erwärmungen im Bereich von 0,003 °C reagiert. Die Schlange merkt also, wenn die Temperatur der Membran im Grubenorgan von 25,000 °C auf 25,003 °C ansteigt! Diese extreme Empfindlichkeit macht Sinnesbiologen seit über 50 Jahren zu schaffen. Bis heute ist sie weitgehend unverstanden.

Besonders interessant ist der Bau des Grubenorgans. Es ist konstruiert wie eine Lochkamera mit großer Öffnung und einem Chip mit über 6000 Pixeln. Theoretische Analysen haben kürzlich gezeigt, dass die Grubenorgane durchaus in der Lage sind, die Konturen von Wärmequellen zu erfassen, sodass das Gehirn der Schlange eine Art unscharfes Bild der Maus wahrnehmen kann. Die Schlange kann also mit dem Grubenauge sehen, und zwar auch bei Nacht, wenn ihre Augen nutzlos sind. Verhaltensversuche mit Klapperschlangen, denen die Augen mit undurchsichtiger Folie verklebt wurden, haben gezeigt, dass die Tiere eine Maus mit einer Genauigkeit von ±5° orten und schlagen konnten. Wir können uns diesen Ausschnitt des Sehfeldes vorstellen, wenn wir unsere Finger über den ausgestreckten Arm hinweg betrachten. Die Breite von zwei bis drei Fingern entspricht dann 5° (siehe Daumenregel in ▸ Kap. 7 und 12). Die Klapperschlange ist durchaus in der Lage, eine Maus allein anhand ihrer Infrarotstrahlung zu sehen und zu fangen (◘ Abb. 10.16).

Ähnlich erfolgreich setzen Vampirfledermäuse Infrarotdetektoren ein. Diese Tiere leben in Mittel- und Südamerika, wo sie sich parasitisch vor allem von Rinderblut ernähren. Vampirfledermäuse schleichen sich nachts an die Tiere heran, beißen kleine Wunden in deren

◘ **Abb. 10.16** Das Grubenorgan einer Klapperschlange liegt so, dass Temperatursignale in Blickrichtung untersucht werden können. Im Inneren des Grubenorgans findet man die Grubenmembran, die von einem dichten Geflecht aus temperaturempfindlichen Nervenfasern durchwachsen ist. Die Membran ist von beiden Seiten durch Luftkammern thermoisoliert, sodass Infrarotstrahlung einen größtmöglichen Effekt auf die Temperatur in der Membran erzielen kann. (© Michal Rössler, Universität Heidelberg)

■ **Abb. 10.17** Das Gesicht einer Vampir-Fledermaus (*Desmodus rotundus*). Man erkennt zwischen den Nasenlöchern und den Augen eine längliche Vertiefung – das Grubenorgan dieses parasitisch lebenden Tieres. (© belizar/Adobe Stock)

Haut und lecken das austretende Blut auf. Um geeignete Stellen am Körper ihrer Opfer zu finden, nutzen Vampirfledermäuse Grubenorgane, die man rechts und links neben ihren Nasenlöchern erkennen kann (■ Abb. 10.17). Nichtparasitische Fledermäuse, also solche, die von Blüten leben oder Insekten jagen, besitzen keine Grubenorgane. Interessanterweise haben sich sowohl Schlangen als auch Vampirfledermäuse aus dem großen Baukasten der TRP-Kanäle bedient, um ihre infrarotsensitiven Sinnesorgane auszustatten. Schlangen nutzen zu diesem Zweck TRPA1-Kanäle, die bei Temperaturen über 30 °C öffnen und die Sinneszellen in der Membran des Grubenorgans aktivieren. Bei den Vampirfledermäusen ist es eine besondere Variante des Kanals TRPV1. Wir kennen diesen Kanal aus unserem Schmerzsystem, wo er bei etwa 45 °C öffnet und damit den Hitzeschmerz auslöst (▶ Box 10.1). Die Vampirfledermäuse nutzen eine empfindlichere Variante des Kanals, bei der ein Stück des Proteins fehlt. Diese Variante reagiert schon auf Wärme ab 30 °C und ist damit ebenso empfindlich wie der TRPA1-Kanal der Klapperschlange. Hier sieht man ein weiteres Beispiel dafür, welche grundlegende Bedeutung die Familie der TRP-Kanäle für die Evolution der Sinnesorgane hat, und zwar für ganz verschiedene Modalitäten. Sie kann Schmerzreize, Licht, Pheromone, Kälte und Wärme detektieren. TRP-Kanäle bilden ein äußerst vielseitiges Reservoir für die Sinnesbiologie!

Infrarotstrahlung kann eine ebenso große Reichweite haben wie sichtbares Licht und eignet sich deshalb nicht nur für die Ortung naher Objekte, sondern auch für die Fernaufklärung. Bei pyrophilen (feuerliebenden) Käfern haben Sinnesbiologen der Universität Bonn Strategien zur Infrarotdetektion gefunden, die einem ungewöhnlichen Zweck dienen: dem Auffinden von Waldbränden. Denn diese Feuerkäfer fliehen nicht etwa panisch vor Waldbränden wie die meisten anderen Tiere. Im Gegenteil: Wenn sie über viele Kilometer hinweg einen fernen Waldbrand ausmachen, fliegen sie genau dorthin und halten Hochzeit in der Asche der abgebrannten Vegetation. Ihre Eier legen die Weibchen dann in den Bast der toten Bäume, wo die Larven weitgehend ungefährdet aufwachsen können, da die meisten anderen Tiere ja vertrieben oder verbrannt sind.

Feuerkäfer nutzen zwei unterschiedliche Methoden, um die Infrarotstrahlung zu finden, die von einem Waldbrand ausgeht. Die eine funktioniert ähnlich wie bei der Klapperschlange. Die Sensoren sitzen in dem harten Panzer des Insekts, der Kutikula. Eine dünne Stelle der Cuticula wird durch die Infrarotstrahlung erwärmt, und die hochempfindlichen Temperatursensoren messen diese Erwärmung. Solche Infrarotsensoren setzt der Feuerkäfer *Acanthocnemus nigricans* ein, um Waldbrände zu orten. Bei der zweiten Methode zur Infrarotmessung erinnert das Sinnesorgan an ein Hightechbauteil (■ Abb. 10.18). Dieser Sensor besteht aus einer kleinen Kugel, die in einer kuppelförmigen Ausstülpung der

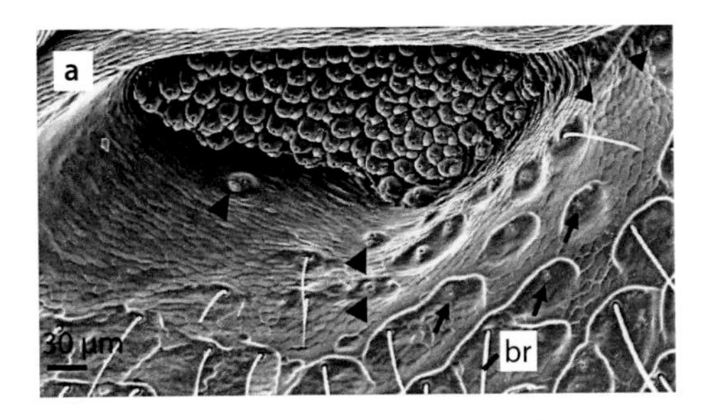

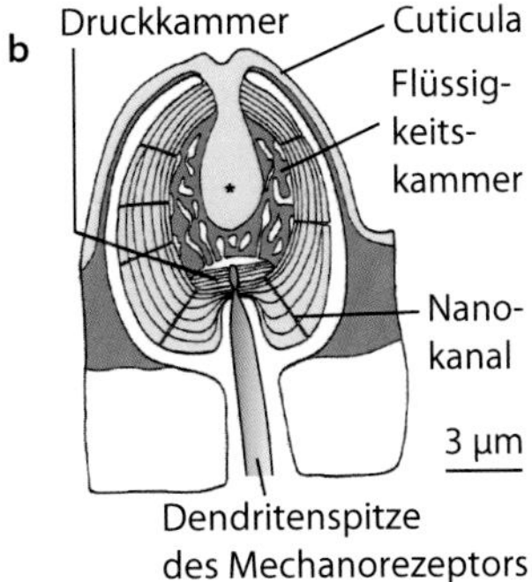

Abb. 10.18 Der Infrarotsensor des Feuerkäfers *Melanophila acuminata*. **a** In einer flachen Grube sieht man etwa 70 Infrarotsensillen, manche sind unterschiedlich tief in die Kutikula eingelassen (*Pfeile und Pfeilspitzen*). Neben den Infrarotsensoren sind auch Tastsensoren (br, *bristle*) zu erkennen. **b** Jede Infrarotsensille ist eine durch Erwärmung verformbare Hohlkugel, die mit einer mechanosensitiven Sinneszelle, einem Mechanorezeptor, in Kontakt steht. Er detektiert die Verformung und damit die Wärmeeinwirkung. (© Mit freundlicher Genehmigung von Dr. H. Schmitz)

Kutikula sitzt. Diese Kugel absorbiert Infrarotstrahlung. Eine flüssigkeitsgefüllte Kammer im Inneren der Kugel dehnt sich bei Erwärmung aus und drückt auf die Endigung eines mechanosensitiven Neurons. Bei Erwärmung wird die Endigung also leicht gequetscht und fängt an zu feuern; wir haben es mit einer photomechanischen Umwandlung zu tun. Solche hochempfindlichen Infrarotsensoren hat z. B. der heimische Schwarze Kiefernprachtkäfer (*Melanophila acuminata*), der ebenfalls abgebrannte Büsche und Bäume zur Larvenaufzucht nutzt.

Diese Beispiele aus dem Tierreich zeigen, dass der Temperatursinn durchaus präzise Information an das zentrale Nervensystem liefern kann. Empfindlichkeit im Bereich von drei Tausendstel Grad, räumliche Auflösung von ±5°, Wahrnehmung über mehrere Kilometer hinweg – dies sind schon beeindruckende Leistungen des Temperatursinnes bei Schlangen und Feuerkäfern. Zu weiteren Temperaturkünstlern unter den Tieren gehört das australische Thermometerhuhn (*Leipoa ocellata*), das seine Gelege in einem selbst angelegten Komposthaufen ausbrütet (Abb. 10.19). Dabei kontrolliert es sorgsam die Temperatur in dem Haufen (der australische Name für dieses Nest ist *malleefowl mound*), indem es immer wieder seinen mit Thermosensoren besetzten Schnabel in den Kompost steckt und die Temperatur misst.

Abb. 10.19 Ein Thermometerhuhn in seinem Nest. Das Tier ist etwa so groß wie ein Truthahn, das Nest misst 2–3 m im Durchmesser und ist etwa 1 m hoch. (© Michal Rössler, Universität Heidelberg)

Steigt sie über 33 °C, wird gelüftet, fällt sie unter 33 °C, wird zugedeckt. Auf diese Weise sichert das Thermometerhuhn seinem Gelege die optimale Bruttemperatur – ein schönes Beispiel für sensorisch gesteuertes Verhalten.

Weiterführende Literatur

Bakken GS, Krochmal AR (2011) The imaging properties and sensitivity of the facial pits of pitvipers as determined by optical and heat-transfer analysis. J Exp Biol 210:2801–2810

Basbaum AI, Bautista DM, Scherrer G, Julius D (2009) Cellular and molecular mechanisms of pain. Cell 139:267–284

Bounoutas A, Chalfie M (2007) Touch sensitivity in *Caenorhabditis elegans*. Pflügers Arch 454:691–702

Caterina MJ, Julius D (2001) The vanilloid receptor: a molecular gateway to the pain pathway. Ann Rev Neurosci 24:487–517

Caterina MJ, Schumacher MA, Tominaga M, Rosen TA, Levine JD, Julius D (1997) The capsaicin receptor: a heat-activated ion channel in the pain pathway. Nature 389:816–824

Diamond ME, von Heimendahl M, Knutsen PM, Kleinfeld D, Ahissar E (2008) ‚Where' and ‚what' in the whisker sensorimotor system. Nat Rev Neurosci 9:601–612

Gracheva EO, Ingolia NT, Kelly YM, Cordero-Morales JF, Hollopeter G, Chesler AT, Sanchez EE, Perez JC, Weissman JS, Julius D (2010) Molecular basis of infrared detection by snakes. Nature 464:1006–1012

Gracheva EO, Cordero-Morales JF, Gonzales-Carcacia JA, Ingolias NT, Manno C, Aranguren CI, Weissman JS, Julius D (2011) Ganglion-specific splicing of TRPV1 underlies infrared sensation in vampire bats. Nature 476:88–92

Kuner R (2010) Central mechanisms of pathological pain. Nat Med 16:1258–1266

Liedtke WB, Heller S (2007) TRP ion channel function in sensory transduction and cellular signaling cascades. CRC Press, Boca Raton

Moon C (2011) Infrared-sensitive pit organ and trigeminal ganglion in the crotaline snakes. Anat Cell Biol 44:8–13

Müller W, Frings S (2009) Tier- und Humanphysiologie – eine Einführung. Springer, Heidelberg

Schmidt RF, Lang F, Heckmann M (2011) Physiologie des Menschen mit Pathophysiologie. Springer, Heidelberg

Schmitz A, Sehrbrock A, Schmitz H (2007) The analysis of the mechanosensory origin of the infrared sensilla in *Melanophila acuminata* (Coeloptera; Buprestidae) adduces new insight into the transduction mechanism. Arthropod Struct Dev 36: 291–303

Schmitz A, Gebhardt M, Schmitz H (2008) Microfluidic photomechanic infrared receptors in a pyrophilous flat bug. Naturwissenschaften 95:455–460

Sichert AB, Friedel P, van Hemmen JL (2006) Snake's perspective on heat: reconstruction of input using an imperfect detection system. Phys Rev Lett 97(068105):1–4

Unsere Innenwelt

S. Frings, F. Müller, *Biologie der Sinne*, https://doi.org/10.1007/978-3-662-58350-0_11

Zur Aufrechterhaltung der Lebensfunktionen benötigt das Gehirn einen ständigen Strom von Informationen über den Zustand des Körpers. Diese Informationen liefern Sinneszellen im Bewegungsapparat sowie Endorezeptoren, die das Körperinnere vermessen. Der Lage- und Gleichgewichtssinn ermöglicht es uns, aufrecht zu gehen und uns koordiniert zu bewegen. Die Endorezeptoren überprüfen kontinuierlich Blutdruck, Körpertemperatur und viele andere vitale Parameter. Im Hypothalamus kommt all diese Information zusammen. Hier werden physiologische Reaktionen auf Störungen von Lebensfunktionen ausgearbeitet und eingeleitet. Endorezeptoren leisten somit einen ähnlichen Dienst wie die Sinnessysteme, mit denen wir unsere Umwelt erforschen: Sie spüren kritische Veränderungen auf und ermöglichen sinnvolle Reaktionen.

11.1 Regelkreise organisieren den Körper

Unser Körper muss in jeder Sekunde unseres Lebens von Kopf bis Fuß organisiert und gesteuert werden. Nichts geht von selbst! Jede Bewegung, jede Organfunktion muss kontinuierlich überwacht und sinnvoll eingestellt werden. Mit einer gigantischen Anzahl von Steuerbefehlen sorgt unser Gehirn dafür, dass alle vitalen Funktionen richtig ablaufen. Dies ist nur möglich, wenn das Gehirn ständig über den aktuellen Zustand des Körpers informiert wird. Es muss über die Länge von Hunderten von Muskeln Bescheid wissen, es muss die Stellungen aller Gelenke kennen, es muss die Lage des Körpers im Raum beurteilen können, und es muss die wichtigen Kreislaufwerte kennen, damit es alles im grünen Bereich halten kann. Das Gehirn bewältigt diese gewaltige Aufgabe mithilfe einer Vielzahl von Regelkreisen (◘ Abb. 11.1). Es vergleicht die aktuellen Messdaten aus Tausenden, überall im Körper verteilten Sinneszellen mit Sollwerten, die es selbst erarbeitet hat. Bei jeder Abweichung eines Messwertes von seinem Sollwert gibt das Gehirn Steuerbefehle heraus, die den Sollzustand wieder-

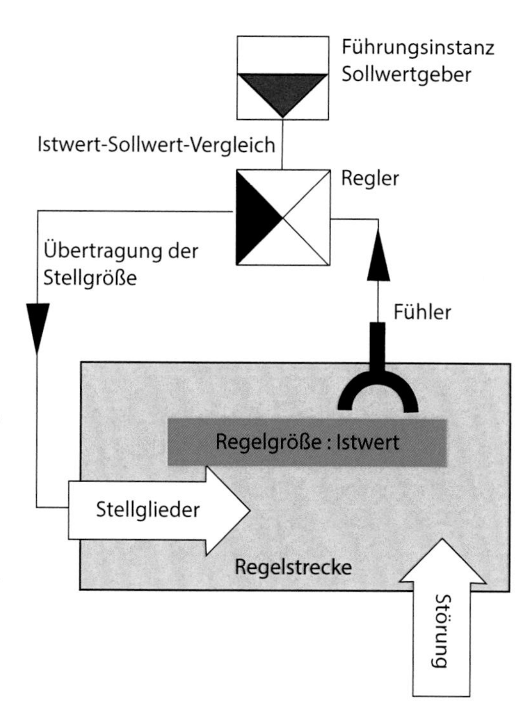

◘ **Abb. 11.1** Steuerung biologischer Prozesse durch einen Regelkreis. Die Regelgröße ist der Wert, der konstant gehalten werden muss, z. B. die Körpertemperatur. Tritt eine Störung auf, wird eine Änderung der Regelgröße von einem Fühler gemessen. Solche Fühler gehören zu den Endorezeptoren, den Sinneszellen für das Körperinnere. Eine zentrale Steuereinheit, der Regler, vergleicht ständig den vorgegebenen Sollwert mit dem gemessenen Istwert. Solche Regler befinden sich vor allem im Hypothalamus des Gehirns, der für viele unterschiedliche Regelgrößen zuständig ist. Stellt der Regler eine Abweichung des Istwertes vom Sollwert fest, aktiviert er die Stellglieder. Dazu gehören diejenigen Organe und Gewebe, mit denen die Regelgröße verändert werden kann. Bei der Temperaturregulation sind das verschiedene Muskeln (Zittern, Hecheln), die Blutgefäße (Änderung der Hautdurchblutung) und die Leber (Glukosefreisetzung). (© Müller und Frings (2009))

herstellen. Die Steuerbefehle müssen natürlich genau aufeinander abgestimmt sein und den momentanen Anforderungen des Körpers genügen – seien das Schlaf, Aufmerksamkeit oder Schwerarbeit. Gleichzeitig wird die Änderung aller Messwerte akribisch überwacht, damit keiner der kritischen Parameter aus dem Ruder läuft. Es fließt also ein ununterbrochener Strom aus Sinnesinformation aus allen Körperregionen zum Gehirn. Und ein ebenso großer Strom von Steuerbefehlen verbreitet sich vom Gehirn aus über den gesamten Körper.

Informationen zum Zustand des Körpers erreichen das Gehirn vor allem auf drei Wegen. Das Rückenmark, dessen Hinterhorn für die Aufnahme von Sinnesinformation spezialisiert ist, führt dem Gehirn alle Information zum Zustand des Körpers aus Bereichen unterhalb des Halses zu. Was in Hals und Kopf vor sich geht, erfährt das Gehirn direkt durch die sensorischen Hirnnerven. Eine Menge wichtiger Information gelangt aber direkt mit dem Blut in das Gehirn: Körpertemperatur, Nährstoff- und Sauerstoffstatus sowie der Wassergehalt des Blutes werden von Sinneszellen des Hypothalamus gemessen und mit Sollwerten verglichen. Steuerbefehle können das Gehirn ebenfalls auf drei unterschiedlichen Wegen verlassen – je nachdem, wie schnell es gehen muss. Der schnellste Weg verläuft über die motorischen Bahnen zu den Muskeln. Er ist so schnell, dass das Gehirn den Körper während des Stolperns stabilisieren kann, was die koordinierte Steuerung vieler Muskeln in Sekundenbruchteilen erfordert. Fast so schnell wie die motorischen Bahnen ist der zweite Weg, das vegetative Nervensystem (◘ Abb. 11.2). Über die vegetativen Nervenfasern erreichen Steuerbefehle aus dem Gehirn alle inneren Organe und viele Blutgefäße in Sekundenschnelle. So kann beispielsweise das Herz-Kreislauf-System blitzschnell an einen höheren Leistungsbedarf angepasst werden, indem Steuerbefehle den Herzschlag beschleunigen. Für solche Steuerbefehle stehen dem Gehirn zwei getrennte Kanäle im vegetativen Nervensystem zur Verfügung. Über den einen Kanal, den Sympathikus, werden alle leistungssteigernden (ergotropen) Befehle geschickt wie die Anweisung, die Frequenz des Herzschlages zu erhöhen. Der andere Kanal, der Parasympathikus, vermittelt dagegen die verdauungsfördernden (trophotropen) Signale zur Reduzierung der Herzschlagfrequenz und zur Förderung der Darmaktivität. Über die beiden Kanäle des vegetativen Nervensystems kann das Gehirn die Aktivität der inneren Organe ausbalancieren. Der dritte Weg zur Übermittlung

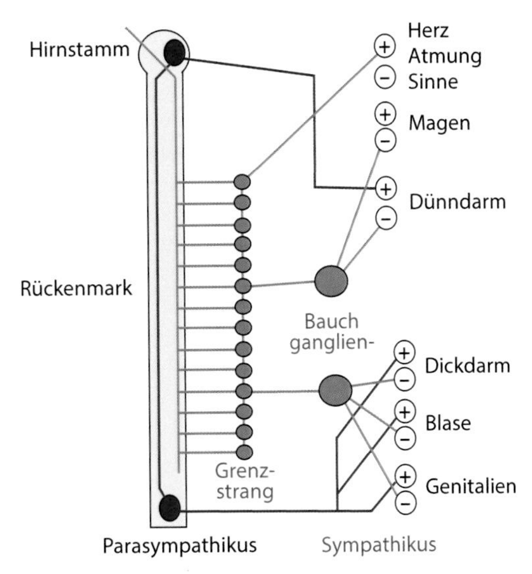

◘ **Abb. 11.2** Das vegetative Nervensystem, zuständig für schnelle Informationsleitung vom Gehirn zu den Organen. Aktiviert das Gehirn den Sympatikus, werden die leistungsfördernden Organe stimuliert und die Verdauungsorgane gebremst. Die Aktivierung des Parasympatikus bewirkt das Gegenteil. (© Stephan Frings, Universität Heidelberg)

von Steuerbefehlen schließlich ist das Hormonsystem. Hormondrüsen gibt es zwar überall im Körper (◘ Abb. 11.3), aber das Gehirn ist die oberste Instanz. Es kontrolliert über seine eigenen Hormondrüsen, Hypophyse und Epiphyse, die Aktivität aller anderen Hormondrüsen des Körpers und legt damit fest, wie viel Cortison, Schilddrüsenhormon oder Östradiol – um nur drei von vielen zu nennen – mit dem Blut durch den Körper kreisen. Hormonvermittelte Steuerbefehle können relativ schnell sein und in Sekunden bis Minuten wirksam werden. Sie können aber auch lang anhaltende Wirkung haben und über Stunden, Tage, Monate oder gar Jahre hinweg Lebensfunktionen beeinflussen – denken Sie nur an das Körperwachstum, das über fast 20 Jahre hinweg durch das Hormon Somatotropin in Gang gehalten wird.

Die vielfältigen Regelkreise zur Kontrolle von Körperfunktionen ermöglichen es dem Gehirn, alle Lebensfunktionen im Gleichgewicht zu halten. Im Folgenden werden wir sehen, welche Sinneszellen die dazu nötige Information liefern.

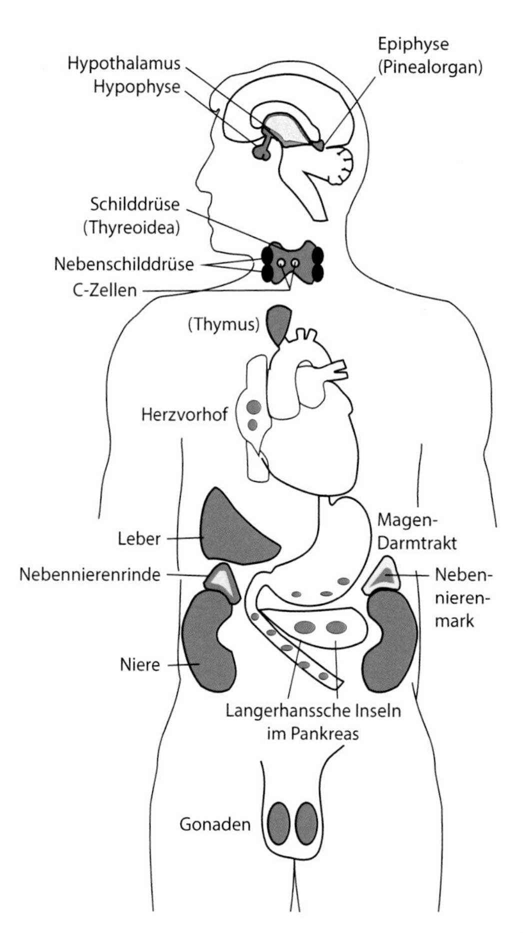

Abb. 11.3 Hormondrüsen im Körper des Menschen. Das Hormonsystem ist hierarchisch organisiert. Der Hypothalamus ist die oberste Instanz. Er regelt über seine eigene Signaldrüse, die Hypophyse, die Aktivität der anderen Hormondrüsen. (© Müller W, Frings S. (2009))

11.2 Muskelspindeln

Der Körper eines aufrecht stehenden Menschen ist an sich labil. Sein Schwerpunkt liegt weit über den Füßen, etwa in Höhe des Bauchnabels. Passt das Gehirn nicht genau auf – wie etwa in einem Moment von Bewusstlosigkeit – „stürzt" der ganze Körper zusammen. Um sich die Labilität der Körperkonstruktion zu vergegenwärtigen, stellen Sie sich folgende Aufgabe vor. Sie bekommen etwa 200 Knochen eines menschlichen Knochenskeletts und sollen daraus ein Gerippe zusammenbauen, das aufrecht und ohne äußere Stützen stehen kann. Als einziges Werkzeug für diese Aufgaben haben Sie Gummibänder, Spiralfedern und Schnüre, mit denen Sie die Knochen so zusammenbinden können, wie sie auch beim lebenden Menschen zusammengefügt sind, nämlich durch Sehnen, Muskeln und Bänder. Sie werden herausfinden, dass diese Aufgabe nicht lösbar ist. Selbst wenn Sie noch so perfekt jeden Knochen mit seinen richtigen Nachbarn verbinden würden und selbst wenn es Ihnen gelänge, das fertige Gerippe aufrecht hinzustellen – es würde in dem Moment klappernd zusammenbrechen, in dem Sie es loslassen. Der Grund dafür ist einfach: Aufrechtes Stehen ist keine passive Eigenschaft des Körpers, sondern es ist eine aktive, in jeder Sekunde regulierte Leistung des Gehirns. Die Lage des Körpers muss ständig überwacht und vermessen werden. Und jedes noch so kleine Schwanken muss schnell und präzise durch Muskelsteuerung ausgeglichen werden. Dazu muss jede Lageveränderung aber erst einmal registriert werden. Wie bemerkt das Gehirn, dass der Körper schwankt, dass er umzufallen droht? Zuerst und am schnellsten geschieht dies durch die Dehnung der Muskeln! Denn wann immer sich ein Knochen bewegt, werden Muskeln gedehnt, und diese Dehnung wird von hochempfindlichen Sinneszellen in den Muskeln registriert, den Muskelspindeln (Abb. 11.4).

Eine Muskelspindel ist eine auf Dehnungsmessung spezialisierte Muskelfaser, die von einer mechanosensitiven Nervenfaser umsponnen ist, ähnlich wie wir das bei Haarfollikeln gesehen haben. Wird der Muskel auch nur ein kleines bisschen gedehnt, reagiert die Nervenfaser sofort mit elektrischer Erregung und schickt Aktionspotenziale an das Rückenmark. So wird die einfachste und damit schnellste Nervenverschaltung im Körper aktiviert: ein Reflexbogen, der nur aus zwei oder drei Zellen besteht. Die Nervenfaser aus der Muskelspindel aktiviert im Rückenmark direkt – oder über nur ein einziges Interneuron – das Motoneuron, das für den gedehnten Muskel zuständig ist. Das Motoneuron schickt einen Steuerbefehl an den Muskel, und dieser zieht

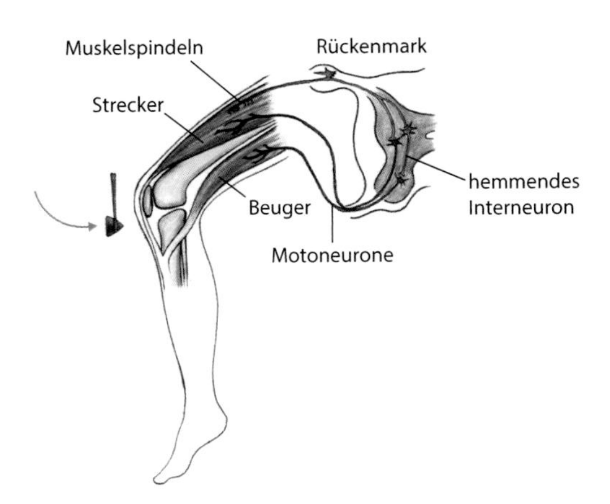

Abb. 11.4 Für den Kniesehnenreflex wird der Unterschenkelstrecker (Quadriceps) leicht gedehnt. Die Muskelspindeln erfassen diese Dehnung und leiten über einen Reflexbogen eine schnelle Kontraktion des Muskels ein. Gleichzeitig wird die Aktivierung des Unterschenkelbeugers über ein Interneuron blockiert. (© Michal Rössler, Universität Heidelberg)

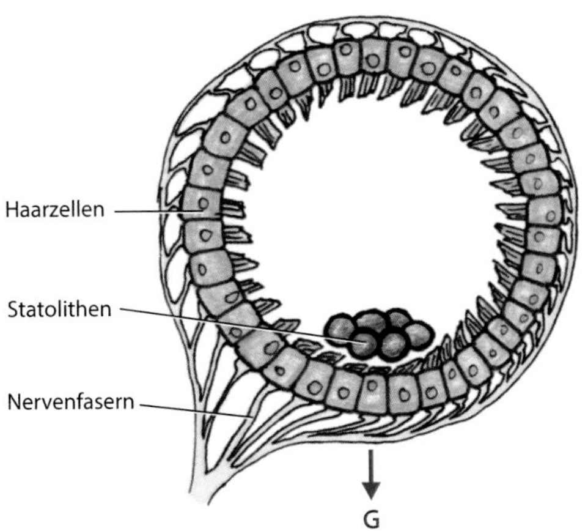

Abb. 11.5 Funktionsweise einer Statozyste. In einer Hohlkugel aus Haarzellen befinden sich kleine Kalzitsteinchen, die Statolithen. Sie werden durch die Gravitationskraft (G) am unteren Teil der Statozyste gehalten, wo sie die lokalen Haarzellen aktivieren. Die Haarzellen wiederum aktivieren Nervenfasern, die das Lagesignal zum Gehirn transportieren. Werden irgendwelche anderen als die untersten Haarzellen erregt, weiß das Gehirn, dass sich der Körper nicht im Lot befindet. (© Michal Rössler, Universität Heidelberg)

sich schlagartig wieder auf seine Solllänge zusammen, was bewirkt, dass sich der Knochen wieder aufrichtet. Das Schwanken des Körpers ist abgefangen, und ein Sturz wird verhindert. Das Ganze geht sehr schnell; es dauert nicht einmal 1/20 Sekunde, bis die Muskeldehnung gestoppt ist – schnell genug, um den schwankenden Körper zu stabilisieren. Die mechanosensorischen Neurone der Muskelspindeln gehören zu den am schnellsten leitenden Nervenfasern in unserem Körper und ermöglichen uns den aufrechten Gang.

11.3 Der Gleichgewichtssinn

Was aber ist aufrechter Gang? Und wie kommt es, dass unsere Antipoden, die „Gegenfüßler", die auf der anderen Seite der Erde in Neuseeland, Australien, Südafrika oder Chile mit dem Kopf nach „unten" an der Erde hängen, wie kommt es, dass diese Menschen ebenso aufrecht gehen wie wir? Genau genommen ist der aufrechte Gang die Ausrichtung des Körpers im Gravitationsfeld der Erde, und zwar dergestalt, dass die Füße in Richtung Erdmittelpunkt zeigen. Unser Gehirn muss also über das Gravitationsfeld informiert sein. Es muss wissen, in welche Richtung die Gravitationsbeschleunigung wirkt und wo sich der Erdmittelpunkt befindet. Für diese lebenswichtige Information hat die Natur einen einfachen und zuverlässigen Sensor entwickelt: die Statozyste. Statozysten gibt es schon bei sehr einfachen Tieren, denn auch die müssen wissen, wo oben und unten ist – ja sogar Pflanzen benutzen ein ähnliches Messprinzip, um ihre Wurzeln nach unten wachsen zu lassen. In Statozysten sind kleine Kalkkörnchen in einem Gelbett eingelagert, in dem sie von der Schwerkraft ein kleines bisschen verlagert werden können, wenn die Statozyste hin- und herkippt (Abb. 11.5). Ein Feld aus mechanosensitiven Haarzellen (▶ Abschn. 8.3.3) fühlt diese Verlagerung mit ihren hochempfindlichen Sinneshärchen („Stereovilli") und erzeugt ein neuronales Signal, aus dem das Nervensystem die Lage des Körpers im Raum ableiten kann.

In unserem Kopf befinden sich solche Messsysteme innerhalb der beiden Innenohren. Jedes Innenohr enthält ein Vestibular-

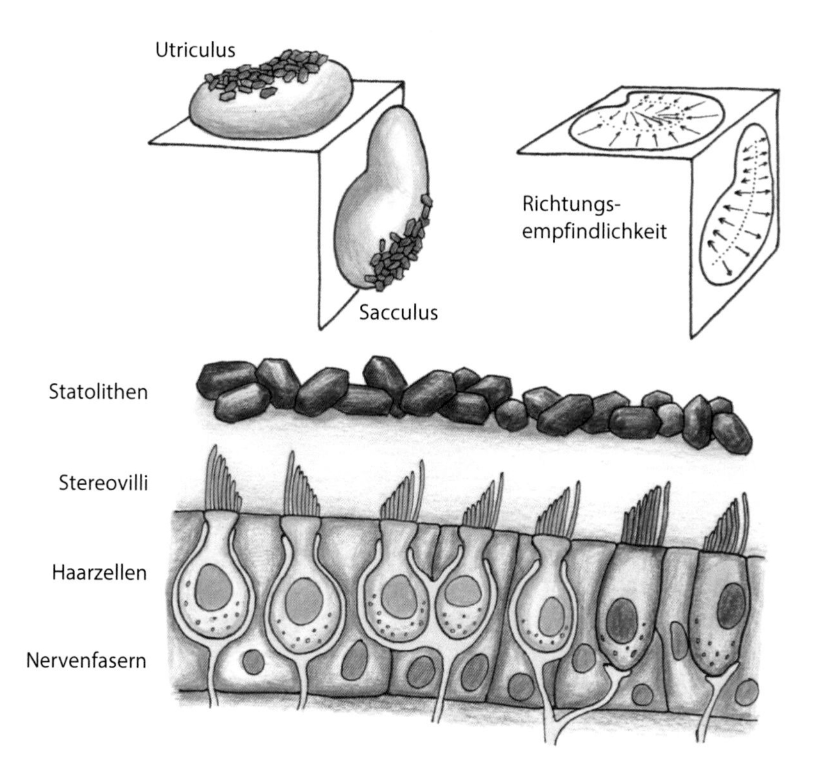

■ **Abb. 11.6** Die Maculaorgane im Vestibularorgan messen die Beschleunigung des Kopfes in gerader Richtung. Dabei ist der Utriculus für Geradeaus- und Seitwärtsbeschleunigungen zuständig, der Sacculus für die Auf- und Abwärtsbeschleunigungen. Die Kalzitsteinchen (Otolithen) liegen auf einem Gallertekissen und werden bei Beschleunigung langsamer bewegt als das Sinnesepithel mit den Haarzellen. Dadurch kommt es zu einer Scherbewegung zwischen der Gallerte und den Sinneshärchen (Stereovilli). Die Härchen werden ausgelenkt und die Haarzellen aktiviert. (© Michal Rössler, Universität Heidelberg)

organ (Gleichgewichtsorgan), und in diesem liegen jeweils zwei Maculaorgane: ein Sacculus und ein Utriculus (■ Abb. 11.6). Die Maculaorgane ähneln in Aufbau und Funktion den Statozysten, sind aber flächig angelegt. Die Gelschicht mit den Kalkkörnern (Otolithen, auch Statolithen, Statokonien oder Ohrsteinchen genannt) wird von 15.000 bis 30.000 Haarzellen abgetastet. Sie registrieren jede auch noch so kleine Verschiebung der kleinen Steinchen – ganz egal in welche Richtung sich die Otolithen bewegen. Die Sinneshärchen der Haarzellen haben ja eine ausgeprägte Vorzugsrichtung, in der sie besonders empfindlich auf Bewegung reagieren (▶ Abschn. 8.3.3). Auf den Maculaorganen sind die Haarzellen so angeordnet, dass jede Bewegungsrichtung mit höchster Empfindlichkeit gemessen werden kann. Zusätzlich sind Sacculus und Utriculus in etwa rechtwinklig zueinander angeordnet, der Utriculus horizontal, der Sacculus vertikal. So entgeht den Maculaorganen nichts: Bei gerader Kopfhaltung werden die Otolithen der Sacculi von der Gravitationskraft maximal nach „unten", also in Richtung Erdmittelpunkt, beschleunigt, und zwar so weit, wie es die Viskosität der Gelschicht zulässt. Die Otolithen der Utriculi bleiben dagegen in ihrer Ruhelage. In dieser Situation entsteht aus den Zehntausenden von Haarzellen der vier Maculaorgane in den beiden Innenohren ein komplexes Signal, das dem Gehirn sehr genau die Lage des Kopfes relativ zum Gravitationsfeld der Erde mitteilt. Schon die geringste Kopfneigung verschiebt Otolithen auf allen vier Maculaorganen und verändert das Signal sehr deutlich. Das Gehirn kennt also immer die Lage des Kopfes, auch in einem absolut dunklen Zimmer, wo keine visuelle Information zur Verfügung steht. Nun kann es den Rest des Körpers ausrichten und in einer stabilen, aufrechten Lage halten. Die Propriorezeptoren liefern dazu Informationen zur Stellung von Gelenken und der Dehnung der Sehnen, mit denen die Muskeln and Knochen befestigt sind. Maculaorgane, Propriorezeptoren und Muskelspindeln – sie liefern die räumliche Orientierung und die Rückmeldungen, die für den aufrechten Gang benötigt werden.

Interessant ist die Reaktion des Körpers auf Schwierigkeiten bei der Interpretation der Signale aus den Maculaorganen. Sowohl die See- als auch die Raumkrankheit scheinen durch solche Sinneskonflikte verursacht zu werden. Ein Beispiel: Wir sitzen in der Kajüte eines Schiffes auf hoher See bei ordentlichem Seegang – sagen wir bei Windstärke 10, einem schweren Sturm. Die Wellenberge versetzen das Schiff in eine schlingernde Bewegung, und unsere Maculaorgane melden an das Gehirn, dass sich unsere räumliche Lage im Gravitationsfeld ständig und drastisch verändert. Aus dem visuellen System kommt aber ein ganz anderes Signal. Denn die Wände der Kabine, die Möbel und die (festgeschraubten) Bilder lassen keine Bewegung erkennen, da sie sich mit uns zusammen als räumliche Einheit bewegen. Wie reagiert das Gehirn auf die widersprüchlichen Informationen aus Innenohr und Augen? Es leidet. Es kommt nicht damit zurecht. Wir fühlen uns elend und schlecht, müssen erbrechen, müssen Schwindel ertragen und sind weitgehend handlungsunfähig. Seekrankheit ist ein schlimmer Zustand, der möglicherweise auf einem Informationskonflikt zwischen zwei Sinneskanälen beruht – dem Gleichgewichts- und dem Sehsinn. Diese oft genannte Erklärung ist aber keineswegs wissenschaftlich abgesichert. Wäre der Sinneskonflikt die alleinige Ursache, dann dürften Blinde niemals seekrank werden, denn ohne Sehsinn kann es ja keinen Konflikt geben. Untersuchungen mit blinden Probanden haben aber gezeigt, dass auch Blinde sehr wohl seekrank werden, was auf den Gleichgewichtssinn als alleinigen Verursacher hindeutet. Tatsächlich gibt es anekdotische Hinweise darauf, dass Patienten mit Schäden im Vestibularorgan immun gegen die Seekrankheit sind. Es scheint also, dass die Seekrankheit vor allem auf die Wahrnehmung der Roll- und Schlingerbewegung des Schiffes durch den Gleichgewichtssinn zurückzuführen ist.

Der Lagesinn in unserem Kopf ist hochempfindlich und absolut notwendig für die Koordination des Körpers. Nun ist der Kopf aber recht beweglich; wir nicken, schütteln und wiegen den Kopf – allesamt Bewegungen, die in den Maculaorganen registriert werden und deren Signale verändern. Dies erschwert die Übertragung eines klaren Lagesignals ans Gehirn. Es ist ein bisschen so, als wollte man einen Kompass ablesen, während man ihn gleichzeitig in alle Richtungen herumschwenkt, was praktisch unmöglich ist. Unser Gleichgewichtssinn löst dieses Problem mit einem zusätzlichen Messsystem, einem Sinnesorgan, das die Beschleunigung des Kopfes in den drei Raumachsen registriert. Drei große Bogengänge am Vestibularorgan messen die Drehbeschleunigung beim Nicken, Schütteln und Wiegen des Kopfes (◘ Abb. 11.7). Mithilfe dieser Information über die Kopfbewegung kann das Gehirn die Signale aus den Maculaorganen besser interpretieren; es kann sozusagen denjenigen Teil des Signals aus Sacculus und Utriculus, der durch die Kopfbewegung verursacht wird, vom Gesamtsignal abziehen. Was übrig bleibt, ist die Lageinformation für den aufrechten Gang. Die Messung der Drehbeschleunigung in den drei Bogengängen des Vestibularorgans geschieht nach einem ähnlichen Prinzip wie die Messung der Linearbeschleunigung in den Maculaorganen – allerdings ohne Otolithen. Die Haarzellen der Bogengänge stecken ihre Sinneshärchen in eine segelartige Gelmembran, die quer in die Ampullen der Bogengänge eingebaut ist (◘ Abb. 11.7). Bei einer Drehung des Kopfes wird diese Membran („Cupula“) ausgelenkt, weil die Wand des Bogenganges schneller beschleunigt wird als

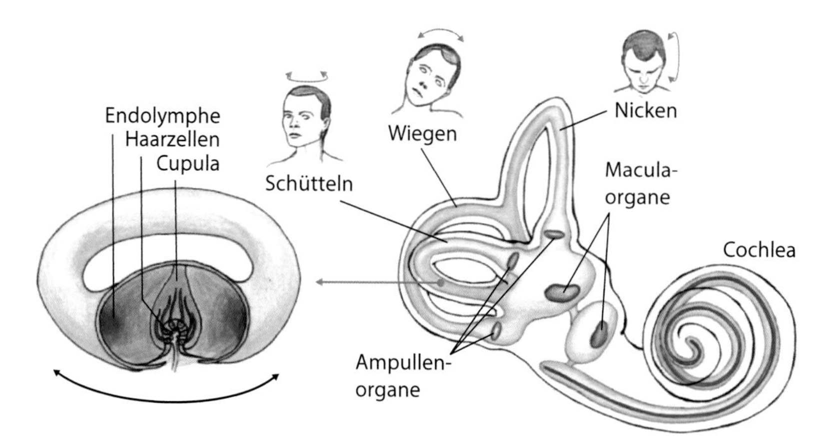

■ **Abb. 11.7** Das Vestibularorgan des Innenohres. In den Bogengängen, die in den drei Raumachsen ausgerichtet sind, wird die Drehbeschleunigung des Kopfes gemessen. Das Messprinzip beruht darauf, dass die Endolymphe in den Bogengängen bei einer Kopfdrehung hinter der Bewegung der knöchernen Wand der Bogengänge kurzzeitig zurückbleibt. Dadurch werden die Cupula und die darin enthaltenen Sinneshärchen der Haarzellen ausgelenkt; es entsteht ein neuronales Signal. (© Michal Rössler, Universität Heidelberg)

die Flüssigkeit, mit der er gefüllt ist. Man kennt diesen Effekt von der Cappuccino-Tasse: Dreht man die Tasse horizontal, bleiben Kaffee und Milchschaum zurück. Im Bogengang drückt die zurückbleibende Flüssigkeit auf die Cupula und stimuliert damit die Haarzellen. Diese können dann das Gehirn über die Drehbeschleunigung des Kopfes informieren und ermöglichen damit, dass die Körperlage trotz der störenden Kopfbewegungen weitgehend richtig eingeschätzt wird.

Das Zusammenspiel von Macula- und Ampullenorganen im Innenohr produziert sehr schnelle hochpräzise Information für den Bewegungsapparat. Damit können auch komplizierte, schnell ablaufende Bewegungsfolgen genau gesteuert werden. Tatsächlich hat das Gehirn einen speziellen Verarbeitungsort, wo Bewegungsabläufe ständig anhand sensorischer Informationen überprüft und korrigiert werden: das Kleinhirn. Hier wird vielfältige Sinnesinformation – unter anderem auch die Information aus dem Gleichgewichtsorgan – dazu benutzt, Bewegungen richtig zu steuern. Das Kleinhirn hilft beim Laufen, Fahrradfahren und Balancieren. Und es ermöglicht erstaunliche Leistungen der motorischen Koordination! Denken Sie an die Katze, die immer auf den Füßen landet, oder an die Eule, die mit unbewegtem Kopf durch die Luft flattert, damit sie ihre Beute immer fest im Auge behält (■ Abb. 11.8). Bewegung ist ein ständiges Zusammenspiel von Motorik und Sensorik, ein unablässiges Messen und Korrigieren von Bewegungsabläufen, die blitzschnell mit vielfältigen sensorischen Messungen der Körperlage abgestimmt werden.

11.4 Ausleuchtung der Innenwelt: Die Endorezeptoren

In den bisherigen Kapiteln dieses Buches ging es um die vielen Sinnessysteme, die unserem Gehirn eine Vorstellung davon vermitteln, was in unserer Umwelt geschieht und wie sich unser Körper in dieser Umwelt bewegt. All diese Sinne vermitteln uns eine bewusste Wahrnehmung unserer Welt – ein Vorgang, den wir in ▶ Kap. 12 noch genauer betrachten werden. Zuvor aber wollen wir noch einen kurzen Ausflug in Sinnesbereiche machen, die wir nicht bewusst wahrnehmen. Hier finden wir Sinneszellen, die den aktuellen Zustand des Körpers überprüfen, und zwar anhand vitaler Daten, die das Gehirn unbedingt braucht, um die Körperfunktionen im Gleichgewicht zu halten. Denn unser Körper muss unter sehr unterschiedlichen Bedingungen störungsfrei funktionieren:

Abb. 11.8 Zwei Beispiele für die schnelle Steuerung komplizierter Bewegungen. Links: Eine Katze ist vom Baum gefallen und landet auf den Füßen. Dazu muss sie im freien Fall eine Drehbewegung ihres gesamten Körpers hinbekommen. Orientieren kann sie sich durch ihren Sehsinn, ihren Gleichgewichtssinn und durch die Informationen, die Gelenkstellungsrezeptoren an das Gehirn schicken. Rechts: Die Eule manövriert durch eine kurvige Flugbahn bei der Verfolgung einer Maus. Augen und Ohren sind dabei fest auf die Beute gerichtet. Ihr Kopf bewegt sich tatsächlich kaum, während der Rest ihres Körpers akrobatische Flugbewegungen ausführt. Dies gelingt ihr, weil ihr Gleichgewichtsorgan jede Bewegung des Kopfes detektiert und augenblicklich an das Gehirn meldet, wo Ausgleichsbewegungen berechnet und blitzschnell ausgeführt werden. Das Ergebnis ist ein scharfes, wackelfreies Bild der Maus auf der Netzhaut der Eule oder – wenn die Jagd nachts stattfindet – eine genau zu ortende Schallquelle. (© Michal Rössler, Universität Heidelberg)

im Schlaf und bei Hochleistung, bei Hunger und bei Übersättigung, in seelischer Ruhe und bei höchster Erregung, bei Kälte und bei Hitze. Immerzu muss das Gehirn darauf achten, dass nichts aus dem Ruder läuft, dass die Körperfunktionen im Gleichgewicht bleiben.

Für diese Regulation des Körpergleichgewichts, für die Homöostase, benötigt das Gehirn unablässig Informationen, die von den inneren Sinneszellen, den Endorezeptoren, gemessen werden. Die Konzentration von Kohlendioxid im Blut, der Blutdruck, die Kerntemperatur des Körpers, die Konzentrationen von Ionen, Zucker und Hormonen im Blut und vieles andere wird ständig erfasst und fließt als „Ist"-Information in die Regelkreise des Körpers ein. Und dieser kann reagieren: Ist zu viel Kohlendioxid im Blut, wird die Atmung beschleunigt; steigt der Blutdruck zu stark an, werden die Arterien weiter gestellt; steigt die Kerntemperatur über 37 °C, fangen wir an zu schwitzen; und wenn die Endorezeptoren zu hohe Ionenkonzentrationen im Blut messen, löst das Gehirn Durst aus, und wir verdünnen unser Blut durch Trinken von Wasser. Der Blutkreislauf spielt bei diesen Vorgängen eine zentrale Rolle. Denn einerseits sind Sauerstoff- und Nährstoffgehalt des Blutes entscheidend für die Leistung aller Zellen, und andererseits ist der Blutstrom ein wichtiger Informationsweg im Körper, denn durch ihn gelangen Hormone von den Hormondrüsen zu den Zielorganen überall im Körper. Mit dem Kreislauf muss also alles stimmen. Blutvolumen, Blutdruck, Blutinhaltsstoffe, Bluttemperatur, Blutflussgeschwindigkeit – all dies muss überwacht und nötigenfalls korrigiert werden.

Nehmen wir ein drastisches Beispiel: Blutverlust. Sie erleiden eine Verletzung und verlieren Blut. Durch den Blutverlust sinkt das Blutvolumen in Ihrem Kreislaufsystem, Ihr Blutdruck fällt. Ihnen ist dieser Blutdruckabfall nicht wirklich bewusst; das Entsetzen über die Verletzung und der Schmerz der verletzten

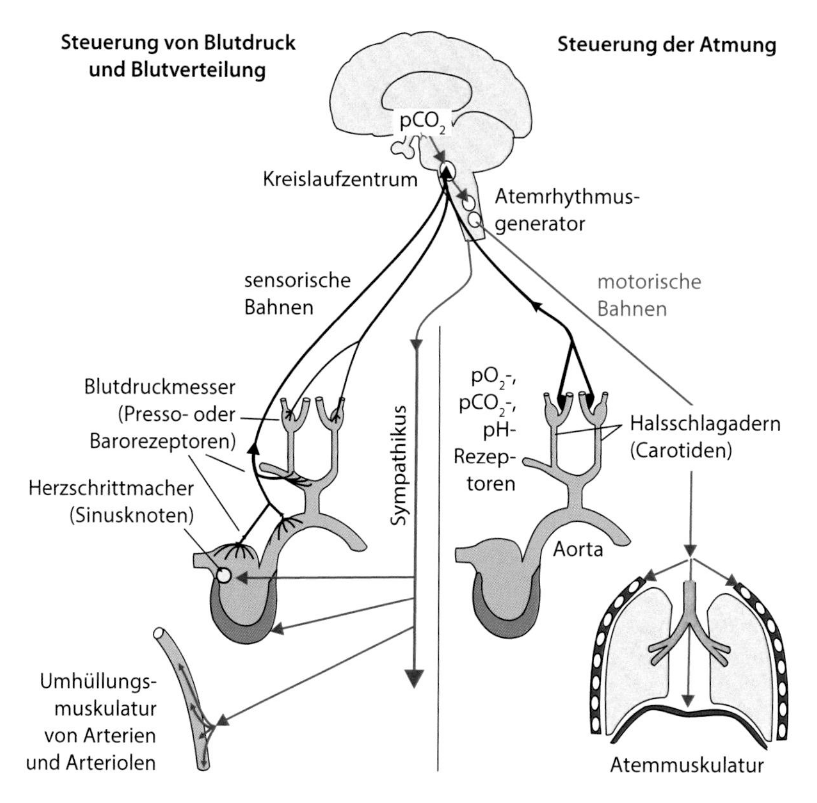

Abb. 11.9 Für die Regulation von Blutdruck und Atmung liefern verschiedene Endorezeptoren aktuelle Informationen zur Konzentration von Blutgasen (pCO_2, pO_2), zum Säurestatus des Blutes (pH) sowie zur mechanischen Spannung der Gefäßwände, die durch den Blutdruck verursacht wird. Viele dieser Messwerte werden im ersten Abschnitt der Aorta und in Halsschlagadern (Carotiden) erhoben, andere im Hypothalamus. Auf der Grundlage dieser Messwerte stellt das Kreislaufzentrum im Stammhirn die Herz- und Lungenaktivität sowie die Muskulatur der Arterien ein. (© Müller W, Frings S. (2009))

Körperregion beherrschen noch Ihre Wahrnehmung. Ihre Endorezeptoren aber sind nicht abgelenkt. Sie registrieren sehr empfindlich den Blutdruckabfall und schlagen Alarm. Diese druckempfindlichen Sinneszellen, die Pressorezeptoren, befinden sich an den Stellen, wo Ihre Halsschlagadern beginnen, am Aortenbogen und an den Verzweigungen der beiden Halsschlagadern (Abb. 11.9). Sie befinden sich in der Wand derjenigen Blutgefäße, die die Versorgung des Gehirns sicherstellen. Hier darf der Blutdruck keinesfalls absinken, denn eine Unterversorgung des Gehirns löst Bewusstlosigkeit und damit völlige Hilflosigkeit aus. Die Pressorezeptoren schützen also das Gehirn; sie schlagen Alarm bei Blutverlust und informieren die oberste Instanz der Kreislaufregulation, das Kreislaufzentrum im Hirnstamm. Hier wird die Abweichung des Blutdruck-Istwertes vom Sollwert registriert, und alle Hebel werden gezogen, um den Blutdruck zu stabilisieren. Elektrische Befehle werden über das vegetative Nervensystem an das Herz- und Blutgefäßsystem geschickt. Der Herzschlag wird beschleunigt und verstärkt, die schlauchförmige Muskulatur der Arterien zieht sich zusammen, und der Blutfluss durch die Venen zum Herz wird beschleunigt. Dadurch stabilisiert sich der Blutdruck, und die Blutversorgung des Gehirns ist vorerst gesichert. Sie können die Wunde versorgen, und das Gewebe kann heilen.

In ähnlicher Weise wie die Pressorezeptoren reagieren andere Typen von Endorezeptoren auf kritische Situationen wie Sauerstoffmangel, Übersäuerung des Blutes oder Wassermangel. Die meisten Endorezeptoren sind weit weniger gut erforscht als Sinneszellen für die Außenwelt wie Photorezeptoren oder Haarzellen. Vielen Endorezeptoren scheinen im Gehirn selbst positioniert zu sein, und zwar im Zentrum der Körperhomöostase, dem Hypothalamus. Hier wird das durchströmende Blut offensichtlich kritisch überprüft und jede Abweichung vom Sollwert durch spezifische Endorezeptoren registriert. Die verschiedenen Kerne des Hypothalamus reagieren dann sofort. Sie lösen die richtigen körperlichen Reaktionen oder Verhaltensmuster aus, um alles wieder ins Lot zu bringen. Der Hypothalamus stabilisiert so mithilfe der Informationen von Endorezeptoren die Lebensfunktionen in allen Situation, in denen Leben möglich ist.

Weiterführende Literatur

Eatock RA, Songer JE (2011) Vestibular hair cells and afferents: two channels for head motion signals. Annu Rev Neurosci 34:501–534

Lopez-Barneo J, Ortega-Saenz P, Pardal R, Pascual A, Piruat JI, Duran R, Gomez-Diaz R (2009) Oxygen sensing in the carotid body. Ann N Y Acad Sci 1177:119–131

Müller W, Frings S (2009) Tier- und Humanphysiologie – eine Einführung. Springer, Heidelberg

Scheffers IJM, Kroon AA, de Leeuw PW (2010) Carotid baroreflex activation: past, present, and future. Curr Hypertens Rep 12:61–66

Wahrnehmung

S. Frings, F. Müller, *Biologie der Sinne*, https://doi.org/10.1007/978-3-662-58350-0_12

In jeder Sekunde unseres bewussten Seins erschafft unser Gehirn in seinen neuronalen Schaltkreisen eine Welt für uns. Sie entsteht sozusagen vor unserem „inneren Auge", und sie ist reich und komplex. Wir hören, sehen, riechen, schmecken und tasten in dieser Welt, und wir spüren, dass unser Körper ein Teil dieser Welt ist. Wir halten sie deshalb für die Realität. Aber das ist sie nicht. Die Welt wie wir sie wahrnehmen ist ein Konstrukt unseres Gehirns. Zur Erschaffung dieser Welt nutzt das Gehirn nicht nur die aktuelle sensorische Information, die es von unseren Sinnesorganen erhält. Es steckt auch Annahmen hinein, die es für die Auswertung der Sinnesinformation braucht, sowie Erfahrung und Wissen, die es in unserem Gedächtnis findet. Unser Gehirn erschafft diese Welt sehr schnell, denn im stetigen Überlebenskampf während der Evolution war Geschwindigkeit stets wichtiger als Genauigkeit. Dies hat zur Folge, dass das Konstrukt nicht nur voller Lücken, sondern oft auch fehlerhaft ist. Es ist nicht mehr als eine Hypothese, eine Vermutung, die unser Gehirn darüber aufstellt, was im Moment in der Welt um uns und in unserem Körper vor sich geht. Obwohl das Konstrukt nicht perfekt ist und oftmals von der Wirklichkeit abweicht, erzeugt unser Gehirn damit die Illusion, dass wir die Realität genau, detailgetreu, schnell und vollkommen problemlos wahrnehmen können – „einfach so".

Diese Illusion darf uns aber nicht darüber hinwegtäuschen, dass unserer Wahrnehmung eine enorme Auswertungs- und Rechenleistung des Gehirns zugrunde liegt. Die Vorgänge, die in unserem Gehirn ablaufen, und die Strategien, die es anwendet, damit wir unsere Umwelt wahrnehmen können, haben wir bisher nur ansatzweise verstanden. Ingenieure und Neurowissenschaftler sind weit davon entfernt, eine Maschine zu bauen, die die Wahrnehmungsleistung eines Menschen erbringen könnte. Was in unseren Köpfen abläuft, während wir etwas wahrnehmen, ist eines der größten und spannendsten ungelösten Rätsel dieser Welt. Und wegen der Konsequenzen für unsere Vorstellung vom rationalen, kritischen und selbstverantwortlichen Menschen ist die Lösung dieses Rätsels eines der dringendsten Ziele der modernen Wissenschaft. Das Verständnis davon, wie Wahrnehmung, Bewusstsein, Denken und menschliches Verhalten entstehen, wird unser Weltbild vielleicht ebenso verändern wie die Evolutionslehre Darwins oder die Entdeckung, dass die Erde nicht im Zentrum des Universums steht. In diesem Kapitel wollen wir versuchen, uns diesem Rätsel schrittweise zu nähern.

12.1 Was ist Wahrnehmung?

» Was wir wahrnehmen, ist nicht die Realität, sondern eine Hypothese unseres Gehirns

Wir werden diese Aussage erst im Laufe des Kapitels erarbeiten und erhärten können, aber wir haben sie bewusst an den Anfang gestellt, um Sie dazu auffordern, die herkömmlichen Vorstellungen darüber, wie Wahrnehmung stattfindet, kritisch mit uns zu überdenken. Eine Hypothese ist eine Unterstellung. Sie ist eine Aussage, der Gültigkeit unterstellt wird, die aber nicht bewiesen ist. Wissenschaftler stellen in langwierigen und komplizierten Prozessen Hypothesen auf, sammeln Belege dafür oder verwerfen sie. Dies ist allseits bekannt. Aber ist es gerechtfertigt, auch von unserem Gehirn zu behaupten, dass es Hypothesen aufstellt?

Betrachten wir einen einfachen Wahrnehmungsvorgang: ein Tier vor einem Baum (◘ Abb. 12.1). Kaum haben wir das Tier erblickt, haben wir es im Nu lokalisiert (etwa 3 m vor uns), vom Hintergrund getrennt (1 m vor einem Baum), mit unserem Gedächtnisinhalt abgeglichen und identifiziert (es handelt sich um unsere Katze) und in Kategorien eingeordnet (Haustier, harmlos, Spielgefährte) – kurz, wir haben die Katze bewusst wahrgenommen.

Lassen Sie uns zuerst überlegen, wo und warum es im Wahrnehmungsvorgang zu Abweichungen von der Realität kommt. Im zweiten Schritt wollen wir uns ansehen, wie das Gehirn Hypothesen aufstellt.

Abb. 12.1 Es fällt uns leicht, diese Katze zu erkennen und sauber getrennt von dem Baum dahinter wahrzunehmen. Die Information über Katze und Baum ist aber bruchstückhaft und gelangt auf indirektem Weg in unser Gehirn. Unser Gehirn muss deshalb die Realität rekonstruieren. Diese Rekonstruktion, nicht die Realität selbst, ist die Grundlage unserer Wahrnehmung. (© Michal Rössler, Universität Heidelberg)

12.1.1 Der erste Schritt: Wahrnehmung ist indirekt – unser Gehirn muss die Umwelt deshalb rekonstruieren

Wenn wir die Katze vor dem Baum betrachten, gelangt die Information auf indirektem Wege in unser Gehirn. Licht, das auf die Szene fällt, wird von der Katze und dem Baum reflektiert. Der optische Apparat in unserem Auge muss dieses Licht so brechen, dass ein scharfes Bild auf unserer Netzhaut entsteht. Dort übersetzen die Photorezeptoren die eintreffenden Lichtreize in die Sprache des Nervensystems – in elektrische Signale. Diese Signale werden bereits in der Retina verarbeitet, anschließend in das Gehirn übermittelt und dort in komplexen Netzwerken ausgewertet, die von Milliarden von Nervenzellen gebildet werden. Wir haben z. B. in ► Kap. 7 gesehen, wie dabei Nervenzellen durch die Eigenschaften ihrer rezeptiven Felder verschiedene Aspekte der Information aus der Datenflut herausfiltern. Wir haben an optischen Täuschungen selbst erlebt, wie unser Gehirn bei seiner Analyse bestimmte Aspekte in der Wahrnehmung verstärkt und andere unterdrückt. Wie ein Computer verrechnet das Gehirn die eingehenden Daten und gleicht sie mit Information in unserem Gedächtnis ab. Infolge dieses Rechenvorgangs werden die Daten interpretiert – wir nehmen eine Katze wahr. Kurz gesagt, indirekter geht es kaum.

Aber was ist, wenn wir die Katze nicht aus der Ferne erblicken, sondern sie auf den Arm nehmen und mit der Hand über ihr Fell streichen, ihr Gewicht und ihre Wärme spüren, merken, wie sich die Krallen ihrer Pfote leicht in unsere Haut drücken? Nun, so eng dieser Kontakt auch ist, die Empfindungen sind wiederum indirekt. Gleich, ob wir die Katze sehen, hören, riechen oder fühlen – in allen Fällen müssen Reize zuerst von den entsprechenden Sinneszellen detektiert, in Signale übersetzt und diese Signale hinterher vom Gehirn ausgewertet und interpretiert werden. Das Gehirn rekonstruiert aus all dieser Information unsere Umwelt, es erfindet sie sozusagen in unserem Kopf neu. Nicht die Wirklichkeit selbst, sondern diese Rekonstruktion der Wirklichkeit ist somit die Basis unserer Wahrnehmung! Dies mag nach Wortklauberei klingen, aber wir werden in diesem Kapitel zeigen, dass es von grundlegender Bedeutung ist, wenn wir verstehen wollen, was in unserem Kopf vorgeht.

Sie können die Entstehung unserer Wahrnehmung mit der Situation vergleichen, in der Sie als Beobachter aus dem Fenster blicken und einem Zeichner berichten, was Sie sehen. Dieser fertigt nach Ihren Angaben binnen kürzester Zeit eine Zeichnung an. Wie genau gibt diese Zeichnung die Wirklichkeit wieder, die Sie gesehen haben? Natürlich wird das Bild der realen Szene umso mehr ähneln, je genauer Sie die Information weitergegeben haben und je gewissenhafter der Zeichner sie umgesetzt hat.

Wenn Sie als Beobachter bestimmte Details übersehen, werden diese zwangsläufig auch in der Zeichnung fehlen. Auch unsere Sinneszellen registrieren bei Weitem nicht alle Reize, die auf sie treffen. So können wir beispielsweise nur Licht bestimmter Wellenlängen detektieren. Für die elektromagnetische Strahlung links und rechts dieses Spektrums sind wir unempfindlich. Tiere wie Bienen oder bestimmte Vogelarten, die ultraviolette Strahlung wahrnehmen können, fänden vielleicht interessante, für uns unsichtbare Muster in der Kleidung der Passanten. Ein Hund, der draußen vor dem Haus an eben dieser Stelle steht, würde dem Zeichner ganz andere Dinge mitteilen wollen als wir, vielleicht, dass ein anderer Hund vor Kurzem den Laternenpfahl mit seinem Urin markiert hat – Aspekte der Wirklichkeit, die in Ihrer Beschreibung vollständig fehlen. Wie sehr wir uns dies vielleicht auch wünschen mögen, wir *können* unsere Umwelt nicht vollständig und eins zu eins so wahrnehmen, wie sie wirklich ist. Die Information, die unsere Sinne über die Umwelt liefern, ist gefiltert und zwangsläufig unvollständig.

Aber auch der Zeichner beeinflusst natürlich, was später auf dem Bild zu sehen ist. Was, wenn er Ihre Angaben falsch versteht? Dann wird das Ergebnis deutlich von der Wirklichkeit abweichen. Erachtet er bestimmte Dinge als weniger wichtig als andere, lässt er sie vielleicht ganz weg – vor allem wenn er wenig Zeit hat, das Bild zu erstellen. Dies trifft auch auf unser Gehirn zu. In der jahrmillionenlangen Evolution wurde unser Gehirn darauf hin optimiert, die Realität nicht wie ein Messgerät zu analysieren, sondern bestimmte Aspekte zu ignorieren und andere hervorzuheben. Vor allem ist ihm die Geschwindigkeit wichtiger als die Genauigkeit – eine Folge des Evolutionsdruckes, unter dem sich unser Gehirn entwickelt hat. Unsere Wahrnehmung muss deshalb zwangsläufig von der Realität abweichen. Sie kommt ihr aber in der Regel genügend nahe, damit wir uns gut in der Umwelt zurechtzufinden. Oft sind es sogar gerade die Abweichungen von der Realität, die uns den Wahrnehmungsvorgang erleichtern. Denken Sie z. B. an die Folgen der lateralen Hemmung: Mach'sche Bänder, Veränderungen in der Helligkeit beim Simultankontrast usw. (▶ Abschn. 7.5). Diese neuronalen Effekte helfen uns, Unterschiede deutlicher wahrzunehmen. Durch diese kontrastverschärfenden Mechanismen sagt Ihnen Ihr Gehirn zwar nicht korrekt die Wahrheit, aber es sagt Ihnen das, was Sie wissen müssen: Hier ist die Grenze zwischen zwei Objekten! Kontrastverschärfung gibt es übrigens in praktisch jedem Sinnessystem, auch wenn sie dort – im wahrsten Sinne des Wortes – weniger augenscheinlich ist als im visuellen System.

Wir können erst dann bemerken, wie weit unsere Wahrnehmung von der Realität abweicht, wenn wir unsere subjektive Wahrnehmung mit den objektiven Werten eines Messgeräts vergleichen können oder wenn unser Gehirn eine ganz offensichtlich falsche Rekonstruktion der Realität erstellt. Dies kann z. B. aufgrund mangelnder Information oder gezielter Fehlinformation erfolgen, wie es bei vielen optischen Täuschungen der Fall ist. Durch den geschickten Aufbau optischer Täuschungen kann man deshalb viel über die Wahrnehmungsstrategien des Gehirns lernen. Die Sinnestäuschungen, die wir in diesem Kapitel zeigen, sind keine Spielereien. Sie stammen aus dem Fundus der Neurobiologen und Psychologen. Es sind Werkzeuge, die zur Erforschung des Gehirns eingesetzt werden, ganz ähnlich wie die Elektrode des Physiologen oder das Mikroskop des Anatomen.

12.1.2 Der zweite Schritt zur Wahrnehmung: Die Rekonstruktion unserer Umwelt erfolgt nicht „wertfrei" – unser Gehirn stellt eine Hypothese über die Umwelt auf

Das Gehirn wendet bei der Auswertung der Sinnesinformation bestimmte einfache Prinzipien an. Wir werden einige davon auf den folgenden Seiten kennen lernen. In vielen dieser Prinzipien stecken sinnvolle An-

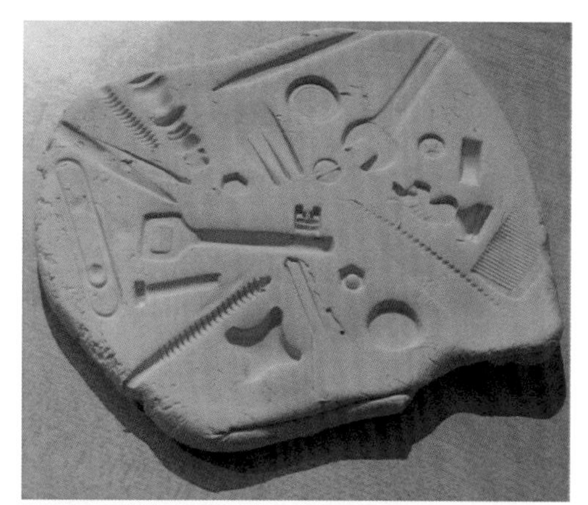

Abb. 12.2 Vertieft oder erhaben? In der oberen Abbildung sieht man Abdrücke verschiedener Gegenstände wie Schlüssel, Schrauben oder Schachfiguren in der Knetmasse. In der unteren Abbildung scheinen diese Gegenstände erhaben zu sein. (© Frank Müller, Forschungszentrum Jülich)

nahmen. Diese Annahmen sind aber nicht wertfrei, sondern lenken die Rekonstruktion unserer Umwelt in eine bestimmte Richtung, die sinnvoll erscheint, aber nicht immer richtig sein muss. Nehmen wir das Beispiel in Abb. 12.2.

In der oberen Abbildung erkennen Sie eine Knetplatte, in die vor dem Trocknen verschiedene Gegenstände eingedrückt wurden. Man erkennt deutlich die Vertiefungen, die sie dabei in der Oberfläche der Platte hinterlassen haben. In der unteren Abbildung dagegen erscheint es so, als würden die gleichen Gegenstände als Knetrelief leicht aus der Platte hervorstehen. Das Muster sieht nicht eingedrückt, sondern erhaben aus. Das Interessante daran ist: Die beiden Abbildungen sind identisch, die untere steht lediglich auf dem Kopf! Sie können dies leicht überprüfen, indem Sie das Buch auf den Kopf stellen. Der Tiefeneindruck dreht sich dann um. Wo zuvor eine Vertiefung war, sehen Sie nun eine Wölbung. Wie Sie ein und dasselbe Objekt wahrnehmen, hängt also davon ab, wie Sie das Buch halten. Wie kann das sein?

Unser Gehirn geht davon aus, dass Licht immer von oben auf ein Objekt scheint – eine vernünftige Annahme, denn natürliche Lichtquellen wie Sonne, Mond und Sterne stehen natürlicherweise über uns am Firmament. Selbst in unserer künstlich beleuchteten Welt kommt Licht meist von Deckenlampen über uns. Diese Annahme ist also gut begründet. Zugleich ist sie aber nicht wertfrei, denn sie hat Einfluss darauf, wie das Gehirn die Daten interpretiert. Wenn Licht auf einen erhabenen Gegenstand fällt, ergibt sich eine typische Verteilung von Hell und Dunkel. Der obere Teil des Objekts reflektiert Licht, erscheint also hell, der untere Teil wirft einen Schatten (Abb. 12.3, links). Bei einer Vertiefung dagegen sind die Positionen der Reflexion und des Schattens vertauscht (Abb. 12.3, rechts). Um nun herauszufinden, ob Objekte erhaben oder vertieft sind, sucht unser Gehirn nach solchen hellen und dunklen Kanten. Aufgrund seiner sinnvollen Annahme, dass Licht immer von oben kommt, stellt es bei einer bestimmten Anordnung heller und dunkler Kanten die Hypothese auf, dass der Gegenstand eine Vertiefung darstellt, und das ist genau das, was Sie in Abb. 12.2 (oben) erkennen. Stellt man das Bild auf den Kopf, sind die Kanten umgekehrt angeordnet. Also stellt das Gehirn die Hypothese auf, dass das Objekt erhaben ist. Diese Hypothese ist falsch, weil die Annahme nicht mehr stimmt. Die Lichtquelle, die die Knetplatte bei der Aufnahme ausgeleuchtet hat, wäre jetzt sozusagen nach unten gewandert. (Sie können das an dem ausgeprägten Schatten erkennen, den die Knetplatte auf den Tisch

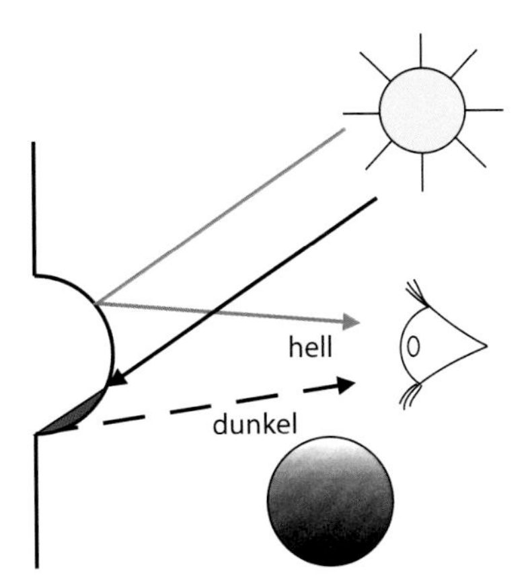

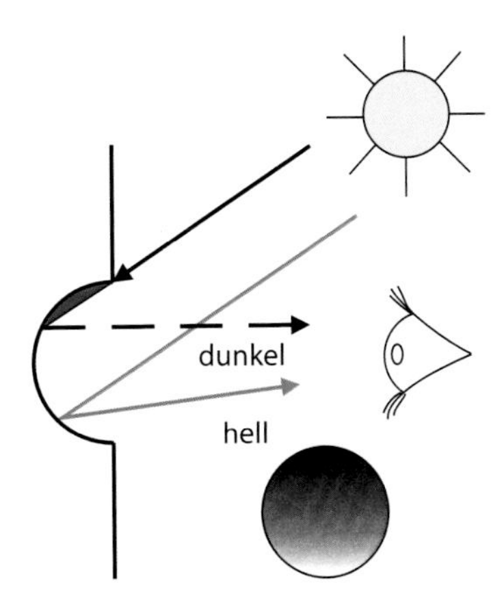

Abb. 12.3 Unser Gehirn geht in seinen Wahrnehmungsstrategien von sinnvollen Annahmen aus. Licht fällt natürlicherweise von oben auf ein Objekt. Bei einem erhabenen Objekt und einer Vertiefung entstehen deshalb Reflexionen und Schatten mit einer charakteristischen Verteilung. Unser Gehirn nutzt diese Information. Es stellt anhand der hellen und dunklen Ränder an Objekten die Hypothese auf, dass es sich dabei um ein erhabenes Objekt oder eine Vertiefung handelt. (© Anja Mataruga, Forschungszentrum Jülich)

wirft). Aber diese Beleuchtungsvariante ist im Auswerteprozess unseres Gehirns nicht vorgesehen. Es wendet stets die Annahme an, die sich im Laufe der Evolution als vernünftig erwies. Die falsche Hypothese ist für unser Gehirn also vollkommen logisch. Und so erscheinen die Figuren für uns auch ganz normal – lediglich sind sie dieses Mal erhaben statt vertieft. Wir nehmen die Hypothese wahr, die unser Gehirn aufstellt. Stellt man die Abbildung auf den Kopf, ändert sich folglich die Hypothese und damit unsere Wahrnehmung. Bezeichnend ist auch, dass wir die beiden Abbildungen auch dann noch unterschiedlich wahrnehmen, wenn wir wissen, dass sie eigentlich identisch sind. Unser Wissen kann sich weder gegen die Hypothesen unseres Gehirns durchsetzen, noch können wir unser Gehirn dazu zwingen, eine andere Hypothese in Erwägung zu ziehen. Wir können unsere Umwelt nur so wahrnehmen, wie unser Gehirn sie uns wahrnehmen lässt – selbst dann, wenn wir wissen, dass diese Wahrnehmung falsch ist. Dieser Tatsache werden wir noch öfters begegnen.

Vielleicht können wir uns die Wahrnehmung einer komplexen Situation wie das Lösen eines Puzzles vorstellen. Zuerst wird die Information, die von den Sinnesorganen stammt, nach allen Regeln der Informationsverarbeitung analysiert. Dabei werden die unterschiedlichen Aspekte der Information auf verschiedene Puzzlestücke verteilt. Im letzten Wahrnehmungsschritt setzt unser Gehirn die Puzzlestücke zusammen und interpretiert das Bild, das dabei entsteht. Ergibt diese Anordnung der Stücke ein vernünftiges Bild? Ergibt sich vielleicht ein sinnvolleres Bild, wenn man die Puzzlestücke anders zusammen setzt? Entsteht ein Bild, das unserem Gehirn vertraut ist? Unser Gehirn prüft die verschiedenen Möglichkeiten und entscheidet sich dann für eine Lösung. Diese Lösung kann nicht mehr sein als eine Hypothese darüber, was in der Umwelt vorgeht. Aber während wir uns beim Puzzle alle Zeit der Welt nehmen können, steht unser Gehirn unter permanentem Zeitdruck. Es wurde von der Evolution darauf hin optimiert, das Überleben des Organismus zu sichern. Und dies heißt, seine Entscheidungen schnell zu treffen, um Gefahren rechtzeitig zu erkennen. Unter diesem Zeitdruck entscheidet sich das Gehirn auch immer wieder einmal für falsche Hypothesen. Erst „beim genauen Hinschauen“ offenbart sich dann eine andere Interpretation.

12.2 Prinzipien der Objekterkennung

12.2.1 Das Gehirn nutzt zur Wahrnehmung von Objekten einfache Prinzipien

Aber kehren wir jetzt zu einem fundamentalen Problem zurück. Damit ein Objekt überhaupt wahrgenommen werden kann, muss es identifiziert werden. Nehmen wir unser Beispiel mit der Katze (siehe ◘ Abb. 12.1). Katze und Baum werden auf der Retina abgebildet, wobei in jedem Auge ein Mosaik aus einer Million Bildpunkten entsteht (diese Million Bildpunkte entsprechen der Zahl der Ganglienzellen in einer menschlichen Retina). Einige dieser Bildpunkte stammen von der Katze, andere von dem Baum, vor dem sie steht. Wie schafft es das Gehirn, jeden dieser Bildpunkte dem Objekt Katze, dem Objekt Baum oder einem anderen Objekt in der Szene zuzuordnen? Das Gehirn wendet dazu bestimmte Prinzipien an, die wir uns an einfachen Objekten besonders gut klarmachen können.

Prinzipien der Gruppierung Die einfachsten Objekte, die man erkennen kann, sind Punkte. Der linke Punkt in ◘ Abb. 12.4a ist schwarz, der rechte rot. Beide unterscheiden sich stark vom weißen Hintergrund. Die Trennung von Punkt und Hintergrund erfolgt also in diesem Fall aufgrund unterschiedlicher Helligkeit oder Farbe. In ◘ Abb. 12.4b sind viele Punkte zu erkennen, die zudem in einem Quadrat angeordnet sind. Es ist schwer, sich zu entscheiden, ob die Punkte eher horizontal oder eher vertikal angeordnet sind. Beides scheint gleich wahrscheinlich. Anders in ◘ Abb. 12.4c – hier erscheinen die Punkte klar horizontal angeordnet. Unser Gehirn scheint die schwarzen und die roten Punkte voneinander zu unterscheiden und nach Farben zu gruppieren. Dadurch ergeben sich horizontal ausgerichtete Punktlinien. Dies ist eines der ersten Prinzipien der Gestaltwahrnehmung: Unser Gehirn versucht stets, ähnliche Bildpunkte (oder Dinge) zu Gruppen zu ordnen, die wir dann als Objekt wahrnehmen. Da die Katze in unserer Gartenszene z. B. ein sehr gleichmäßig helles Fell hat und vor einem dunklen Baum steht, leistet dieses Prinzip bei der Objekttrennung gute Dienste. Alle hellen Bildpunkte gehören zur Katze, alle dunklen zum Baum (siehe ◘ Abb. 12.1).

Die Fähigkeit unseres Gehirns, Dinge zu gruppieren, geht aber weiter. Die Punkte in ◘ Abb. 12.5a sind unterschiedlich weit voneinander entfernt. Vermutlich sehen Sie die Punkte jeweils als Punktpaare, denn unser Gehirn neigt nun dazu, die Punkte, die näher beieinander liegen, zu gruppieren. In ◘ Abb. 12.5b erscheinen dagegen die Punkte zusammenzugehören, die durch die Umrandung oder die Linie verbunden sind. Nun wertet das Gehirn die Gruppierungsmerk-

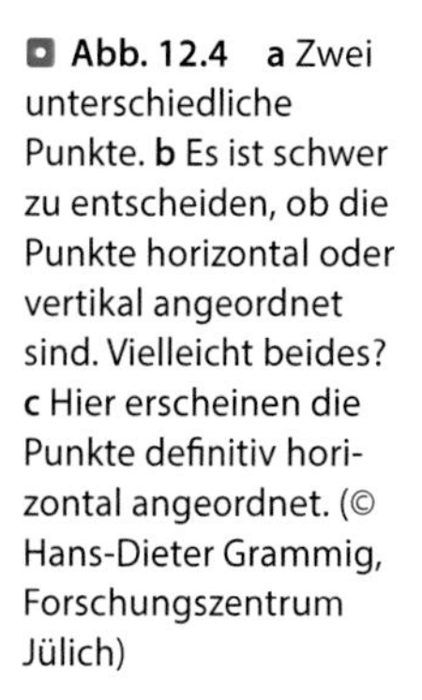

◘ **Abb. 12.4** **a** Zwei unterschiedliche Punkte. **b** Es ist schwer zu entscheiden, ob die Punkte horizontal oder vertikal angeordnet sind. Vielleicht beides? **c** Hier erscheinen die Punkte definitiv horizontal angeordnet. (© Hans-Dieter Grammig, Forschungszentrum Jülich)

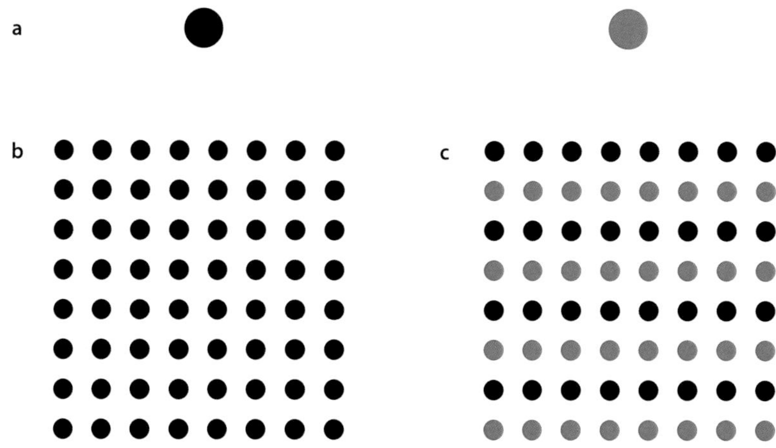

male „gemeinsame Region“ bzw. „verbunden“ wichtiger als die Nähe der Punkte zueinander.

Prinzip der (gestaltgerechten) Fortsetzung In natürlichen Szenen verdecken sich Objekte oft gegenseitig. Dann ist es wichtig, sie voneinander trennen zu können. Sehen Sie sich z. B. die beiden Linien in Abb. 12.6 an. Welche Punkte sind hier verbunden? Wir tendieren dazu, A mit B als verbunden zu sehen, und C mit D. Unser Gehirn versucht, Linien so zu sehen, als ob sie dem einfachsten Weg folgen. Die Linien dürfen dabei gerade oder geschwungen sein, sollten aber keine scharfen Knicke aufweisen. Allerdings kann diese Annahme auch falsch sein. In Abb. 12.7 ist links der Verlauf der Linien durch eine graue Fläche abgedeckt. Man vermutet automatisch, dass A mit B und C mit D verbunden sind (Mitte), aber die Alternative rechts ist ebenso wahrscheinlich.

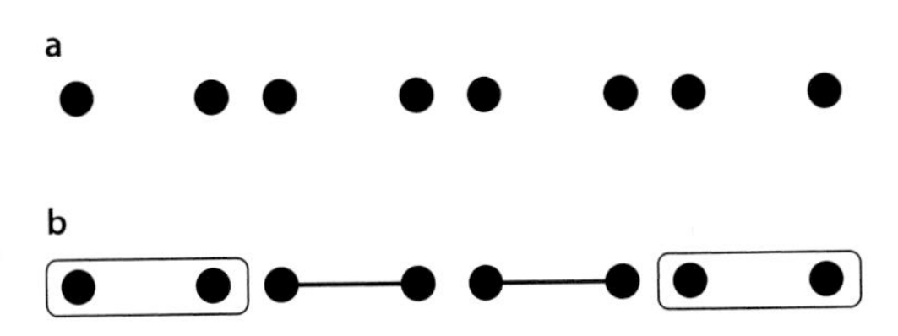

Abb. 12.5 In **a** erscheinen die nahen Punkte gruppiert, in **b** die miteinander verbundenen Punkte. (© Hans-Dieter Grammig, Forschungszentrum Jülich)

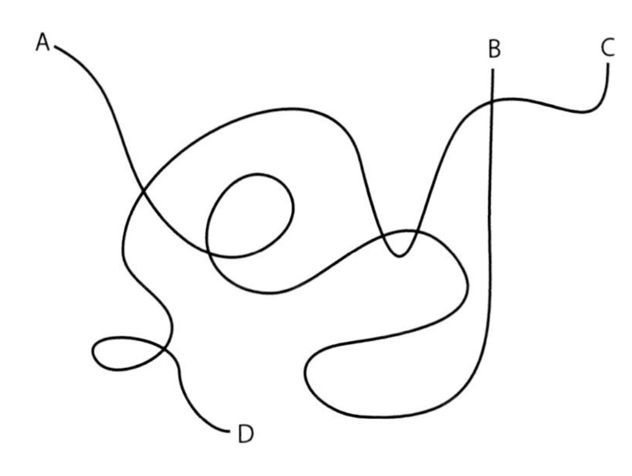

Abb. 12.6 Unser Gehirn nimmt an, dass Linien bestimmten einfachen Prinzipien folgen und z. B. gerade oder geschwungen sind. Die Linie, die bei B startet, könnte auch sofort scharf nach rechts zu C hin abknicken. Dies widerspricht aber der Erfahrung unseres Gehirns. Wir sehen deshalb B nicht mit C, sondern mit A verbunden. (© Frank Müller, Forschungszentrum Jülich)

Prinzip des gemeinsamen Schicksals Ein Objekt kann sich aus mehreren Komponenten zusammensetzen. Dann ist es für unser Gehirn schwierig zu entscheiden, welche der Komponenten zusammengehören und welche nicht. Sobald sich das Objekt bewegt, bewegen sich aber meist alle Komponenten gemeinsam. Das Gehirn gruppiert dann die Komponenten, die das gleiche Schicksal erleiden, als Objekt zusammen (Abb. 12.8).

Dazu können Sie einen eindrucksvollen Versuch durchführen. In Abb. 12.9 sehen Sie ein Gewirr von Linien – scheinbar ohne Ordnung –, darüber eine Strichzeichnung einer Maus. Sie finden diese Abbildung noch einmal in ▶ Kap. 13. Schneiden Sie dort die Teile entlang der vorgezeichneten Linien aus. Legen Sie die Zeichnung mit der Maus unter den Teil mit dem Strichgewirr und halten Sie beides gegen eine Fensterscheibe, die von Tageslicht erhellt ist. Die Maus ist in dem Gewirr aus Strichen nicht auszumachen. Nun bewegen Sie den Streifen mit der Maus hin und her. Sofort können Sie sie klar erkennen! Durch die Bewegung erleiden die Striche, die die Maus darstellen, ein gemeinsames Schicksal.

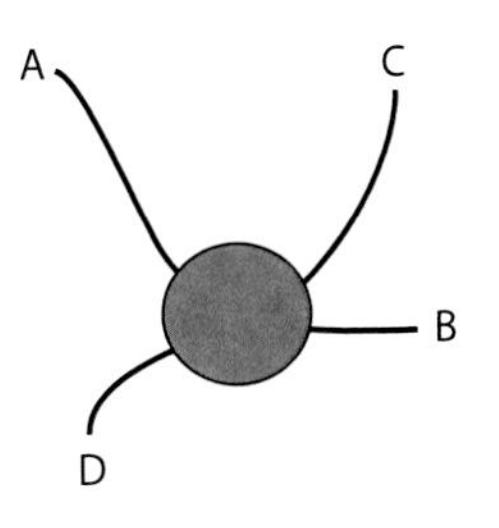

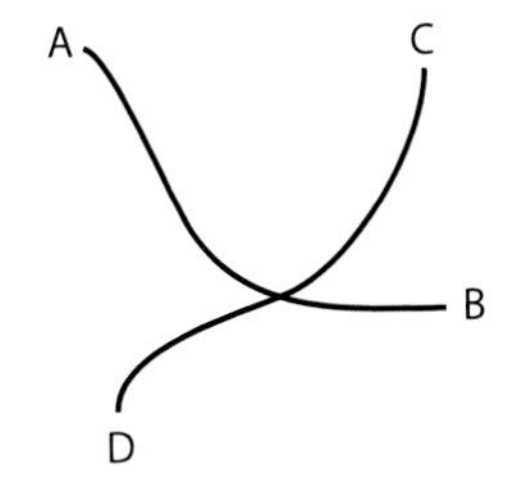

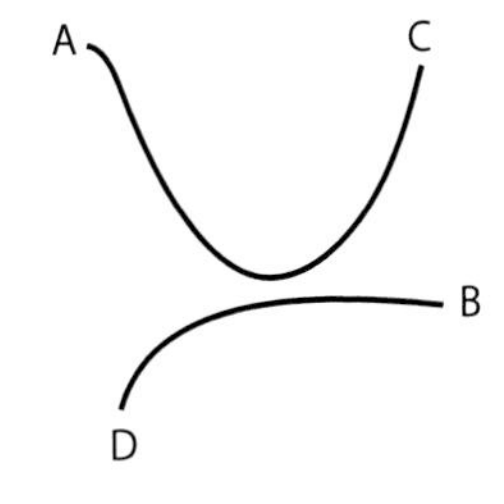

Abb. 12.7 Was ist miteinander verbunden? Wir vermuten automatisch, dass A und B verbunden sind (*Mitte*). Die rechte Lösung ist aber ebenso wahrscheinlich. (© Frank Müller, Forschungszentrum Jülich)

Dies erlaubt es dem Gehirn, die Konturen, die sich zusammen bewegen, zu einem Objekt zu gruppieren.

Prinzip der Vertrautheit Ein besonders eindrucksvolles Beispiel, wie unser Gehirn Dinge gruppiert, zeigt ◘ Abb. 12.10. Versuchen Sie, in dem Wirrwarr von schwarzen Flecken ein Objekt zu erkennen.

◘ **Abb. 12.8** Wie dieser Gepard besitzen viele Tiere zur Tarnung ein ungleichmäßig gefärbtes Fell mit Punkten oder Streifen. Sobald sich das Tier jedoch bewegt, bewegen sich alle Punkte in die gleiche Richtung. Unser Gehirn gruppiert alle Punkte zu einem Objekt, da sie ein gemeinsames Schicksal erfahren. (© Erik Leist, Universität Heidelberg)

Haben Sie es gefunden? Es ist ein schwarzweißer Dalmatiner. Falls Sie ihn nicht erkennen können, vergleichen Sie ◘ Abb. 13.4; dort ist der Dalmatiner umrandet und somit leichter zu erkennen.

◘ Abb. 12.10 zeigt ein weiteres wichtiges Prinzip in der Objekterkennung, das Prinzip der Vertrautheit. Sie können den Dalmatiner nur erkennen, wenn Sie schon einmal einen Dalmatiner gesehen haben. Erst dann kommt dem Gehirn die Anordnung bestimmter schwarzer und weißer Flecken in dieser Abbildung vertraut vor. Diese Anordnung der Flecken scheint etwas zu bedeuten. Sie miteinander zu gruppieren und damit in der Wahrnehmung den Dalmatiner zu formen, ergibt mehr Sinn, als die gleichen Flecken mit anderen Flecken zu gruppieren. Ohne die Erinnerung an den Dalmatiner hat unser Gehirn keinen Anhaltspunkt, welche Flecken gruppiert werden sollen. Man sieht nur, was man kennt.

Auch bei einem anderen Beispiel funktioniert das Prinzip, Vertrautes zu gruppieren, sehr gut. In dem Farbsehtest nach Ishihara sind rötliche oder grünliche Punkte gemischt. Da unser Gehirn nach Farbe gruppiert, trennt es die Punkte, die eine Zahl ergeben, von den rest-

12

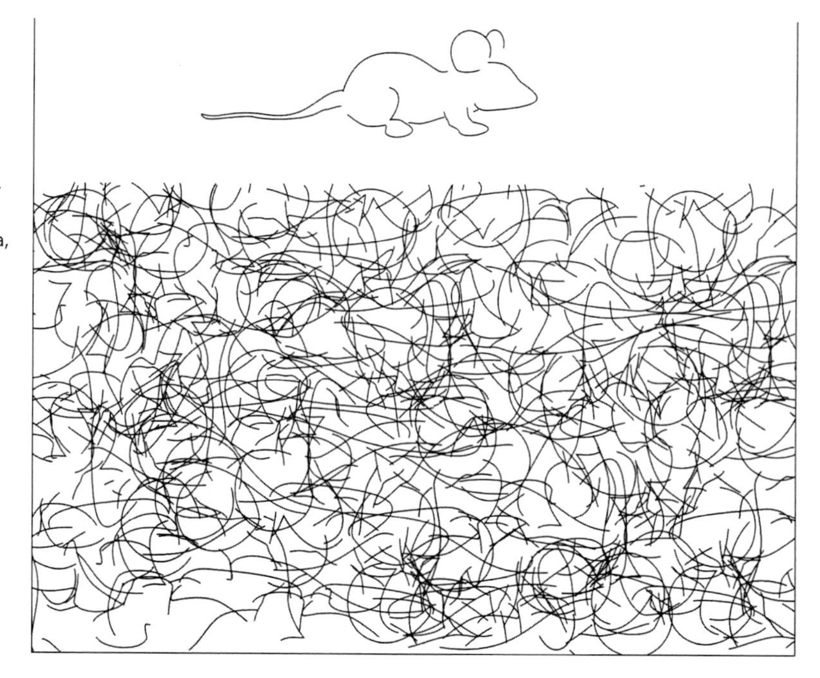

◘ **Abb. 12.9** Die Maus ist gut getarnt, wenn sie sich hinter dem Muster verschiedenartiger Linien versteckt. Sobald sie sich bewegt, wird sie sichtbar. Anleitung siehe Text. (© Anja Mataruga, Forschungszentrum Jülich)

◘ **Abb. 12.10** Was ist hier versteckt? Lösung siehe Text. (© Anja Mataruga, Forschungszentrum Jülich)

lichen Punkten, die es als Hintergrund wertet. Wie wir in ▶ Kap. 7 gesehen haben, funktioniert dies allerdings nur richtig bei Menschen mit normaler Farbwahrnehmung (◘ Abb. 12.11).

Prinzip der Einfachheit Es gibt noch mehr Prinzipien, die unser Gehirn bei der Objekterkennung einsetzt, aber wir wollen uns hier auf ein letztes beschränken, in dem auch eine Quintessenz der Wahrnehmungsstrategie steckt. Welche geometrischen Figuren sind in ◘ Abb. 12.12a dargestellt? Mit an Sicherheit grenzender Wahrscheinlichkeit werden Sie sagen: ein Quadrat, das ein anderes Quadrat teilweise bedeckt. Woher wissen Sie, dass es sich bei dem „verdeckten Quadrat" tatsächlich um ein Quadrat handelt? ◘ Abb. 12.12b und 12.12c zeigen Alternativen zu dieser Interpretation. Sie sind genauso gut möglich. Aber unser Gehirn setzt immer auf die einfachste Lösung.

Dies zeigt sich auch in ◘ Abb. 12.13a. Hier erkennen wir sofort ein Rechteck, ein Dreieck und einen Kreis, die sich überlagern. Stattdessen könnte die Abbildung auch aus einer größeren Ansammlung unterschiedlicher Figuren zusammengesetzt sein, die wir zur Verdeutlichung unterschiedlich farbig ausgemalt haben. In ◘ Abb. 12.13b erkennt das Gehirn tatsächlich all diese Formen, aber nur, weil sie farblich voneinander verschieden sind. Ohne

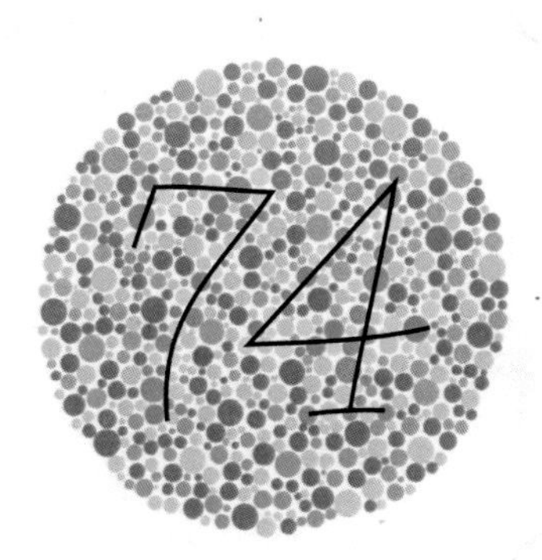

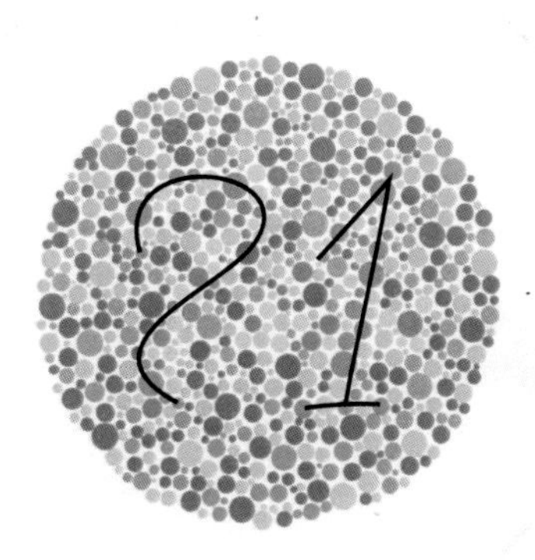

◘ **Abb. 12.11** In diesem Farbsehtest nach Ishihara gruppiert unser Gehirn grünlich gefärbte Punkte zu einer Zahl. Menschen mit normalem Farbensehen erkennen eine 74, die aus blau-grünen und gelb-grünen Punkten zusammengesetzt ist. Menschen mit Problemen in der Rot-Grün-Wahrnehmung (▶ Abschn. 7.4.3) verwechseln die gelb-grünen Punkte mit den rötlichen. Sie sehen die rechte Ziffer als 1, die linke entweder als 2 oder als Fragezeichen. (© Anja Mataruga, Forschungszentrum Jülich) (modifiziert nach Ishihara)

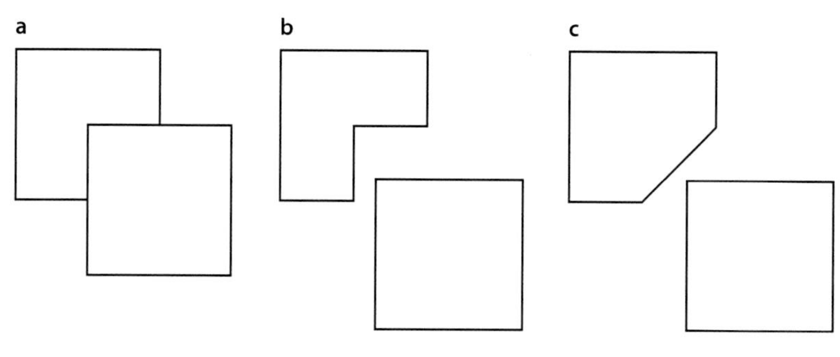

Abb. 12.12 Was sieht man in **a**? Ein Quadrat, das ein anderes Quadrat teilweise verdeckt? Gemäß dem Prinzip der Einfachheit vermuten wir automatisch, dass es sich bei dem hinteren Objekt auch um ein Quadrat handelt. **b** und **c** zeigen zwei alternative Interpretationen, die ebenso möglich, aber eben komplizierter sind. (© Frank Müller, Forschungszentrum Jülich)

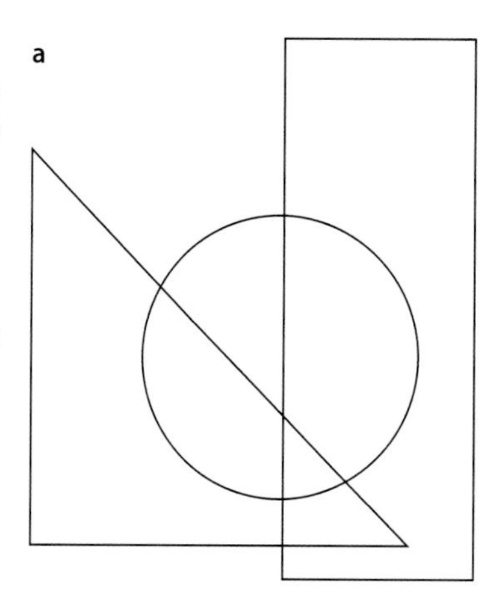

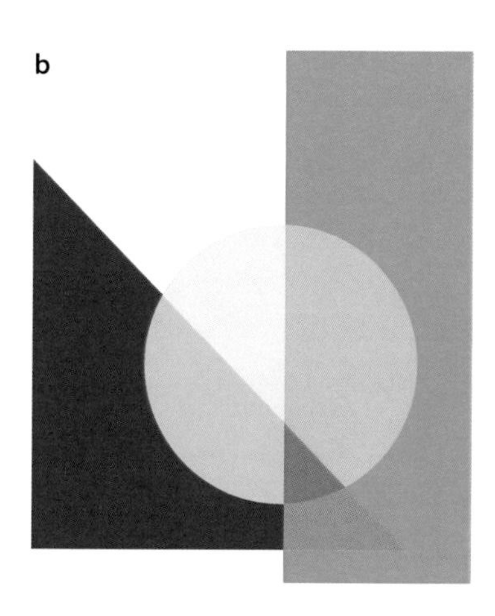

Abb. 12.13 Wir sehen in **a** automatisch ein Dreieck, einen Kreis und ein Rechteck. Es könnte sich aber auch um eine Ansammlung sieben verschiedener Formen handeln (**b**). Offensichtlich zieht unser Gehirn die einfachere Variante bei der Wahrnehmung vor. (© Anja Mataruga, Forschungszentrum Jülich)

diese zusätzliche Information versucht unser Gehirn, Reizmuster stets so interpretieren, dass die resultierenden Formen oder Strukturen so einfach wie möglich sind – in diesem Fall drei geometrische Figuren anstelle von vielen.

Die Regeln, nach denen unser Gehirn Objekte gruppiert und erkennt, lassen sich an den eben gezeigten abstrakten Beispielen zwar gut verdeutlichen. Aber sie wurden natürlich nicht von der Evolution dazu entwickelt, Punkte oder Quadrate zu erkennen. Betrachten wir einmal eine natürliche Situation, um zu verstehen, was uns diese Fähigkeiten bringen. Als sich das Leben unserer Vorfahren noch in Wäldern und Dschungeln abspielte, waren Objekte, z. B. Tiere, meist nur teilweise zu sehen, da die dichte Bewachsung immer Teile von ihnen verdeckte. Wie Abb. 12.14 zeigt, sind die Gestaltregeln dann sehr hilfreich. Die am nächsten liegende Interpretation lautet: ein Wolf hinter einem Baum. Obwohl wir nur zwei Hälften eines Wolfes sehen, liegt es für unser Gehirn nahe, dass sie zu einem Tier gehören. Beide Hälften haben eine ähnliche Farbe (Prinzip der Ähnlichkeit); unser Gehirn neigt deshalb dazu, sie zu gruppieren. Man kann beide Hälften mit einfachen Linien verbinden (Prinzip der gestaltgerechten Fortsetzung). Wenn man die Hälften verbindet, ergibt sich ein vertrautes Muster, nämlich der ganze Wolf (Prinzip der Vertrautheit). Und schließlich ist es gemäß dem Prinzip der Einfachheit wahrscheinlicher, dass die zwei Hälften zu einem Tier gehören, als dass zwei halbe Wölfe hinter dem

Baum stehen. Das Beispiel verdeutlicht den Vorteil der erwähnten Prinzipien. Sie haben sich in der Evolution als besonders nützlich herausgestellt, denn sie treffen auf natürliche Objekte in der Regel zu. Letzten Endes handelt es sich hier um nichts anderes als Faustregeln, die unser Gehirn in jeder Situation anwendet, um schnell zu einer Interpretation und somit zu einer Wahrnehmung zu gelangen. Mit den Faustregeln ist das so eine Sache: Sie lassen sich schnell anwenden und treffen meistens zu – aber eben nicht immer.

Abb. 12.14 Unser Gehirn nutzt mehrere Gestaltregeln, um zu erkennen, dass es sich hier um einen Wolf hinter einem Baum handelt. (© Michal Rössler, Universität Heidelberg)

12.3 Trennung von Objekt und Hintergrund

12.3.1 Unser Gehirn „übertreibt" beim Trennen von Objekt und Hintergrund

Wenn das Gehirn ein Objekt erkannt hat, versucht es, zwei weitere Strategien anzuwenden. Die erste besagt: „Das Objekt soll möglichst homogen (als eins) erscheinen!" Die zweite: „Die Form des Objekts soll gut zu erkennen sein – mache den Kontrast zum Hintergrund daher möglichst groß!" Diese Strategien führen meist dazu, dass wir Objekte nicht so wahrnehmen, wie sie in der Realität sind. Wir haben bereits Beispiele dafür in vorhergehenden Kapiteln kennen gelernt, etwa die Mach'schen Bänder, die uns die Trennung von Objekten erleichtern, oder den Simultankontrast (siehe Abb. 7.42 und 7.43).

Manchmal ist es für unser Gehirn unmöglich, beide Strategien gleichzeitig anzuwenden, z. B. in Abb. 12.15. Die beiden äußeren Rechtecke werden von links nach rechts dunkler. Was ist mit dem inneren Rechteck? Zunächst scheint völlig klar, dass es von links nach rechts heller wird. Wenn Sie nun die beiden äußeren Rechtecke mit Papierstreifen abdecken, ist das mittlere Rechteck eindeutig gleichmäßig grau. Das Gehirn scheint hier der Strategie zwei den Vorrang zu geben und trennt das mittlere Rechteck möglichst deutlich von den umgebenden Rechtecken, indem es den Kontrast verschärft. Die Wahrnehmung, die durch diese Strategie erzeugt wird, geht hier genauso klar zu Lasten der Realität wie in Abb. 12.16.

Abb. 12.15 Das innere Rechteck scheint von links nach rechts heller zu werden, ist aber in Wirklichkeit gleichmäßig hell. (© Frank Müller, Forschungszentrum Jülich)

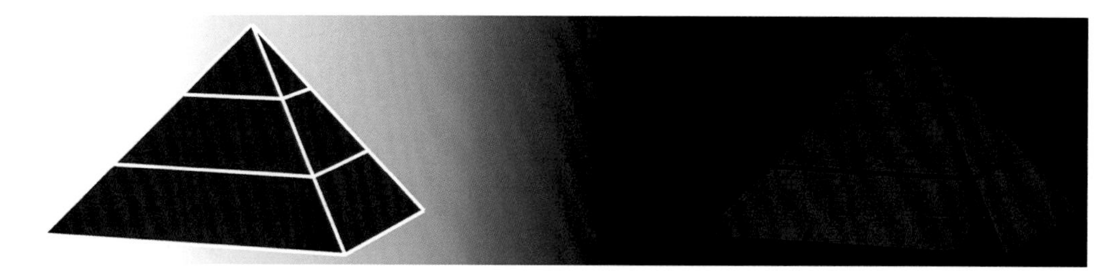

Abb. 12.16 Ein besonders eindrucksvolles Beispiel dafür, dass unsere Wahrnehmung erheblich von der Realität abweichen kann. Während die linke Pyramide dunkel aussieht, scheint die rechte Pyramide geradezu von innen heraus zu leuchten. So unterschiedlich die beiden Pyramiden aussehen mögen, ihre Flächen sind gleich hell! Probieren Sie es aus, indem Sie die Abbildung mit der entsprechenden Maske (siehe ► Abb. 13.1) abdecken. (© Anja Mataruga, Forschungszentrum Jülich)

12.3.2 Wettstreit der Strategien

Eine schöne Täuschung stammt von dem deutschen Psychologen Kurt Koffka (1886–1941), einem der Begründer der Gestaltpsychologie. In dieser Täuschung kann man besonders schön erleben, wie sich das Gehirn in einer Konfliktsituation zwischen Strategie eins und zwei entscheidet. Wir sehen in Abb. 12.17 einen Ring, der auf der Grenze zwischen zwei unterschiedlich hellen Rechtecken liegt. Der Ring ist gleichmäßig hell. Viele Beobachter nehmen ihn auch gleichmäßig hell wahr, andere empfinden die Ringhälfte auf dem helleren Untergrund etwas dunkler als die Ringhälfte auf dem dunkleren Untergrund. (Strategie zwei gewinnt dann geringfügig die Oberhand über Strategie eins, kann sich aber nicht vollends durchsetzen.) Sie finden die gleiche Abbildung noch einmal in ► Kap. 13. Schneiden Sie Abb. 13.3 dort aus und trennen Sie sie genau an der Mittellinie auseinander. Fügen Sie die beiden Teile auf dem Tisch wieder zusammen. Sie nehmen die Abbildung so wahr wie im Buch. Der Helligkeitsverlauf im Ring ist sehr gering. Nun ziehen sie die beiden Hälften langsam auseinander. Bei einer bestimmten Entfernung kippt die Wahrnehmung, und die beiden Ringhälften unterscheiden sich jetzt deutlich in der Helligkeit voneinander. Warum? Bei diesem Abstand interpretiert das Gehirn den Ring nicht mehr als *ein* Objekt, sondern als zwei getrennte Objekte. Damit lässt es Strategie eins fallen, und Strategie zwei setzt sich schlagartig durch und dominiert Ihre Wahrnehmung.

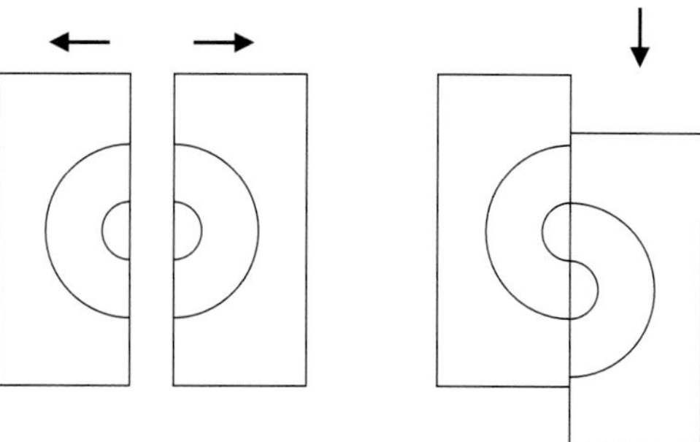

Abb. 12.17 Wahrnehmung als Wettstreit der Strategien. Anleitung siehe Text. (© Anja Mataruga, Forschungszentrum Jülich, modifiziert nach Koffka)

12

Sinnesbiologie im Alltag: Prinzipien der Objekterkennung beim Hören

Die Prinzipien der Gruppierung helfen uns nicht nur in der Analyse von visueller Information, sie spielen auch beim Hören eine wichtige Rolle. Wenn jemand spricht, gibt er im Prinzip nur eine lange Reihe von Silben, genauer von Phonemen (▶ Abschn. 8.4.2), von sich. Damit wir den Inhalt verstehen, muss unser Gehirn zeitlich dicht aufeinanderfolgende Phoneme zu Wörtern gruppieren. Auch wenn zwei oder drei Menschen durcheinander reden, können wir ihre Äußerungen meist auseinanderhalten. Unser Gehirn gruppiert dann nach dem Prinzip der Ähnlichkeit diejenigen Sprachelemente, die akustisch ähnlich sind: Herr Müller spricht mit einer sanften melodischen Stimme, Herr Schmidt ist ein regelrechter Brummbass, Frau Meyer spricht sehr hoch und leise.

Auch der Ort der Schallquelle wird in die Auswertung mit einbezogen. Solange sich die Schallquelle nicht bewegt, hören wir all ihre Schallereignisse immer vom gleichen Ort. Falls sich die Quelle bewegt, können wir ihre Bewegung oft kontinuierlich verfolgen (ähnlich wie beim Prinzip der gestaltgerechten Fortsetzung). Wir können z. B. hören, wie jemand mit klackenden Schuhen sich von hinten nähert und rechts an uns vorbeigeht. Interessante Effekte treten durch Gruppierung in der Musik auf. Spielt ein Instrument hohe und tiefe Töne langsam im Wechsel, nimmt man diese als Melodie eines einzelnen Instruments wahr. Werden die Töne im schnellen Wechsel gespielt, hört man stattdessen zwei Melodiestimmen, die scheinbar von zwei verschiedenen Instrumenten gespielt werden. Das Gehirn gruppiert dann alle hohen Noten zu einer Melodie, alle tiefen Noten zu einer anderen Melodie. In der Barockmusik wurde dieser Effekt der „impliziten Polyphonie" bewusst eingesetzt, z. B. von Johann Sebastian Bach.

Die Ringhälften werden jetzt möglichst unterschiedlich zu ihren Untergründen gemacht. Wenn Sie die Bildhälften wieder aufeinander zuschieben, kippt die Wahrnehmung wieder in die andere Richtung. Mithilfe dieser Täuschung können Sie sehr schön erkennen, wie sich Ihre Wahrnehmung ändert, wenn sich das Gehirn für eine andere Strategie entscheidet. Wohlgemerkt: Ihre Wahrnehmung ändert sich, ohne dass sich die Realität, in diesem Fall die Helligkeit des Ringes, verändert hätte. Dies ist der Fall, weil Ihr Gehirn eine Hypothese fallen lässt und eine andere vorzieht. Im Prinzip können Sie auch die Mittellinie abdecken, z. B. mit einem Bleistift oder einem dünnen Papierstreifen. Allerdings ist dann das Umschlagen zwischen der Wahrnehmung nicht so gut zu erkennen wie beim Auseinanderziehen der beiden Abbildungshälften.

Nun setzen Sie die Abbildung so zusammen, wie in ◻ Abb. 12.17 rechts unten dargestellt. Wie verändern sich die Helligkeiten der Ringhälften dieses Mal? Versuchen Sie selbst eine Interpretation!

12.3.3 Scheinkonturen – wir sehen etwas, das gar nicht ist

In seinem Bestreben, Objekte vom Hintergrund zu trennen, geht unser Gehirn sogar noch einen Schritt weiter: Es erzeugt Scheinkonturen. Das von dem italienischen Psychologen Gaetano Kanizsa (1913–1993) entworfene und nach ihm benannte Dreieck ist das bekannteste Beispiel dafür (◻ Abb. 12.18, links). Sie sehen drei schwarze Kreise, aus denen jeweils ein Sektor ausgespart wurde. Unser Gehirn verbindet diese Sektoren miteinander zu einem Dreieck. Es scheint über den schwarzen Kreisen zu liegen und sie teilweise zu verdecken. In der Realität existiert dieses Dreieck nicht. In der Abbildung wurden keine Umrisslinien eingezeichnet, und die Fläche des scheinbaren Dreiecks ist physikalisch genauso hell wie der Untergrund. In der Wahrnehmung erscheint es uns aber heller als der Untergrund, und an seinen scheinbaren Grenzen kann man deshalb Kontraste, sogenannte Scheinkonturen, erkennen. Viele Beobachter haben den Eindruck, als ob

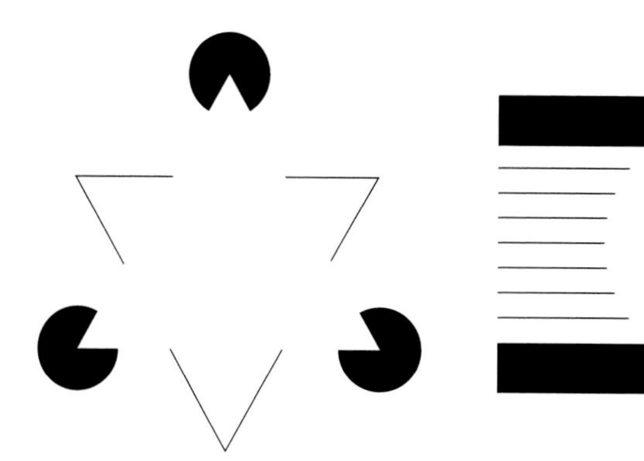

◘ **Abb. 12.18** Um uns die Identifikation von Objekten einfacher zu machen, erzeugt unser Gehirn Scheinkonturen. Wir nehmen das Dreieck und den Kreis heller wahr als ihre Umgebung, obwohl es physikalisch keinen Helligkeitsunterschied gibt. (© Frank Müller, Forschungszentrum Jülich)

ein weißes Dreieck über dem Ganzen schwebt. Wenn Sie die drei Kreise abdecken, ist die Illusion verschwunden. Die Wahrnehmungsexperten sind sich noch nicht in allen Punkten einig, wie die Täuschung in unserem Gehirn erzeugt wird. Möglicherweise wendet das Gehirn auch hier Prinzipien an, die wir bereits kennen gelernt haben: Die Sektoren werden nach dem Prinzip der gestaltgerechten Fortsetzung miteinander verbunden. Nach dem Prinzip der Einfachheit ist es wahrscheinlicher, dass ein Dreieck vollständige Kreise verdeckt, als dass drei unvollständige Kreise zu sehen sind. Auch mit anderen Objekten gelingt es, Scheinkonturen zu erzeugen (◘ Abb. 12.18, rechts).

Das Gehirn hilft uns in all diesen Fällen, Objekte vom Hintergrund zu trennen, selbst wenn die Helligkeit von Hintergrund und Objekt (fast) identisch sind. Das gelingt ihm nicht nur in den abstrakten Beispielen, sondern auch unter natürlichen Bedingungen. Das Zebra in ◘ Abb. 12.19 wurde vor einem Schatten fotografiert. Die schwarzen Streifen am Hals sind genauso dunkel wie der Schatten, trotzdem „sehen" wir ohne Probleme den Verlauf der unteren Halspartie. Auch hier verbindet das Gehirn die Grenze, die durch die weißen Streifen markiert wird, über die schwarzen Streifen hinaus zu einer Scheinkontur. Interessanterweise nehmen nicht nur Menschen, sondern auch Katzen, Affen, Eulen und sogar Bienen Scheinkonturen wahr. Wenn man diese Tiere darauf trainiert, Dreiecke mit richtigen Konturen und Helligkeitsunterschieden zu erkennen und ihnen danach ein Kanizsa-Dreieck präsentiert, reagieren sie, als ob es ein reales Dreieck wäre. Der Mechanismus, der zur Wahrnehmung von Scheinkonturen führt, wird also universell in unterschiedlich organisierten Gehirnen im Tierreich eingesetzt. In verschiedenen Gebieten der Sehrinde (zum Teil schon in der primären Sehrinde V1, vor allem aber im Areal V2) findet man Nervenzellen, die auf Scheinkonturen genauso gut reagieren wie auf wirkliche Konturen. Auch wenn die Scheinkonturen nicht real sind, für das Gehirn werden sie dadurch zur Realität, und wir nehmen sie wahr.

12.4 Wahrnehmung von Bewegung

12.4.1 Bewegung ist einer der wichtigsten Parameter in einer belebten Umwelt

Bewegung wahrnehmen zu können, ist oft von entscheidender Bedeutung für das Überleben. Wer keine Bewegung wahrnehmen kann, wird sich eventuell bald selbst nicht mehr bewegen können. Was sich bewegt, lebt meistens und kann fressen oder gefressen werden. Deshalb

Abb. 12.19 Scheinkonturen kann man nicht nur im Labor erzeugen. Bei diesem Zebra sind die schwarzen Streifen an der Unterseite des Halses genauso dunkel wie der Hintergrund. Trotzdem verbinden wir in unserer Wahrnehmung helle und dunkle Zebrastreifen zu einer durchgängigen Kontur. (© Erik Leist, Universität Heidelberg, und Frank Müller, Forschungszentrum Jülich)

hat die Evolution bei allen Tierarten die Sehsysteme darauf gedrillt, Bewegung zu detektieren. Selbst wenn ein Tier ein schlechtes Sehvermögen hat und keine Farben unterscheiden kann – Bewegung wahrnehmen kann es immer. In der Evolution hat sich deswegen auch eine zweite Strategie durchgesetzt: „Bewege dich nicht bei Gefahr, damit der Fressfeind dich nicht sieht!" In der Tat verhalten sich viele Tiere bei Anzeichen von Gefahr vollkommen still, beispielsweise bereits dann, wenn ein Schatten auf sie fällt.

12.4.2 Wer bewegt sich – du oder ich?

Aber es gibt noch einen zweiten, wichtigen Grund, Bewegung wahrnehmen und verarbeiten zu können, nämlich der, dass wir uns auch selbst bewegen! Wenn sich das Bild eines Objekts über unsere Retina bewegt, kann es zwei Gründe geben: Entweder das Objekt bewegt sich, oder unser Auge bewegt sich. Im ersten Fall nehmen wir eine Bewegung wahr, im zweiten Fall nicht. Wie kann unser Gehirn

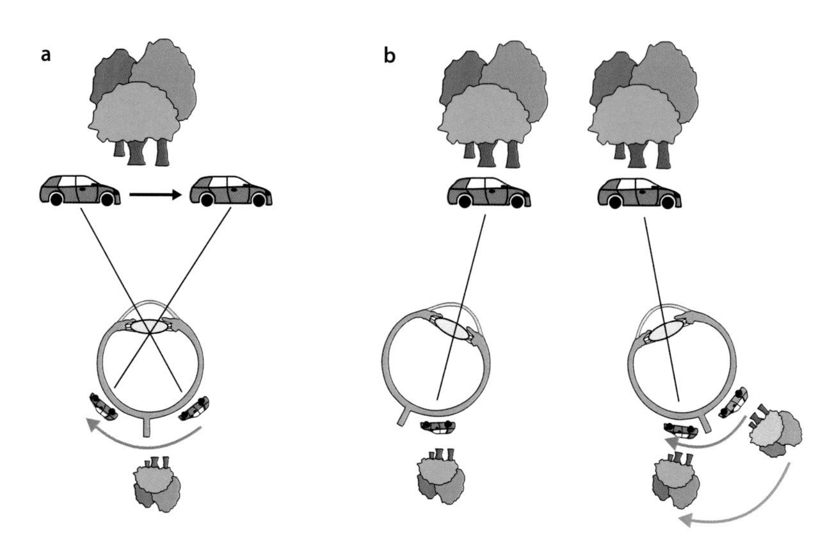

Abb. 12.20 Unterschied zwischen Bewegung eines Objekts und des Auges. **a** Das Auto fährt an den Bäumen vorbei. Das Bild des Autos verschiebt sich auf der Retina, das Bild der Bäume nicht. **b** Das Auto steht still vor den Bäumen, aber das Auge bewegt sich. Dabei verschieben sich die Bilder von Auto und Bäumen auf der Retina. (© Anja Mataruga, Forschungszentrum Jülich)

zwischen diesen beiden Möglichkeiten unterscheiden?

Wir können uns dies anhand von Abb. 12.20 verdeutlichen. Stellen Sie sich vor, Sie haben den Blick auf die Baumgruppe gerichtet, während das Auto daran vorbei fährt. Das Bild der Bäume (die hier den Hintergrund bilden) auf der Retina bleibt konstant. Nur das Bild des Autos verschiebt sich auf Ihrer Netzhaut, d. h. es bewegt sich relativ zum Hintergrund. Es kommt somit zu einer lokalen Bewegung in Ihrem Bildfeld (Abb. 12.20a). In diesem Fall nehmen Sie als Beobachter eine Bewegung wahr. Wenn das Auto vor den Bäumen steht und Sie Ihr Auge bewegen, verschieben sich Auto und Hintergrund gleichermaßen auf Ihrer Netzhaut, es kommt zur globalen Bewegung im Bildfeld (Abb. 12.20b). Sie nehmen keine Bewegung wahr. Jetzt lassen Sie uns versuchen, mithilfe der neurophysiologischen Grundlagen, die wir in ► Kap. 3 und 7 kennen gelernt haben, ein Nervennetzwerk aufzubauen, das zwischen Objekt- und Augenbewegung unterscheiden könnte (Abb. 12.21).

In ► Abschn. 7.6 haben wir erfahren, dass es im visuellen System Neurone gibt, die auf Bewegung spezialisiert sind. Sie reagieren nur, wenn sich etwas in ihrem rezeptiven Feld bewegt. Nehmen wir exemplarisch zwei dieser Neurone: Neuron 1 erfasst mit seinem rezeptiven Feld das Auto, Neuron 2 den Hintergrund (also die Baumgruppe). Zuerst soll das Auge stillstehen und das Auto fahren. Wenn sich das Auto durch das rezeptive Feld von Neuron 1 bewegt, feuert die Zelle. Die Baumgruppe, also der Hintergrund, bleibt aber unbewegt, also bleibt Neuron 2 still. Anders, wenn wir unser Auge drehen: Nun bewegt sich das Auto durch das rezeptive Feld von Zelle 1 und gleichzeitig die Baumgruppe durch das rezeptive Feld von Zelle 2. Also feuern beide Neurone. Um unsere Augenbewegung als solche zu erkennen, brauchen wir nun ein drittes Neuron, das feststellt, ob Neuron 1 und 2 gleichzeitig aktiv sind oder nicht – einen Koinzidenzdetektor, wie wir ihm schon oft in diesem Buch begegnet sind. Neuron 1 (Auto) verschalten wir erregend auf dieses dritte Neuron. Neuron 2, das den Hintergrund sieht, verschalten wir hingegen hemmend. Wenn nun Neuron 1 und 2 gleichzeitig feuern, heben sich ihre Signale in Neuron 3 wechselseitig auf. Dieses Neuron bleibt dann still. Bewegt

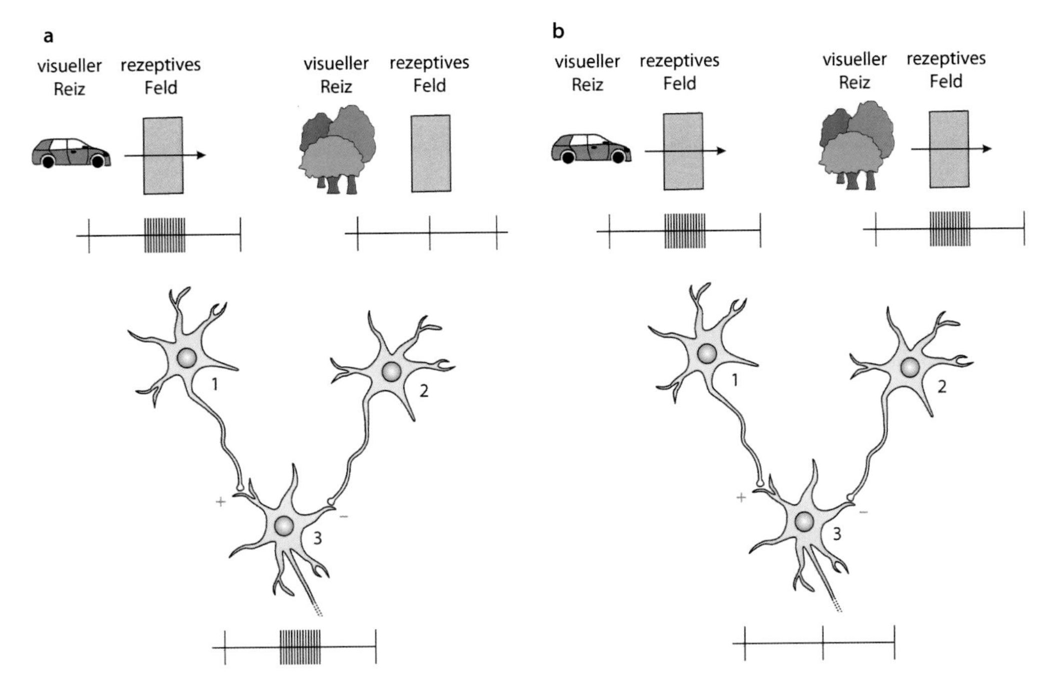

Abb. 12.21 Ein einfaches Modell, mit dem das Gehirn zwischen einer Objekt- und der Augenbewegung unterscheiden könnte. Zwei bewegungsempfindliche Nervenzellen (*1* und *2*) sind auf eine dritte Zelle erregend (*plus*) bzw. hemmend (*minus*) verschaltet. **a** Objektbewegung: Das Auto bewegt sich durch das rezeptive Feld von Zelle 1, sie feuert. Die Bäume bewegen sich nicht, Zelle 2 schweigt. Bei Zelle 3 kommt nur Erregung an, sie feuert und meldet die Objektbewegung weiter. **b** Augenbewegung: Sowohl Auto als auch Bäume bewegen sich scheinbar. Zelle 1 und Zelle 2 feuern. Bei Zelle 3 heben sich Erregung und Hemmung auf. Die Zelle schweigt, es wird keine Bewegung weitergemeldet. (© Anja Mataruga, Forschungszentrum Jülich)

sich aber nur das Auto, kommt nur das Signal von Neuron 1, also Erregung, am dritten Neuron an – Neuron 3 feuert. Zusammengefasst bedeutet dies: Sobald Neuron 3 feuert, wissen wir, dass sich das Auto vor dem Hintergrund bewegt – das Auto fährt. Feuert Neuron 3 nicht, so bewegt sich lediglich unser Auge.

Es gibt noch eine zweite Informationsquelle, auf die das Gehirn bei diesem Problem zurückgreifen kann – sich selbst! Das Gehirn nutzt dafür das Reafferenzprinzip. Im Normalfall bewegen sich unsere Augen nur, wenn sie ein entsprechendes Kommando vom Gehirn erhalten. Dieses motorische Signal steuert die Augenmuskeln, die das Auge entsprechend drehen. (Dies gilt natürlich auch für Kommandos, die den Kopf oder den ganzen Körper bewegen und so zu Augenbewegungen führen können.) Nehmen wir an, wir drehen unsere Augen um 20 Grad nach rechts. Unser Gehirn erzeugt eine „Kopie" dieses Signals (die sogenannte Efferenzkopie) und sendet sie an eine Instanz in unserem Gehirn, den Komparator (wörtlich: Vergleicher). Der Komparator vergleicht die Efferenzkopie mit der Information über die Bewegung eines Objekts, die von den Augen kommt (afferentes Signal). Besagt diese Information, dass sich das Retinabild um 20 Grad verschoben hat, sind also Efferenzkopie und afferentes Signal gleich, nehmen wir keine Bewegung wahr. Sind sie nicht gleich, nehmen wir den Unterschied zwischen beiden Signalen als Bewegung wahr.

Auge	Effe-renz-kopie	Objekt	Bildverschiebung auf der Retina	Afferentes Signal	Wahrnehmung von Bewegung?
Steht still	Nein	Steht still	Nein	Nein	Nein
Steht still	Nein	Bewegt sich	Ja	Ja	Ja
Bewegt sich	Ja	Steht still	Ja (aufgrund der Augenbewegung)	Ja	Nein
Folgt dem Objekt, bewegt sich also genauso schnell wie das Objekt	Ja	Bewegt sich	Nein, weil die Objektbewegung durch die Augenbewegung vollkommen kompensiert wird	Nein	Ja

12.5 Wahrnehmung von Tiefe

12.5.1 Wie erzeugt unser Gehirn eine dreidimensionale Wahrnehmung aus einem zweidimensionalen Retinabild?

Wir leben in einer dreidimensionalen Welt, und für das Überleben spielen die Wahrnehmung aller drei Dimensionen und die Bestimmung von Größe und Entfernung von Objekten eine wichtige Rolle. Wenn wir z. B. eine Frucht pflücken wollen, muss unser Gehirn wissen, wie weit sie entfernt ist, um das Zugreifen korrekt zu steuern. Unmittelbar lebenswichtig wird die korrekte Bestimmung von Entfernungen für Tiere, die sich in drei Dimensionen bewegen, z. B. beim Fliegen, beim Springen über einen Abgrund oder beim Hüpfen von Ast zu Ast. Wird die Entfernung falsch bestimmt, kann dies schnell zu lebensgefährlichen Unfällen führen. Faszinierenderweise sind nicht nur wir, sondern auch Tiere in der Lage, Entfernungen korrekt zu bestimmen, und zwar ganz ohne Zuhilfenahme moderner Technik. Dies ist umso beeindruckender, wenn man bedenkt, dass beim Sehvorgang zuerst einmal Tiefeninformation verloren geht. Die dreidimensionale Umgebung wird in ein zweidimensionales Bild auf der Netzhaut gezwängt. Wie erlangt unser Gehirn die dritte Dimension zurück? Ganz einfach: Es rekonstruiert sie in einem aufwendigen Rechenprozess. Und wieder verfolgt unser Gehirn dabei mehrere Strategien. Zum einen extrahiert es aus dem „flachen" Retinabild Hinweise auf die Tiefe. Zum zweiten nutzt es winzige Unterschiede zwischen den Retinabildern des linken und des rechten Auges, die aufgrund des Augenabstands entstehen.

12.5.2 Auch ein zweidimensionales Bild kann Tiefeninformation enthalten

Betrachten wir zunächst, dass selbst in einem zweidimensionalen Bild einige Information über die Tiefe, also die dritte Dimension, enthalten ist (◘ Abb. 12.22). Diese Tiefeninformation kann unser Gehirn nutzen, um die dritte Dimension zu rekonstruieren.

Wie ◘ Abb. 12.22 zeigt, kann man Tiefe also auch in einem zweidimensionalen Bild erfahren. In der Malerei zählen die Techniken, die einen Tiefeneindruck erzeugen, deshalb zum Grundrepertoire gestalterischer Mittel. Neben der Perspektive sind es vor allem Schattenbildung und -verlauf sowie Unterschiede in der Helligkeit und im Kontrast von Objekten, die in der Landschaftsmalerei Tiefenwirkung

Abb. 12.22 Auch in einem zweidimensionalen Bild ist Tiefeninformation enthalten. Dieses Bild zeigt die sogenannten Römersteine in der Nähe von Jülich. Es hat eine ausgeprägte Fluchtperspektive. Die zwei weißen Pfeile an den Straßenrändern (die in der Realität parallel verlaufen) treffen sich in einem Fluchtpunkt. Je höher die Basis der Steine im Bild erscheint, desto weiter ist der Stein vom Betrachter entfernt (*rote Linien*). Die helle Säule verdeckt einen Pfahl des Schaubildes (*gelber Pfeil*); sie muss also vor dem Schaubild stehen. (© Frank Müller, Forschungszentrum Jülich)

erzeugen. In der Landschaft erscheinen weit entfernte Objekte etwas verschwommener, heller und bläulicher als nahe Objekte. Der Grund liegt darin, dass die Atmosphäre das Licht, das von weit entfernten Objekten reflektiert wird, stärker trübt als das naher Objekte.

Noch ein Tipp am Rande: Wenn Sie ein Gemälde mit starker Tiefenwirkung betrachten, schließen Sie einmal versuchsweise ein Auge. Wie wir gleich sehen werden, setzt unser Gehirn beim Sehen mit zwei Augen auf andere Auswertemechanismen zur Tiefenbestimmung. Diese werden bei einem zweidimensionalen Bild nicht aktiviert; das Ergebnis des zweiäugigen Sehens ist deshalb nicht ganz im Einklang mit dem Tiefeneindruck, den das Gemälde erzeugt. Betrachtet man das Bild nur mit einem Auge, wirkt es deshalb manchmal räumlicher.

12.5.3 Erst das Sehen mit zwei Augen erlaubt die optimale Tiefenwahrnehmung

Die besprochenen Tiefenreize tragen selbst dann zu unserer Tiefenwahrnehmung bei, wenn wir eine Szene nur mit einem Auge oder einer Kamera betrachten. Beim Sehen mit beiden Augen eröffnet sich uns aber eine neue und besonders wichtige Quelle für Tiefeninformation – die sogenannte Querdisparität. Was ist darunter zu verstehen? Unsere Augen stehen frontal und haben einen Abstand von ca. 6 cm. Dadurch entsteht ein kleiner Unterschied im Blickwinkel der Augen. Dies können Sie einfach testen. Schließen Sie das linke Auge und halten Sie einen Daumen aufrecht in Armeslänge vor sich. Den anderen Daumen halten Sie ca. 15 cm vor Ihr Gesicht, und zwar so, dass er den weiter entfernten Daumen verdeckt. Nun schließen Sie das rechte und öffnen das linke Auge. Ist der Daumen immer noch verdeckt? Wie verändern sich die Positionen der Daumen zueinander, wenn Sie abwechselnd das rechte und das linke Auge öffnen? Sie werden sehen, dass der nähere Daumen relativ zu dem weiter entfernten Daumen scheinbar hin- und herspringt. Dieser Sprung kommt durch den Unterschied im Blickwinkel zustande. Was passiert, wenn Sie die Daumen einander annähern? Die Sprünge werden umso kleiner, je näher die beiden Daumen zueinander sind.

Abb. 12.23 zeigt das Ganze schematisch. Der weit entfernte Daumen ist durch einen roten Punkt dargestellt. Er wird in beiden

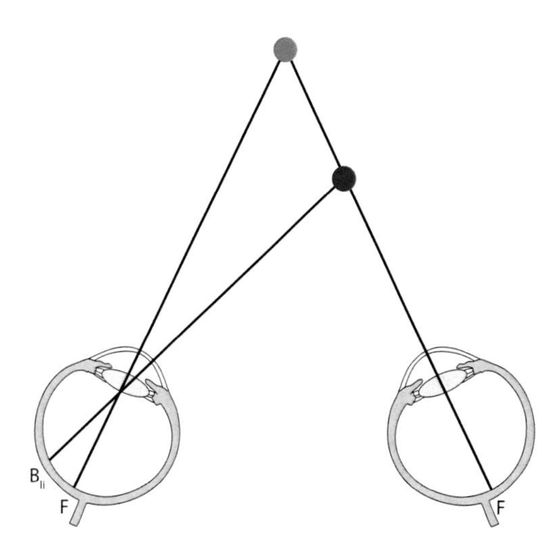

■ **Abb. 12.23** Wenn beide Augen den roten Punkt fixieren, wird er auf die Fovea (F) abgebildet. Der blaue Punkt wird im rechten Auge ebenfalls auf die Fovea abgebildet, im linken Auge aber auf den Punkt B_{li}. (© Anja Mataruga, Forschungszentrum Jülich)

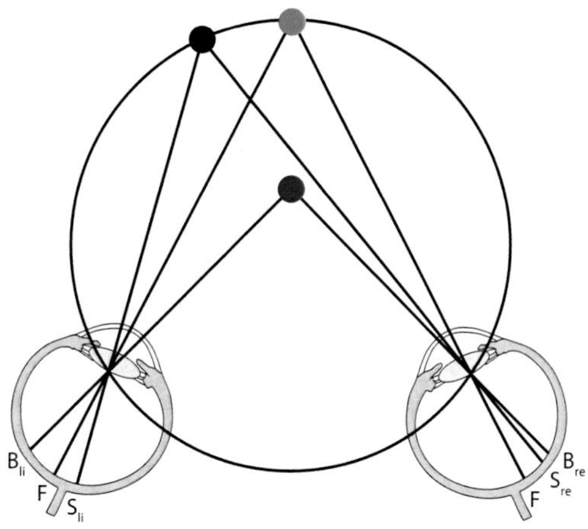

■ **Abb. 12.24** Der Horopter ist ein gedachter Kreis, auf dem das fixierte Objekt und die Mittelpunkte der beiden Augenoptiken liegen (hier repräsentiert durch die sogenannten Knotenpunkte am Hinterrand der Linsen). Alle Objekte auf dem Horopter werden auf korrespondierende Netzhautpunkte abgebildet: der rote Punkt auf die beiden Foveae, der schwarze Punkt auf die beiden Punkte S_{re} bzw. S_{li}. Sie sind gegenüber der Fovea in beiden Augen um die gleiche Strecke in die gleiche Richtung verschoben, korrespondieren also miteinander. Der blaue Punkt dagegen wird auf nichtkorrespondierende Punkte abgebildet. B_{re} und B_{li} sind in den beiden Augen in unterschiedliche Richtung verschoben. (© Anja Mataruga, Forschungszentrum Jülich)

Augen auf die Stelle des schärfsten Sehens, die Fovea (F) abgebildet. Der nahe Daumen (blauer Punkt) wird im rechten Auge ebenfalls auf die Fovea abgebildet, denn er verdeckt ja den weiter entfernten Daumen. Im linken Auge fällt sein Bild aber auf eine andere Stelle (B_{li}). Öffnen wir abwechselnd beide Augen, erscheint es uns, als ob das Bild des nahen Daumens zwischen der Fovea und der Stelle B_{li} hin- und herspringt. Diesen Parallaxeneffekt kann man also auch zur Entfernungsbestimmung verwenden.

Nun fixieren Sie den weiter entfernten Daumen mit beiden Augen gleichzeitig. Bringen Sie jetzt den anderen Daumen nahe vor Ihrem Gesicht in das Bildfeld und versuchen Sie, den entfernten Daumen damit zu verdecken. Es wird nicht gelingen. Wenn Sie den entfernten Daumen fixieren, erhalten Sie von dem nahen Daumen zwei unscharfe Bilder rechts und links vom entfernten Daumen. Wenn Sie die Augen abwechselnd schließen und öffnen, können Sie sehen, welches der Bilder von welchem Auge stammt: Der nach links verschobene Daumen stammt vom rechten Auge und umgekehrt. Fixieren Sie dagegen den nahen Daumen, wird der entfernte Daumen zu einem unscharfen Doppelbild. ■ Abb. 12.24 erklärt, warum. Wenn wir den entfernten Daumen fixieren (roter Punkt), wird er in beiden Augen auf die Fovea (F) abgebildet. Man kann sich einen Kreis denken, auf dessen Umfang der Fixierungspunkt (also der rote Punkt) und die Mittelpunkte der Optiken der beiden Augen liegen. Man nennt diesen in der Abbildung eingezeichneten Kreis Horopter. Ein Punkt, der auf diesem Kreis liegt, wird in beiden Augen auf sogenannte korrespondierende Netzhautpunkte abgebildet. Im Falle des roten Fixierungspunktes ist das die Fovea. Der schwarze Punkt liegt ebenfalls auf dem Horopter. Er wird in beiden Augen rechts von der Fovea abgebildet (S_{li} und S_{re}). Die Netzhautpunkte S_{li} und S_{re} sind zwar nicht identisch, aber sie sind relativ zur Fovea um die gleiche Strecke in die gleiche Richtung verschoben und repräsentieren denselben Objektpunkt auf dem Horopter – es sind korrespondierende Netzhautpunkte. Die Information, die von korrespondierenden Netzhautpunkten stammt, wird in der primären Sehrinde V1 (▶ Abschn. 7.6) an der gleichen Stelle verarbeitet. Deshalb ist jeder Objektpunkt auf dem Horopter nur einmal in V1 repräsentiert, und es entsteht in unserer Wahrnehmung nur ein Bild von diesem Objekt.

Betrachten wir die Abbildung des nahen Daumens. Er wird durch den blauen Punkt dargestellt und liegt nicht auf dem Horopter. Er wird im linken Auge links von der Fovea (B_{li}), im rechten Auge rechts von der Fovea abgebildet (B_{re}). Es handelt sich also um nichtkorrespondierende Netzhautpunkte. Die Bilder werden an unterschiedlichen Stellen im Gehirn verarbeitet, und wir sehen deshalb ein Doppelbild. Dies gilt für alle Objekte, die nicht auf dem Horopter liegen.

Wir nennen nichtkorrespondierende Netzhautpunkte auch disparate Punkte und den Abstand zwischen ihnen die Querdisparität. Wie Sie sich anhand von ◘ Abb. 12.24 leicht klarmachen können, wird die Querdisparität immer größer, je weiter die Objektpunkte von der Ebene des Horopters entfernt sind. Objekte vor dem Horopter – wie der blaue Punkt – werden in der Retina weiter nach außen abgebildet (gekreuzte Querdisparität), Objekte hinter dem Horopter weiter nach innen (ungekreuzte Disparität). Unser Gehirn nutzt die Information, die in der Querdisparität der beiden Retinabilder steckt, um für jedes Objekt im Bildfeld seine Tiefe im Raum zu berechnen und die dritte Dimension in unserer Wahrnehmung zu rekonstruieren. Das Sehen mit beiden Augen (auch Stereopsis genannt), ist also viel mehr als einfach nur die Summe der zweidimensionalen Retinabilder. Es ermöglicht die Erzeugung einer Tiefenwahrnehmung! Allerdings trägt die Stereopsis nur dann stark zur Tiefenwahrnehmung bei, wenn die Objekte weniger als ca. 10 m entfernt sind. Bei größeren Abständen wird die Querdisparität zu klein.

Bei der Stereopsis geht das Gehirn nach einer ganz einfachen Devise vor: Wann immer es eine Querdisparität entdeckt, berechnet es daraus einen Tiefeneindruck. Präziser formuliert: Es stellt anhand der Querdisparität die Hypothese auf, dass sich der Gegenstand vor bzw. hinter dem Horopter befindet – und diese Hypothese nehmen wir wahr. Wenn diese Überlegungen stimmen, dann müsste man einen Tiefeneindruck erzeugen können, obwohl gar keine Tiefe existiert. Man müsste den Augen lediglich zwei Bilder mit einer Querdisparität anbieten. Genau dies ist das Prinzip des Stereogramms.

12.5.4 Die Wunderwelt des Stereogramms

Betrachten Sie die zwei Bilder in ◘ Abb. 12.25. Auf den ersten Blick erscheinen sie recht ähnlich. Bezogen auf das linke Bild ist aber im rechten Bild das rote Rechteck nach links verschoben, das grüne Rechteck nach rechts. Mit einem kleinen Trick erschließt sich Ihnen beim Betrachten der Bilder ein fantastischer dreidimensionaler Eindruck: Das rote Rechteck scheint über der Buchseite zu schweben, das grüne Rechteck dahinter! Der Trick besteht darin, das linke Bild mit dem linken Auge und das rechte mit dem rechten Auge zu sehen und das Gehirn die beiden Bilder „verschmelzen" zu lassen. Dafür gibt es mehrere „Bedienungsanleitungen". Finden Sie mit etwas Geduld diejenige heraus, die bei Ihnen am besten funktioniert. Es lohnt sich!

Methode 1 Am besten halten Sie dafür das Buch in Leseentfernung vor sich. Entspannen Sie jetzt Ihre Augen, blicken Sie „durch das Buch hindurch", so als wäre es aus Glas. Dabei wandern Ihre Augen langsam in die Parallelstellung, und es entsteht ein drittes Bild in der Mitte. Es entspricht dem verschmolzenen Bild (bzw. dem Versuch Ihres Gehirns, die Bilder zu verschmelzen). Ihr Gehirn wird immer wieder versuchen, Ihre Augen so zu bewegen, dass wieder scharfe klare Einzelbilder entstehen, aber genau dies soll nicht passieren. Lassen Sie sich Zeit, bis Ihr Gehirn die Bilder richtig verschmolzen und die Tiefeninformation erkannt hat. Sehen Sie die Rechtecke schweben?

Abb. 12.25 Blicken Sie entspannt „durch das Stereogramm hindurch" (Anleitung siehe Text). Die beiden Bilder nähern sich dann an und können vom Gehirn verschmolzen werden. Das rote Rechteck scheint über der Buchseite zu schweben, das grüne dahinter. (© Frank Müller, Forschungszentrum Jülich)

Methode 2 Stellen Sie ein Stück Karton oder einen Briefumschlag aufrecht zwischen die beiden Quadrate, oder halten Sie zwei Papprollen, wie Sie sie im Inneren von Toilettenpapierrollen finden, wie ein Fernglas vor die Augen. Dann sieht jedes Ihrer Augen nur das Bild, das es sehen soll. Beide Bilder verschmelzen zu einem einzigen Bild.

Methode 3 Schauen Sie entspannt auf einen entfernten Punkt an der Wand und schieben Sie dann das Buch von unten in das Blickfeld, *ohne* darauf zu akkommodieren. Es kommt schnell zur Verschmelzung und zum Tiefeneindruck.

Wir hoffen, Sie konnten diesen deutlichen Tiefeneindruck wahrnehmen. Falls nicht, kann es sein, dass Sie zu den 8 bis 10 % der Menschen gehören, die die Fähigkeit zur Stereopsis nicht entwickelt haben. Meist liegt dann eine Augenfehlstellung vor, oder die Augen weisen starke Unterschiede in der Sehtüchtigkeit auf. Der Tiefeneindruck in Abb. 12.25 entsteht alleine durch die Querdisparität zwischen den beiden Bildern. Während Sie, wie oben beschrieben, möglichst entspannt durch die Bilder schauen, läuft in Ihrem Gehirn die Auswertemaschinerie auf Hochtouren. Das Gehirn sucht nach Bildpunkten, die von korrespondierenden Netzhautstellen kommen. Sie legen die Ebene des Hintergrundes, den Horopter, fest. In unserem Beispiel kommen sie vom blauen Rechteck, denn es wird in beiden Augen auf korrespondierende Netzhautpunkte abgebildet. Für das rote Rechteck ergeben sich disparate Punkte, denn im rechten Bild ist das rote Rechteck leicht nach links verschoben. Es wird dementsprechend auf einen anderen Netzhautort abgebildet als das rote Rechteck im linken Auge. Damit besteht für das rote Rechteck eine Querdisparität, die das Gehirn ausnutzt, um Tiefe zu berechnen. Es erzeugt in unserer Wahrnehmung einen Tiefeneindruck, und das rote Rechteck erscheint uns deshalb näher als das blaue Rechteck. Je stärker die beiden roten Rechtecke relativ zueinander verschoben sind, desto größer wird die Querdisparität und desto weiter scheint das rote Rechteck im fusionierten Bild vor dem blauen Rechteck zu schweben. Das grüne Rechteck ist zur anderen Seite verschoben. Es wird deshalb als weiter entfernt wahrgenommen. Wenn Sie einen Computer mit einem Grafikprogramm haben, können Sie solche Bilder leicht selbst herstellen. Probieren Sie es aus! Abbildungen, die so groß sind, wie Abb. 12.25, sind am besten geeignet. Die Mittelpunkte der beiden Bilder sollten genauso weit voneinander entfernt sein wie Ihre Augen (6–6,5 cm). Probieren Sie auch aus, wie sich das Ausmaß der Verschiebung auf die Stärke des Tiefeneindrucks auswirkt.

12.5.5 Zufallspunktbilder – Tiefe aus dem Rauschen

Betrachten Sie die beiden Bilder in ◘ Abb. 12.27a. Auf den ersten Blick scheinen die beiden Bilder identisch. Sie bestehen aus zufällig angeordneten schwarzen und weißen Punkten, und in den Bildern ist keinerlei Inhalt zu entdecken. Wenden Sie wie bei dem farbigen Stereogramm in ◘ Abb. 12.25 eine der drei Methoden an, um die beiden Bilder zu verschmelzen; so erschließt sich Ihnen auch hier ein dreidimensionaler Eindruck. In der oberen Hälfte des verschmolzenen Bildes schwebt ein lang gestrecktes Rechteck über der Buchseite. In der unteren Hälfte scheint ein ähnliches Rechteck hinter der Buchseite zu schweben! Können Sie sie erkennen?

Wie kommt es in all dem Rauschen zur Wahrnehmung von Rechtecken und Tiefe? Zufallspunktbilder wurden in den 1960er-Jahren zuerst von Béla Julesz (1928–2003) eingeführt und haben sich schnell zum wichtigen Werkzeug in der Erforschung des Tiefensehens gemausert. Julesz hatte zwar Elektrotechnik studiert, arbeitete aber an den Bell Laboratories an der visuellen Wahrnehmung.

Man erzeugt die Zufallspunktbilder folgendermaßen. Zuerst erstellt man ein Quadrat im Computer. Im Prinzip erzeugt der Rechner ein „Schachbrett“ mit vielen kleinen Feldern und würfelt für jedes Feld aus, ob es schwarz oder weiß wird. Dann setzt man eine Kopie des Bildes daneben. Nun „schneidet“ man ein Rechteck aus einem der Bilder aus und verschiebt es etwas zur Seite. Die entstehende Lücke füllt man wieder mit Zufallspunkten auf. Durch die Verschiebung des Rechtecks in nur einem Bild entsteht für jeden Punkt des Rechtecks eine Querdisparität zwischen den beiden Bildern. Die Verschiebung in die eine Richtung bewirkt, dass das Rechteck über dem Hintergrund zu schweben scheint, die Verschiebung in die Gegenrichtung lässt es hinter dem Hintergrund erscheinen. Je weiter verschoben wird, desto größer wird die Querdisparität und somit der Tiefeneindruck. An Zufallspunktbildern können wir eine ganze Reihe interessanter Untersuchungen zum Tiefensehen machen. Vor allem aber beantworten sie eine wichtige Frage: Reicht Disparität alleine aus, damit wir Tiefe wahrnehmen können, oder ist es notwendig, dass wir das Objekt vorher erkannt haben? In den Zufallspunktstereogrammen können wir das Objekt in dem Punktmuster erst erkennen, nachdem unser Gehirn alle Punkte gruppiert hat, die scheinbar nicht auf der Fixierungsebene liegen. Querdisparität reicht also aus, um Tiefe wahrnehmen zu können. Die Quer-

Durch das Mikroskop betrachtet: Tiefenwahrnehmung durch binokulare Neuronen

Die Querdisparität kann das Gehirn nur dann nutzen, wenn Nervenzellen Information aus beiden Augen erhalten. In der primären Sehrinde V1 bleibt die Information aus den beiden Augen in der Eingangsschicht, der Schicht IV, noch sauber getrennt (▶ Abschn. 7.6) In den darüberliegenden Schichten wird die Information aber zunehmend gemischt. Zwar bleibt der Eingang eines der beiden Auge auch in diesen Schichten dominant, aber die meisten Zellen erhalten auch Information vom anderen Auge. Wir sprechen dann von binokularen Neuronen. In der sekundären Sehrinde V2 sowie in vielen anderen Arealen findet man binokulare Neurone, die auf Disparität reagieren. Die „Tiefenzellen“ reagieren besonders gut auf einen bestimmten Disparitätswert. Andere Zellen reagieren auf einen breiten Bereich von Disparität vor dem Horopter, andere auf den Bereich hinter dem Horopter. Diese Zellen sind möglicherweise nicht nur an der Erzeugung der Tiefenwahrnehmung beteiligt. Sie könnten auch dabei helfen, die Augen beim Fixieren eines Objekts auszurichten. Will man ein nahes Objekt fixieren (d. h. auf die Fovea abbilden), müssen sich die Augen nach innen drehen (d. h. konvergieren), beim Fixieren eines fernen Objekts müssen sie nach außen rollen, also divergieren.

Sinnesbiologie im Alltag: Vom Stereoskop zum 3-D-Film

Das Stereoskop wurde von dem Physiker Charles Wheatstone (1802–1875; besser bekannt durch die Erfindung der Wheatstone'schen Brücke, mit der man den elektrischen Widerstand messen kann) erfunden, schon sehr schnell nach der Einführung der Fotografie. Es war als Freizeitspaß außerordentlich beliebt. Im Stereoskop betrachtet man zwei Bilder, die mit einer Kamera mit zwei Objektiven aufgenommen wurden. Die Objektive haben denselben Abstand wie die menschlichen Augen. Dadurch entstehen zwei Bilder, die sich genauso unterscheiden wie die beiden Bilder auf den Netzhäuten. Im Stereoskop wird das linke Bild mit dem linken, das rechte Bild mit dem rechten Auge betrachtet, wodurch dieselbe Querdisparität entsteht, wie sie beim natürlichen Betrachten der Szene entstanden wäre (◘ Abb. 12.26). Die Querdisparität führt wieder zum Tiefeneindruck.

Das Prinzip des Stereoskops bildet auch die Grundlage für 3-D-Filme. Dabei werden zwei Bilder, eines für das linke und eines für das rechte Auge, übereinander auf die Leinwand projiziert bzw. vom Fernsehbildschirm dargestellt. Zwischen den Bildern bestehen Querdisparitäten. In den 1950er-Jahren waren diese Bilder rot bzw. grün eingefärbt und wurden durch Brillen betrachtet, die vor dem einen Auge einen Rotfilter, vor dem anderen Auge einen Grünfilter hatten, sodass man die Bilder jeweils nur mit einem Auge sehen konnte. Heutzutage verwendet man meist Bilder aus unterschiedlich polarisiertem Licht. Bei polarisiertem Licht schwingen die Lichtwellen nur in einer Schwingungsebene. Das linke Bild besteht dann z. B. aus Lichtwellen, die nur in der horizontalen Schwingungsebene schwingen, das rechte Bild aus Lichtwellen, die nur in der vertikalen Ebene schwingen. Ohne 3-D-Brille sieht jedes Auge beide Bilder, und es entsteht ein verschwommenes Gesamtbild. Die Polarisationsfilter in der Brille sorgen aber dafür, dass eines der Bilder nur in das linke, das andere nur in das rechte Auge gelangt. So entsteht wieder eine Querdisparität, die den entsprechenden Tiefeneindruck erzeugt.

disparität muss übrigens nicht für das gesamte Objekt bestehen. Es genügt, wenn wir sie an den entscheidenden rechten und linken Kanten detektieren. In ◘ Abb. 12.27b sind jeweils zwei weiße Rechtecke eingezeichnet, deren linke und rechte Kanten nur um sehr wenige Punkte verschoben sind. Diese Punkte reichen aus, um einen Tiefeneindruck zu erzeugen: Das obere Rechteck schwebt vor, das untere hinter der Buchseite. Ein Schüler von Julesz, Christopher Tyler, entwickelte nach diesen Ideen Autostereogramme, die mit einem Bild auskommen. Solche Abbildungen wurden oft als Sammlungen unter dem Titel *The Magic Eye* veröffentlicht.

12.5.6 Das Pulfrich-Pendel – oder: Täuschung ist die Wahrnehmung einer falschen Hypothese

Der Versuch mit dem Pulfrich-Pendel ist einfach in der Durchführung und ist ein regelrechter „Augenöffner". Er zeigt einmal mehr, dass Tiefenwahrnehmung nichts anderes als ein Rechenprozess ist und vor allem dass unsere Wahrnehmung eine Hypothese ist, die manchmal wenig mit der Wirklichkeit übereinstimmt. Sie sollten ihn deshalb unbedingt durchführen. Sie brauchen dazu eine Sonnenbrille oder ein anderes dunkles Glas, das viel Licht absorbiert, aber optisch klar ist, denn Sie müssen noch hindurchschauen können. Außerdem brauchen Sie ein Pendel von ca. 1 m Länge. Als Schnur reicht ein Bindfaden. Als Gewicht ist am besten eine Kugel geeignet, wie man sie in Geschäften für Bastelbedarf bekommt. Die Kugel bringen Sie mittig am Faden an, sodass das Pendel an zwei Punkten aufgehängt werden kann und wie ein V sehr gerade schwingt (es geht aber auch mit einem anderen Gewicht und nur einem Faden, improvisieren Sie einfach).

Stellen Sie sich etwa 2 m vom Pendel entfernt so auf, dass das Pendel quer zu Ihrer Blickrichtung schwingt, also nicht auf Sie zu. Bitten Sie eventuell einen Helfer, das Pendel ab und zu leicht anzustoßen, ohne es aus seiner Bahn zu

Abb. 12.26 Das Stereoskop wurde in der Mitte des 19. Jahrhunderts zu einem beliebten Freizeitspaß. Die Tiefenwirkung entsteht, indem zwei Bilder mit leichter Querdisparität betrachtet werden. Mit dem im Text beschriebenen Trick können Sie das Stereogramm auch ohne Stereoskop dreidimensional sehen. (Oben: © Wikipedia Loves Art participant „The_Grotto" (▶ http://www.flickr.com/groups/wikipedia_loves_art/pool/tags/The_Grotto/), Wikimedia Commons, under CC-BY SA 2.5; unten: © August Fuhrman, Wikimedia commons)

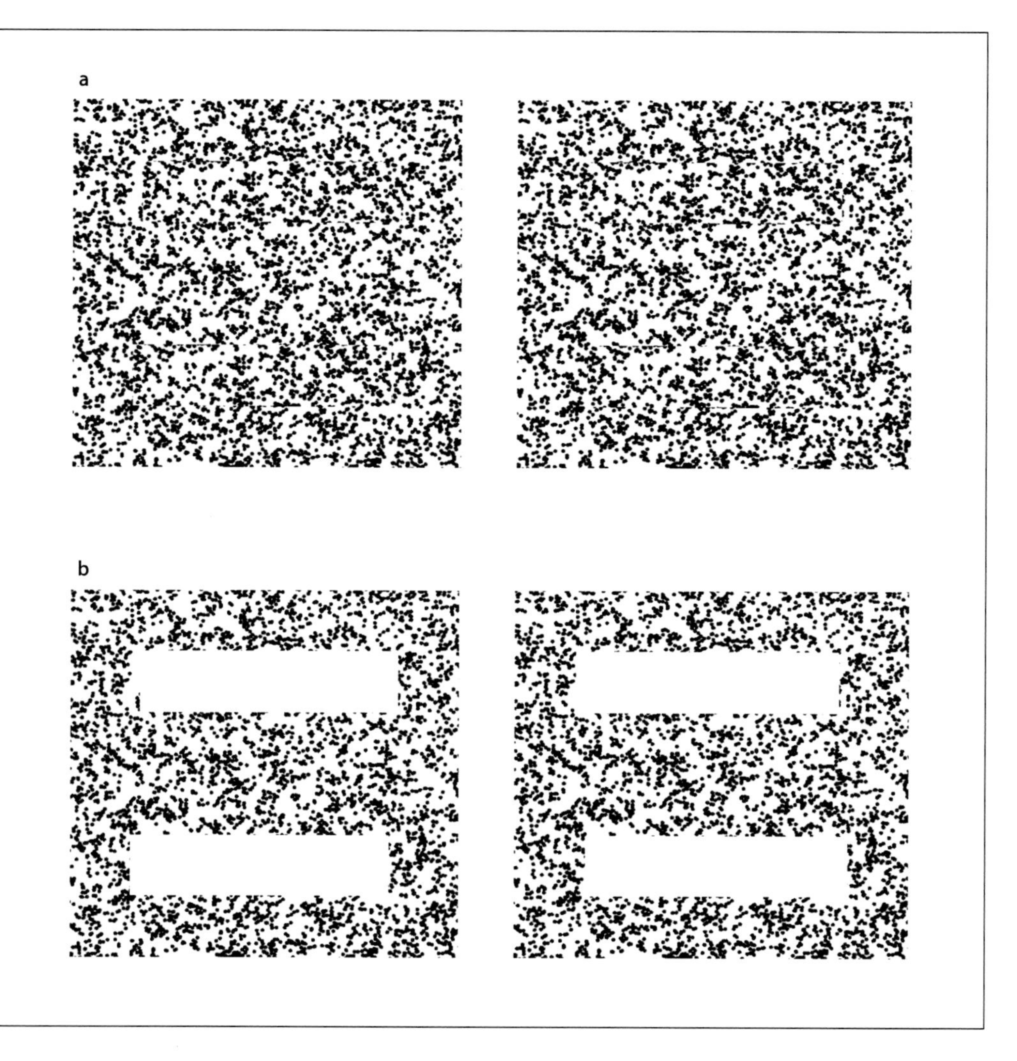

Abb. 12.27 In den Zufallspunktstereogrammen scheint nur Chaos zu herrschen. **a** Erst nach dem Verschmelzen der beiden Bilder erkennt man zwei waagerecht orientierte, lang gestreckte Rechtecke. Das obere scheint vor, das untere hinter der Buchseite zu schweben. Der Tiefeneindruck entsteht, weil für die Punkte auf den Rechtecken zwischen dem linken und dem rechten Bild eine Querdisparität besteht. **b** Auch hier sieht man zwei Rechtecke. Die Querdisparität ist auf wenige Punkte am linken und rechten Rand beschränkt. Dennoch kann man einen eindeutigen Tiefeneindruck wahrnehmen. (© Johnny Hendriks, Forschungszentrum Jülich)

lenken. Betrachten Sie das schwingende Pendel mit beiden Augen und überzeugen Sie sich, dass es in einer Ebene schwingt. Für das Experiment folgen Sie weiterhin der Kugel mit *beiden* Augen, aber halten Sie das Glas der Sonnenbrille vor das *linke* Auge (nicht vor beide!). Sie sehen jetzt mit beiden Augen die Kugel schwingen, aber im linken Auge ist das Bild etwas dunkler. Sie brauchen vielleicht ein paar Sekunden, bis der Effekt sich einstellt. Die Kugel scheint jetzt auf einer Ellipsenbahn zu schwingen! Die Kugel kommt scheinbar auf Sie zu, wenn sie von rechts nach links schwingt, entfernt sich aber scheinbar wieder von Ihnen, wenn sie von links nach rechts schwingt. Wechseln Sie die Sonnenbrille vor das rechte Auge, so dreht sich die Laufrichtung der Ellipse um.

Der Effekt beruht darauf, dass Sie mithilfe der Sonnenbrille eine „zeitliche" Querdisparität erzeugen. Wie wir wissen, reagieren die Photorezeptoren in der Retina auf Licht und geben ihr Signal über die Bipolarzellen an die Ganglienzellen weiter, die es an das Gehirn weitersenden (▶ Kap. 7). Durch die Sonnenbrille fällt weniger Licht in das abgedunkelte Auge. Dadurch reagieren dessen Photorezeptoren etwas langsamer, und die Ganglienzellen geben ihr Signal verspätet weiter. Die Erregung in der abgedunkelten Retina „hinkt" sozusagen der Erregung in der nicht abgedunkelten Retina hinterher. Zu jedem Zeitpunkt meldet das nicht abgedunkelte Auge die Kugel von dem Ort, an dem sie ist (durchgezogene Linie in ◻ Abb. 12.28), das abgedunkelte Auge aber von dem Ort, an dem die Kugel kurz vorher war (weiße Kugel, gepunktete Linie).

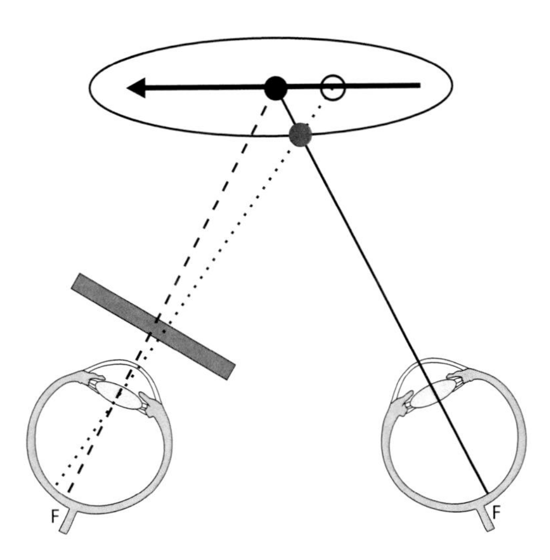

◻ **Abb. 12.28** Beim Pulfrich-Pendel scheint die Kugel auf einer Ellipsenbahn zu schwingen. Durch den Filter reagiert das abgedunkelte Auge verzögert auf die Kugel. Rechtes und linkes Auge melden deshalb die Kugel von nichtkorrespondierenden Netzhautorten. Das Gehirn berechnet daraus einen Tiefeneindruck. Die Kugel bewegt sich scheinbar auf einer Ellipsenbahn. F = Fovea. (© Anja Mataruga, Forschungszentrum Jülich)

Das Gehirn erhält also immer Information von nichtkorrespondierenden Netzhautorten. Diese weisen eine bestimmte Querdisparität auf. Und aus dieser Querdisparität berechnet das Gehirn das, was es immer aus Querdisparitäten berechnet: einen Tiefeneindruck. Die Kugel befindet sich scheinbar am Schnittpunkt der durchgezogenen und der gepunkteten Linie (graue Kugel). Für den gesamten Schwingungsvorgang stellt das Gehirn die Hypothese auf, dass die Kugel in der einen Schwingungsrichtung vor und in der Gegenrichtung hinter dem Horopter schwingt. Folglich wird die Schwingungsebene des Pendels in unserer Wahrnehmung zur Ellipse. Das Ausmaß der Querdisparität hängt davon ab, wie viel Licht die Sonnenbrille absorbiert. Je dunkler die Brille, desto größer wird die Querdisparität und desto tiefer erscheint die Ellipsenform. Bei sehr dunklen Gläsern schwingt die Kugel scheinbar stärker in der Tiefe als in der eigentlichen Schwingungsrichtung.

Und das Erstaunliche an diesem Experiment ist: Auch wenn Sie es wiederholen und ganz genau wissen, dass die Kugel nicht in einer Ellipse schwingt, sondern in einer Ebene, können Sie die Wahrnehmung der Ellipsenform nicht unterdrücken. Die Tiefenwahrnehmung ist nichts anderes als das Resultat eines Rechenprozesses – in diesem Fall mit einem falschen Ergebnis. Sie nehmen die Hypothese wahr, die Ihr Gehirn aufgestellt hat, auch wenn Sie wissen, dass sie nicht der Realität entspricht! Wir werden die Utensilien für den Pendelversuch übrigens gleich noch einmal brauchen.

12.6 Wahrnehmung von Größe

12.6.1 Das Prinzip der Größenkonstanz – damit aus Riesen keine Zwerge werden

In dem Buch *Jim Knopf und Lukas der Lokomotivführer* von Michael Ende gibt es eine tragische Figur: den Scheinriesen Herrn Tur Tur. Je weiter man von ihm entfernt ist, desto größer erscheint er. Nur wer sich ganz nahe an ihn heranwagt, erkennt, dass er genauso groß ist wie jeder normale Mensch. Weil sich das aber niemand traut, ist Herr Tur Tur sehr einsam. Die Idee eines Scheinriesen ist besonders fantastisch, weil das Wesen des Herrn Tur Tur sowohl den Grundprinzipien der Optik als auch der Art, wie wir Größe wahrnehmen, widerspricht. Wenn sich ein Mensch von uns entfernt, wird sein Bild auf der Netzhaut immer kleiner – die Verdoppelung des Abstands halbiert die Größe des Netzhautbildes und damit den Sehwinkel, unter dem die Person erscheint (◘ Abb. 12.29).

Um sich von dem abstrakten Begriff „Sehwinkel" ein besseres Bild zu machen, strecken Sie Ihren Arm gerade aus und betrachten Sie Ihren Daumennagel (◘ Abb. 12.30). Aufgrund des Abstands zu Ihrem Auge ist das Bild Ihres Daumennagels auf der Netzhaut nur ca. 0,6 mm groß (dies kann je nach Daumengröße natürlich etwas variieren). Seine Breite entspricht ungefähr 2 Grad Sehwinkel. Wenn Sie Ihren Daumen vor ein Objekt halten, können Sie abschätzen, unter welchem Sehwinkel es auf Ihrer Netzhaut abgebildet wird. Probieren Sie das einmal an verschieden großen Gegenständen in Ihrer Umgebung aus. Sie werden feststellen, dass der Sehwinkel kein geeignetes Maß für die wirkliche Größe eines Objekts darstellt. Ein nahes, kleines Objekt kann den gleichen Sehwinkel einnehmen wie ein weit entferntes, großes Objekt. Bestimmen Sie mit der Daumenregel in der nächsten Vollmondnacht einmal den Sehwinkel, unter dem der Mond erscheint. Der Durchmesser des Mondes entspricht etwa dem Viertel einer Daumenbreite, also ca. 0,5 Grad. Auch die Sonne hat einen Sehwinkel von ca. 0,5 Grad. Sie ist zwar etwa 400-mal größer als der Mond, aber auch ca. 390-mal so weit entfernt. Durch diesen kosmischen Zufall ist es möglich, dass von der Erde aus betrachtet der kleine Mond die große Sonne komplett verdecken kann, wenn er sich auf seiner Bahn zwischen Sonne und Erde schiebt. Genau dies geschieht bei einer Sonnenfinsternis.

Wenn der Sehwinkel bzw. die Größe des Netzhautbildes die alleinigen Größen wären, die das Gehirn zur Größenbestimmung heranzieht, müssten Menschen mit zunehmender Entfernung in unserer Wahrnehmung stark

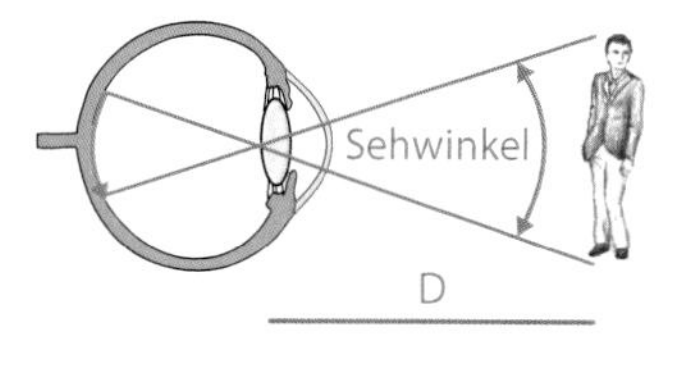

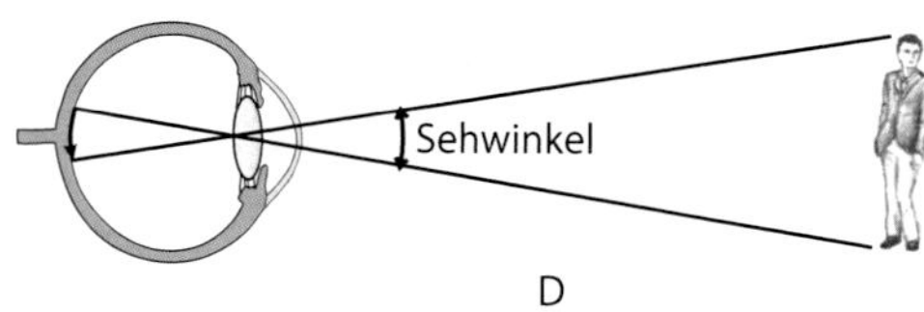

◘ **Abb. 12.29** Mit größerer Distanz verringert sich der Sehwinkel, unter dem ein Objekt erscheint. Auch das Netzhautbild wird entsprechend kleiner. (© Anja Mataruga, Forschungszentrum Jülich)

◘ **Abb. 12.30** Bei ausgestrecktem Arm füllt der Daumennagel etwa 2° Sehwinkel aus. Mit dieser Daumenregel kann man leicht abschätzen, welchen Sehwinkel ein entferntes Objekt in unserem Gesichtsfeld einnimmt. (© Michal Rössler, Universität Heidelberg)

schrumpfen. Natürlich sehen wir sie in größerer Entfernung kleiner, aber ein ausgewachsener Mensch erscheint uns auch dann noch wie ein normal großer Mensch und nicht wie eine Spielzeugpuppe – obwohl der Sehwinkel, unter dem er erscheint, sehr viel kleiner ist. Dies trifft nicht nur auf Menschen, sondern auch auf andere Objekte zu. Wie kommt es zu dieser sogenannten Größenkonstanz?

Wieder können wir die Vorgehensweise des Gehirns an einer Täuschung aufzeigen. In ◘ Abb. 12.31 sehen wir zwei junge Damen, die ähnlich groß sind. Auch wenn sich eine von ihnen weiter vom Betrachter entfernt, erscheint sie uns normal groß (Mitte). Kopiert man ihr Bild aber an die Position der nahen Person, erscheint sie wie eine Spielzeugpuppe (rechts). Der Grund dafür ist einfach: Unser Gehirn bezieht die Tiefeninformation in die Größenwahrnehmung ein. Dieser Zusammenhang zwischen Tiefeninformation und Größenkonstanz lässt sich durch den Mechanismus der Größen-Distanz-Skalierung beschreiben: $G_w = K \times G_R \times D$. Entfernt sich eine Person von uns, wird ihr Retinabild G_R kleiner, aber die wahrgenommene Distanz D der Person größer. Multipliziert mit einer Konstanten K ergibt sich die wahrgenommene Größe G_w. Die Änderungen in der Größe des Retinabildes und in der Distanz gleichen sich sozusagen aus. Deshalb nehmen wir die Größe der Person unabhängig von der Distanz als konstant wahr. Voraussetzung hierfür ist allerdings, dass die Tiefenwahrnehmung korrekt erfolgt.

Die nach dem italienischen Psychologen Mario Ponzo (1882–1969) benannte Täuschung ist bekannt. Kennen Sie auch die in ◘ Abb. 12.32 gezeigte Variante? Die schwarzen Balken sind gleich lang. In der linken Abbildungshälfte erscheint uns der obere Balken aber länger. Der Verlauf der beiden Linien suggeriert eine Fluchtperspektive, wie wir sie von Eisenbahngleisen kennen. Deshalb scheint der obere Balken weiter entfernt. Da sein Netzhautbild genauso groß ist wie das des unteren Balkens, erscheint er uns gemäß der Größen-Distanz-

◘ **Abb. 12.31** Wir nehmen die Größe einer Person abhängig von der Entfernung wahr. Die junge Dame in der Jeansjacke ist in der mittleren und der rechten Abbildung gleich groß abgebildet (messen Sie es nach!). Während sie im Kontext der Entfernung in der mittleren Abbildung als normal große Person erscheint, wirkt sie in der rechten Abbildung nur wie eine Puppe. (© Frank Müller, Forschungszentrum Jülich)

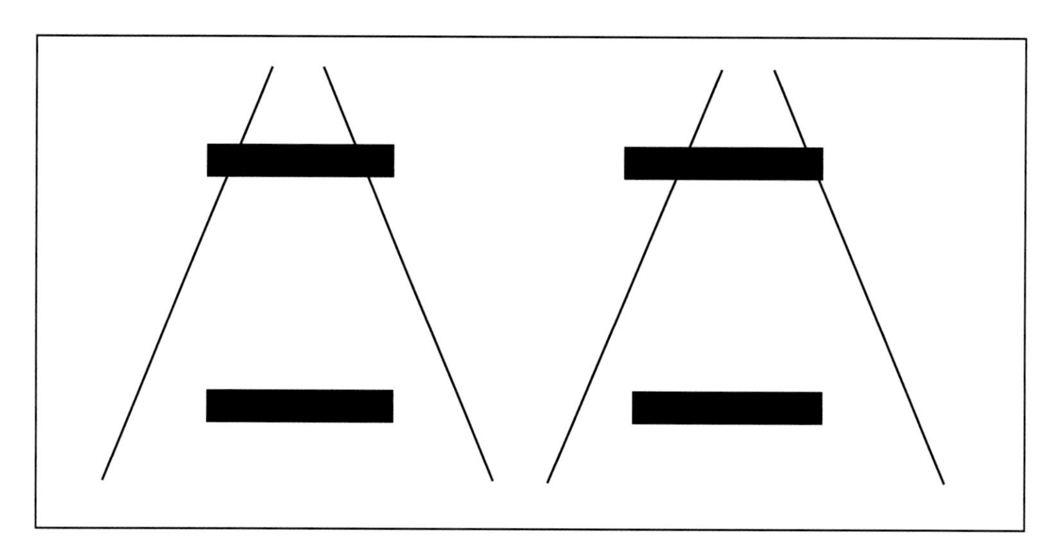

■ **Abb. 12.32** In der linken Abbildung erscheint der obere Balken nach dem Prinzip der Größen-Distanz-Skalierung länger als der untere. Bringt man die rechte und die linke Abbildung wie in einem Stereogramm zur Fusion, erscheinen die Balken gleich lang. (© Frank Müller, Forschungszentrum Jülich, modifiziert nach Ponzo)

Skalierung länger. Die linke und die rechte Abbildung ergeben zusammen ein Stereogramm. Bringen Sie die beiden Teilbilder (wie in ► Abschn. 12.5.4 beschrieben) zur Verschmelzung. Nun scheinen die beiden Balken vor den beiden Linien zu schweben. Die Fluchtperspektive ist verloren, und der obere Balken erscheint genauso lang wie der untere. Der Grund: Ihr Gehirn erzeugt durch die Stereopsis eine neue Tiefenwirkung. Das Gehirn scheint der Tiefenwahrnehmung, die durch die Stereopsis erzeugt wird, einen höheren Stellenwert zuzuweisen als der Tiefenwahrnehmung, die aufgrund der perspektivischen Darstellung erzeugt wird.

Kehren wir kurz zu Sonne und Mond zurück (siehe Daumenregel). Beide nehmen einen Sehwinkel von ca. 0,5 Grad ein, die Sonne ist aber 400-mal größer als der Mond. Warum nehmen wir sie dann nicht auch 400-mal größer wahr als den Mond? Sonne und Mond sind einfach so weit entfernt, dass es uns unmöglich ist, die Distanz D zu bestimmen. In diesem Fall funktioniert der Größenkonstanzmechanismus nicht. Die wahrgenommene Größe hängt nur noch vom Sehwinkel ab und entspricht deshalb nicht der Realität – Sonne und Mond erscheinen uns etwa gleich groß.

12.6.2 Wenn Kugeln wachsen und schrumpfen – Größenkonstanz beim Pulfrich-Pendel

Im Zusammenhang mit der Größenkonstanz lohnt es sich, noch einmal auf das Pulfrich-Pendel zurückzukommen. Denn hier gibt es noch ein weiteres außergewöhnliches Phänomen zu beobachten. Wir erinnern uns: Bei diesem Experiment scheint das Pendel nicht in einer Ebene hin- und herzuschwingen, sondern in einer Ellipsenform. Auf dieser Ellipse scheint sich die Distanz der Kugel zu uns permanent zu verändern. Unser Gehirn „erwartet" gemäß dem Prinzip der Größen-Distanz-Skalierung, dass sich auch die Größe des Netzhautbildes ändert. Dies ist aber nicht der Fall, da der Abstand der Kugel und damit ihr Bild auf der Netzhaut in Wirklichkeit ja immer gleich bleiben. Überlegen wir einmal, wie sich dieses Dilemma auf die Wahrnehmung der Kugelgröße auswirken könnte. Wenn die Kugel scheinbar von uns weg fliegt, ihr Netzhautbild aber nicht kleiner wird, bleibt für unser Gehirn nur noch ein Schluss übrig: Die Kugel muss gewachsen sein!

Führen Sie nun den Versuch mit dem Pendel noch einmal durch. Nehmen Sie zunächst in Ruhe die Ellipsenform gut wahr und achten Sie dann auf die Größe der Kugel. Und in der Tat: Jedes Mal, wenn die Kugel sich scheinbar von Ihnen weg bewegt, scheint sie zu wachsen, wenn sie auf Sie zu kommt, scheint sie dagegen zu schrumpfen, so wie Herr Tur Tur in *Jim Knopf und Lukas der Lokomotivführer*. Es sieht aus, als ob die Kugel atmet und sich dabei regelmäßig ausdehnt und zusammenzieht. Auch dieser Effekt ist umso ausgeprägter, je dunkler das Glas ist. Hier erleben Sie in Ihrer Wahrnehmung eine Hypothese (die Kugel wächst und schrumpft), die auf einer vorhergegangenen Hypothese (die Kugel schwingt auf einer Ellipse) beruht. Da bereits die erste Hypothese falsch war, ist folglich auch die zweite falsch. Bezeichnend ist, dass uns all unser Wissen darüber nichts nützt. Die beiden falschen Hypothesen werden von uns als Realität wahrgenommen, ohne dass wir uns dagegen wehren können. Aber mit dieser Erkenntnis haben Sie sich sicher längst ebenso abgefunden wie wir. Was bleibt uns auch anderes übrig?

12.7 Wettstreit der Sinne, Körpertausch, Magie und andere Illusionen

Im Laufe des Buches haben wir viele Aspekte kennen gelernt, die für unsere Wahrnehmung wichtig sind. Dabei haben wir meist die Sinne isoliert betrachtet, um uns mit den spezifischen Verarbeitungsstrategien in dem jeweiligen Sinn zu befassen. Unter natürlichen Bedingungen wirken unsere Sinne aber zusammen. Wir sehen einen Frosch und hören ihn gleichzeitig quaken (◘ Abb. 12.33). Wir genießen ein Erdbeereis und spüren seine Süße, seine Kälte, die cremige Konsistenz und das ausgeprägte Erdbeeraroma. Wir wollen uns deshalb in diesem Abschnitt unter anderem damit beschäftigen, wie die verschiedenen Sinne zusammenarbeiten. Zuvor wollen wir uns aber ansehen, wie unser Gehirn die Informationsaufnahme steuert. Es liegt nämlich ganz und gar nicht entspannt im Inneren des Schädels, um darauf zu warten, dass ein Sinnesorgan ihm beliebige Informationen aus der Umwelt präsentiert.

◘ **Abb. 12.33** Wenn wir diesem Frosch in der Natur begegnen, kombiniert unser Gehirn die Information aus zwei Sinnen. Wir können ihn nicht nur sehen, sondern auch seine durchdringenden Ruflaute hören. (© Erik Leist, Universität Heidelberg)

12.7.1 Das Gehirn sucht aktiv nach Information

Das Gehirn ist wie ein erfahrener Kommissar, der einen Tatort inspiziert und genau weiß, nach welchen Spuren er wo suchen muss, z. B. nach Fußabdrücken im Blumenbeet vor dem Fenster, und nach Fingerabdrücken an der Türklinke. „Kommissar Gehirn" muss seine Fälle besonders schnell lösen, denn jede Situation könnte eine Gefahrensituation sein, die schnell erkannt werden muss. Das Gehirn weiß, dass es dieses Ziel mit bestimmten Informationen schneller erreicht als mit anderen. Es greift deshalb aktiv ein, wenn es darum geht, diese Information zu gewinnen.

Wie wir aus ► Abschn. 7.2 wissen, sehen wir z. B. nur mit unserer Fovea scharf, der Rest des Auges besitzt eine unzureichende Auflösung. Die meisten Objekte in unserem Blickfeld sind aber so groß, dass sie nicht als Ganzes auf die kleine Fovea abgebildet werden können. Um das ganze Objekt zu erkennen und zu analysieren, müssen wir unsere Augen aktiv hin- und herbewegen, um jeden Teil des Objekts einmal mit unserer Fovea zu erfassen. Wir tasten das Objekt dabei regelrecht mit der Fovea ab. Die Augenbewegungen sind die Suchscheinwerfer unserer visuellen Wahrnehmung. Dabei springen die Augen von einem interessanten Punkt in der Szene zum nächsten. Diese Sprungbewegungen nennen wir Sakkaden. Zwischen den Sakkaden bleibt das Auge für eine kurze Zeit auf einem Punkt stehen, um ihn genauer zu analysieren. Das Gehirn steuert diese Augenbewegungen und überlässt dabei nichts dem Zufall. Wenn wir z. B. ein Gesicht betrachten, wird die Fovea immer wieder auf die wesentlichen Elemente des Gesichts ausgerichtet: Augen, Nase, Mund, Haaransatz usw. Sie erlauben die schnelle Identifikation des Gesichts und seiner Mimik. Unser Gehirn widmet diesen Punkten deshalb eine erhöhte Aufmerksamkeit (◘ Abb. 12.34). Im Übrigen fällt Ihr Gehirn bei dieser Analyse auch gleich ein Urteil über Ihr Gegenüber. In weniger als einer viertel Sekunde hat das Gehirn für sich entschieden, ob die fremde Person z. B. kompetent, ehrlich und vertrauenswürdig ist. Sie sind sich dessen zwar nicht bewusst, gerade ein Urteil über diese Person zu fällen. Vermutlich haben Sie auch gar nicht vor, so etwas zu tun – Ihr Gehirn tut es trotzdem, und zwar so schnell, dass Ihr Verstand dabei keine Chance hat mitzureden. Dies gilt auch für andere Aspekte des Zusammenlebens. Wenn wir einem möglichen neuen Lebenspartner begegnen, scannen wir mit solchen Augenbewegungen blitzschnell und unbewusst alle fortpflanzungsrelevanten Eigenschaften (z. B. Brustgröße, Hüftumfang, Gesundheitszustand). In diesen Momenten übernehmen uralte, von der Evolution geformte Programme in unserem Gehirn die Regie. Sie steuern uns, ohne dass wir uns dessen bewusst wären.

12.7.2 Wahrnehmung ist ein Erinnerungsprozess

Was für ein einzelnes Objekt gilt, gilt umso mehr für das ganze Bildfeld. Beim Betrachten einer komplexen Szene springen unsere Augen unermüdlich hin und her. Bei dieser Analyse verwendet das Gehirn wenig Zeit auf eintönige Flächen. Es richtet die Fovea lieber auf Objekt-

12

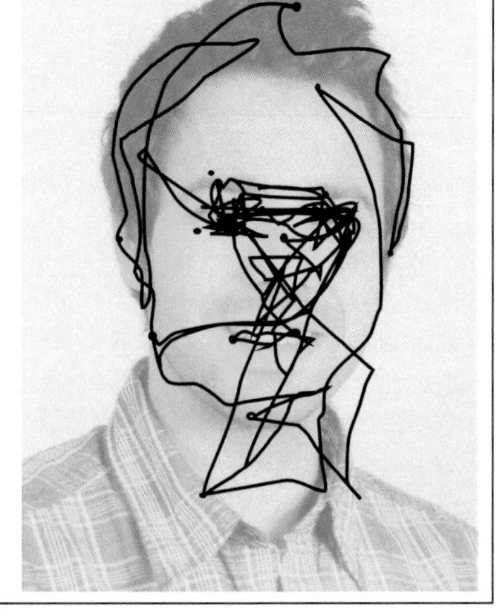

◘ **Abb. 12.34** Unser Gehirn steuert durch Augenbewegungen ganz genau, welcher Teil des Gesichtsfeldes mit unserer Fovea analysiert werden soll. Verfolgt man mit einer Kamera die Augenbewegungen beim Betrachten eines Gesichts, wird klar, welchen Gesichtsbestandteilen das Gehirn besonderes Interesse schenkt. Die Augenbewegungen wurden in der rechten Abbildung simuliert. (© Anja Mataruga, Forschungszentrum Jülich)

grenzen aus, sucht dort nach Information, wo es Kontraste und Unterschiede findet, folgt sich bewegenden Objekten. Es ist so, als ob das Gehirn eine Reihe von Schnappschüssen von Details der Szene macht, um sie dann wie bei einem Puzzle zu einem Ganzen zusammenzusetzen. Unser Gehirn muss all diese Schnappschüsse zwischenspeichern, sonst gehen die Teilinformationen verloren, bevor sie zusammengefügt werden können. Unsere Wahrnehmung ist deshalb stets auch ein Erinnerungsprozess. Besonders wichtig wird die Speicherung, wenn mehrere Sinne an der Wahrnehmung beteiligt sind. Wenn wir auf einer Sommerwiese knien, können wir Blumen sehen, riechen und mit unseren Fingern fühlen. Wir sehen Insekten nicht nur, sondern hören sie auch summen oder zirpen. Und während die meisten von uns gerne sehen, wie bunte Schmetterlinge von Blüte zu Blüte gaukeln, löst der Anblick oder das Summen einer großen Hornisse Angst und Vorsicht in uns aus. Diese verschiedenen Sinneseindrücke werden in unterschiedlichen sensorischen Bahnen weitergeleitet und von unterschiedlichen Gehirnarealen verarbeitet (▶ Abschn. 4.4). Die extrahierte Information wird zusätzlich an das limbische System geschickt, wo Emotionen ausgelöst werden. Die Ergebnisse dieser parallel ablaufenden Analysen stehen unter Umständen nicht gleichzeitig zur Verfügung. Trotzdem zerfällt die Welt in unserer Wahrnehmung nicht in einzelne Wahrnehmungssplitter. Indem unser Gehirn die Ergebnisse speichert und dann zusammenführt, gelingt ihm sein fantastischster Trick – wir nehmen alle Sinneseindrücke zusammen als in sich stimmiges Ganzes wahr.

12.7.3 Zur lückenlosen, geordneten Wahrnehmung muss das Gehirn unser Zeitempfinden bei der Wahrnehmung manipulieren

Damit sind wir an einem massiven Problem in unserer Wahrnehmung angekommen, das den meisten unter uns vermutlich nie bewusst wurde – die Zeit. Betrachten wir einmal, wie lange unser visuelles System braucht, um einen Sehreiz zu verarbeiten. Wenn wir die Augen öffnen, entsteht ein Bild der Umwelt auf der Netzhaut. Wie wir in ▶ Kap. 7 gesehen haben, sind unsere Photorezeptoren relativ träge. Sie brauchen mehrere Millisekunden, um auf einen Lichtreiz zu reagieren. Dann geben sie ihre Information über die Bipolarzellen an die Ganglienzellen weiter, wobei sie im retinalen Netzwerk verrechnet wird. Jede Synapse verzögert die Informationsweiterleitung um eine bis mehrere Millisekunden. Es dauert deshalb ca. 20 ms, bis eine Ganglienzelle auf den Lichtreiz reagiert (im Dunkeln sogar wesentlich länger, weil die Stäbchen langsamer reagieren als die Zapfen). In Abermillionen von Aktionspotenzialen verschlüsselt, rast die Information über den optischen Nerv in den Thalamus, den Torwächter zum Bewusstsein (▶ Abschn. 4.4), von wo aus sie zur primären Sehrinde weitergeleitet wird. Dort wird sie analysiert, in die nachfolgenden Areale weitergeschickt, wo sie parallel nach den Aspekten Form, Farbe, Bewegung usw. analysiert wird (▶ Abschn. 7.6). All das zusammen benötigt ca. 200–250 ms, also rund eine viertel Sekunde. Erst dann können wir die Szene, die sich vor unseren Augen abspielt, bewusst wahrnehmen. Haben Sie diese Zeitverzögerung bei Ihrer Wahrnehmung je bemerkt? Überprüfen Sie selbst: Schließen Sie die Augen. Sobald Sie die Augen wieder öffnen, zählen Sie „ein-und-zwan-zig". Jede Silbe entspricht etwa einer viertel Sekunde. Sie dürften nach der obigen Rechnung also erst bei „und" etwas sehen. Das Experiment und unsere tägliche Erfahrung sagt uns aber etwas anderes. Wir scheinen unmittelbar beim Öffnen der Augen die ganze Szene komplett zu erfassen. Wie gelingt dem Gehirn das Unmögliche?

Die Antwort ist ganz einfach: Auch das Gehirn kann Unmögliches nicht möglich machen. Stattdessen täuscht es uns wieder einmal. Unser Gehirn weiß, dass wir eigentlich nach dem Augenöffnen eine viertel Sekunde lang blind sind. Es täuscht uns darüber hinweg, indem es unsere Sinnesempfindung „zurückdatiert". Möglicherweise verknüpft es die zuerst

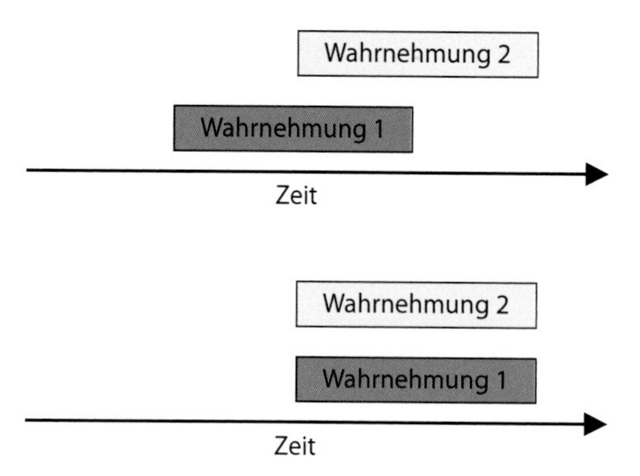

Abb. 12.35 Das Gehirn kann einzelne Wahrnehmungsschnipsel auf der Zeitachse verschieben. Dadurch kann es Wahrnehmungsleistungen miteinander synchronisieren bzw. Lücken in der Wahrnehmung füllen. (© Anja Mataruga, Forschungszentrum Jülich)

vorhandene Information „Augen jetzt geöffnet" und die eine drittel Sekunde später eingetroffene Information über die visuelle Szene neu miteinander, sodass wir beides gleichzeitig wahrnehmen. So entsteht die Illusion, dass wir sofort etwas sehen, wenn wir die Augen öffnen. Offenbar kann das Gehirn sensorische Information nachträglich zeitlich überarbeiten und in unserer Wahrnehmung verschieben. Es verdeckt so Unstimmigkeiten und sorgt dafür, dass unsere Wahrnehmung nicht zerfasert, sondern als Ganzes stimmig bleibt (Abb. 12.35).

Bei schnellen Augenbewegungen, den Sakkaden, tritt ein ähnliches Blindheitsproblem auf. Wieder greift das Gehirn in unser Zeitempfinden ein und verschafft uns so den Eindruck eines fließenden kontinuierlichen Sehvorgangs. Führen Sie dazu die beiden in ► Box 12.1 beschriebenen Versuche durch.

12.7.4 Unser Gedächtnis ist die tragende Säule unserer Wahrnehmung

Bisher haben wir so getan, als reiche es aus, dass Sinnesinformation unser Gehirn erreicht, damit wir etwas wahrnehmen können. Unser Gedächtnis haben wir bisher kaum berücksichtigt. Es spielt bei der Wahrnehmung aber eine entscheidendere Rolle, als man vielleicht vermuten möchte. Nachdem wir immer wieder diskutieren, wie aufwendig der Wahrnehmungsprozess ist, müssen wir uns fragen, wie wir es überhaupt schaffen, unsere Umwelt, komplexe Objekte oder Situationen so schnell zu erfassen. Wir haben gerade gesehen, dass alles, was wir bewusst wahrnehmen, mindestens eine viertel Sekunde alt ist. Solange braucht unser Gehirn, um die Information zu verarbeiten. Wir können aber am Verhalten von Kindern sehen, dass sie viel länger dazu brauchen als Erwachsene. Achten Sie einmal darauf, wie lange und intensiv Kleinkinder Tiere beobachten (Abb. 12.38), bevor sie den Blick wieder abwenden. Während dieses Beobachtens geht das kindliche Gehirn durch eine Lernphase. Es analysiert das Objekt nach allen Regeln der Kunst, bestimmt Größe, Form, Farbe, Muster und Textur, prüft, wie es riecht, welche Laute es von sich gibt, welche Reaktionen es in anderen Menschen auslöst usw. Es speichert dieses Muster aus Teilinformationen als Puzzle mit sinnvollem Inhalt im Gedächtnis ab. Wenn wir Erwachsene Objekte schnell erkennen, dann nur, weil wir auf diese Sammlung abgespeicherter Muster schnell zugreifen können. Während unser Gehirn ein neues Wahrnehmungspuzzle zusammensetzt, vergleicht es das Ergebnis mit Abertausenden von gespeicherten Mustern, die wir in unserem Leben angelegt haben. Wenn wir einen exotischen Vogel zum ersten Mal sehen, wissen wir zwar vielleicht nicht, wie er heißt, doch wir erkennen ihn blitzschnell als Vogel, weil seine Eigenschaften wie Schnabel, Flügel oder Federn zu dem abgespeicherten Muster „Vogel" passen. Wir nehmen unsere Umwelt wahr, indem wir sie durch die Brille unseres Gedächtnisses ansehen.

Wie wir schon oft betont haben, setzt unser Gehirn bei der Wahrnehmung vor allem auf Geschwindigkeit. Die größte Zeitersparnis besteht darin, so wenig sensorische Information wie möglich zu verarbeiten. Deshalb

Box 12.1 Sinnesbiologie im Alltag: Ruhe statt Chaos durch die sakkadische Unterdrückung

Wenn wir unsere Umgebung mit den Augen abtasten, tun wir dies meist in einem bestimmten Rhythmus. Wir analysieren mit unserer Fovea einen Punkt in der Umgebung und springen dann in einer schnellen Augenbewegung, einer Sakkade, zum nächsten Punkt. Dies machen wir bis zu dreimal in einer Sekunde. Auch beim Lesen führen wir die Augen nicht kontinuierlich über die Buchstaben, sondern tasten die Zeile mit Sprüngen ab. Während jeder Sakkade sind wir vorübergehend blind. Der Fluss der visuellen Information von der Retina zur Großhirnrinde wird dann im Thalamus abgeschwächt (wenn auch nicht vollständig blockiert), damit das Gehirn die chaotische Information bei der schnellen Augenbewegung nicht auswerten muss. Dass Zellen in der visuellen Hirnrinde während einer Sakkade weniger stark reagieren, kann man durch entsprechende Messungen beweisen. Logisch betrachtet müsste unsere Wahrnehmung also zerstückelt sein: Kurze Phasen des Sehens, wenn die Augen stillstehen, sollten sich mit Lücken abwechseln, in denen das Gehirn das Sehen während der Augenbewegung unterdrückt.

Stattdessen nehmen wir aber einen „kontinuierlichen Film“ wahr. Sie können in zwei einfachen Experimenten nachweisen, dass Sie während einer Sakkade blind sind.

Experiment eins

Schauen Sie in einen Spiegel und fixieren Sie abwechselnd die Pupille des linken und des rechten Auges, immer im Wechsel. Dabei springen Ihre Augen in einer Sakkade zwischen den beiden Fixierungspunkten hin und her. Wenn Sie während der Sakkade sehen könnten, müssten Sie eigentlich beobachten können, wie ihre Pupille hin- und herwandert. Versuchen Sie es – es geht nicht! Der Grund dafür ist die erwähnte Blindheit während der Sakkade. Genauer gesagt sind Sie auch schon kurz vorher blind, wenn sich das Gehirn auf die Sakkade vorbereitet. Die Wahrnehmungslücke, die im Zeitraum während der Sakkade entsteht, überbrückt unser Gehirn geschickt, indem es sie mit der neuen Wahrnehmung, die am Zielpunkt der Sakkade entsteht, rückwirkend auffüllt. Das können Sie im zweiten Experiment gut beobachten (◘ Abb. 12.36).

Experiment zwei

Dieses Experiment haben Sie schon unzählige Male durchgeführt, und vielleicht haben Sie dabei etwas bemerkt, das Sie sich nicht erklären konnten. Bewegen Sie Ihre Augen mit einer Sakkade auf den Sekundenzeiger Ihrer Armbanduhr. Manchmal hat man danach das Gefühl, als ob der Sekundenzeiger länger als sonst braucht, um weiterzuspringen. Es ist, als ob die Zeit kurz gedehnt würde. Eventuell denkt man sogar, die Uhr sei stehen geblieben. Die Stärke des Effekts hängt davon ab, wie man den Sekundenzeiger nach der Sakkade „erwischt“. Ist der Zeiger zum Ende der Sakkade gerade gesprungen, steht er eine volle Sekunde still, bevor er weiterspringt. Mit diesem Bild füllt das Gehirn aber auch die Wahrnehmungslücke während der Sakkade auf. Der Zeiger scheint deshalb länger stillzustehen als eine Sekunde. Das Gehirn verknüpft so die Wahrnehmungsschnipsel zu einer lückenlosen Wahrnehmung. Bestimmte Wahrnehmungsabschnitte werden dabei aber gedehnt (◘ Abb. 12.37).

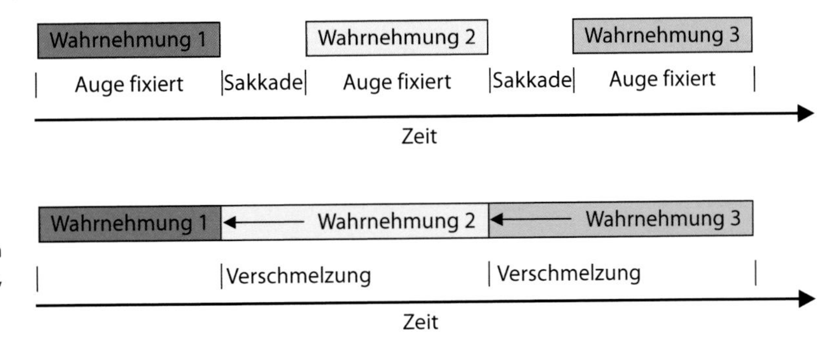

◘ **Abb. 12.36** Während der schnellen Augenbewegungen (Sakkaden) sind wir blind. Unser Gehirn verschmilzt die entstehenden Wahrnehmungsschnipsel zu einem kontinuierlichen Film. (© Anja Mataruga, Forschungszentrum Jülich)

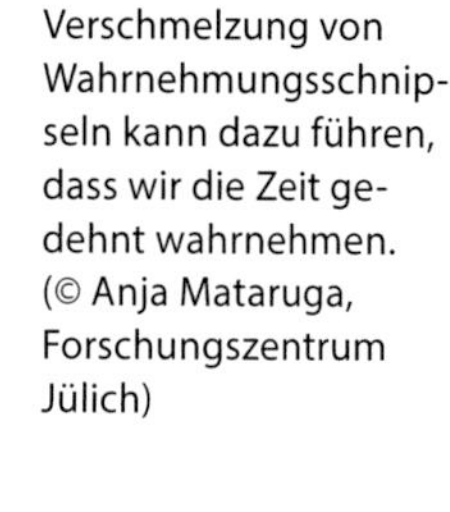

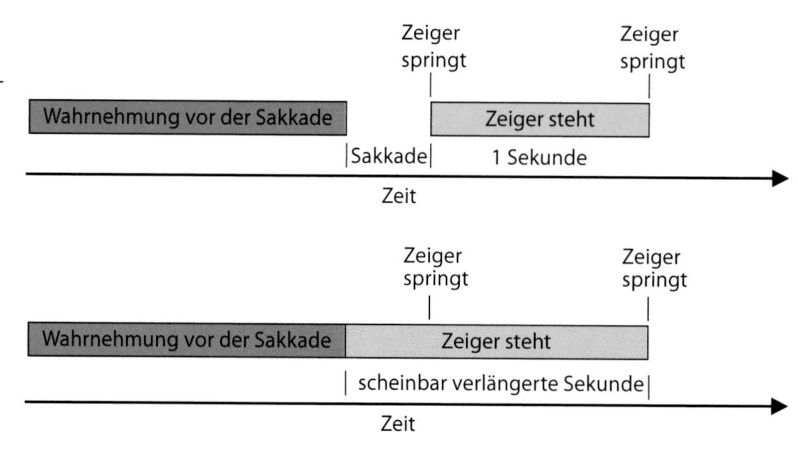

Abb. 12.37 Die Verschmelzung von Wahrnehmungsschnipseln kann dazu führen, dass wir die Zeit gedehnt wahrnehmen. (© Anja Mataruga, Forschungszentrum Jülich)

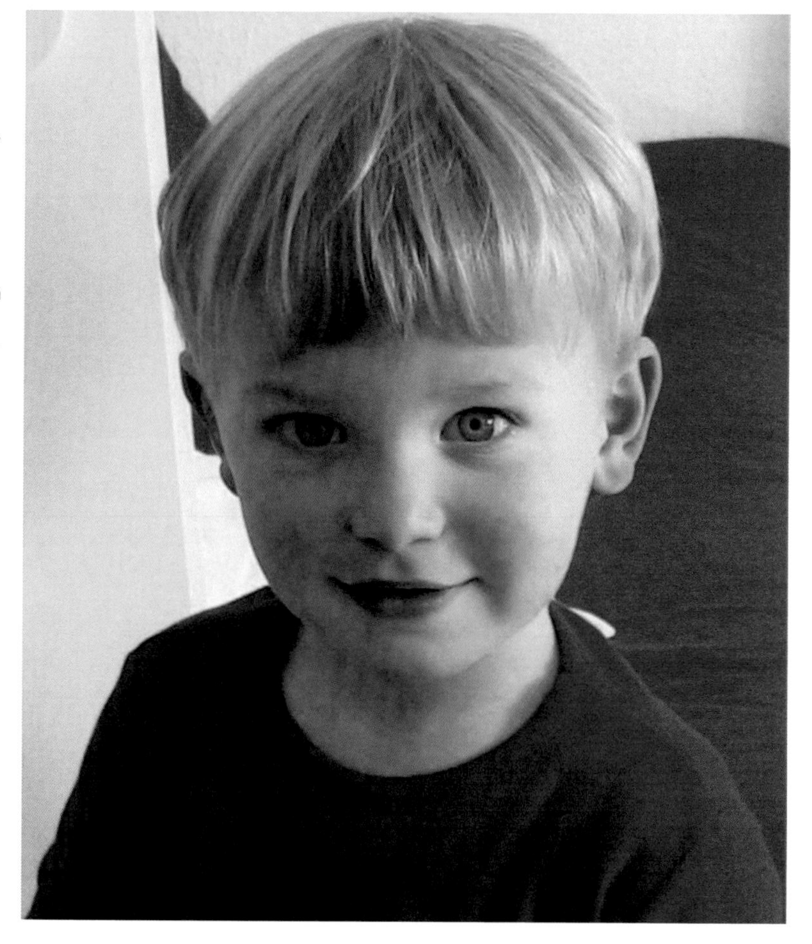

Abb. 12.38 Kleinkinder studieren Objekte, Tiere und Menschen oft mit langen und intensiven Blicken. Dabei analysiert das kindliche Gehirn die Details seines Studienobjekts und speichert sie als Muster mit sinnvollem Inhalt in seinem Gedächtnis ab. (© Anja Mataruga, Forschungszentrum Jülich)

nutzt das Gehirn Information aus unserem Gedächtnis, um die aktuelle Sinnesinformation zu ergänzen. Wenn wir z. B. unser Wohnzimmer betreten, legt das Gehirn die visuelle Information darüber in seinem Arbeitsspeicher ab. Solange wir die Einrichtung des Wohnzimmers nicht einer detaillierten Inspektion unterziehen, ergänzt das Gehirn

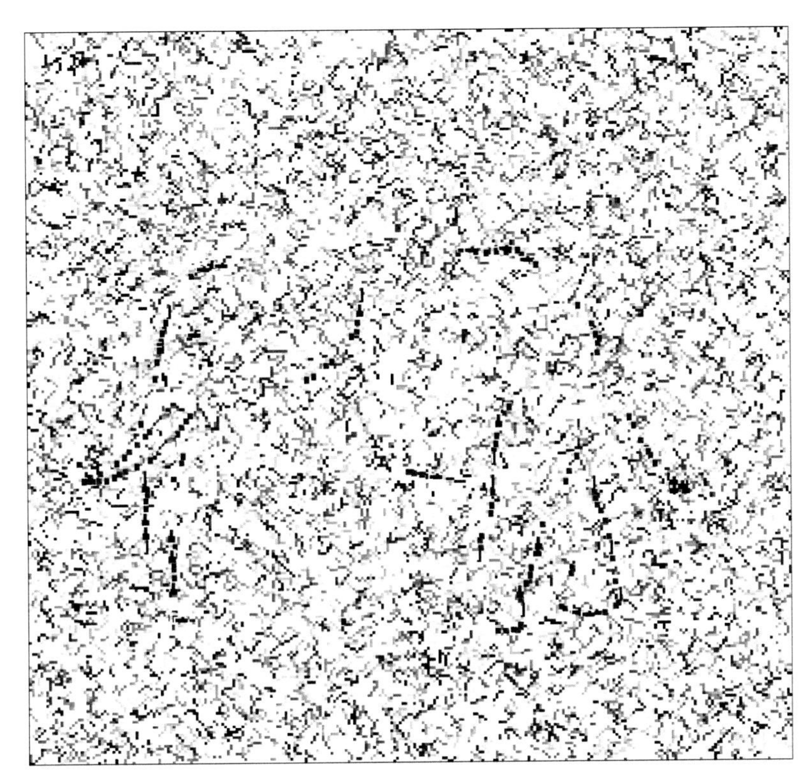

Abb. 12.39 Was ist hier versteckt? Der Wahrnehmungsvorgang dauert hier länger, als bei einem eindeutigen, bekannten Muster. Lösung siehe ► Abb. 13.5. (© Anja Mataruga, Forschungszentrum Jülich)

große Teile unserer visuellen Wahrnehmung einfach aus diesem Arbeitsspeicher. Dies ist einfacher und schneller, als fortgesetzt jeden einzelnen Aspekt dieser vertrauten Umgebung bis ins Detail zu analysieren. Erst wenn dem Gehirn eine Veränderung wichtig und interessant genug vorkommt, lässt es diese Information in unser Bewusstsein vordringen. Darüber entscheidet unser Gehirn selbst, ohne uns zu fragen.

Aber nicht immer kann uns das Gedächtnis bei der Wahrnehmung helfen. Wenn wir z. B. einem Objekt begegnen, das entweder gar keine Ähnlichkeit mit einem bekannten Muster hat oder aber mit vielen Mustern übereinstimmen könnte, brauchen wir sehr lange, um zu entscheiden, worum es sich dabei handelt. Betrachten Sie Abb. 12.39. Um zu erkennen, was dort dargestellt ist, muss Ihr Gehirn länger nach Ähnlichkeiten mit seinen Gedächtnisinhalten suchen. Es legt nacheinander viele Puzzles, um zu einer Entscheidung zu kommen. Haben Sie erkannt, was die Abbildung zeigt? Falls nicht, finden Sie die Auflösung in Abb. 13.5. Auf jeden Fall haben Sie mit dieser Abbildung Ihren Gedächtnisspeicher erweitert. Wenn Sie Abb. 12.39 später erneut betrachten, werden Sie sofort erkennen, was dargestellt ist.

12.7.5 „Blinde hören besser als Sehende" – Mythos oder Wirklichkeit?

Gelegentlich werden Blinden geradezu übernatürliche Fähigkeiten angedichtet. Aber stimmt das? Können Blinde besser hören und tasten als Sehende? Die meisten unter uns können sich schwer vorstellen, wie ein Blinder die Welt erlebt. Das Wort „blind" wird im Sprachgebrauch ja geradezu mit dem Verlust von Wahrnehmung gleichgesetzt. Wahrnehmungsforscher sprechen z. B. von Geruchsblindheit, wenn jemand sein Riechvermögen verloren hat. Verbinden wir uns die Augen, empfinden wir den plötzlichen Verlust des Sehens als sehr schmerzhaft. Wir sind gelähmt und extrem verunsichert. Wir halten es für geradezu ausgeschlossen, uns blind bewegen zu können. Dies liegt daran, dass unser Gesichtssinn unter normalen Bedingungen unsere Wahrnehmung dominiert.

Ein einfaches Beispiel demonstriert dies: Worin unterscheiden sich Veilchen und Rosen? Die meisten werden jetzt sagen: Veilchen sind klein und violett, Rosen sind langstielig und haben Dornen. Warum sagen Sie nicht einfach: Sie duften unterschiedlich? Weil das Riechen dem Sehen untergeordnet ist. Wir schenken dem Sehen mehr Aufmerksamkeit als den anderen Sinnen. Es ist unser dominanter Wahrnehmungskanal. Auch das Hören ist dem Sehen untergeordnet. Dies wird beim sogenannten McGurk-Effekt deutlich. Sehen Sie sich hierzu ein Video im Internet an. Man sieht eine Person, die „ba", „fa" oder „da" sagt. Die Lippenbewegungen sind dabei sehr unterschiedlich. Lippensynchron wird akustisch ein „ba" eingespielt. Schließt man die Augen, hört man immer „ba". Betrachtet man jedoch zusätzlich die Lippenbewegungen, nimmt man den Laut wahr, der der Lippenbewegung entspricht! In dieser Situation entsteht ein Konflikt zwischen dem Hörsinn – der „ba" hört – und dem Sehsinn – der z. B. „da" sieht. Das Gehirn gibt dabei dem Sehen den Vorrang, und wir hören nicht das, was wir hören, sondern das, was wir sehen.

Wir analysieren und lösen Probleme also vornehmlich visuell. Allerdings gibt es auch Ausnahmen: Ein erfahrener Kfz-Mechaniker kann oft am Klang eines Motors hören, was defekt ist. Ein Arzt kann durch Abhören, Abklopfen und Abtasten Erkrankungen erkennen. Beide wurden nicht mit dieser Fähigkeit geboren, sie haben sie trainiert. Genau dies tun Blinde auch.

Blinde haben genauso viele oder wenige Tast- und Hörsinneszellen wie Sehende. Aber ohne den dominierenden Gesichtssinn setzen sie ihre anderen Sinne häufiger ein und lernen dadurch, sie besser zu gebrauchen. Darin liegt der Unterschied zum Sehenden. Und das Üben kann Konsequenzen haben. Wir haben in den vorhergehenden Kapiteln gesehen, dass unsere Sinneszellen topografisch auf der Großhirnrinde repräsentiert werden. Dabei steht einer Zelle eine gewisse Fläche im Cortex zu (siehe z. B. den Homunculus in ◘ Abb. 10.4). Dies muss aber nicht so bleiben. Unser Gehirn besitzt eine gewisse Plastizität. Werden Teile unseres sensorischen Apparats stärker benutzt, können sie auch größere Bereiche in der Großhirnrinde „erobern". Das Gehirn kann dann diese sensorische Information besser auswerten. Untersuchungen mit bildgebenden Verfahren, die die Aktivität der unterschiedlichen Gehirnareale bestimmen, gaben auch Hinweise darauf, dass die „brachliegende" Sehrinde bei Blinden für die Auswertung nichtvisueller Information genutzt wird. All diese Mechanismen könnten erklären, warum Blinde Sehenden beim Ertasten und bei der akustischen Orientierung im Raum überlegen sind. Bei einigen anderen Aufgaben schneiden Blinde und Sehende ähnlich gut ab. Man sollte die Unterschiede also nicht überbewerten. Vor allem aber gilt: Auch Sehende können ihre nichtvisuelle Wahrnehmung trainieren und so verbessern. Probieren Sie es doch einfach einmal! Es wird sicherlich eine interessante Erfahrung. Also Augen zu und durch!

12.7.6 Ist die Wahrnehmung des eigenen Körpers auch nur ein Konstrukt unseres Gehirns?

Dass unsere Wahrnehmung der Umwelt nicht mit der Realität gleichzusetzen, sondern ein Konstrukt unseres Gehirns ist, haben wir in diesem Kapitel ausführlich diskutiert. Wir haben viele Experimente und Beobachtungen beschrieben, die diese Aussage stützen. Aber was ist mit der Wahrnehmung unseres eigenen Körpers? Wenn wir etwas vertrauen, dann doch dem eigenen Körpergefühl! Andererseits, auch für unser Körpergefühl muss das Gehirn Information von Sinneszellen verarbeiten. Warum also sollten für die Körperwahrnehmung andere Regeln gelten?

Viele Untersuchungen zu diesem Thema, die in den letzten Jahren durchgeführt wurden, sprechen sehr dafür, dass wir auch in diesem Fall einer Täuschung unterliegen. Wir wollen hier nur kurz auf die Ergebnisse des schwedischen Forschers Henrik Ehrsson eingehen. Er führt einfache Experimente durch, bei denen die Versuchspersonen den Eindruck haben, ihren Körper zu verlassen oder ihren eigenen Körper mit dem einer Schaufensterpuppe zu tauschen. In diesen Experimenten tragen die Versuchspersonen eine Videobrille, die ihnen das Bild zeigt, das eine Videokamera auf dem Kopf einer Schaufensterpuppe zeitgleich aufnimmt. Das Videobild, das die Kamera erzeugt, erweckt bei der Versuchsperson den Eindruck, sie schaue von oben den Körper einer Schaufensterpuppe hinunter. Nun beginnt das eigentliche Experiment: Der Experimentator berührt die Schaufensterpuppe und die Versuchsperson gleichzeitig an identischen Punkten, z. B. am Nabel oder am rechten Unterbauch. Nach nur wenigen Berührungen nimmt der Experimentator ein Messer und führt es über den Bauch der Schaufensterpuppe. Die Versuchsperson krümmt sich oder schreit auf. Messelektroden auf der Haut zeigen, dass die Versuchsperson verstärkt Schweiß absondert – ein eindeutiger Indikator für eine Stressreaktion. Offenbar erwartet die Versuchsperson, durch das Messer verletzt zu werden. Wie kann das sein?

Eigentlich sollte der Versuchsperson doch klar sein, dass die Schaufensterpuppe mit dem Messer attackiert wird und nicht sie selbst. Schließlich sieht sie das Messer am Bauch einer nackten unpersönlichen Kunststoffpuppe, sodass eine Verwechslung mit dem eigenen Körper ausgeschlossen scheint. Trotzdem kommt es zu genau dieser Verwechslung. Das Gehirn sieht während des Experiments, dass die Puppe berührt wird, und spürt gleichzeitig die Berührung an der entsprechenden Stelle des eigenen Körpers. Nach einigen Berührungen bereits verknüpft das Gehirn beide Wahrnehmungsvorgänge. Das Resultat: Für das Gehirn muss der Körper der Schaufensterpuppe der eigene Körper sein! Ähnliche Ergebnisse kann man auch ohne Videokamera erzielen, indem man z. B. die rechte Hand einer Versuchsperson vor ihren Blicken verbirgt und zeitgleich die verdeckte Hand und eine gut sichtbare Gummihand berührt. In der Wahrnehmung vertauscht die Versuchsperson ihre eigene Hand mit der fremden Hand aus Gummi.

Diese Erkenntnisse sind aus mehreren Gründen hochinteressant. Erstens beweisen sie, dass auch die Wahrnehmung des eigenen Körpers eine Konstruktion des Gehirns ist und die gleiche Anfälligkeit für Täuschungen zeigt wie unser Konstrukt von der Umwelt. Zweitens zeigen sie, dass das Gehirn zur Erzeugung der Körperwahrnehmung nicht nur die Propriorezeptoren einsetzt, die wir in ▶ Kap. 11 besprochen haben. Diese Sinneszellen messen z. B. die Gelenkstellung und die Muskellänge. Offensichtlich werden zusätzlich der Tastsinn und der Sehsinn einbezogen, und, wie so oft, spielt dieser eine entscheidende Rolle bei der Wahrnehmung. Drittens könnten diese Experimente in Zukunft in der Prothetik helfen. Menschen, die ein Bein oder einen Arm verloren haben, fühlen oft noch ihren verlorenen Körperteil („Phantomschmerzen"). Manchmal gelingt es, durch einfache Spiegeltricks dem Gehirn vorzutäuschen, dass die Extremität noch vorhanden ist. Die Folge: Die Schmerzen lassen nach! Da viele Patienten ihre Arm- oder Beinprothesen als Fremdkörper empfinden, wäre es für sie ein großer Vorteil, wenn es gelänge, das Gehirn davon zu überzeugen, diese Prothese als Teil des eigenen Körpers zu akzeptieren. Kurzfristig gelingt dies dem Forscherteam um Ehrsson bereits, aber um eine dauerhafte Akzeptanz zu erzielen, müssen aufwendigere Methoden entwickelt werden.

12.7.7 Wahrnehmung ist abhängig von unserer Aufmerksamkeit

Wir haben bereits gesehen, wie das Gehirn z. B. durch Augenbewegungen aktiv in die Aufnahme von Sinnesreizen eingreift, um be-

Box 12.2 Sinnesbiologie im Alltag: Synästhesie – von farbigen Wörtern und Tönen, die schmecken

In vielen Fällen kann ein Sinnesreiz eine Assoziation hervorrufen: Bei dem Wort „Efeu" mag man vielleicht an „grün" denken – eine logische Assoziation, die im Prinzip jeder nachvollziehen kann. Manche Menschen empfinden allerdings tatsächlich Farben, wenn sie ein bestimmtes Wort hören. Dieses Farbenhören ist die häufigste Form der Synästhesie. Das Wort Synästhesie setzt sich aus den griechischen Wörtern *syn* („zusammen") und *aisthesis* („Empfindung") zusammen und beschreibt die Verschmelzung zweier Sinneswahrnehmungen. Bei der häufigsten Variante der Synästhesie nimmt der Synästhet (oder auch Synästhetiker) akustische Reize, wie Sprache oder Musik, unwillkürlich zusammen mit einer visuellen Empfindung wahr. Bei der visuellen Empfindung handelt es sich oft um Farben oder Farbmuster. Synästhesien sind individuell einzigartig: So mag der eine Synästhet das Wort „Buch" stets zusammen mit der Farbe Blau wahrnehmen, während ein anderer es vielleicht stets gelb empfindet (◘ Abb. 12.40 und 12.41).

Aber es gibt auch andere Sinneskopplungen: Manche Synästheten haben beim Schmecken oder Riechen Tastempfindungen. Ein Pfefferminzbonbon kann dann z. B. das Gefühl auslösen, man würde eine Glassäule mit den Händen berühren. Je stärker der Geschmack des Bonbons, desto dicker der Durchmesser der Säule.

Man mag anfänglich dazu neigen, Synästhesie als Halluzination abzutun, aber damit wird man dem Phänomen nicht gerecht. Synästhesie ist keine Krankheit. Synästheten sind in der Regel neurologisch und psychisch vollkommen gesund. Allerdings spricht einiges dafür, dass ihr Gehirn anders verschaltet ist als bei den meisten Menschen. Dies kann man mit modernen bildgebenden Verfahren nachweisen, die die Aktivität in den verschiedenen Gehirnarealen darstellen. Wenn eine „normale" Versuchsperson Sprache oder Musik hört, sind nur die Hörzentren im Gehirn aktiv, die visuellen Areale aber nicht. Wenn dagegen ein Synästhet beim Hören von Musik oder Sprache Farben wahrnimmt, sind neben seinen Hörzentren auch die visuellen Regionen aktiv, die Farben verarbeiten (z. B. die Areale V4 und V8). Bittet man die Person, sich eine Farbe vorzustellen, wird das Areal nicht aktiv. Diese Ergebnisse zeigen, dass es sich beim Farbenhören um eine wirkliche Wahrnehmung handelt und nicht um die Folge einer überdurchschnittlich ausgebildeten Vorstellungskraft. Interessanterweise fand man, dass nur das Areal V4 in der linken Hirnhemisphäre beim Farbenhören aktiviert wird. Da wir auch Sprache in der linken Hemisphäre verarbeiten, vermutet man eine direkte Verbindung vom Sprachsystem in der linken Großhirnrinde zum linksseitigen Areal V4. Warum es zu diesen ungewöhnlichen Verbindungen kommt, ist unklar, und die Erklärungsmöglichkeiten gehen weit auseinander. Wenn sich das Gehirn entwickelt, gibt es anfänglich viele falsche Verbindungen, die im Laufe der Entwicklung „zurechtgestutzt" werden. Vielleicht bleibt ein Teil dieser Verbindungen bei Synästheten erhalten. Auch die Tatsache, dass die Sinneskopplung ein Leben lang bestehen bleibt (das Wort „Buch" wird von einer Person z. B. immer blau wahrgenommen), spricht für eine „feste Verdrahtung".

Synästhesie scheint angeboren und erblich und tritt bei einem unter 2000 Menschen auf. Allerdings gehen die Schätzungen über diese Zahl weit auseinander, und die „Dunkelziffer" könnte erheblich höher liegen. Manchen Synästhetikern ist es gar nicht bewusst, dass sie die Welt anders wahrnehmen als ihre Mitmenschen. Andere reden aus Angst davor, von ihren Mitmenschen als verrückt abgestempelt zu werden, gar nicht erst über ihre Synästhesie. Berühmte Synästheten waren übrigens die Komponisten Franz Liszt und Jean Sibelius sowie der Maler Wassily Kandinsky.

◘ **Abb. 12.40** Synästheten (▶ Box 12.2) verknüpfen bestimmte Buchstaben oder Wörter oft mit Farben. (© Anja Mataruga, Forschungszentrum Jülich)

stimmten Reizen eine erhöhte Aufmerksamkeit zu schenken. Diese gezielte Aufmerksamkeit wird umso wichtiger, je komplexer die Situation ist, in der wir uns befinden. Nehmen wir an, Sie bummeln mit jemandem durch die

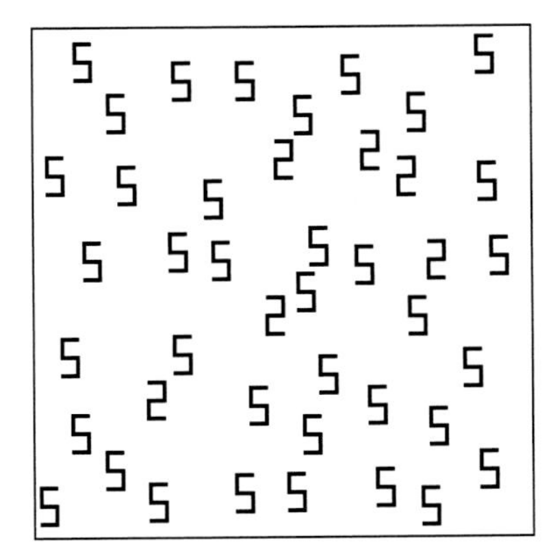

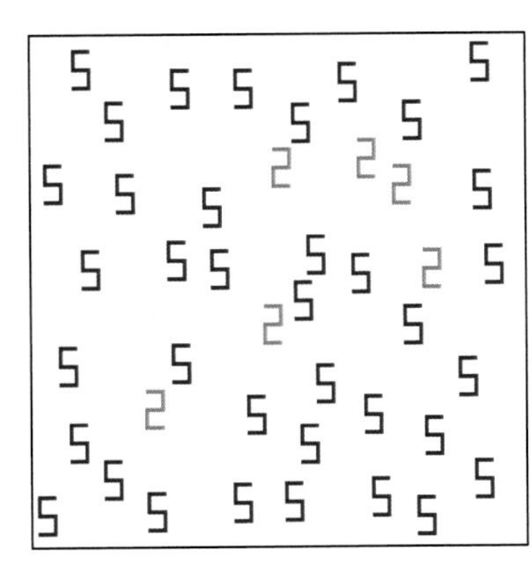

Abb. 12.41 Für Nichtsynästheten ist es gar nicht einfach, die Zweien unter den Fünfen zu finden (*links*). Ein Synästhet, der Zahlen mit Farben verbindet, hat es da einfacher (*rechts*). (© Anja Mataruga, Forschungszentrum Jülich)

Stadt. Da gibt es eine Unmenge von Reizen, die wahrgenommen werden können. Vorbeifahrende oder hupende Autos, Gesprächsfetzen, Passanten und Hunde, die Ihren Weg kreuzen, ausgespuckte Kaugummis und Laternenpfähle, denen Sie ausweichen müssen, der Duft frisch gebratener Würstchen, Straßencafés, Schaufensterauslagen zum Betrachten. Die Menge an Reizen ist bei einem solchen Stadtbummel so groß, dass unser Gehirn nicht allen Reizen die gleiche Aufmerksamkeit widmen kann. Es wäre schlichtweg mit dieser Reizüberflutung überfordert. Wenn Sie und Ihr Begleiter am Ende der Straße vergleichen, was Sie unterwegs wahrgenommen haben, werden die Unterschiede unter Umständen sehr groß sein. Dies liegt daran, dass jeder von Ihnen anderen Vorgängen seine ganz persönliche, „selektive Aufmerksamkeit“ geschenkt hat. Damit fokussieren wir uns auf bestimmte Aspekte, die wir genauer analysieren. Je komplizierter diese Analyse ist, desto weniger werden andere Reize beachtet und gegebenenfalls sogar komplett ignoriert.

12.7.8 Selektive Aufmerksamkeit führt zur Blindheit für andere Reize

Zum Phänomen der selektiven Aufmerksamkeit gibt es interessante Videos, die Sie im Internet auf den gängigen Videoplattformen z. B. unter den Stichworten „Gorilla und Basketballexperiment“ finden. Der Betrachter sieht in dem Film ein in Weiß und ein in Schwarz gekleidetes Team und wird aufgefordert, in einer Sequenz von ca. 30 s zu zählen, wie oft das weiße Team einen Ballwechsel durchführt. Die meisten Betrachter kommen danach auf die richtige Zahl, z. B. 16-mal. Was die Hälfte der Betrachter jedoch nicht wahrnimmt, ist Folgendes: Mitten in dieser Sequenz betritt eine Person in einem Gorillakostüm die Szene, trommelt sich auf die Brust und verschwindet wieder! Bei dieser recht komplizierten Aufgabe war die Aufmerksamkeit so selektiv, dass dieses merkwürdige Ereignis vollkommen ignoriert wurde. Man spricht von Unaufmerksamkeitsblindheit.

Überhaupt haben Tests mit Filmen ergeben, dass wir Menschen manchmal erstaunlich blind für Veränderungen sind. In einem Film sieht man z. B. Menschen an einem Tisch in eine Diskussion vertieft. Jedes Mal, wenn die Kameraeinstellung wechselt, wird irgendein Detail verändert. Der Schal einer Person verschwindet, die Kaffeekanne steht an einer anderen Stelle usw. Die meisten dieser Veränderungen werden von Versuchspersonen, die den Film betrachten, nicht wahrgenommen. Unter dem Suchbegriff „Aufmerksamkeitstest“ finden Sie auf Videoplattformen auch einen sehr kurzen, hochinteressanten Krimi („*Whodunnit*“) zum Thema „Veränderungen“. Selbst wenn man Versuchspersonen im Vorfeld bittet, auf Veränderungen zu achten, bemerken viele Probanden nur einen Bruchteil davon. Das ist im Übrigen ein Glücksfall für die Filmindustrie. Lange und schwierige Szenen werden über Tage hinweg gedreht, wobei die Kameraeinstellungen ständig wechseln. Es gibt spezielle Mitarbeiter, die darauf achten müssen, dass in der späteren Schnittfassung die Kontinuität in der Szene bestehen bleibt, trotzdem sind nach dem Schnitt viele „Anschlussfehler" vorhanden. Sie bleiben den meisten Beobachtern verborgen. Lediglich Filmbegeisterte machen sich einen Spaß daraus, solche Anschlussfehler in ihren Lieblingsstreifen gezielt aufzuspüren. Diese „Blindheit für Veränderungen" scheint dem zu widersprechen, was wir in vorhergehenden Kapiteln über die Vorlieben unseres Gehirns gesagt haben. Unser Gehirn ist immer an Veränderungen interessiert. Andererseits wäre es damit überfordert, alle Details zu beachten. Veränderungsblindheit ist deshalb ein Indikator dafür, wie viele bzw. wenige Details das Gehirn für die Wahrnehmung in seinen Arbeitsspeicher geschoben hat. Wir können Veränderungen nur bemerken, wenn sich das aktuelle Bild von dem Bild im Arbeitsspeicher unterscheidet.

In einem anderen interessanten Versuch wird ein Passant in einer belebten Fußgängerzone von einem Mann angesprochen und nach dem Weg zum Bahnhof gefragt. Während der Passant den Weg erklärt, wird er vom Fragenden getrennt, weil zwei Männer eine große Plakatwand zwischen ihm und dem Fragenden hindurch tragen. In diesem Moment wechselt der Fragende seinen Platz mit einem anderen Mann. In den meisten Fällen fällt dies dem Passanten, der die Auskunft gibt, nicht auf, obgleich der erste und der zweite Fragende sehr unterschiedlich aussehen. Es gelingt sogar manchmal, den fragenden Mann gegen eine Frau auszutauschen, ohne dass der Passant etwas bemerkt. Sobald die Plakatwand verschwunden ist, erklärt er einfach den Weg weiter und reagiert auf neue Fragen so, als sei die Fragende von Anfang an eine Frau gewesen. Das klingt im ersten Moment unglaublich. Aber denken Sie einmal darüber nach, ob Sie sich in allen Fällen erinnern können, wie ein Ihnen unbekannter Mensch aussah, den Sie für wenige Sekunden irgendwo gesehen haben. An wie viele Details können Sie sich erinnern (Kleidung, Brille, Bart)? Wieder hängt die Detailfülle, an die Sie sich erinnern können, davon ab, wie viele Schnappschüsse Ihr Gehirn in der gegebenen Situation gemacht und abgespeichert hat.

12.7.9 Aufmerksamkeit verändert die Physiologie des Gehirns

Die selektive Aufmerksamkeit hilft uns also, bestimmte Dinge besser wahrzunehmen als andere. Wie dies funktioniert, konnten Neurowissenschaftler in einer Reihe von Experimenten zeigen (■ Abb. 12.42). Dazu bestimmten sie die Aktivität von Nervenzellen im Scheitellappen eines Tieres, das darauf trainiert war, mit den Augen eine Lichtquelle zu fixieren – wir nennen sie das Fixierungslicht. Etwas weiter rechts im Bildfeld gab es eine zweite Lichtquelle (das Testlicht). Im ersten Versuchsteil musste das Tier sich auf das Fixierungslicht konzentrieren und eine Taste drücken, sobald das Licht erlosch. Während das Tier diese Aufgabe erledigte, registrierten die Forscher mit der Elektrode die Aktivität eines Neurons, dessen rezeptives Feld das Testlicht umfasste. Die Nerven-

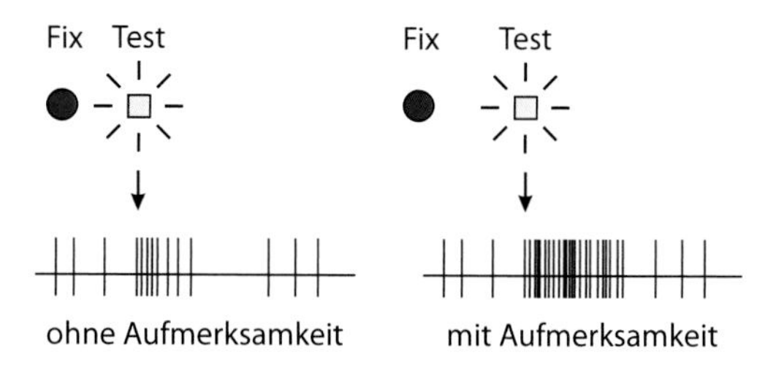

■ **Abb. 12.42** Aufmerksamkeit beeinflusst das Antwortverhalten einer Nervenzelle im Scheitellappen. Das Tier blickt stets auf das Fixierungslicht (*Fix*). Eine Nervenzelle im Scheitellappen feuert schwach, wenn das Testlicht (*Test*) erscheint (*links*). Die gleiche Zelle feuert viel stärker, wenn das Tier dem Testlicht Aufmerksamkeit schenkt (*rechts*). (© Anja Mataruga, Forschungszentrum Jülich)

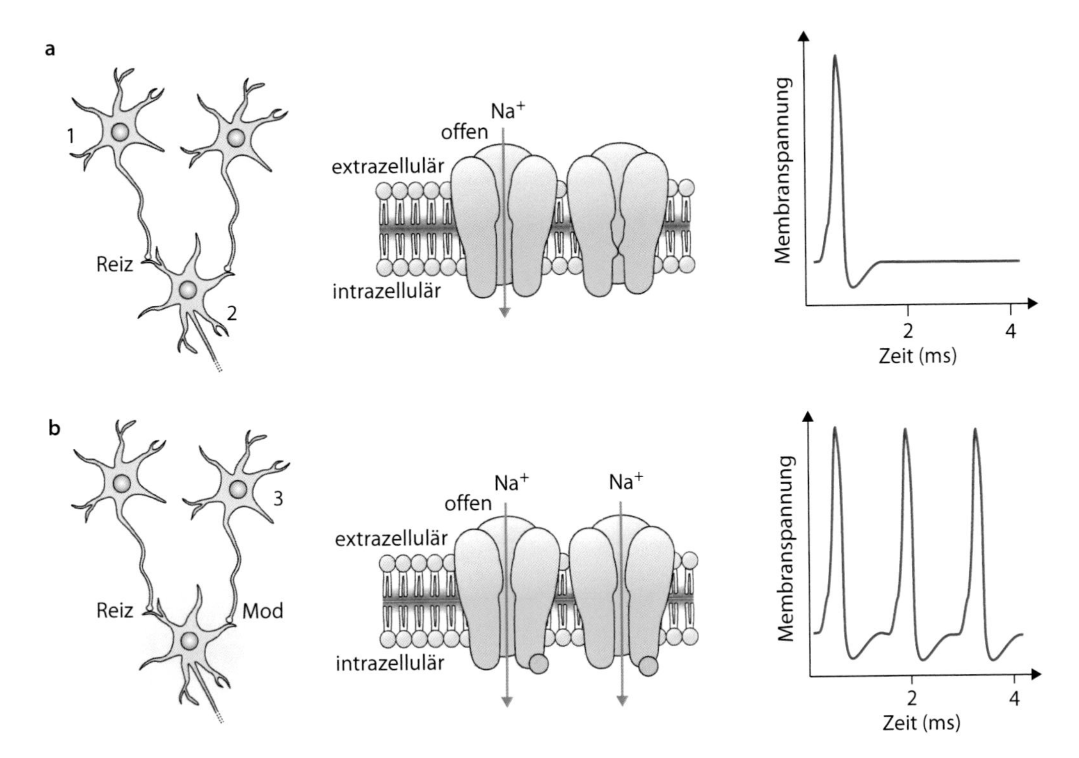

Abb. 12.43 Das Antwortverhalten von Nervenzellen kann durch andere Nervenzellen moduliert werden. Dargestellt ist ein Schaltkreis in der Großhirnrinde. Zelle 2 verarbeitet Information über einen Reiz. Dazu erhält sie erregenden Eingang von der Zelle 1 (**a**, *links*). Die Synapse zwischen den beiden Zellen ist so „eingestellt", dass bei der Übertragung von Zelle 1 auf Zelle 2 nur wenige Ionenkanäle geöffnet werden (**a**, *Mitte*) und deshalb in Zelle 2 nur ein einzelnes Aktionspotenzial entsteht (**a**, *rechts*). In **b** moduliert Zelle 3 diese Informationsübertragung. Dazu setzt sie einen Botenstoff frei, der in Zelle 2 einen intrazellulären Signalweg aktiviert. Im Laufe dieses Weges werden die Ionenkanäle in Zelle 2 modifiziert (**b**, *Mitte, blaue* Modifikation). Überträgt Zelle 1 wieder Information auf Zelle 2, öffnen jetzt mehr Ionenkanäle, und es entstehen mehrere Aktionspotenziale. Die Zelle reagiert stärker auf den Reiz als vorher. (© Frank Müller, Forschungszentrum Jülich)

zelle feuerte nur wenige Aktionspotenziale, wenn das Testlicht aufleuchtete. Im zweiten Versuchsteil musste das Tier weiterhin das Fixierungslicht anschauen, sollte jedoch reagieren, wenn das Testlicht aufleuchtete. Nun reagierte die gleiche Nervenzelle wesentlich heftiger auf das Anschalten des Testlichtes. Es ist wichtig zu betonen, dass das Bild auf der Retina in beiden Versuchsteilen identisch war, da das Tier stets auf das Fixierungslicht schaute. Die stärkere Antwort war also nicht durch eine Veränderung des Stimulus auf der Retina ausgelöst, sondern nur durch die Tatsache, dass das Tier dem Testlicht seine Aufmerksamkeit schenkte! Das Feuern dieses Neurons hing also nicht nur davon ab, wie groß oder hell der Stimulus war, sondern auch davon, wie wichtig er für das Verhalten des Tieres war.

Mittlerweile wurde in vielen Experimenten gezeigt, dass Aufmerksamkeit das Antwortverhalten von Nervenzellen verändern kann (Abb. 12.43). In der primären Sehrinde (V1) ist der Effekt nur schwach. Je weiter man aber entlang der Sehbahn vorangeht (▶ Abschn. 7.6), desto stärker wird der Effekt. Wie kann man diesen Effekt erklären? In jedem dieser Cortexareale gibt es Nervenzellen, die die sensorische Information verarbeiten. Sie erhalten Eingang von Nervenzellen aus anderen Gehirnteilen,

z. B. dem Thalamus oder anderen Cortexarealen, und verarbeiten diese Information so, wie wir dies in ▶ Kap. 3 gesehen haben. Sie verrechnen Erregung und Hemmung und feuern mehr oder weniger stark, je nachdem wie viel Erregung übrig bleibt. Daneben gibt es aber auch Nervenzellen mit anderen Funktionen. Sie übertragen keine Information über den eigentlichen Reiz. Stattdessen verändern sie, sobald sie ihren Transmitter freisetzen, die Informationsverarbeitung in den benachbarten Nervenzellen. Ihre Transmitter starten in den anderen Nervenzellen Signalwege, die dazu führen, dass die Zelle die molekularen Eigenschaften ihrer Signalproteine verändert. Bei diesen Signalproteinen kann es sich z. B. um Ionenkanäle oder Rezeptoren für Transmitter handeln (mehr zu diesen Themen finden Sie in ▶ Kap. 3 und in ▶ Abschn. 4.1). Eine so behandelte Nervenzelle reagiert dann unter Umständen auf den gleichen erregenden Eingang viel stärker als vorher. Wenn unser Gehirn einem Reiz Aufmerksamkeit schenken will, aktiviert es diese modulatorischen Neurone, damit sie die Reizverarbeitung verändern. Es ist, als ob das Gehirn die Verarbeitungsbahnen für die Reize, an denen es besonders interessiert ist, freipustet.

12.7.10 Wahrnehmungsexperten der besonderen Art

Wenn Sie etwas über Wahrnehmung lernen wollen, können Sie sich an zwei Berufsstände wenden: an Wissenschaftler, die Wahrnehmung erforschen, und an Zauberkünstler. Denn sie verstehen es seit Jahrhunderten, wie niemand sonst, unsere Wahrnehmung zu manipulieren. Dies taten sie also schon lange bevor es Neurowissenschaftler gab, die sich mit Wahrnehmungsprozessen beschäftigten.

In den letzten Jahren haben Neurowissenschaftler damit begonnen, die Tricks der Magier unter die Lupe zu nehmen. Natürlich haben Zauberer ein umfangreiches Repertoire von Täuschungen entwickelt. Dazu zählen optische Tricks mit Spiegeln, Feuer oder Rauch, unsichtbare mechanische Vorrichtungen und speziell präparierte Utensilien. Aber gute Zauberkünstler können uns auch ohne all diese technischen Tricks und Requisiten verblüffen. Sie nutzen nämlich die Eigenschaften unserer sensorischen Systeme aus und manipulieren unsere Aufmerksamkeit. Damit kontrollieren sie, was uns bewusst wird und was uns verborgen bleibt. Sie lenken unsere Konzentration so sehr auf einen eigentlich unwichtigen Vorgang, dass wir ihre heimlichen Bewegungen nicht wahrnehmen, selbst wenn sie direkt vor unseren Augen stattfinden – wie im Gorillaexperiment sind wir blind dafür (Stichwort Unaufmerksamkeitsblindheit). Sie überlasten unseren Arbeitsspeicher durch überflüssige Details so, dass wir die wirklich wichtigen Details nicht abspeichern – und erzeugen damit eine Veränderungsblindheit.

Achten Sie auch einmal darauf, welche überzogenen und kurvenreichen Gesten Zauberkünstler verwenden. Warum tun sie das? Weil Bewegung für unser visuelles System einer der wichtigsten Reize überhaupt ist. Damit nutzen sie die Neigung unseres Sehsinnes aus, diesen Bewegungen zu folgen – schon sind wir so abgelenkt, dass wir keine Zeit und Möglichkeit haben, das heimliche Austauschen von Gegenständen oder ähnliche Tricks zu bemerken. Wenn Zauberkünstler Kopf- oder Blickbewegungen machen, tun sie dies meist aus gutem Grund. Indem sie selbst ihre Aufmerksamkeit scheinbar auf ein Objekt oder in eine bestimmte Richtung lenken, verleiten sie uns, ihnen darin zu folgen, und haben alle Zeit der Welt, unbemerkt ihren Trick durchzuführen.

In anderen Tricks bauen Zauberer auf die Trägheit unseres Sehsinnes oder auf die Eigenschaft unseres Gehirns, Lücken in der Information zu ergänzen. Ein Beispiel: Ein Magier fischt scheinbar mit seiner rechten Hand eine Münze aus der Luft und wirft sie in einen metallenen Behälter, den er in seiner linken Hand hält. Dies macht er mindestens fünf- oder sechsmal nacheinander. Jedes Mal hört man das deutliche metallene Klimpern, wenn eine Münze in den Behälter fällt. Wo nimmt er nur die ganzen Münzen her? Antwort: Er braucht nur eine einzige Münze! Mit dieser Münze in der Hand deutet er die Wurfbewegung lediglich an. Dann lässt er unbemerkt eine Münze aus der linken Hand in den Behälter fallen. Unser Gehirn ergänzt die Wurfbewegung und das Klimpern zu einer Gesamtwahrnehmung: Wir sind überzeugt, dass er eine Münze geworfen hat. Er krönt die Vorstellung mit einem zweiten Trick. Bei der letzten Wurfbewegung lässt er keine Münze klimpern. Unser Gehirn ist nun bereits so daran gewöhnt, fliegende Münzen wahrzunehmen, dass es sofort ergänzt: Die Münze muss sich in der Luft aufgelöst haben!

Vermutlich haben Sie sich schon einmal gefragt, warum ein Zuschauer im Varieté es nicht bemerkt, wenn ein Taschendieb ihm die Uhr stiehlt. Zum einen lenkt er den Zuschauer natürlich kontinuierlich ab. Er bezieht ihn in die Show ein, macht Witze und kleine Tricks, während er ganz unverfroren in seine persönliche Zone eindringt. Dabei drückt er die Uhr eine Zeit lang fest auf den Arm des Zuschauers. Wenn er dann in einem Moment der Unaufmerksamkeitsblindheit die Uhr entfernt, feuern die so gereizten Sinneszellen in der Haut noch eine Weile weiter, sodass der Bestohlene den Eindruck hat, die Uhr sei immer noch um den Arm gelegt. (Dieses verlängerte Feuerverhalten kennen Sie aus dem visuellen System: Wenn Sie in die helle Sonne schauen, nehmen Sie für lange Zeit ein Nachbild wahr.) Einen beliebten Gedankenlesertrick finden Sie in ◘ Abb. 12.44.

Sie sehen: Manchmal ist es ganz einfach, uns zu überlisten. Achten Sie beim nächsten Auftritt eines Zauberkünstlers einmal auf die hier genannten Tricks (die natürlich nur eine Auswahl darstellen). Aber machen Sie sich nicht allzu viel Hoffnung: Einen guten Zauberkünstler werden Sie auch dann nicht durchschauen. Also, lehnen Sie sich entspannt zurück und lassen sich einfach weiter verzaubern und in Ihrer Wahrnehmung täuschen, zumal wenn es so viel Spaß bereitet wie bei einem Besuch im Varieté.

12.7.11 Im Gleichschritt zur Wahrnehmung

Wie aus der Aktivität von Milliarden von Nervenzellen Wahrnehmung erzeugt wird, ist eine der letzten großen ungelösten Fragen der Neurowissenschaft und Psychologie. Zwar gibt es verschiedene Theorien dazu, jedoch findet keine davon ungeteilte Zustimmung in der Wissenschaftsgemeinde. Ein Konzept, das von vielen Wissenschaftlern favorisiert wird, ist die „Bindung".

Wir wollen sie an einem einfachen Objekt erklären. Nehmen wir ein Auto: Es hat eine charakteristische Form und eine Farbe, z. B. rot. Es soll sich in unserem Bildfeld von rechts nach links bewegen. Wir haben in ► Abschn. 7.6 gesehen, dass diese verschiedenen Aspekte in unterschiedlichen Gehirnteilen verarbeitet werden. Angefangen von den orientierungsspezifischen Zellen in der pri-

◘ **Abb. 12.44** Gedankenlesen aus der Ferne! Suchen Sie sich eine der Karten aus, schließen Sie fest die Augen, konzentrieren Sie sich auf Ihre Karte und sagen Sie fünfmal laut um welche Karte es sich handelt! Dann lesen Sie in ► Abschn. 13.5 weiter! (© Anja Mataruga, Forschungszentrum Jülich)

mären Sehrinde über die Areale im ventralen Pfad (in der „Was-Bahn“) wird die Form des Objekts ausgewertet und mit abgespeicherten Daten verglichen. Die Zellen in den Blobs der primären Sehrinde und die Zellen in V4 analysieren die Farbe. Die Zellen, die für „rot“ stehen, werden aktiv. Die Zellen im dorsalen Pfad (in der „Wo-wie-wohin-Bahn“) analysieren die Bewegung. Bestimmte Zellen, die für die Bewegung „von rechts nach links“ stehen, feuern Aktionspotenziale. Das heißt, dass in all diesen Arealen *bestimmte* Nervenzellen, die jeweils für eine der Eigenschaften des Objekts stehen, gleichzeitig aktiv sind. Der Vorgang „Ein rotes Auto fährt von rechts nach links“ wurde sozusagen in einzelne Splitter zerlegt. Um die Splitter wieder zusammenzuführen, müssen die Aktivitäten der Nervenzellen in diesen Arealen „gebunden“ werden (◘ Abb. 12.45). Dies erreicht das Gehirn, indem es alle Areale über Nervenfasern miteinander verknüpft. Die Zellen, die in einem Areal aktiv sind und einen bestimmten Aspekt des Autos repräsentieren, senden über diese Querverbindungen Signale zu den anderen Arealen. So werden die Aktivitäten der beteiligten Nervenzellen synchronisiert – sie feuern mit demselben Muster von Aktionspotenzialen. Solche synchronen Aktivitätsmuster kann man in der Tat nachweisen, wenn man gleichzeitig in den verschiedenen Gehirnarealen die elektrische Aktivität der beteiligten Nervenzellen misst, während das Gehirn einen komplexen Reiz verarbeitet. Typischerweise feuern die Nervenzellen dann mit der Frequenz von 40 Hz (40-mal pro Sekunde) – diese Frequenz liegt im Bereich der sogenannten Gamma-Oszillation.

Nun fährt ein gelbes Auto von rechts nach links. Im dorsalen Pfad werden wieder die gleichen Zellen erregt wie vorher, denn die Bewegungsrichtung ist die gleiche wie bei dem roten Auto. In der Region V4 werden dagegen andere Zellen aktiviert, denn die Farbe hat sich geändert. Diese anderen Zellen stehen für „gelb“. Wieder wird also ein Verband von Nervenzellen synchron feuern. Ein Teil dieser Zellen war schon im ersten Verband aktiv, denn sie codieren in beiden Fällen die Bewegung von rechts nach links bzw. das Objekt „Auto“. Ein Teil des Zellverbands wurde ausgewechselt, denn die Farbe hat sich geändert. Unterschiedliche Objekte werden also möglicherweise dadurch repräsentiert, dass sich Nervenzellen in der gesamten Großhirnrinde kurzfristig zu unterschiedlichen Verbänden zusammenfinden und synchron feuern.

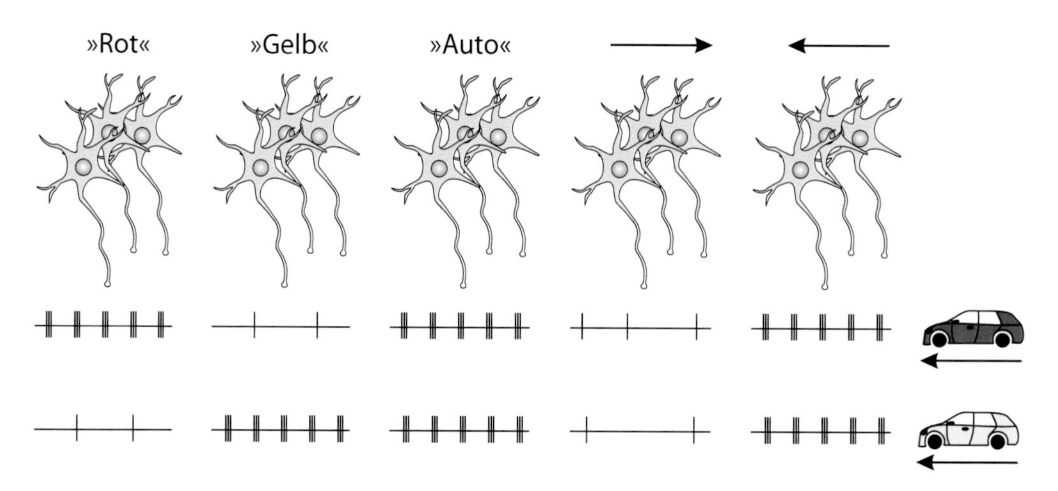

◘ Abb. 12.45 Fünf Populationen von Neuronen codieren die Farben „Rot“, „Gelb“, das Objekt „Auto“ bzw. die Richtungen „nach rechts“ oder „nach links“. Das rote und das gelbe Auto werden in unserem Gehirn deshalb durch verschiedene Zellverbände repräsentiert, die aber zum Teil die gleichen Nervenzellen umfassen. (© Frank Müller, Forschungszentrum Jülich)

Vielleicht können wir diese Arbeitsweise mit einem Orchester vergleichen. Zuerst spielen die Violinen zusammen mit den Celli das Hauptthema der Sinfonie, danach wiederholen sie es mit den Flöten. Im Anschluss spielen die Flöten gemeinsam mit den Oboen und den Klarinetten ein anderes Thema. In diesem Konzert kann jeder Musiker als Solist Herausragendes leisten, aber es kommt auf das Zusammenspiel an. Die einzelnen Instrumentengruppen finden sich kurzfristig zu jeweils unterschiedlichen Verbänden zusammen, um ein Thema gemeinsam durchzuführen. Erst durch das koordinierte Zusammenspiel aller Beteiligten entsteht eine große Sinfonie. Übertragen auf unser Gehirn: Es entsteht Wahrnehmung.

Viele Wahrnehmungsforscher vermuten, dass diese synchronisierte Aktivität die Antworten von Zellen zusammenführt, die von demselben Objekt an unterschiedlichen Orten in der Großhirnrinde hervorgerufen werden. Möglicherweise erzeugt diese Bindung in unserer Wahrnehmung das Bild eines roten Autos, das sich von rechts nach links bewegt. Es könnte aber auch sein, dass die synchronisierte Aktivität nicht die Ursache der Wahrnehmung ist, sondern ihre Folge. Wahrnehmung könnte durch einen anderen Vorgang erzeugt werden, der bisher noch nicht entdeckt wurde. Diese Fragen werden von Wahrnehmungswissenschaftlern sehr kontrovers diskutiert.

Auch wenn wir uns an etwas erinnern oder wenn wir Entscheidungen treffen, feuern Verbände von Hirnzellen synchron. In allen Fällen synchroner Aktivität scheinen sich diese neuronalen Ensembles selbst zu organisieren. Im Gegensatz zu unserem Orchester, das als Bild für Bindung diente, braucht unser Gehirn scheinbar keinen Dirigenten. Ein Auslöser, z. B. ein Bild, genügt, damit sich die Netzwerke von Nervenzellen in unserer Großhirnrinde in einem automatischen Prozess zu neuen Verbänden zusammenfinden. Wir müssen uns das so vorstellen: Unser Gehirn ist ständig aktiv. Selbst wenn wir uns die Augen und Ohren zuhalten, unsere Nervenzellen reden miteinander. Sie erzeugen dabei laufend komplizierte Muster von Aktivität im Cortex. Kommt nun eine Sinnesinformation im Gehirn an, breitet sie sich über die Großhirnrinde aus und verändert dabei den aktuellen Aktivitätszustand. Manche Nervenzellen werden aktiver, z. B. weil ihre rezeptiven Felder angesprochen werden, andere werden gehemmt. Für eine kurze Zeit gruppieren sich die Nervenzellen zu neuen Verbänden, die durch ihre synchrone Aktivität diese Information im Gehirn repräsentieren. Einiges davon geht wieder verloren, anderes dringt in unser Bewusstsein vor. Dies entscheidet unser Gehirn, meist ohne uns zu fragen. Möglicherweise können wir diese Entscheidung darüber, was uns bewusst wird, durch den Mechanismus der Aufmerksamkeit steuern.

Es gibt im Übrigen eine interessante Verbindung zur Schizophrenie. Schizophrene verbinden Dinge, die nicht verbunden gehören. Wenn man die elektrische Aktivität im Gehirn schizophrener Patienten untersucht, stellt man fest, dass bei ihnen die Gamma-Oszillation nicht gut erzeugt bzw. synchronisiert wird. Da es zu keiner eindeutigen Bindung kommt, könnte das Gehirn versucht sein, Dinge zu binden, die nicht zusammengehören. Es könnte so zu Halluzinationen kommen.

12.7.12 Was wir von Patienten mit Wahrnehmungsstörungen lernen können

Alle Vorgänge, die unserer Wahrnehmung zugrunde liegen, spielen sich im Verborgenen ab – in unseren Augen und Ohren und vor allem im Inneren unseres Schädels, im Gehirn. Wir Neurowissenschaftler sind mittlerweile ziemlich gut darin, das Verborgene ans Licht zu bringen. Mit modernsten Färbemethoden und Hochleistungsmikroskopen können wir nicht nur die Nervenzellen, sondern auch ihre zellulären Bausteine darstellen. Hochempfindliche Elektroden registrieren die elektrischen Signale einzelner Zellen oder auch ganzer Neuronenverbände. Durch diese Methoden ist unser Wissen über die Vorgänge der Signalwandlung und Informationsverarbeitung in den letzten Jahrzehnten enorm gewachsen. Mit modernen bildgebenden Verfahren, wie etwa der funktionellen Kernspintomografie, können wir dem Gehirn bei der Arbeit regelrecht zusehen. All diese Ergebnisse weisen darauf hin, dass es viele Areale im Gehirn gibt, von denen einige scheinbar für bestimmte Fähigkeiten zuständig sind. Doch es reicht nicht aus zu wissen, dass diese Areale existieren. Sie können ihre Funktion nicht unabhängig von anderen Gehirnarealen erbringen. Deshalb müssen wir verstehen, wie die verschiedenen Gehirnareale miteinander interagieren, um das zu erzeugen, was wir Wahrnehmung, Erkenntnis und menschliches Verhalten nennen.

Hier kann uns das Studium von Menschen helfen, bei denen diese Interaktion gestört ist. Sie weisen bestimmte Wahrnehmungsdefizite auf. Damit kehren wir zum Beginn des Buches zurück. Ein erstes Beispiel haben wir dort mit Thomas Braun kennen gelernt, der nach einer Verletzung seines Schläfenlappens keine Gesichter mehr wahrnehmen konnte. Die Untersuchung vieler Patienten mit Prosopagnosie zeigte, dass die Krankheit in vielen Schweregraden vorliegen kann. Außerdem förderte sie Patienten zutage, bei denen das Defizit nicht nur das Erkennen von Gesichtern betraf. Ein Vogelexperte konnte z. B. nach seinem Unfall nicht nur Gesichter, sondern auch Vogelarten nicht mehr auseinanderhalten. Die Unterschiede in den Fallstudien zeigen immer wieder, wie komplex jeder einzelne Aspekt des Wahrnehmungsvorgangs ist. Neben der Prosopagnosie sind eine ganze Reihe weiterer Agnosien bekannt (z. B. Formagnosie, Objektagnosie, Farbagnosie, aber auch Agnosien beim Hören oder Tasten).

Nach Schlaganfällen findet man bei Patienten oft eine massive Wahrnehmungsstörung, die man Neglect (vom lateinischen *neglegere* für „vernachlässigen") nennt. Ein Betroffener hat Schwierigkeiten, die Seite seiner Umgebung und auch seines Körpers wahrzunehmen, die der Hirnschädigung gegenüberliegt. Da der Neglect meist nach Schädigung der rechten Hirnhälfte auftritt, ist typischerweise die linke Seite in der Wahrnehmung eingeschränkt. Die Patienten sind sich ihrer Defizite aber nicht bewusst. Ein solcher Neglect-Patient stößt z. B. gegen Hindernisse, die sich auf der linken Seite befinden. Er isst nur die rechte Hälfte seines Tellers leer und beklagt sich danach über die kleine Portion. Er schminkt bzw. rasiert nur die rechte Gesichtshälfte. Bittet man ihn, eine Straße entlangzugehen und anschließend die Gebäude zu beschreiben, die er wahrgenommen hat, wird er nur Häuser auf der rechten Seite beschreiben. Wie kann man dieses merkwürdige Verhalten erklären? Beim Neglect treffen wir vermutlich wieder auf die enge Verknüpfung von Wahrnehmung und Aufmerksamkeit. Man nimmt an, dass bei den Patienten die Aufnahme und Verarbeitung sensorischer Information selbst nicht gestört sind. Sie nehmen vermutlich die linke Seite nicht wahr, weil sie ihr keine Aufmerksamkeit schenken. Wenn man Patienten drängt, sich auf Objekte auf der vernachlässigten Seite zu konzentrieren, können sie diese durchaus wahrnehmen. Von sich aus tun sie es allerdings nicht (▣ Abb. 12.46).

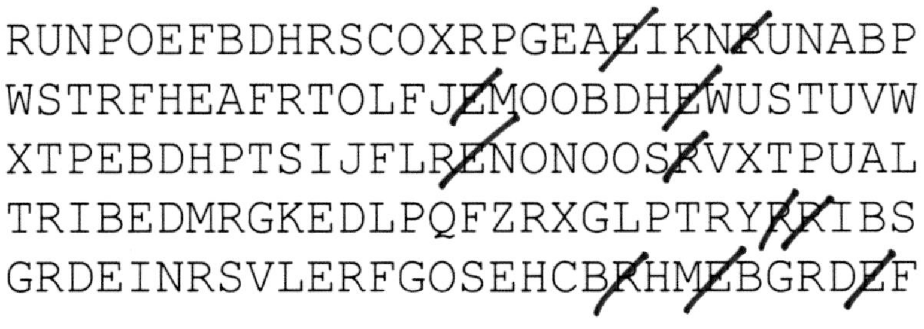

RUNPOEFBDHRSCOXRPGEAEIKNRUNABP
WSTRFHEAFRTOLFJEMOOBDHEWUSTUVW
XTPEBDHPTSIJFLRENONOOSRVXTPUAL
TRIBEDMRGKEDLPQFZRXGLPTRYRRIBS
GRDEINRSVLERFGOSEHCBRHMEBGRDEF

▣ **Abb. 12.46** Bittet man einen Patienten mit Halbseiten-Neglect, die Buchstaben E und R durchzustreichen, tut er dies nur in der rechten Hälfte. Die Buchstaben in der linken Hälfte ignoriert er. (© Frank Müller, Forschungszentrum Jülich)

Neglect kann durch Schädigungen in sehr unterschiedlichen Gehirnarealen ausgelöst werden. Deshalb vermutet man, dass der Prozess der Aufmerksamkeit von vielen Gehirnteilen zusammen erzeugt oder gesteuert wird. Eine Schädigung dieser Interaktion führt zum Verlust der Aufmerksamkeit.

Wo stehen wir derzeit in der neurowissenschaftlichen Forschung? Wir haben in den letzten Jahrzehnten mehr über die Vorgänge in unserem Gehirn gelernt als in der gesamten Menschheitsgeschichte zuvor. Wir wissen nicht nur ziemlich gut, wie wir sensorische Information aufnehmen und wie sie auf den verschiedenen Bahnen im Gehirn verarbeitet wird. Wir haben auch eine gute Vorstellung davon, welche molekularen Vorgänge die Grundlage unseres Gedächtnisses bilden könnten. Unser Erkenntnisstand reicht jedoch noch nicht aus, einen so komplexen Vorgang wie Wahrnehmung vollständig zu beschreiben. So wie in der Physik die alles beschreibende „Weltformel" noch nicht gefunden wurde, sind wir in der Neurowissenschaft derzeit nicht in der Lage, eine große vereinheitlichte Theorie über die Wahrnehmung und die verschiedenen kognitiven Leistungen unseres Gehirns zu formulieren.

Kritische Stimmen sind der Meinung, dass die Neurowissenschaft das nie schaffen kann. Sie vergleichen die Hirnforschung mit dem Freiherrn von Münchhausen, der sich nur in seinen Lügenmärchen selbst am Haarschopf aus dem Sumpf ziehen kann, und halten es für ausgeschlossen, dass das Gehirn fähig ist, sich selbst zu verstehen. Die Geschwindigkeit, mit der wir in den letzten Jahrzehnten viele grundlegende Mechanismen in der Wahrnehmung entdeckt haben, macht aber optimistisch, dass wir auch die nächsten Hürden auf dem Weg zum Verständnis unseres Gehirns nehmen können. Die Optimisten glauben deshalb, dass es irgendwann so etwas wie die „allgemeine Relativitätstheorie des Gehirns" geben wird. Zu diesem Zweck werden weltweit viele Neurowissenschaftler weitere Fakten und Informationen sammeln, speichern, sortieren und immer wieder zu neuen Puzzles legen – ganz ähnlich, wie es unser Gehirn möglicherweise auch tut, um das zu erzeugen, was wir Wahrnehmung nennen.

Weiterführende Literatur

Bear MF, Connors BW, Paradiso MA (2018) Neurowissenschaften. Springer Spektrum, Heidelberg

Goldstein EB (2015) Wahrnehmungspsychologie. Springer, Heidelberg

Ramachandran VS, Blakeslee S (2004) Die blinde Frau, die sehen kann. Rowohlt, Hamburg

Sacks O (2009) Der Mann, der seine Frau mit einem Hut verwechselte. Rowohlt, Hamburg (zum Thema Prosopagnosie)

Sacks O (2012) Das innere Auge. Rowohlt, Hamburg (zum Thema Prosopagnosie)

Anhang

S. Frings, F. Müller, *Biologie der Sinne*, https://doi.org/10.1007/978-3-662-58350-0_13

13.1 Herstellung von Masken

Bei vielen optischen Täuschungen in diesem Buch nehmen wir die Helligkeit von Objekten in Abhängigkeit von der Helligkeit des Untergrundes wahr. Das kann zu erheblichen Fehlern in der Wahrnehmung führen. Um dies zu demonstrieren, muss man die Objekte alleine betrachten, d. h. ohne den Untergrund, auf dem sie präsentiert werden. Eine Möglichkeit besteht darin, den Untergrund mit Papierstreifen abzudecken. Besser geht es natürlich mit einer speziell angefertigten Maske, die alles abdeckt und nur eine kleine Öffnung lässt, durch die das Objekt betrachtet werden kann. Diese Masken sind leicht herzustellen (◘ Abb. 13.1).

Nehmen Sie ein Blatt Papier und falten Sie es in der Mitte. Schneiden Sie dann mit einer Schere an der gefalteten Kante Dreiecke von 5–10 mm Kantenlänge aus. Wenn Sie das Papier wieder aufklappen, haben Sie eine Maske mit quadratischen Öffnungen. Mit diesen Masken können Sie den Hintergrund abdecken.

Für die optischen Täuschungen sollten diese Quadrate folgenden Abstand voneinander haben:

◘ Abb. 2.18 – Simultankontrast: 3 cm bzw. 6 cm

◘ Abb. 7.46 – linkes Früchtepaar: 3,7 cm; rechtes Früchtepaar: 2,5 cm

◘ Abb. 12.16 – Pyramiden: 9 cm

13.2 Die versteckte Maus

Unser Gehirn ist sehr gut darin, sich bewegende Objekte zu erkennen. Dies können Sie mit dem Experiment aus (◘ Abb. 13.2). demonstrieren. Falls Sie die Möglichkeit haben, scannen Sie die Abbildung ein oder kopieren Sie sie. Sie können die Abbildung aber auch hier entlang der gepunkteten Linien ausschneiden. Legen Sie den Streifen mit der Maus unter den Abbildungsteil mit dem Liniengewirr und drücken Sie beides gegen die Scheibe eines hell erleuchteten Fensters. Solange Sie den hinteren Streifen nicht bewegen, ist die Maus in dem Wirrwarr nicht zu erkennen. Sobald Sie aber den Streifen bewegen, sehen Sie die Maus. Durch die Bewegung erfahren die Konturen der Maus ein gemeinsames Schicksal, sodass unser Gehirn sie zu einem Objekt gruppieren kann.

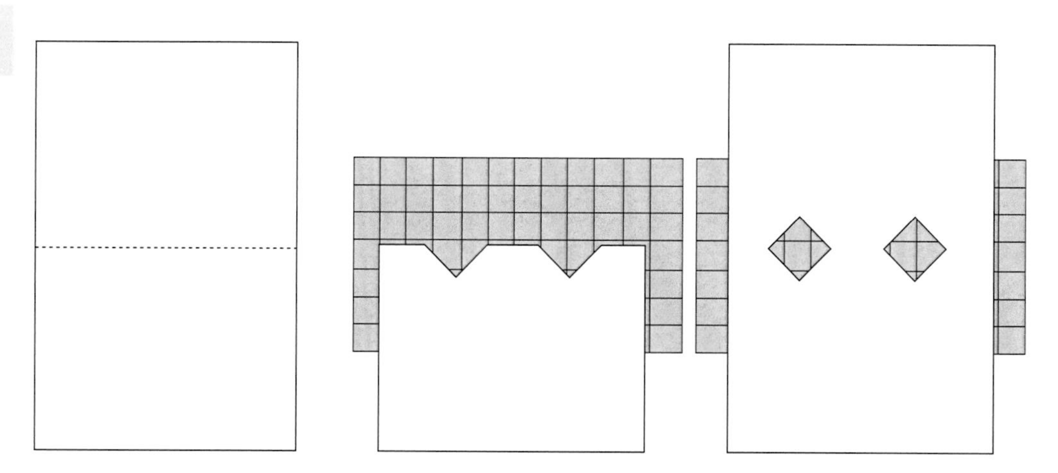

◘ **Abb. 13.1** Anleitung zur Anfertigung von Masken. (© Forschungszentrum Jülich)

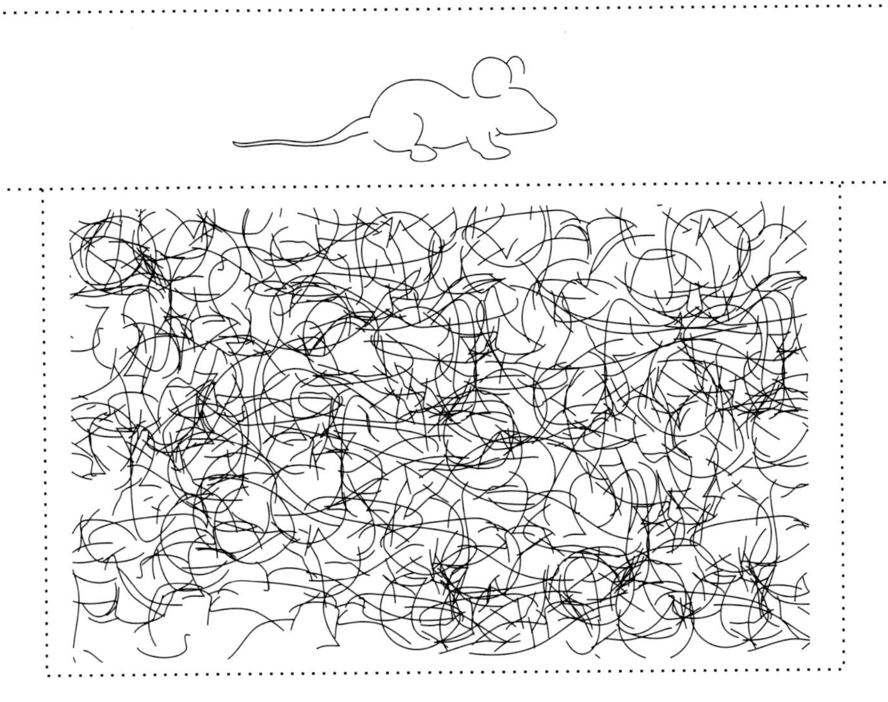

■ **Abb. 13.2** Maus und Hintergrund. (© Forschungszentrum Jülich)

13.3 Die Täuschung nach Koffka

In ■ Abb. 13.3 ist noch einmal der Koffka-Ring abgedruckt, den Sie aus ■ Abb. 12.17 kennen. Falls Sie die Möglichkeit haben, scannen Sie die Abbildung ein oder kopieren Sie sie. Sie können die Abbildung aber auch hier ausschneiden und entlang der Mittellinie trennen. Mit den beiden Hälften können Sie dann die Versuche, die in ■ Abb. 12.17 beschrieben sind, durchführen.

13.4 Suchbilder

■ Abb. 13.4 zeigt die Auflösung zum Suchbild in ■ Abb. 12.10.

■ Abb. 13.5 zeigt die Auflösung zum Suchbild in ■ Abb. 12.39.

13.5 Gedankenlesen aus der Ferne

In ■ Abb. 12.44 wurden Sie aufgefordert, sich eine Karte zu merken. Diese Karte fehlt in Abb. (■ Abb. 13.6). Richtig? Woher wussten wir, welche Karte Sie wählen würden? Die Antwort ist einfach: Keine der in ■ Abb. 12.44 gezeigten Karten ist hier noch einmal abgebildet. Ganz gleich, welche Karte Sie im ersten Bild auswählen, sie fehlt hier.

So einfach kann man sich täuschen lassen. Die Aufforderungen, nach Betrachten der ■ Abb. 12.44 die Augen zu schließen, die Karte fünfmal laut zu wiederholen – all dies diente nur dazu, Ihre Aufmerksamkeit von den anderen Karten abzulenken, die Sie sich nicht merken sollten. Zauberer steuern mit ähnlichen Tricks Ihre Aufmerksamkeit und sorgen so dafür, dass Sie bestimmte Dinge nicht bemerken.

Abb. 13.3 Koffka-Ring. Anleitung siehe ▶ Kap. 12. (© Forschungszentrum Jülich, modifiziert nach Koffka)

Abb. 13.4 Der Umriss des Dalmatiners wurde durch eine rote Linie markiert. (© Forschungszentrum Jülich)

Abb. 13.5 Die Umrisse des gesuchten Objekts wurden rot eingezeichnet. Es handelt sich um einen Elefanten. (© Forschungszentrum Jülich)

Abb. 13.6 Hier fehlt die von Ihnen gewählte Karte. Richtig? (© Forschungszentrum Jülich)

Serviceteil

S. Frings, F. Müller, *Biologie der Sinne*, https://doi.org/10.1007/978-3-662-58350-0

Glossar

Absorptionsspektrum Ein Pigment absorbiert nicht jede Wellenlänge gleich gut. Das Absorptionsspektrum stellt die absorbierte Menge an Licht in Relation zur Wellenlänge des Lichts dar, die von einem Pigment absorbiert wird.

Adaptation Anpassung einer Sinneszelle an eine konstante Reizintensität. Viele Sinneszellen zeigen diese Eigenschaft, sie reduzieren ihre Empfindlichkeit, wenn der Reiz kontinuierlich einwirkt. Wird der Reiz schwächer, kann sich die Empfindlichkeit wieder erhöhen. Diese Anpassung vollzieht sich meist im Verlauf von wenigen Sekunden bis Minuten (Beispiel: die Anpassung der Zapfen an die Lichtintensität). Auch ganze Sinnessysteme können adaptieren. Dabei verändern sich Prozesse im Gehirn, was dazu führen kann, dass ein konstanter Reiz nicht mehr wahrgenommen wird (Beispiel: Verlust der Wahrnehmung des eigenen Körpergeruchs durch Adaptation des Riechsystems).

Additive Farbmischung Farbmischung durch das Überlagern von Licht verschiedener Farbe. Mit jedem zusätzlichen Licht wird das Spektrum des Mischlichts größer (deshalb additiv).

Adäquater Reiz Sinneszellen sind typischerweise auf die Detektion bestimmter Reize spezialisiert. Die Spezialisierung wird durch die molekulare Ausstattung der Zelle mit Rezeptorproteinen bestimmt und erlaubt die Detektion eines adäquaten Reizes bereits bei niedriger Energie. Ein Photorezeptor im Auge reagiert z. B. auf den adäquaten Reiz Licht. Auch eine mechanische Krafteinwirkung kann eine Reaktion der Zelle auslösen, verlangt aber eine hohe Energie (z. B. Schlag auf das Auge als inadäquater Reiz).

Agnosie Die Unfähigkeit, Objekte zu erkennen.

Akkommodation Das Fokussieren von Objekten in unterschiedlicher Entfernung durch das Auge. Säugetiere akkommodieren, indem sie die Form und damit die Brechkraft der Linse verändern.

Aktionspotenzial Stereotype Veränderung der Membranspannung an einer Nervenzelle. Ausgehend vom negativen Ruhepotenzial wird die Membranspannung nach dem Überschreiten einer Schwelle zuerst schnell positiv (Depolarisation), dann schnell wieder negativ (Repolarisation). Aktionspotenziale entstehen nach dem „Alles-oder-nichts-Gesetz" und breiten sich schnell entlang von Nervenfasern aus. Das Aktionspotenzial wird manchmal auch als Nervenimpuls bezeichnet.

Amakrinzellen Nervenzellen (Interneurone), die Signale lateral, also seitwärts, durch die Retina übertragen. Sie sind meist hemmend und bilden Synapsen mit Bipolarzellen und Ganglienzellen aus. Es gibt ca. 30 Typen von Amakrinzellen in der Netzhaut. Sie spielen eine wichtige Rolle in der Signalverarbeitung und der Erzeugung rezeptiver Felder.

Anosmie Der Verlust des Geruchssinns, z. B. infolge von Verletzungen oder Infektionen.

Aufmerksamkeit Das Gehirn ist nicht in der Lage, alle Reize gleichzeitig mit der gleichen Sorgfalt zu verarbeiten. Es muss Reize auswählen und sich darauf konzentrieren. Reize, denen wir Aufmerksamkeit widmen, werden also intensiver verarbeitet, andere gleichzeitige Reize werden unter Umständen vollständig ignoriert.

Außensegment Ein spezialisierter Teil der Stäbchen und Zapfen. Das Außensegment enthält alle Komponenten, die zur Absorption von Licht, zur Verstärkung des Signals und zur Erzeugung einer elektrischen Antwort benötigt werden.

ATP Adenosintriphosphat. Ein kleines Molekül, das in der Zelle an vielen Stoffwechselprozessen beteiligt ist. Insbesondere dient es als „Energiemünze". Wenn ein Enzym ATP in Adenosindiphosphat und Phosphat spaltet, wird Energie frei, die für den Stoffwechselprozess genutzt werden kann.

Axon Faser eines Neurons, die Aktionspotenziale vom Zellkörper zur synaptischen Endigung weiterleitet. Manchmal auch als Nervenfaser bezeichnet. Axone können von Myelinhüllen umgeben sein, die von Gliazellen gebildet werden.

Bildgebende Verfahren Verfahren, die es erlauben, verschiedene Gehirnteile am lebenden Individuum visuell darzustellen. Besonders interessant ist die Möglichkeit, die Areale des menschlichen Gehirns zu markieren, die durch bestimmte Stimuli oder bei bestimmten Verhaltensweisen aktiviert werden. Die häufigsten Verfahren sind die funktionale Magnetresonanztomographie (fMRI) und die Positronen-Emissions-Tomographie (PET).

Bindung Der Vorgang, durch den verschiedene Merkmale eines Objekts, z. B. Farbe, Form oder Bewegung im Gehirn zusammengeführt und kombiniert werden, damit die Wahrnehmung eines Objekts in seiner Gesamtheit entsteht.

Bipolarzelle Ein retinales Neuron (Interneuron). Bipolarzellen erhalten an den Dendriten Eingang von Photorezeptoren und leiten das Signal über das Axon an die retinalen Ganglienzellen weiter.

Blinder Fleck Der Bereich im Auge bzw. auf der Retina, an dem der Sehnerv das Auge verlässt. An dieser Stelle gibt es keine Photorezeptoren. Reize, die auf den blinden Fleck abgebildet werden, können deshalb nicht gesehen werden.

Blindheit durch Nichtaufmerksamkeit Wenn eine Person einem bestimmten Reiz Aufmerksamkeit widmet, wird ein anderer Reiz manchmal nicht wahrgenommen, selbst wenn er klar präsentiert wird.

cAMP Das zyklische Adenosinmonophoshat ist ein intrazellulärer Botenstoff. Es wird meist als Reaktion auf einen Reiz oder äußeren Botenstoff durch das Enzym Adenylatzyklase aus ATP hergestellt und ist deshalb ein zweiter Botenstoff (second messenger).

CGL Siehe Corpus geniculatum laterale.

Cochlea Der Teil des Innenohrs, der auf Schallanalyse spezialisiert ist. Die Cochlea besteht aus einem knöchernen Gang im Felsenbein des Schädels, der sich spiralförmig um eine kegelförmige Achse, die Schneckenspindel, windet. Der knöcherne Gang enthält drei Kanäle (Scala vestibuli, Scala media und Scala tympani), die durch zwei Membranen (Reissner-Membran und Basilarmembran) voneinander getrennt sind. Die Basilarmembran trägt das Corti-Organ, die sensorische Struktur der Cochlea. Das Funktionsprinzip der Cochlea ist die Tonotopie, die Auffächerung eines Schallsignals in seine einzelnen Frequenzanteile. In der Cochlea entspringt der Hörnerv, der die akustische Information an das Gehirn übermittelt.

Colliculus superior Ein paarig angelegter Gehirnteil (Plural: colliculi superiores), der u. a. an der Kontrolle von Augenbewegungen beteiligt ist. Liegt im Mittelhirn, also einem „älteren" Gehirnteil. Bestandteil der „Vier-Hügel-Platte".

Corpus geniculatum laterale (CGL) Das Kerngebiet im Thalamus (Zwischenhirn), das Information von den Augen erhält und diese an die primäre Sehrinde (visueller Kortex) weiterleitet.

Corti-Organ Sensorische Struktur der Cochlea des Innenohrs. Das Corti-Organ besteht aus einer Reihe von etwa 3500 inneren Haarzellen, die entlang des Schneckengangs aufgereiht sind. Diese Zellen reagieren auf lokale Vibrationen und aktivieren über Synapsen afferente Fasern des Hörnervs. Zusätzlich enthält das Corti-Organ drei Reihen von äußeren Haarzellen, deren Aufgabe die 100–1000 fache Verstärkung lokaler Vibrationen ist.

Dendriten Fortsätze einer Nervenzelle, die an Synapsen Signale von anderen Neuronen erhalten. Die Gesamtheit der Dendriten bildet den Dendritenbaum der Zelle.

Depolarisation Die Ruhemembranspannung von Nervenzellen ist negativ (z. B. –70 mV). Strömen positive Ionen durch Ionenkanäle in die Zelle ein, wird diese Spannung positiver – die Membran depolarisiert. Die Depolarisation ist die Voraussetzung für die Aktivität einer Nervenzelle, da sie dann spannungsaktivierte Ionenkanäle öffnen kann, die ein Aktionspotenzial einleiten können.

Dezibel Eine vor allem in der Akustik verwendete relative Einheit, die sich auf einen definierten Pegel bezieht. So ist der Schalldruckpegel als Vielfaches der Hörschwelle bei 1 kHz definiert. Eine Zunahme des Schalldruckpegels um 20 Dezibel (dB) bedeutet jeweils eine Verzehnfachung des Schalldrucks. Soll der Schalldruckpegel eines akustischen Signals vom Schalldruck Px bestimmt werden, gilt: Schalldruckpegel = 20 log Px/P0 [dB], wobei P0 der Schalldruck an der Hörschwelle bei 1 kHz ist (2 × 10–5 Pa).

Dichromat Menschen besitzen drei verschiedene Sehpigmente mit unterschiedlicher spektraler Empfindlichkeit für die Lichtabsorption in Zapfen (Trichromat). Jeder Zapfen benutzt nur eines dieser drei Pigmente. Fällt eines dieser Pigmente durch eine genetische Erkrankung aus, wird die Fähigkeit zur Unterscheidung von Farben beeinträchtigt. Man spricht dann von einem Dichromaten, weil nur noch zwei Pigmente zur Verfügung stehen. Viele Tiere besitzen nur zwei Zapfenpigmente und sind von Natur aus Dichromaten.

Disparate Netzhautpunkte Siehe nichtkorrespondierende Netzhautpunkte.

Doppler-Effekt Veränderung der Frequenz (bzw. Wellenlänge) eines wellenförmigen Signals wie Schall oder Licht bei Änderung der Entfernung zwischen Sender und Empfänger. Bewegen sich beide aufeinander zu, kommt es durch Stauchung der Wellen zu einem Anstieg der Frequenz. Entfernen sich Sender und Empfänger, sinkt die Frequenz durch Dehnung der Wellen.

Dorsaler Pfad Siehe Wo-Wie-Wohin- Bahn oder -Pfad.

Dreifarbentheorie des Farbensehens Besagt, dass unsere Farbwahrnehmung auf dem Verhältnis der Aktivitäten der drei Zapfentypen beruht, die sich in ihrer spektralen Empfindlichkeit unterscheiden.

Dunkeladaptation Ein Aufenthalt im Dunklen führt zur Steigerung der Lichtempfindlichkeit. Dieser Adaptationsprozess ist u. a. mit der Regeneration der Stäbchen- und Zapfenpigmente verbunden.

Echoortung Bestimmung von Ort, Bewegung und Identität eines Objektes aufgrund der Analyse von reflektiertem Schall (Echo). Echoortung wird bei Tieren auch als Biosonar bezeichnet.

Efferenzkopie Augenbewegungen werden durch Steuersignale vom motorischen Kortex an die Augenmuskeln ausgelöst. Eine Kopie dieser Signale, die Efferenzkopie, wird an eine hypothetische Struktur geschickt, die man Komparator nennt. Er vergleicht die Efferenzkopie mit dem visuellen Signal. Nach diesem Modell nehmen wir nur den Unterschied zwischen beiden Signalen als Bewegung wahr.

Einfache Kortexzelle Ein Neuron im visuellen Kortex, das am stärksten auf Balken mit einer bestimmten Ausrichtung antwortet.

Elektromagnetisches Spektrum Das Kontinuum elektromagnetischer Wellen, das sich von der kurzwelligen energiereichen Gammastrahlung bis zu den langwelligen Radiowellen erstreckt. Das sichtbare Licht ist ein winziger Ausschnitt in diesem Spektrum.

Endoplasmatisches Retikulum (ER) Ein System von Membranschläuchen und -kammern im Inneren aller eukaryotischen Zellen, das wichtige Funktionen bei der Proteinsynthese und bei der Signalverarbeitung ausübt. Da das Volumen des ER eine hohe Calciumkonzentration aufweist (0,1–1 mM), spielt es als intrazellulärer Calciumspeicher eine zentrale Rolle bei der Erzeugung von Calciumsignalen in der Zelle.

Endorphine Eine Gruppe von Substanzen, die auf natürlichem Wege im Kortex produziert werden und schmerzstillende Wirkung haben.

Ensemblekodierung Siehe Musteranalyse.

Enzym Ein Protein, das eine bestimmte biochemische Reaktion beschleunigt (katalysiert).

Enzymkaskade Eine Abfolge biochemischer Reaktionen, die z. B. durch die Aktivierung eines G-Protein-gekoppelten Rezeptors ausgelöst wird. Kennzeichnend ist die hohe Verstärkung in der Kaskade.

Erregung Wird eine Nervenzelle erregt, wird die Membranspannung positiver. Häufig kommt es auch zur Erhöhung der Feuerrate (Aktionspotenzialfrequenz).

Erregender Transmitter Ein Neurotransmitter oder Botenstoff, der bewirkt, dass die Membranspannung eines Neurons positiver wird (siehe auch Erregung).

Farbenblindheit Bei der seltenen vollkommenen Farbenblindheit können die betroffenen Personen nur Grauabstufungen, aber keine Farben wahrnehmen. Farbenblindheit kann durch fehlende oder nicht funktionstüchtige Zapfen sowie durch Hirnschädigungen verursacht werden.

Farbfehlsichtigkeit Betroffene Personen können weniger Farben unterscheiden, als Personen mit normalem Farbensehen. Manchmal fälschlicherweise als „Farbenblindheit" bezeichnet.

Faserübergreifendes Antwortmuster (across-fiber pattern) Das Muster an Aktivität, das ein Stimulus bei einem Ensemble von Sinneszellen oder Neuronen verursacht. Identisch mit Ensemblekodierung. Siehe auch Musteranalyse.

Fixation Ausrichtung der Fovea (zentrale Retina) auf ein Objekt.

Fovea (Sehgrube) Der zentrale Bereich der menschlichen Retina erscheint gelb (macula lutea, gelber Fleck). In der Macula liegt die Sehgrube, die nur Zapfen enthält. In der Sehgrube sind die dem Licht zugewandten Schichten der Retina zur Seite verschoben, um das Licht möglichst wenig zu streuen. Da die Zapfen sehr dicht gepackt sind, ist die Fovea die Stelle des schärfsten Sehens. Beim Fixieren eines Objekts wird es auf die Fovea abgebildet.

Frequenz Im Fall einer sich wiederholenden Schallwelle, so wie der Sinusschwingung eines reinen Tones, ist die Frequenz die Anzahl der Wiederholungen der Schwingungen pro Sekunde. Sie wird in Hertz (Hz) angegeben.

G-Proteine Eine Gruppe von Guanosintriphosphat (GTP)-bindenden Signalproteinen, die in vielen Stoffwechselwegen der Zellen Signale von Rezeptorproteinen auf Effektorproteine übertragen. Beispiel: Im Photorezeptor überträgt das G-Protein Transducin das lichtinduzierte Signal vom Rezeptorprotein Rhodopsin auf das Effektorprotein Phosphodiesterase.

Ganglienzellen Ausgangsneurone der Retina, die Eingang von Bipolarzellen und Amakrinzellen erhalten. Die Axone der Ganglienzellen (ca. 1 Million pro Auge) bilden den Sehnerv.

Gekreuzte Querdisparität Querdisparität, bei der sich Objekte aus Sicht des Betrachters vor dem Horopter befinden.

Gelber Fleck Macula lutea, zentraler Netzhautbereich. Siehe auch Fovea.

Gestaltprinzipien Eine Reihe von Prinzipien, die erklären, wie wir in der Wahrnehmung einzelne Elemente zu einem Ganzen zusammenführen.

Gliazellen Neben den Nervenzellen gibt es auch Gliazellen im Nervensystem. Sie haben allgemein eine Stützfunktion und sind vor allem daran beteiligt, das empfindliche biochemische Gleichgewicht im Gehirn aufrecht zu erhalten. Bestimmte Gliazellen isolieren auch die Axone der Nervenzellen, indem sie sie mit der Myelinscheide umhüllen.

Glomeruli Kugelförmige, etwa 0,1 mm große Knäuel aus Nervenfasern im Riechkolben von Wirbeltieren. Hier treffen etwa 10.000 Nervenfasern (Axone) von Riechzellen aus der Nase ein und bilden Synapsen mit nur wenigen weiterführenden Neuronen. Die Nervenfasern kommen von Riechzellen mit den gleichen Riechrezeptoren, so dass die weiterführenden Neurone die Information von genau diesem Rezeptor an die nächsten Verarbeitungsebenen im Gehirn leiten.

Größenkonstanz Typischerweise wird die Größe eines Objekts aus unterschiedlichen Betrachtungsabständen als identisch wahrgenommen. Dabei hilft der (hypothetische) Mechanismus der Größen-Distanz-Skalierung, wonach die wahrgenommene Größe eines Objektes nicht nur von der Größe des retinalen Abbilds, sondern auch von der Distanz abhängt.

Großmutterzelle Begriff für ein hypothetisches Neuron, das nur auf einen sehr spezifischen Stimulus reagiert, z. B. die eigene Großmutter.

Großhirnrinde Cortex cerebri. Die nur etwa 2 mm dicke oberste Schicht des Großhirns, deren 10–15 Mrd. Neurone allen bewussten Sinnesempfindungen sowie dem Gedächtnis, dem Denken, Planen und der Ausführung von Willkürbewegungen zugrunde liegen.

Haarzellen Mechanosensitive Sinneszellen von Wirbeltieren, deren Stereovilli (auch Stereozilien genannt) Vibrationen im Nanometerbereich aber auch andauernde mechanische Reize detektieren können. Haarzellen bilden Bandsynapsen mit afferenten Nervenfasern und versorgen so das Gehirn mit Sinnesinformation. Haarzellen finden sich in den Gleichgewichts- und Hörorganen der Wirbeltiere sowie im Seitenlinienorgan der Fische.

Hertz Die Einheit für die Angabe der Frequenz eines Tones. Ein Hertz (Hz) entspricht einer Schwingungsperiode pro Sekunde.

Homunkulus „Menschlein", ein mittelalterlicher Begriff aus der Alchemie, wird in der Sinnesbiologie für die graphische Darstellung der anteiligen Repräsentation unterschiedlicher Körperbereiche im somatosensorischen Kortex verwendet. Dabei werden die Finger und Lippen übergroß dargestellt, weil sie besonders viele Tastsensoren haben und deshalb große Teile des somatosensorischen Kortex in Anspruch nehmen. Beine und Rumpf, versehen mit einer weit geringeren Dichte an Tastsensoren, erscheinen dagegen winzig. So entsteht eine verzerrte Darstellung des Menschen.

Horizontalzelle Ein retinales Neuron (Interneuron), das Signale lateral durch die Retina überträgt. Horizontalzellen haben synaptische Verbindungen mit Photorezeptoren und Bipolarzellen. Sie sind maßgeblich an der Erzeugung lateraler Hemmung, dem Aufbau rezeptiver Felder und der Verschärfung von Kontrasten beteiligt.

Hornhaut Die Cornea oder Hornhaut ist das erste und am stärksten lichtbrechende Element des Auges.

Horopter Ein gedachter Kreis durch den Fixationspunkt und die Mittelpunkte der Augenoptiken. Objekte, die auf diesem Kreis liegen, werden auf korrespondierende Punkte auf beiden Retinae abgebildet.

Hyperpolarisation Vorgang, bei dem die Membranspannung eines Neurons negativer wird. Die Hyperpolarisation wird oft durch Neurotransmitter wie GABA oder Glyzin ausgelöst und bewirkt eine Hemmung der Nervenzelle.

Inhibition Die Reaktion einer Nervenzelle auf den hemmenden Einfluss eines anderen Neurons, ausgelöst durch hemmende Transmitter. Gegenteil von Aktivierung. Siehe auch Hyperpolarisation.

Ion Elektrisch geladenes Teilchen, das entsteht, wenn ein Atom ein Elektron abgibt (Kation, positiv geladen) oder aufnimmt (Anion, negativ geladen). Ionen sind die Ladungsträger bei den bioelektrischen Vorgängen in Nervenzellen.

Ionenkanal Membranprotein mit einer regulierbaren zentralen Pore, durch die Ionen in die Zelle hinein oder aus der Zelle heraus fließen können. Ionenkanäle sind die wichtigsten Komponenten aller bioelektrischen Vorgänge. Man kann heute etwa 300 verschiedene Ionenkanäle unterscheiden.

Ishihara-Tafel Eine Darstellung aus verschieden farbigen Punkten für das Testen auf Farbenfehlsichtigkeit. Personen mit normalem (trichromatischem) Farbensehen erkennen Zahlen oder bestimmte Muster. Personen mit Farbenfehlsichtigkeit sehen keine oder andere Muster.

Koinzidenzdetektor Ein Neuron feuert nur dann Aktionspotenziale, wenn seine Membranspannung eine Schwelle überschreitet. Bei manchen Neuronen ist die Stärke der synaptischen Eingänge so gewählt, dass die Schwelle genau dann überschritten wird, wenn zwei (oder auch mehrere) synaptische Eingänge gleichzeitig aktiv sind. Die Zelle „erkennt", dass zwei Ereignisse gleichzeitig auftreten (Koinzidenz). Koinzidenzdetektoren spielen z. B. eine wichtige Rolle bei Entscheidungen und bei Lernvorgängen.

Komplexe Zelle Ein Neuron im visuellen Kortex, das am stärksten auf bewegte Balken mit einer bestimmten Ausrichtung antwortet.

Konvergenz (neuronale Konvergenz) Das Verschalten mehrerer Nervenzellen auf ein einzelnes Neuron.

Korrespondierende Netzhautpunkte Punkte auf beiden Retinae, die einander entsprechen. Sie liegen in gleicher Entfernung und Richtung zur Fovea. Objekte, die auf dem Horopter liegen, werden auf korrespondierende Netzhautpunkte abgebildet. Die Ganglienzellen an korrespondierenden Netzhautpunkten senden ihre Signale an dieselben Orte im Gehirn.

Laterale Inhibition Inhibition, die sich in einem neuronalen Schaltkreis lateral, also seitwärts, ausbreitet. Sie dient stets dazu, Unterschiede hervorzuheben, bewirkt also eine Kontrastverschärfung. In der Retina wird laterale Inhibition z. B. durch die Horizontal- und Amakrinzellen erzeugt.

Mach'sche Bänder An einer Hell-Dunkel-Kante kann man auf der dunklen Seite ein schmales dunkles Band, auf der hellen Seite ein schmales helles Band wahrnehmen. Diese Bänder existieren physikalisch nicht. Sie sind eine Täuschung, die durch laterale Inhibition nur in unserer Wahrnehmung entsteht.

Macula-Degeneration Die Macula lutea (gelber Fleck) ist ein Gebiet auf der Retina, das die Fovea (Sehgrube und Stelle des schärfsten Sehens) und einen kleinen Bereich um die Fovea herum umfasst. Bei der Macula-Degeneration sterben die Photorezeptoren in diesem Retinabereich ab. Die Betroffenen verlieren das hochauflösende Sehen.

McGurk-Effekt Beim Hören wird auch der Sehsinn berücksichtigt. Bei einem Widerspruch zwischen Lippenbewegung (man sieht „da") und Hören (man hört „fa") dominiert der Sehsinn: man nimmt „da" wahr.

Mechanorezeptor Eine Rezeptorzelle, die auf mechanische Reize antwortet, so wie Druck, Dehnung und Vibration.

M-Zellen Ausgangsneurone der Retina (Ganglienzellen) mit großen Zellkörpern und Dendritenbäumen, die auf Lichtreize mit kurzen Salven von Aktionspotenzialen antworten. MZellen sind wichtig für die Detektion von Kontrasten, Veränderung und Bewegung. Sie haben synaptische Verbindungen in der magnozellulären Schicht des CGL.

Mikroelektrode Werkzeug, mit dem man die elektrischen Signale eines einzelnen Neurons aufzeichnen kann. Mikroelektroden bestehen meist aus dünnen Metalldrähten oder sehr feinen Glaspipetten.

Musteranalyse Ein Prinzip zur Gewinnung von Information aus sehr komplexen Signalen. Für die Analyse können Ähnlichkeiten zu bekannten Signalmustern herangezogen werden. Musteranalyse ist eine Stärke neuronaler Netze und wird vom Gehirn zur Interpretation vieldimensionaler Signale eingesetzt.

Nervenfaser Siehe Axon.

Nervenimpuls Siehe Aktionspotenzial.

Neuron Nervenzelle. Neurone können elektrische Signale erzeugen und an spezialisierten Kontaktpunkten, den Synapsen, an andere Zellen übermitteln. Neurone bilden komplexe Netzwerke zur Informationsverarbeitung.

Neurotransmitter Ein Botenstoff in Form einer chemischen Substanz, die in den synaptischen Vesikeln gespeichert ist und an Synapsen ausgeschüttet wird. Neurotransmitter üben eine erregende oder hemmende Wirkung auf das „Empfängerneuron" aus.

Nichtkorrespondierende Netzhautpunkte (auch disparate Punkte). Das Gegenteil von korrespondierenden Netzhautpunkten. Objekte, die beim beidäugigen Sehen nicht auf dem Horopter liegen, werden auf nichtkorrespondierende Netzhautpunkte abgebildet. In der Wahrnehmung entstehen Doppelbilder. Der Unterschied zwischen nichtkorrespondierenden Netzhautpunkten, die Querdisparität, wird zum Errechnen eines Tiefeneindrucks verwendet.

Nozizeptor Eine Sinneszelle des Schmerzsystems. Nozizeptoren sind hochschwellige Sinneszellen, die nur von starken, potenziell gewebeschädigenden („noxischen") Reizen aktiviert werden.

Okzipitallappen Hinterhauptslappen an der Rückseite des Gehirns. Er enthält z. B. die primäre Sehrinde (beim Menschen V1).

Opsin Der Proteinanteil des Sehpigmentmoleküls. Das eigentliche lichtempfindliche Retinalmolekül ist chemisch an das Opsin gebunden.

P-Zellen Ausgangsneurone der Retina (Ganglienzellen) mit kleinen Zellkörpern und Dendritenbäumen. Sie antworten auf Lichtreize mit langen Salven von Aktionspotenzialen. P-Zellen haben synaptische Verbindungen im parvozellulären Bereich des CGL.

Pheromone Chemische Signalstoffe, die biologisch relevante Informationen zwischen Individuen einer Art vermitteln. Pheromone werden meist im Dienst der Arterhaltung eingesetzt und regeln das Sozialleben und das Vermehrungsverhalten in einer Population.

Phonem Die kürzeste lautliche Einheit einer Sprache, deren Veränderung die Bedeutung eines Wortes beeinflusst.

Pigmentepithel Eine durch Melanin dunkel pigmentierte Zellschicht hinter der Retina. Sie spielt eine wichtige Rolle bei der Regeneration des Retinals und der Erneuerung der Photorezeptoraußensegmente.

Postsynaptisches Neuron Ein Neuron auf der „Empfängerseite" einer Synapse. Es trägt Rezeptormoleküle, die auf den Neurotransmitter reagieren, der vom präsynaptischen Neuron ausgeschüttet wurde.

Propriozeption Eigenwahrnehmung, ein von vielen unterschiedlichen Sinneszellen (Propriozeptoren) vermittelter, unablässiger Informationsfluss, der das Gehirn über den Zustand des Körpers hinsichtlich Lage, Bewegung und Belastung unterrichtet.

Prosopagnosie Eine Form der visuellen Agnosie, bei der die Gesichtserkennung beeinträchtigt ist.

Protein Proteine sind wichtige Zellbestandteile, die aus Aminosäuren aufgebaut sind. Die Reihenfolge der Aminosäuren im Protein wird durch die Erbinformation in einem Gen codiert. Es gibt eine Vielzahl von Proteinen, die z. B. als Transportproteine, Pumpen, Ionenkanäle, Enzyme oder Zytoskelettproteine ihre Funktion übernehmen.

Querdisparität Sie tritt auf, wenn ein Objekt auf nichtkorrespondierende, d. h. disparate Punkte auf beiden Retinae abgebildet wird. Wird zur Berechnung einer Tiefenwahrnehmung genutzt.

Retina Ein ca. 200 µm dickes Nervengewebe, das den Augenhintergrund auskleidet. Die Retina ist Teil des Zentralnervensystems und enthält nicht nur die Photorezeptoren, die einfallendes Licht in elektrische Signale umwandeln, sondern auch ein neuronales Netzwerk aus Bipolar-, Horizontal- und Amakrinzellen, das die visuelle Information verarbeitet, bevor die Ganglienzellen sie an das Gehirn weiterleiten.

Retinal Der eigentliche lichtempfindliche Bestandteil des Sehpigmentmoleküls liegt in Form des 11-*cis*-Retinals vor.

Retinitis pigmentosa (auch Retinopathia pigmentosa) Eine Krankheit, bei der die Photorezeptoren der Netzhaut absterben, was zu einem allmählichen Verlust der Sehkraft führt.

Retinotope Karte Eine topographische Karte, bei der benachbarte Orte auf der Retina auf benachbarte Orte in den entsprechenden visuellen Arealen des Gehirns abgebildet werden.

Rezeptives Feld Das rezeptive Feld eines visuellen Neurons ist das Gebiet auf der Retina bzw. im Gesichtsfeld, in dem ein Stimulus zur Veränderung der Aktivität des Neurons führt. Die Eigenschaften des rezeptiven Felds beschreiben, welcher Stimulus am effektivsten ist. Zum Beispiel, reagieren Neurone der primären Sehrinde am besten auf langgestreckte Reize, die sich bewegen. Auch nichtvisuellen Neuronen kann man rezeptive Felder zuordnen. Im Tastsinn z. B. entspricht das rezeptive Feld dem Gebiet auf der Haut, in dem die Zelle erregt werden kann.

Rezeptor Eine Sinneszelle besitzt eine spezifische Empfindlichkeit für ihren adäquaten Stimulus. Sie wandelt den Reiz in ein elektrisches Signal um, das dann im Nervensystem weiterverarbeitet wird. Manchmal werden auch die Proteine, die in Sinneszellen auf den Reiz reagieren, als Rezeptoren bezeichnet.

Riechschleimhaut Ein Epithel (Schleimhaut) am Dach der Nasenhöhle, in dem sich Millionen von Riechsinneszellen befinden und die chemische Zusammensetzung der eingeatmeten Luft analysieren.

Riechsinneszellen Spezialisierte Neuronen, die mit chemosensorischen Zilien den Geruchsinn in der Nasenhöhle vermitteln. Die Axone der Riechsinneszellen erreichen den Riechkolben im Gehirn, wo sie in den Glomeruli Synapsen mit nachgeschalteten Neuronen bilden.

Ruhepotenzial Die elektrische Spannung, die zwischen der Innen- und Außenseite der Zellmembran eines Neurons gemessen werden kann, wenn das Neuron inaktiv ist. Die meisten Nervenzellen haben ein Ruhepotenzial von etwa −70 mV, da das Innere des Neurons einen Überschuss an negativen Ladungsträgern aufweist.

Sakkade Kurze, schnelle Augenbewegung.

Scheinkontur Eine Kontur, die wahrgenommen wird, obwohl sie im physikalischen Stimulus nicht enthalten ist. Beispiel: Kanizsa Dreieck.

Schwelle Eine Nervenzelle bildet nur dann ein Aktionspotenzial aus, wenn die Membranspannung einen bestimmten Schwellenwert überschreitet.

Sehgrube Siehe Fovea.

Sehnerv (auch optischer Nerv) Die gebündelten Axone der retinalen Ganglienzellen, die visuelle Information von der Retina zum Corpus geniculatum laterale (CGL) und zu anderen Strukturen im Gehirn weiterleiten. Der optische Nerv eines Auges enthält ca. eine Million Axone.

Sehpigment Ein lichtempfindliches Molekül in den Außensegmenten der Photorezeptoren, der Stäbchen und Zapfen. Das Molekül besteht aus einem Protein, dem Opsin, und einer kleinen lichtempfindlichen Komponente, dem 11-*cis*-Retinal.

Sehwinkel Der Winkel unter dem ein Objekt im Auge abgebildet wird. Der Sehwinkel eines Objekts wird mit zunehmender Distanz immer kleiner.

Seitlicher Kniehöcker Siehe Corpus geniculatum laterale.

Selektive Aufmerksamkeit Das Fokussieren von Aufmerksamkeit auf bestimmte Objekte, während andere ignoriert werden.

Soma Siehe Zellkörper.

Sinneszelle Eine Zelle mit sensorischer Funktion, die mit Hilfe einer spezialisierten Struktur (Sensor) einen Reiz detektieren kann. Die Art des Sensors ist entscheidend für die Art des adäquaten Reizes. Neben dem Sensor haben Sinneszellen auch Strukturen zur Weitergabe des sensorischen Signals an das zentrale Nervensystem. Primäre Sinneszellen sind Neurone mit eigenem Axon (z. B. Photorezeptoren, Riechsinneszellen, Nozizeptoren), sekundäre Sinneszellen sind Epithelzellen ohne Axon (z. B. Haarzellen und Geschmackssinneszellen).

Somatosensorisches System Der „Körpersinn" umfasst alle Sinnessysteme, die im somatosensorischen Kortex des Gehirns verarbeitet werden. Dazu gehören vor allem Signale, die von den Tast-, Berührungs- und Temperatursinneszellen der Haut ausgehen, sowie Gelenkstellungs- und Muskeldehnungssignale und ein Teil der Schmerzsignale aus dem Körper.

Spontanaktivität Viele Neuronen zeigen eine niedrige, sporadische Aktivität, solange sie nicht stimuliert werden. Sie feuern mit niedriger Frequenz Aktionspotenziale.

Stäbchen Photorezeptoren in der Retina, die vorwiegend für das Sehen unter niedrigen Lichtintensitäten, also bei Nacht und in der Dämmerung verantwortlich sind, benannt nach ihrem stäbchenförmigen Außensegment. Das Stäbchensystem ist im Dunkeln zwar sehr empfindlich, kann aber wegen der großen Konvergenz keine feinen Details auflösen.

Stereopsis Der Eindruck räumlicher Tiefe in unserer Wahrnehmung beim Sehen mit zwei Augen. Er wird aus der Querdisparität, dem Unterschied in der Position der Bilder eines Objekts auf den beiden Retinae vom Gehirn berechnet.

Stereozilien (Auch Stereovilli genannt). Feine Ausstülpungen – Sinneshärchen – am oberen Ende der inneren und äußeren Haarzellen im Ohr. Die Auslenkung der Stereozilien der inneren Haarzellen führt zur akusto-elektrischen Signalwandlung.

Subtraktive Farbmischung Die Farbmischung durch das Mischen von Pigmentfarben. Da jedes Pigment Teile des visuellen Spektrums absorbiert, sind im Mischergebnis weniger spektrale Komponenten enthalten, als im Ausgangslicht (deshalb subtraktiv).

Synapse Ein spezialisierter Kontaktpunkt, der zwischen Neuronen oder Neuronen und anderen Zielzellen (z. B. Muskelzellen) ausgebildet wird. Bei der chemischen Synapse besteht zwischen dem präsynaptischen Neuron und dem postsynaptischen Neuron ein kleiner Zwischenraum, der synaptische Spalt. Das präsynaptische Neuron setzt Neurotransmitter frei, die die Aktivität der postsynaptischen Zelle beeinflussen. Bei elektrischen Synapsen nähern sich die Membranen der beiden Zellen stark an und bilden durchgängige Kanäle, die Connexine aus.

Thalamus Teil des Zwischenhirns. Der Thalamus führt die Sinnesinformation der Verarbeitung in der Großhirnrinde und damit dem Bewusstsein zu. Der Thalamus verteilt die Signale der unterschiedlichen Sinnesorgane auf die zuständigen Rindenbereiche und versperrt den Zugang zur Großhirnrinde im Schlaf.

Topographie Das Prinzip der räumlichen Organisation von Informationsverarbeitung in der Großhirnrinde: unterschiedliche Dinge werden an unterschiedlichen Orten bearbeitet. Beispiele: Retinotopie im visuellen Kortex, Somatotopie im somatosensorischen Kortex, Tonotopie im auditorischen Kortex.

Transduktion Die in den Sinneszellen stattfindende Wandlung eines Reizes in ein elektrisches Signal. Die Rezeptoren in der Retina beispielsweise wandeln Lichtenergie in ein elektrisches Signal um.

Trichromat Eine Person mit normalem Farbensehen. Ein Trichromat besitzt drei Zapfentypen. Jeder Zapfentyp besitzt jeweils eines von drei Sehpigmenten, die unterschiedliche spektrale Empfindlichkeiten besitzen.

Ventraler Pfad Siehe Was-Bahn oder -Pfad.

Was-Bahn Die Areale im Gehirn, die an der visuellen Objekterkennung beteiligt sind. Die Was-Bahn beginnt in der primären Sehrinde im Hinterhauptslappen und zieht zum Temporallappen.

Wie-wo-wohin-Bahn oder -Pfad Die Areale im Gehirn, die zur Bestimmung von Ort und Bewegung eines Objektes dienen. Die Bahn bestimmt auch, wie wir zu einem Objekt gelangen.

Young-Helmholtz'sche Dreifarbentheorie Siehe Dreifarbentheorie des Farbensehens.

Zapfen Photorezeptoren in der Retina, die vorwiegend für das Sehen am Tag sowie für das Farbensehen verantwortlich sind, benannt nach dem zapfenförmigen Außensegment. Das Zapfensystem erlaubt uns das Sehen mit hoher Auflösung, da die Konvergenz in der zentralen Retina niedrig ist.

Zellkörper Der Teil einer Zelle, der die Organellen zur Aufrechterhaltung des Metabolismus der Zelle enthält, d. h. Zellkern, Mitochondrien, endoplasmatisches Retikulum usw. Auch als Soma bezeichnet.

Zentrum-Umfeld-Antagonismus Viele retinale Zellen besitzen rezeptive Felder mit einer Zentrum-Umfeld-Struktur, die durch laterale Inhibition erzeugt wird. Ein Bereich ist erregend, der andere hemmend. Werden Zentrum und Umfeld gleichzeitig stimuliert, heben sich Erregung und Hemmung weitgehend auf. Zellen mit so einem rezeptiven Feld sind keine Helligkeits-, sondern Kontrastdetektoren.

Stichwortverzeichnis

Q

R

S

T

W

Z